高等学校摄影测量与遥感系列教材

普通高等教育"十一五"国家级规划教材

地理信息系统与科学

Geographic Information Systems and Science

张景雄　编著

WUHAN UNIVERSITY PRESS
武汉大学出版社

图书在版编目(CIP)数据

地理信息系统与科学/张景雄编著. —武汉:武汉大学出版社,2010.1
普通高等教育"十一五"国家级规划教材
高等学校摄影测量与遥感系列教材
ISBN 978-7-307-07208-4

Ⅰ.地⋯ Ⅱ.张⋯ Ⅲ.地理信息系统—高等学校—教材 Ⅳ.P208

中国版本图书馆 CIP 数据核字(2009)第 207972 号

责任编辑:王金龙　　　责任校对:黄添生　　　版式设计:支　笛

出版发行:**武汉大学出版社**　　(430072　武昌　珞珈山)
　　　　（电子邮件:cbs22@whu.edu.cn　网址:www.wdp.com.cn）
印刷:武汉中远印务有限公司
开本:787×1092　1/16　印张:26　字数:630 千字
版次:2010 年 1 月第 1 版　　2010 年 1 月第 1 次印刷
ISBN 978-7-307-07208-4/P・165　　　　定价:38.00 元

版权所有,不得翻印;凡购买我社的图书,如有缺页、倒页、脱页等质量问题,请与当地图书销售部门联系调换。

前 言

美国科学院院士 Goodchild 教授于 1992 年提出了地理信息科学(geographic information science, GISci 或 GISc)的概念,阐释了先于此近 20 年面世的地理信息系统(geographic information systems, GIS)技术及应用发展的必然。与 GIS 一样,GISci 这一科学名词逐步成为国际学术界和产业界的共识。

本书名的灵感来自著名科学家 Paul A. Longley、Michael F. Goodchild、David J. Maguire、David W. Rhind 所著 *Geographic Information Systems and Science* 一书。我理解,其意境是:Science 为 GIS 的灵魂和基石, Systems 为 GISci 的物质外壳。所以,从某种意义上说,本书的全称是地理信息系统与地理信息科学。但为名称的简练起见,缩写为地理信息系统与科学,其中的科学不是哲学意义上的大科学。

已故王之卓院士、陈述彭院士作为学术泰斗,生前在 GIS 发展之初,为 GISci 理论和技术体系的完善传道授业,身体力行。地球空间信息学界的科学家前辈们倡导了中国的 GISci 的研究和学习的良好风气,海内外众多领域专家和科技人员加入了 GIS 和 GISci 领域的继承和创新的不懈奋进的行列,GISci 呈现出蓬勃向上的喜人景象。

GIS 作为地球空间信息科学体系的核心技术,已成为测绘类专业学生和技术人员的必修课之一。然而,业内对地球科学的整体认识有所欠缺,对 GISci 作为新型学科和方法论地位的理解仅停留在表面,影响了对地球空间信息科学要领的把握,妨碍了 GIS 的应用与发展。我们的高等教育亟需凸显地学背景、凝练学科最前沿和科研最新水平的 GISci 教材,以缩小与世界水准和其他相对成熟学科的差距。

为适应武汉大学遥感科学与技术专业教学改革的要求,巩固该专业的强势专业地位,也为地学背景专业的 GIS 课程建设提供精密定位、遥感信息、定量分析(包括不确定性分析)等关键基础理论和技术保障,本人近几年沉寂于《地理信息系统与科学》教材的撰写工作。它将作为一个桥梁,联结地学、测绘科学和遥感科学与技术,使得经典地学方法、现代对地观测技术、计量方法、空间统计分析和地学计算融为一体,为实现李德仁院士、宁津生院士、刘经南院士、张祖勋院士、李小文院士等关于地球空间信息科学坚实基础框架的理念添砖加瓦。

这是一种跨学科的尝试,也实现了本人一大夙愿。近几年来,尤其是师从 Goodchild 教授作博士后研究以来,我开始酝酿 GIS 的高级教程。多年来,武汉大学遥感信息工程学院开设了地理信息系统与空间分析方面的基础性课程,自 2005 年秋季新开的地理信息系统高级教程恰由本人主讲。遥感学院的"摄影测量与遥感"属全国的强势学科,已在基于遥感影像的空间信息的科研和教学方面积累了公认的成就。这些学科整体的优势和积累将成为加大教学改革力度的重要条件,并为本教材提供最广义的基础设施。

本人的专业背景涵盖摄影测量、遥感、地理信息系统、地理统计与计算。逐渐增长的教学与科研经验,包括空间信息技术集成双语课和高等统计概论研究生课程的讲授,有助于撰写空间信息理论、技术和应用的教材;日益壮大的科研团队也为教材提供了第一手材料。

本教材彰显 GISci 的科学观,阐明地理信息机理,演绎它的地学、数学和统计学基础,阐述空间分析和空间模型,阐释空间不确定性问题。深入浅出的讲解,有助于理论和解析方法相结合的教学效果的提高;实例分析的融入,演绎了实践环节在 GISci 学习中的重要性;每章列出思考题,鼓励学生理论联系实际;使用 ESRI 的品牌 GIS 软件系统(如 ArcInfo 和 ArcGIS 等),探索基于 GIS 软件系统的空间问题求解。本教材既可为本科高年级教学之用,亦可供研究生和科技人员参考。

本书在构思、立项和撰写过程中得到了许多专家、领导和同仁的大力支持与帮助。美国科学院院士 Michael Goodchild 教授一直关心我的 GISci 教学工作,并经常为我解惑;中国测绘科学研究院科技委主任林宗坚教授教导我应从信息论的角度探讨 GISci 和遥感的信息机理问题;国际摄影测量与遥感协会秘书长陈军教授作为中国 GISci 的领军人物之一,引导我走上 GIS 和 GISci 书山学路。武汉大学遥感信息工程学院的领导对作者的工作给予了大力支持和帮助,张剑清教授、舒宁教授和袁修孝教授等知名专家亦对作者的教学和科研给予了指导。我的博士生唐韵玮为本书的完稿付出了艰辛和不懈的努力,游炯、罗彬、翁宝凤等研究生协助完成了文字处理和英文翻译的浩繁工作。武汉大学出版社的编辑王金龙同志为本书的及时出版提供了大力帮助。

作者的家人对其 GISci 教材和教学工作以及相关基础型研究工作给予了充分的理解和支持。善良忠厚的父母、贤惠的妻子、青春年少的孩子,他们朴实的关心和忍耐,为的是我们的 GISci 梦想成真!

由于作者水平有限,书中错误疏漏难免,恳请读者批评指正。

张景雄

2009 年 9 月　于武昌珞珈山

目 录

第1章 概述 ·· 1
　1.1 地理信息系统 ··· 1
　　1.1.1 简介 ·· 1
　　1.1.2 发展趋势 ·· 2
　1.2 地理信息科学 ··· 4
　　1.2.1 从系统到科学的飞跃 ··· 4
　　1.2.2 科学问题 ·· 7

第2章 地理数据模型 ·· 14
　2.1 地理空间概念化 ·· 14
　2.2 场 ·· 16
　　2.2.1 模型 ·· 16
　　2.2.2 空间自相关 ··· 19
　　2.2.3 尺度 ·· 21
　2.3 对象 ··· 23
　　2.3.1 模型 ·· 23
　　2.3.2 矢量数据结构 ·· 26
　　2.3.3 面向对象的数据模型 ··· 27
　2.4 网络 ··· 29
　　2.4.1 模型 ·· 29
　　2.4.2 线性参考与动态分段 ··· 31
　2.5 时空表达 ··· 34
　　2.5.1 基于位置的模型 ··· 34
　　2.5.2 基于空间实体的模型 ··· 35

第3章 地球参考与地理坐标系 ·· 38
　3.1 大地测量学基础 ·· 38
　　3.1.1 大地水准面和地球椭球体 ··· 38
　　3.1.2 高程和深度参考系 ·· 39
　　3.1.3 用水平面代替水准面的限度 ·· 40
　3.2 坐标系统与坐标转换 ·· 42
　　3.2.1 坐标系统 ·· 42

3.2.2 坐标转换 ……………………………………………………………… 45
3.3 地图投影 …………………………………………………………………… 53
3.3.1 基本概念 ……………………………………………………………… 53
3.3.2 常见的地图投影 ……………………………………………………… 55
3.4 离散网格 …………………………………………………………………… 60
3.4.1 网格与地理格网 ……………………………………………………… 60
3.4.2 全球离散格网 ………………………………………………………… 62

第4章 测量与数据获取 …………………………………………………………… 66
4.1 地形测量 …………………………………………………………………… 67
4.1.1 控制测量与地形测图 ………………………………………………… 68
4.1.2 数字测图 ……………………………………………………………… 69
4.1.3 基于地形图的数据提取 ……………………………………………… 71
4.2 测量数据处理 ……………………………………………………………… 72
4.2.1 条件平差 ……………………………………………………………… 72
4.2.2 间接平差 ……………………………………………………………… 73
4.3 GPS 原理 …………………………………………………………………… 75
4.3.1 伪距测量与载波相位测量 …………………………………………… 77
4.3.2 差分 GPS ……………………………………………………………… 81
4.4 GPS 数据处理 ……………………………………………………………… 83
4.4.1 伪距数学模型 ………………………………………………………… 83
4.4.2 双差分载波相位数学模型 …………………………………………… 83
4.4.3 自由电离层 …………………………………………………………… 84
4.4.4 最小二乘法 …………………………………………………………… 85
4.4.5 GPS 测量定位误差 …………………………………………………… 86

第5章 遥感数据获取 ……………………………………………………………… 89
5.1 摄影测量原理 ……………………………………………………………… 89
5.1.1 成像方程及其应用 …………………………………………………… 89
5.1.2 相对定向与绝对定向 ………………………………………………… 94
5.1.3 解析空中三角测量 …………………………………………………… 97
5.2 数字摄影测量 ……………………………………………………………… 98
5.2.1 影像匹配 ……………………………………………………………… 99
5.2.2 影像特征提取 ………………………………………………………… 102
5.2.3 数字微分纠正 ………………………………………………………… 106
5.3 遥感物理基础 ……………………………………………………………… 112
5.3.1 物体的发射辐射 ……………………………………………………… 113
5.3.2 地物的反射辐射 ……………………………………………………… 115
5.4 遥感数据与处理 …………………………………………………………… 117

  5.4.1 遥感数据特性 ··· 118
  5.4.2 遥感数据处理 ··· 121
  5.4.3 定量遥感 ·· 128

第6章 数字地形分析 ··· 134
6.1 数字高程模型 ··· 134
6.2 坡度、坡向和表面曲率 ··· 138
  6.2.1 坡度和坡向 ·· 138
  6.2.2 地形曲率 ··· 139
6.3 地形因子的计算 ·· 143
  6.3.1 基于格网 DEM 的坡度、坡向计算方法 ······························ 143
  6.3.2 基于 TIN 的算法 ·· 148
  6.3.3 曲率计算 ··· 150
6.4 立体透视图 ·· 154
6.5 地形形态特征线的提取 ··· 157
  6.5.1 单流向算法 ·· 158
  6.5.2 多流向算法 ·· 159
6.6 流域分析 ··· 162
  6.6.1 流域描述 ··· 162
  6.6.2 水流网络计算 ·· 167

第7章 空间对象的几何计算 ··· 171
7.1 线段方程及其应用 ··· 171
7.2 直线生成算法 ··· 173
  7.2.1 DDA 算法 ·· 174
  7.2.2 Bresenham 画线算法 ··· 175
  7.2.3 并行画线算法 ·· 178
7.3 区域填充 ··· 180
  7.3.1 扫描线多边形填充算法 ··· 180
  7.3.2 内—外测试 ·· 184
  7.3.3 曲线边界区域的扫描线填充 ·· 185
  7.3.4 边界填充算法 ·· 185
  7.3.5 泛滥填充法 ·· 187
7.4 二维裁剪 ··· 189
  7.4.1 点的裁剪 ··· 189
  7.4.2 线段的裁剪 ·· 189
  7.4.3 多边形的裁剪 ·· 197
  7.4.4 曲线的裁剪 ·· 201
  7.4.5 外部裁剪 ··· 201

第8章 网络分析 ··· 203
8.1 路径分析 ··· 203
8.1.1 最小累积耗费路径 ··· 203
8.1.2 最短路径分析 ·· 207
8.2 连通分析 ··· 214
8.3 资源分配 ··· 218
8.3.1 选址问题 ··· 219
8.3.2 分配问题 ··· 221

第9章 空间抽样 ··· 224
9.1 抽样的统计学基础 ·· 224
9.1.1 总体与样本 ·· 224
9.1.2 抽样问题的描述 ·· 226
9.2 简单随机抽样 ··· 228
9.2.1 概述与使用 ·· 228
9.2.2 简单估计法(SE法) ·· 232
9.3 分层抽样法 ··· 236
9.3.1 概述与使用 ·· 236
9.3.2 分层抽样的简单估计法(SSE法) ································· 244
9.4 实例 ··· 248
9.4.1 基于相对有效性的整群抽样方案 ································· 248
9.4.2 以最大地减小克里金方差为目标,寻找最理想的采样方案 ········· 249

第10章 空间插值 ··· 255
10.1 概述 ··· 255
10.1.1 概念 ··· 255
10.1.2 空间插值的源数据 ··· 256
10.1.3 空间插值方法的分类 ·· 257
10.2 距离倒数加权方法 ··· 262
10.3 基于TIN的空间插值 ·· 265
10.3.1 确定包含内插点的三角形 ·· 265
10.3.2 基于三角面的插值方法 ··· 267
10.3.3 基于磨光函数的光滑连续插值方法 ····························· 268
10.3.4 基于TIN的插值方法评述 ··· 272
10.4 趋势面方法 ·· 272
10.4.1 模型 ··· 273
10.4.2 方法 ··· 274
10.5 薄板样条 ··· 275

第 11 章 空间预测的克里格法 ... 278
11.1 克里格法基本原理 ... 278
11.2 简单克里格法与普通克里格法 ... 280
11.2.1 普通克里格法的解算过程 ... 280
11.2.2 点克里格法的计算实例 ... 284
11.2.3 块段普通克里格法的计算实例 ... 286
11.3 指示克里格法 ... 288
11.3.1 指示变异函数 ... 288
11.3.2 指示克里格方程组 ... 288
11.4 泛克里格法和协同克里格法 ... 289
11.4.1 泛克里格法 ... 289
11.4.2 协同克里格法 ... 290

第 12 章 空间多变量分析 ... 292
12.1 地图叠置 ... 292
12.1.1 要素类型与地图叠置 ... 292
12.1.2 地图叠置方法 ... 293
12.1.3 破碎多边形 ... 295
12.1.4 地图叠置中的误差传播 ... 296
12.2 多准则评价 ... 297
12.2.1 传统 MCE 方法 ... 297
12.2.2 模糊评价方法 ... 298
12.3 相关分析 ... 302
12.3.1 两要素之间相关程度的测定 ... 302
12.3.2 多要素间相关程度的测定 ... 303
12.4 主成分分析 ... 305
12.4.1 主成分分析的基本原理 ... 305
12.4.2 主成分分析的计算步骤 ... 306
12.5 空间聚类 ... 307
12.5.1 主要聚类方法的分类 ... 308
12.5.2 层次聚类分析步骤 ... 309
12.5.3 模糊聚类分析 ... 312
12.5.4 其他聚类算法 ... 316

第 13 章 空间模型 ... 318
13.1 二值模型与指数模型 ... 319
13.1.1 二值模型 ... 319
13.1.2 指数模型 ... 321

13.2 线性回归模型 ··· 326
　13.2.1 回归模型 ··· 326
　13.2.2 平方和 ··· 326
　13.2.3 高斯最小二乘法估计回归参数 ······························ 327
13.3 二值 Logit 模型 ··· 330
　13.3.1 选择的概率模型 ·· 330
　13.3.2 最大似然估计 ·· 332
　13.3.3 Logit 模型的性质 ··· 335
13.4 系统模型与过程模型 ··· 337
　13.4.1 系统模型 ··· 337
　13.4.2 过程模型 ··· 338

第 14 章　时间序列分析 ·· 340
14.1 趋势分析 ·· 341
14.2 周期分析 ·· 345
14.3 随机时间序列分析 ··· 347
　14.3.1 时序模型的识别 ·· 350
　14.3.2 模型的参数估计 ·· 352
　14.3.3 时间序列的预测 ·· 355
14.4 基于时间序列分析的土地覆盖遥感 ································· 356

第 15 章　误差与空间不确定性 ··· 363
15.1 精度评估 ·· 364
　15.1.1 精度与准确性 ·· 364
　15.1.2 连续场精度 ··· 365
　15.1.3 类别场精度 ··· 367
　15.1.4 位置精度 ··· 368
　15.1.5 置信区间和样本大小 ·· 370
　15.1.6 假设检验 ··· 371
15.2 误差传播 ·· 374
　15.2.1 解析方法 ··· 375
　15.2.2 随机模拟方法 ·· 378
15.3 空间不确定性 ··· 381
　15.3.1 概率论与模糊集合 ·· 381
　15.3.2 方法与应用 ··· 384

参考文献 ··· 388

第1章 概 述

1.1 地理信息系统

1.1.1 简介

地理信息系统(geographical information systems,GIS)是一种用计算机创建的有关地理空间的数学化表达、空间操作、空间分析和可视化的信息系统,是应用于地理空间领域的科学、技术、工程和艺术的统称。

地理信息系统的定义是由两个部分组成的。一方面,地理信息系统是一门学科,是关于描述、存储、分析和显示空间信息的理论和方法的一门新兴的交叉学科;另一方面,地理信息系统是一个技术系统,是以地理空间数据库(geospatial databases)为基础,提供多种空间运算和解析分析,输出查询和分析结果,为地理研究和空间决策服务的计算机技术系统。

地理信息系统具有信息系统的各种特点。地理信息系统与其他信息系统的主要区别在于其存储和处理的信息是经过地理编码的,使得地理位置及与该位置有关的地物属性信息成为信息检索的重要部分。在地理信息系统中,现实世界被表达成一系列的地理要素和地理现象,它们至少由空间位置参考信息和非位置信息两个部分组成。

由于所存储的信息的特点,地理信息系统具有如下特征:第一,具有信息处理的空间性和动态性,已完成采集、管理、分析和输出多种地理信息等功能;第二,具有由计算机系统支持而进行的空间信息处理的优越性,因为计算机程序可以模拟常规的或专门的地理分析方法,作用于空间数据,产生有用信息,完成人类难以完成的任务;第三,具有计算机系统支持的地理信息处理的快速、精确、综合性,能对复杂的地理系统进行空间定位和过程动态分析。

虽为计算机软硬件系统,地理信息系统的内涵却是由计算机程序和地理数据组织而成的地理空间信息模型,即一个缩小的、高度信息化的地理系统;用户可从对地理系统在功能方面进行模拟,信息的流动及其结果完全由计算机程序来仿真。在地理信息系统环境下,客观世界抽象为模型化的空间数据,用户可以按应用目的考察现实世界模型的内容,获得分析和预测的信息,用于管理和决策;地理学家可以在地理信息系统支持下提取地理系统各不同侧面、不同层次的空间和时间特征,也可以快速地模拟自然过程的演变或思维过程的结果,取得地理预测或"实验"的结果,选择优化方案,用于管理与决策。

地理信息系统的学科渊源可谓独特。首先,GIS的发展大都(但不是所有)走用数字计算机处理和分析地图数据的道路。早期计算机不能处理复杂地图形式的信息,它们设计的目的是用于非地图形式的数字生产和操作处理;GIS是计算机发展和应用很多年后,才出现的用于处理地图数据的新技术。20世纪40年代,电子计算机问世;20世纪50年代前,瑞士气象学家用计算机辅助制作气象图；稍后 Terry Coppock 用计算机分析了农业地理数据；20世纪 50 年代末期，伦敦大学用计算机分析来自农业人口普查的大约 50 万条数据记录，并对这些数据进行归类，以备手工制图的需要；20 世纪 60 年代中期，加拿大的 Roger Tomlinsom 用计算机完成某些简单但劳动强度很大的加拿大土地详查工作，他被誉为加拿大地理信息系统（CGIS）之父，而 CGIS 被认为是第一个真正的 GIS。

地图自动生产是 GIS 形成的一个学科根源。一旦所有类型的信息以数字形式表达，这些信息的操作、拷贝、编辑和传输就变得非常容易。David Bickmore 是用 GIS 进行地图自动化生产的最初创始者。在 1964 年前，David Bickmore 和 Ray Boyle 建立了高质量的数字地图牛津系统。当时，完成制图自动化输出具有相当的复杂性，必须在完善的地图数据输入、显示和输出设备发展成熟之后，自动化制图技术的好处才能体现出来。到 20 世纪 70 年代早中期，地图数字化仪、交互式图形显示设备、绘图仪等设备价格才可接受，自动化制图机构也随之增加。

GIS 的又一学科根源可追溯到环境领域。在 20 世纪 60 年代，环境敏感性规划观点揭示了地表环境由一组相对独立的层组成，每层代表地表环境的特定组成，并形成了所关心的地表环境。地表环境的这些层可以包括地下水、自然植被或土壤。GIS 的产生也与城市学、人口统计学密切相关。人口统计是地理关联的，要求报表按地理单元的空间等级关系公布统计结果。在 20 世纪 60 年代后期，人口统计详尽表述的概念，推动了美国人口调查局提出的双重独立的地图编码系统（DIME）的发展。DIME 本质上是一个具有城市街道网络简单拓扑表达的 GIS，DIME 编码思想中的许多方法被重复应用在基于更大比例尺地图的城市功能基础设施的维护方面。

GIS 的产生还与遥感科学技术的发展密切相关。20 世纪 60 年代后期和 70 年代早期，作为潜在的、方便的与不可替代的地球观测（数据）源，遥感技术的发展也刺激着 GIS 的发展。当很多图层处理技术相当专业化时，为了将遥感信息和其他信息结合起来，愈来愈多的综合 GIS 变得更加重要。今天的 GIS 包含了广泛的图像处理功能，并且增加了不同类型的遥感数据源，可以选择不同功能对其进行处理，特别在对陆地景观变化的检测方面，综合 GIS 技术显得更加重要。

1.1.2 发展趋势

GIS 是一个技术创新和技术应用的新领域，也是变化迅速的一个新领域。毋庸置疑，计算机技术方面的发展对 GIS 的快速进步作出了主要贡献。因此，有必要回顾近年来与 GIS 相关技术的发展轨迹图，把握这些技术对 GIS 的影响。

直到 GIS 被关注，也许所有技术进步的根本原因，是计算机硬件方面的改善。20 年前，Intel 微处理器公司的创始人之一 Gordon Moore 提出，每 18 个月计算机硬件性价比将提高 1 倍。在 1997 年中期，硬件技术出现了新的发展特点，即在以后几年内处理器速度以等比级数增长。随着技术发展，不仅硬件系统变得既快速又便宜，而且硬件系统的物理尺度也变得愈来愈小，如现在笔记本和野外便携式计算机在 GIS 领域的普遍使用。硬件的部分性能已经被很多的成熟图形用户界面（GUI）所采纳，而强调空间分析功能提升了支持可视化和数据挖掘的硬件性能。

GIS 应用的一个主要特征是海量与多维数据（如 x,y,z 坐标）的使用，以及多用户对空间数据的连续访问。由于关系数据库(RDBMS)技术的快速发展,很多软件开发商开始用 RDBMS 管理非图形数据。今天,计算机性能、多用户访问技术和数据压缩技术已经在很大程度上得到提高,并且在一个 RDBMS 中存储图形和非图形数据的 GIS 软件系统也已经标准化。对象关系 DBMS 及其扩展功能的发展,使数据库管理系统能管理空间数据类的复杂数据类型。

网络技术重要性的提高深刻地影响着 GIS 的发展。20 世纪 80 年代后期,有了用局域网技术将计算机连在一起的策略。不久后,用户开始对广域网技术感兴趣,而用户对 Internet 技术的兴趣则更高,使 Internet 对 GIS 的影响更加深远。OpenGIS 协会(OGC)是一个由 100 多家公司、政府和大学组成的国际性协会。OGC 对用 OpenGIS 在不同性质系统间建立连接的互操作软件的开发方面,已经做了相当的努力。随着 Internet 的发展,开放对象标准和对象嵌入已经用于支持分布式计算。CORBA 和 OLE/COM 标准允许对象或数字信息包在不同的软件环境中自由传递,并且系统能够解释对象的内容。Java 语言已经提供了在整个 Internet 上传送程序模块和数据的手段,并且允许一个系统将一个进程送到另一个系统上去执行。

技术方面的每一个进步,都向提高存储、操纵、显示和查询地理数据能力的方向发展,并深刻改变数据信息计算实现的方式,即由一个用户与文件服务器交互的行为,变为由客户、服务器与数据信息源/操作目标对等方式的计算。

数据的生产与使用发生了许多重大的变化,深刻影响着 GIS 的应用和发展。20 世纪 90 年代迅速发展起来的 GPS 可用来采集新数据。低价手持 GPS 接收机能满足很多领域数据采集的需要,并且还可以参考美国实时导航和全球定位系统(NAVSTAR GPS)或与之相当的俄罗斯的实时导航和全球定位系统(GLONASS)记录的高精度地理信息。另一方面,通过不同的 GPS 获取的数据和对数据做后处理,可以得到比原始数据分辨率高得多的数字化数据。该技术对大范围与系列应用的数据采集,带来了革命性变化,特别是数据采集器发展到在采集数据的同时还允许输入空间数据的属性数据的阶段。总之,GPS 卫星定位和导航技术与现代通信技术相结合,促成了空间定位的技术革命:用 GPS 同时测定三维坐标的方法将使测绘定位技术从陆地和近海扩展到整个海洋和外层空间,从静态扩展到动态;从事后处理扩展到实时(准实时)定位与导航,大大扩宽了它的应用范围。

数字摄影测量系统利用人工和自动化技术,由数字影像生成各种数字和模拟的产品,而数字产品可直接输入 GIS。例如,数字正射影像图、数字高程模型(digital elevation models, DEM)之类新产品的广泛生产,大大降低了数据的生产成本。自 1991 年,框架性地理数据与专业性地理数据已经成为商业性产品,同时它们也成为一种战略性资源。企业 GIS 应用出现了愈来愈明显的连续发展趋势,并已经发展为服务于企业客户需要的一个高附加值的销售业和咨询业。

目前,多平台、多传感器航空、航天遥感数据获取技术趋向三高,即高空间分辨率、高光谱分辨率和高时相分辨率。中国将全方位推进遥感数据获取的研究,形成自主的高分辨率资源卫星、雷达卫星、测图卫星,以对环境与灾害进行实时监测。其次,航空、航天遥感技术愈来愈不依赖于地面控制,可以计算确定影像目标的 3 维坐标。摄影测量与遥感数据的计算机处理正逐步迈向自动化和智能化,多时相影像在变化信息提取与分析中正发挥越来越大的作用,全定量化遥感方法亦慢慢走向实用。摄影测量与遥感在构建"数字地球"和"数字城市"中正在发挥愈来愈大的作用(李德仁,2008)。

由于数字数据集的大量增长,GIS用户要知道有什么数据集存在,其质量如何,怎样得到它们,将变得更加困难。Internet技术的进一步发展,出现了一个重要的数据技术发展成就,即元数据("数据的数据")的在线生产服务(李德仁,2008)。1997年,出现了一个有重要意义的技术开发,即开发价格低廉、包含数据处理功能与元数据功能的智能数据产品,该产品也包含允许用GIS软件包直接快速访问数据的功能。随着数据技术的进一步发展,地理信息全数字信息库的开发逐渐变得可行,开始用图书馆学的方法支持地理信息的管理与共享。

GIS技术本身也呈现喜人的发展趋势。目前,GIS随着高分辨率卫星遥感数据的快速增加和数字城市等需求的增长,面向对象的数据模型和图形矢量库、影像栅格库和DEM格网库一体化的数据结构将更加灵活有效。空间数据的表达趋势是基于金字塔LOD(level of detail)技术的多比例尺空间数据库,在不同尺度表示时可自动显示相应比例尺或相应分辨率的数据,实现多比例尺、多尺度、动态多维和实时3维可视化。利用数据挖掘方法从空间数据库和属性数据库中发现更多的有用知识,从GIS空间数据库中发现的知识可以有效地支持遥感影像解译,从属性数据库中挖掘的知识又可以优化资源配置等一系列空间分析的功能。通过Web服务器和WAP服务器的互联网和移动GIS将推进数据库和互操作的研究与地学信息服务事业。目前,已兴起的LBS和MLS,即基于位置的服务和移动定位服务,突出地反映了这种变化趋势。

为了GIS的可持续发展,我们迫切需要探讨并解决一些理论问题,如空间数据表达、数据采集、数据精度、数据分析、显示、变化发现与空间数据库的更新、基于GIS的知识发现、数据的可交换性与安全性问题等。要解决上述这些问题,需要计算机科学、信息科学、通信科学、地理科学、环境科学、管理科学、测绘与遥感科学、数理统计、人工智能及专家系统等科学和技术领域的协同攻关。

1.2 地理信息科学

1.2.1 从系统到科学的飞跃

美国科学院院士、美国地理信息与分析中心(national center for geographic information and analysis)执行委员会主席、加利福尼亚大学教授Michael Goodchild于1992年提出了地理信息科学geographic information science(GISc or GISci)的概念和科学体系(Goodchild,1992)。地理信息科学是关乎GIS发展、使用和应用的理论。它讨论一些由于GIS和相关信息技术的使用而导致的基本问题(Goodchild,1990,1992;Wilson和Fotheringham,2007)。

地理信息科学是一个现代科学术语,是关于采集、量测、分析、存储、管理、显示、传播和应用于地理和空间分布有关数据的一门综合和集成的信息科学,是当前的测量学、摄影测量与遥感科学、地图学、地理信息系统、计算机科学等学科和模式识别、卫星定位技术、专家系统技术与现代通信技术等的有机结合。地理信息来自多种数据源,如地球轨道资源卫星、空间定位卫星、各种传感器以及地面测量和调查的结果;地理信息系统是以上多学科集成的基础平台,用于搜集、存储、管理和分析空间信息和数据;卫星定位、摄影测量与遥感是快速获取和更新地理信息的主要技术手段,目前正走向全数字化道路;地图学既用于地理信息的分析与处理,也用于地理信息的显示与表达。专家系统的引入将力求使数据采集、更新、分析和应用更加自动化和智能化(李德仁,2008)。

回到有关地理信息科学的关键名词的解释。科学是指基于经典统计假设检验或贝叶斯统计法则的推理。科学和文学是艺术的两种形式,艺术是文化的一种,而文化又是人类思维的一种。技术是利用机械帮人们解决问题。信息技术强调机械装置和硬件,而信息科学强调人们如何利用信息来认识自然(人类只是作为自然的一小部分),即强调逻辑、方法、软件和心理结构。信息是人思维的一种,数据是信息的一种,特别是对于存档的供今后使用的信息。数据有9种基本类型:文字、数字、符号、点、线、面、体、音调和节奏。地理数据通常指空间数据库所记录的点、线、面数据。地理信息是对世界和地图数据诠释的结果。因此,在选取数据进行信息绘制表示的过程中,要考虑选择什么样的数据以及如何选择数据。信息是从社会中建立的,它取决于决策和选择,而决策和选择本身又受到制度和政策的影响,认识这一点至关重要。

地理信息科学是博大精深的新兴学科,我们只能科海拾贝,通过它们折射其科学内涵和深邃的空间思维。下面,我们跟随 Goodchild 教授的学术思想,有选择地遨游 GISc 的广袤世界。

数据模型是我们用来在数字数据库中描述地理变量的逻辑框架。由于每一个都必须是一个近似,故而在两个模型中做选择时不仅要考虑可用的功能,还要考虑产品的精度。在过去十年里,地理信息系统发展的亮点之一是关于数据模型的讨论,如对于栅格和矢量的讨论,而现在的讨论加入了对象、图层、复杂物体的等级模型以及时空表达。我们仍没有一个甚至是对于二维静态实例的完整的、严格的地理数据建模框架。

数据模型作为地理信息表达方式——无论是作为概念上或是实际的观测数据的存储,其关键内容是表达地球上、地球内部和地表的现象。与数据表达紧密相关的是空间分析和地理建模。例如,在路径问题的研究中,空间信息是作为连接两地(以点的形式表示)的主要表达方式;在环境问题的研究中,空气污染、水污染或土壤污染可用网格的形式表示;但在另外一些研究中,这些实体可能会以定义了明确边界的多边形的对象来表达。这两种表示方法就是我们所熟知的基于位置的表达方式和基于特征的表达方式。

这些问题关乎我们将世界是看做分离的还是连续的、对象的集合还是场的集合,从而对其观察、分析、描述、建模。我们是认为空间中到处都是定义了值的变量,还是一个空旷的空间中散布着可能重叠的物体?实际上,这些论题使关于 GIS 的讨论从内部数据结构这个相对晦涩的概念而转到我们怎么理解地理变量这个更大众的问题上。每天,人们看到一个由物体组成的世界,然而自然过程科学对于连续变化给予更多关注。因而,面向对象的讨论威胁到使新的一代与那些启蒙时代的"顽固派"相争。四叉树、计算复杂性分析和弧节点数据结构都是有持久意义的突破。许多挑战性的问题仍旧存在,比如,地形数据模型间的转换要求对地形特征有一种很好的理解,并且可能要对地形类型有特定了解。未来,我们仍需要研究出有效的存储方法和处理海量数据的能力。

由于空间数据通常是地理空间实体的概括或近似,空间数据有很多不准确性或不确定性。不确定性可能是由于固定理论术语中的模糊概念造成的,或由于统计术语中微积分的概率所造成的。对于空间数据不确定性的研究及其测定和建模,以及在空间数据操作中生成的衍生数据的分析,这些都毫无疑问是地理信息科学的研究部分。那么,一个人在向数据库输入时如何对一个准确描述的地理变量进行编译?如何在数字描述中描述不确定因素和不准确因素?不确定性是如何从数据库蔓延至 GIS 产品的?

尽管所有地理数据在一定程度上都不确定,所有当前这一代的 GIS 都沿用了制图的一般做法,对地理物体进行描述时假定它们的位置和属性都是全部已知的;数据质量将可能不被注明。GIS 产品不确定性所引起的后果从未被统计过。医学影像分析的目的是如何从图片上判断物体的真实位置,而我们通常对于地理世界(或影像)的真实是没有一个明确概念的,因为地理实体大多是解译或概括的结果。我们需要更好的测量和描述不确定性的方法,尤其是对于 GIS 中常出现的复杂空间物体。我们需要更好的方法来将世界作为一个重叠连续性的集合处理,而不是将它放在一个严格有界的物体模型里。这些问题的大部分答案将来自于空间统计学,但地理信息专家必须提供目标和范例,并对所有目标和限制进行定义。地质统计学(特别是克里格法)可以用来研究不确定性建模。我们现在有许多常用的数字化误差模型,以及估算测量的结果(如周长和面积)。基于随机场的地理数据集的建模或衍生数据的建模可用来对 GIS 物体的不确定性进行建模。

地理信息系统经常受到这样的批评:它不能很好地关注于地图制图原理,或只是认为地图是一个简单的信息存储库,而非一个交流的工具。显示输出的设计很重要,因为它会影响到用户的世界视图。诸如像背景色的选择或相邻多边形之间的对比等看似简单的事也会产生重大的影响。电子显示的能力远高于传统制图。我们需要研究动画显示、三维显示、图标的使用和客户端的隐喻、颜色声调的持续渐变、变焦及浏览、同时访问空间的多窗口、即时系列的多元数据等。我们需要用电子媒介来获得比常规地图设计更有效的信息交流。所有这些都是地理信息科学的基础问题。

地理可视化(GVis)结合了数字制图科学的可视化,支持地理空间数据和信息的采集和分析,包括空间分析和仿真结果。GVis 使地理数据和信息的采集、分析及传输过程朝着信息可视化方向前进。与传统的制图相反,GVis 通常是用三维或四维(后者包括时间)来同用户进行交互。

空间分析可认为起源于早期的地图制图和测量,目前已渗透到社会许多领域,如景观生态学的研究、空间人口动态研究和生物地理学研究、流行病学方面的疾病区分析(著名的有 John Snow 绘制的霍乱暴发以及蔓延)。一个地理信息系统是一个可以支持很多空间分析工具,包括建立新的空间实体类的过程,分析实体位置和属性,以及利用实体的多个类别及它们间的相互关系来建模。它包括原始的几何操作,如计算多边形重心,或建立线缓冲区,以及一些更复杂的操作,如通过网络决定最短路线。尽管普遍认为分析是地理信息系统的主要中心目标,但 GIS 与空间分析的一体化的不足,以及许多 GIS 系统囿于相对简单的分析功能仍是一个主要问题。GIS 将已知的空间分析技术纳入到现有的产品这方面少有进步的原因有许多。一个明显的原因是,GIS 市场将重点放在信息管理而非分析上,因为 GIS 技术的利润市场只有相对简单的需求,强调简单的查询和制表;另一个原因是空间分析的相对模糊概念,没有一个清楚的或强有力的概念理论框架,主要瓶颈是现今对于地理数据模型低水准的理解。

GIS 和空间分析的一体化发展缓慢,经历了至少三种方式:分析功能直接被加到 GIS 中,松耦合分析、紧耦合。有效紧耦合形式下,数据可以在 GIS 和空间模块间传递,比如拓扑结构、实体确认、元数据或各种类型的关系。GIS 和空间分析一体化有可能以一种语言的形式组合，它的原始组分描述空间分析的基本操作，这样的一种语言起源于 GIS 的许多宏语言中，以及各种将 SQL 语言扩展到空间操作的尝试中。

在 GIS 和空间分析一体化过程中的另一个问题是，以前的空间离散是明确的，而在许多空间分析模式中还有隐含的或不详的。许多空间分析模式是基于连续域的，对于在不可避免的离散化过程中所引入的不确定性，它们就束手无策。比如，GIS 系统中没有一个独立于 DEM 数据结构的坡度计算方法。类似地，面状物体的边界长度的测量依赖于其数字化描述。然而，在空间模型中，斜坡和长度通常是作为简单参数处理的。于是，GIS 和空间分析的一体化是一个双向过程，GIS 和空间分析的不足之处都应予以克服。

随着地理空间数据获取和处理能力的增强，空间分析在日益丰富的数据环境下作用尤为突出。地理空间数据采集系统包括遥感、环境监测系统（智能交通系统）和定位技术（移动设备），都能提供近实时的位置服务。GIS 的数据管理、（距离）空间关系量算、连通性和空间像元之间的方位关系度量功能为其提供了很好的平台，同时还能对原始数据和地图分析结果作进一步的处理。

我们将在下一节讨论 GISc 的若干科学问题。如同读者通过学习后续章节可能会意识到的，本教材的重点将是对有关 GISc 的科学问题作进一步阐述。虽然我们不可能在书中对 GISc 的科学体系作完整的描述和说明，但至少可以领略 GISc 的科学之美。

1.2.2 科学问题

1. 空间依赖与空间自相关

地理学上有一种观点认为，临近实体比相距遥远的实体间更具有相似性。这种观点被称为"地理学 Tobler 的第一法则"，且可以总述为"一切物体都是同其他物体相联系的，同时与近距离物体间的联系比与较远距离物体间的联系更密切"。空间依赖性就是在一定的地理空间范围内一个物体的性质随其他物体的性质变化而变化的特性：也就是近邻物体间的特性主动或被动地呈现相关性。至少有三种可能的解释，其一是由于一种自然的空间相关关系，即任何在一个区域产生某种现象在邻近区域也会产生相似的现象。例如，一个城市邻近区域的犯罪率趋于相似是由于像社会经济状态、警力人数、营造犯罪机会的环境这些因素提供了均等的犯罪机会，即诱使一个罪犯犯罪的因素同时也可能诱使其他罪犯。其二是空间的因果联系，即一个给定区域内的某种特性直接影响邻近所有区域的特性。其三是空间的相互作用，即人类活动、商品或信息交换所产生的显著性区域相关。

传统统计学假定在独立情况下进行观察，因而无依赖关系的常规回归分析用于空间回归分析将得出不可靠的估计结果。区位效应还表现在空间的异质性，或是地理空间区位的过程性变化。每个区位相对于其他区位有其独特性，除非是一个均衡且无限的空间。这种独特性会影响到空间依赖关系从而影响空间进程。空间异质性意味着评估整个系统的总体参数可能无法充分描述任何给定区位的过程。

从统计学角度讲，空间依赖性引起空间自相关问题，如时间的自相关。在空间统计分析中，通过相关分析可以检测两种现象（统计量）的变化是否存在相关性。典型的空间自相关方法主要有 Moran's I 和 Geary's C，这些都需要一个空间权重矩阵来衡量，因为它描述了点位之间的地理空间位置关系的关联程度。例如，临近点的距离、公共边的长度或者判断它们是否属于指定方向的地类。经典的空间自相关统计数据比较了一对定点间的空间权重与协方差之间的关系。空间自相关性在随机指定的地理空间相近点上比想象中更为突出,当空间重要的负相关性表明相近点值比随机选取的值更具相异性时,空间自相关性也表明了空间图同国际象棋的棋盘很是相似。

Moran's I 空间和 Geary's C 空间自相关统计学在某种程度上说是全局性质的,它们对数据集的空间整体自相关的程度进行评价。空间异质性的各种可能性表明:在跨地理空间的空间自相关程度的估计有很大的差别。局部的空间自相关统计提供了评估分解空间分析单元的水平,能够评估整个空间的依赖关系。C 统计结果比较了邻近点区域内的整体水平,并确定了拥有很强的自相关性的局部区域。I 和 C 统计的各项意义是类似的。

2. 地理表达的扩展

目前 GIS 的表达在描述三维和动态过程、多尺度的交互、3D 环境下的空间关系查询、时空行为和跨尺度交互上还有所限制。首先,当前 GIS 中数据模型的限制很大程度上是因为传统制图的继续使用。传统的地图限制与二维静态的展示方式只有单一的尺度标准,没有与用户进行动态交互的能力,而这些限制又主要归结为制图材料(纸)的限制。在 GIS 中,当前的数据表达技术能够记录多变量之间的复杂关联,然而这些技术一般用来表达某一确定比例尺下的静态场景。很多二维表达在理论上可以扩展到三维应用(例如,表现空气和地下水的污染中心),但目前三维数据的表达和分析只用于商业的 GIS。一些三维地理数据操作系统已经在地理学和特定的分析中投入应用,但是这些系统没有灵活的表现方式和对复杂的、全球尺度分析的能力,也不能处理三维的拓扑关系——这对真三维的应用是至关重要的。

同样地,当前空间数据存储和访问技术处理与地球相关的问题也不具备操控日益复杂的、不同类型的数据。地球表面陆地面积大约是 1.5×10^{15} 平方米,若在 10 米的分辨率条件下,要求卫星影像数据提供一个单一的、完整的地表覆盖,将需要大约 1.5×10^{13} 个像素。若一个字节(byte)存储一个像素的单一值,则需要 1.5×10^{13} 个字节(合 15GB)的容量进行存储。卫星影像数据通常用格网阵列(或矩阵、栅格)表示,在几何学上是不可能用单一的矩形格网来表现地球的形状的(Dutton,1983),而三角网则不然,它具有许多显著的特点(Peuquet,1984)。

在 GIS 中建立动态过程十分困难,因为当今 GIS 数据模型只适用于静态情形,一系列具有时空特征的数据使得建立时空表达比建立三维表达更复杂。首先,不像地理区域,时间没有作为测度的空间单位(英尺,米)。其次,时间本身的属性就与空间不同,在一个给定的时刻,所有地方的所有事物都在这个相同的时间点。另外,时间是没有方向性的,只能是无限延伸,例如 1996 年 6 月 4 日这个时间只能发生一次。最后,时空过程的交互非常复杂,需要用某种特定的方式来表现。

从 GIS 中获取信息是一个选择的方式,地理现象的表达必须与科学应用的需求相一致,以确保 GIS 数据建模和决策的有用性。由于地理现象的空间特性会随着观测尺度而变化,并且其交互性也会跨尺度而存在,因而地理表达必须是动态的,有内在联系的多尺度的地理现象在时间和空间上也必须支持动态建模。地理数据库里的信息随时间的延伸需要增加和修改。另一个紧迫的问题是如何表达数据变化的精确度和可靠性程度,并把这个信息传送给用户。在处理模糊度和不确定性方面还需探索更多的方法,因为这是地理观测数据与生俱来的属性,这些方法对于整合多层次的多源数据也是至关重要的(Goodchild 和 Gopal,1989)。

从人们的观点来看,实体(城市等)间的空间关系通常以不精确的形式表达,并且只能在特定的场景中诠释(例如,纽约与华盛顿相邻吗?)。目前数据表达和查询的方式限制无法对准确值进行准确描述,例如"邻近"的概念(Beard,1994)。但是不精确的表达方式也是人们思维和决策的一个过程。为了使 GIS 成为真正实用的工具,无论是对于像全球变暖这类复杂的分析还是城市犯罪,或者日常决策问题,GIS 所使用的数据模型都需要调整以适应这种认知的表达。

所以,我们应发展一种新型的、多维的表达理论,能较为确切地反映人的认知能力,并且最低限度地减少计算的复杂性;发展典型的表达方法,使得地理数据库和关联分析能力具有可预测性。发展过程中都有实际问题需要解决,这些问题涉及多尺度、多维、不同种类的数据如何直接、快速地投入应用。相关的领域包括全球水循环,全球碳循环,森林、土地利用的变化和社会影响,犯罪,城市边缘的动态变化以及紧急事件响应等。

3. 空间尺度与可塑性面积单元问题

空间尺度问题一直是空间分析中存在的问题。它是一个简单的语言学问题,一些领域将"大比例"和"小比例"作为对立的两面。例如,制图者指的是比例的数学大小,1/24000"大于"1/100000,而景观生态学家提到的是他们研究领域的尺度范围,如陆地比森林要"大"。尺度问题影响了几乎所有的 GIS 应用,包括尺度的认知问题、尺度在哪些现象中容易被识别、最优化的数字表达、观测数据的技术与方法、概括和信息交互等。尺度涵盖了不同类型的问题,其研究需要各学科的共同努力,包括地理学、空间统计学、制图学、遥感专家、领域专家、认知科学和计算机科学等。

尺度变化一直以来都限制着信息细节的观测、表达、分析与传达,改变数据的尺度而没有理解这种行为的影响将会导致表达的过程或模式与预期的效果大不相同。例如,研究表明,若降低土地覆盖栅格地图的分辨率(用更大的栅格表示),表达时将会增加邻近类别的优势,但是同时也会减少大量小而分散的类别(例如某些湿地)(Turner 等,1989)。空间尺度问题从概念与方法上妨碍了所有学科使用地理信息。在信息时代,由多种数据源获取的海量地理数据通常有不同的尺度,在整合这些数据解决其他问题之前,基本的问题必须被重视。更重要的是,我们需要确保分析所得结论不随比例尺变化而变化。景观生态学家多年来未能做到这样。但是经过很长一段时间他们记述了景观要素的量化指标来描述景观要素特征,这些指标依赖于他们所采用比例尺。尺度问题研究的目的是,引起人们对涉及空间尺度以及时空尺度的各学科的关注,阐述和评估尺度的类型和影响,并通过对尺度影响的基本存在性的认可,来决定怎样接近和减轻尺度效应。

目前对各种现象与过程的尺度行为的研究(包括对全球变化的研究)显示很多过程的尺度并不是线性变化的,这意味着为了对在某尺度下的一个模式或过程进行描述,除了要进行尺度观测外,还需知道该模式或过程是如何变化的,这样缩放的过程才能很好地适应其相应的尺度。试图用不规则多边形或自仿射模型来描述尺度的行为已经证明是无效的,因为许多地理现象的属性在多重空间或时间尺度下并没有重复出现。

尽管人们对地理推论与决策制定上的尺度含义有长久的认识,仍有许多问题没有解决。地理信息的从模拟到数字形式的转变迫使数据用户用新方法对概念、技术和问题分析进行处理。GIS技术可以不顾尺度的差异而方便地整合数据,然而当我们要利用粗数据集(全国的或全县的数据),特别是当我们想比较粗数据集和其他离散数据(人口普查的信息)时就会产生问题。处理与表达局部范围、区域范围和全球范围的地理信息,对于从自然和社会角度去理解全球系统和二者之间的关系是一种解决途径。地理信息学家与领域专家的共同努力将有利于基本的尺度问题。未来的信息系统,尺度将更具有依赖性,能提供尺度管理工具,尺度效应具有定性的内涵,对数据尺度的描述有新方法,尺度变化实现智能自动化。

可塑性面积单元问题(modifiable areal unit problem, MAUP)是在某区域内对空间数据进行分析时所涉及的问题,因其结论取决于分析过程中所采用区域的特定形状或大小。空间分析和建模往往涉及如人口普查地带或流量分析区域类的空间单元块,这些单元反映了现实世界里收集的数据和建模遍历区域是不均匀的、有散的区域,因此空间单元是任意的、可塑的且富含人工成分(这种人工成分与空间聚集和界线的位置有关)。这些问题的出现是因为从这些区域分析得到的结果直接取决于被研究的区域。研究表明,不同形状和大小的区域内点数据的聚集可能导致相反的结论。可塑性面元问题和空间自相关是GISc核心问题。GISc与许多学科的研究者是有关的,因为这些核心问题经常在应用统计假设检验时被忽略。GISc认为,贝叶斯和传统的统计推断应考虑所分析的数据的空间结构。

4. 空间采样、内插与回归分析

空间采样涉及通过量测分析地理空间上的少数区位,而获得对于问题区域全貌的估计。依赖性表明我们能从一些点位估计某一点位的坐标属性值,而不需要在实际观测时观测所有的地区。异质性表明地区间的这种关系在空间上是可以改变的,从而我们不能依赖于这种关系而确定其属性值不变。

基本的空间采样方案包括随机采样、集中采样和系统采样。这些基本方案可多层次应用于一个指定空间层(例如,都市地区、城市、街道)。它也可用于开发辅助数据。例如,在一个空间采样方案中利用财产值作为指导来衡量一个区域的教育程度和收入水平。如插值模型和回归模型(见下文)等与样本设计密切相关。

空间内插的方法是根据地理空间已知观测点的值来估计未知观测点的值。基本的插值方法有反距离加权插值法:它是基于相近相似原理,即两个物体离得越近,它们的性质就越相似;克里格插值法是更为复杂的方法,它不仅考虑到了待预测点与邻近点数据间的空间距离关系,还考虑到了各参与预测的样点之间的位置关系。克里格插值法是对有限区域内的区域化变量取值进行无偏最优估计的一种方法,能更有效地避免了系统误差的出现。

空间回归方法在回归分析中能够得到空间的依赖关系,从而避免诸如可变参数和不可靠的意义检验的统计问题,同时还提供所涉及的变量之间的空间关系信息。根据特定的方法,空间的依赖性能够作为自变量和因变量或因变量和空间关系本身或误差项之间的关系进入回归模型。地理加权回归(GWR)是一种空间回归分析的局部形式,它的参数是由单位空间分析派生出来的。这也使得在评估因变量和自变量关系时确定了空间异质性。

5. 仿真与建模

我们急需更好地理解自然环境在所有地理尺度上对人类活动的影响。成熟的自然资源管理强调开发与储存之间的平衡以保持长期的环境生产力发展。这种平衡要求在多尺度上实现交互的时空分析,以阐释环境系统中复杂的内在关系。我们检验和完善这些模型,就需要对海量多维数据进行分析,特别是对整个地球随时间变化模式进行研究,如全球环流模型

(global circulation models, GCMs)。对于城市环境,我们需要一个交互式的、实时的方式来解决一些危及生命和财产的紧急事件(例如洪水、火灾)。随着人口增多、发展加快,通过模拟多个"怎样"的场景来预测人类与环境的交互作用得到了认可。

两个基本的空间仿真方法是元胞自动建模法和基于过程的建模。元胞自动建模法采用(如栅格单元)一个固定空间格局和指定的规则,这种规则决定了一个元胞存在状态必定以邻近元胞的状态为基础。随着时间的推移,邻近元胞的作用使该元胞的状态发生改变,也将改变其未来的状态。例如一个城市和它所在区域内,每一元胞代表了不同类型的土地利用。由局部土地利用的简易相关性看出,这也是产生市区和郊区的模式。基于过程的建模方法所使用的软件,是在实现它们有目的性的反应、作用以及用以改变它们的环境。不同于元胞自动建模法中的元胞单元,作用物可以在空间内随意地移动。例如它能够模拟交通流和动力学过程,主要通过作用物来描述如何尽量减少个别车辆由出发地到目的地之间的往返时间。在追求最小化的运动时间的同时,必须避免同其他车辆同样为寻求最小化的运动时间相冲突。元胞自动建模法和基于过程的建模法是互不相同但又具有互补性的建模策略。它们可以集成到一个共同的地理自动操作系统下,而有些作用物是固定的,有些却可以移动。

空间模型可为地区间资源流动指定控制关系。这一特性是与以数学规划为基础的城市模型所共有的,并在各经济部门之间或竞租理论中循环。空间分析复杂的适应性系统理论表明,邻近实体的一般的相互作用在总的水平上可能产生错综复杂、持久和功能性更强的空间实体。

"重力模型"在地理空间中可以估计人、材料和信息在区域间的流动量。其影响因数中包括原动力因素(例如居民区人口上下班流动量)、目的引力指数(例如工作区内办公楼数)以及成组两侧位置间的邻近度(如行驶距离或运动时间)。此外,地区之间的拓扑、连接关系必须确定下来,特别是要考虑距离和拓扑之间的冲突关系。例如,两个空间接近的区域中间隔着一条高速公路,那么它们之间的互作用可能就不是十分明显。在确定了这种功能形式的关系之后,分析者就能通过使用观测的流量数据和诸如最小二乘法或最大似然法等标准估计方法来估计模型参数。空间互作用模型包括各目的地之间的临近度及起点—目的地之间的临近度关系,这就获得了目的地聚类对资金流动的影响。类如人工神经网络的计算方法也可以估计地点间空间互作用的关系以及处理噪声和定性数据。

6. 不确定性

基于我们对地理数据的不确定性以及在数据分析中如何传播这种不确定性的理解,在环境管理、交通规划和国家安全等领域的决策中,我们必须发展能识别、定量、追踪、减少和展示(包括可视化表达)地理数据和 GIS 分析中的不确定性的策略。

地理数据(也称空间数据)关系到地理特征的三个属性信息:类型、位置和空间依赖(与其他特征的空间关系)。例如,一个森林的数据说明了森林的类型和其中混合的种类(类型属性)、森林的方位和规模(位置属性)和它周围的景观特征(空间依赖属性)。由于这些属性随时间而发生变化,使得地理数据十分复杂而难以管理。

地理数据本质上来说是地理特征或地理现象(地理现实)的观测值。地理现实通常不能完全量度,因为要获取整个景观中每个点的测量值几乎是不可能的。精确的测量也十分困难,因为景观是随着时间连续变化的,也由于仪器、财政预算和人本身的能力所限。那么,地理数据的发展也只是使它们更接近于地理现实,因此地理数据和地理现实在表达时就存在着差异,这种差异(或称不确定性)会随着在 GIS 中的数据管理和分析传播,甚至增大。GIS 中地理数据表示的基本方案(Couclelis,1992)不是动态的,而是以静态的、不变的视角展示世界。因此,不确定性是所有 GIS 结果中的一个基本元素。

不确定性分析评估 GIS 中地理数据和其试图表达的地理现实间的差异。不确定性和误差是不同的概念,不确定性是与差异相关的度量,而误差是差异的测量值(Goodchild 等,1994)。由于每个地理特征或现象的真值并不起决定性作用,并且这个差异的准确值在多数情况下是不可知的,因此应该用不确定性而不是误差来描述地理数据和 GIS 产品的质量。地理数据的三个成分中都存在着不确定性。识别这些不确定性的形式非常重要,因为决策者使用大量的地理数据和 GIS 技术来支撑决策。地理数据通常是在假定不存在误差的情况下使用,若决策者使用具有误差的数据而又不考虑其内在的不确定性,则很有可能作出错误的决策。

未来地理信息科学的优势很大程度取决于地理数据的质量与其合理地使用。我们应发展现有空间数据模型的表现方法,使得其能表现空间变异的不确定性,发展和探究对地理特征或现象的不确定性进行量测或评估的新技术,研究不确定性对数据处理的影响,研究和开发表示空间数据不确定性的有效工具,特别是包含了视频和音频的可视化技术。从长远来看,我们应研究将地理显示表达成一个复杂的、动态的整体的方法。现有的表现方法仅仅描述了关于时间、空间和地理属性的一小部分地理现实,简单静态的表现方法是空间数据的一个主要误差源。我们要发展更复杂的表现形式,使空间数据的不确定性最小化。我们要在 GIS 数据生命周期各阶段产生的不确定性之间建立交互作用。这个研究的主要内容是弄清不同数据源和不同数据尺度如何产生不确定性,以及这些不确定性在空间分析时如何传播并放大的。我们试图阐明各种不确定性起源的关系,以使在最终 GIS 产品中的不确定性可以被精确估计和记录。

7. 空间数据挖掘

随着大规模的数据库的迅速增长,人们对数据库的应用已不满足于仅对数据库进行查询和检索。仅用查询检索不能帮助用户从数据中提取带有结论性的有用信息。这样数据库中蕴藏的丰富知识,就得不到充分的发掘和利用,形成"数据丰富而知识贫乏"的现象。另外,从人工智能应用来看,专家系统的研究虽然取得了一定的进展,但是知识获取仍然是专家系统研究中的瓶颈。知识工程师从领域专家处获取知识是非常复杂的个人到个人之间的交互过程,具有很强的个性,没有统一的办法。因此,有必要考虑从数据库中发现新的知识。这一过程被称为数据库知识发现(KDD,knowledge discovery in databases),也叫数据挖掘(data mining)。数据库知识发现或数据挖掘的定义为从数据中提取隐含的、先前不知道的和潜在有用的知识的过程。数据挖掘技术集成了机器学习、数据库系统、数据可视化、统计和信息理论等多领域的最新技术,有着广泛的应用前景。

数据挖掘主要分为以下四个步骤:数据选取,数据仓库中的数据并不都与挖掘的信息有关,第一步只提取"有用的"数据;数据转换,在确定要进行挖掘的数据之后,要对这些数据进行必要的变换,使得数据可以被进一步地操作使用;数据挖掘本身,其具体技术很多,如分类、回归分析等;结果解释,挖掘的信息要参照用户的决策支持目的进行分析,并且要表现给决策者。当执行完一个挖掘过程后,有时可能需要重新修改挖掘过程,还可能增加其他数据,数据挖掘过程可以通过适当的反馈反复进行。

数据挖掘涉及的学科领域和方法很多,有多种分类法。根据知识发现任务,可分为分类或预测模型发现、数据总结、聚类、关联规则发现、序列模式发现、依赖关系或依赖模型发现、异常和趋势发现等;根据知识发现对象,可分为关系数据库、面向对象数据库、空间数据库、时间数据库、文本数据源、多媒体数据库、异质数据库、Web数据库;根据知识发现方法,可粗分为机器学习方法、统计方法、神经网络方法和数据库方法。机器学习中,可细分为归纳学习方法(决策树、规则归纳等)、基于范例学习方法、遗传算法等。统计方法中,可细分为回归分析(多元回归、自回归等)、判别分析(贝叶斯判别、费歇尔判别、非参数判别等)、聚类分析(系统聚类、动态聚类等)、探索性分析(主元分析法、相关分析法)等。神经网络方法中,可细分为前向神经网络(BP算法等)、自组织神经网络(自组织特征映射、竞争学习)等。数据库方法主要是多维数据分析或在线事务处理方法,另外还有面向属性的归纳方法。

空间数据库是通过空间数据类型和空间关系存储与管理空间数据。空间数据通常具有拓扑和距离信息,通过空间索引进行组织和查询。空间数据特有的性质给空间数据库的知识发现提出了挑战和机遇。空间数据库的知识发现或空间数据挖掘可以定义为,从空间数据库中提取隐含的知识和没有直接存储的空间关系、空间模式的过程。空间数据挖掘技术,特别是空间数据理解、空间和非空间数据关系发现、空间知识库构造、空间数据库的查询优化和数据组织,在 GIS、遥感、影像数据库等涉及空间数据的应用系统中很有应用前景。

思考题

1. 简述 GIS、GISc、geomatics 等名词的区别与联系。
2. 分析本章在讨论 GISc 的相关学科领域时是否有疏漏。
3. GISc 的主要科学内涵是什么?

第 2 章 地理数据模型

2.1 地理空间概念化

基于 GIS 的地理研究及应用的一个必要条件是对已知地理现象进行建模。为了模拟现实世界,抽象和归纳是必不可少的。作为复杂的多元系统,大多数空间分布的现象在时间和空间的不同尺度上变化着,地理学家、环境学家以及地质学家必须在任一特定的地理现象中选择最重要的方面,并将其作为信息抽象、提取、表达和交流的基础。

现实世界的抽象过程与地理学的概念化有关,这个抽象过程决定了如何模拟地理现象以及描绘空间数据。场(fields)和对象(objects)是两种不同但又密切相关的地理数据模型。举例来说,在小比例尺的公路图集中,地理信息通常以不同村落、集镇位置之间的里程数来描述,这些村庄和城镇通常用点对象表示;城市道路和街道的数据库通常记录和管理有关地址和路线等特征和属性信息(Noronha,1999);人口统计制图与分析一般使用由边界明确定义的多边形对象(Martin 和 Bracken,1991)。另一方面,一个区域内的污染物浓度、噪声水平、热岛效应倾向于被描述为等值线或者格网(栅格),这或许是最为普遍应用的场模型。航空航天传感器提供了日益增多的数字栅格形式的空间数据,可以便于建立栅格场模型。

以往,对象数据模型的发展主要是为了将纸质地图数字化。采用离散的点、线和面描述空间数据似乎与现实世界实体的类型是相容的,这些实体类型可以由测绘专家通过直接测量或者遥测手段获得。例如,在数字地图中,电力、通信电缆网络等可以通过离散的点和线来表示,这有利于对该通信网络进行精确记录和有效管理。

对象主要由它们的非空间特性来确定,例如地籍图中土地占有权和财产所有权,然后依据它们的空间(和时间)范围来划界。因此,在一个基于离散对象的模型下,空间数据以静止的几何对象及相关属性的形式来表示地理现实。因此,基于离散对象而建立的 GIS 很大程度上受到了最初的地理操作的限制,正是这些操作创建了新对象或者计算出了对象间的关系。

大多数地图特征是地理抽象或者地图媒介约束的结果,因此在现实世界并不存在。例如,线宽小于 0.5 mm 的土壤类型边界实际上是相邻多边形之间的过渡带。此外,还有为了数据库而人造的对象,例如栅格影像里的像素。众所周知,水的波动范围是比较广的,然而海岸线却已经在地图上被永久地记录。因此,仅使用对象模型来表现多种分辨率且不断变化的地表曲面是困难的,因为纸质地图上离散的、看似精确的对象处于单一且一致的分辨率上,其表达能力还是十分有限的。

地理空间现象无处不在并且处于不断变化的过程中。高程、大气温度和压强、植被和土壤类型是最为普遍的例子。因为这些现象在空间(和时间)上是连续的,所以环境模型经常以微分方程的形式表示。就此而言,场提供了另一种地理观点,用于自然模拟不断变化的、多元的以及动态的现象(Kemp,1997a,1997b)。

一个物理场被定义为分布于空间的现象,其属性可视为空间坐标的函数。在动态场的情形下,属性还是时间的函数。通过对现象的值取极限,某一现象就可以转化为场。这个过程是以对离散现象的连续概念化为特色、其结果为连续的密度场。因为测量必须在某些定义域内进行,所以这些密度场具有内在的尺度且必须与自然存在的物理场区别对待。

人们通常在连续的尺度上(interval scale 区间尺度和 ratio scale 比例尺度)量测自然和环境现象。温度和降雨量测量能达到量测仪器所允许的精度,可制作等压线图或者勾画地表的等值线图。然而,许多类似干旱、土壤以及植被现象的量测结果被视为属于某些特定种类,采用离散尺度(nominal scale 名义尺度和 ordinal scale 顺序尺度)。场是通过把区域划分为斑块(patches)或带(zones)而离散化的,并且假设变量在独立的带内(例如土壤类型和岩性单位)是恒定的,虽然它们可能更应该被客观地描述为是连续变化的(Duggin 和 Robinove,1990;Dungan,1998)。

经过多年的研究和实践,在何种情况下采用何种模型已基本达成一致。当所研究的现象可解释为由真实的或接近静止的实体组成时(这些实体可依据外部特征绘制),则应采用对象模型。由于财产所有权和边界必须被准确核实并精确测量,因此在城市数据库中,地籍数据通常作为对象进行储存。林业管理需要获取林分(forest stands)数据并进行分析,而林分被视为由边界和属性数据确定的多边形数据,尽管在独立的林分内存在空间异质性。另一方面,空间对象的数字表达不能解决地理复杂性(包括相互作用的部分或在空间和时间的不同细节层次上显示变异),而连续场可以更好地对其进行模拟。换言之,场模型非常适合于需要展示空间变化的 GIS 应用。如果不能清楚地理解潜在的空间分布,那么误用的数据模型将会导致数据与其预期所描述的现实不一致,更为严重的是建立在此基础上的 GIS "故障"。

尽管如此,场和对象共存,或者一方借助另一方优点的情形是大有可能的。地形可被视为一个大致连续的场,经常被诸如山峰和山谷之类的不连续现象扰乱,且经常包含诸如湖和道路之类的离散实体。绝大多数的应用采用对象来定义场域(field domain),例如水沿定义为对象的河流流动所定义的场。场变量的采样通常采取点、线、面的形式。另一方面,场可以描述对象集合的特性以及对象的组织结构。许多地理处理过程包括从场到对象的相互转变。例如,一个场的具体特征(例如山谷,山脊等)可以从高程模型中提取。密度场通常是由一系列离散的对象来模拟的。

除了场和对象模型之外,GIS 的另一种数据模型是网络模型。诸如交通等地理网络的信息、分析与应用离不开灵活有效的网络模型与分析方法。另外,地理系统与过程的特质之一是其时空动态特征,而时空表达方法是今后 GIScience 的研究方向之一。本章的后续内容将分别介绍地理数据模型的概念和方法,以期对场、对象、网络及其动态的表达等问题有较全面的理解。

2.2 场

2.2.1 模型

场是科学上的一个基本概念。场在地理信息科学领域的应用有其物理学的根源,如力场的概念用于描述由于物质、电荷等的分布对特定时空域中的虚拟单元所作用的力的现象。重力场和磁场是典型的力场。在数学上,一个场可以模拟为空间位置(和时间)的函数。于是,诸如大气压强、温度、密度和电磁波等现象均可被描述为空间和时间的函数。标量场在每一个位置上具有一个标量值,而向量场表示大小和方向都随空间位置变化的变量。如果一个场的定义域是连续的,那么该场就是连续的。连续场函数的概念不应与连续且光滑的数学函数相混淆,因为连续不是光滑的充分条件。

场模型中的一个重要概念是支撑(support)。任何一个场的抽样值是与支撑的一个元素相关的。例如,在一个城市非规则分布的点位上采样的夏季降水数据,该场的支撑是通过设置在城市地表不同点位的雨量计来实现的,它们是支撑的元素。场的数据则是这些仪器所量测值的均值。

严格地说,一个定义于数据支撑 B 上的场是一个函数 $Z(\cdot)$,它赋予 B 上每一个元素 x, 一个相应的场值。如果值域是实数而且是一维的,那么 $Z(\cdot)$ 是一个标量场。如果 B 是连续的,即它是测度空间的一个密集而紧凑的子集,则存在一个定义于其上的测度 $\|\cdot\|$,用来表示 B 中两元素 x_1 与 x_2 之间的距离:

$$\text{dis}(x_1, x_2) = \| x_1 - x_2 \|, x_1, x_2 \in B \tag{2.1}$$

场的测量值通常用小写字母 $z(x_s)(s=1,2,\cdots,n)$ 表示,而场的理论值用大写字母 $Z(x)$ 来表示。它们之间的联系为:

$$z(x_s) = \int_s \Phi(x) Z(x) \mathrm{d}x / \text{volume}(x_s) \tag{2.2}$$

其中:$\Phi(x)$ 是一个选择函数(selection function),s 表示 x_s 的邻域,$\text{volume}(x_s)$ 是用来标准化的,表示 x_s 的一个数量:

$$\text{volume}(x_s) = \int_s \Phi(x) \mathrm{d}x \tag{2.3}$$

由于每一个选择函数与 x_s 支撑的子集相关,所以将 $z(x_s)$ 视作 $Z(x)$ 在 x_s 的值是合理的。在许多应用中,采样场值 $z(x_s)$ 是场 $Z(x)$ 在 x_s 近邻的加权平均值(weighted average),其中权重由适当的选择函数给定。若 x_s 是一纯点,且量测结果正是在该点上精确地获取了场值,那么选择函数是以 x_s 为中心的 Dirac 分布函数:

$$\Phi(x_s) = \delta(x_s - x) \tag{2.4}$$

对于遥感影像,x_s 就是一个像素。一个简单的例子是像素 x_s 的均值,其选择函数由下式给定:

$$\Phi(x) = 1/\text{volumn}(x_s), x \in x_s \tag{2.5}$$

其中:$\text{volumn}(x_s)$ 是 $\mathrm{d}x$ 在 x_s 邻域上的积分,参见公式(2.3)。

根据所采用的空间采样方法,场可以用不规则点、规则点、等值线、多边形、格网和不规则三角网来建模,如图 2-1 所示。场模型涉及两种变量:类别型和连续型。前者的量测尺度为离散型(名义和等级)，而后者的量测尺度为连续型，拥有间距和比率特性。类别型变量的实例包括土地覆盖和土壤类型等，而连续型变量的例子有大气压强、大气温度、生物量、作物产量、地形高程、坡度及降雨等。

适合于类别型变量的场模型有四种，其中两种适用于面：网格模型(差异是通过确定矩形单元内的场值来描述)和多边形模型(平面被划分为不规则多边形)。对这两种模型而言，网格单元和多边形内的空间差异被忽略。此外，多边形模型经常消除了边界线的几何复杂程度。这在遥感影像分类中是显而易见的，每个像素被赋予一个主要的类别，具有同类别的相邻像素将被进一步平滑而生成多边形地图。因此，当将网格或多边形模型应用于类别型变量时，就导致了不确定性。

对于连续型变量，通常这六种模型都会使用。在TIN模型中，仅仅需要获得定义局域不连续性的临界点(critical points)来模拟空间变异(spatial variance)(Peucker 和 Douglas，1975)。所以，TIN常常为高程数据"预留"，这使得高度间断点和三角形边的坡度断裂线与地形能较好吻合。

如图2-1所示，采用多边形和网格模型可以查询一个变量在平面内任意一点的值，而对于其他场模型，场变量在任意点的值只能通过内插来获得。由于插值不是标准的，且从一个(不)规则分布的点集合中估计变量(如高程)依赖于所采用的内插方法，所以对于那些需要内插过程的场模型，研究不确定性的问题更为困难。对于基于不规则分布的点和等高线的

场模型	地理实体表示	变量的类型	实例
不规则点		连续型 类别型	气象站数据
规则点	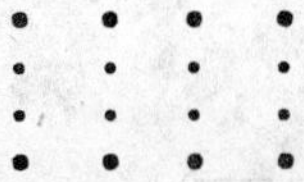	连续型 类别型	侧视激光数据
轮廓线		连续型	噪声水平数据
多边形	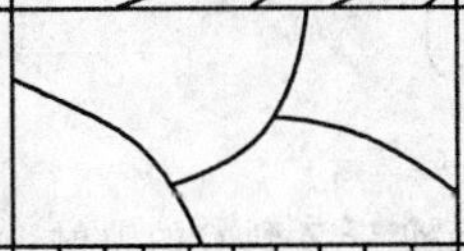	连续型 类别型	土地覆盖数据
格网	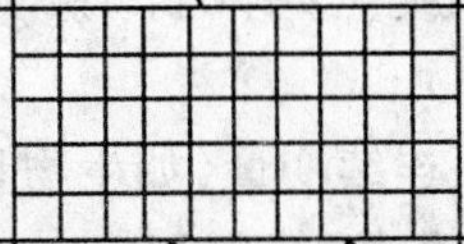	连续型 类别型	遥感数据
不规则三角网(TINs)	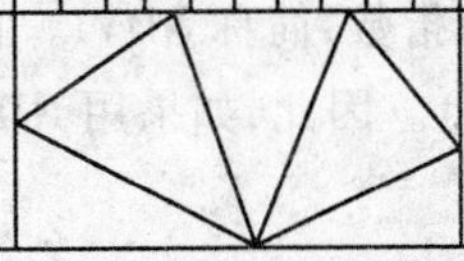	连续型	地形数据

图 2-1 场模型及其描述

插值更是如此,空间不确定性的格局是高度非均匀的,且不确定性的最低级别与点和等高线接近。因此从这种意义上来讲,只有网格和多边形模型是完全基于场的模型。

对于离散化的场模型,可以通过某些算子或算法来推导出一个空间解所需的描述型统计量或其他变量。这可能涉及场的算术或逻辑运算(两种运算相结合的情形更普通一些)。实际的例子比比皆是。我们常常统计降水数据用于计算季节平均值和空间分布差异。高程数据可用来计算坡度和坡向。

遥感传感器是以栅格形式记录地表发射或反射电磁波辐射的多光谱场。遥感的一个重要信息产品是土地分类图。它实际上等价于在由离散类别标识所组成的既定框架内估计类别变量。土地覆被是指覆盖在地球表面的物质,而土地利用是指土地的人文利用。一个较好的例子是一个地域在土地覆盖的层面上被分为森林,但它或许在土地利用的层面上是野生动物的栖息地或公众休憩场所等(Townshend 和 Justice,1981)。

越来越多的数字式传感器数据通过计算机统计处理来制作土地覆盖或其他地理变量的分类图。设 $C(x)$ 为位于像素 x 处的一个类别型变量(如草地或林地等)。给定 b 波段光谱辐射数据为向量 $Z(x) = (Z_1(x), Z_2(x), \cdots, Z_b(x))^T$,分类器可以根据某一种制图规则 CL 给每一个像素 x 赋予一个离散的分类代码:

$$C(x) = CL(Z_1(x), Z_2(x), \cdots, Z_b(x)) \tag{2.6}$$

这里的分类规则可能利用多元变量数据或者更适宜于利用以 $x=(i,j)$ 为中心的一个邻域内的空间依赖信息,如图 2-2 所示。

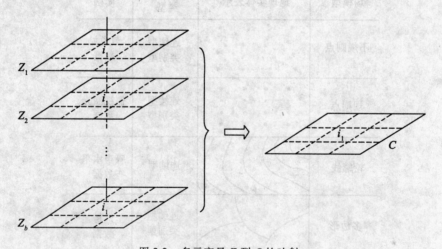

图 2-2 多元变量 Z 到 C 的映射

遥感也可用于提供成本效益高的有关连续变量(如生物量和植被指数)的数据。一个常用的植被指数是所谓的标准化差分植被指数,简称 NDVI。它是近红外和红波段的反射差值由它们的和标准化而得(Campbell,2008)。因此,如果用 NDVI(x) 表示一个像素 x 处的植被指数,则有

$$NDVI(x) = (Z_{NIR}(x) - Z_R(x))/(Z_{NIR}(x) + Z_R(x)) \tag{2.7}$$

其中:$Z_{NIR}(x)$ 和 $Z_R(x)$ 代表像素 x 在近红外和红波段的反射变量。

在多准则空间评价中(multi-criterion spatial evaluation),不同变量常常被叠置起来进行

灾害预测或者适宜性分析。采用公式(2.7)中多元变量 $Z(x)$ 的概念和配准后的变量(如高程、坡度、土地覆盖等)来求解计算是看似直接的方法(Laaribi 等,1996)。

2.2.2 空间自相关

空间自相关是指空间位置上越靠近事物或现象就越相似,即事物或现象具有对空间位置的依赖关系。如气温等的空间分布均体现了与海陆距离、海拔高程等的相关性。若没有空间自相关,地理事物或地理现象的分布将是随意的,地理学中许多空间分异规律就得不到体现。空间自相关性使得传统的统计学方法不能直接用于分析地理现象,解析其空间特征。因为传统的统计学方法的基本假设是独立性和随机性。为了分析具有空间自相关性的地理现象,需要对传统的统计学方法进行改进与发展,空间统计学就应运而生了。

给定某个位置测定的特定的场的值,自相关分析将帮助我们记述已知的观测位置在多大程度是有用的。自相关有三种:正自相关、负自相关和无相关(零自相关)。正自相关是最常见的,指的是附近的观察值很可能是彼此相似的;负自相关较少见,指的是附近的观察值很可能是彼此不同的;零自相关值的是无法分辨空间效应,观测值在空间上似乎是随机变化的。区分这三种自相关是统计方法正确应用的前提。

空间自相关分析包括全程空间自相关分析和局部空间自相关分析两部分(Getis 和 Ord,1996)。自相关分析的结果可用来解释和寻找存在的空间聚集性或"焦点"。空间自相关分析需要的空间数据类型是点或面数据,分析的对象是具有点/面分布特征的场。

全程空间自相关分析用来分析在整个研究范围内指定的场特性是否具有自相关性。局部空间自相关分析用来分析在特定的局部地点指定的特性是否具有自相关性。具有正自相关的特性,其相邻位置值与当前位置的值具有较高的一致性。对于空间自相关分析,当前常用的参数有三个,即 Moran's I, Geary C 和 G 统计量。

1. Moran's I 指数

Moran's I 是应用最广的一个参数,可用来进行全局空间自相关分析和局部空间自相关分析。全局空间自相关分析参数的定义为

$$I = \frac{\sum_{i}^{n}\sum_{j=1,j\neq i}^{n} w_{ij}(z_i - \bar{z})(z_j - \bar{z})}{S^2 \sum_{i}^{n}\sum_{j=1,j\neq i}^{n} w_{ij}} \quad (2.8a)$$

式中:n 是观察值(面元)的数目;z_i 是在位置 i 的观察值;$W = (w_{ij})$ 是对称的二项分布空间权重矩阵,其中每个元素 w_{ij} 表示位置 i 和 j 相似性的度量值(i 表示矩阵的行,j 表示矩阵的列)。我们用一种简单的连通性测量方法,如果区域 i 和 j 是邻近的,$w_{ij} = 1$,否则 $w_{ij} = 0$。$\bar{z}$ 和 S^2 的计算公式如下:

$$\bar{z} = \frac{1}{n}\sum_{i=1}^{n} z_i \quad (2.8b)$$

$$S^2 = \frac{1}{n}\sum_{i=1}^{n}(z_i - \bar{z})^2 \quad (2.8c)$$

Moran's I 取值区间为 $[-1,1]$,用于检测相近的统计单元的取值是否较距离远者更相似(当 I 为正数时)或相异(当 I 为负数时)。Moran's I 值越大,表明数据正的空间相关性越强。

局部空间自相关指数度量某特定面元与其他面元间的空间相似(异)性(Anselin,1995)。该参数的定义为

$$I_i = \frac{(z_i - \bar{z})}{S^2} \sum_{j=1,j\neq i}^{n} w_{ij}(z_j - \bar{z}) \tag{2.9}$$

式中：变量的定义如前。

对 w_{ij} 更精细的度量包括区域中心点之间的直线距离、公共边界长度的衰减公式。也可以采用不同的空间度量标准，如航线的连接，搭乘飞机、汽车、火车等不同交通工具出行的衰减方程，或者在一些(非空间的)网络中，个体及企业间的连接强度。

2. Geary C 指数

Geary C 指数用来分析全局空间相关性

$$C = \frac{(n-1)\sum_{i}^{n}\sum_{j}^{n} w_{ij}(z_i - z_j)^2}{2nS^2 \sum_{i}^{n}\sum_{j}^{n} w_{ij}} \tag{2.10}$$

C 值介于 0 与 2 之间。当其取值为 0 至 1 时，场 Z 的分布呈现空间正相关；当其取值为 1 至 2 时，场 Z 的分布呈现空间负相关；C 值为 1 时，场 Z 则为无聚集特征。

3. G 统计量

G 统计量由 Ord 和 Getis 于 1992 年提出，1994 年和 1995 年作了部分的修改，是 Geary C 指数的局域化，用来分析局部空间自相关性。空间统计量 G_i 定义为

$$G_i = \frac{\sum_{j=1,j\neq i}^{n} w_{ij} z_j}{\sum_{j=1,j\neq i}^{n} z_j} \tag{2.11}$$

其数学期望与方差的计算公式如下(Ord 和 Getis,1994)：

$$E[G_i] = \sum_{j=1,j\neq i}^{n} w_{ij} E(z_j) \Big/ \sum_{j=1,j\neq i}^{n} z_j$$

$$= \Big(\sum_{j=1,j\neq i}^{n} w_{ij}\Big)\Big(\frac{z_1}{n-1} + \cdots + \frac{z_i - 1}{n-1} + \frac{z_i + 1}{n-1} \cdots + \frac{z_n}{n-1}\Big) \Big/ \sum_{j=1,j\neq i}^{n} z_j \tag{2.12a}$$

$$= W_i/(n-1),$$

$$\text{var}[G_i] = \frac{W_i(n-1-W_i)}{(n-1)^2(n-2)}\Big(\frac{Y_{i2}}{Y_{i1}^2}\Big) \tag{2.12b}$$

式中：

$$W_i = \sum_{j=1,j\neq i}^{n} w_{ij}; \quad Y_{i1} = \sum_{j=1,j\neq i}^{n} z_j; \quad Y_{i2} = \sum_{j=1,j\neq i}^{n} z_j^2/(n-1) - Y_{i1}^2$$

为了便于解释，定义 G_i 的标准化形式为

$$Z(G_i) = \frac{G_i - E(G_i)}{\sqrt{\text{var}(G_i)}} = \frac{\sum_{j=1,j\neq i}^{n} w_{ij}(z_j - \bar{z})}{S_i \sqrt{w_i(n-1-w_i)/(n-2)}} \quad (i \neq j) \tag{2.13}$$

模拟表明(Ord 和 Getis,1994)，在原假设 z_i 周围不存在空间聚集的条件下，G 的分布接近于正态，所以，经常借助于正态分布检验 G 值的显著性。对于不同的观察值 N，在不同的

显著性概率(水平)下 G 值各不相同。例如,在 0.1 的显著水平下,40 个样本对应的 G 值为 2.79,100 个样本对应的 G 值为 3.07。检验显著的 G 值说明位置 i 周围是较高的数据,即数据具有空间上的聚集性。

前已述及,空间自相关度量场变量的空间相似性。近邻相似的场分布呈现出正的空间自相关;如果空间中邻近地点的场值差异比远处的还要大,那么整体模式就是呈现负的空间自相关;当场分布与位置无关时,空间自相关为 0。图 2-3 显示了用 64 个二值单元格(用黑色和白色表示)来表达简单的地理变化场。各幅图都由 32 个白色单元和 32 个黑色单元组成,但白色单元和黑色单元在空间排布上完全不同。

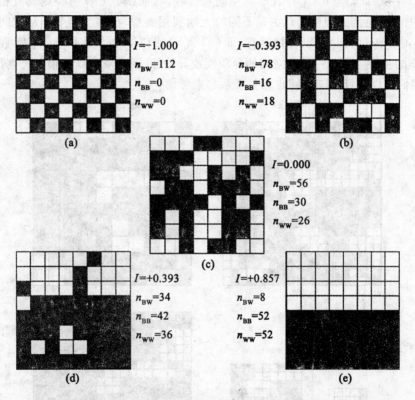

图 2-3 用黑色和白色单元表现的场的排列:(a) 极端的空间负相关;(b) 一个分散的排列;(c) 空间独立;(d) 空间聚集;(e) 极端的空间正相关。I 值是通过公式(2.8a)计算的(Goodchild,1986)

空间自相关是利用采样点、线或面的数据来度量这个场的平滑性。对于空间结构的理解,可以帮助我们确定一种好的采样策略,并在样本点之间,利用一种合适的插值方法,建立一种可以满足需求的空间表达。因此我们可以演绎地利用实际的或者关于空间自相关的知识,来建立世界的空间表达。空间自相关的度量方法依赖于所描述的地理分布,其度量尺度也是非常重要的。

2.2.3 尺度

尺度(scale)是与地理信息相关的、最基本的概念之一(Quattrochi 和 Goodchild,1997)。

在地理信息科学中,尺度既用来指研究范围的大小(如地理范围),也用于指详细程度(如地理分辨率的层次、大小),还用于表明时间的长度以及频率(时间尺度)。此外,在景观生态学中,还有所谓组织尺度(organizational scale),它是指在由生态学组织层次(如个体、种群、群落、生态系统、景观等)组成的等级系统中的相对位置(如种群尺度、景观尺度等)。在研究的范围大小上(空间尺度),往往以粒度(grain)和幅度(extent)来表达(见图2-4)。空间粒度指地理空间中最小可辨识单元所代表的特征长度、面积或体积(如样方、像元),对于空间数据如影像资料而言,其粒度对应于像元大小,与分辨率有直接关系。幅度是指研究对象在空间或时间上的持续范围或长度。具体地说,所研究区域的总面积决定该研究的空间幅度。如图2-4中的(a)、(c)、(d)、(e)其空间粒度相同,而(a)、(b)、(e)则具有相同的空间幅度。图中不同色调的栅格可认为是不同的土地利用类型、植被类型等。从空间覆盖分析来看,(a)、(c)、(d)、(e)可以直接运算,而(a)、(b)或(b)、(e)则不行。空间数据集成和GIS互操作的主要障碍之一就是空间的异质性或异构性,而异质性则依赖于尺度(如粒度和幅度)。我们可以将尺度与空间自相关联系起来考虑。

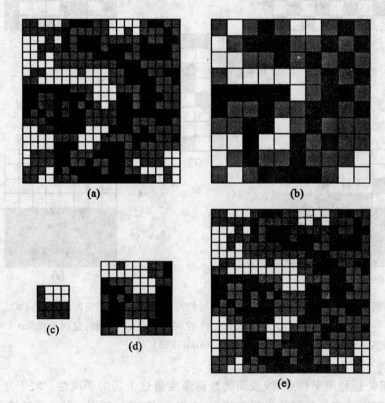

图2-4 空间粒度和空间幅度(邬建国,2000)

在时间尺度上,时间粒度指某一现象或事件发生的(或取样的)频率或时间间隔。例如,一些测量仪器的取样时间间隔或某一干扰事件发生的频率。而研究项目持续多久,则决定于时间幅度。短时期内的日常活动的节奏很快,甚至完全重复。活动模式常常显示出很强的时间正相关性(在上周的这个时间或是昨天的这个时间,你的位置会影响你现在的位置),但这需要对我们在每天的同一时间的活动进行同样的度量,即采用日间隔的时间尺度。如果样本度量每17个小时进行一次,你的活动模式的时间自相关的度量值会非常低。在空间自相关的度量中,采样间隔的问题也很重要,因为空间事件可以与空间结构相符。简言之,空间和时间自相关的度量都是依赖于尺度的。在一个给定的应用中,经常交互地使用空间分辨率与属性的细节程度来表达尺度,例如在遥感中交替使用空间分辨率和光谱分辨率。

另一个更为重要的特性是自相似性(self-similarity),图2-5中的镶嵌正方形可以用于表现这种特性。图2-5(a)是9个正方向属性的一个粗尺度表达,是一种负空间自相关模式。图2-5(b)是一个精细尺度的表达,解释了最小黑色单元以递归方式复制整个区域的模式。粗尺度的空间自相关模式在精细尺度下被复制,而且可以说整体模式显示了自相似性,这与中心地理论的理想化情形很相似。自相似结构是自然界和社会系统的特征,例如,从山上剥落的岩石可能与山的物理形状相似;小型海岸的特征可能与大型海湾和海港在结构和形状上相似。

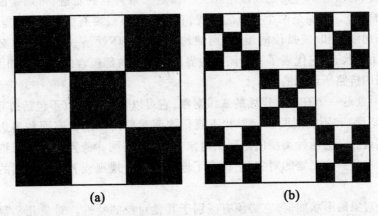

图2-5 不同尺度下的表达:(a)粗尺度;(b)精细尺度(Longley等,2007)

2.3 对　象

2.3.1 模型

许多空间问题的解决与实体以及它们的空间关系有关,对象模型对于空间数据的表述和分析是很有利的。例如,交通管理和规划需要一些主要的地理位置,如道路交叉口、街道、河流、桥梁等,它们都是现实存在的实体并且自然地被模拟为点、线或面。这些对象具有位置描述的标识,并且通常被赋予数量和质量的属性,比如点注释、道路数、桥梁跨度以及速度限制。地图数据被数字化为离散的点、线和面。其中大部分对象是对现存实体的模拟,另外一些是人工的抽象。

在一个基于对象的模型(object-based model)中,空间数据是以离散的点、线和面的形式存在的。点占据了非常小的面积,这与数据库的比例尺有关(例如,小比例尺地图上的城镇)。线被用来模拟真实的现状现象,例如高速公路、河流、管道和电力线等。

在正式介绍对象模型之前,我们首先对一些必要的概念下一个定义。实体就是现实存在且不能再细分的现象。特征是指一个已定义的实体以及对这个实体的描述。属性被定义为实体的一个特性,而且属性值是赋予一个对象的特定的数量和质量。当然,对象必须有明确的位置,通常是由坐标、邮政编码、地址等来表示的(Noronha,1999)。显然,一个基于对象的数据模型是把现实世界表达为由一系列对象及其属性组成的。图 2-6 表示了 NCDCDS 发布的一系列地理制图所用到的对象模型(NCDCDS,1988)。

首先,如图 2-6 所示,点和节点(nodes)是两类不同的点对象。点包括实体点、标志点、面的标识点。实体点主要就是用来标识一个点状实体的位置,如塔或历史地标。标志点就是用文字来标注地图和图表,从而辅助特征辨认。面的标识点是位于一个区域内且带有该区域属性信息的点。节点就是一个拓扑的交汇点或者是可以详细说明地理位置的端点。

其次,线包括线段(line segments)、线段组(strings)、弧(arcs)、链路(links)、链(chains)和环(rings)。线段就是两点的直接连线。线段组是由无节点、节点 ID 等的一系列线段构成,并且没有自相交,且不与其他线段组相交。弧是一系列点的轨迹,可以是由数学方程决定的曲线(如样条)。链路是两个节点的连线,有向的连接线要有明确的指向。链就是一系列不相交的有向线段和/或弧段的组合,两端均为节点。环就是一系列不相交的链、链路、弧、线段组的闭合状态,它代表了一个闭合边界而非一个内部包含的区域。如图 2-6 所示的环是由一系列的链路所组成的。

最后,面对象是一个有界且连续的二维对象,它可以包括也可以不包括边界。面对象有规则(通常是矩形)和不规则两种。形状不规则的面对象内部还含有面和多边形。一个内含面不包括其边界。有两种类型的矩形面对象:像素和格网。像素是一个二维不可再分的图像单元。网格是一个二维的对象,它代表了地表的一个规则或者近似规则的棋盘划分的一个元素。

不论一个对象的形状如何,它必须有区别于其他对象的特性。对象几乎都是由明确的边界线所界定的并且具有与位置无关的属性。这里,我们应该对场和对象加以区分。由于格网和多边形在场模型和对象模型中都有应用,这就可能造成混淆。

就场变量而言,多边形内的空间特性被描述为同质的——每一个多边形具有特定的值,即假设多边形范围内是恒定的。众所周知,即使是在被描述为同质的多边形区域内,变量值也是空间变化的。据此,基于场的模型提供了一种可以评估和合并多边形或者格网单元内部空间变异(spatial variability)的机制,多半是通过保留更多的源信息(source information)。

另一方面,就基于对象的建模来讲,多边形和格网单元具有不同于其在场模型中的作用。格网仅仅是为地学处理(geo-processing)而臆造的,并且可能与一些离散且带有边界误差的多边形相联。属性应当被看做是对象整体的,而不是某一部分的。例如,地块边界是经过精确调查的,并且像所有权、税收等属性都是对整个地块而言的。讨论一个地块内的离散点应向国家支付多少税款是极为困难的,换言之,我们几乎不可能去探究地块内部离散点的属性信息。

在计算机科学领域,数据建模是从层次、网络以及关系发展到面向对象的方法的。地理现象通常是由不同的层次组织起来的,例如道路地图、社会公共机构等与层次或树状结构非常吻合。在一个网络模型中,实体是一种相互连接的结构。关系模型用表格来存储实体及

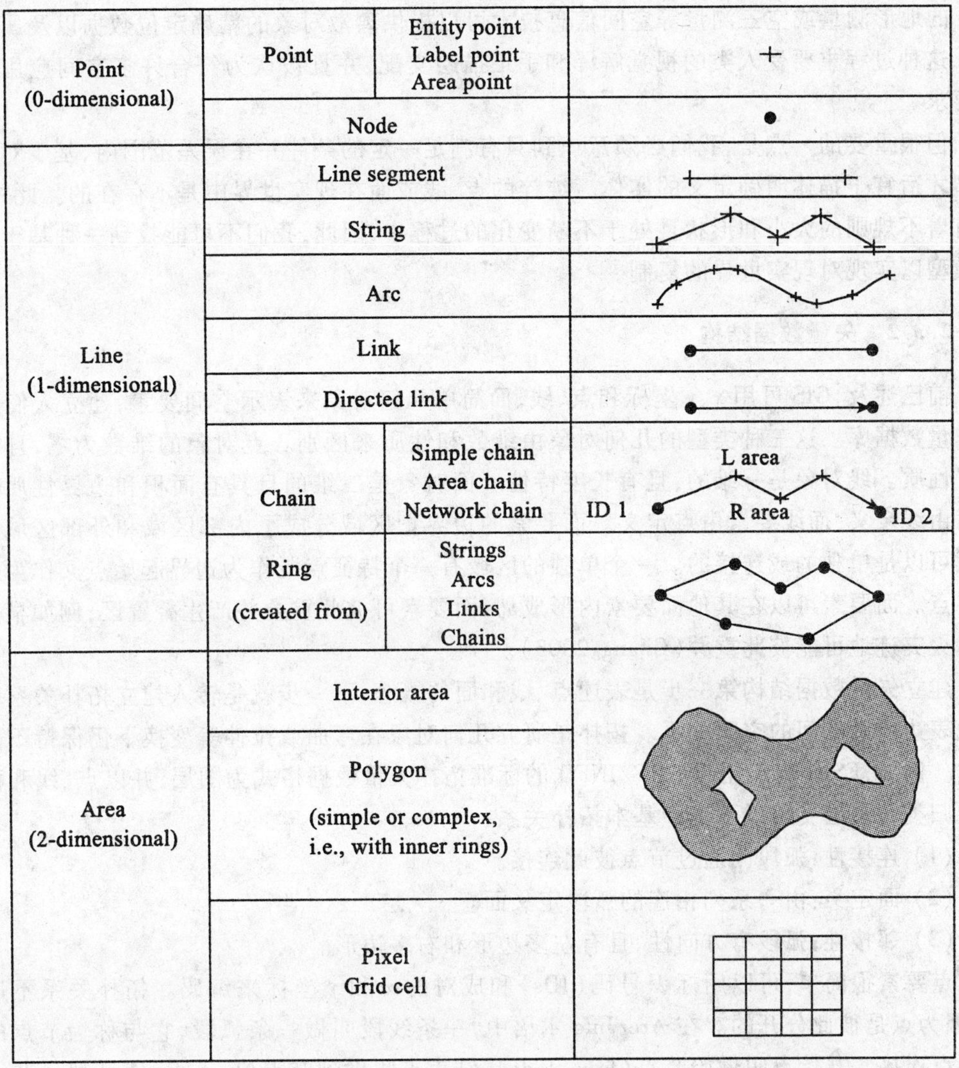

Point (0-dimensional)	Point	Entity point Label point Area point	+
	Node		●
Line (1-dimensional)	Line segment		
	String		
	Arc		
	Link		
	Directed link		
	Chain	Simple chain Area chain Network chain	ID 1 L area R area ID 2
	Ring (created from)	Strings Arcs Links Chains	
Area (2-dimensional)	Interior area		
	Polygon (simple or complex, i.e., with inner rings)		
	Pixel Grid cell		

图 2-6 NCDCDS 对地理制图对象进行的分类以及它们的图例

其属性,这依赖于全面索引来支持数据查询与操作。关系数据模型的拓展形式如地理关系数据在包括 ARC/INFO 的许多 GIS 软件当中占有重要的地位。由于单一的模型达不到数据存储和处理的理想效果,因此,通常在测试和升级中是多种解决方法结合。

对象、类、属性和关系等概念被 GIS 自然地容纳。几何学的基本元素演化成了地理数据中的对象。计算机科学与技术的蓬勃发展在面向对象的编程以及数据库建库技术方面是表现得最突出的。在面向对象的方法中,一类对象就意味着它们有着相同的属性以及运算法则。因此,101 高速公路应当继承高速公路这个类的所有属性。更进一步说,简单的对象可以组合成复杂的对象,一个大的对象可以划分为小对象。由于属性和定位的分离,通过面向对象的方法来对对象进行建模和管理就显得比其他方式更简单灵活。

从这一小节我们可以看出,一个基于对象的模型对于模拟像道路、建筑以及地块这类明确定义的实体是比较合适的,并且在地理制图方面得到了广泛的应用。配备有全站仪或者GPS的地形测量或空三测量等空间信息技术可以提供离散对象的精确定位数据以及属性数据。这种过程主要受人类的视觉解译和手工描绘支配,并且被认为符合许多空间应用的精度要求。

但很重要的一点是,我们必须意识到只有满足一定的条件并在误差范围内,基于对象的模型才适宜于描述明确定义的实体。纯粹的点、线或面在现实世界中是不存在的。此外,实体有着不规则的大小和形状且处于不断变化的过程中,因此,我们不可能找到一种基于对象的模型以实现对现实世界的复制。

2.3.2 矢量数据结构

前已述及,GIS 可用 x、y 坐标和点、线、面简单几何对象来表示空间要素,建立人们熟知的矢量数据库。这三种类型的几何对象由维数和性质来区别。点对象的维数为零,且仅有位置性质。线对象是一维的,且有长度特性。面对象是二维的且具有面积和边界性质。面要素由线定义,而线要素由点定义。面要素的边界把区域分成了内部区域和外部区域。面要素可以是单独的或连接的。一个单独的区域有一个特征点既作为边界起始点又作为边界的终点。面要素可以在其他面要素内形成岛,面要素可彼此重叠并产生叠置区,例如早先的森林火灾迹地可能彼此重叠(Chang,2003)。

建立矢量数据结构第一步是表述点、线和面的概念,下一步就是转入建立拓扑关系以明确地表达要素之间的空间关系。拓扑是研究几何对象在弯曲或拉伸等变换下仍保持不变的性质。例如,ESRI 规定用于 ARC/INFO 的标准拓扑矢量数据格式为图层,并以点、线和面对图层归类。图层支持以下三种基本拓扑关系:

(1) 连接性:弧段间通过节点彼此连接。
(2) 面定义:由一系列相连的弧段定义面。
(3) 邻接性:弧段有方向性,且有左多边形和右多边形。

点要素很简单,可以用标识号码(IDs)和成对的 x 和 y 坐标来编码。拓扑关系不适于点,因为点是彼此分开的。在 Arc/Info 术语中,一条线段叫做一条弧段,它与称为节点的两个端点连接。开始点叫做始节点(from-node),结束点叫做到节点(to-node)。弧段—节点表列出了弧段—节点的关系。弧段—坐标清单显示组成每条弧段的 x、y 坐标。面要素的数据结构建立在线状数据结构的基础之上,其中多边形/弧段清单显示多边形和弧段直接的关系,左/右多边形清单显示弧段及其左多边形和右多边形之间的关系。每个多边形都赋予标识点把多边形与其属性数据链接。

基于拓扑关系的数据结构有利于数据文件的组织,并减少数据冗余。两个多边形之间的共享边界在弧段—坐标清单中只列一次,而不是两次。而且,共享边界定义两个多边形,所以更新多边形就变得相对容易。

使用非拓扑矢量数据的主要优点是能比拓扑数据更快速地在计算机屏幕上显示出来。近年来,非拓扑数据格式已经成为标准格式之一,一些商业 GIS 软件包,如 ArcView,MapInfo 和 GeoMedia,实际上已采用了能直接用于不同的 GIS 软件包中的非拓扑数据格式。在 ArcView 中采用的标准的非拓扑数据格式叫做 shapefile。尽管在 shapefile 中,点是用一对(x,y)坐标来存储,线是用一系列的点来存储,多边形是用一系列的线来存储,但是没有描述几何对象空间关系的文件。shapefile 多边形对于共享边界实际上有重复弧段且可彼此重叠。shapefiles 可转换为图层,反之亦然。从 shapefile 转换到图层需要建立拓扑关系并去除重复的弧段。从图层转换到 shapefile 比较简单,但是如果图层存在拓扑错误,诸如线之间没有完全连接,则会导致在 shapefile 中出现要素丢失问题。

2.3.3 面向对象的数据模型

面向对象数据模型用对象组织空间数据。不像点、线和面的几何对象,对象在这里定义为一组性质,且能根据要求完成操作。据此定义,人们在 GIS 中用到的几乎一切事物均为对象。例如,一幅地图是一个对象,它有其坐标系和要素类型等性质,且能响应诸如放大、缩小和查询请求。

在 GIS 中应有面向对象数据模型所关注的一个领域是对象的结构方面(Worboys 等,1990;Worboys,1995)。用于对象分组的原则包括分类(classification)、综合(generalization)、联合(association)、聚合(aggregation)(Brodie,1984)。

分类的过程就是将若干实体归入不同的类别。而对于一个类中的实体,我们可以称其为这个类的对象,每一个对象都是这个类的一个特例。在面向对象的数据模型中,每个对象都有与其对应的一个类别。类别定义了其实例所具有的属性和行为。例如,一个城镇的模型中包含有居民区、商业区、街道和宗地等类,而一个位于"26 Grove Street"的居民房就是类"居民区"的一个对象。

综合,主要是对于超类(superclass)和其子类(subclass)之间的关系和一系列的行为进行概括。超类定义了它所有子类可以继承的属性以及行为,而子类又是其所属超类的特例,它可以具有超类没有定义的其他属性和行为,子类和超类都描述同样的对象。例如,居民区都是属于建筑物的,居民区就是建筑物的一个子类,建筑物是居民区的超类。位于"26 Grove Street"的居民房就是居民区和其超类建筑物的实例。在面向对象模型中,综合一般有两条属性:一个超类可以拥有多个子类;而其中的子类也可以再作为其他子类的超类。

联合是描述两种类型对象之间的关系。如果所有者和地块代表两种类型的对象,那么它们之间的关系可能遵循以下规则:①一个所有者可能拥有一块或更多地块。②一块地块可能被一个或多个所有者拥有。

聚合是整体—局部关系的不对称联合。例如,街区群连接形成一个人口普查片,人口普查片连接形成县。综合是在对象中识别共同点,并将相似类型的对象组成较高级别类型。例如,地块、分区和人口普查片地图可以组合成称为政区的较高级别类型。对象的分类形成等级结构,它把对象组成类型,并把类型组成超级类和亚类。例示是指一类对象可由另一类对象来生成。例如,人口密度大的住宅区对象可由住宅区对象来生成。特化是由一套规则区分出特定类型的对象。例如,道路可以根据日平均交通量来区分。

聚合的机制与联合比较相近,若干对象可以一起构成一个更高层次的实体,这个过程就称为聚合。例如,一个 City 就可以作为 House-lots、Streets 和 Parks 的聚合体,也可以说 House-lots、Streets 和 Parks 是 City 的一部分。

在 GIS 中应用面向对象数据模型关注的另一个领域是对象的行为方面(Egenhofer 和 Frank,1992)。继承是解释对象行为的基本原则:亚类从超级类继承性质和操作,对象继承亚类的性质和操作。假设住宅区为一个超级类,低密度区和高密度区为亚类。则该类住宅区所有性质均被它的两个亚类所继承。通过继承,在类型谱系中只需定义一次。附加性质(例如,非继承的)可以定义为特殊亚类将其与其他类型区别开来。例如,地块大小可以作为一种附加性质加到单独的低密度区和高密度区。继承又分为单一继承(single inheritance)和多重继承(multiple inheritance),在单一继承中,所有的子类都仅有一个直接的超类和多重继承,但是在现实生活中,我们会发现这种继承很难描述真正的复杂数据,所以延伸出了多重继承的概念,即一个子类可以有超过一个的直接超类。

封装(encapsulation)和多态性(polymorphism)是与对象行为方面密切相关的另两个原则。封装是指隐藏对象性质和操作的机制,以便对象可通过响应预定义信息或请求来完成操作。例如,多边形对象可通过返回多边形的物理中心来响应一个所谓的 ReturnCenter(返回其中心)的请求。多态性允许在不同对象中以不同方式实现相同的操作。例如,相同的请求 GetDimension(获取其维数)可送到一个点、一条边或一个多边形,但结果取决于要素类型。如果对象是一个点,返回数字 0;如果对象是一条线,返回数字 1;如果对象是一个多变形,返回数字 2。

许多人认为 Smallworld(现为 GE-Smallworld)是第一个应用面向对象数据模型的商业 GIS 软件包,但 Smallworld 的应用受限于设施和通信。在过去几年中与面向对象数据模型有关的发展有两次。第一次是面向对象的宏语言引入,诸如用于 ArcView 的 Avenue 和用于 MapInfo 的 MapX。这些宏使用户能改变用户界面或开发专用功能。第二次发展是面向对象编程语言如 Visual Basic 和 C++ 被 GIS 厂商采用,这些厂商如 Intergraph、MapInfo 和 ESRI 等。这些语言可用于使 GIS 应用软件用户化。

在 ArcInfo 8 中,伴随地理关系模型提供的地理数据库模型(geodatebase),是面向对象 GIS 的最新成员之一(http://www.esri.com/software/arcgisdatemodels)。直接面向个人或小组,地理数据库可以由输入的图层、shapefiles 和表格来建立。地理数据库的用户可以在数据库中添加行为(behavior)、性质(properties)和关系(relationships),并构建分类谱系。地理数据模型用点、线和多边形几何特征表示基于矢量的空间要素。点要素可以是一个点的简单要素或一组点的多点要素。线要素是一组线段,连接或不连接的线段均可。多变形要素是由一个或多个圈构成。圈定义为一组连接的、闭合的不交叉的线段(Zeiler,1999)。

即使面向对象数据库模型在不久的将来还不能应用于其全领域,GIS 用户也可以从中发现一些吸引人的概念。例如,Arc/Info 8 为对象分类提供了四种通用的验证规则:属性域、关系规则、连通性规则和用户自定义定规则(Zeiler,1999)。属性域用属性的一个有效值域或一组有效值将对象组合为类型或亚类。关系规则将有关联的对象连接起来。连通性规则让用户建立诸如河流、道路、电力和水体设施等几何网络。而自定义规则允许用户为高级应用创建自定义要素。这些验证规则可防止数据输入错误,以保证数据的完整性。

面向对象数据模型是面向对象技术的一个应用。GIS 用户可能对另外两个应用更为熟悉——用户界面和编程系统。面向对象的用户界面使用图标、对话框和图形对象(glyphs)代替命令行。例如,在 ArcView 中有面向对象用户界面,使用户可通过指向和点击与 GIS 软件包通信。面向对象用户界面可以对用户所选数据操作的选择限定定义范围,这样避免操作错误。

面向对象的计算机语言使用继承、封装和多态化原则,允许程序员根据程序逻辑流程来编写编码。Visual Basic 和 C++ 就是面向对象的计算机语言的例子。用于 ArcView 的宏语言——Avenue，也是面向对象计算机语言。Avenue scripts(脚本)能修改和扩展 ArcView 的用户界面以及它的分析能力。

2.4 网　　络

2.4.1 模型

网络是用于实现资源的运输和信息的交流的相互连接的线性特征。网络模型是对现实世界网络的抽象。在模型中,网络由链(link)、节点(node)、站点(stop)、中心(center)和转向点(turn)组成。

建立一个好的网络模型的关键,是清楚地认识现实网络的各种特性与以网络模型的要素表示的特性的关系。基于网络的空间模型与基于目标的模型在一些方面有共同点,因为它们经常处理离散的地物,但是最基本的特征就是需要多个要素之间的影响和交互,通常沿着它们连接的通道。相关的现象的精确形状并不是非常重要,重要的是具体现象之间距离或者阻力的度量。

网络模型的典型例子就是研究交通,包括陆、海、空线路,以及通过管线与隧道分析水、汽油及电力的流动。例如,一个电力供应公司对它们的设施管理可能既采用了一个基于要素的观点,又采用了一个基于网络的视点,这依赖于他们是否关心替换一个特定的管道,在这种情况下,一个基于要素的视点可能是合适的;或者他们关心的是分析重建线路的目的,在这种情况下,网络模型将是合适的。在考虑交通问题时,讲两点之间的直线距离是没有意义的,因为对于交通运输而言,两点之间的传输并不是沿着两点之间的直线进行的,一切都只能在交通运输网中的特定路径上进行。因此,两点间的距离表现为两点之间路径的长度。因为两点之间的相关路径可能有许多条,故以最短路径的长度来描述网络上两点之间的距离。

网络模型的基本特征是,节点数据间没有明确的从属关系,一个节点可与其他多个节点建立联系。网络模型将数据组织成有向图结构。结构中节点代表数据记录,连线描述不同节点数据间的关系。有向图(digraph)的形式化定义为:
$$Digraph = (Vertex, \{Relation\})$$
其中:Vertex 为图中数据元素(顶点)的有限非空集合;Relation 是两个顶点(vertex)之间的关系的集合。

有向图结构比树结构具有更大的灵活性和更强的数据建模能力。网状模型可以表示多对多的关系,其数据存储效率高于层次模型,但其结构的复杂性限制了它在空间数据库中的应用。网状模型反映了现实世界中常见的多对多关系,在一定程度上支持数据重构,具有一定的数据独立性和共享特性,并且运行效率较高。但它在应用时也存在以下问题:① 网状结构的复杂,增加了用户查询和定位的困难;它要求用户熟悉数据的逻辑结构,知道自身所处的位置。② 网状数据操作命令具有过程式性质。③ 不直接支持对于层次结构的表达。④ 基本不具备演绎功能。⑤ 基本不具备操作代数基础。

网络的 Link 构成了网络模型的框架。Link 表示用于实现运输和交流的相互连接的线性实体。它可用于表示现实世界网络中的运输网络和高速公路、铁路,电网中的传输线和水文网络中的河流。其状态属性包括阻力和需求。Node 指 Link 的起止点。Link 总是在 Node 处相交。Node 可以用来表示道路网络中通路交叉点、河网中的河流交汇点。Stop 指某个流路上经过的位置。它代表现实世界中邮路系统中的邮件接收点或高速公路网中所经过的城市。Center 指网络中一些离散位置，它们可以提供资源。Center 可以代表现实世界中的资源分发中心、购物中心、学校、机场等。其状态属性包括资源容量，如总的资源量、阻力限额（如中心与链之间的最大距离或时间限制）。Turn 代表了从一个 Link 到另一个 Link 的过渡。与其他的网络要素不同，Turn 在网络模型中并不用于模拟现实世界中的实体，而是代表 Link 与 Link 之间的过渡关系。

网络用于研究网络中资源和信息的流向，这就是网络跟踪的过程。在水文应用中，网络跟踪可用于计算大坝上游水体的体积，也可以跟踪污染物从污染源开始，沿溪流向下游扩散的过程。在电网应用中，可以根据不同开关的开与关的状态，确定电力的流向。网络跟踪中涉及的一个重要概念是"连通性"（connectivity），这定义了网络中弧段的连接方式，也决定了资源与信息在网络中流动时的走向。弧段与弧段之间的连通多数情况下是有向的，网络的流向是通过弧段的流向来决定的。在弧段被数字化时，From 节点与 To 节点的关系就定义了弧段的流向。

在远距离送货、物资派发、急救服务和邮递等服务中，经常需要在一次行程中同时访问多个站点（收货方、邮件主人、物资储备站等），如何寻找到一个最短和最经济的路径，保证访问到所有站点，同时最快最省地完成一次行程，这是很多机构经常遇到的问题。在这类分析中，最经济的行车路线隐藏在道路网络中，道路网络的不同弧段（网络模型中的 Link）有不同的影响物流通过的因素（网络模型中的 Impedance）。路径选择分析必须充分考虑到这些因素，在保证遍历需要访问的站点（网络模型中的 STOP）的同时，为用户寻找出一条最经济（时间或费用）的运行路径。

资源分配（allocate）模型反映现实世界网络中资源供需关系的模型。"供"（supply）代表一定数据的资源或货物，它们位于被称之为"Center"的设施中。"需"（demand）指对资源的利用。Allocate 分析就是在空间中的一个或多个点的资源分配的过程。为了实现供需关系，在网络中必然存在资源的运输和流动。资源要么由供方送到需方，要么由需方到供方索取。阻值说明网络中的要素抵抗资源流动或增加资源运输成本的能力，如电站输电的成本、学生到学校所需要的时间等。一个城市的适龄儿童可以到多所学校去上学。有选择就有优选，这就是将 Allocate 叫做"资源分配"的原因。哪些学生到哪所学校去上学，这里存在优化配置的问题。优选实现的目标包括两个方面：第一，对于建立了供需关系的双方，供方必须能够提供足够的资源给需方；第二，对于建立了供需关系的双方，实现供需关系的成本最低。如要求在学生从家到学校的时间尽可能短的情况下，决定哪些学生到哪所学校入学。

利用人们习惯的地址（街道门牌号）信息确定它在地图上的确切位置的技术，称为地址编码与匹配。客户名单、事故报告、报警中所使用的定位信息多数是按人们习惯的街道门牌号等文字形式提供的，经常在地图上需要迅速定位。例如 110 接警后，需要迅速定位求救地点，然后才可以采取进一步措施（例如寻求最优路径前往救助）。地址编码和地址匹配就是用于解决此类问题的。

选址和分区分析是决定一个或多个服务设施的最优位置的过程，它的定位力求保证服务设施可以以最经济有效的方式为它所服务的人群提供服务。在此分析中，既有定位过程，也有资源分配过程。常用来解决的实际问题包括：加油站位置的选择，急救服务站位置的选择，学校的选址，等等。

2.4.2 线性参考与动态分段

传统的"弧段—节点"数据模型具有静态性、属性唯一性、信息分散性和冗余性等不足，无法完好地表达现实世界中线性要素属性中的多重"事件"。动态分段可以有效地解决多重属性线性要素的表达问题，将属性从点—线的拓扑结构中分离出来，通过线性要素的量度（如里程标志）来利用现实世界的坐标，把线性参考数据（如道路质量、河流水质、事故等）链接到一个有地理坐标参考的网络中，建立基于线性特征的网络数据模型。

例如，在利用 GIS 及动态分段技术进行河流一维水质扩散模拟和空间显示分析中，通过建立动态分段数据库，能够动态地显示某一河段不同污染物的不同浓度变化规律，区分出空间上同属一个河段的不同分段的属性特征。动态分段的实现首先要建立段属性表以及路径属性表，然后通过建立事件表与路径表之间的关联来完成。根据河流及其断面设置情况，建立路径系统，赋予各个动态段河流水质属性，从而进行河流水质动态模拟、分析与监测。

现有的 GIS 中，线状特征多数是用"弧段—节点"模型来模拟的。该模型主要由弧段组成，弧段有两个节点、一组坐标串和与之相连的属性信息。但该模型局限于模拟描述线性系统的静态特征，而对于诸如弧段所对应的属性是一对多的关系、弧段的属性需要分段处理等情况，则有些捉襟见肘。

"要素—属性"的一对多关系是指某一线状实体在同一位置所对应的属性信息是多个的情况，例如在城市中，一条道路有多条公交线路经过，而经过每条道路上的公交线路数目可能不同。在"弧段—节点"模型中，一条弧段只与属性表中的一条记录对应，为了表达这种一对多的关系，用来存储属性信息的关系就会越来越长，但有些弧段的某些数据项还可能是空的，产生严重的数据冗余；有时一条弧段的属性在某一段发生变化，就必须在属性变化处打断弧段增加节点来反映属性的变化，如果多处发生变化，要增加的节点就会很多，管理、更新整个线性系统就很困难，在属性段有重叠的情况下，将会更加复杂。另外，在以往的网络数据模型中都用网络节点（弧段的端点）作为站点、中心，现实世界中站点有可能不是恰好位于弧段的交点上，而是位于弧段的中部，这种情况对于传统的数据模型就比较难以表达。

"弧段—节点"数据模型采用 x、y 坐标来定位点、线、多边形和高级对象，但地理网络所要模拟的客观事物通常是采用线性系统的相对定位方法，即采用与某个参考点的相对距离来定位。例如，交通部门一般用线性定位参考系统来确定沿道路和运输路径的事件（如事件和道路质量）和设施（如桥梁和管路等），即从已知点（如路径的起点、里程标志或道路交叉口）用距离量测来确定事件的位置。

动态分段模型用路径、量度和事件把平面坐标系统与线性参照系统（linear reference system，LRS）有机地组合在一起，即保留网络图层的原始几何特征，同时利用相对位置的信息将地理网络与现实世界连接起来，能够有效地解决线性要素多重属性的表达问题，尽可能地减少数据冗余。动态分段是对现实世界中的线性要素及其相关属性进行抽象描述的数据模型和技术手段，可以根据不同的属性按照某种度量标准（如距离、时间等）对线性要素进行相对位置的划分。对同一个线性要素，可以根据不同的度量标准得到不同的相对位置划分方案,相对位置信息存储在线性要素的某个属性字段中,用它可以确定线性要素上的不同分段。在动态分段中,线性要素的定位不是使用 x、y 坐标,而是使用相对位置的信息来实现的,例如说明一个站点的位置,可以用(2341,5657)来定位,也可以用"距学校 5 km"来表示,其中后者便是动态分段的定位方法。

动态分段是可以用相互关联的量测尺度来表示线性要素的多种属性级的技术,主要特点为:

(1) 无需重复数字化就可以进行多个属性集的动态显示和分析,减少了数据冗余。

(2) 不需要按属性集对线性要素进行真正的分段,仅在需要分析、查询时,动态地完成各种属性数据集的分段显示。

(3) 所有属性数据集都建立在同一线性要素位置描述的基础上,即属性数据组织独立于线性要素位置描述,利于数据更新和维护。

(4) 可进行多个属性数据集的综合查询与分析。

动态分段模型在"弧段—节点"模型基础上进行了扩展,引入段(section)、路径(route)、事件(event)、路径系统(route system)等分别用来模拟线性系统中的不同特征。

弧段、段和路径都可以用来表示线性特征。弧段(arc)是线状目标数据采集、存储的基本单元,矢量 GIS 中的弧段一般通过数字化获得,弧段的一部分作为边参与网络的生成,或者多条弧段合并成一条边参与网络的生成。

段是一条弧段或者其中的某一部分,段与段之间反映了沿路径方向线性特征属性的变化,段的属性记录在段属性表中,通常分为两部分:第一部分反映了段与路径、弧段之间的图形和位置关系,实际上,它只记录了段在这个部分的起止位置,而不记录段所经由的各个内点的坐标,如果要提取段的几何数据,可以通过它所引用的弧段和起止位置联合计算获得;第二部分是用户定义的属性。段没有被单独作为弧段数字化,因而不是传统意义上的弧段,称为动态段。与之相对应的是动态节点,是基于某种度量标准记录的弧段上的相对位置,通常是采用沿弧段方向的长度比率,如果动态节点恰好位于弧段的首点或尾点,那么就与节点一致。网络图层记录所有动态节点的集合,其中包括节点和纯动态点,而在段属性表中记录的是它们在动态节点集中的索引号。

路径是一个定义了属性的有序弧段的集合,可以代表线性特征如高速公路、城市街道、河流等。一条路径至少应包括一条弧段的一部分,它可以表示具有环、分叉和间断点的复杂线状特征。一条路径通常由一些段组成,每个段有一个起始位置和终止位置以定义其在弧上的位置,根据段在路径中的位置,采用相对定位的方法,给定路径起始位置一个度量值(通常为 0),路径上其余位置则相对于该起始位置来度量,单位可以是距离、时间等。一个段将定义路径的起始度量和终止度量,起始度量和终止度量将决定路径沿弧的方向,但它的起止点并不一定与原始的线性要素相一致。段和路径分别有各自的属性表,用户可以给路径中的每个段添加属性,生成路径的优点就在于用户在路径上定义线性特征的属性,完全不会影响下面的弧段。每个路径都与一个度量系统相关,如前所述,段的属性(或称事件)等是根据这一度量标准来定位的。路径系统(route system)是具有共同度量体系的路径和段的集合,是动态分段的基础,只有在建立路径系统的基础上,才能够将外部属性数据库以事件的形式生成事件主题,从而进行动态的查询、管理与分析。

事件是路径的一个部分或某个点上的属性,如道路质量、河流水质、交通事故等。事件包括点事件(point events)、线事件(linear events)和连续事件(continuous events),如图 2-7 所示。

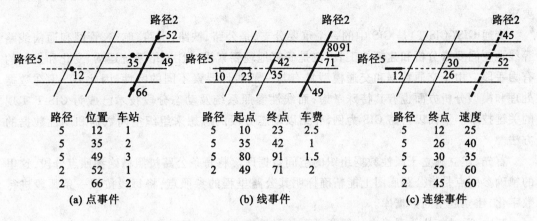

图 2-7　各种事件的表示(刘湘南等,2005)

（1）点事件：描述路径系统中具体点(如加油站、交通事故等)的属性。
（2）线事件：描述路径系统的不连续部分的属性。
（3）连续事件：描述覆盖整个路径的不同部分的属性。

动态分段实质是通过在线性空间数据上建立段属性表,再在段属性表上建立路径属性表,并基于路径属性表建立关联来完成段、路径、事件的联系,如图 2-8 所示。动态分段的核心是如何生成动态段。由前面介绍的相关定义可知,动态分段模型的基础仍然是"弧段—节点"模型,动态段在此基础上生成,主要有三个步骤:首先确定动态节点的插入位置;其次更新弧段表和节点表,生成动态段表和动态节点表;最后更新动态段的属性数据。

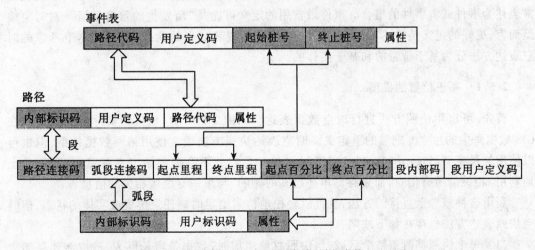

图 2-8　事件、路径、段与弧段关系(刘湘南等,2005)

动态分段模型除了应用于公路、铁路、河流等线性特征的数据采集、路面质量管理、河流管理,还可应用于公共交通系统管理、地图制图、航海路线模拟以及通信和分配网络(如电网、电话线路、电视电缆、给排水管)模拟等领域。在计算机制图时,有些线性要素在空间数据库中表现为同一弧段,而不同位置却需要标注不同内容,可以利用动态分段技术实现这一要求。

交通 GIS(GIS-T)是 GIS 中的一个重要分支,是公路、铁路、水路、航空、管网和通信线路等线性空间要素分析和建模的工具,也是研究地理要素沿线性网络系统运动、变化和发展的有力手段。由于交通数据和交通模型具有与一般线性要素不同的特性,因此 GIS-T 在数据处理和模型分析方面也有其特殊考虑,而线性参照系统及动态分段技术已成为 GIS-T 实现的关键技术。下面以公路 GIS 为例,介绍以动态分段的思想来组织空间数据和属性数据的方法。

首先,建立独立于属性数据组织的空间数据库。将每条公路按照精确参照点分段,这里的精确参照点是指公路底图上能精确标明其公路里程的参照点,将每段按照一条弧段进行数字化,建立起空间数据库。

其次,通过拓扑关系建立一般意义下的属性表,它与空间数据之间是一一对应的关系,此属性表称为段属性表。在这个表中添加下列字段:路线编码、起点里程和止点里程分别为公路的起止点里程值,起点百分比和止点百分比表示弧段走向。

最后,基于线性参照系统组织属性数据。基于动态分段思想建立的空间数据库和属性数据库,可以进行各种查询、分析以及显示等功能。

2.5 时空表达

使用时空模型时有两类基本问题:一是关于给定时间范围内的"全球状态"问题;二是关于位置或空间实体性质随时间如何变化的问题。这两类问题可以分别与时间静态视图和时间动态视图相关。任何时间数据库的目标都是为了记录或者表达时间变化状况。变化通常表述为事件或者事件的集合。事件最常用的定义可能是"所发生的重要事情",对时空模型而言,更好的定义是描述"一个或多个位置、实体或者二者的状态变化"。本节考虑的时空表达方法分为基于位置的和基于实体的。

2.5.1 基于位置的模型

首先,可以用快照方法进行时空数据表达。如图 2-9 所示,该模型实际上是对存储在 GIS 数据库中的独立专题层的重定义。时空表达快照方法通常使用格网数据模型,但也可以使用矢量模型(Pigot 和 Hazelton,1992)。单一层内并不存储和给定专题域(如高程或土地利用)相关的所有信息,而是存储单一已知时刻的、与单一专题域相关的信息。

利用这种概念上直接的方法,就可以轻松地检索给定时刻任意位置或实体的状态,但时空快照表达方法也存在如下缺陷:

(1)每个快照都覆盖整个区域,当快照数量增加时,数据量增长巨大,造成需要存储大量没用的冗余数据,因为在大多数情况下,两个连续快照的空间变化仅仅是总数据量的一小部分,没必要获取覆盖整个区域的数据。

(2)两时间点间所积累的空间实体的变化在快照中隐式地存储,只能通过相邻快照的

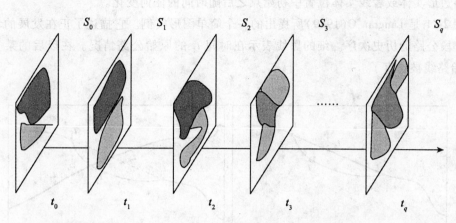

图 2-9 时空数据的"快照"表达方法:每个"快照"S_i 代表给定点在时刻 t_i 的状态（Longley 等,2004）

单元与单元(或矢量与矢量)的比较才能对其进行短暂检索。该方法可能非常耗时,但更为重要的是,一些位置上重要的短暂变化可能在两个连续的快照间发生,从而无法表达这些信息。

(3)不能准确确定任何独立变化所发生的时间。

其次,是格网表达模型。格网模型不是仅记录每个像元的单一值,而是把一个长度可变的列表与每个像元关联起来,列表中的每个内容记录了该特定位置的变化,这种变化由新值和发生变化的时间来标识。如图 2-10 所示,将给定位置的每个新变化,加到该位置的列表开始处。变化结果参考格网单元上可变长的列表集合。每个列表代表该单元位置按时间顺序排列的事件历史。整个区域的当前(即最新记录的)全球状态很容易被检索到,亦即所有位置参考列表中存储的第一个值。与快照表达相比,格网表达模型仅存储与特定位置相关的变化,避免了冗余的数据信息(即仅存储变不变位置处的值)。

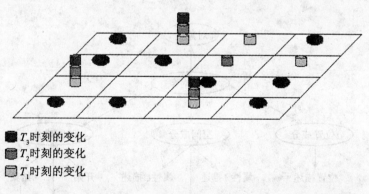

■ T_3 时刻的变化
■ T_2 时刻的变化
□ T_1 时刻的变化

图 2-10 时空数据格网表达模型中的时间格网方法（Longley 等,2004）

2.5.2 基于空间实体的模型

"修正矢量"方法属于基于空间实体的时空表达方法。它是以修正的概念为基础,不断记录多边形实体或者线实体位置中初始点之后随时间的任何变化。

图 2-11 是 Langran G(1989)所提出的一个简单图形实例。它描述了正在发展的城市中的一小段公路的历史次序。细的黑线表示在时间 t_1 的原始公路情况。在以后的某个时间 t_2，原始路线被拉直了。

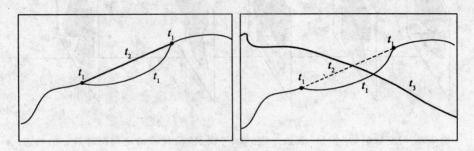

图 2-11 "修正矢量"方法(Longley 等,2004)

除了显示维护独立实体几何及其随时间变化的拓扑外，修正矢量方法在表达实体几何性质的异步变化方面也有优势。但获得这种方法有时需要付出高昂的代价，即随着时间的推进和修正矢量数量的积累，矢量的时空拓扑关系将变得越来越复杂。

很多非空间实体属性也随着时间的变化而变化。很多学者提出用面向对象的表达方法作为解决上述问题的方法(Kucera 和 Sondheim,1992；Ramachandran 等,1994；Roshannejad 和 Kainz,1995；Worbys,1994)。面向对象方法的关键是整体单元存储的思想，所有的组成定义成一个特殊的"东西"，并将其作为一个概念(如单一银行交易、地理实体等)，这一过程称为封装；面向对象方法的另一个基本元素是继承，即确定对象类型的分类层次对象间的现实关联。图 2-12 给出了如何使用这种方法表达实体的概念模式。目前，最成熟的面向对象时空模型的实现是空间检索和内部交换格式(SAIF)。

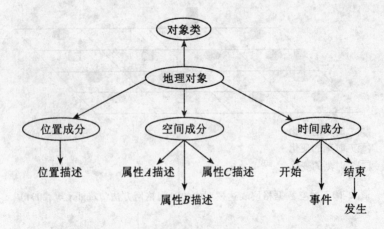

图 2-12 面向对象方法(Longley 等,2004)

思考题

1. 请列表比较场和对象模型的适用性。为何说两者是互补的?
2. 请分别说明 Moran's I 指数和 Geary's C 指数的不同取值范围与空间相关性之间的联系。
3. 讨论局域化 Moran's I 指数和 Geary's C 指数的功能。
4. TIN 模型的独特性何在?
5. 讨论面向对象的方法在 GIS 中的应用。
6. 在土地利用与土地覆盖研究中,对场模型与对象模型的适用性进行比较。
7. 网络模型与对象模型有何联系和区别?与场模型呢?
8. 解释动态分段的功能。
9. 时空表达的成熟方法有哪些?阐述未来研究若干重点方向。

第3章 地球参考与地理坐标系

3.1 大地测量学基础

大地测量学(geodesy)是研究地球形状、大小及其重力场的科学,也是地理信息科学所应讨论的重要学科基础之一。在数学上,一般有两种方法可以确定空间点位,即笛卡儿坐标和角坐标。点的坐标通常用右手直角坐标系统表达,也可以用其他类型的坐标系统来表达。坐标系的方向和原点位置由大地测量基准的定义来确定。本章的许多内容参考了John D. Bossler等人的著作 Manual of Geospatial Science and Technology(2002),潘正风等人的著作《数字测图原理与方法》(2004),以及赵学胜等人的著作《全球离散格网的空间数字建模》(2007)。

3.1.1 大地水准面和地球椭球体

地球的自然表面形状十分复杂。但是,尽管有很大的高低起伏,相对于地球庞大的体积来说仍可忽略不计。因此,可以将地球总体形状看做是由静止的海水面向陆地延伸所包围的球体。

地球上任一点,都同时受到两个作用力,其一是地球自转产生的离心力;其二是地心引力。这两种力的合力称为重力,重力的作用线又称为铅垂线。测量工作者将一个假想的、与静止的海水面重合并向陆地延伸且包围整个地球的特定重力等位面称为大地水准面(geoid)。通常用平均海水面代替静止的海水面。大地水准面所包围的形体称为大地体。大地水准面和铅垂线是测量工作所依据的基准面和基准线。大地水准面可以简单理解为假设在各大洲陆地上开挖运河,使其与各大洋的静止海水相通,假定在没有潮汐影响的天气条件下,这些理想状态的"海平面"就是大地水准面。大地水准面是一个光滑面,可以用地球椭球面(ellipsoid)近似表达,而地球椭球体定义为绕极轴旋转一周的一个椭圆。物理上定义的大地水准面和数学上定义的地球椭球体之间的关系非常重要,这种关系是地理数据描述的重要组成部分。

作为一个规则的曲面,旋转椭球体通常代替大地水准面作为测量计算的基准面。世界各国通常采用旋转椭球代表地球的形状,并称其为"地球椭球"。测量中把与大地体最接近的地球椭球体称为总地球椭球;把与某个区域如一个国家大地水准面最为密合的椭球称为参考椭球,其椭球面称为参考椭球面。可见,参考椭球有许多个,而总地球椭球只有一个。

椭球的形状和大小是由其基本元素决定的,椭球体的基本元素是:长半轴 a、短半轴 b、扁率 $e = \dfrac{a-b}{a}$。1980年中国国家大地坐标系采用了1975年国际椭球,该椭球的基本元素

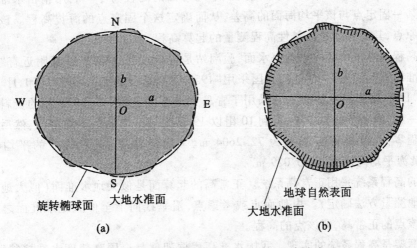

图 3-1 地球自然表面、大地水准面与地球椭球面

是：$a = 6378140 \text{m}$，$b = 6356755.3 \text{m}$，$e = 1/298.257$。

为确定参考椭球面与大地水准面的相对位置所做的测量工作被称为参考椭球体的定位。在一个国家适当地点选一点 P，设想大地水准面与参考椭球面相切，切点 P' 位于 P 点的铅垂线方向上，这样椭球面上 P' 点的法线与该点对大地水准面的铅垂线重合，并使椭球的短轴与地球的自转轴平行，且椭球面与这个国家范围内的大地水准面差距尽量地小，从而确定了参考椭球面与大地水准面的相对位置关系，这就是椭球的定位工作。而这里的 P 点称为大地原点。我国大地原点位于陕西省泾阳县永乐镇，以大地原点的平面起算数据建立的坐标系称为"1980 年国家大地坐标系"。由于参考椭球体的扁率很小，在普通测量中可把地球看做圆球体，其平均半径为：$R = \frac{1}{3}(a + a + b) \approx 6371 \text{km}$。

国际地面参考框架（ITRF）是国际地面参考系统的具体实现。它以甚长基线干涉测量（VLBI）、卫星激光测距（SLR）、激光测月（LLR）、全球导航卫星系统（GNSS）和卫星多普勒定轨定位（DORIS）等空间大地测量技术，构成全球观测网点，经数据处理，得到 ITRF 点（地面观测站）的站坐标和速度等，目前，ITRF 已成为国际公认的应用最广泛、精度最高的地心坐标系统。

我国的 GPS2000 网是定义在 ITRF2000 地心坐标系中的区域性地心坐标框架，它综合了全国性的三个 GPS 网观测数据，一并进行计算而得。

区域性地心坐标框架一般由三级构成：第一级为 GNSS 连续运行站构成的动态地心坐标框架，它是区域性地心坐标框架的主控制；第二级是与上述 GNSS 连续运行站定期联测的大地控制点所构成的准动态地心坐标框架；第三级是与上述 GNSS 连续运行站联测的加密大地控制点。

3.1.2 高程和深度参考系

点的高程通常用该点至某一选定的水平面的垂直距离来表示，不同地面点见的高程之差反映了地形起伏。高程基准定义了陆地上高程测量的起算点。区域性高程基准可以用验潮站处的长期平均海面来确定,通常定义该平均海面的高程为零。利用精密水准测量方法测量地面某一固定点与该平均海面的高差,从而确定这个固定点的海拔高程。该固定点就称为水准原点,其高程就是区域性高程测量的起算高程。

我国高程基准采用黄海平均海水面,验潮站是青岛大港验潮站,在其附近有"中华人民共和国水准原点"。1987年以前,我国采用"1956国家高程基准"。1988年1月1日,我国正式启用"1985国家高程基准",它采用了青岛大港验潮站1952—1979年的资料,取19年的资料为一组,滑动步长为1年,得到10组以19年为一个周期的平均海面,然后取平均值确定了高程零点,水准原点高程为72.2604 m。"1985国家高程基准"的平均海水面比"1956年黄海平均海水面"高0.029 m。

我国的高程系统采用正常高系统。正常高的起算面是似大地水准面(似大地水准面可用物理大地测量方法确定)。由地面点或考虑点,沿垂线向下至似大地水准面之间的垂直距离就是该点的正常高,即该点的高程。

高程框架是高程系统的实现。我国水准高程框架就是全国高精度水准控制网的体现,以黄海高程基准为高程基准,采用以正常高系统为水准高差的传递方式。水准高程框架分为四个等级,分别称为国家一、二、三、四等水准控制网,框架点的正常高采用逐级控制,其现势性通过一等水准控制网的定期全线复测和二等水准控制网部分复测来维护。高程框架的另一种形式是通过(似)大地水准面来实现。

深度是指在海洋(主要指沿岸海域)水深测量所获得的水深值,是从测量时的海面(即瞬时海面)起算的。由于受潮汐、海浪和海流等的影响,瞬时海面的位置会随时间发生变化,因此同一测深点在不同时间测得的瞬时深度值是不一样的。为此,必须规定一个固定的水面作为深度的参考面,把不同时间测得的深度都化算到这一参考水面上去。这一参考水面即称为深度基准面。它就是海图所载水深的起算面。所以,狭义的海图基准面就是深度基准面。

深度基准面通常取在当地平均海面以下某深度 L 的位置。由于不同海域的平均海面不同,所以深度基准面对于平均海面的偏差因地而异。由于各国求 L 值的方法有别,所采用的深度基难面也不相同。有的国家(如美国)甚至在不同海岸采用不同的计算模型。我国1956年以前采用略最低低潮面作为深度基准面。1956年以后采用弗拉基米尔斯基理论最低潮面(简称理论最低潮面),作为深度基准面。

3.1.3 用水平面代替水准面的限度

实际测量工作中,在一定的测量精度要求和测区面积不大的情况下,往往以水平面直接代替水准面,因此应当了解地球曲率对水平距离、水平角、高差的影响,从而决定在多大面积范围内容许用水平面代替水准面。在分析过程中,将大地水准面近似看成圆球,半径 $R = 6371$ km。

首先,考虑水准面曲率对水平距离的影响。在图3-2中,ab 为水准面上一段圆弧,长度为 s,所对圆心角为 θ,地球半径为 R。自 a 点作切线 ab',长为 D',如果将切于 a 点的水平面代替水准面,即以切线段 ab' 代替圆弧 ab,则在距离上将产生误差 ΔD:

$$\Delta D = D' - D = R(\tan\theta - \theta) \tag{3.1}$$

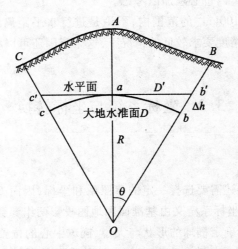

图 3-2 水平面直接代替水准面的限度(潘正风等,2004)

已知:$\tan\theta = \theta + \frac{1}{3}\theta^3 + \frac{2}{15}\theta^5 + \cdots$

因 θ 角很小,所以只取前两项代入式(3.1)中,得

$$\Delta D = R\left(\theta + \frac{1}{3}\theta^3 - \theta\right) \tag{3.2}$$

将 $\theta = \frac{D}{R}$ 代入式(3.2)中,得

$$\Delta D = \frac{D^3}{3R^2} \text{ 或 } \frac{\Delta D}{D} = \frac{D^2}{3R^2} \tag{3.3}$$

其次,简要说明水准面曲率对水平角的影响。同一个空间多边形在球面上投影的各内角之和,较其在平面上投影的各内角之和大一个球面角超 ε,它的大小与图形面积成正比,其公式为:

$$\varepsilon = \rho'' \frac{P}{R} \tag{3.4}$$

式中:P 为球面多边形面积,R 为地球半径,$\rho'' \approx 206\,265''$。当 $P = 100\,\mathrm{km}^2$ 时,$\varepsilon = 0.51''$。

由上式计算表明,对于面积在 $100\,\mathrm{km}^2$ 内的多边形,地球曲率对水平角的影响只有在最精密的测量中才考虑,一般测量工作中是不必考虑的。

最后,我们讨论水准面曲率对高差的影响。

图 3-2 中 bb' 为水平面代替水准面产生的高差误差,令 $bb' = \Delta h$,$(R + \Delta h)^2 = R^2 + D'^2$,即

$$\Delta h = \frac{D'^2}{2R + \Delta h} \tag{3.5}$$

上式中可用 D 代替 D',Δh 与 $2R$ 相比可略去不计,故上式可写成:

$$\Delta h = \frac{D^2}{2R} \tag{3.6}$$

上式表明 Δh 的大小与距离的平方成正比,当 $D = 1\,\mathrm{km}$ 时,$\Delta h = 8\,\mathrm{cm}$。因此,地球曲率对高差

的影响,即使在很短的距离内也必须加以考虑。

综上所述,在面积为 100km² 的范围内,不论是进行水平距离或水平角测量,都可以不考虑地球曲率的影响,在精度要求较低的情况下,这个范围还可以相应扩大。但地球曲率对高差的影响是不能忽视的。

3.2 坐标系统与坐标转换

3.2.1 坐标系统

地面点空间位置的描述需要选择一定的参照系和坐标,因而 GIS 坐标系定义是其运作和服务的基础。GIS 中的坐标系定义由基准面和地图投影两组参数确定。

建立大地坐标系是指确定椭球的形状与大小、椭球中心的位置(定位)以及椭球坐标轴的方向(定向)。大地坐标系是建立在一定的大地基准上的用于表达地球表面空间位置及其相对关系的数学参照系。大地基准是指能够最佳拟合地球形状的地球椭球的参数及椭球定位和定向。

通常意义上的坐标系是指描述空间位置的表达形式,即采用什么方法来表示空间位置。描述空间位置可采用多种方法,从而也产生了不同的坐标系,见表 3-1。

表 3-1　　　　　　　　　　　　　坐标系的种类

按坐标原点的不同分类	按坐标的表达形式分类
地心坐标系统	笛卡儿坐标
参心坐标系统	曲线坐标
站心坐标系统	平面直角坐标

在大地测量中,常常习惯于第一种分类。在第一种分类中,可进一步分为:

地心坐标系:地心空间直角坐标系、地心大地坐标系;

参心坐标系:参心空间直角坐标系、参心大地坐标系;

站心坐标系:站心直角坐标系、站心极坐标系、站心赤道坐标系、站心地平坐标系。

在大地测量中,常用的坐标系形式包括以下三种:空间直角坐标系、大地坐标系、平面直角坐标系。空间直角坐标系的原点位于地球椭球的中心,Z 轴指向地球椭球的北极,X 轴指向起始子午面与赤道的交点,Y 轴位于赤道面上,且按右手与 X 轴成 90°夹角。某点在空间中的坐标可用该点在此坐标系的各个坐标轴上的投影来表示(见图 3-3)。

大地坐标系采用大地经度(L)、大地纬度(B)和大地高(H)来描述空间位置。大地纬度是指过空间点的地球椭球面的法线与赤道面的夹角,用 B 表示,并且规定,由赤道面起算,向北为正,0°~90°称为北纬;向南为负,0°~90°称为南纬。大地经度是指过空间点的大地子午面与起始大地子午面所构成的二面角,用 L 表示,由起始子午面起,向东为正,0°~180°称为东经;向西为负,0°~180°称为西经。大地高是指空间点沿法线至地球椭球面的距离,用 H 表示,从椭球面起,向外为正,向内为负(见图 3-4)。需要注意的是,在测量数据处理

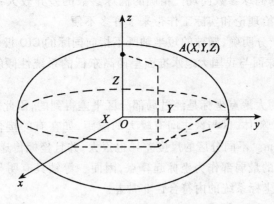

图 3-3 空间直角坐标系

中,常用到地心纬度 φ,$\varphi = \arctan \dfrac{Z}{\sqrt{X^2 + Y^2}}$。在中国,区域地心纬度 φ 与大地纬度 B 的差值在 10′左右。

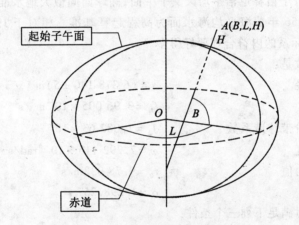

图 3-4 大地坐标系(宁津生等,2006)

平面直角坐标系是利用投影变换,将空间坐标(空间直角坐标或空间大地坐标)通过某种数学变换映射到平面上。投影变换的方法有很多,如 UTM 投影、Lambert 投影等,我国采用的是高斯—克吕格投影,也称为高斯投影。

我国常用的坐标系统分述如下:

1. 1954 年北京坐标系

1954 年北京坐标系是我国目前广泛采用的大地测量坐标系。该坐标系采用的参考椭球是克拉索夫斯基椭球,但该椭球并未依据当时我国的天文观测资料进行重新定位,而是由前苏联西伯利亚地区的一等锁,经我国的东北地区传算过来的。该坐标系的高程异常是以前苏联 1955 年大地水准面重新平差的结果为起算值,按我国天文水准路线推算出来的,而高程又是以 1956 年青岛验潮站的黄海平均海水面为基准的。

由于当时条件的限制,1954 年北京坐标系存在很多缺点,主要表现在以下几个方面:

（1）克拉索夫斯基椭球参数同现代精确的椭球参数的差异较大，并且不包含表示地球物理特性的参数，因而给理论和实际工作带来了许多不便。

（2）椭球定向不十分明确，椭球的短半轴既不指向国际的CIO极，也不指向目前我国使用的JYD极。参考椭球面与我国大地水准面呈西高东低的系统性倾斜，东部高程异常高于60 m，最大达67 m。

（3）该坐标系统的大地点坐标是经过局部分区平差得到的，因此，全国的天文大地控制点实际上不能形成一个整体，区与区之间有较大的隙距，如在有的接合部位，同一点在不同区的坐标值相差1~2 m。不同分区的尺度差异也很大，并且坐标传递是从东北到西北和西南，后一区是以前一区的最弱部作为坐标起算点，因而一等锁具有明显的坐标积累误差，这导致整个1954年北京坐标系统的内符合性非常差。

2. 1980年西安大地坐标系

1978年，我国决定重新对全国天文大地网施行整体平差，并且建立新的国家大地坐标系。整体平差在新大地坐标系中进行，这个坐标系就是1980年西安大地坐标系。1980年西安大地坐标系所采用的地球椭球的四个几何和物理参数为国际大地测量学会（IAG）1975年的推荐值，椭球的短半轴平行于地球的自转轴（由地球质心指向1968.0 JYD地极原点方向），起始子午面平行于格林尼治平均天文子午面，椭球面同似大地水准面在我国境内符合最好，高程系统以1956年黄海平均海水面为高程起算基准。相对于1954年北京坐标系，1980年西安大地坐标系的内符合性要好得多。

椭球的主要参数是：

地球椭球长半径　　　　　　　　　　$a = (6\ 378\ 140 \pm 5)$ m

地心引力常数　　　　　　　　　　　$f_M = 3.96\ 005 \times 10^{14}\ \mathrm{m^3/s^2}$

地球重力场二阶带球谐系数　　　　　$J_2 = 1.082\ 63 \times 10^{-8}$

地球自转角速度　　　　　　　　　　$\omega = 7.292\ 115 \times 10^{-5}\ \mathrm{rad/s}$

赤道的正常重力值　　　　　　　　　$r_0 = 9.78\ 032\ \mathrm{m/s^2}$

地球扁率　　　　　　　　　　　　　$\alpha = 1/298.257$

该椭球在定位时满足下列三个条件：

（1）椭球短轴平行于地球地轴（由地球地心指向1968.0地极原点$JYD_{1968.0}$的方向构成）。

（2）起始大地子午面平行于格林尼治平均天文台起始子午面。

（3）椭球面同似大地水准面在我国境内最为密合。

3. WGS-84世界大地坐标系

WGS-84世界大地坐标系（world geodical system-84）属于地心地固坐标系统，它的坐标原点位于地球的质心，Z轴指向BIH1984.0定义的协议地球极方向，X轴指向BIH1984.0的起始子午面和赤道的交点，Y轴与X轴和Z轴构成右手系。

总体而言，1954年北京坐标系和1980年西安大地坐标系实质是二维平面与高程（通过水准路线实现）分离的坐标系统，某一个1954年北京坐标系或1980年西安大地坐标系下的控制点可能有平面坐标，而没有高程信息，且其高程信息并不是依据于椭球面，而是依据于似大地水准面的，而WGS-84世界大地坐标系则是完全意义上的真三维坐标系统。

椭球的主要参数为：

地球椭球长半径	$a = (6\ 378\ 137 \pm 2)\mathrm{m}$
地球引力常数(含大气层)	$GM = (3\ 986\ 005 \times 10^8 \pm 0.6 \times 10^8)\mathrm{m^3/s^2}$
地球自转角速度	$\omega = (7\ 292\ 115 \times 10^{-11} \pm 0.1500 \times 10^{-11})\mathrm{rad/s}$
正常化二阶带谐系数	$\overline{C}_{2,0} = -484.166\ 85 \times 10^{-6} \pm 1.30 \times 10^{-9}$

利用以上4个基本常数可计算出其他椭球参数：

第一偏心率	$e^2 = 0.006\ 694\ 379\ 990\ 13$
第二偏心率	$(e')^2 = 0.006\ 739\ 496\ 742\ 277$
扁率	$\alpha = 1/298.257\ 223\ 563$
赤道正常重力	$r_e = 9.780\ 326\ 771\ 4\mathrm{m/s^2}$
极正常重力	$r_p = 9.832\ 186\ 368\mathrm{m/s^2}$

上述三个椭球体参数对比参见表3-2。

表3-2　　　　　　　　　　　　　三个椭球体参数对比如下

椭球体	时间	长半轴	短半轴	1/扁率
Krassovsky	1940	6 378 245	6 356 863	298.3
IAG75	1975	6 378 140	6 356 755	298.257 221 01
WGS-84	1984	6 378 137.000	6 356 752.314	298.257 223 563

3.2.2 坐标转换

在测量数据处理过程中，经常要进行坐标转换。坐标转换包括两层含义，即坐标系变换与基准变换。所谓坐标系变换就是在同一地球椭球下，空间点的不同坐标表示形式间进行变换；基准变换则是指空间点在不同的地球椭球间的坐标变换。下面分别讲述坐标系变换与基准变换。

坐标系变换包括大地坐标系与空间直角坐标系的相互转换、空间直角坐标系与站心坐标系的转换和高斯投影坐标正反算；而基准变换则可通过空间的三参数或七参数以及平面的相似变换予以实现。

1. 坐标系变换

(1) 大地坐标系与空间直角坐标系的相互转换

① 大地坐标系转换为空间直角坐标系($BLH \rightarrow XYZ$)

在相同的基准下，将大地坐标系转换为空间直角坐标系的公式为：

$$\begin{bmatrix} X \\ Y \\ Z \end{bmatrix} = \begin{bmatrix} (N+H)\cos B\cos L \\ (N+H)\cos B\sin L \\ [N(1-e^2)+H]\sin B \end{bmatrix} \quad (3.7)$$

其中：N为卯酉圈的半径，$N = \dfrac{a}{\sqrt{1-e^2\sin^2 B}}$，$e^2 = \dfrac{a^2-b^2}{a^2}$；$a$为地球椭球的长半轴；$b$为地球椭球的短半轴。

② 空间直角坐标系转换为大地坐标系($XYZ \rightarrow BLH$)

在相同的基准下,将空间直角坐标系转换为大地坐标系的公式为:

$$\begin{cases} L = \arctan\left(\dfrac{Y}{X}\right) \\ B = \arctan\left(\dfrac{Z(N+H)}{\sqrt{(X^2+Y^2)}\,[N(1-e^2)+H]}\right) \\ H = \dfrac{Z}{\sin B} - N(1-e^2) \end{cases} \quad (3.8)$$

采用式(3.8)进行转换时,需要采用迭代的方法,先采用式(3.9)求出 B 的初值:

$$B = \arctan\left(\dfrac{Z}{\sqrt{X^2+Y^2}}\right) \quad (3.9)$$

然后,利用该初值求定 H、N 的初值,再利用所求出的 H 和 N 的初值再次求定 B 值。

将空间直角坐标转换为空间大地坐标也可以采用如下的直接算法:

$$\begin{cases} L = \arctan\left(\dfrac{Y}{X}\right) \\ B = \arctan\left(\dfrac{Z + e'^2 b \sin^3\theta}{\sqrt{X^2+Y^2} - e^2 a \cos^3\theta}\right) \\ H = \dfrac{\sqrt{X^2+Y^2}}{\cos B} - N \end{cases} \quad (3.10)$$

式中:$e'^2 = \dfrac{a^2-b^2}{b^2}$,$\theta = \arctan\left(\dfrac{Z \cdot a}{\sqrt{X^2+Y^2} \cdot b}\right)$。

(2)站心空间直角坐标系与地心坐标系的转换

站心空间直角坐标系的定义为:以测站 P 为原点,P 点的法线方向为 U 轴(指向天顶为正),N 轴指向过 P 点的大地子午线的切线北方向,E 轴与 UPN 平面垂直,构成左手坐标系,如图3-5所示。

站心坐标系与站心空间直角坐标系的转换公式为:

$$\begin{bmatrix} N \\ E \\ U \end{bmatrix} = \begin{bmatrix} -\sin B \cos L & -\sin B \sin L & \cos B \\ -\sin L & \cos L & 0 \\ \cos B \cos L & \cos B \sin L & \sin B \end{bmatrix} \begin{bmatrix} \Delta X \\ \Delta Y \\ \Delta Z \end{bmatrix} \quad (3.11)$$

式中:若以 $[X,Y,Z]_P^T$ 表示测站点 P 的空间直角坐标,$[X,Y,Z]_{P'}^T$ 表示点 P' 的空间直角坐标,则有

$$\begin{bmatrix} \Delta X \\ \Delta Y \\ \Delta Z \end{bmatrix} = \begin{bmatrix} X \\ Y \\ Z \end{bmatrix}_{P'} - \begin{bmatrix} X \\ Y \\ Z \end{bmatrix}_P \quad (3.12)$$

(3)高斯投影坐标正反算

空间坐标系与平面直角坐标系间的转换采用的是投影变换的方法。我国一般采用高斯投影。

① 高斯投影坐标正算公式($BL \to xy$)

高斯投影坐标正算公式如下:

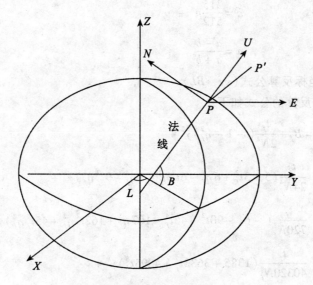

图 3-5 站心空间直角坐标系

$$\begin{cases} x = l(B) + \dfrac{t}{2}N\cos^2 Bl^2 + \dfrac{t}{24}N\cos^4 B + (5 - t^2 + 9\eta^2 + 4\eta^4)l^4 + \\ \quad \dfrac{t}{720}N\cos^6 B(61 - 58t^2 + t^4 + 270\eta^2 - 330t^2\eta^2)l^6 + \\ \quad \dfrac{t}{40320}N\cos^8 B(1385 - 3111t^2 + 543t^4 - t^6)l^8 + \cdots \\ y = N\cos Bl + \dfrac{1}{6}N\cos^3 B(1 - t^2 + \eta^2)l^3 + \\ \quad \dfrac{1}{120}N\cos^5 B(5 - 18t^2 + t^4 + 14\eta^2 - 58t^2\eta^2)l^5 + \\ \quad \dfrac{1}{5040}N\cos^7 B(61 - 479t^2 + 179t^4 - t^6)l^7 + \cdots \end{cases} \quad (3.13)$$

式中:$N = \dfrac{a}{\sqrt{1 - e^2\sin^2 B}}$ 为卯酉圈半径;$t = \tan B$;L_0 为中央子午线经度;$l = L - L_0$ 为经差。
$l(B)$ 为赤道到投影点的椭球面弧长,可用下式计算:

$$l(B) = \alpha(B + \beta\sin 2B + \gamma\sin 4B + \delta\sin 6B + \varepsilon\sin 8B + \cdots)$$

其中:

$$\alpha = \dfrac{a+b}{2}\left(1 + \dfrac{1}{4}n^2 + \dfrac{1}{64}n^4 + \cdots\right)$$

$$\beta = -\dfrac{3}{2}n + \dfrac{9}{16}n^3 - \dfrac{3}{32}n^5 + \cdots$$

$$\gamma = \dfrac{15}{16}n^2 - \dfrac{15}{32}n^4 + \cdots$$

$$\delta = -\dfrac{35}{48}n^3 + \dfrac{105}{256}n^5 - \cdots$$

$$\varepsilon = \frac{315}{512}n^4 + \cdots$$

$$n = \frac{a-b}{a+b}$$

② 高斯投影坐标反算公式($xy \rightarrow BL$)

高斯投影坐标反算的公式如下:

$$\begin{cases} B = B_f + \frac{t_f}{2N_f^2}(-1-\eta_f^2)y^2 + \\ \quad \frac{t_f}{24N_f^4}(5+3t_f^2+6\eta_f^2-6t_f^2\eta_f^2-3\eta_f^4-9t_f^2\eta_f^4)y^4 + \\ \quad \frac{t_f}{720N_f^6}(-61-90t_f^2-45t_f^4-107\eta_f^2+162t_f^2\eta_f^2+45t_f^4\eta_f^2)y^6 + \\ \quad \frac{t_f}{40320N_f^8}(1385+3633t_f^2+4095t_f^6)y^8 + \cdots \\ L = L^0 + \frac{1}{N_f\cos B_f}y + \frac{1}{6N_f^3\cos B_f}(-1-2t_f^2-\eta_f^2)y^3 + \\ \quad \frac{1}{120N_f^5\cos B_f}(5+28t_f^2+24t_f^4+6\eta_f^2+8t_f^2\eta_f^2)y^5 + \\ \quad \frac{1}{5040N_f^7\cos B_f}(-61-662t_f^2-1320t_f^4-720t_f^6)y^7 + \cdots \end{cases} \quad (3.14)$$

式中:下标为 f 的项需要基于底点纬度 B_f 来计算,B_f 可以采用下面的级数展开式来计算:

$$B_f = \overline{\alpha} + \overline{\beta}\sin 2\overline{x} + \overline{\gamma}\sin 4\overline{x} + \overline{\delta}\sin 6\overline{x} + \overline{\varepsilon}\sin 8\overline{x} + \cdots$$

其中:

$$\overline{\alpha} = \frac{a+b}{2}\left(1 + \frac{1}{4}n^2 + \frac{1}{64}n^4 + \cdots\right)$$

$$\overline{\beta} = \frac{3}{2}n - \frac{27}{32}n^3 + \frac{269}{512}n^5 + \cdots$$

$$\overline{\gamma} = \frac{21}{16}n^2 - \frac{55}{32}n^4 + \cdots$$

$$\overline{\delta} = \frac{151}{96}n^3 - \frac{417}{128}n^5 + \cdots$$

$$\overline{\varepsilon} = \frac{1097}{512}n^4 + \cdots$$

$$\overline{x} = \frac{x}{\alpha}$$

(4) 坐标转换的派生

为了获得将经度和纬度的度数表示转换成线性单元的等式(3.7),我们须导出某给定纬度点的曲率半径。如图 3-6,考虑在 $p-z$ 直角平面下的子午面,待求的曲率半径为 M。

每条平行线(中间的线代表赤道)代表圆上恒定的纬度,它的半径(P)用来被定义经度的转换因子 F_{lon}。另一方面,由于子午面是椭圆形的,因此子午面上某点的曲率半径(M)用

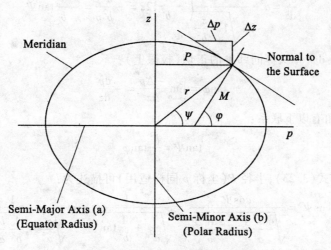

图 3-6 曲率半径(M)的求解公式推导
(http://bse.unl.edu/adamchuk/web_ssm/web_GPS_eq.html)

来被定义纬度的转换因子 F_{lat}。因为地理坐标是用度数单位记录的,以下的距离公式参考单位也是度。

$$F_{lon} = \frac{\pi}{180°}P$$
$$F_{lat} = \frac{\pi}{180°}M \tag{3.15}$$

连同直角坐标系的 p 和 z,每个点可由极坐标系的 r 和 Ψ 描述(共用原点):

$$p = r\cos\Psi$$
$$z = r\sin\Psi \tag{3.16}$$

Ψ 角也可定义为:

$$\frac{z}{p} = \tan\Psi \tag{3.17}$$

直角坐标系 $p-z$ 中,具有长半轴 a 和短半轴 b 的椭圆可表示为:

$$\frac{p^2}{a^2} + \frac{z^2}{b^2} = 1 \tag{3.18}$$

将式(3.16)代入式(3.18),解得

$$r = \frac{1}{\sqrt{\frac{\cos^2\Psi}{a^2} + \frac{\sin^2\Psi}{b^2}}} \tag{3.19}$$

若 p 为正数,式(3.18)可化为:

$$p = a\sqrt{1 - \frac{z^2}{b^2}} \tag{3.20}$$

将式(3.20) p 对 z 求导,并联立式(3.17)可得:

$$\frac{\mathrm{d}p}{\mathrm{d}z} = a^2 \frac{1}{2a\sqrt{1-\frac{z^2}{b^2}}}\left(-\frac{1}{b^2}\right)2z = -\frac{a^2 z}{b^2 p} = -\frac{a^2}{b^2}\tan\Psi \tag{3.21}$$

另一方面，$-\mathrm{d}p/\mathrm{d}z$ 又等同纬度的正切（极限上）：

$$\tan\varphi = \lim_{\Delta z \to 0}\frac{-\Delta p}{\Delta z} = -\frac{\mathrm{d}p}{\mathrm{d}z} \tag{3.22}$$

因此，φ 角和 Ψ 角有以下联系：

$$\tan\Psi = \frac{b^2}{a^2}\tan\varphi \tag{3.23}$$

利用式(3.19)和式(3.23)，半径 P（坐标 p 同样适用）可描述为：

$$P = r\cos\Psi = \frac{\cos\Psi}{\sqrt{\frac{\cos^2\Psi}{a^2}+\frac{\sin^2\Psi}{b^2}}} = \frac{1}{\sqrt{\frac{1}{a^2}+\frac{1}{b^2}\tan^2\Psi}} = \frac{1}{\sqrt{\frac{a^2}{a^4}+\frac{1}{b^2}\frac{b^4}{a^4}\tan^2\varphi}} \tag{3.24}$$

$$= \frac{a^2}{\sqrt{a^2+b^2\tan^2\varphi}} = \frac{a^2\cos\varphi}{\sqrt{a^2\cos^2\varphi+b^2\sin^2\varphi}}$$

由式(3.21)有：

$$z = p\frac{b^2}{a^2}\tan\varphi \tag{3.25}$$

利用式(3.21)和式(3.25)，可建立第二个 p 关于 z 的式子：

$$\frac{\mathrm{d}^2 p}{\mathrm{d}z^2} = \frac{d\left(-\frac{a^2}{b^2}\frac{z}{p}\right)}{\mathrm{d}z} = -\frac{a^2}{b^2}\frac{p-z\frac{\mathrm{d}p}{\mathrm{d}z}}{z^2} = -\frac{a^2}{b^2}\frac{p-p\frac{b^2}{a^2}\tan\varphi(-\tan\varphi)}{p^2} \tag{3.26}$$

$$= -\frac{a^2+b^2\tan^2\varphi}{b^2\frac{a^2}{\sqrt{a^2+b^2\tan^2\varphi}}} = -\frac{(a^2+b^2\tan^2\varphi)^{\frac{3}{2}}}{a^2 b^2}$$

利用式(3.21)和式(3.26)，可得曲率半径 M：

$$M = -\frac{\left[1+\left(\frac{\mathrm{d}p}{\mathrm{d}z}\right)^2\right]^{\frac{3}{2}}}{\frac{\mathrm{d}^2 p}{\mathrm{d}z^2}} = \frac{[1+(-\tan\varphi)^2]^{\frac{3}{2}}}{\frac{(a^2+b^2\tan^2\varphi)^{\frac{3}{2}}}{a^2 b^2}} \tag{3.27}$$

$$= \frac{a^2 b^2\left(\frac{1}{\cos^2\varphi}\right)^{\frac{3}{2}}}{(a^2+b^2\tan^2\varphi)^{\frac{3}{2}}} = \frac{a^2 b^2}{(a^2\cos^2\varphi+b^2\sin^2\varphi)^{\frac{3}{2}}}$$

式(3.24)、式(3.27)和式(3.16)可用来定义在椭球表面某点经纬度的变换因子。然而，不同位置的纬度对因子也有影响，考虑有高差(h)的因子描述为：

$$F_{\mathrm{lon}} = \frac{\pi}{180°}(P+h\cos\varphi) = F_{\mathrm{lon}_{h=0}} + \left(\frac{\pi}{180°}\cos\varphi\right)h$$

$$F_{\mathrm{lat}} = \frac{\pi}{180°}(M+h) = F_{\mathrm{lat}_{h=0}} + \left(\frac{\pi}{180°}\right)h \tag{3.28}$$

实际上，子午面上的曲率半径 M 会受 h 值的影响，半径 P 也会随 h 在赤道面上的投影的增加而增加。以下等式可以用特定的纬度 φ 和高度 h 来定义 F_{lon} 与 F_{lat}：

$$F_{\text{lon}} = \frac{\pi}{180°}\left(\frac{a^2}{\sqrt{a^2\cos^2\varphi + b^2\sin^2\varphi}} + h\right)\cos\varphi$$

$$F_{\text{lat}} = \frac{\pi}{180°}\left(\frac{a^2 b^2}{(a^2\cos^2\varphi + b^2\sin^2\varphi)^{\frac{3}{2}}} + h\right)$$

(3.29)

式(3.29)十分简洁有效地应用在不同地方,但是只有 WGS-84 椭球体的长半轴是已知的($a = 6\,378\,137\text{m}$),另一个标准化参数是椭球扁率($f = 1/298.257\,223\,563$),这时短半轴 $b = a/(1-f) = 6\,356\,732.3142\text{m}$。

以下等式同样可用来定义经纬度的变换因子：

$$F_{\text{lon}} = \frac{\pi}{180°}(N+h)\cos\varphi$$

$$F_{\text{lat}} = \frac{\pi}{180°}(M+h)$$

(3.30)

其中：

$$N = \frac{a}{W}$$

$$M = \frac{a(1-e^2)}{W^3}$$

$$W = \sqrt{1 - e^2\sin^2\varphi}$$

$$e^2 = 2f - f^2$$

2. 基准转换

(1)不同地球椭球坐标系的空间的三参数或七参数转换

不同坐标系统的转换本质上是不同基准间的转换,不同基准间的转换方法有很多,可以通过空间变换的方法予以实现,也可以通过平面变换的方法予以实现。对于空间变换方法,最常用的有布尔沙模型,又称为七参数转换法,以下介绍七参数转换法的原理。

设两空间直角坐标系间有 7 个转换参数——3 个平移参数、3 个旋转参数和 1 个尺度参数(如图 3-7 所示)。

若 $(X_A, Y_A, Z_A)^T$ 为某点在空间直角坐标系 A 的坐标,$(X_B, Y_B, Z_B)^T$ 为该点在空间直角坐标系 B 的坐标,$(\Delta X_0, \Delta Y_0, \Delta Z_0)^T$ 为空间直角坐标系 A 转换到空间直角坐标系 B 的平移参数,$(\omega_X, \omega_Y, \omega_Z)$ 为空间直角坐标系 A 转换到空间直角坐标系 B 的旋转参数,m 为空间直角坐标系 A 转换到空间直角坐标系 B 的尺度参数,则由空间直角坐标系 A 到空间直角坐标系 B 的转换关系为：

$$\begin{bmatrix} X_B \\ Y_B \\ Z_B \end{bmatrix} = \begin{bmatrix} \Delta X_0 \\ \Delta Y_0 \\ \Delta Z_0 \end{bmatrix} + (1+m)R(\omega)\begin{bmatrix} X_A \\ Y_A \\ Z_A \end{bmatrix}$$

(3.31)

式中：

$$R(\omega_X) = \begin{bmatrix} 1 & 0 & 0 \\ 0 & \cos\omega_X & \sin\omega_X \\ 0 & -\sin\omega_X & \cos\omega_X \end{bmatrix}$$

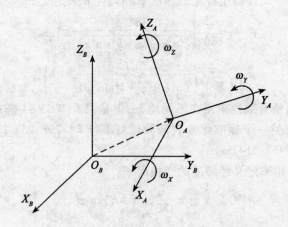

图 3-7 空间直角坐标系之间的关系

$$R(\omega_Y) = \begin{bmatrix} \cos\omega_Y & 0 & -\sin\omega_Y \\ 0 & 1 & 0 \\ \sin\omega_Y & 0 & \cos\omega_Y \end{bmatrix}$$

$$R(\omega_Z) = \begin{bmatrix} \cos\omega_Z & \sin\omega_Z & 0 \\ -\sin\omega_Z & \cos\omega_Z & 0 \\ 0 & 0 & 1 \end{bmatrix}$$

一般地,ω_X, ω_Y 和 ω_Z 均为小角度,将 $\cos\omega$ 和 $\sin\omega$ 分别展开成泰勒级数,仅保留一阶项,有 $\cos\omega \approx 1, \sin\omega \approx \omega$。

则

$$R(\omega) = R(\omega_Z) \cdot R(\omega_Y) \cdot R(\omega_Z) = \begin{bmatrix} 1 & \omega_Z & -\omega_Y \\ -\omega_Z & 1 & \omega_X \\ \omega_Y & -\omega_X & 1 \end{bmatrix}$$

也可将转换公式表示为:

$$\begin{bmatrix} X_B \\ Y_B \\ Z_B \end{bmatrix} = \begin{bmatrix} X_A \\ Y_A \\ Z_A \end{bmatrix} + \begin{bmatrix} \Delta X_A \\ \Delta Y_A \\ \Delta Z_A \end{bmatrix} + K \begin{bmatrix} \omega_X \\ \omega_Y \\ \omega_Z \\ m \end{bmatrix} \tag{3.32}$$

式中:

$$K = \begin{bmatrix} 0 & -Z_A & Y_A & X_A \\ Z_A & 0 & -X_A & Y_A \\ -Y_A & X_A & 0 & Z_A \end{bmatrix}$$

(2)不同地球椭球坐标系的平面相似转换

不同地球椭球坐标系的平面相似转换实际上是一种二维转换。一般而言,两平面坐标系统之间包含 4 个原始转换因子,即 2 个平移因子、一个旋转因子和一个尺度因子。

$[x,y]_{84}^T$ 为某点在 WGS-84 坐标系下的平面直角坐标系;$[x,y]_{54/84}^T$ 为该点在北京 54/西安 80 坐标系下的平面直角坐标;$[\Delta x,\Delta y]^T$ 为 WGS-84 坐标系转换到北京 54/西安 80 坐标系的平移参数;m 为 WGS-84 坐标系转换到北京 54/西安 80 坐标系的尺度参数。

则由 WGS-84 坐标系转换到北京 54/西安 80 坐标系有两种基本的方法:

① 先旋转,再平移,最后统一尺度:

$$\begin{bmatrix} x \\ y \end{bmatrix}_{84} = (1+m)\left(\begin{bmatrix} \Delta x \\ \Delta y \end{bmatrix} + \begin{bmatrix} \cos\alpha & \sin\alpha \\ -\sin\alpha & \cos\alpha \end{bmatrix}\begin{bmatrix} x \\ y \end{bmatrix}_{54/80}\right) \quad (3.33)$$

② 先平移,再旋转,最后统一尺度:

$$\begin{bmatrix} x \\ y \end{bmatrix}_{84} = (1+m)\begin{bmatrix} \cos\alpha & \sin\alpha \\ -\sin\alpha & \cos\alpha \end{bmatrix}\left(\begin{bmatrix} x \\ y \end{bmatrix}_{54/80} + \begin{bmatrix} \Delta x \\ \Delta y \end{bmatrix}\right) \quad (3.34)$$

3. 国际地球参考框架(ITRF)及其相互转换

国际地球自转服务(international earth rotation service,IERS)中心局(IERS central bureau)每年将全球站的观测数据进行综合处理和分析,得到一个国际地球参考框架(ITRF),并以 IERS 年报和 IERS 技术备忘录的形式发布,自 1988 年起,IERS 已经发布了 ITRF88、ITRF89、ITRF90、ITRF91、ITRF92、ITRF93、ITRF94、ITRF96、ITRF97 和 ITRF2000 等全球坐标参考框架。

一个地球参考框架的定义,是通过对框架的定向、原点、尺度和框架时间演变基准的明确定义来实现的。由于不同时期的 ITRF 框架之间 4 个基准分量定义的不同,使得 ITRF 框架之间存在小的系统性差异,这些系统性差异可以用 7 个参数来表示,两个框架之间的转换公式为:

$$\begin{bmatrix} X \\ Y \\ Z \end{bmatrix}_{ITRF_{yy}} = \begin{bmatrix} T_1 \\ T_2 \\ T_3 \end{bmatrix} + (1+D)\begin{bmatrix} 1 & -R_3 & R_2 \\ R_3 & 1 & -R_1 \\ -R_2 & R_1 & 1 \end{bmatrix}\begin{bmatrix} X \\ Y \\ Z \end{bmatrix}_{ITRF_{y'y'}} \quad (3.35)$$

不同 ITRF 参考框架坐标的相互转换通过式(3.35)予以实现,其转换参数为 T_1,T_2,T_3,D,R_1,R_2 和 R_3。

3.3 地图投影

3.3.1 基本概念

地图投影是在平面上建立与地球曲面上相对应的经纬网的数学法则,在数学基础上使用各种方法将地理坐标描写到平面上。其目的是能将地球椭球面上的点表示在平面坐标内,并在平面坐标系内计算这些点的距离和方向。由于地球椭球面上的点是用地理坐标表示的,故地图投影的目的实际上为的是将地球椭球面上的经纬线的交点表示在平面坐标系内,研究地球椭球面上的大地坐标(B,L)和平面上的直角坐标系(x,y)或极坐标(ρ,δ)之间的关系。

地图投影可由下列数学函数关系表示:

$$\begin{aligned} x &= F_1(B,L) \\ y &= F_2(B,L) \end{aligned} \quad (3.36)$$

式中:函数 F_1、F_2 叫做投影函数。根据投影的性质和条件的不同,投影公式的具体形式是多种多样的。

使用地图投影可以将地球表面完整地表示在平面上,但这种"完整"是通过对投影范围内某一区域的均匀拉伸和对另一区域的均匀缩小而实现的。通过地图投影并按比例尺缩小制成的地图,仍存在长度、面积和形状(角度)的变化,这些变化在地图投影中称为变形。地图投影的变形主要有长度变形、长度比变形、比例尺变形、方向变形、角度变形、面积比变形、面积变形等。

地图投影分类方法很多,当前一般按照两种标识进行分类:一是按投影的内在条件——投影的变形性质分类;一是按投影的外在条件——正轴投影经纬网的形状分类。另外还有其他的方法,如二次曲线划分法等。

1. 按变形性质分类

(1) 等角投影

又称正形投影,这类投影方法是保证投影前后的角度不变形,即在投影面上任意两方向的夹角同地球面相应的夹角相等。这类投影根据等角条件求出来的,主要牺牲面积而保持了角度,所以这类投影面积变形一般比别的投影大。等角投影在图上量测方向和距离比较方便,所以现在世界各国地形图多用此投影,其他如洋流图、风向图亦多用此投影。

(2) 等积投影

在投影平面上保持面积大小与投影面上相应的面积大小一致,即面积变形为零。这类投影常常改变原来的形状,破坏了图形的相似性,其角度变形一般比别的投影大。这类投影可以保持面积大小不变,故可在图上进行面积的比较。有关自然地图或经济地图多用此投影。

(3) 任意投影

是既不等角又不等积的投影,存在着角度、面积和长度的变形,变形椭圆的形状和大小随投影具体条件和点位不同而异。这类投影方法有很多种,应用比较广泛。任意投影一般多用于对投影变形无特殊要求的地图,如教学地图。

2. 按经纬网投影形状分类

(1) 方位投影

纬线投影为同心圆,经线投影为同心圆的直径,两经线之间的夹角与相应经差相等。在方位投影中,又分为透视方位投影与非透视方位投影(如图3-8(a))。

(2) 圆锥投影

这类投影纬线投影为同心圆弧,经线投影为同心圆的半径,两经线间的夹角与相应的经差成正比(如图3-8(b)所示)。此类典型的投影如 Albers 投影是等面积割圆锥投影。

(3) 圆柱投影

这类投影纬线投影为一组平行直线,经线投影为一组与纬线正交的平行直线,其间隔与相应的经差成正比(如图3-8(c)所示)。

(4) 伪圆柱投影

这类投影纬线投影为一组平行直线,中央经线投影为垂直于各纬线的直线,其余经线投影是对称于中央直经线的曲线(如图3-8(d)所示)。常用的伪圆柱投影有桑逊(Sanson,1600—1667)投影、爱凯特(Eckert,1868—1938)正弦投影、摩尔威德(Mollweide,1774—

1825)投影。

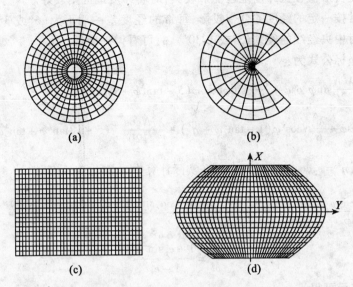

图 3-8　投影分类:(a) 方位投影,(b) 圆锥投影,(c) 正形圆柱投影,(d) 伪圆柱投影

在以上各类投影中,因投影面与地球椭球的相关位置不同,又分为正轴、横轴和斜轴三种。

正轴投影:圆锥或圆柱轴与地球自转轴相重合时的投影,此时称正轴圆锥投影或正轴圆柱投影。

斜轴投影:投影面与原面相切于除极点和赤道以外的某一位置所得的投影。

横轴投影:投影面的轴线与地球自转轴相垂直,且与某一条经线相切所得的投影,比如横轴椭圆柱投影等。

3.3.2　常见的地图投影

1. 高斯—克吕格投影

高斯—克吕格投影是在地球椭球面上采用等角横切椭圆柱进行投影,高斯投影属于正形投影,保证角度的不变性,同时采用相同的法则进行分带投影,这既限制了长度变形,又保证了在不同投影带中可采用相同的简便公式和数表进行各项改正计算,并且带与带间的互相换算也能用相同的公式和方法进行。

高斯—克吕格投影是假设椭圆柱面横切于地球椭球面的一条经圈上,椭圆柱的中心轴位于赤道上并通过地球中心。将地球表面经纬网按等角条件描写到椭圆柱面上而得此投影。中央经线和赤道投影为互相垂直的直线,以中央经线的投影作为 X 轴,赤道的投影作为 Y 轴,其交点为坐标原点,则形成高斯—克吕格投影的坐标系。

高斯—克吕格投影由以下三个条件确定:

(1) 中央经线和赤道投影为互相垂直的直线,而且为投影的对称轴。

(2) 投影无角度变形。

(3) 中央经线投影后保持长度不变。

其投影长度变形值在低纬度地区变形较大，对高纬度地区则较好。

本投影通常按一定的经度差分带投影，每带的经度差一般不大（6°或 3°），而 λ 则表示一带内的经度对中央经线的经差（3°或 1°30′），故可看做一微量。

其投影的坐标公式为：

$$
\begin{aligned}
x &= s + \frac{\lambda^2 N}{2}\sin\varphi\cos\varphi + \frac{\lambda^4 N}{24}\sin\varphi\cos^3\varphi(5 - \tan^2\varphi + 9\eta^2 + 4\eta^4) + \cdots \\
y &= N\cos\varphi + \frac{\lambda^3}{6}N\cos^3\varphi(1 - \tan^2\varphi + \eta^2) + \frac{\lambda^5 N\cos^5\varphi}{120}(5 - 18\tan^2\varphi + \tan^4\varphi) + \cdots
\end{aligned}
\tag{3.37}
$$

其中：φ 为纬度，$\eta^2 = e_2^2\cos^2\varphi$，$e_2^2 = \dfrac{e_1^2}{1 - e_1^2}$，在实际计算中 λ 需化为弧度。

$$\frac{\mathrm{d}r}{\mathrm{d}\varphi} = \frac{\mathrm{d}(N\cos\varphi)}{\mathrm{d}\varphi} = \frac{\mathrm{d}}{\mathrm{d}\varphi}\left[\frac{a_e\cos\varphi}{(1 - e_1^2\sin^2\varphi)^{\frac{1}{2}}}\right] = -\frac{a_e\sin\varphi(1 - e_1^2\sin^2\varphi - e_1^2\cos^2\varphi)}{(1 - e_1^2\sin^2\varphi)^{\frac{3}{2}}} = -M\sin\varphi$$

$$\frac{N}{M} = \frac{1 - e_1^2\sin^2\varphi}{1 - e_1^2}$$

λ 以弧度表示可得：

$$\mu = 1 + \frac{\lambda^2}{2}\cos^2\varphi(1 + \eta^2) + \frac{\lambda^4}{24}\cos^4\varphi(5 - 4\tan^2\varphi) \tag{3.38}$$

这是计算该投影长度比的公式。

2. 横轴墨卡托投影

通用横轴墨卡托（Universal Transverse Mercator）投影简称 UTM 投影（如图 3-9 所示）。

通用横轴墨卡托投影与高斯—克吕格投影的主要不同之处在于以下两点：

（1）带的划分相同而带号的起算不同。高斯—克吕格投影的分带是从零子午线向东每 6°为一带，通用横轴墨卡托投影的分带是从 180°起向东每 6°为一带。

（2）根本的差别是中央经线长度比不同。高斯—克吕格投影每带中央经线的投影长度比等于 1，通用横轴墨卡托投影将每带中央经线的长度比确定为 0.9996。这一长度比的选择，可以使 6°带的中央经线与边缘经线的长度变形的绝对值大致相等。因此在中央经线与边缘经线之间，可以求得两条无长度变形的线，其位置距中央经线以东以西各为 180 000 m，相当于经差 ±1°40′。

UTM 投影并非横切圆柱投影，而是横割圆柱投影，椭圆柱面部通过地球两极，在两条割线上长度比等于 1。

UTM 正解公式：

$(B, L) \to (X, Y)$，标准纬度 B_0，原点纬度 0，原点经度 L_0：

$$
\begin{aligned}
X_N &= K\ln\left[\tan\left(\frac{\pi}{4} + \frac{B}{2}\right) \times \left(\frac{1 - e\sin B}{1 + e\sin B}\right)^{\frac{e}{2}}\right] \\
Y_E &= L(L - L_0) \\
K &= N_{B_0} \times \cos B_0 = \frac{a^2 b}{\sqrt{1 + e'^2 \times \cos^2(B_0)}} \times \cos B_0
\end{aligned}
\tag{3.39}
$$

反解公式：

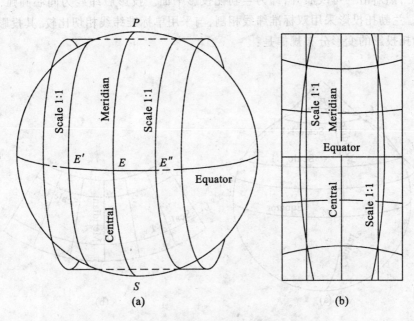

图 3-9 通用横轴墨卡托投影(Bossler 等,2002)

$(X,Y) \rightarrow (B,L)$,标准纬度 B_0,原点纬度 0,原点经度 L_0:

$$B = \frac{\pi}{2} - 2\arctan\left(e^{\frac{x_N}{K}} \cdot e^{\frac{e}{2}\ln\frac{1-e\sin B}{1+e\sin B}}\right)$$
$$L = \frac{Y_E}{K} + L_0 \tag{3.40}$$

纬度 B 通过迭代计算,收敛迅速。

UTM 投影的坐标系统为:每一投影带以中央经线于赤道投影的交点为坐标原点,为了避免出现负值,东西坐标(y 坐标)起始点加 500 km(同高斯—克吕格投影);南北坐标(x 坐标)北半球以原点为 0,南半球以原点为 10 000 km。在实际使用时:

北半球:$x_{实} = x$

南半球:$x_{实} = 10\ 000\ 000 \text{m} - x$

经差为正:$y_{实} = y + 500\ 000 \text{m}$

经差为负:$y_{实} = 500\ 000 \text{m} - y$

为了便于两个投影带边界上图幅的拼接使用,规定两带的坐标约重叠 40km,相当于赤道上的经差 22′的距离。这样则每带的正负经差都延伸为 3°11′。

墨卡托投影的缺点是不能投影全球地图,在极点有很大的变形。

UTM 投影系统,原先的计划是为世界范围所设计的,但由于统一分带等原因未被世界各国普遍采用。目前有美国、德国等 60 多个国家以此投影作为国家基本地形图的数学基础,但由于各国使用的地球椭球体不同,而略有差异。

3. 兰勃托(Lambert)投影

兰勃托投影,又名"等角正割圆锥投影"(如图 3-10 所示),由德国数学家兰勃特(J. H. Lambert)在 1772 年拟定。设想用一个正圆锥切于或割于球面,应用等角条件将地球面投影到圆锥面上,然后沿一母线展开,即为兰勃托投影平面。投影后纬线为同心圆弧,经线为同心圆半径。兰勃托投影采用双标准纬线相割,与采用单标准纬线相切比较,其投影变形小而均匀,兰勃托投影的变形分布规律是:

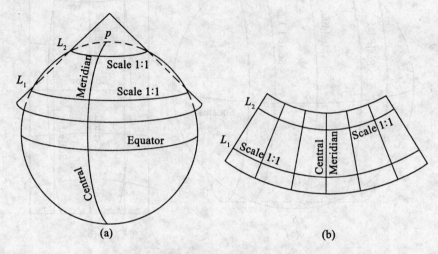

图 3-10 兰勃托等角投影(Bossler 等,2002)

(1) 角度没有变形,即投影前后对应的微分面积保持图形相似,故亦称为正形投影。
(2) 等变形线和纬线一致,即同一条纬线上的变形处处相等。
(3) 两条标准纬线上没有任何变形。
(4) 在同一经线上,两标准纬线外侧为正变形(长度比大于1),而两标准纬线之间为负变形(长度比小于1)。因此,变形比较均匀,变形绝对值也比较小。
(5) 同一纬线上等经差的线段长度相等,两条纬线间的经纬线长度处处相等。

兰勃托等角投影正解公式:

$(B,L) \to (X,Y)$,原点纬度 B_0,原点经度 L_0,第一标准纬线 B_1,第二标准纬线 B_2:

$$
\begin{aligned}
X_N &= r_0 - r\cos\theta \\
Y_E &= r\sin\theta \\
m &= \frac{\cos B}{\sqrt{1 - e^2\sin^2 B}} \\
t &= \tan\left(\frac{\pi}{4} - \frac{B}{2}\right) \Big/ \left(\frac{1 - e\sin B}{1 + e\sin B}\right)^{\frac{e}{2}} \\
n &= \frac{\ln(m_{B_1}/m_{B_2})}{\ln(t_{B_1}/t_{B_2})} \\
F &= m_{B_1}/(n t_{B_1}^n) \\
r &= a F t^n \\
\theta &= n(L - L_0)
\end{aligned}
\tag{3.41}
$$

r_0 为原点纬度处的 r 值;m_{B_1} 和 m_{B_2} 为标准纬线 B_1 和 B_2 处的 m 值;t_{B_1} 和 t_{B_2} 为标准纬线

B_1 和 B_2 处的 t 值。

反解公式:

$(X,Y) \rightarrow (B,L)$,原点纬度 B_0,原点经度 L_0,第一标准纬线 B_1,第二标准纬线 B_2:

$$B = \frac{\pi}{2} - 2\arctan\left[t'\left(\frac{1-e\sin B}{1+e\sin B}\right)^{\frac{e}{2}}\right]$$

$$L = \theta'/n + L_0$$

$$r' = \pm\sqrt{Y_E^2 + (r_0 - X_N)^2} \text{ 符号与 } n \text{ 相同}, \text{sign}(n) \quad (3.42)$$

$$t' = (r'/(aF))^{\frac{1}{n}}$$

$$\theta' = \arctan\frac{Y_E}{r_0 X_N}$$

式中:参数同兰勃托等角投影正解公式,B 通过迭代获取。

我国 1:100 万地形图采用了兰勃托投影,其分幅原则与国际地理学会规定的全球统一使用的国际百万分之一地图投影一致。纬度按纬差 4°分带,从南到北共分成 15 个投影带,每个投影带单独计算坐标,每带两条标准纬线,第一标准纬线为图幅南端纬度加 30′的纬线,第二标准纬线为图幅北端纬度减 30′的纬线,这样处于同一投影带中的各图幅的坐标成果完全相同,不同带的图幅变形值接近相等,因此每投影带只需计算其中一幅图(纬差 4°,经差 6°)的投影成果即可。由于是纬差 4°分带投影的,所以当沿着纬线方向拼接地图时,不论多少图幅,均不会产生裂隙。但是,当沿着经线方向拼接时,因拼接线分别处于上下不同的投影带,投影后的曲率不同,致使拼接时产生裂隙。

兰勃托投影坐标以图幅的原点经线(一般是中央经线)作纵坐标 x 轴,原点经线与原点纬线(一般是最南端纬线)的交点作为原点,过此点的切线作为横坐标 y 轴,构成兰勃托平面直角坐标系,此投影两标准纬线无变形。

4. 古德投影

从伪圆柱投影的变形情况来看,往往离中央经线越远变形越大。为了减小远离中央经线部分的变形,美国地理学家古德(J. Paul Goode)于 1923 年提出一种分瓣方法,是将伪圆柱投影的非制图区加以断裂,使制图区变形减少,编制成断裂地图的方法。就是在整个制图区域的几个主要部分中央都设置一条中央经线,分别进行投影,则全图就分成几瓣,各瓣沿赤道连接在一起。这样每条中央经线两侧投影范围不宽,变形就小一些。被打断的古德等面积分瓣地图投影由结合形成 6 个打断的耳垂的 12 个分离的地区组成。两个北方的地区经常被提供在两个地区重复的陆地区域,允许这些陆地区域被显示而没有中断。这种分瓣方法可用于桑生投影、摩尔魏特投影以及其他伪圆柱投影。

在绘制世界地图中,古德的分瓣方法如下:为了完整地表示大陆,各大陆采用不同的中央经线:①北美洲,中央经线为 -100°;② 南美洲,中央经线为 -60°;③ 亚洲、欧洲,中央经线为 +60°;⑥ 非洲,中央经线为 +20°;⑤ 澳大利亚,中央经线为 +150°。断裂部分在大洋。如果为了完整地表示大洋,则中央经线可选下列几条:北大西洋,中央经线为 -30°;南大西洋,中央经线为 -20°;太平洋北部,中央经线为 -170°;太平洋南部,中央经线为 -140°;印度洋北部,中央经线为 +60°;印度洋南部,中央经线为 +90°。断裂部分在大陆。对摩尔魏特投影进行分瓣称为摩尔魏特—古德投影。这个投影对大陆部分表示得较好。

除了单独将某一种伪圆柱进行分瓣外,古德还采用了将桑生投影和摩尔魏特投影结合在一起的分瓣方法,使投影变形有所改善。摩尔魏特投影在高纬度地区的变形比桑生投影小,而桑生投影在低纬度地区变形又比摩尔魏特投影要小。摩尔魏特投影在南、北纬40°附近处沿纬线长度比等于1,与桑生投影的纬线长度比一致,所以把南、北40°纬线作为两投影的结合处,在南、北纬40°以内采用桑生投影,在南、北纬40°以外采用摩尔魏特投影。在这个投影上,南、北纬40°处经线出现折角,这个折角离中央经线越远越显著。

在国外(美、日)出版的世界地图集中的世界地图经常采用这种投影,例如美国出版的古德世界地图集中的世界各种自然地图,大多采用古德投影(见图3-11)。

图3-11 从EDC(Environmental Data Center)中获得的世界1km的AVHRR dekadal古德投影图像

3.4 离散网格

3.4.1 网格与地理格网

网格(grid)技术被认为是掀起互联网继传统因特网、万维网之后的第三次浪潮(李德仁等,2003;陈述彭等,2004)。网格是构筑在互联网上的一组新兴技术,它将高速互联网、高性能计算机、大型数据库、传感器、远程设备等融为一体,为科技人员和普通老百姓提供更多的资源、功能和交互性。它的出现体现了"共享资源和协同解决问题"的理念,代表了信息技术的发展方向。

地理格网是按一定的数学法则对地球表面进行划分而形成的格网(通常是指以一定长度或经纬度间隔表示的格网)。现代的地图方格网也是一种建立在某种地图投影基础上的格网系统,它将制图区域按平面坐标或按经纬度划分为格网,以格网为单元描述或表达地表现象和时空变化。

地理格网与网格技术中"网格"是两个不同的概念。前者主要立足于对地球空间的划分、空间数据的组织以及检索等技术;而网格技术则主要强调广域网上整体资源的整合与利用。网格技术与地理格网之间又有着密切的联系。由于网格技术所处理的信息80%与空间位置有关,空间信息是各种社会信息(自然、社会、经济等属性信息)的载体或支撑框架,所以,地球空间信息网格就构成了网格技术的基础内容之一。但是从网格技术所要求的资源共享和协同计算观点看,目前 GIS 还不能适应网格计算的要求,这主要是由于时间基准不一致、空间基准不一致等问题(李德仁等,2005)。

通过建立空间信息格网,可为长期困扰 GIS 业界专家的一系列重大技术问题提供一体化的解决思路,如海量空间数据快速处理问题、海量空间数据存储问题、地理信息分布式大规模计算问题、VR(Virtual Reality)GIS 实时性问题、GIS 互操作问题、GIS 应用系统快速开发问题等(金江军和潘懋,2004)。

伴随空间数据采集技术的发展,人们不断获得全球多分辨率、多比例尺海量空间数据;许多应用领域,如全球变化、气象模拟与预报、可持续发展等,越来越频繁地使用区域甚至全球尺度的空间数据进行分析决策。传统格网模型起源于数字制图和影像处理的平面模型,通过地图投影把椭球面格网铺展成平面格网进行分析和处理,仅适合表达和处理地球表面局部区域数据,以及进行低精度的计算(Lukatela,2000)。但在处理大范围和全球的空间数据时,其局限性越来越明显,主要表现在以下几个方面:

(1) 人们对地球椭球体的空间三维坐标向二维坐标进行投影转换的理论和方法研究已有 100 多年的历史,地图投影的种类也有 600 多种,其中有计算公式的达 200 多种(Frank 和 Hugo,2001)。投影类型的丰富为空间数据处理提供了极大的自由度,使局部复杂的球面数据能够在平面上更加方便地处理,但同时也给全球数据的管理和分析带来了诸多不利的影响,因为不同国家和地区所采用的投影方法各种各样。

(2) 为达到覆盖整个地球的目的,使地球数据能在平面上进行描述(即建立平面地图的坐标格网),就需要把获取的球面数据进行一系列平面投影转换,在转换过程中位置、方向和面积大小将会出现不同程度的变形,并且目前还没有一个投影方法能同时保持距离和面积的不变形(Willmott 等,1985;White 等,1992)。

(3) 空间位置的平面投影坐标与实际空间位置之间的差别,随覆盖面积的增加而增大,难以满足现代高精度测量的要求(Lukatela,1987)。由于椭球(或球)面是一种不可展开的曲面,要把这样一个曲面展开在平面上,不可避免地会产生裂隙和褶皱,需要通过数学手段对经纬线进行"拉伸"或"压缩",才能形成一幅完整的地图。这样,在系统分析中,任何一个简单的计算就需要很多"改正数"来解决平面坐标与实体实际几何位置的差别,大大降低了系统的处理效率。

(4) 大地坐标系(即全球时空基准与框架)总是随着技术的进步而不断精化,其变化对传统空间数据表达的数字地图带来至今无法解决的问题(李德仁和崔巍,2004)。由于 GPS 技术和整个卫星大地测量、卫星重力测量等技术的飞速发展,全球时空基准与框架不断精化,其周期越来越短,最终必将走向实时动态化。因此,以存储某一坐标系下的坐标串为主要方式的空间信息系统是适应不了这种变化的。

(5) 用常规平面概念理解空间数据的真实特性,忽视了平面空间与球面数据区域在概念上具有本质的差别,容易误导将平面上常规量算和分析技术盲目移植到全球数据管理系统中。比如,平面两点的距离是欧式距离,而在球面上则是大弧距离。

(6) 传统平面格网模型已不能满足全球海量数据的多分辨率表达需求。例如,利用逐步层次显示技术,从区域范围视图逐步放大到局部细节视图的每一步放大过程中,空间三维椭球面向二维平面转换的机理和参数都不相同（林宗坚,1999）；另一方面,不同的分辨率可能选择不同的投影方法和不同的分带标准。例如,我国小比例尺地图采用 Lambert 投影,如1:100 万的地图；而大、中比例尺地图则采用高斯—克吕格投影,如 1:50 万～1:5000 万的地图；另外,在同一投影系统中,1:5 万的地图采用 6°带,而 1:1 万的地图则采用 3°带。这说明现有模型的数据结构和表达模式是以平面投影为基础的,从本质上看是单一尺度的,很难满足全球海量数据从宏观到微观（或从微观到宏观）多分辨率计算和操作的要求。

为了保证全球空间地理数据的空间表达是全球的、连续的、层次的和动态的,就需要研究和发展非欧氏几何的空间数据模型。全球离散格网（global discrete grid,GDG）是基于球面的一种可以无限细分却不改变其形状的地球体拟合格网,当细分到一定程度时,可以达到模拟地球表面的目的（周启鸣,2001）。它具有层次性和全球连续性特征,既避免了平面投影带来的角度、长度和面积的变形及其空间数据的不连续性,又克服了许多限制 GIS 应用的约束和不定性,即在地球上任何位置获取的任何分辨率的（不同精度）空间数据都可以规范地表达和分析,并能用确定的精度进行多分辨率操作,已成为国际 GIS 学术界一个新的研究热点。它有望从根本上解决平面模型在全球多分辨率空间数据管理上的数据断裂、变形和拓扑不一致性等问题（Dutton,1999;2000;Gold 和 Mostafavi,2000;Lukatela,2000）。

3.4.2 全球离散格网

1. 等经纬度格网模型

等经纬度格网是指经线和纬线按固定间隔在地球上相互交织所构成的格网,它是地学界应用最早、也是目前应用最广泛的一种地球空间坐标格网,如图 3-12 所示。近年来,国内外学者对此传统格网又进行了一些新的探索研究。如美国乔治亚州技术学院研制的 VGIS（Virtual GIS）（Koller 等,1995;Lindstrom 等,1997;Faust 等,2000）,它首先将整个地球按经纬度分成 32 个 45°×45°的区域,每个区域再作为一个四叉树的根节点,按经纬度逐层细分,细分后的每个区域建立一个局部坐标系统,区域内的数据用投影后建立的规则格网来表达。由于该方法在局部区域仍然采用平面投影来模拟表达曲面地形,这样不可避免地会带来投影误差,而且随着分辨率的提高,该系统采用的局部坐标系会达到数万个,既增加了系统的数据转换负担,又不利于数据的实时处理。类似的还有美国国家航空航天局（NASA）开发的虚拟行星探索工程 VPEP（virtual planetary exploration project）（Hitchner,1992）、美国海军研究生院（Naval Postgraduate School）研发的 NPSNET 系统（Falby 等,1993）和 SRI 公司开发的 TerraVision 地形浏览器（Reddy 等,1999）等。Gerstner(1999)对基于经纬度表达的地形数据进行了数据压缩,该方法很好地顾及到了球面曲率的影响,能连续地、可视化地表达整个球体表面。

采用等间隔的经纬度格网对椭球面进行剖分,是应用最早的、最常规的科学查询和空间剖分方法之一。它非常符合人们的习惯（由于以经纬度表示的坐标系统已被人们广泛采用）,也便于用一般的显示设备进行制图或表达,它和其他坐标系统之间的转换较简单,也比较成熟。但是,从赤道到两级,经纬度格网在面积和形状上的变化越来越大,致使同一层次格网的几何变化不在同一量级上,影响了多分辨率空间数据操作的效率和准确性。另外,格网的形状也发生变化,在两级为三角形,其他地区为四边形,且这种变化没有顾及空间数据的密度和大小,必然产生大量的数据冗余（Sahr 和 White,1998）。

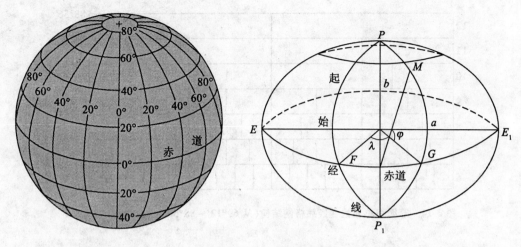

图 3-12 等经纬度格网

2. 变经纬度格网模型

近年来,为了使同一层次经纬网单元的面积近似相等(或限制在同一量级上),一些学者和应用部门采用变间隔的经纬网剖分方案(NIMA,2003;Bjørke等,2003;2004)。例如美国国家影像与制图局 NIMA(national imagery and mapping agency)提供的数字地形高程数据 DTED(digital terrain elevation eata)(NIMA,2003),基本原理是在纬度不变(3″)的情况下,而经度间隔从赤道到两极逐渐增大,即在纬度 0°~50°之间,经度间隔为 3″;50°~70°之间,间隔为 6″;70°~75°之间,间隔为 9″;75°~80°之间,间隔为 12″;80°~90°之间,间隔为 18″,如图 3-13 所示。此外,挪威专家 Bjørke等(2003;2004)采用与 DTED 类似的格网划分方法,但其划分方法更细,进一步保证了格网单元的面积相对,如图 3-14 所示。

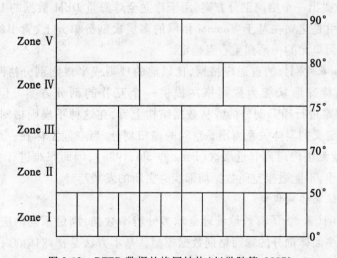

图 3-13 DTED 数据的格网结构(赵学胜等,2007)

与等经纬度间隔的方式相比,DTED 的格网划分方式虽然在一定程度上减少了数据冗

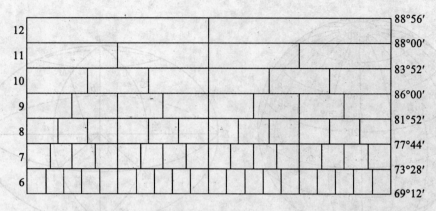

图 3-14 等面积单元的变经纬格网结构(从 69°12′~88°56′)(赵学胜等,2007)

余,但其格网划分仍然不均匀。Bjørke 的格网虽然保证了格网的面积相等,易于完成基于离散点的表面建模和统计计算,但其格网不具有层次性和嵌套性,使格网单元的邻近搜索变得更加复杂,难以进行连续的多分辨率数据操作与表达建模(Sahr 等,2003)。

3. 自适应球面格网模型

上述两种全球离散格网,都是基于经纬度按一定规则剖分的。而自适应球面格网则是以球面上实体要素为基础,并按实体的某种特征剖分球面单元。Lukatela(1987;2000)在其开发的 Hipparchus 系统中,利用球面 Voronoi 多边形剖分建立了全球地形 TIN 模型,完成了整个地球的可视化建模。它以 Voronoi 单元来构建系统的高效索引机制,球面 Voronoi 生长点(点集)的分布是根据不同应用标准组合的,如数据密度分布、系统操作类型和最大最小单元限制等。在 Hipparchus 系统中,格网单元是根据实体数据的密度大小进行自适应调整的,即自适应格网或不规则格网。

Kolar(2004)提出一个格网剖分方案,用于建立全球海量 DEM 数据的 LOD 模型。其剖分格网的空间索引是建立在基于 Voronoi 格网的多层次剖分单元上,索引的每一个层次由半规则分布在球面单元的一系列质心点确定。

基于全球 Voronoi 剖分的自适应格网,比以前的规则或半规则剖分格网具有更大的灵活性。其格网的特殊形状能为规则格网提供一个互补的剖分方案。但是,无论怎样,Voronoi 格网是很难进行递归剖分的。从数据结构上看,在这种不规则格网结构中,实体层次维持是用显式定义的实体关系而不是空间的递归划分,当空间实体在一个特定层次上变化时,这种变化就无法传递到邻近层次(Pang 和 Shi,1998),因而很难进行多尺度海量数据的关联和其他操作,不能适应空间数据局部实时更新的发展趋势。

4. 正多面体球面格网模型

20 世纪 80 年代末,为了有效地管理全球多分辨率数据,满足不同的应用需求,许多学者研究了基于正多面体剖分的球面格网数据模型。基本方法是把球体的内接正多面体(正四面体、正六面体、正八面体、正十二面体、正二十面体)的边投影到球面上作为大圆弧段,形成球面三角形(或四边形、五边形、六边形)的边覆盖整个球面,作为全球剖分的基础;然后对球面多边形进行递归细分,形成全球连续的、近似均匀的球面层次格网结构。它克服了经纬度格网非均匀性和极点奇异性的缺陷,在全球范围内是无缝的、稳定的和近似均匀的,成为目前构建全球层次格网模型的有效工具之一(Dutton,1991)。

基于正多面体的球面格网具有规则性、层次性和全球连续性特征,既有效避免了经纬度格网表达全球数据时出现的数据冗余问题(Bai 等,2005),又克服了变间隔经纬网和球面不规则 TIN 格网无法进行层次关联的缺陷(Kolar,2004)。另外,其格网地址码具有唯一性与区域独立性(unique and domain independent),既表示了空间位置,也明确表达了比例尺和精度,具有处理全球多分辨率海量空间数据的潜在能力(Dutton,1999)。

但是,由于网格地址码隐含地表达空间位置,在频繁处理全球多分辨率数据的过程中,对地址码与经纬度坐标的转换算法提出了更高的要求,现存的算法在速度和编码方案上还存在一些缺陷。从数据结构上看,多面体剖分模型,一般是采用三角形四叉树层次结构作为全球空间数据管理的基础,而传统数据输出(屏幕和地图)经常是长方形的,部分输入数据(如遥感影像)是正方形(栅格)的,这不利于充分利用原有数据资源和新旧基础数据的连续。

思考题

1. 请说明物理上定义的大地水准面和数学上定义的地球椭球体的概念以及它们之间的关系。
2. 解释 UTM 投影和高斯—克吕格投影。
3. 简述北半球冰雪遥感使用等面积投影的缘由。
4. 请分别讨论坐标系变换与基准变换。
5. 阐述全球离散格网的科学依据和实践价值。

第4章 测量与数据获取

测量是自远古时代以来人们观测大自然，认识周围世界，获取定位数据和地理信息的手段。早期的测量采用的是三角测量的方法，1617 年由荷兰 W. 斯涅耳首创（http://info.datang.net/S/S0218.HTM）。三角测量是在地面上布设一系列连续三角形，采用测角方式测定各三角形顶点水平位置的方法。是建立国家大地网和工程测量控制网的基本方法。

三角测量有两种扩展形式：① 构成三角网向各方向扩展，它点位分布均匀，点间互相制约，对低等测量控制作用较强，但推进较慢。② 构成三角锁（控制骨架），向某一定方向扩展，中间以次等三角测量填充，推进迅速，比三角网经济，但控制强度不如三角网。

三角测量作业分选定点位、造标埋石、水平角观测、成果计算等步骤。点位一般应选在展望良好、易于扩展的有利位置，使构成三角形的相邻点间互相通视。在选定的点位上建造觇标，供观测照准和升高仪器，同时埋设标石作为三角点的永久性标志。标石中心点是三角点的实际点位。水平角观测是三角测量的关键性工作，观测选在通视良好、目标清晰稳定的有利时间进行。

三角测量除测水平角外，还要选择一些三角形的边作为起始边，测量其长度和方位角。起始边的长度过去用基线尺丈量，20 世纪 50 年代后用电磁波测距仪直接测量。起始边的方位角用天文测量方法测定：从一起始点和起始边出发，利用观测的角度值，逐一推算各边的长度和方位角，再进一步推算各三角形顶点在大地坐标系中的水平位置。

20 世纪中叶以来，光波和微波测量技术有了相当的发展。有测量学家用长距离（70～100 km）量测的手段对 19 世纪三角测量的结果进行了修正，重新定义了地球的形状。这种获取地球大小和重力场的最新方法甚至用到了宇宙空间的测量上。甚长基线干涉测量（VLBI）是依靠基线两端（如智利的圣地亚哥与德国的 Wetzell）的两个天文望远镜对从同类星体接收的信号进行相关计算来实现对外层空间的测量的。其过程是用一个非常精确的时钟记录某一星体光信号分别到达两个望远镜的时间，并计算出时间延迟。由于波的传播速度是已知的，通过时间延迟可以计算两个望远镜间的距离和方向，并由此实现对星体的测量。基线测量的精度可以达到百万分之一。

卫星大地测量（satellite geodetic surveying）是利用人造地球卫星进行地面点定位以及测定地球形状、大小和地球重力场的工作。卫星大地测量始于 1957 年人造地球卫星的出现，并获得迅速发展。卫星大地测量在原理上分为几何法和动力法。几何法以卫星作为观测目标，由几个地面站同步观测，按空间三角测量方法求出这些站的相对位置。20 世纪 60 年代，很多国家曾用几何建立空间三角网和地面三角网的洲际联测。动力法根据卫星轨道受摄动力的运动规律，利用地面站对卫星的观测数据，同时计算卫星轨道根数、地球引力场参数和地面观测站地心坐标。按开普勒的行星运动规律，卫星是在以地球中心为一个焦点的椭圆轨道上运动；这个椭圆轨道由 6 个轨道根数来确定。根据各观测站对多颗不同轨道卫星的观测数据,可推算出卫星轨道根数、地面站地心坐标和地球引力场参数。由于解算中含较多的待定参数,通常采用逐次趋近的方法求解。

GPS 即全球定位系统(global positioning system)是美国从 20 世纪 70 年代开始研制,历时 20 年,耗资 200 亿美元,于 1994 年全面建成,具有在海、陆、空进行全方位实时三维导航与定位能力的新一代卫星导航与定位系统。GPS 以全天候、高精度、自动化、高效益等显著特点,成功地应用于大地测量、工程测量、航空摄影测量、运载工具导航和管制、地壳运动监测、工程变形监测、资源勘察、地球动力学等多种学科。

GPS 定位的基本原理是根据高速运动的卫星瞬间位置作为已知的起算数据,采用空间距离后方交会的方法,确定待测点的位置。GPS 技术按待定点的状态分为静态定位和动态定位两大类。静态定位是指待定点的位置在观测过程中固定不变的,如 GPS 在大地测量中的应用。动态定位是指待定点在运动载体上,在观测过程中是变化的,如 GPS 在船舶导航中的应用。静态相对定位的精度一般在几毫米几厘米范围内,动态相对定位的精度一般在几厘米到几米范围内。对 GPS 信号的处理从时间上划分为实时处理及后处理。实时处理就是一边接收卫星信号一边进行计算,获得目前所处的位置、速度及时间等信息;后处理是指把卫星信号记录在一定的介质上,回到室内统一进行数据处理。一般来说,静态定位用户多采用后处理,动态定位用户采用实时处理或后处理。

上述的是狭义的 GPS。广义的 GPS 则包括美国 GPS、欧洲伽利略、俄罗斯 GLONASS、中国北斗等全球卫星定位系统,也称 GNSS。

在 GIS 领域,有多种应用 GPS 的方式。首先,可以用 GPS 来确定或校准卫星影像数据的地理坐标;其次,GPS 可以用于卫星影像的地面调查;第三,GPS 已经称为 GIS 或 CAD 系统数据更新的有效工具。但 GPS 和 GIS 的集成中也存在不可避免的缺陷,如 GPS 并不适合记录一些 GPS 卫星通视条件不好的点位坐标,此时传统的测绘技术会更加有效;在评价大区域植被的渐进变化时,GPS 也不是最有效的工具,也许卫星影像更经济有效。因而,我们说传统和现代测量定位技术依然是相辅相成的。

本章将叙述地形测量的传统方法,介绍测量数据平差处理的基本方法。第 3 节概括说明 GPS 定位原理,第 4 节阐述 GPS 定位的数学模型,并简要介绍 GPS 测量误差来源,以期对 GPS 测量方法的精度有所领会。

4.1 地形测量

地形测量学是研究地球表面较小区域内测绘地形图的基本理论、技术和方法的学科,主要研究内容包括图根控制网的建立和地形图的测绘,如角度测量、距离测量、高程测量、观测数据的处理和地形测图等。

在测绘工作中,通常将地表面的固定性物体称为地物,如居民地、建筑物、道路、河流、森林等;将地表面高低起伏的形态称为地貌,如山地、丘陵、平原、盆地、陡崖、冲沟等;地物和地貌又总称为地形。

地形图就是按一定的比例尺,表示地物、地貌平面位置和高程的正射投影图。地形图就是将地面上的地物和地貌垂直投影到局部水平基准面上,然后按一定比例尺缩小并绘以相应符号而得到的图形。把小范围的地球表面当做平面看待,所绘制的表示地物、不表示地貌的正射投影图叫做平面图。如果测绘面积较大,考虑到地球表面弯曲的影响,通常采用数学投影法则来解决。按照一定的数学法则,使用特定的符号系统,有选择地在平面上表示地球上若干现象的图称为地图,如我们常见的全国地图、河南省地图、全国地形图、交通图、森林资源图等。地图具有严格的数学基础、符号系统和文字注记形式。

地形测量工作的主要目的是,通过角度和距离等量测工作,获得精确的地形图和准确可靠的点位资料,以提供使用。为此,地形测量工作必须根据统一的规范、图式和用图单位的要求进行施测,以保证其统一的精度和真实形象地显示地物、地貌。在测量过程中,由于受各种条件的影响,不论采用何种方法、使用何种仪器,测量的成果都会含有误差。所以测量时必须采取一定的程序和方法,以防止误差的积累。因此,在实际测量工作中必须遵循:在布局上"由整体到局部",在精度上"由高级到低级",在程序上"先控制后测图"的原则进行。

传统的地形测量工作概括起来可分为控制测量和地形测图两大部分。本节的前一部分将讨论控制测量和地形测图。

4.1.1 控制测量与地形测图

通常,需要进行测量的区域称为测区。要在测区内进行测量工作,首先需要有起始数据。这些起始数据一般为国家大地点,即国家一、二、三、四等三角点和水准点。这些三角点的平面直角坐标和高程均为已知,它们是进行地形测量的必要依据,进入测区前必须抄录其坐标和高程。

有时,测区面积较小,测区附近又无任何大地点可以利用,测量任务不要求与全国统一坐标系和高程系统相联系的情况下,可以采用独立坐标系和假定高程系,即选择测区内某一控制点,假定其坐标和高程,并选定某一边,假定其坐标方位角,以此作为推算其他各点的起算数据。如图 4-1 中 A、B 为测区内的国家大地点。

在前述已知国家大地点的基础上,选择少量有控制意义的点,构成一定图形,用较精确的方法测定其平面位置和高程,作为测区地形测量的基本控制点,这些点称为小三角点,如图 4-1 中的 $T_1, T_2, \cdots, T_5$ 等点。

大地点和小三角点通常数量较少,不能满足大比例尺地形测图的需要,必须进一步加密以此或两次供地形测图使用的控制点,构成一定的图形,用稍低一级的精度要求和测量方法,测定其平面位置和高程,这些供测图使用的控制点称为图根控制点,简称为图根点,如图 4-1 中的 $1, 2, 3, \cdots, 24$ 等点。图根点的密度应根据测区地形复杂程度的不同而定,并分布均匀,保证有足够的点数和适当的位置,以满足测图的需要。

各级控制测量工作结束后,测区内有了规定数量的控制点,可以实施地形测图。地形测图通常在特制的聚酯薄膜(或白色绘图纸)上进行。为测图、用图方便,多采用分幅施测,图幅规格一般为 50 cm×50 cm、40 cm×40 cm、40 cm×50 cm 等。按照地形图分幅要求展绘坐标格网,并将所有控制点分别展绘于各幅图上。然后采用一定的仪器和工具,分别在各控制点上设站。以测站点为依据,用极坐标法或其他方法测定周围地物、地貌特征点的平面位置和高程,按实地情况和规定的符号,用铅笔描绘地物和地貌。完成一个测站点,迁到另一测站点,直至测满整个图幅为止。完成测区内所有图幅的测图后,经过检查、修整、拼接、验收,即成为铅笔原图。根据需要亦可清绘着墨和复制。最后连同所有测量成果一并上交,提供

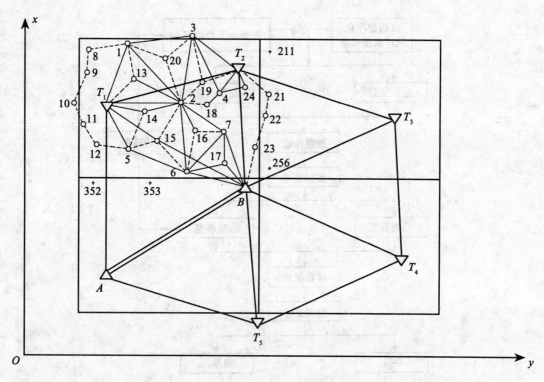

图 4-1　控制测量中的控制点层次（罗聚胜等，1999）

有关部门使用。

控制测量和地形测图是整个地形测量工作的主体,加上前面的准备工作和后面的结束工作,即是地形测量完整作业过程。

4.1.2　数字测图

随着电子技术和计算机技术日新月异的发展及其在测绘领域的广泛应用,20 世纪 80 年代产生了电子速测仪、电子数据终端,并逐步地组成野外测量数据采集系统,与内业机助制图系统结合,形成了一套从野外数据采集到内业制图全过程的、实现数字化和自动化的测量制图系统,人们通常称为数字化测图或机助成图。广义的数字测图主要包括地面（野外）数字测图、地图数字化成图、摄影测量和遥感数字测图,狭义的数字测图则仅指地面数字测图。

数字测图的实质上是将地面模型的模拟量转化为数字量,然后由电子计算机对其进行处理,得到内容丰富的电子地图,需要时由电子计算机的输出设备（如显示器、绘图仪）恢复地形图或各种专题图图形。数字测图的基本过程如图 4-2 所示。

将模拟量转换为数字这一过程通常称为数据采集。目前数据采集方法主要有野外地面数据采集法、航片数据采集法、原图数字化法。数字测图的基本成图过程是:采集有关地物、地貌的各种信息并及时记录在数据终端（或直接传输给便携机）；然后在室内通过数据接口将采集的数据传输给电子计算机,由计算机对数据进行处理而形成地图数据文件;最后由计

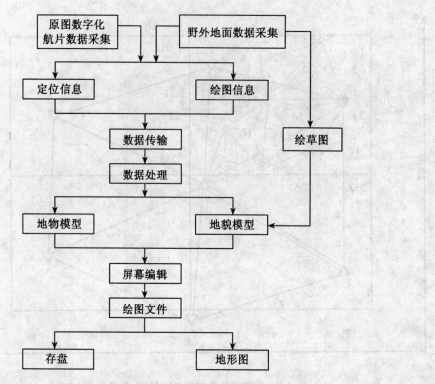

图 4-2 数字测图的基本过程(罗聚胜等,1999)

算机控制绘图仪自动绘制所需的地形图,最终由磁盘、磁带等储存介质保存电子地图。数字测图虽然仍然以提供图解地形图为主,但它能以数字形式保存地形模型及地理信息。

归纳起来,数字测图所需解决的问题是:

(1) 图形要素数字化。图形要素可以分解为两类信息:一类是定位信息,用平面直角坐标和高程来表示;另一类是绘图信息(属性信息),用类码和文字表示,它包括地物属性、连接关系等。

(2) 计算机按照既定的要求对这些信息进行处理。

(3) 将经过处理的数据和文字信息转换成图形,由屏幕输出或绘图仪输出各种所需的图形。

(4) 如何按照一定的数字模型完成各类数字化图形的应用问题,如面积计算与统计、土方计算、坡度计算及图形管理等。

为了解决上述 4 个问题,数字测图系统需有一系列硬件和软件组成。用于野外采集数据的硬件设备有全站式或半站式电子测速仪。用于室内输入、处理和输出的硬件设备有数字化仪、微机、打印机和数控绘图件、数据处理软件、图形编辑软件、等高线自动绘制软件、绘图软件及信息应用软件等。

不难看出,数字测图具有如下优点:

(1) 点位精度高。

(2) 便于成果更新。

(3) 避免因图纸伸缩带来的各种误差。
(4) 能以各种形式输出成果。
(5) 方便成果的深加工利用。
(6) 可作为 GIS 的直接信息源。

4.1.3 基于地形图的数据提取

在地形图上都绘有用来确定点位坐标的直角坐标格网,格网线(坐标线)均在图廓间注有相应的坐标值。如图 4-3 所示,欲求 A 点坐标,应先过 A 点作纵、横格网线的平行线 ef 和 gh,然后量取 ae 和 ag 的图上长,则 A 点坐标为

$$\begin{cases} x_A = x_a + ag \cdot M \\ y_A = y_a + ae \cdot M \end{cases} \tag{4.1}$$

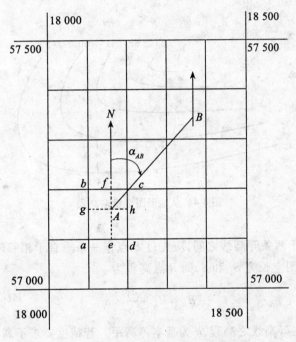

图 4-3 从地形图上量取坐标、方位(罗聚胜等,1999)

式中:x_a、y_a 为 A 所在方格 $abcd$ 西南角 a 点的坐标值,M 为比例尺分母。同时量取 ed 和 gb 的图上长,以 $ae + ed = 10$ cm,$ag + gb = 10$ cm 作检核。由于图纸往往有收缩变形,在图上实量的方格边长 l 不一定等于理论长度 L,为提高图上量距精度,则按下式计算 A 点坐标

$$\begin{cases} x_A = x_a + \dfrac{L_{ab}}{l_{ab}} \cdot ag \cdot M \\ y_A = y_a + \dfrac{L_{ad}}{l_{ad}} \cdot ae \cdot M \end{cases} \tag{4.2}$$

求图上两点间的水平距离的基本方法有两种:一是两脚规在图上直接卡取两点间的长度,然后对该图直线比例尺或复比例尺比较求得。当精度要求不高时,可用三棱比例尺或直

尺直接在图上量取。二是对变形较大的地形图,依上述方法求出 A、B 两点的平面直角坐标值(x_A,y_A)、(x_B,y_B),然后按下式计算其水平距离,即 $S_{AB}=\sqrt{(x_B-x_A)^2+(y_B-y_A)^2}$。

在地形图上进行定向就是确定图上某直线的坐标方位角。如图 4-3 所示,A、B 为图上两点,欲求图上直线 AB 的坐标方位角 α_{AB} 及 α_{BA} 的角值,α_{AB} 为所求,α_{BA} 为检核,因 $\alpha_{AB}=\alpha_{BA}-180°$。或仍依上述方法,求出 A、B 两点的平面直角坐标值(x_A,y_A)、(x_B,y_B),即

$$\alpha_{AB}=\arctan\frac{y_B-y_A}{x_B-x_A}+\begin{cases}0°(\text{第 I 象限})\\180°(\text{第 II、III 象限})\\360°(\text{第 IV 象限})\end{cases} \tag{4.3}$$

在地形图上,地面点的高程是用等高线和高程注记来表示的。要确定某点的高程,如图 4-4 所示,分如下两种情况:

一是某点 A,正好位于等高线上,则该等高线之高程即为 A 点之高程。由图中看出,A 点高程为60 m。

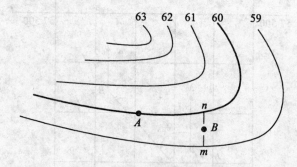

图 4-4 从地形图上量取高程

二是某点 B,位于两条等高线之间,应先过 B 点作一条垂直于相邻两等高线的线段 mn,分别量取 mB、mn 的图上长为 S_1 和 S,则 B 点高程为

$$H_B=H_m+\frac{S_1}{S}\cdot h \tag{4.4}$$

式中:H_m 为 m 点所在等高线之高程,h 为基本等高距。若精度要求不高,可目估确定。

确定直线的坡度即确定地面 A、B 两点连线的坡度 $\tan\theta$。设 A、B 间的水平距离为 s(在图上量取),高差为 h(按上述方法在图上求出 A、B 两点的高程,从而求得高差 h),则地面 AB 连线的坡度为 $\tan\theta=\frac{h}{s}$。坡度 $\tan\theta$ 一般在公路上用百分率(%),铁路上用千分率(‰)表示。

4.2 测量数据处理

4.2.1 条件平差

某一观测过程,必要观测数为 t,实际观测数为 n,则多余观测数为 $r=n-t$,因此存在 r

个条件方程：

$$A\tilde{L} + A_0 = 0 \text{ 或 } A\hat{L} + A_0 = 0 \tag{4.5a}$$

式中：$\hat{L}$ 为真值 $\tilde{L}$ 的估值。设 L 为观测值矩阵，令 $\tilde{L} = l + \Delta$，并令 $W = -(AL + A_0)$，则有

$$A\Delta - W = 0 \tag{4.5b}$$

这就是条件平差的函数模型。进一步地，以改正数矩阵 V 代替 Δ，则有

$$AV - W = 0 \tag{4.5c}$$

用拉格朗日乘法对上式求解。设乘数为 $K = [k_a \quad k_b \quad \cdots \quad k_r]^T$，称为联系数向量，它的维数与条件式个数 r 相等。组成新函数

$$\Phi = V^T P V - 2K^T (AV - W) \tag{4.6}$$

为使 $V^T P V = \min$，将 Φ 对 V 求一阶导数，并令其为零：

$$\frac{d\Phi}{dV} = V^T P - 2K^T A = 0 \tag{4.7a}$$

$$V = P^{-1} A^T K \tag{4.7b}$$

将上式代入式(4.5c)，得到

$$AP^{-1} A^T K - W = 0 \tag{4.8a}$$

令 $N = AP^{-1} A^T$，可得

$$NK - W = 0 \tag{4.8b}$$

因 $\text{rank}(N) = \text{rank}(AP^{-1}A^T) = \text{rank}(A) = r$，所以 N 是 r 阶满秩方阵，且可逆。由此可得 K 的唯一解，从而得到改正数 V。

按条件平差求平差值的计算步骤可归结为：

(1)根据平差问题的具体情况，列出条件方程(4.5c)，条件方程的个数等于多余观测数 r。

(2)根据条件式的系数，闭合差及观测值的权组成法方程(4.8b)，法方程的个数等于多余观测数 r。

(3)结算法方程，求出联系数 K 值。

(4)将 K 代入改正数方程(4.7b)，求出 V 值，并求出平差值。

(5)为了检查平差计算的正确性，常用平差值 $\hat{L}$ 重新列出平差值条件方程式，看其是否满足方程。

4.2.2 间接平差

在某一观测过程中，选择几何模型中 t 个独立量为平差参数，将每一个观测量表达成所选参数的函数，即列出 n 个函数关系式，平差参数的函数模型称为间接平差模型，又称为参数平差法。

一般而言，如果某平差问题有 n 个观测值，t 个必要观测值，选择 t 个独立观量作为平差参数 $\hat{X}$，每个观测量必定可以表达成这 t 个参数的函数。如果这种表达是线性的，一般为：

$$\tilde{L} = B\tilde{X} + d \tag{4.9a}$$

令 $l = L - d$，如前所述 $\tilde{L} = L + \Delta$，则得

$$\Delta = B\tilde{X} - l \tag{4.9b}$$

用参数 X 的估值 $\hat{X}$，Δ 的估值 V 代入上式，得：

$$V = B\hat{X} - l \tag{4.9c}$$

按具体平差问题，可列出 n 个平差值方程：

$$L_i + v_i = a_i\hat{X}_1 + b_i\hat{X}_2 + \cdots + t_i\hat{X}_t + d_i \tag{4.10a}$$

平差值方程的矩阵形式为

$$L + V = B\hat{X} + d \tag{4.10b}$$

令 $\hat{X} = X^0 + \hat{x}$，$l = L - (BX^0 + d)$，式中 X^0 为参数的充分近似值。于是得误差方程为

$$V = B\hat{x} - l \tag{4.10c}$$

按最小二乘原理，上式的 $\hat{x}$ 必须满足 $V^T PV = \min$ 的要求。因为 t 个参数为独立量，故可按数学上要求函数自由极值的方法，得

$$\frac{\partial V^T PV}{\partial \hat{x}} = 2V^T P \frac{\partial V}{\partial \hat{x}} = V^T PB = 0 \tag{4.11a}$$

转置后得

$$B^T PV = 0 \tag{4.11b}$$

以上所得的式(4.10c)或式(4.11b)中的待求量是 n 个 V 和 t 个 $\hat{x}$，而方程个数也是 $n + t$ 个，有唯一解，称此两式为间接平差的基础方程。

解此基础方程，将式(4.10c)代入式(4.11b)，以便先消去 V，得

$$B^T PB\hat{x} - B^T Pl = 0 \tag{4.12a}$$

令 $N = B^T PB$，$W = B^T Pl$，上式可简写成

$$N\hat{x} - W = 0 \tag{4.12b}$$

式中：系数阵为满秩，$\hat{x}$ 有唯一解。此式称为间接平差的法方程。解之得

$$\hat{x} = N^{-1}W \tag{4.13a}$$

或

$$\hat{x} = (B^T PB)^{-1} B^T Pl \tag{4.13b}$$

将求出的 $\hat{x}$ 代入误差方程(4.10c)，即可求出改正数 V，从而平差结果为

$$\begin{gathered}\hat{L} = L + V \\ \hat{X} = X^0 + \hat{x}\end{gathered} \tag{4.14}$$

按间接平差法求平差值的计算步骤如下：

(1) 根据平差问题的性质，选择 t 个独立量作为参数。

(2) 将每一个观测量的平差值分别表达成所选参数的函数，若函数非线性要将其线性化，列出误差方程(4.9c)或误差方程(4.10c)。

(3) 由误差方程系数 B 和自由项 l 组成法方程(4.12b)，法方程个数等于参数个数 t。

(4) 解算法方程，求出参数 $\hat{x}$，计算参数的平差值 $\hat{X} = X^0 + \hat{x}$。

(5) 由误差方程计算 V，求出观测量平差值 $\hat{L} = L + V$。

4.3 GPS 原理

全球定位系统(global positioning system, GPS)是随着现代科学技术的迅速发展,建立起来的新一代全方位、实时和三维(经度、纬度、高程)的卫星导航与定位系统。GPS 由空间系统、控制系统和用户系统三部分组成。通过专门的设备和技术,GPS 可以获取高精度的定位信息。单点定位精度可达米级,差分定位精度为厘米级,相对定位精度是 0.001 PPm。GPS 用途广泛,可以测量地球动态参数和全国大地测量控制网,用以建立陆地海洋大地测量基准,监测板块(欧亚板块、太平洋板块、非洲板块、南极洲板块、美洲板块、印澳板块)运动参数,测定航空航天摄影瞬间的相机位置及各种姿态参数,辅助土地地籍调查和其他资源调查。

空间部分即 GPS 卫星星座。GPS 工作卫星及其星座由 21 颗工作卫星和 3 颗在轨备用卫星组成,记作(21+3)GPS 星座,其分布如图 4-5 所示。GPS 星座有 6 个轨道平面,轨道倾角为 55°,轨道平面之间相距 60°,每个轨道平面内各颗卫星之间的升交角距相差 90°,任一轨道平面上的卫星比西边相邻轨道平面上的相应卫星超前 30°,在不同的时间和不同的地点,可见的卫星颗数不同,最少可见到 4 颗,最多可见到 11 颗。当地球自转一周时,卫星绕地球运行 2 周。卫星绕地球一周的时间为 12 恒星时(11h58′)。对于地面观测者来说,每天将提前 4 分钟见到同一颗 GPS 卫星。GPS 卫星由原子钟、无线电发射器、计算机、太阳能电池板等构成。GPS 卫星的作用是:向用户连续不断地发送导航定位信号(简称 GPS 信号),并用导航电文报告自己当前的位置及其他在轨卫星的概略位置;在飞越注入站上空时,接收由地面注入站发送到卫星的导航信息和其他相关信息;接收地面主控站的调度命令,适时地改正运行姿态。

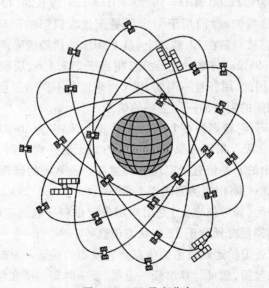

图 4-5 GPS 星座分布

地面监控系统分为主控站、监控站和注入站。主控站负责整个地面监控系统的正常运行,即根据各监控站得到的 GPS 的观测数据,计算出卫星的星历和卫星钟的改正参数等,并将这些数据通过注入站注入到卫星中,对卫星进行控制,向卫星发布指令。监控站接收 GPS 卫星信号,监测卫星的工作状态,采集气象信息等。注入站将主控站发来的卫星星历和卫星钟的改正数等注入到卫星中去,并主动向主控站报告自己的工作情况。

用户设备部分由 GPS 信号接收机、数据处理软件及相应设备组成。其作用是:对所接收到的 GPS 信号进行变换、放大和处理,以便测量出 GPS 信号从卫星到接收机天线的传播时间,解译出 GPS 卫星所发送的导航电文,实时地计算出测站的三维位置、速度和时间。

GPS 接收机主要由 GPS 接收机天线单元、GPS 接收机主机单元、电源三部分构成。GPS 接收天线由接收天线、前置放大器两部分组成。GPS 接收天线的作用是将卫星来的无线电信号的电磁波能量变换成接收机电子器件可摄取应用的电流。前置放大器将 GPS 信号予以放大。然后再进行变频,将高频信号变为低频信号,以用于主机跟踪处理量测。GPS 接收机主机由变频器、信号通道、微处理器、存储器和显示器组成。变频器的作用是把 L 频段的射频信号变成低频信号,以提高接收机通道的增益。信号通道是接收机的核心部分,是硬件和软件的结合体。不同类型的接收机,其通道的工作原理是不同的。微处理器是 GPS 接受机的大脑和心脏,由它来统一指令接收机协调工作。接收机内设有存储器或存储卡,用来存储卫星星历、卫星历书、各种伪距观测值、载波相位观测值及多谱勒频移等 GPS 信号。GPS 接收机都有液晶显示屏以提供 GPS 接收机工作信息。GPS 接收机的电源有两种:一为内电源,采用锂电池,主要用于 RAM 存储器供电,以防数据丢失;一为外接电源,一般采用可充电的 6V 或 12V 直流蓄电池,厂家配有交、直流电转换器。

GPS 卫星信号由载波、测距码和数据码组成。载波是一种能携带调制信号的高频震荡波,其振幅(频率和相位)随调制信号的变化而变化。GPS 卫星的载波信号的基本频率为 10.23 MHz,波长为 29.3 m。L1 载波频率为 1575.42 MHz = 10.23 MHz × 154,波长为 19.03 cm;L2 载波频率为 1227.60 MHz = 10.23 MHz × 120,波长 24.42 cm。测距码是调制在载波上的一些特殊的、连续的、专门用于测定卫星至接收机间的距离的二进制编码。C/A 码又被称为粗捕获码,它被调制在 L1 载波上,是 1 MHz 的伪随机噪声码(PRN 码)。其码长为 1023 bit,码元宽为 0.98 μs,与之对应的波长相当于 293.1 m,周期为 1 ms。由于每颗卫星的 C/A 码都不一样,因此,用各自不同的 PRN 号来区分不同的卫星。C/A 码是普通用户用以测定卫星到接收机间的距离的一种主要的信号。

P 码是卫星的精测码,它被调制在 L1 和 L2 载波上,码率为 10.23 MHz。P 码的码长为 6.19×10^{12} bit,周期为 7 天。采用 C/A 码的搜索方式无法搜索 P 码,一般都是先捕获 C/A 码,再根据导航电文给出的有关信息来实现 P 码捕获。因 P 码的码元宽度为 0.098 μs,与之对应的波长相当于 29.3 m,则相应的测距误差为 ±2.93 ~ ±0.293 m,仅为 C/A 码的十分之一。GPS 卫星的数据码(即导航电文)是用户用来定位和导航的基础数据。它主要包括:卫星星历、时钟改正、电离层时延改正、工作状态信息等。

GPS 卫星星历是描述卫星运动轨道的信息。它发布的是某一时刻在轨卫星的轨道参数及其变化率。根据卫星星历,就可计算出任一卫星、任一时刻的所在位置及其速度。GPS 卫星星历分为广播星历和精密星历。广播星历被调制在 L1 载波上,其信号频率为 50 Hz,包含有 GPS 卫星的轨道参数、卫星钟改正数和其他一些系统参数。用户利用广播星历可计算某一时刻 GPS 卫星在地球轨道上的位置。在野外作业时,GPS 接收机自动生成一个广播星历文件。精密星历是一些国家的某些部门根据各自的卫星跟踪站长期连续观测所获得的 GPS 卫星的精密观测资料,计算出来的卫星星历,因此称为精密星历。它可以根据用户要求,提供任一观测时间的卫星星历,避免了星历外推的误差。与广播星历不同的是,精密星历只能在事后向用户提供。它不是通过 GPS 卫星的导航电文向用户发送,而是利用电视、电传、卫星通信等方式有偿地为所需要的用户服务。

4.3.1 伪距测量与载波相位测量

测定卫地距的方法包括伪距测量与载波相位测量。通过获取精码(P 码或 Y 码)或粗码(C/A 码),可量测观测点至卫星的距离或范围。获取这个距离采用的是所谓的"码相关"法,即卫星的测距码与接收机产生的相应复制码的结构完全相同。这两个编码都是使用相同数学运算法则产生的。两编码联合后的时移(Δt)基本上是指信号携带编码从卫星到接收机的时间,时移与光速相乘便得到距离。这个距离指的是伪距,因为卫星钟和接收钟在量测延迟时间时通过时间补偿(或非同步性)会有偏差。

一般来说,伪距测量值的精度是码元宽度(或分辨率)的 1%。P(Y)码伪距的精度约为 0.3m,至于 C/A 码伪距的精度约为 3m。除精度高外,P(Y)码伪距测量更有效地消除了多路径效应和反干扰性。此外,由于 P(Y)码被调制在 L1、L2 载波上,用户便可获得双频的伪距观测值,即 P(Y)-L1 伪距和 P(Y)-L2 伪距,因此将这两个伪距值结合后产生一个新的伪距,该伪距不受电离层延迟的影响。然而,由于 AS(反电子欺骗)政策的实施,只有被授权的用户才能直接使用 P(Y)码并运用码相关技术来获取伪距观测值。一般用户必须使用不同的信号处理技术来进行双频测量。双频测量是快速获取厘米级精度坐标的重要手段,除用于 GPS 测量的接收机外,大多数 GPS 接收机都通过 C/A 码伪距观测值来进行导航应用,进而被指定作为单频导航接收机。

1. 伪距测量

如前所述,测距码是用以测定从卫星至地面测站(接收机)间距离的一种二进制码序列。我们将从卫星至地面测站的距离称为卫地距。

利用测距码测定卫星间的伪距的基本原理如下:首先假设卫星钟和接收机均无误差,都能与标准的 GPS 时间保持严格同步。在某一时刻 t 卫星在卫星钟的控制下发出某一结构的测距码,与此同时接收机则在接收机钟的控制下产生或者说复制出结构完全相同的测距码(以下简称复制码)。由卫星所产生的测距码经 Δt 时间的传播后到达接收机并被接收机所接收。由接收机所产生的复制码则经过一个时间延迟器延迟时间 τ 后与接收到的卫星信号进行比对。如果这两个信号尚未对齐,就调整延迟时间 τ,直至这两个信号对齐为止。此时复制码的延迟时间 τ 就等于卫星信号的传播时间 Δt,将其乘以光速 c 后即可得卫地间的伪距 ρ:

$$\rho = \tau \cdot c = \Delta t \cdot c \tag{4.15}$$

由于卫星钟和接收机钟实际上均不可避免地存在误差,故用上述方法求得的距离 ρ 将受到这两台钟不同步的误差影响。此外,卫星信号还需穿过电离层和对流层后才能到达地面测站,在电离层和对流层中信号的传播速度 $v \neq c$,所以据式(4.15)求得的距离 ρ 并不等于卫星至地面测站的真正距离,我们将其称为伪距。

接收机是根据这两组信号的相关系数 R 是否为 1 来判断两组信号是否对齐。设比对

时刻为 t,某一结构的测距码用 $\mu(t)$ 来表示,于是接收到的来自卫星的测距码可写为 $\mu(t-\Delta t)$,其中 Δt 为信号传播时间。经延迟器延迟后的复制码可写为 $\mu(t-\tau)$,其中 τ 为延迟时间。这两组信号的乘积在积分间隔 T 中的积分平均值 R 称为这两组信号的相关系数,即

$$R = \frac{1}{T}\int_T \mu(t-\Delta t)\mu(t-\tau)\mathrm{d}t \tag{4.16}$$

用测距码测定伪距的先决条件是接收机必须能产生相同结构的测距码(复制码)。然后不断变动延迟时间 τ(这一过程称为搜索卫星信号),直至相关系数 $R=1$ 时为止(此时称为卫星信号已锁定)。上述过程一般在数分钟内能完成。由于卫星在不断运动,卫地距在不断变化,故卫星信号的传播时间 Δt 也在不断变化。但只要卫星信号一旦被锁定,接收机中的码跟踪环路便能不断调整时延 τ,以便使相关系数 R 恒为 1。由于 GPS 接收机具有连续跟踪卫星信号的能力,所以伪距测量的过程变得十分简单:按照用户设定的采样间隔,在观测历元 t_i 读取时延值 τ_i,将它与真空中的光速 c 相乘,即可得到该时刻的伪距观测值 $\rho_i = \tau_i \cdot c$。上述工作可在极短的时间内完成,因而伪距观测值 ρ_i 可视为一个瞬时观测值。

2. 载波相位测量

由于 GPS 信号中已用相位调制的方法,在载波上调制了测距码和导航电文。当调制了的正弦信号从 0 变 1 或 1 变 0 时,载波相位均要变化 180°,使得载波相位不能保持连续,无法进行载波相位测量。因此,在载波相位测量前,首先要进行所谓的解调工作,即设法将调制在载波上的测距码和导航电文去掉,以重新获取载波,这一过程称为重建载波。

若某卫星 S 发出一载波信号(此处将载波当做测距信号来使用),该信号向各处传播。在某一瞬间,该信号在接收机 R 处的相位为 φ_R,在卫星 S 处的相位为 φ_S。注意,此处所说的 φ_R 和 φ_S 为从同一起点开始计算的包括整周数在内的完整的载波相位。为方便计,相位一般均以"周"为单位,而不以弧度或角度为单位。则卫地距 ρ 为:

$$\rho = \lambda(\varphi_S - \varphi_R) \tag{4.17}$$

式中:λ 为载波的波长。

注意:相位差 $(\varphi_S - \varphi_R)$ 中既包含着不足一周的小数部分,也包含着整波段数。所以载波相位测量实际上就是以波长 λ 作为长度单位,以载波作为一把"尺子"来量测卫星至接收机的距离。

但上述方法实际上无法实施,因为 GPS 卫星并不量测载波相位 φ_S。如果接收机中的振荡器能产生一组与卫星载波的频率及初相完全相同的基准信号(即用接收机来复制载波),问题便迎刃而解。也就是说,只要接收机钟与卫星钟能保持严格同步,且选用同一起算时刻,那么我们就能用接收机所产生的基准振荡信号(复制的载波)去取代卫星所产生的载波,因为在这种情况下,任一时刻在接收机处的基准振荡信号的相位 Φ_R 都等于卫星处的载波相位 φ_S。于是有 $\varphi_S - \varphi_R = \Phi_R - \varphi_R$。某一瞬间的载波相位观测值指的是该瞬间由接收机所产生的基准信号的相位 Φ_R 与接收到的来自卫星的载波的相位 φ_R 之差 $(\Phi_R - \varphi_R)$。如果能求得完整的相位差 $(\Phi_R - \varphi_R)$,就可据此求得卫星至接收机的精确距离 ρ:

$$\rho = \lambda(\varphi_S - \varphi_R) = \lambda(\Phi_R - \varphi_R) \tag{4.18}$$

载波相位测量的关键是整周未知数 N_0 的确定。载波相位观测值的整数部分 $\text{Int}(\varphi)$ 是从 t_0 时刻起,计数器连续计数累积而成的,故称为整周计数。载波相位的观测值包含了相

位差的小数部分、开测后累计的整周数和初始时刻的整周数。因为初始时刻的整周数不知道,故称为整周模糊度或整周未知数。整周未知数 N_0 的确定方法如下:

(1) 伪距法

若在载波相位测量的同时,也进行了伪距测量,就可通过伪距测量观测值得到整周未知数 N_0。

(2) 平差方法

把整周未知数作为待定未知数来进行平差计算。整周未知数在理论上应该是一个整数。如果平差后的整周未知数是一个整数,就叫整数解;但由于误差的存在,解得的整周未知数有时不是一个整数,称为实数解。

(3) 快速确定整周未知数法

1990 年 E. Frei 和 G. Beutler 提出了快速确定整周模糊度方法。起基本思路是:利用初始平差的解向量及其精度信息,以数理统计理论的参数估计和统计假设检验为基础,确定在某一置信区间整周未知数可能的整书解的组合,然后依此将整周未知数的每一组合当成已知值,反复地进行平差计算,找到验后方差最小的那一组合,即为整周未知数的最佳估值。

(4) 多普勒法——消去整周未知数法

多普勒法也叫三差法。对于同一卫星,连续跟踪的所有载波相位观测值中,均含有相同的整周未知数 N_0,所以将相邻两个观测历元的载波相位相减,就消去了整周未知数,从而直接解出坐标参数,这就是多普勒法。

3. 周跳的探测及修复

由于某种原因,被跟踪的卫星信号中断或失锁,使得计数器无法连续计数。当信号重新被跟踪后,整周计数不正确,但不足一个整周的相位观测值仍是正确的。这种现象称为周跳。为了探测何时发生了整周跳变并能求出丢失的整周数,以链接中断的整周计数,使其恢复到正确的整周计数,并保证不足一个整周的相位差部分也是正确的,这项工作称为周跳的探测与修复。

周跳探测与修复的常用方法如下:

(1) 用高次差和多项式拟合

在载波相位观测期间,卫星至接收机之间的距离是不断变化的。因各时刻的观测值中都包含相同的初始整周未知数 N_0,故载波相位观测值应是随时间变化的连续数据。显然,这种变化应是有规律的和平滑的。如果有周跳发生,必然破坏其规律性。据此,就可以发现和修复一些大的(几十周到几百周)周跳。

具体做法是:在相邻的两个观测值间依此求差而求得观测值的一次差的话,这些一次差的变化就小得多。在一次差的基础上再求二次差、三次差、四次差、五次差时,其变化就更小了。这样就能发现有周跳的时段来。

多项式拟合的方法是根据几个相位观测值拟合一个 N 阶多项式。据此多项式来预估下一个观测值与实测值比较,从而发现周跳并修正整周计数。

(2) 在卫星间求差法

由于接收机同时观测几颗卫星,那么,接收机震荡器同一瞬间的随机误差对各卫星观测值的影响是相同的。在卫星间求差分,将消除接收机误差影响,其残余的数值将会很小,就可发现与卫星有关的周跳。例如某一颗卫星信号暂时中断,而其他卫星仍连续被跟踪观测时。

使用 PRN 码测距原理如图 4-6 所示。

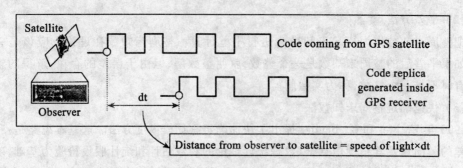

图 4-6 使用 PRN 码测距原理(Bossler 等,2002)

4. 模糊(未知)载波相位

载波相位观测值是接收机所产生的基准信号的相位(单波形式)与 GPS 新产生的信号(去掉被调制的测距码与导航电文之后)的相位之差,且这些信号是跳跃信号。由遥感接收机产生的相位测量值是复杂的,因为接收机不能直接测量接收机到卫星的完整距离。在最初即 t_0 时刻接收机量测到的信号只是跳跃相位周期中的一部分(一个周期相当于没有被调制的载波正弦波信号的一个波长,L1 载波约为 19 cm,L2 载波约为 24 cm)。接收机到卫星的其余整周是不能直接量测的。这些未知的整周数通常定义为"起始周(相位)未知数(N)"。因此,接收机只能计算被追踪的整周数。只要追踪卫星不失锁,N 值就是个常数。

在特定时刻 t_i 时的相位值 $\varphi(t_i)$ 是等于在那时刻不足一整周的相位值(Fr)加上整周"计数"(Int):

$$\varphi(t_i) = \mathrm{Fr}(\varphi(t_i)) + \mathrm{Int}(\varphi; t_0, t_i) + N(t_0) \tag{4.19}$$

GPS 载波的二进制相位调制如图 4-7 所示。

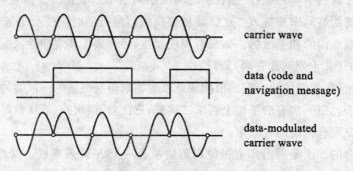

图 4-7 GPS 载波的二进制相位调制(Bossler 等,2002)

上述等式表明 GPS 载波相位测量值如伪距测量值一样,并不是接收机到卫星的真实绝对距离,而是一个未知距离。这里便存在了由于起始相位模糊引起距离不精确的问题。为了将模糊距离转化为真实距离,要求出整周模糊度 N。若能正确求出整周模糊度值,则产生的载波距离便转化为精确的距离值(mm 为单位),且能用于精确的定位。然而,载波距离对一般的伪距测量有反电离层效应(见式(4.21),式(4.22))。正确估计整周模糊度是很困难的,这个计算关系到模糊求解。

由式(4.19)可以看出,由于卫星在移动,等式右边前两项是变量。前两项可表示为

$$\Delta\varphi(t_i) = \text{Fr}(\varphi(t_i)) + \text{Int}(\varphi;t_0,t_i) \tag{4.20}$$

注意:这个表达式假设信号永不会失锁。如果由于任何原因引起信号失锁,那么式(4.20)右边的第二项(整周计数)是不正确的,且发生了周跳。周跳的另一个解释是式(4.19)的未知项并不像起始信号一样一直是连续的。周跳后 N 的值会有一定整周数的改变。周跳"修复"在载波相位数据处理中是关键技术,它确保了在整个观测过程中未知项是连续的。如果模糊载波相位测量是在整个观测过程进行,那么 N 值必须被确定并且修复到合适的整数值,以致可得到精确的载波距离值。

4.3.2 差分 GPS

卫星星历误差、卫星钟差等传播偏差和误差会影响位置、速度和时间的信息参数。为了得到高精度结果,对这些影响作出解释是必要的。消除或减轻测量误差的最有效方法是从两个或更多接收站同时观测几个 GPS 卫星(相对定位模式)。差分 GPS 测量是为了得到高精度结果而将复杂的观测模式(包括所有的差分 GPS 信号偏差和误差)简易化的方法。最终结果是测量中存在许多偏差,进而在差分数据组合中有效地消除。例如,在卫星钟差中,同一时间由不同接收机对特定卫星产生的测量值将会受偏差影响。也就是同样数量的测量值可能会太小也可能会太大。由于电离层延迟的原因,接收机对于同一卫星得到的所有测量值几乎都会被该偏差影响,且测量值取决于接收机间的邻近度(对同一卫星,同一电离层会影响该时间段的所有测量数据集,但当接收机分离开时这种关系将会减弱)。

下面的数学关系式表示了伪距值和载波相位值都与各种感兴趣参数及测量偏差有关(Leick,1995;Hofmann-Wellenhof 等,1998):

$$P_i^j = \rho_i^j + \text{trop}_i^j + \text{ion}_{qi}^j + c(\text{recclk}_i - \text{satclk}^j) + \text{mlpr}_i^j + \varepsilon\text{pr}_i^j \tag{4.21}$$

$$L_i^j = \rho_i^j + \text{trop}_i^j - \text{ion}_{qi}^j + c(\text{recclk}_i - \text{satclk}^j) + \lambda_q N_{qi}^j + \text{mlph}_i^j + \varepsilon\text{ph}_i^j \tag{4.22}$$

其中:下标 i 表示接收机标识符,q 表示信号频率;上标 j 表示卫星标识符,除特别标注外所有量以米为单位:

P_i^j 是频率为 $f_q(q=1,2)$ 时的伪距值;L_i^j 是频率为 $f_q(q=1,2)$ 时的载波相位;ρ 是接收机至卫星的几何距离;ion_{qi}^j 是频率为 f_q 时由电离层延迟引起的距离偏差;recclk_i 是接收钟差(单位:秒);satclk^j 是卫星钟差(单位:秒);c 是真空中电磁辐射速度(单位:m/s);$\text{mlpr}_i^j,\varepsilon\text{pr}_i^j$ 是 P_i^j,L_i^j 观测值的多路径误差;N_1,N_2 是 L1,L2 信号的整周模糊度(波长为 λ_q 时的整周);$\varepsilon\text{pr}_i^j,\varepsilon\text{ph}_i^j$ 是 P_i^j,L_i^j 观测值的噪声。

除了未知项与光速 c 和波长 λ 这些常量外,其他项都随着时间变化而变化,因此式(4.21)和式(4.22)只适用于一定的测量阶段。几何距离是基本量,与接收机 i 与卫星 j 的笛卡儿坐标有关,分别为 x,y,z 与 X,Y,Z 在任意时刻的表达式为:

$$\rho_i^j(t) = \sqrt{[X^j(t) - x_i]^2 + [Y^j(t) - y_i]^2 + [Z^j(t) - z_i]^2} \qquad (4.23)$$

在数据处理软件中伪距值和载波相位的差值能产生新距离数值。GPS 差分有各种模型,根据实现差分的方式可分为单程差分(OW)、单差分(SD)、双差分(DD)及三差分(TD)。OW 值是式(4.21)和式(4.22)中描述的在一个频率下从一接收站到一卫星的基本距离值。可以将来自同一接收机到同一卫星的 OW 伪距值和载波相位测量值进行差分。差分结果作用于周跳计算、模糊度求解或坐标参数估计,使得双频测量仪适用于高精度应用。

GPS 差分可用于不同的接收机、不同的卫星或不同的时间段。在同一观测时间段,测量值表现为接收机间、卫星间的差异,且需要所有的 GPS 接收机的布局在同一时间能同步追踪到所有的卫星。

GPS 差分的结果包括:
(1) 差分能消除或减弱许多偏差的影响。
(2) 差分能减少数据量。
(3) 差分能引进数据的数学关系。
(4) 差分能增加差分后数据的噪声水平。

商业的数据处理软件将一对 GPS 接收机对不同卫星的测量值结合起来,包括 L1、L2 频率(使用双频测量仪)和不同数据类型(卫星到接收机的载波相位及精确的伪距测量值),通过数据差分去构造"观测所得数据",这些数据由基本的运算法则去评估(见图 4-8)。

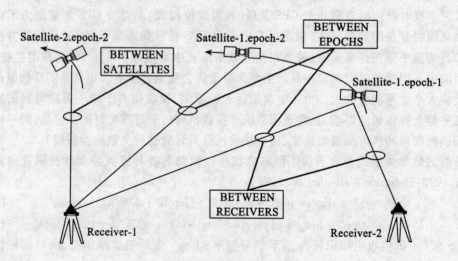

图 4-8 数据差分模型(Bossler 等,2002)

单差分数据(SD)是两个 OW 测量值的差分值。根据差分方式的不同,有三种 SD 观测类型,即接收机间的 SD、卫星间的 SD、历元间的 SD。该测量是作用于两个频率中任意一个频率的载波相位伪距测量。SD 差分的每个类型有不同的影响。接收同一卫星信号的接收机间的差分测量值将会根据接收机间的距离来消除卫星钟差,且会降低对流层与电离层偏差。卫星间差分将会消除接收机钟差。当两历元间没有周跳时,历元差分能消除相位观测值的整周模糊度,并取决于历元值。读者可参考 Hofmann-Wellenhof 等(1998)和 Leick(1995)的具体资料。

双差分数据(DD)是两个 SD 观测数据或四个 OW 数据的差分结果。根据被差分后的 SD 数据类型能得到三种 DD 观测值:接收机—卫星双差分、卫星—历元双差分、接收机—历元双差分。

由式(4.19)得 L1、L2 载波相位的标准载波相位 DD 的模型,在该模型中消除了所有的钟误差,减弱了对流层和电离层偏差影响(上标是卫星 j 和 l,下标是接收机 i 和 m):

$$\lambda \cdot (\varphi_i^j - \varphi_m^j - \varphi_i^l + \varphi_m^l) = (\rho_i^j - \rho_m^j - \rho_i^l + \rho_m^l) + (\text{trop}_i^j - \text{trop}_m^j - \text{trop}_i^l + \text{trop}_m^l) - \\ (\text{ion}_i^j - \text{ion}_m^j - \text{ion}_i^l + \text{ion}_m^l) + \lambda(N_i^j - N_m^j - N_i^l + N_m^l) + \\ (\text{mlph}_i^j - \text{mlph}_m^j - \text{mlph}_i^l + \text{mlph}_m^l) + \\ (\varepsilon\text{ph}_i^j - \varepsilon\text{ph}_m^j - \varepsilon\text{ph}_i^l + \varepsilon\text{ph}_m^l) \quad (4.24)$$

采用双差分方法,结合多路径与噪声项后,等式变为下式:

$$\lambda \Delta\nabla \varphi_{im}^{jl} = \Delta\nabla \rho_{im}^{jl} + \Delta\nabla \text{trop}_{im}^{jl} - \Delta\nabla \text{ion}_{im}^{jl} + \lambda \Delta\nabla N_{im}^{jl} + \Delta\nabla \varepsilon_{im}^{jl} \quad (4.25)$$

上式接收机—卫星双差分相位结合是以载波相位为基础的 GPS 测量定位的标准方法,但需要通过删除双差分大气偏差项来进行简化(式(4.28))。然而,整周模糊度仍是一个整数值,仍要在 GPS 测量技术中进行评价。对特定的测量阶段,不同的双差分观测值由不同的卫星对来构造,同时也涉及不同频率(L1,L2)与数据类型的结合(伪距与载波相位)。

4.4 GPS 数据处理

下面简要地介绍了 GPS 测量的两种最常见的定位方法的数学模型:(1)使用伪距数据的单点定位(SPP);(2)使用双差分载波相位数据的基线定位。

4.4.1 伪距数学模型

GPS 接收机通过伪随机噪声(PRN)码的传递来量测新产生的卫星 PRN 码与接收机产生的 C/A 复码间的最大相关点。这一过程提供了距离的观测值或者接收机信号在 t_i 时的传播时间 t^j。通过该过程的传播延迟$(t_i - t^j)$来产生伪距观测值,传播延迟可通过真空中电离辐射的速度(c)来测量(Langley,1993):

$$P_i^j(t_i) = c \cdot (t_i - t^j) \quad (4.26)$$

所得结论为:伪距的产生是由于接收机和卫星钟差影响传播延迟的量测值,因而有规则地影响接收机至卫星的距离(卫星钟控制信号的产生,接收机钟控制码的复制)。另外,伪距被对流层与电离层延迟、多路径效应和接收机噪声影响,并可通过式(4.21)与式(4.23)对 L1 与 L2 建模。然而,基于伪距的 SPP 采用简单的数学模型:

$$P_i^j(t_i) = \sqrt{[X^j(t^j) - x_i(t_i)]^2 + [Y^j(t^j) - y_i(t_i)]^2 + [Z^j(t^j) - z_i(t_i)]^2} + c \cdot \text{recclk}_i \quad (4.27)$$

所有项已在 4.3.2 节中定义。

4.4.2 双差分载波相位数学模型

尽管距离码测量技术已充分发展,但最精确的还是载波相位测量值 φ_i^j。它等于在信号接收时接收机产生的载波相位 φ_i 与在传播时卫星产生的载波相位 φ^j 之差。理想的载波相位是等于整个载波的整周计数加上任意时刻传播卫星天线与接收机天线之间的不足一周部分。然而,GPS 接收机不能区分载波的不同周,它只能在锁定卫星时有效的测量不足一周的部分,然后追踪相位的变化。最终,起始相位是个未知量 N_i^j,一个未知的整周数(见式(4.19)与 4.4.3 节)。

基于载波相位的 GPS 定位的基本测量值不是单行相位,而是涉及式(4.25)所表示的同步测量两卫星与两接收机的双差分观测值。这个观测值的主要作用是消除了接收机与卫星钟偏差。假设双差分大气偏差时可忽略,只考虑感兴趣参数,则可得到简单的观测模型如下:

$$\lambda \cdot \Delta\nabla \varphi_{im}^{jl} = \Delta\nabla \rho_{im}^{jl} + \lambda \cdot \Delta\nabla N_{im}^{jl} \tag{4.28}$$

现有四个三维坐标:接收机 i 和 m 的两坐标集,卫星 j 和 l 的两坐标集。若电离层偏差可忽略不计将会如何呢?一种方法就是双频测量在自由电离层进行。

4.4.3 自由电离层

频率为 q 时电离层延迟(单位:米)的一阶近似值是:

$$\frac{\text{ion}_q}{c} \approx \frac{(1.35 \times 10^{-7}) \cdot \text{STEC}}{f_q^2} \tag{4.29}$$

其中:f_q 为频率(Hz),c 为光速,STEC 是柱状电离层压缩在磁盘上的总电子含量(以每平方米的自由电子为单位)。频率越高,电离层延迟越小,且 L1 信号的延迟小于 L2 信号。两个 GPS 频率的电离层延迟之间的关系可表示为:

$$f_1^2 \cdot \text{ion}_1 = f_2^2 \cdot \text{ion}_2 \tag{4.30}$$

所以 L2 的电离层延迟大约是 L1 的 1.647 倍($1.647 \approx f_1^2/f_2^2$)。通过采用一些项和除去上标和下标,式(4.22)能被简化(且被 f_q 频率的单位周期表示,$\lambda = c/f$):

$$\varphi_q = \frac{f_q}{c} \cdot (\rho - \text{ion}_q) + N_q \tag{4.31}$$

此为 L1,L2 测量值构造式(4.31),然后将相关频率的各个等式相乘,最后减去两等式得下式:

$$f_1 \cdot \varphi_1 - f_2 \cdot \varphi_2 = \frac{f_1^2 - f_2^2}{c} \cdot \rho - \frac{1}{c}(f_1^2 \cdot \text{ion}_1 - f_2^2 \cdot \text{ion}_2) + f_1 \cdot N_1 - f_2 \cdot N_2 \tag{4.32}$$

其中:因为式(4.30)的关系,式(4.32)右边的第二项为 0。为了将 L1 与 L2 的以周为单位的相位观测值结合(或以 L1,L2 的不同波长为单位),要将它们转化为同一单位,以 L1 频率为例:

$$\frac{f_1(f_1 \cdot \varphi_1 - f_2 \cdot \varphi_2)}{f_1^2 - f_2^2} = \frac{f_1}{c} \cdot \rho + \frac{f_1(f_1 \cdot N_1 - f_2 \cdot N_2)}{f_1^2 - f_2^2} \tag{4.33}$$

为自由电离层 L1 相位测量值,于是产生下式:

$$\varphi_{\text{lion-free}} = \alpha_1 \cdot \varphi_1 + \alpha_2 \cdot \varphi_2$$
$$\varphi_{\text{lion-free}} = \frac{f_1}{c} \cdot \rho + \alpha_1 \cdot N_1 + \alpha_2 \cdot N_2 \tag{4.34}$$

其中:$\alpha_1 = f_1^2/(f_1^2 - f_2^2) \approx 2.546$,$\alpha_2 = -f_1 f_2/(f_1^2 - f_2^2) \approx -1.984$。若式(4.32)用 L2 频率替换,可获得自由电离层 L2 相位测量值,有如式(4.34)的相同形式,以 β_1 替换 α_1,β_2 替换 α_2,

其中 $\beta_1 = f_1^2/(f_1^2 - f_2^2) \approx 1.984, \beta_2 = -f_2^2/(f_1^2 - f_2^2) \approx -1.546$。自由电离层组合中未知项不再是整数，$N_{1\text{ion-free}} \approx 2.546 N_1 - 1.984 N_2$（当以 L1 周期的单位来表示），$N_{1\text{ion-free}} \approx 1.984 N_1 - 1.546 N_2$（当以 L2 周期的单位来表示）。同样的原理，可获得自由电离层的伪距测量值：

$$P_{\text{ion-free}} = \frac{f_1^2 \cdot P_1 - f_2^2 \cdot P_2}{f_1^2 - f_2^2} \tag{4.35}$$

GPS 相位测量值的其他线性组合可用于未知数求解（Hofmann-Wellenhof 等，1998）。不同频率下的 GPS 数据的线性组合的一般形式为（周模糊度仍是整数）：

$$\varphi_{n,m} = n \cdot \varphi_1 + m \cdot \varphi_2 \tag{4.36}$$

其中：n 和 m 是整数；φ_1 与 φ_2 是 L1，L2 载波的相位测量值。组合观测值 $N_{n,m}$ 的模糊度与 L1，L2 信号的整周模糊数 N_1，N_2 有关，由下式得

$$N_{n,m} = n \cdot N_1 + m \cdot N_2 \tag{4.37}$$

例如，由 $n = 1$ 和 $m = -1$ 定义了广域组合，线性组合的有效波长大约为 $86\text{cm} \approx c/(f_1 - f_2)$。所得过程（未知数求解）也适用于确定长基线。

4.4.4 最小二乘法

假定式（4.27）与式（4.28）表示观测值的真值与未知参数的关系，最小二乘法的数学基础是两个模型：实用模型和随机模型。前者以观测模型为基础，后者等同于测量值的精度与统计特性。

最小二乘评价法假定一线性数学模型，且伪距和载波相位观测值与接收机、卫星矢量位置呈非线性关系（式（4.23）），在处理之前需线性化。线性化需未知接收机坐标参数的近似值，因此评价参数要由起始值改正而得到，而不是值本身。最小二乘评价问题以矩阵方式来描述（这里以下画线标志表示），一般方法为：

$$\underline{\Delta x} = (\underline{A}^T \underline{\Sigma}^{-1} \underline{A})^{-1} \underline{A}^T \underline{\Sigma}^{-1} \underline{\Delta P} \tag{4.38}$$

其中：$\underline{\Delta x}$ 为评价参数的矩阵，$\underline{A}$ 为由评价参数得到的偏导数矩阵，$\underline{\Delta P}$ 为余量的矩阵：观测值减去计算值（评价参数的近似值计算得），$\underline{\Sigma}$ 为协方差矩阵且为权重矩阵的相反数，$\underline{A}^T \underline{\Sigma}^{-1} \underline{A}$ 为法方程矩阵，解的协方差阵为 $\underline{\Sigma}_{\Delta x} (\underline{A}^T \underline{\Sigma}^{-1} \underline{A})^{-1}$，它为法方程矩阵的相反数。

"质量"信息由协方差解产生，如参数的标准偏差，作用于进一步的统计测试。假定观测值是独立的（权重矩阵为对角矩阵），有着同样的标准偏差 σ，这一矩阵式可简化为：

$$\underline{\Sigma}_{\Delta x} = \sigma^2 (\underline{A}^T \underline{A})^{-1} \tag{4.39}$$

一般来说，非线性求解需运用一般方法来更新评价参数的近似值来反复求 $\underline{\Delta x}$ 值。然后反复求解直到达到一致（一般进行 2~3 次）。如果实用与随机模型是正确的，则 $\underline{\Delta P}$ 矩阵的观测余数应尽量小且随机分布。

GPS 数据的平差处理应视应用要求而定。在 GPS 基线解算过程中，由多台 GPS 接收机在野外通过同步观测所采集到的观测数据被用来确定接收机间的基线向量及其方差-协方差阵。对于一般工程应用，基线解算通常在外业观测期间进行；而对于高精度长距离的应用，在外业观测期间进行基线解算，通常是为了对观测数据质量进行初步评估，正式的基线解算过程往往是在整个外业观测完成后进行的。基线解算结果除了被用于后续的网平差外，还被用于检验和评估外业观测成果的质量。基线向量与解算时所采用的卫星星历同属一个参照系，它提供了点与点之间的相对位置关系。通过这些基线向量，可确定 GPS 网的几何形状和定向。但是，由于基线向量无法提供在确定点的绝对坐标时所必需的绝对位置

基准,因而必须从外部引入,该外部位置基准通常由一个以上的起算点提供。

在 GPS 网平差中,基线解算时所确定出的基线向量被当做观测值,基线向量的验后方差—协方差阵则被用来确定观测值的权阵,同时,引入适当的起算数据,通过参数估计的方法确定出网中各点的坐标。通过网平差还可以发现含有粗差的基线向量,并采用相应的方法进行处理。另外,网平差还可以消除由于基线向量误差而引起的几何矛盾,并评定观测成果的精度。

4.4.5 GPS 测量定位误差

跟常规测量一样,GPS 测量的误差也分为系统误差和偶然误差。系统误差主要包括卫星的星历误差、卫星钟差、接收机钟差以及大气折射引起的信号延迟误差等。系统误差的误差大小、对定位结果的影响比偶然误差要大得多,它是 GPS 测量的主要误差源。系统误差属于粗差,有一定规律可循,通过研究和分析,可采取适当的措施加以消除。偶然误差主要是信号的多路径效应。

GPS 测量定位是由卫星发射信号,经过大气传播,到达地面接收机接收并处理后确定地面点的三维坐标。因此,GPS 测量的误差主要来源于 GPS 卫星、GPS 卫星信号的传播途径和地面接收设备。除此而外,还有与地球运动有关的地球潮汐影响和卫星与接收机作相对运动的相对论效应等。

1. 与 GPS 卫星有关的误差

这类误差包括卫星星历误差、卫星钟差、相对论效应等。由卫星星历给出的卫星在空间的位置与实际位置之差称为星历误差。在进行 GPS 定位时,认为 GPS 卫星的位置是已知的,星历误差是一种起算数据误差。卫星钟差是 GPS 卫星所安装的原子钟的钟面时间与 GPS 标准时间之间的误差。包括钟差、频偏、频漂和其他随机误差。卫星钟差的大小在 1ms 以内,引起的等效距离约 300 km。卫星钟差的改正数由 GPS 的地面监控系统推算,并通过卫星导航电文发布。

相对论效应是指卫星钟和接收机钟所处的运动状态(运动速度和重力位)不同而引起的卫星钟和接收机钟之间产生的相对钟误差的现象。根据相对论的理论,可以计算出,将一台钟放到卫星上的频率比在地面时增加 $4.449 \times 10^{-10} f$,所以,对相对论效应的改正,就是把卫星钟的频率预先降去 $4.449 \times 10^{-10} f$,使它进入轨道后的运行频率在相对论效应的作用下,刚好为 10.23 MHz 的标准频率。当然,相对论效应的影响并非常数,经上述改正后仍有残差,最大可达 70 ns。

2. 与信号传播有关的误差

这类误差包括电离层延迟误差、对流层延迟误差、多路径效应。电离层距地面高度在 50(60)~1000 km 之间的大气层,含有大量的电离子和自由电子。由于地球周围的电离对电磁波的折射效应,使得 GPS 信号通过电离层时的传播速度发生变化,这种变化称为电离层延迟。电磁波所受电离层折射的影响与电磁波的频率和电磁波传播途径上的电子总量有关。在天顶方向最大可达 50 m,近地平方向达 150 m。电离层延迟误差可通过双频观测求电离层折射改正、在观测站之间同步观测求差和电离层改正模型(如本特模型等)加以修正,减弱电离层延迟对定位的影响。

对流层为高度在前 40(50) km 以下的大气层,大气密度大。由于地球周围的对流层对电磁波的折射效应,使得 GPS 信号的传播路径发生弯曲,从而使距离测量产生偏差,这种现象叫对流延迟误差。电磁波受对流层折射的影响与电磁波传播途径上的温度、湿度和大气压有关,还与信号的高度角有关。在天顶方向达 2.3m,近地平方向达 20 m。减弱对流层延迟误差的影响主要是测定气象参数,采用模型加入改正。比较好的改正模型有霍普菲尔德模型、萨斯塔莫宁公式和勃兰克模型。当两个测站相距不太远时,认为同一信号经过对流层的途径相当,可在同步观测量之间求差,达到减弱对流层延迟误差的目的。

多路径效应是指由于接收机周围的环境的影响,接收机接收到的信号中,除了来自于卫星的主信号外,还有因折射和反射的噪声信号,从而使观测值偏离真值,产生所谓的"多路径效应"。多路径效应是 GPS 定位中值得注意的一项误差,它不仅影响测量的精度,严重时还将导致信号的失锁。为了消弱这种误差,一方面是选择噪声源少甚至没有的观测站址,另一方面就是用抗干扰能力强的接收天线。

3. 与接收机有关的误差

这类误差包括接收机钟差、接收机天线相位中心误差、接收机位置误差、接收机软件和硬件造成的误差。接收机钟差是 GPS 接收机钟的钟面时间与 GPS 标准时之间的差异。若此差异为 1 μs,则引起的距离误差为 300 m。减弱接收机钟差办法有:把每个时刻的钟差当做未知数,求解改正;建立有效的钟误差模型(多项式拟合)。接收机天线相位中心误差是接收机天线的相位中心与几何中心不一致带来的误差。接收机天线相位中心与标石中心的位置误差叫做接收机位置误差,包括天线的整平对中误差和量高误差。在 GPS 定位时,定位结果还会受到接收机控制软件和硬件等的影响。数据处理软件的算法不完善对定位结果也会有一定影响。

4. 其他误差

这类误差来源包括地球潮汐和地球自转影响。因为地球并非是一个刚体,在太阳和月球的万有引力的作用下,固体地球要产生周期性的弹性形变,称为固体潮。地球上的负荷也发生周期性的形变,称为负荷潮汐。在它们长波的共同作用下,将会使测站起伏达 80 cm。不同时间段,固体和负荷的量级不同,导致在不同时段的 GPS 测量结果有所不同,在高精度的相对定位中应考虑其影响。在某一瞬间,卫星发送的信号传播到观测站时,因为地球自转的原因,测站位移了一个微小角度,使得信号传播时间延迟,引起测站坐标发生了变化。

思考题

1. 设对下图中的三个内角作同精度观测,得观测值 $L_1 = 42°12'20''$、$L_2 = 78°09'09''$、$L_3 = 59°38'40''$。试按条件平差和间接平差求三内角的平差值。

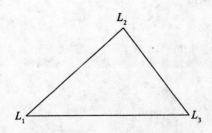

2. 试说明地图数字化时,如何在平差计算时顾及直角和平行等几何条件。

3. 分别叙述基于伪距测量和载波相位测量方法的 GPS 定位原理。
4. 请比较几种主要 GPS 定位方法的精度。
5. 试说明 GPS 与遥感和 GIS 集成的应用前景。

第 5 章 遥感数据获取

众所周知,摄影测量与遥感是 GIS 重要的数据源。摄影测量可看做是传统的遥感,因而本章的标题仅冠以遥感。遥感与 GIS 的集成应用由来已久,集成的方法也日渐成熟。摄影测量学有其深厚和独特的历史积淀,其成像模型和几何处理的侧重使得她的学科地位具有不可替代性;随着高空间分辨率遥感影像的面世,其应用价值历久弥新。因此,本章将以较大的篇幅介绍摄影测量与遥感这两个学科方向的原理和方法。

1988 年 ISPRS 在日本京都第 16 届 ISPRS 大会上定义:摄影测量与遥感是对非接触传感器系统获得的影像及其数字表达进行记录、量测和解译,从而获得自然物体和环境的可靠信息的一门工艺、科学和技术。摄影测量与遥感的特点包括:无需接触物体本身而获得被摄物体的信息,由二维影像重建三维目标,面采集数据方式,同时提取物体的几何与物理特性。

摄影测量学有着悠久的历史,从 19 世纪中叶至今,它从模拟摄影测量开始,经过解析摄影测量阶段,现在正向数字摄影测量阶段发展。第一节简要叙述摄影测量的基本原理,介绍共线条件方程及其应用,包括解析空中三角测量。第二节则单独介绍数字摄影测量。遥感原理与方法概述是 5.3 节、5.4 节的内容,包括遥感数据处理、影像分类与解译、定量遥感等。

5.1 摄影测量原理

5.1.1 成像方程及其应用

地图属于正直投影,图上绘制的地物和地貌特征是地理现实的"缩微片",具有统一的比例尺。而航空与航天影像属于中心投影,因投射线会聚于一点。我们定义摄影比例尺为航摄像片上一线段为 l 与地面上相应线段的水平距 L 之比,等于摄影机主距与航高的比率。通常,影像的比例尺是指平均的比例尺。由于摄影时光轴不是严格垂直于水平面,加之地形的起伏,影像上每一点的比例尺不一定相等。因此,中心投影的影像不能直接用作地图,尤其是当精度要求较高时。

在讨论中心投影的构像方程之前,我们先定义几个坐标系,如图 5-1 所示。

(1) 像平面坐标系 $o-xy$

像平面坐标系用以表示像点在像平面上的位置。若摄影中心为 S,摄影方向与影像平面的交点 o 称为影像的像主点。像平面坐标系的原点就位于像主点。对于航空影像,两对边框标的连线为 x 和 y 轴的坐标系称为框标坐标系,其与航线方向一致的连线为 x 轴,航线方向为正向,像平面坐标系的方向与框标坐标系的方向相同。

(2) 像空间坐标系 $S-xyz$

该坐标系是一种过渡坐标系,用来表示像点在像方空间的位置。该坐标系以摄站点(或投影中心)S 为坐标原点,摄影机的主光轴 So 为坐标系的 z 轴,像空间坐标系的 x、y 轴分别与像平面坐标系的 x、y 轴平行,正方向如图 5-1 所示。该坐标系可以很方便地与像平面坐标系联系起来。在这个坐标系中,每个像点的 z 坐标都等于 So 的长,单符号是负的。

(3) 物空间坐标系 $O-XYZ$

所摄物体所在的空间直角坐标系,如测绘中所用的是地面测量坐标系(大地坐标系)。

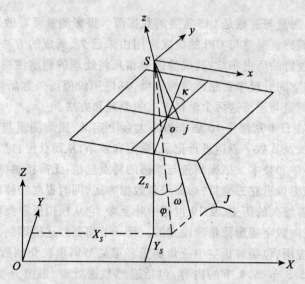

图 5-1 像平面坐标系、像空间坐标系、物空间坐标系

上述的几个坐标系可以通过平移、缩放。在介绍之前,有必要介绍影像的内、外方位元素。

内方位元素是确定摄影机的镜头中心(严格地说,应该是镜头的像方节点)相对于影像位置关系的参数。内方位元素包括以下 3 个参数:像主点(主光轴在影像面上的垂足)、相对于影像中心的位置 (x_0,y_0) 以及镜头中心到影像的垂距 f(也称主距)。对于航空影像,(x_0,y_0) 即像主点在框标坐标系中的坐标。内方位元素值一般由摄影机检校确定。

外方位元素是确定影像或摄影光束在摄影瞬间的空间位置和姿态的参数。一幅影像的外方位元素包括 6 个参数,其中有 3 个是线元素,用于描述摄影中心 S 相对于物方空间坐标系的位置 (X_S,Y_S,Z_S);另外 3 个是角元素,用于描述影像面在摄影瞬间的空中姿态。角元素一般采用的表达形式是 $\varphi-\omega-\kappa$ 系统,即以 Y 为主轴旋转 φ 角,然后绕 X 轴旋转 ω 角,最后绕 Z 轴旋转 κ 角。

为了后续的叙述方便,这里定义一过渡坐标系:像空间辅助坐标系 $S-XYZ$。它以摄站点 S 为坐标原点,通常以铅垂方向(或设定的某一竖直方向)为 Z 轴,并取航线方向为 X 轴。像点空间直角坐标系可由前者按某种顺序依次地旋转三个角度变换为同原点的像空间辅助坐标系。

如图 5-1 所示,设像点 j 在像空间坐标系中的坐标为 $(x,y,-f)$,而在像空间辅助坐标系中的坐标为 (X,Y,Z),两者之间的正交变换关系可以用下式表示:

$$\begin{bmatrix} X \\ Y \\ Z \end{bmatrix} = R \begin{bmatrix} x \\ y \\ -f \end{bmatrix} = \begin{bmatrix} a_1 & a_2 & a_3 \\ b_1 & b_2 & b_3 \\ c_1 & c_2 & c_3 \end{bmatrix} \begin{bmatrix} x \\ y \\ -f \end{bmatrix} \text{ 或 } \begin{bmatrix} x \\ y \\ -f \end{bmatrix} = R^{\mathrm{T}} \begin{bmatrix} X \\ Y \\ Z \end{bmatrix} = \begin{bmatrix} a_1 & b_1 & c_1 \\ a_2 & b_2 & c_2 \\ a_3 & b_3 & c_3 \end{bmatrix} \begin{bmatrix} X \\ Y \\ Z \end{bmatrix} \quad (5.1)$$

式中：R 为一个 3×3 阶的正交矩阵，它由 9 个方向余弦所组成。若影像外方位角元素为 $\varphi - \omega - \kappa$ 系统，即像空间坐标系是像空间辅助坐标系（相当于摄影光束的起始位置）依次绕相应的坐标轴旋转 φ, ω, κ 三个角度以后的位置。此时式中的旋转矩阵 R 可表示为：

$$R = R_\varphi R_\omega R_\kappa = \begin{bmatrix} \cos\varphi & 0 & -\sin\varphi \\ 0 & 1 & 0 \\ \sin\varphi & 0 & \cos\varphi \end{bmatrix} \begin{bmatrix} 1 & 0 & 0 \\ 0 & \cos\omega & -\sin\omega \\ 0 & \sin\omega & \cos\omega \end{bmatrix} \begin{bmatrix} \cos\kappa & -\sin\kappa & 0 \\ \sin\kappa & \cos\kappa & 0 \\ 0 & 0 & 1 \end{bmatrix}$$
$$= \begin{bmatrix} a_1 & a_2 & a_3 \\ b_1 & b_2 & b_3 \\ c_1 & c_2 & c_3 \end{bmatrix} \quad (5.2)$$

式中：

$$\begin{cases} a_1 = \cos\varphi\cos\kappa - \sin\varphi\sin\omega\sin\kappa \\ a_2 = -\cos\varphi\sin\kappa - \sin\varphi\sin\omega\cos\kappa \\ a_3 = -\sin\varphi\cos\omega \\ b_1 = \cos\omega\sin\kappa \\ b_2 = \cos\omega\cos\kappa \\ b_3 = -\sin\omega \\ c_1 = \sin\varphi\cos\kappa + \cos\varphi\sin\omega\sin\kappa \\ c_2 = -\sin\varphi\sin\kappa + \cos\varphi\sin\kappa \\ c_3 = \cos\varphi\cos\omega \end{cases}$$

由式可以看出，如果已知一幅影像的 3 个姿态角元素 φ, ω, κ，就可以求出 9 个方向余弦，即像空间坐标系转换到像空间辅助坐标系的正交矩阵 R，从而可以实现这两种坐标系的相互转换。

当像点 j 从像空间坐标系转换到像空间辅助坐标系后，容易导出中心投影的成像方程，即共线方程。从图 5-1 可清楚地看出，投影中心 S、像点 j、地面点 J 三点共线。所以，矢量 $\overrightarrow{Sj}$ 与 $\overrightarrow{SJ}$ 存在一个简单的比例关系

$$\begin{bmatrix} x - x_0 \\ y - y_0 \\ -f \end{bmatrix} = \frac{1}{\lambda} \begin{bmatrix} a_1 & b_1 & c_1 \\ a_2 & b_2 & c_2 \\ a_3 & b_3 & c_3 \end{bmatrix} \begin{bmatrix} X_J - X_S \\ Y_J - Y_S \\ Z_J - Z_S \end{bmatrix} \quad (5.3)$$

其中：(X_S, Y_S, Z_S) 是摄影中心 S 在某一物方空间坐标系中的坐标，j 在像空间坐标系中的坐标分别是 $(x - x_0, y - y_0, -f)$，(x_0, y_0) 是像主点在框标坐标系的坐标，f 是摄影机主距（物镜节点到像平面的距离），(X_J, Y_J, Z_J) 是地面点 J 在物方空间坐标系中的坐标，$a_1 - a_3$，$b_1 - b_3$，$c_1 - c_3$ 是摄影光束（像片摄影瞬间）在地面直角坐标系中空间姿态的参数（三个旋转角元素）构成的旋转矩阵的 9 个元素。

消去式(5.3)中比例因子，可得共线方程

$$x - x_0 = -f\frac{a_1(X_J - X_S) + b_1(Y_J - Y_S) + c_1(Z_J - Z_S)}{a_3(X_J - X_S) + b_3(Y_J - Y_S) + c_3(Z_J - Z_S)}$$

$$y - x_0 = -f\frac{a_2(X_J - X_S) + b_2(Y_J - Y_S) + c_2(Z_J - Z_S)}{a_3(X_J - X_S) + b_3(Y_J - Y_S) + c_3(Z_J - Z_S)}$$
(5.4)

共线方程的应用包括单像空间后方交会和多像空间前方交会,光束法利用DEM制作数字正射影像图等。单片空间后方交会是根据影像覆盖范围内一定数量的分布合理的地面控制点(已知其像点和地面点的坐标),利用共线条件方程求解像片外方位元素。

设已知值为 x_0, y_0, f, m, X, Y, Z。观测值为 x, y。须求解未知数: $X_S, Y_S, Z_S, \varphi, \omega, \kappa$。泰勒级数展开:

$$v_x = \frac{\partial x}{\partial \varphi}\Delta\varphi + \frac{\partial x}{\partial \omega}\Delta\omega + \frac{\partial x}{\partial \kappa}\Delta\kappa + \frac{\partial x}{\partial X_S}\Delta X_S + \frac{\partial x}{\partial Y_S}\Delta Y_S + \frac{\partial x}{\partial Z_S}\Delta Z_S + x_0 - x$$

$$v_y = \frac{\partial y}{\partial \varphi}\Delta\varphi + \frac{\partial y}{\partial \omega}\Delta\omega + \frac{\partial y}{\partial \kappa}\Delta\kappa + \frac{\partial y}{\partial X_S}\Delta X_S + \frac{\partial y}{\partial Y_S}\Delta Y_S + \frac{\partial y}{\partial Z_S}\Delta Z_S + y_0 - y$$
(5.5)

求解像片外方位元素的计算过程如下:

(1) 获取已知数据 $m, x_0, y_0, f, X_{tp}, Y_{tp}, Z_{tp}$。
(2) 量测控制点像点坐标 x, y。
(3) 确定未知数初值 $X_{S_0}, Y_{S_0}, Z_{S_0}, \varphi_0, \omega_0, \kappa_0$。
(4) 组成误差方程式并法化。
(5) 解求外方位元素改正数。
(6) 检查迭代是否收敛。

利用单像空间后方交会求得影像的外方位元素后,仍无法由单幅影像上的像点坐标,利用式(5.4)反求相应地面点的坐标,因为根据单个像点及其相应影像的外方位元素只能确定地面点所在的空间方向。而使用立体相对上的同名像点,就能得到两条同名射线在空间的方向,这两条射线的相交处是该地面点的空间位置。由立体像对左右影像的内、外方位元素和同名像点的影像坐标量测值来确定该点的物方空间坐标的过程称为立体像对的空间前方交会。

下面给出基于左右影像的外方位元素、利用点投影系数的空间前方交会方法。由图5-2可以看出,模型点相对于左方投影中心为原点的模型坐标为:

$$\begin{cases} NX_1 = B_X + N'X_2 \\ NY_1 = B_Y + N'Y_2 \\ NZ_1 = B_Z + N'Z_2 \end{cases}$$
(5.6)

由式(5.6)中的第1式和第3式可求得点投影系数

$$\begin{cases} N = \dfrac{B_X Z_2 - B_Z X_2}{X_1 Z_2 - Z_1 X_2} \\ N' = \dfrac{B_X Z_1 - B_Z X_1}{X_1 Z_2 - Z_1 X_2} \end{cases}$$
(5.7)

式中:

$$\begin{cases} B_X = X_{S_2} - X_{S_1} \\ B_Y = Y_{S_2} - Y_{S_1} \\ B_Z = Z_{S_2} - Z_{S_1} \end{cases}$$

而左右影像的正交矩阵 R_1、R_2 由它们各自的外方位角元素 $\varphi_1,\omega_1,\kappa_1$ 和 $\varphi_2,\omega_2,\kappa_2$ 计算而得,即 $\begin{bmatrix} X_1 \\ Y_1 \\ Z_1 \end{bmatrix} = R_1 \begin{bmatrix} x_1 \\ y_1 \\ -f \end{bmatrix}$, $\begin{bmatrix} X_2 \\ Y_2 \\ Z_2 \end{bmatrix} = R_2 \begin{bmatrix} x_2 \\ y_2 \\ -f \end{bmatrix}$

这时的 N、N' 表示将左像点和右像点投影到地面上的点投影系数。任一点的地面坐标可由式(5.8)求得:

$$\begin{cases} X = X_{S_1} + NX_1 = X_{S_1} + B_X + N'X_2 \\ Y = Y_{S_1} + NY_1 = Y_{S_1} + B_Y + N'Y_2 = Y_{S_1} + \dfrac{1}{2}(NY_1 + N'Y_2 + B_Y) \\ Z = Z_{S_1} + NZ_1 = Z_{S_1} + B_Z + N'Z_2 \end{cases} \quad (5.8)$$

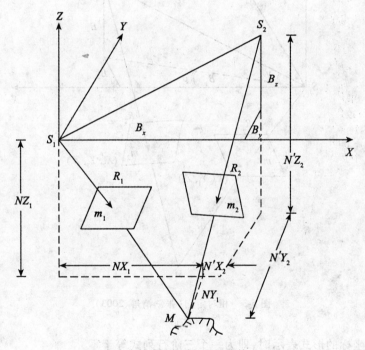

图 5-2 空间前方交会(张剑清等,2003)

解算过程如下:

(1) 获取已知数据 $x_0, y_0, f, X_{S_1}, Y_{S_1}, Z_{S_1}, \varphi_1, \omega_1, \kappa_1, X_{S_2}, Y_{S_2}, Z_{S_2}, \varphi_2, \omega_2, \kappa_2$。

(2) 量测像点坐标 x_1, y_1, x_2, y_2。

(3) 由外方位线元素计算基线分量 B_X, B_Y, B_Z。

(4) 由外方位角元素计算像空间辅助坐标 $X_1, Y_1, Z_1, X_2, Y_2, Z_2$。

(5) 计算点投影系数 N, N'。

(6) 计算地面坐标 X_A, Y_A, Z_A。

5.1.2 相对定向与绝对定向

立体像对的相对定向就是要恢复摄影时相邻两影像摄影光束的相互关系,从而使同名光线对对相交。相对定向的方法有两种:一种是单独像对相对定向,它采用两幅影像的角元素运动实现相对定向,其定向元素为($\varphi_1, \kappa_1, \varphi_2, \omega_2, \kappa_2$);另一种是连续像对相对定向,它以左影像为基准,采用右影像的直线运动和角运动实现相对定向,其定向元素为($B_Y, B_Z, \varphi_2, \omega_2, \kappa_2$),在多个连续模型的处理中多采用连续法相对定向。

图 5-3 表示一个立体模型实现正确相对定向后的示意图,图中 m_1、m_2 表示模型点 M 在左右两幅影像上的构象。$S_1 m_1$, $S_2 m_2$ 表示一对同名光线,它们与空间基线 $S_1 S_2$ 共面,这个平面可以用三个矢量 $\boldsymbol{R}_1$,$\boldsymbol{R}_2$ 和 $\boldsymbol{B}$ 的混合积表示,即 $\boldsymbol{B} \cdot (\boldsymbol{R}_1 \times \boldsymbol{R}_2) = 0$。

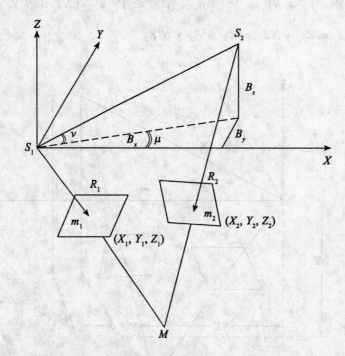

图 5-3　相对定向(张剑清等,2003)

上式改用坐标的形式表示时,即为一个三阶行列式等于零

$$F = \begin{vmatrix} B_X & B_Y & B_Z \\ X_1 & Y_1 & Z_1 \\ X_2 & Y_2 & Z_2 \end{vmatrix} = 0 \tag{5.9}$$

其中:$\begin{bmatrix} X_1 \\ Y_1 \\ Z_1 \end{bmatrix} = \boldsymbol{R}_L \begin{bmatrix} x_1 \\ y_1 \\ -f \end{bmatrix}$,$\begin{bmatrix} X_2 \\ Y_2 \\ Z_2 \end{bmatrix} = \boldsymbol{R}_R \begin{bmatrix} x_2 \\ y_2 \\ -f \end{bmatrix}$ 为像点的像空间辅助坐标。式(5.9)便是解析相对定向的共面条件方程式。

连续像对相对定向通常假定左方影像是水平的或其方位元素是已知的,即可将式(5.9)中的 X_1,Y_1,Z_1 视为已知值,且 $B_Y \approx B_X \cdot \mu, B_Z \approx B_X \cdot \nu$,此时连续像对的相对定向元素为右影像的3个角元素 φ,ω,κ 和与基线分量有关的2个角元素 μ,ν。

因为式(5.9)是一个非线性函数,可按泰勒公式展开的办法将其展开至小值一次项,得

$$F = F_0 + \frac{\partial F}{\partial \varphi}d\varphi + \frac{\partial F}{\partial \omega}d\omega + \frac{\partial F}{\partial \kappa}d\kappa + \frac{\partial F}{\partial \mu}B_Y d\mu + \frac{\partial F}{\partial \nu}B_Z d\nu = 0 \tag{5.10}$$

式中:F_0 是用相对定向元素的近似值求得的 F 值,$d\varphi, d\omega, d\kappa, d\mu, d\nu$ 为相对定向待定参数的改正数。

欲求式(5.10)中的偏导数 $\frac{\partial F}{\partial \varphi}, \frac{\partial F}{\partial \omega}, \cdots$,必须先求得偏导数 $\frac{\partial X_2}{\partial \varphi}, \frac{\partial X_2}{\partial \omega}, \cdots, \frac{\partial Z_2}{\partial \kappa}$。当 φ, ω, κ 为小角时,坐标变换关系式可以引用微小旋转矩阵式:

$$\begin{bmatrix} X_2 \\ Y_2 \\ Z_2 \end{bmatrix} = \begin{bmatrix} 1 & -\kappa & -\varphi \\ \kappa & 1 & -\omega \\ \varphi & \omega & 1 \end{bmatrix} \begin{bmatrix} x_2 \\ y_2 \\ -f \end{bmatrix} \tag{5.11}$$

式(5.11)分别对 φ, ω, κ 求导数,并进一步求出式(5.10)中的5个系数偏导数,将结果代入式(5.10)展开以后,等式两边分别除以 B_x,并略去二次以上小项,得

$$Y_1 x_2 d\varphi + (Y_1 y_2 - Z_1 f)d\omega - x_2 Z_1 d\kappa + (Z_1 X_2 - X_1 Z_2)d\mu + (X_1 Y_2 - X_2 Y_1)d\nu + \frac{F_0}{B_x} = 0 \tag{5.12}$$

在仅考虑小值一次项的情况下,式(5.12)中的 x_2, y_2 可用像空间辅助坐标 X_2, Y_2 取代,并且可近似地认为:

$$\begin{cases} Y_1 = Y_2 \\ Z_1 = Z_2 \\ X_1 = X_2 + \frac{B_x}{N'} \end{cases} \tag{5.13}$$

式中:N' 是将右片像点 m_2 变换为模型中 M 点时的点投影系数:

$$N' = \frac{B_x Z_1 - B_z X_1}{X_1 Z_2 - Z_1 X_2}$$

用 $\frac{N'}{Z_1}$ 乘以式(5.12),然后令 $q = \frac{F_0 N'}{B_x Z_1}$($q$ 值的几何意义为相对定向时模型上的上下视差),得

$$q = -\frac{X_2 Y_2}{Z_2} N' d\varphi - \left(Z_2 + \frac{Y_2^2}{Z_2}\right) N' d\omega + X_2 N' d\kappa + B_x d\mu - \frac{Y_2}{Z_2} B_x d\nu \tag{5.14}$$

式中:

$$q = \frac{F_0 N'}{B_x Z_1} = \frac{\begin{vmatrix} B_x & B_Y & B_Z \\ X_1 & Y_1 & Z_1 \\ X_2 & Y_2 & Z_2 \end{vmatrix}}{X_1 Z_2 - X_2 Z_1} = \frac{B_x Z_2 - B_z X_2}{X_1 Z_2 - X_2 Z_1} Y_1 - \frac{B_x Z_1 - B_z X_1}{X_1 Z_2 - X_2 Z_1} Y_2 - B_Y = N Y_1 - N' Y_2 - B_Y$$

式中：N 为左像点 m_1 的点投影系数：$N = \dfrac{B_X Z_2 - B_Z X_2}{X_1 Z_2 - Z_1 X_2}$。

式(5.13)便是解析法连续像对相对定向的解算公式。在立体像对中每测量一对同名像点的像点坐标，就可以列出一个 q 方程式。由于式(5.13)中有 5 个未知数 $d\varphi, d\omega, d\kappa, d\mu, d\nu$，因此，相对定向至少需要量测 5 对同名像点的像点坐标。当有多余观测值时，将 q 视为观测值，由式(5.14)得到误差方程式：

$$V_q = -\dfrac{X_2 Y_2}{Z_2} N' d\varphi - \left(Z_2 + \dfrac{Y_2^2}{Z_2}\right) N' d\omega + X_2 N' d\kappa + B_X d\mu - \dfrac{Y_2}{Z_2} B_X d\nu - q \quad (5.15)$$

当观测了 6 对以上同名像点时，就可按最小二乘的原理求解。

相对定向元素的解算过程如下：

(1) 获取已知数据 x_0, y_0, f。
(2) 确定相对定向元素的初值 $\mu = \nu = \varphi = \omega = \kappa = 0$。
(3) 由相对定向元素计算像空间辅助坐标 $X_1, Y_1, Z_1, X_2, Y_2, Z_2$。
(4) 计算误差方程式的系数和常数项。
(5) 解法方程，求相对定向元素改正数。
(6) 计算相对定向元素的新值。
(7) 判断迭代是否收敛。

描述立体像对在摄影瞬间的绝对位置和姿态的参数称为绝对定向元素。绝对定向元素用 $\lambda, X_0, Y_0, Z_0, \Phi, \Omega, K$ 表示，它们分别为比例因子、模型坐标原点在地面坐标系的三个平移量、三个旋转角元素。通过将相对定向模型进行缩放、平移和旋转，可以将其达到转换至绝对位置，即与物方(地面)坐标系一致。

绝对定向公式为

$$\begin{bmatrix} X_{tp} \\ Y_{tp} \\ Z_{tp} \end{bmatrix} = \lambda R \begin{bmatrix} X_p \\ Y_p \\ Z_p \end{bmatrix} + \begin{bmatrix} X_0 \\ Y_0 \\ Z_0 \end{bmatrix} \quad (5.16)$$

令 $F = \begin{bmatrix} X_{tp} \\ Y_{tp} \\ Z_{tp} \end{bmatrix} = \lambda R \begin{bmatrix} X_p \\ Y_p \\ Z_p \end{bmatrix} + \begin{bmatrix} X_0 \\ Y_0 \\ Z_0 \end{bmatrix}$，经泰勒公式展开至小值一次项，得

$$F = F_0 + \dfrac{\partial F}{\partial \lambda} \Delta \lambda + \dfrac{\partial F}{\partial \Phi} \Delta \Phi + \dfrac{\partial F}{\partial \Omega} \Delta \Omega + \dfrac{\partial F}{\partial K} \Delta K + \dfrac{\partial F}{\partial X_0} \Delta X_0 + \dfrac{\partial F}{\partial Y_0} \Delta Y_0 + \dfrac{\partial F}{\partial Z_0} \Delta Z_0$$

(5.17a)

即

$$\begin{bmatrix} X_{tp} \\ Y_{tp} \\ Z_{tp} \end{bmatrix} = \lambda_0 R_0 \begin{bmatrix} X_p \\ Y_p \\ Z_p \end{bmatrix} + \begin{bmatrix} \Delta X_0 \\ \Delta Y_0 \\ \Delta Z_0 \end{bmatrix} + \lambda_0 \begin{bmatrix} d\Delta\lambda & -dK & -d\Phi \\ dK & d\Delta\lambda & -d\Omega \\ d\Phi & d\Omega & d\Delta\lambda \end{bmatrix} \begin{bmatrix} X_p \\ Y_p \\ Z_p \end{bmatrix} + \begin{bmatrix} d\Delta X \\ d\Delta Y \\ d\Delta Z \end{bmatrix} \quad (5.17b)$$

式(5.17b)有 7 个未知数，至少需列 7 个方程式。一个平高控制点可列 3 个方程式，故至少需量测 2 个平高和 1 个高程以上的控制点。有多余观测时，须按最小二乘平差法求绝对定向元素。绝对定向元素解算过程如下：

(1) 获取控制点的两套坐标 $X_p, Y_p, Z_p, X_{tp}, Y_{tp}, Z_{tp}$。

(2) 给定绝对定向元素的初值 $\lambda=1, \Phi=\Omega=K=0, X_0, Y_0, Z_0$。

(3) 计算重心化坐标。

(4) 计算误差方程式的系数和常数项。

(5) 解法方程,求绝对定向元素改正数。

(6) 计算绝对定向元素的新值。

(7) 判断迭代是否收敛。

5.1.3 解析空中三角测量

解析空中三角测量是指不触及被量测目标即可测定其位置和几何形状,快速地在大范围内同时进行点位测定,以节省野外测量工作量的技术。解析空中三角测量不受通视条件限制,区域内部精度均匀,且不受区域大小限制。其目的是为测绘地形图提供定向控制点和像片定向参数,进行单元模型中大量地面点坐标的计算。按数学模型分类,解析空中三角测量分为航带法、独立模型法、光束法;按平差范围,可分为单模型法、航带法、区域网法。

1. 航带法

航带法的基本思想是,将许多立体像对构成的单个模型连接成一个航带模型,将航带模型视为单元模型进行解析处理,通过消除航带模型中累积的系统误差,将航带模型整体纳入到测图坐标系中,从而确定加密点的地面坐标。

其基本流程如下:

(1) 像点坐标系统误差预改正。

(2) 立体像对相对定向。

(3) 模型连接构建自由航带网。

(4) 航带模型绝对定向。

(5) 航带模型非线性改正。

(6) 加密点坐标计算。

2. 独立模型法

独立模型法的基本思想是,将一个单元模型视为刚体,利用各单元模型彼此间的公共点连成一个区域,在连接过程中,每个单元模型只能作平移、缩放、旋转,这样的要求只有通过单元模型的三维线性变换来完成,在变换中要使模型间公共点的坐标尽可能一致,控制点的坐标应与其地面摄测坐标尽可能一致,同时观测值改正数的平方和最小,在满足这些条件下,按最小二乘法原理求得待定点的地面摄测坐标。

其基本流程如下:

(1) 求出单元模型中模型点的坐标,包括摄站坐标。

(2) 利用相邻模型之间公共点和所在模型中控制点,每个模型各自进行三维线性变换,列出误差方程式,并逐点法化。

(3) 建立全区域的改化法方程式,求得模型的 7 个参数。

(4) 由所求得的 7 个参数,计算每个模型中待定点平差后的坐标,若为相邻模型的公共点,则取其平均值。

3. 光束法

光束法的基本思想是,以一张像片组成的一束光线作为一个平差单元,以中心投影的共线方程作为平差的基础方程,通过各光线束在空间的旋转和平移,使模型之间的公共光线实现最佳交会,将整体区域最佳地纳入到控制点坐标系中,从而确定加密点的地面坐标及像片的外方位元素。

其基本流程如下:
(1) 像片外方位元素和地面点坐标近似值的确定。
(2) 逐点建立误差方程式并法化。
(3) 改化法方程式的建立。
(4) 边法化边消元循环分块解求改化法方程式。
(5) 求出每片的外方位元素。
(6) 加密点坐标计算。

自检校光束法区域网平差则是在共线条件方程中,利用若干附加参数来描述系统误差模型,在区域网平差的同时解求这些附加参数,以自动测定和消除系统误差。

最新发展包括 GPS 辅助空中三角测量和 POS 辅助空中三角测量。GPS 辅助空中三角测量的原理是,利用安装于飞机上与航摄仪相连接的和设在地面一个或多个基准站上的至少两台 GPS 信号接收机,同步而连续地观测 GPS 卫星信号,同时获取航空摄影瞬间航摄仪快门开启脉冲,经过 GPS 载波相位测量差分定位技术的离线数据后处理获取航摄仪曝光时刻摄站的三维坐标,然后将其视为附加观测值引入摄影测量区域网平差中,以取代地面控制,经采用统一的数学模型和算法来整体确定目标点位和像片方位元素,并对其质量进行评定。其目的是,极大地减少甚至完全免除常规空中三角测量所必需的地面控制点,以节省野外控制测量工作量,缩短航测成图周期,降低生产成本,提高生产效率。

POS 辅助空中三角测量又称机载定位定向系统 POS(position and orientation system)。它是基于 GPS 和惯性测量系统(IMU)的直接测定影像外方位元素的现代航空摄影测量导航系统,可用于在无地面控制或仅有少量地面控制点情况下的航空遥感对地定位和影像获取。

5.2 数字摄影测量

数字摄影测量包括计算机辅助测图与影像数字化测图,它与计算机的发展紧密相联。关于数字摄影测量的经典定义是:基于数字影像与摄影测量的基本原理,应用计算机技术、数字影像处理、影像匹配、模式识别等多学科的理论与方法,提取所摄对象用数字方式表达的几何与物理信息的摄影测量的分支学科。广义的定义则只强调其中间数据记录以及最终产品是数字形式的,即数字摄影测量是基于摄影测量的基本原理,应用计算机技术,从影像(包括硬拷贝和数字影像或数字化影像)提取所摄对象用数字方式表达的几何与物理信息的摄影测量分支学科。这种定义的数字摄影测量包括计算机辅助制图(常称为数字测图)与影像数字化测图。

5.2.1 影像匹配

摄影测量中立体量测是提取三维信息的基础。数字摄影测量是以影像匹配代替传统的人工观测,来达到自动确定同名像点的目的。最初的影像匹配是利用相关技术实现的,随后发展了多种影像匹配的算法。本节首先阐述影像匹配理论基础和算法。

在摄影测量与遥感中,匹配可以定义为在不同的数据集合之间建立一种对应关系。这些不同的数据集合可以是影像,也可以是地图,或者目标模型和 GIS 数据。影像匹配是在两幅(或多幅)影像之间识别同名元素(点),它是计算机视觉及数字摄影测量的核心问题。最初的影像匹配是利用相关技术实现的,所以影像匹配也称为影像相关。影像相关是利用两个信号的相关函数,评价它们的相似性以确定同名点。即首先取出以待定点为中心的小区域中的影像信号,然后取出其在另一影像中相应区域的影像信号,计算两者的相关函数,以相关函数最大值对应的相应区域中心为同名点,即以影像中信号分布最相似的区域为同名区域,同名区域的中心为同名点。

同名点也叫共轭点,共轭实体是比共轭点更一般的概念,它是目标空间特征的影像,包括点,线,面等。匹配实体是一种要素,通过比较不同影像上的这些要素来寻找共轭实体。这些要素包括影像的灰度值,从影像上提出的特征,以及其他的符号描述。相似性测度是评价匹配实体之间相似性程度的一种定量指标。一般来说,相似性程度由代价函数来度量。根据匹配实体的不同,匹配方法分为基于灰度的匹配(area-based matching 或 gray-scale based matching),基于特征的匹配(feature-based matching)以及关系匹配(relational matching)等。

数字影像匹配的一般过程是:

(1) 在一张影像上选取待匹配的目标,选择匹配实体,确定目标区域。
(2) 在另一张影像上确定搜索区域,计算相似性测度。
(3) 依据相似性测度,确定共轭实体。
(4) 进行匹配质量评价。

若影像匹配的目标窗口(图 5-4)的灰度矩阵为 $G = (g_{i,j})(i=1,2,\cdots,m, j=1,2,\cdots,n)$,$m$ 与 n 是矩阵 G 的行列数,一般情况下为奇数。与 G 相应的灰度函数是 $g(x,y)$,$(x,y) \in D$,将 G 中元素排列一行构成 $N = m \cdot n$ 维目标向量 $X = (x_1, x_2, \cdots, x_N)$。搜索区灰度函数矩阵为 $G' = (g'_{i,j})(i=1,2,\cdots,k, j=1,2,\cdots,l)$,$k$ 与 l 是矩阵 G' 的行与列数,一般情况下也为奇数。G' 中任意一个 m 行 n 列的子块(即搜索窗口)记为 $G'_{r,c} = (g'_{i+r,j+c})$。将 $G'_{r,c}$ 的元素排列成一行构成一个 $N = m \cdot n$ 维的搜索向量,记为 $Y = (y_1, y_2, \cdots, y_N)$,则可进行下文所描述的影像匹配。

基于灰度的影像匹配以数字影像局部范围内的灰度值及其分布作为匹配实体,通过计算相似性测度确定共轭实体。基于灰度的影像匹配中的共轭实体可以是点,也可以是线段或其他特征。常用的相似性测度有:相关函数测度,协方差函数测度,相关系数测度。

$g(x,y)$ 和 $g'(x',y')$ 的相关函数定义为

$$R(p,q) = \iint\limits_{(x,y) \in D} g(x,y) g'(x+p, y+q) \mathrm{d}x \mathrm{d}y \tag{5.18}$$

若 $R(p_0, q_0) > R(p,q)(p \neq p_0, q \neq q_0)$,则 p_0, q_0 为搜索区内相对于目标区影像的位移参数。

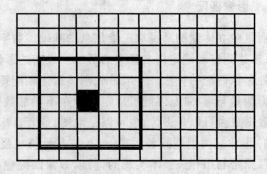

图 5-4 目标区与搜索区

由离散灰度数据对相关函数的估计公式为

$$R(c,r) = \sum_{i=1}^{m}\sum_{j=1}^{n} g_{i,j} \cdot g'_{i+r,j+c} \tag{5.19}$$

若 $R(c_0,r_0) > R(c,r)\ (r \neq r_0, c \neq c_0)$,则 c_0, r_0 为搜索区影像相对于目标区影像位移的行列参数。

相关函数测度的特点是:计算简单,没有考虑几何变形的影响,没有考虑灰度畸变的影响,没有几何变形和灰度畸变的情况下,也可能产生假配准。

协方差函数是中心化的相关函数。由离散数据对协方差函数的估计为

$$\begin{aligned} C(c,r) &= \sum_{i=1}^{m}\sum_{j=1}^{n}(g_{i,j} - \overline{g})(g'_{i+r,j+c} - \overline{g}'_{r,c}) \\ \overline{g} &= \frac{1}{m \cdot n}\sum_{i=1}^{m}\sum_{j=1}^{n} g_{i,j} \\ \overline{g}'_{r,c} &= \frac{1}{m \cdot n}\sum_{i=1}^{m}\sum_{j=1}^{n} g'_{i+r,j+c} \end{aligned} \tag{5.20}$$

若 $C(c_0,r_0) > C(c,r)\ (r \neq r_0, c \neq c_0)$,则 c_0, r_0 为搜索区影像相对于目标区影像位移参数。由频谱分析可知,减去信号的均值等于去掉其直流分量。因而当两影像的灰度强度平均相差一个常量时,应用协方差测度可不受影响。

协方差函数测度的特点是,计算比较简单,没有考虑几何变形的影响,当两影像的灰度强度平均相差一个常量时,不受影响,但灰度反差拉伸对其有影响。

相关系数是标准化的协方差函数。即协方差函数除以两信号的均方差即得相关系数。由离散灰度数据对相关系数的估计为

$$\rho(c,r) = \frac{\sum_{i=1}^{m}\sum_{j=1}^{n}(g_{i,j}-\overline{g})(g'_{i+r,j+c}-\overline{g}'_{r,c})}{\sqrt{\sum_{i=1}^{m}\sum_{j=1}^{n}(g_{i,j}-\overline{g})^2 \sum_{i=1}^{m}\sum_{j=1}^{n}(g'_{i+r,j+c}-\overline{g}'_{r,c})^2}} \tag{5.21}$$

$$\overline{g} = \frac{1}{m \cdot n}\sum_{i=1}^{m}\sum_{j=1}^{n} g_{i,j}$$

式中:

$$\overline{g}'_{r,c} = \frac{1}{m \cdot n} \sum_{i=1}^{m} \sum_{j=1}^{n} g'_{i+r,j+c}$$

相关系数是两个单位长度矢量 $\frac{X'}{|X'|}$ 与 $\frac{Y'}{|Y'|}$ 的数积,其值等于与 **E** 两矢量构成的超平面与 **Y** 与 **E** 矢量构成的超平面之夹角 a 的余弦。因而其取值范围满足 $\rho \leq 1$。相关系数的特点是:计算比较复杂,没有考虑几何变形的影响,不受灰度线性畸变的影响。

最小二乘影像匹配(least square image matching)是一种基于灰度的影像匹配。它同时考虑到局部影像的灰度畸变和几何畸变,是通过迭代使灰度误差的平方和达到极小,从而确定出共轭实体的影像匹配方法。最小二乘影像匹配是由德国 Ackermann 教授在 20 世纪 80 年代提出的,其优点是精度高,可达到 1/10 到 1/100 个像素,缺点是初值要求精度高,迭代时间长。实际应用中,一般将基于灰度的匹配或基于特征的匹配作为粗匹配,而将最小二乘影像匹配作为精匹配。

在差平方和测度中,若将灰度差记为余差,则上述判断可写为

$$\sum vv = \min \tag{5.22}$$

因此,它与最小二乘的原则一致。一般情况下,它没有考虑影像灰度中存在着系统误差,仅认为影像灰度只存在偶然误差(随机噪声 n),即

$$n_1 + g_1(x,y) = n_2 + g_2(x,y) \text{ 或 } v = g_1(x,y) - g_2(x,y) \tag{5.23}$$

这就是一般的按 $\sum vv = \min$ 原则进行影像匹配的数字模型。若在此系统中引入系统变形的参数,按照 $\sum vv = \min$ 的原则,解求变形参数,就构成了最小二乘影像匹配系统。

影像匹配可以借助核线影像从二维简化为一维工作。由核线几何关系可知,同名像点必然位于同名核线上,如图 5-5 所示。对立体像对两原始数字影像进行重采样,使影像扫描行与核线重合,并使同名核线的影像扫描行的序号相同,生成核线影像。由于同名像点必然位于同名核线上,生成核线影像后能够为立体观测提供无上下视差的立体模型,便于立体观测,同时生成核线影像后在利用影像匹配方法进行三维信息提取中能够将二维相关转换成一维相关,提高匹配的效率和可靠性。

确定同名核线的方法有很多,这里介绍基于共面条件的方法。这一方法是从核线的定义出发,直接在倾斜像片上获取同名核线,其原理见图 5-5。问题是,若已知左片上任意一个像点 $p(x_p, y_p)$,怎样确定左片上通过该点之核线 l 以及它在右片上的同名核线 l'。

由于核线在像片上是直线,因此上述问题可转换为确定左核线上的另外一个点,如图中的 $q(x,y)$,与右同名核线上的两个点(图中 q', p')。

同一核线上的点均位于同一核面上,即满足共面条件:

$$\vec{B} \cdot (\vec{S}p \times \vec{S}q) = 0 \tag{5.24a}$$

或

$$\begin{vmatrix} B_X & B_Y & B_Z \\ x_p & y_p & -f \\ x & y & -f \end{vmatrix} = 0 \tag{5.24b}$$

由此可得左片上通过 p 的核线上任意一个点的 y:

$$y = (A/B)x + (C/B)f \tag{5.25}$$

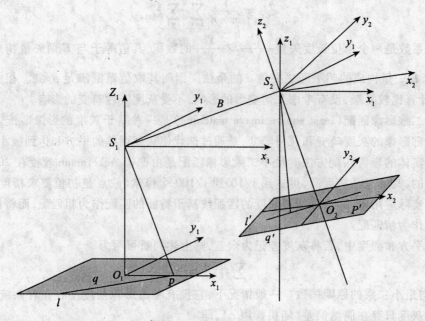

图 5-5 核线几何关系

其中：
$$A = fB_Y + y_p B_Z$$
$$B = fB_X + x_p B_Z \qquad (5.26)$$
$$C = y_p B_X - x_p B_Y$$

为获得右片上同名核线上任意一个像点,如图中 p',可将整个坐标系统右摄站中心 O_2 旋转,因此可用与式(5.25)相似的公式求得右核线上的点。

一般情况下数字影像的扫描行与核线不重合,为了获得核线的灰度序列,必须对原始数字影像进行灰度重采样。

5.2.2 影像特征提取

特征提取是影像分析和影像匹配的基础,也是单张像片处理的重要任务。特征提取主要应用各种算子来进行。由于特征可分为点特征、线特征和面特征,故特征提取算子可以分为点特征提取算子、线特征提取算子和面特征提取算子,其中面特征提取算子主要是通过区域分割来获取的。

特征的定位是利用特征定位算子进行的,它分为圆状特征点的定位算子和角点的定位算子,这就是自动化的"单像量测"。其中"高精度定位算子"能使定位的精度达到"子像素"级的精度,它们的研究与提出,是数字摄影测量的重要发展,也是摄影测量工作者对"数字影像处理"所作的独特贡献。

影像特征是由于景物的物理或几何特征使影像中局部区域的灰度产生明显变化而形成的。因而特征的存在意味着在该区域存在有较大的信息量,而在数字影像中没有特征的区域,应当只有较小的信息量。

信息或不确定性,是基本随机事件发生概率的实值函数。通常,信息测度也称为熵。影像的熵就是它的信息量的度量。对一个具有 n 个灰度值 $g_1,g_2,\cdots,g_n$ 的数字影像,灰度 g_i 出现的概率为 p_i,该数字影像的 Shannon-Wiener 熵定义为:

$$H[P] = H[p_1,p_2,\cdots,p_n] = -k\sum_{i=1}^{n}p_i\log p_i \quad (5.27)$$

其中:灰度频率 p_i 可近似取其灰度的频率:$p_i = \dfrac{f_i}{N}$;f_i 为灰度 g_i 的频率;N 为影像像素的总数,即灰度值总数 $N = \sum_{i=1}^{n}f_i$;k 是一适当的常数。

容易证明,均匀分布的灰度的熵最大。一幅影像的熵是整幅影像的信息度量,它可用于影像的编码,从而对影像进行压缩,而不能对影像的特征进行描述,但是影像局部区域的熵(影像的局部熵)是该局部区域信息的量度,可以反映影像的特征存在与否。

理论上,特征是影像灰度曲面的不连续点。在实际影像中,特征表现为在一个微小邻域中灰度的急剧变化,或灰度分布的均匀性,也就是在局部区域中具有较大的信息量。特征提取是从原始影像中提取、区分特征的技术过程。特征提取的针对性和影像特征的多样性及近似性,造成了影像特征提取的复杂性和多样性。

1. 点特征提取算子

点特征提取算子又被称为兴趣算子或有利算子,主要用于提取我们感兴趣的点(如角点、圆点等)。现在已经提出了一系列算法各异、具有不同特色的兴趣算子,比较知名的有 Moravec 算子和 Forstner 算子等。

(1) Moravec 算子

Moravec 于 1977 年提出利用灰度方差提取点特征的算子,它是在四个主要方向上选择具有最大—最小方差的点作为特征点。其步骤如下:

① 计算像元的兴趣值 IV(interest value)。在以像素 (c,r) 为中心的 $w \times w$ 的影像窗口中(如 5×5 的窗口)

$$\begin{aligned}V_1 &= \sum_{i=-k}^{k-1}(g_{c+i,r} - g_{c+i+1,r})^2 \\ V_2 &= \sum_{i=-k}^{k-1}(g_{c+i,r+i} - g_{c+i+1,r+i+1})^2 \\ V_3 &= \sum_{i=-k}^{k-1}(g_{c,r+i} - g_{c,r+i+1})^2 \\ V_4 &= \sum_{i=-k}^{k-1}(g_{c+i,r-i} - g_{c+i+1,r-i-1})^2\end{aligned} \quad (5.28)$$

其中 $k = \text{INT}(w/2)$。取其中最小者作为该像素 (c,r) 的兴趣值:

$$\text{IV}_{c,r} = \min\{V_1,V_2,V_3,V_4\}$$

② 给定一经验阈值,将兴趣值大于该阈值点作为候选点。阈值的选择应以候选点中包含所需要的特征点而又不含过多非特征点为原则。

③ 选取候选点中的极值点作为特征点。在一定大小窗口内,将特征点中兴趣值不是最大的点去掉,该像素即为一个特征点。

(2) Forstner 算子

该算子通过计算各像素的 Robert 梯度和像素(c,r)为中心的一个窗口(如 5×5)的灰度协方差矩阵,在像素中寻找尽可能小而且接近圆的误差椭圆的点作为特征点。

① 计算各像素的 Robert 梯度:

$$g_u = \frac{\partial g}{\partial u} = g_{i+1,j+1} - g_{i,j}, \quad g_v = \frac{\partial g}{\partial v} = g_{i,j+1} - g_{i+1,j} \tag{5.29}$$

窗口中灰度的协方差矩阵

$$Q = N^{-1} = \begin{bmatrix} \sum g_u^2 & \sum g_u g_v \\ \sum g_v g_u & \sum g_v^2 \end{bmatrix} \tag{5.30}$$

其中:

$$\sum g_u^2 = \sum_{i=c-k}^{c+k-1} \sum_{j=r-k}^{r+k-1} (g_{i+1,j+1} - g_{i,j})^2$$

$$\sum g_v^2 = \sum_{i=c-k}^{c+k-1} \sum_{j=r-k}^{r+k-1} (g_{i,j+1} - g_{i+1,j})^2 \tag{5.31}$$

$$\sum g_u g_v = \sum_{i=c-k}^{c+k-1} \sum_{j=r-k}^{r+k-1} (g_{i+1,j+1} - g_{i,j})(g_{i,j+1} - g_{i+1,j})$$

② 计算兴趣值 q 和 w:

$$q = \frac{4\mathrm{Det}N}{(\mathrm{tr}N)^2}, \quad w = \frac{1}{\mathrm{tr}Q} = \frac{\mathrm{Det}N}{\mathrm{tr}N} \tag{5.32}$$

其中 $\mathrm{Det}N$ 代表矩阵 N 的行列式;$\mathrm{tr}N$ 代表矩阵 N 的迹。

③ 确定待选点:

如果兴趣值大于给定的阈值,则该像元为待选点。阈值为经验值,可参考下列值:

$$T_q = 0.5 \sim 0.75$$

$$T_w = \begin{cases} f\overline{w} & (f = 0.5 \sim 1.5) \\ cw_c & (c = 5) \end{cases} \tag{5.33}$$

其中 $\overline{w}$ 为权平均值,w_c 为权的中值;当 $q > T_q$,且 $w > T_w$ 时,该像元为待选点。

④ 选取极值点:

以权值 w 为依据,选取极值点,即在一个窗口中选取 w 最大的待选点而去掉其余的点。

由于 Forstner 算子较复杂,可用一些简单的算子提取初选点,然后用 Forstner 算子计算兴趣值并选择备选点,最后提取的极值点为特征点。

2. 线特征提取算子

线特征是指影像的"边缘"与"线","边缘"可定义为影像局部区域特征不相同的那些区域间的分界线,而"线"则可以认为是具有很小宽度的、其中间区域具有相同的影像特征的边缘对,也就是距离很小的一对边缘构成一条线。线特征存在于目标与背景、目标与目标、区域与区域之间。线特征具有三种类型:阶跃型、房顶型和线条型(脉冲型)。

线特征提取算子通常也称为边缘检测算子。根据线特征提取算子所使用的技术特点,可分为三种类型:使用近似影像函数一阶导数的算子,基于影像函数二阶导数过零点的算子,将影像函数与边缘的参数模型相匹配的算子,这些分别在下文予以介绍。

(1) 梯度算子

影像处理中最常用的方法是梯度运算,对一个灰度函数 $g(x,y)$,其梯度定义为一个向量:

$$G[g(x,y)] = \begin{bmatrix} \dfrac{\partial g}{\partial u} \\ \dfrac{\partial g}{\partial v} \end{bmatrix} = \begin{bmatrix} g_u \\ g_v \end{bmatrix} \tag{5.34}$$

在数字影像中,导数的计算通常用差分予以近似,则梯度算子即差分算子为

$$G_{i,j} = \sqrt{(g_{i,j} - g_{i+1,j})^2 + (g_{i,j} - g_{i,j+1})^2} \tag{5.35}$$

为了简化运算,进一步近似为:

$$G_{i,j} = |g_{i,j} - g_{i+1,j}| + |g_{i,j} - g_{i,j+1}| \tag{5.36}$$

Roberts 梯度算子定义为:

$$G_r[g(x,y)] = \begin{bmatrix} \dfrac{\partial g}{\partial u} \\ \dfrac{\partial g}{\partial v} \end{bmatrix} = \begin{bmatrix} g_u \\ g_v \end{bmatrix} \tag{5.37}$$

式中:$g_u = \dfrac{\partial g}{\partial u}$ 是 g 的 $\dfrac{\pi}{4}$ 方向导数;$g_v = \dfrac{\partial g}{\partial v}$ 是 g 的 $\dfrac{3\pi}{4}$ 方向导数。容易证明其模 $G_r(x,y)$ 为:

$$G_r(x,y) = \sqrt{g_u^2 + g_v^2} \tag{5.38}$$

用差分近似表示导数,则有:

$$G_{i,j} = \sqrt{(g_{i,j} - g_{i+1,j})^2 + (g_{i,j} - g_{i,j+1})^2} \tag{5.39}$$

或

$$G_{i,j} = |g_{i,j} - g_{i+1,j}| + |g_{i,j} - g_{i,j+1}| \tag{5.40}$$

(2)二阶差分算子

影像中的点特征或线特征点上的灰度、与周围两侧影像灰度平均值的差别较大,因此可以用二阶差分算子的原理来提取,即

$$\begin{aligned} g''_{ij} &= (g_{i+1,j} - g_{i,j}) - (g_{i,j} - g_{i-1,j}) \\ &= -[g_{i-1,j}, g_{i,j}, g_{i+1,j}] \begin{bmatrix} -1 \\ 2 \\ -1 \end{bmatrix} \\ &= -g_{i,j} \cdot [-1, 2, -1] \end{aligned} \tag{5.41}$$

此时,二阶差分算子为 $[-1,2,-1]$,相应地,与纵方向、与两个对角方向的二阶差分算子为:

$$\begin{bmatrix} -1 \\ 2 \\ -1 \end{bmatrix}; \quad \begin{bmatrix} & & -1 \\ & 2 & \\ -1 & & \end{bmatrix}; \quad \begin{bmatrix} -1 & & \\ & 2 & \\ & & -1 \end{bmatrix}$$

需要在纵横方向同时检测时的算子为:

$$D = \begin{bmatrix} 0 & 0 & 0 \\ -1 & 2 & -1 \\ 0 & 0 & 0 \end{bmatrix} + \begin{bmatrix} 0 & -1 & 0 \\ 0 & 2 & 0 \\ 0 & -1 & 0 \end{bmatrix} = \begin{bmatrix} 0 & -1 & 0 \\ -1 & 4 & -1 \\ 0 & -1 & 0 \end{bmatrix} \tag{5.42}$$

再加上两个对角方向同时检测的二维算子为:

$$D_1 = \begin{bmatrix} 0 & -1 & 0 \\ -1 & 4 & -1 \\ 0 & -1 & 0 \end{bmatrix} + \begin{bmatrix} & & -1 \\ & 2 & \\ -1 & & \end{bmatrix} + \begin{bmatrix} -1 & & \\ & 2 & \\ & & -1 \end{bmatrix} = \begin{bmatrix} -1 & -1 & -1 \\ -1 & 8 & -1 \\ -1 & -1 & -1 \end{bmatrix}$$

(5.43)

拉普拉斯(Laplace)算子定义为:

$$\nabla^2 g = \frac{\partial^2 g}{\partial x^2} + \frac{\partial^2 g}{\partial y^2} \tag{5.44}$$

若 $g(x,y)$ 的傅立叶变换为 $G(u,v)$,则 $\nabla^2 g$ 的傅立叶变换为:

$$-(2\pi)^2 (u^2 + v^2) G(u,v) \tag{5.45}$$

故拉普拉斯算子实际上是一高通滤波器。对于数字影像,拉普拉斯算子定义为:

$$\nabla^2 g_{i,j} = (g_{i+1,j} - g_{i,j}) - (g_{i,j} - g_{i-1,j}) + (g_{i,j+1} - g_{i,j}) - (g_{i,j} - g_{i,j-1})$$
$$= g_{i+1,j} + g_{i-1,j} + g_{i,j+1} + g_{i,j-1} - 4g_{i,j} \tag{5.46}$$

通常将上式乘以 -1,则拉普拉斯算子即成为原灰度函数与矩阵 $\begin{bmatrix} 0 & -1 & 0 \\ -1 & 4 & -1 \\ 0 & -1 & 0 \end{bmatrix}$(称为卷积核或掩膜)的卷积。然后取其符号变化的点,即通过零的点的边缘。

(3) 高斯—拉普拉斯算子(LOG 算子)

在提取边缘时,利用高斯函数先进行低通滤波,然后再利用拉普拉斯算子进行高通滤波并提取零交叉点,这就是高斯—拉普拉斯算子(或称为 LOG 算子)。

高斯滤波函数为:

$$f(x,y) = \exp\left(-\frac{x^2 + y^2}{2\sigma^2}\right) \tag{5.47}$$

则低通滤波结果为:

$$f(x,y) \cdot g(x,y) \tag{5.48}$$

再经拉普拉斯算子处理得:

$$G(x,y) = \nabla^2 [f(x,y) \cdot g(x,y)] \tag{5.49}$$

不难证明:

$$G(x,y) = [\nabla^2 f(x,y)] \cdot g(x,y) \tag{5.50}$$

$$\nabla^2 f(x,y) = \frac{x^2 + y^2 - 2\sigma^2}{\sigma^4} \exp\left(-\frac{x^2 + y^2}{2\sigma^2}\right) \tag{5.51}$$

即 LOG 算子以 $\nabla^2 f(x,y)$ 为卷积核,对原灰度函数进行卷积运算后提取零交叉点为边缘点。

5.2.3 数字微分纠正

正射影像通常是根据有关的参数和数字地面模型,利用相应的构像方程式,或按一定的数学模型用控制点解算,将原始中心投影的影像经正射变换而得。这种过程往往是将影像化为很多微小的区域,逐一进行变换,且使用的是数字方式处理,故叫做数字微分纠正或数字纠正。数字纠正的概念在数学上属于映射的范畴。

1. 框幅式中心投影影像的数字微分纠正

数字微分纠正是为了实现两个二维影像之间的几何变换,即确定原始影像与纠正后影像之间的几何关系。

设任意像元在原始影像和纠正后影像中的坐标分别为 $p(x,y)$ 和 $P(X,Y)$。它们之间存在着映射关系:

$$x = f_x(X,Y); \quad y = f_y(X,Y) \tag{5.52a}$$

$$X = \varphi_x(x,y); \quad Y = \varphi_y(x,y) \tag{5.52b}$$

公式(5.52a)是由纠正后的像点 P 的坐标 (X,Y) 出发反求原始影像上的像点 p 的坐标 (x,y),称为反解法(或称为间接解法);而公式(5.52b)则恰好相反,由原始影像上像点坐标 (x,y) 解求纠正后影像上相应点坐标 (X,Y),称为正解法(或称直接解法)。

(1) 反解法(间接法)数字微分纠正

① 计算地面点坐标

设正射影像上任意一点(像素中心) P 的坐标为 (X',Y'),由正射影像左下角图廓点地面坐标 (X_0,Y_0) 与正射影像比例尺分母 M 计算 P 点对应的地面坐标 (X,Y):

$$\left.\begin{array}{l} X = X_0 + M \cdot X' \\ Y = Y_0 + M \cdot Y' \end{array}\right\} \tag{5.53}$$

② 计算像点坐标

在航空摄影情况下,应用反解公式(5.52a)计算原始影像上相应像点坐标 $p(x,y)$ 的方法是运用共线条件方程(5.4)。

解算时,式(5.4)中 Z_J 是 P 点的高程,由 DEM 内插求得。应注意的是,原始数字化影像是以行、列为计量的。为此,应利用像坐标与扫描坐标之关系,求得相应的像元素坐标,也可以由 X,Y,Z 直接解求扫描坐标 I,J。由于

$$\lambda_0 \begin{bmatrix} x - x_0 \\ y - y_0 \\ -f \end{bmatrix} = \begin{bmatrix} a_1 & b_1 & c_1 \\ a_2 & b_2 & c_2 \\ a_3 & b_3 & c_3 \end{bmatrix} \begin{bmatrix} X - X_S \\ Y - Y_S \\ Z - Z_S \end{bmatrix} = \lambda \begin{bmatrix} m_1 & m_2 & 0 \\ n_1 & n_2 & 0 \\ 0 & 0 & 1 \end{bmatrix} \begin{bmatrix} I - I_0 \\ J - J_0 \\ -f \end{bmatrix} \tag{5.54}$$

或

$$\lambda \begin{bmatrix} I - I_0 \\ J - J_0 \\ -f \end{bmatrix} = \begin{bmatrix} m_1' & m_2' & 0 \\ n_1' & n_2' & 0 \\ 0 & 0 & 1 \end{bmatrix} \begin{bmatrix} a_1 & b_1 & c_1 \\ a_2 & b_2 & c_2 \\ a_3 & b_3 & c_3 \end{bmatrix} \begin{bmatrix} X - X_S \\ Y - Y_S \\ Z - Z_S \end{bmatrix} \tag{5.55}$$

化简后即可得到:

$$\begin{cases} I = \dfrac{L_1 X + L_2 Y + L_3 Z + L_4}{L_9 X + L_{10} Y + L_{11} + 1} \\ J = \dfrac{L_5 X + L_6 Y + L_7 Z + L_8}{L_9 X + L_{10} Y + L_{11} + 1} \end{cases} \tag{5.56}$$

式中:系数 $L_1, L_2, \cdots, L_{11}$ 是内定向变换参数 m_1', m_2', n_1', n_2',主点坐标 I_0, J_0,旋转矩阵元素 $a_1, a_2, \cdots, c_3$ 以及摄站坐标 X_S, Y_S, Z_S 的函数:

$$L_1 = (a_3 I_0 - f m_1' a_1 - f m_2' a_2)/L$$

$$L_2 = (b_3 I_0 - f m_1' b_1 - f m_2' b_2)/L$$

$$L_3 = (c_3 I_0 - fm_1'c_1 - fm_2'c_2)/L$$
$$L_4 = I_0 + f[(m_1'a_1 + m_2'a_2) \cdot X_S + (m_1'b + m_2'b_2) \cdot Y_S + (m_1'c_1 + m_2'c_2) \cdot Z_S]/L$$
$$L_5 = (a_3 J_0 - fn_1'a_1 - fn_2'a_2)/L$$
$$L_6 = (b_3 J_0 - fn_1'b_1 - fn_2'b_2)/L$$
$$L_7 = (c_3 J_0 - fn_1'c_1 - fn_2'c_1)/L$$
$$L_8 = J_0 + f[(n_1'a_1 + n_2'a_2) \cdot X_S + (n_1'b + n_2'b_2) \cdot Y_S + (n_1'c_1 + n_2'c_2) \cdot Z_S]/L$$
$$L_9 = a_3/L$$
$$L_{10} = b_3/L$$
$$L_{11} = c_3/L$$
$$L = -(a_3 X_S + b_3 Y_S + C_3 Z_S)$$

根据公式(5.56)即可由 X,Y,Z 直接获得数字化影像的像元素坐标。

③ 灰度内插与灰度赋值

由于所得的像点坐标不一定落在像元素中心，为此必须进行灰度内插，一般可采用双线性内插，求得像点 p 的灰度值 $g(x,y)$。最后将像点 p 的灰度值赋给纠正后像元素 p，即

$$G(X,Y) = g(x,y) \tag{5.57}$$

依次对每个纠正像素完成上述运算，即可获得纠正的数字影像。

(2) 正解法(直接法)数字微分纠正

正解法数字微分纠正是从原始影像出发，逐个将原始影像元素，用正解公式(5.52b)求得纠正后的像点坐标。这一方案的最大缺点是：在纠正影像上所得的像点非规则排列，有的像元素内可能"空白"(无像点)，有的可能重复(多个像点)，因此难以实现灰度内插，获得规则排列的纠正数字影像。

在航空摄影测量情况下，正算公式为：

$$\begin{cases} X = Z \cdot \dfrac{a_1 x + a_2 y - a_3 f}{c_1 x + c_2 y - c_3 f} \\ Y = Z \cdot \dfrac{b_1 x + b_2 y - b_3 f}{c_1 x + c_2 y - c_3 f} \end{cases} \tag{5.58}$$

利用上述正算公式，还必须先知道 Z，但是 Z 又是待定量 X,Y 的函数，为此，要由 x,y 求得 X,Y。必须假定一近似值 Z_0，求得 (X_1,Y_1)，再由 DEM 内插得该点的高程 Z_1；然后又由正算公式(5.58)求得 (X_2,Y_2)，如此反复迭代。因此，由正解公式计算 X,Y，实际上是由一个二维图形 (x,y) 变换到三维空间 (X,Y,Z) 的过程。

由于正解法的缺点，数字纠正一般采用反算法。

(3) 数字纠正实用解法

从原理上说，数字纠正是点元素纠正，但在实用的软件系统中，几乎无一是逐点采用反解算公式(5.56)求解像点坐标，而均以"面元素"作为"纠正单元"，一般以正方形作为纠正单元。用反解公式计算该单元 4 个"角点"的像点坐标 (x_1,y_1)，(x_2,y_2)，(x_3,y_3) 和 (x_4,y_4)，而纠正单元的坐标 $(x_{i,j},y_{i,j})$ 等用双线性内插求得。这时，坐标 x,y 是分别进行内插求

解的,其原理如图 5-6 所示。

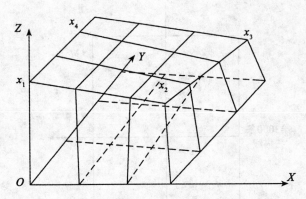

图 5-6 坐标 x,y 的双线性内插(张剑清等,2003)

内插后得任意一个像元 i,j 所对应的像点坐标 x,y:

$$\begin{cases} x(i,j) = \dfrac{1}{n^2}[(n-i)(n-j)x_1 + i(n-j)x_2 + (n-i)jx_4 + ijx_3] \\ y(i,j) = \dfrac{1}{n^2}[(n-i)(n-j)y_1 + i(n-j)y_2 + (n-i)jy_4 + ijy_3] \end{cases} \tag{5.59}$$

由此求得像点坐标后,再由灰度双线性内插,求得其灰度。可以看出,数字纠正的实际软件系统,按"面元素"作纠正单元,而在纠正单元中无论沿 x 和 y 方向均由线性内插解求。因此它与数控光学正射投影仪以线元素为单位作线性缩放无本质区别。

2. 线性阵列扫描影像的数字纠正

线性阵列扫描影像的纠正须特殊处理。例如法国的 SPOT 卫星,由 6000 条扫描线组成一幅影像,影像坐标系的原点设在每幅的中央,即第 3000 条扫描线的第 3000 个像元上(SPOT 卫星传感器的每条线阵列有 6000 个像元)。第 3000 条扫描线可作为影像的坐标系 x 轴,则各扫描线上第 3000 个像元的连线就是 y 轴,如图 5-7 所示,在时刻 t 的构像方程为

$$\begin{bmatrix} x \\ 0 \\ -f \end{bmatrix} = \frac{1}{\lambda} \begin{bmatrix} a_1(t) & b_1(t) & c_1(t) \\ a_2(t) & b_2(t) & c_2(t) \\ a_3(t) & b_3(t) & c_3(t) \end{bmatrix} \begin{bmatrix} X - X_S(t) \\ Y - Y_S(t) \\ Z - Z_S(t) \end{bmatrix} \tag{5.60}$$

(t) 表明各参数随时间而变化。

(1)间接法

由式(5.60)的第二行得

$$0 = \frac{1}{\lambda}[Xa_2(t) + Yb_2(t) + Zc_2(t) - (X_S(t)a_2(t) + Y_S(t)b_2(t) + Z_S(t)c_2(t))]$$

或

$$Xa_2(t) + Yb_2(t) + Zc_2(t) = A(t) \tag{5.61}$$

其中: $A(t) = X_S(t)a_2(t) + Y_S(t)b_2(t) + Z_S(t)c_2(t)$

对式(5.61)中各因子以 t 为变量,按泰勒级数展开为

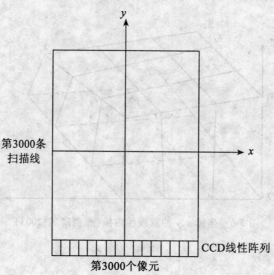

图 5-7 SPOT 影像(张剑清,2003)

$$\begin{cases} a_2(t) = a_2^{(0)} + a_2^{(1)}t + a_2^{(2)}t^2 + \cdots \\ b_2(t) = b_2^{(0)} + b_2^{(1)}t + b_2^{(2)}t^2 + \cdots \\ c_2(t) = c_2^{(0)} + c_2^{(1)}t + c_2^{(2)}t^2 + \cdots \\ A(t) = A^{(0)} + A^{(1)}t + A^{(2)}t^2 + \cdots \end{cases} \tag{5.62}$$

代入式(5.61)得

$$(Xa_2^{(0)} + Yb_2^{(0)} + Zc_2^{(0)} - A^{(0)}) + (Xa_2^{(1)} + Yb_2^{(1)} + Zc_2^{(1)} - A^{(1)})t$$
$$+ (Xa_2^{(2)} + Yb_2^{(2)} + Zc_2^{(2)} - A^{(2)})t^2 + \cdots = 0$$

取至二次项得

$$t = -\frac{(Xa_2^{(0)} + Yb_2^{(0)} + Zc_2^{(0)} - A^{(0)}) + (Xa_2^{(2)} + Yb_2^{(2)} + Zc_2^{(2)} - A^{(2)})t^2}{Xa_2^{(1)} + Yb_2^{(1)} + Zc_2^{(1)} - A^{(1)}} \tag{5.63}$$

上式右端含有 t^2 项,所以对 t 必须进行迭代运算。t 值实际上表示图 5-7 坐标系中像点 p 在时刻 t 的 y 坐标

$$y = (l_P - l_0)\delta = \frac{t}{\mu}\delta \tag{5.64}$$

其中:l_p, l_o 分别表示在 p 点及原点 O 处的扫描线行数;δ 为 CCD 一个探测像元的宽度(在 SPOT 影像中为 13 μm);μ 为扫描线的时间间隔(在 SPOT 影像中为 1.5 ms)。

以下再求像点 p 的 x 坐标。由式(5.60)之第一、三行,得

$$x = -f \cdot \frac{(X - X_S(t))a_1(t) + (Y - Y_S(t))b_1(t) + (Z - Z_S(t))c_1(t)}{(X - X_S(t))a_3(t) + (Y - Y_S(t))b_3(t) + (Z - Z_S(t))c_3(t)} \tag{5.65}$$

同理,对 $a_1(t), b_1(1), \cdots$ 也可用多项式表示为

$$\begin{cases} a_1(t) = a_1^{(0)} + a_1^{(1)}t + a_1^{(2)}t^2 + \cdots \\ b_1(t) = b_1^{(0)} + b_1^{(1)}t + b_1^{(2)}t^2 + \cdots \\ c_1(t) = c_1^{(0)} + c_1^{(1)}t + c_1^{(2)}t^2 + \cdots \\ a_3(t) = a_3^{(0)} + a_3^{(1)}t + a_3^{(2)}t^2 + \cdots \\ b_3(t) = b_3^{(0)} + b_3^{(1)}t + b_3^{(2)}t^2 + \cdots \\ c_3(t) = c_3^{(0)} + c_3^{(1)}t + c_3^{(2)}t^2 + \cdots \end{cases} \quad (5.66)$$

式(5.65)与常规航摄共线条件方程相似,与式(5.63)一起表示卫星飞行瞬间成像的影像坐标与地面坐标之间的关系。在影像纠正中首先要求出各元素对应的 $a_1(t), b_1(t), \cdots c_3(t), X_S(t), Y_S(t), Z_S(t)$,然后才能求出该相应像点的 y 及 t, x。

通常可认为各参数是 t 的线性函数:

$$\begin{cases} \varphi(t) = \varphi(0) + \Delta\varphi \cdot t \\ \omega(t) = \omega(0) + \Delta\omega \cdot t \\ \kappa(t) = \kappa(0) + \Delta\kappa \cdot t \\ X_S(t) = X_S(0) + \Delta X_S \cdot t \\ Y_S(t) = Y_S(0) + \Delta Y_S \cdot t \\ Z_S(t) = Z_S(0) + \Delta Z_S \cdot t \end{cases} \quad (5.67)$$

其中 $\varphi(0), \omega(0), \kappa(0), X_S(0), Y_S(0), Z_S(0)$ 为影像中心行外方位元素;$\Delta\varphi, \Delta\omega, \Delta\kappa, \Delta X_S, \Delta Y_S, \Delta Z_S$ 为变化率参数。

(2) 直接法

由式(5.61)可得:

$$\begin{cases} X = X_S(t) + \dfrac{a_1(t)x - a_3(t)f}{c_1(t)x - c_3(t)f}(Z - Z_S(t)) \\ Y = Y_S(t) + \dfrac{b_1(t)x - b_3(t)f}{c_1(t)x - c_3(t)f}(Z - Z_S(t)) \end{cases} \quad (5.68)$$

$a_1(t), b_1(t), \cdots, c_3(t), X_S(t), Y_S(t), Z_S(t)$ 为像点 (x,y) 对应外方位元素,可由其行号 l_i 计算:

$$\begin{cases} \varphi_i = \varphi_0 + (l_i - l_0)\Delta\varphi \\ \omega_i = \omega_0 + (l_i - l_0)\Delta\omega \\ \kappa_i = \kappa_0 + (l_i - l_0)\Delta\kappa \\ X_{S_i} = X_{S_0} + (l_i - l_0)\Delta X_S \\ Y_{S_i} = Y_{S_0} + (l_i - l_0)\Delta Y_S \\ Z_{S_i} = Z_{S_0} + (l_i - l_0)\Delta Z_S \end{cases} \quad (5.69)$$

其中:$\varphi_0, \omega_0, \kappa_0, X_{S_0}, Y_{S_0}, Z_{S_0}$ 为中心行外方位元素;l_0 为中心行号;$\Delta\varphi, \Delta\omega, \Delta\kappa, \Delta X_S, \Delta Y_S, \Delta Z_S$ 为变化率参数。

当给定高程初值 Z_0 后,代入式(5.68)计算出地面坐标近似值 (X_1, Y_1),再用 DEM 与 (X_1, Y_1) 内插出其对应的高程 Z_1。重复上述步骤,直至收敛到 (x,y) 对应的地面点 (X, Y, Z),其过程与框幅式中心投影影像的正解法过程相同。当地面坡度较大而不收敛时,可按单片修测中的方法处理。

(3) 多项式纠正

多项式纠正的基本思想是,影像变形规律可以近似看做为平移、缩放、旋转、扭曲、弯曲等基本变形合成。用于反解法的多项式为

$$\begin{cases} \Delta x_i = c_0 + (c_1 X_i + c_2 Y_i) + (c_3 X_i^2 + c_4 X_i Y_i + c_5 Y_i^2) + \\ \qquad (c_6 X_i^3 + c_7 X_i^2 Y_i + c_8 X_i Y_i^2 + c_9 Y_i^3) + \cdots \\ \Delta y_i = d_0 + (d_1 X_i + d_2 Y_i) + (d_3 X_i^2 + d_4 X_i Y_i + d_5 Y_i^2) + \\ \qquad (d_6 X_i^3 + d_7 X_i^2 Y_i + d_8 X_i Y_i^2 + d_9 Y_i^3) + \cdots \end{cases} \quad (5.70)$$

对每个控制点,已知其地面坐标 X_i, Y_i,可以列出上面两个方程,其中

$$\Delta x_i = x_i(近似计算值) - x_i'(量测值)$$
$$\Delta y_i = y_i(近似计算值) - y_i'(量测值)$$

对于扫描器影像而言,影像坐标 x_i, y_i,和沿航线方向的地面坐标 X_i, Y_i, Z_i 之间的近似关系为:

$$\begin{cases} x_i = \dfrac{f}{z_s - z_i} X_i \\ y_i = f \cdot \arctan \dfrac{Y_i}{z_s - z_i} \end{cases} \quad (5.71)$$

如果把多项式表达为影像坐标 x_i, y_i 的函数,则用于正解法的多项式为

$$\begin{cases} \Delta X_i = a_0 + (a_1 x_i + a_2 y_i) + (a_3 x_i^2 + a_4 x_i y_i + a_5 y_i^2) + \\ \qquad (a_6 x_i^3 + a_7 x_i^2 y_i + a_8 x_i y_i^2 + a_9 y_i^3) + \cdots \\ \Delta Y_i = b_0 + (b_1 x_i + b_2 y_i) + (b_3 x_i^2 + b_4 x_i y_i + b_5 y_i^2) + \\ \qquad (b_3 x_i^3 + b_7 x_i^2 y_i + b_8 x_i y_i^2 + b_9 y_i^3) + \cdots \end{cases} \quad (5.72)$$

其中:

$$\Delta X_i = X_i(已知值) - X_i'(近似计算值)$$
$$\Delta Y_i = Y_i(已知值) - Y_i'(近似计算值)$$

近似计算值仍可利用式(5.71)计算。

在选用时往往根据可能提供的控制点数来决定多项式的阶数。为了减少由于控制点选得不准确所产生的不良后果,往往要求有较多的控制点数。为了减少由于控制点位分布不合理而造成在平差过程中法方程系数矩阵的不良状态,也可以考虑采用正交多项式代替上述一般形式的多项式。由于振荡的风险,多项式的阶数不宜过高。多项式纠正不仅能够用于线阵列扫描影像,也能用于航天遥感影像,但不太适合于航空遥感影像。

5.3 遥感物理基础

遥感是在不直接接触的情况下,对目标物或自然现象远距离感知的一门探测技术。具体地讲是指在各种平台上,运用各种传感器获取反映地表特征的各种数据,通过传输、变换和处理,提取有用的信息,实现研究地物空间形状、位置、性质及其与环境的相互关系的一门现代应用技术科学。

遥感之所以能够根据收集到的电磁波来判断地物目标和自然现象,是因为一切物体由于其种类、特征和环境条件的不同,而具有完全不同的电磁波的反射或发射辐射特征。因此,遥感原理的重要组成部分是关于物体反射或发射电磁波谱特性。

5.3.1 物体的发射辐射

1. 黑体辐射

1860 年,基尔霍夫得出了好的吸收体也是好的辐射体这一定律。它说明了凡是吸收热辐射能力强的物体,它们的热发射能力也强,反之亦然。如果一个物体对于任何波长的电磁辐射都全部吸收,则这个物体是绝对黑体。一个不透明的物体对入射到它上面的电磁波只有吸收和反射作用,且此物体的光谱吸收率 $\alpha(\lambda,T)$ 与光谱反射率 $\rho(\lambda,T)$ 之和恒等于 1。对于一般物体而言,上述系数都与波长和温度有关。

1900 年普朗克用量子理论概念推导黑体辐射通量密度 W_λ 和其温度的关系以及按波长 λ 分布的辐射定律:

$$W_\lambda = \frac{2\pi hc^2}{\lambda^5} \cdot \frac{1}{e^{ch/\lambda kT} - 1} \tag{5.73}$$

式中:W_λ ——分谱辐射通量密度,单位 $W/(cm^2 \cdot \mu m)$;

λ —— 波长,单位是 μm;

h —— 普朗克常数($6.6256 \times 10^{-34} J \cdot s$);

c —— 光速($3 \times 10^{10} cm/s$);

k —— 玻耳兹曼常数($1.38 \times 10^{-23} J/K$);

T —— 绝对温度,单位是 K。

依据普朗克公式(5.73)可绘制黑体辐射波谱曲线。黑体辐射的 3 个特性如下:

(1) 与黑体辐射波谱曲线下的面积成正比的总辐射通量密度 W 随温度 T 的增加而迅速增加。总辐射通量密度 W 可在从零到无穷大的波长范围内。

(2) 分谱辐射能量密度的峰值波长 λ_{max} 随温度的增加向短波方向移动。

(3) 每根曲线彼此不相交,故温度 T 越高,所有波长上的波谱辐射通量密度越大。

2. 太阳辐射

地球上的能源主要来源于太阳,太阳是被动遥感最主要的辐射源。传感器从空中或空间接收地物反射的电磁波,主要是来自太阳辐射的一种转换形式。太阳辐射包括了整个电磁波波谱范围。图 5-8 中描绘出了黑体在 5800 K 时的辐射曲线,在大气层外接收到的太阳辐照度曲线以及太阳辐射穿过大气层后在海平面接收的太阳辐照度曲线。

从图 5-8 可以看出,太阳辐射的光谱是连续的,它的辐射特性与绝对黑体的辐射特性基本一致。太阳辐射从近紫外到中红外这一波段区间能量最集中而且相对来说较稳定。在 X 射线、射线、远紫外及微波波段,能量小但变化大。但就遥感而言,被动遥感主要利用可见光、红外等稳定辐射,因而太阳的活动对遥感的影响不太大。另外,海平面处的太阳辐照度曲线与大气层外的曲线有很大不同。这主要是地球大气对太阳辐射的吸收和散射的结果。各波长范围内辐射能量大小不同,太阳能量约 99% 集中在 $0.2 \sim 4 \mu m$ 间,可见光部分约集中了 38% 的太阳能量。

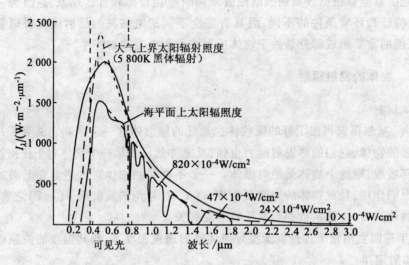

图 5-8　太阳辐照度分布曲线（孙家抦,2003）

3. 大气对辐射的影响

在可见光波段，引起电磁波衰减的主要原因是大气散射。在紫外、红外与微波区，引起电磁波衰减的主要原因是大气吸收。由于大气对紫外线有很强的吸收作用，因此，现阶段遥感中很少用到紫外线波段。引起大气吸收的主要成分是氧气、臭氧、水、二氧化碳等。至于大气中其他成分的气体，由于都是对称分子，无极性，因此对电磁波不存在吸收。

电磁波在传播过程中遇到小微粒而使传播方向发生改变，并向各个方向散开，称散射。尽管强度不大，但是从遥感数据角度分析，太阳辐照到地面又反射到传感器的过程中，二次通过大气，传感器所接收到的能量除了反射光还增加了散射光。这二次影响增加了信号中的噪声部分，造成遥感影像质量的下降。

散射的方式随电磁波波长与大气分子直径、气溶胶微粒大小之间的相对关系而变，主要有米氏(Mie)散射、均匀散射、瑞利(Rayleigh)散射等。如果介质中不均匀颗粒的直径 a 与入射波长同数量级，则发生米氏散射；如果不均匀颗粒的直径 $a \gg \lambda$ 时，则发生均匀散射；而瑞利散射的条件是介质的不均匀程度 a 小于入射电磁波波长的十分之一。

瑞利认为散射的强度 $I \propto Es'^2 \propto \sin^2\theta/\lambda^4$，其中 Es' 为电磁波强度，θ 是入射电磁波振动方向与观察方向的夹角。可以看出，散射强度 I 与波长的四次方成反比。由于蓝光波长比红光短，因而蓝光散射较强，而红光散射较弱。晴朗的天空，可见光中的蓝光受散射影响最大，所以天空呈蓝色。清晨太阳光通过较厚的大气层，直射光中红光成分大于蓝光成分，因而太阳呈现红色。大气中的瑞利散射对可见光影响较大，而对红外的影响很小，对微波基本没有多大影响。

对于同一物质来讲，电磁波的波长不同，表现的性质也不同。例如在晴好的天气可见光通过大气时发生瑞利散射，蓝光比红光散射的多；当天空有云层或雨层时，满足均匀反射的条件，各个波长的可见光散射强度相同，因而云呈现白色，此时散射较大，可见光难以通过云层，这就是阴天时候不利于用可见光进行遥感探测地物的原因。而对于微波来说，微波波长比粒子的直径大得多，则又属于瑞利散射的类型，散射强度与波长四次方成反比，波长越长散射强度越小,所以微波才可能有最小散射、最大透射,而被称为具有穿云透雾的能力。

由以上分析可知,散射造成太阳辐射的衰减,但是散射强度遵循的规律与波长密切相关。而太阳的电磁波辐射几乎包括电磁辐射的各个波段,因此,在大气状况相同时,同时会出现各种类型的散射。对于大气分子、原子引起的瑞利散射主要发生在可见光和近红外波段。对于大气微粒引起的米氏散射从近紫外到红外波段都有影响。另外,电磁波与大气的相互作用还包括大气反射。由于大气中有云层,当电磁波到达云层时,就像到达其他物体界面一样,不可避免地要产生反射现象。

太阳辐射在到达地面之前穿过大气层,大气折射只是改变太阳辐射的方向,并不改变辐射的强度。但是大气反射、吸收和散射的共同影响却衰减了辐射强度,剩余部分才为透射部分。不同电磁波段通过大气后衰减的程度是不一样的,因而遥感所能够使用的电磁波是有限的。有些大气中电磁波透过率很小,甚至完全无法透过电磁波,这些区域难以或不能被遥感所使用,称为"大气屏障";反之,有些波段的电磁辐射通过大气后衰减较小,透过率较高,对遥感十分有利,这些波段通常称为"大气窗口",如图5-9所示。

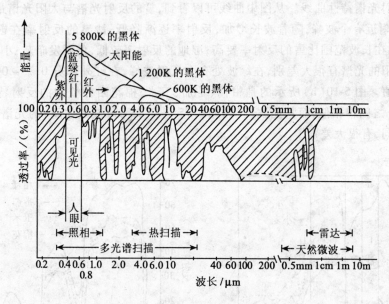

图 5-9 大气窗口(孙家抦,2003)

5.3.2 地物的反射辐射

物体对电磁波的反射有3种形式:

(1)镜面反射。它是指物体的反射满足反射定律。当发生镜面反射时,对于不透明物体,其反射能量等于入射能量减去物体吸收的能量。自然界中真正的镜面很少,非常平静的水面可以近似认为是镜面。

(2)漫反射。如果入射电磁波波长 λ 与地表粗糙度 h 同数量级,整个地表均匀反射入射电磁波,入射到此表面的电磁辐射按照朗伯余弦定律反射。

(3)方向反射。实际地物表面由于地形起伏,在某个方向上反射最强烈,这种现象称为方向反射,它是镜面反射和漫反射的结合。这种反射没有规律可寻。

光谱反射率是讨论地物反射光谱特性的重要概念。反射率是物体的反射辐射通量与入射辐射通量之比:$\rho = E_\rho/E$。这个反射率是在理想漫反射体的情况下,整个电磁波长的反射率。实际上,由于物体固有的结构特点,对于不同波长的电磁波可有选择地反射,例如绿色植物的叶子由于表皮、叶绿素颗粒组成的栅栏组织和多孔薄壁细胞组织构成,入射到叶子上的太阳辐射透过上表皮,蓝、红光辐射能被叶绿素吸收进行光合作用;绿光也吸收了一大部分,但仍反射一部分,所以叶子呈现绿色;而近红外线可以穿透叶绿素,被多孔薄壁细胞组织所反射。因此,在近红外波段上形成强反射。光谱反射率 ρ_λ 被定义为:$\rho_\lambda = E_{\rho\lambda}/E_\lambda$。反射波谱是某物体的反射率(或反射辐射能)随波长变化的规律,以波长为横坐标,反射率为纵坐标所得的曲线称为该物体的反射波谱特性曲线。

一个物体的反射波谱的特征主要取决于该物体与入射辐射相互作用的波长选择,即对入射辐射的反射、吸收和透射的选择性,其中反射作用是主要的。物体对入射辐射的选择性作用受物体的组成成分、结构、表面状态以及物体所处环境的控制和影响。图 5-10(a) 为四种地物的反射光谱特性曲线。从图中曲线可以看到,雪的反射光谱与太阳光谱最相似,在蓝光 0.49 μm 附近有个波峰,随着波长增加,反射率逐渐降低;沙漠的反射率在橙色 0.6 μm 附近有峰值,在长波范围比雪的反射率要高;湿地的反射率较低,色调发暗灰;小麦叶子的反射光谱与太阳的光谱有很大差别,在绿波处有个反射波峰,在红外部分 0.7 ~ 0.9 μm 附近有一个强峰值。图 5-10(b) 所示的是柑橘、番茄、玉米、棉花四种植物的反射特性曲线,在 0.6 ~ 0.7 μm 之间很相似,而其他波长(例如 0.75 ~ 0.25 μm 波段之间)的光谱反射特性曲线形状则不同,有很大差别。

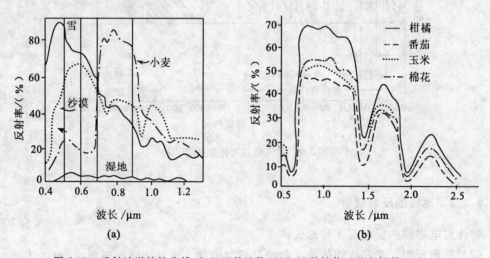

图 5-10 反射波谱特性曲线:(a) 四种地物;(b) 四种植物 (孙家抦等,1997)

不同波段地物反射率不同,这就使人们很容易想到用多波段进行地物探测。例如在地物的光谱分析以及识别上用多光谱扫描仪、成像光谱仪等传感器,另外多源遥感数据融合、假彩色合成等也逐渐成为遥感影像的重要处理方式。

正因为不同地物在不同波段有不同的反射率这一特性,物体的反射特性曲线才作为解译和分类的物理基础,广泛地应用于遥感影像的分析和评价中。同一地物的反射波谱特性地物的光谱特性一般随时间季节变化,这称为时间效应;处在不同地理区域的同种地物具有不同的光谱效应,这称为空间效应。

很多因素会引起反射率的变化,如:太阳位置、传感器位置、地理位置、地形、季节、气候变化、地面湿度变化、地物本身的变异、大气状况等。太阳位置主要是指太阳高度角和方位角,它们的不同致使地面物体入射照度发生变化。为了减小这两个因素对反射率变化的影响,遥感卫星轨道大多设计在同一地方时间通过当地上空,但由于季节的变化和当地经纬度的变化,造成太阳高度角和方位角的变化是不可避免的。传感器位置指传感器的观测角和方位角,一般空间遥感用的传感器大部分设计成垂直指向地面,这样影响较小,但由于卫星姿态引起的传感器指向偏离垂直方向,仍会造成反射率变化。不同的地理位置,海拔高度不同,太阳高度角和方位角、大气透明度改变等都会引起反射率变化。地物本身的变异,如植物的病害将使反射率发生较大变化,土壤的含水量也直接影响着土壤的反射率,含水量越高红外波段的吸收越严重,水中的含沙量增加将使水的反射率提高。随着时间的推移、季节的变化,同一种地物的光谱反射率特性曲线也发生变化,比如新雪和陈雪、不同月份的树叶,等等。

综合前面的叙述,我们可以讨论地物波谱(也称地物光谱)。地物波谱特性是指各种地物各自所具有的电磁波特性(发射辐射或反射辐射)。在遥感技术的发展过程中,世界各国都十分重视地物波谱特征的测定。1947年,前苏联学者克里诺夫就测试并公开了自然物体的反射光谱。美国花了数年时间测试地物光谱才发射陆地资源卫星。遥感影像中灰度与色调的变化是遥感影像所对应的地面范围内电磁波谱特性的反映。对于遥感影像的三大信息内容(波谱信息、空间信息、时间信息),波谱信息用得最多。

在遥感中,测量地物的反射波谱特性曲线的作用有三:一是作为选择遥感波谱段、设计遥感仪器的依据;二是选择合适的飞行时间的基础资料;三是有效地进行遥感影像数字处理的前提之一,是用户解译、识别、分析遥感影像的基础。

地物波谱特征(反射波谱)测定的原理是:用光谱测定仪器(置于不同波长或波谱段)分别探测地物和标准板,测量、记录和计算地物对每个波谱段的反射率,其反射率的变化规律即为该地物的波谱特性。对可见光和近红外波段的波谱反射特征,在限定的条件下,可以在实验室内对采回来的样品进行测试,精度较高。但它不可能逼真地模拟自然界的千变万化,一般以实验室所测的数据作为参考。因此,进行地物波谱反射特性的野外测量是十分重要的,它能反映测量瞬间地物实际的反射特性。

5.4 遥感数据与处理

遥感数据处理较之摄影测量数据处理,侧重的是物理特性,即识别地物或提取有关地表现象的定性和定量信息。由于在介绍摄影测量的基本原理,尤其是关于影像的纠正时已经详细介绍了有关影像的几何处理方法,本节对此将不作阐述。不过,值得一提的是,多源、多时相遥感影像的集成处理时,我们须对影像作配准处理,即将涉及的不同影像或与GIS图层的同名地物的空间位置对准。

5.4.1 遥感数据特性

遥感数据的重要特性是其多维度的分辨率。遥感数据的分辨率可从空间、辐射、光谱及时间几个方面来描述。

传感器瞬时视场内所观察到的地面的大小称空间分辨率。如 Landsat MSS 影像的空间分辨率(即每个像元在地面的大小)为 57m×79m;Landsat TM 影像为 30m×30m;SPOT HRV 影像,多光谱的为 20m×20m,全色的为 10m×10m。空间分辨率的大小并不等于解译像片时能可靠地(或绝对地)观察到像元尺寸的地物,这与传感器瞬时视场跟地物的相对位置有关。假定地面上有一个地物,大小和形状正好与一个像元一样,并且正好落在扫描时的瞬时视场内,则在影像上能很好地解译出它的形状及辐射特性。但实际上这种情况相当少见,大多数时候,地物跨在两个像元中,由于传感器中的探测器对瞬时视场内的辐射量是取其积分值(平均值),这样地物与两个像元都有关系,在影像上地物的形状和辐射量都发生了改变,这就无法确切地解译出该地物的形状和辐射特性。空间分辨率太低的影像使得像元中包含的类别不纯,引起辐射亮度改变,这在两种纯地物交界处是十分明显的,如 MSS-7 影像上植物与水的交界处的像元亮度会出现土壤亮度的现象。此外,在地类混杂的地区也十分明显,如稀疏种植的林区或作物区等。解译时应与周围地物结合分析或对解译区建立混杂地物的解译标志。即使两种地物面积都超过了空间分辨率,是否能解译出来,还取决于传感器的辐射分辨率(当然也与地物间反射率大小有关,如果两种地物的亮度一样,就无法区分)。所谓辐射分辨率是指传感器能区分两种辐射强度最小差别的能力。传感器的输出包括信号和噪声两大部分。如果信号小于噪声,则输出的是噪声。如果两个信号之差小于噪声,则在输出的记录上无法分辨这两个信号。

光谱分辨率为探测光谱辐射能量的最小波长间隔。确切一些讲,应为光谱探测能力。它包括传感器总的探测波段的宽度、波段数、各波段的波长范围和间隔。MODIS 成像光谱仪 32 个波段,波长总宽度为 $0.62 \sim 0.965~\mu m$、$1.23 \sim 2.135~\mu m$、$3.66 \sim 4.549~\mu m$ 和 $6.535 \sim 14.385~\mu m$。波长间隔最小的为 $0.01~\mu m$ (10 nm)。但实际使用中,波段太多,输出数据量太大,加大处理工作量和解译难度。有效的方法是根据被探测目标的特性选择一些最佳探测波段。所谓最佳探测波段,是指这些波段中探测各种目标之间和目标与背景之间,有最好的反差或波谱响应特性的差别。另一个有效方法是用影像融合的方法,将多于 3 个以上波段的信息富集在一张彩色影像上。

时间分辨率是指对同一地区重复获取影像所需的时间间隔。时间分辨率与所需探测目标的动态变化有直接的关系。各种传感器的时间分辨率,与卫星的重复周期及传感器在轨道间的立体观察能力有关。Landsat-4 和 Landsat-5 的时间分辨率为 16 天,SPOT 的时间分辨率为 2~26天(26 天为垂直成像间隔,其他为倾斜成像时间间隔)。未来的遥感小卫星群将能在更短的时间间隔内获得影像。时间分辨率愈短的影像,越能详细地观察地面物体或现象的动态变化。与光谱分辨率一样,其并非时间越短越好,也需要根据物体的时间特征来选择一定时间间隔的影像。

遥感信息提取的有用特征主要有光谱特征、空间特征和时间特征。此外,在微波区还有偏振特性。地物的这些特征在影像上以灰度变化的形式表现出来,因此影像的灰度是以上三者的函数:

$$d = f(\Delta\lambda, X, Y, Z, \Delta t) \tag{5.74}$$

不同地物,这些特征不同,在影像上的表现形式也不同。因此,解译员可以根据影像上的变化和差别来区分不同类别。再根据其经验、知识和必要的资料,可以判断地物的性质或一些自然现象。各种地物的各种特征都以各自的模式表现在影像上。各种地物在影像上的各种特有的表现形式称为解译标志。

光谱特征及其解译标志地物的反射波谱特性一般用一条连续曲线表示。而多波段传感器一般分成一个一个的波段进行探测,在每个波段里传感器接收的是该波段区间的地物辐射能量的积分值(或平均值)。当然还受到大气、传感器响应特性等的调制。

目标的各种几何形态为其空间特征,它与物体的空间坐标 X,Y,Z 密切相关,这种空间特征在像片上也是由不同的色调表现出来。它包括通常目视解译中应用的一些解译标志:形状、大小、图形、阴影、位置、纹理、类型等。形状指各种地物的外形、轮廓,不同物体显然其形状不同,其形状与物体本身的性质和形成有密切关系。大小反映了地物的尺寸、面积、体积,影像上依比例缩小。阴影是由于地物高度 Z 的变化,阻挡太阳光照射而产生的。它既表示了地物隆起的高度,又显示了地物侧面形状。位置是指地物存在的地点和所处的环境。影像上除了地物所在的位置外,还与它所处的背景有很大关系。例如处在阳坡、阴坡的树,可能长势不同或品种不同。纹理影像上细部结构以一定频率重复出现,是单一特征的集合,反映了实地同类地物聚集分布。例如,树叶丛和树叶的阴影,单个地看是各叶子的形状、大小、阴影、色调、图形;当它们聚集在一起时就形成纹理特征。影像上的纹理包括光滑的、波纹的、斑纹的、线性及不规则的纹理特征。类型由各大类别组成,如水系类型、地貌类型、地质构造类型、土壤类型、土地利用类型等。在各自类型中,根据其形状、结构、图形等又可分成许多种类。

对于同一地区目标的时间特征,表现在不同时间地面覆盖类型不同,地面景观发生很大变化。如冬天冰雪覆盖,初春为露土,春夏为植物或树林枝叶覆盖。对于同一种类型,尤其是植物,随着出芽、生长、茂盛、枯黄的自然生长过程,目标及景观也在发生巨大变化。又如洪水期和枯水期,及不同时期水中含沙量变化都随时间而变。

目标的时间特征在影像上以光谱特征及空间特征的变化表现出来。植物的光谱有明显的物候(phenology)特征;水稻田在栽种前后,收割前后,幼苗经抽穗至成熟的季节变化;森林砍伐的过程,随时间变化,砍伐区在扩大,形状发生变化。

地物的光谱特性一般以影像的形式记录下来。地面反射或发射的电磁波信息经过地球大气到达遥感传感器,传感器根据地物对电磁波的反射强度以不同的亮度表示在遥感影像上。遥感传感器记录地物电磁波的形式有两种:一种以胶片或其他的光学成像载体的形式,另一种以数字形式记录下来,也就是所谓的光学影像和数字影像的方式记录地物的遥感信息。

与光学影像处理相比,数字影像的处理简捷、快速,并且可以完成一些光学处理方法所无法完成的各种特殊处理,随着数字影像处理设备的成本越来越低,数字影像处理变得越来越普遍。

数字影像是一个二维的离散的光密度(或亮度)函数。相对光学影像,它在空间坐标 (x,y) 和密度上都已离散化,空间坐标 x,y 仅取离散值:

$$x = x_0 + m\Delta x$$
$$y = y_0 + m\Delta y \tag{5.75}$$

式中：$m = 0, 1, 2, \cdots, m-1$；$\Delta x, \Delta y$ 为离散化的坐标间隔。同时 $f(x,y)$ 也仅取离散值，一般取值区间为 $0, 1, 2, \cdots, 127$ 或 $0, 1, 2, \cdots, 255$ 等。

数字影像可用一个二维矩阵表示，矩阵中每个元素称为像元，实际上它是由每个像元的密度值排列而成的一个数字矩阵。空间坐标数字化称为采样。临近采样像元之间的间隔称为采样间隔，如图中 ΔX、ΔY 为行间隔。采样间隔 ΔX、ΔY 一般与窗口宽度 $(\mathrm{d}X, \mathrm{d}Y)$ 相等，也可以略有重叠，即采样间隔略小于 $\mathrm{d}X$ 或 $\mathrm{d}Y$。

采样间隔 ΔX、ΔY 的大小，取决于影像的频谱。如果抽样间隔满足：

$$\Delta \leq \frac{1}{2f_c} \tag{5.76}$$

式中：f_c 为截止频率，则影像能完整地恢复。

影像灰度的数字化称为量化。在连续灰度的极限取值范围内离散化，即将它分成若干个灰度等级值，像元灰度处于某两个相邻划分值之间时，用所对应的最靠近的一个灰度级值代替。输出的量化值按灰度级数表示，一般用二进制位数（bit 数）来编码。若用 8 位二进制数（即 8bit）编码，灰度区间从 $0, 1, 2, \cdots, 255$ 共 256 个等级。对于 Landsat MSS 影像，它是直接对物面扫描后进行采样、量化和编码。地面接收后就以数字影像的形式记录在 CCT 磁带上。目前遥感卫星影像大多是这种格式。

前面讨论的光学影像或数字影像是一种空间域的表示形式，它是空间坐标 x, y 的函数。影像还可以以另一种坐标空间来表示，即频率域的形式来表示。这时影像是频率坐标 v_x, v_y 的函数，用 $F(v_x, v_y)$ 表示，通常将影像从空间域变入频率域是采用傅立叶变换，反之，则采用傅立叶逆变换。

影像是一个二维空间函数，傅立叶变换为：

$$F(v_x, v_y) = \pounds\{f(x,y)\} = \int_{-\infty}^{\infty}\int_{-\infty}^{\infty} f(x,y)\exp[-j2\pi(v_x x + v_y y)]\mathrm{d}x\mathrm{d}y \tag{5.77}$$

对于数字影像，因是一个二维离散函数，所以用二维离散傅立叶变换，计算公式如下：

$$F(v_x, v_y) = \pounds\{f(x,y)\}$$
$$= \frac{1}{MN}\sum_{x=0}^{M-1}\sum_{y=0}^{N-1} f(x,y)\exp[-j2\pi(v_x x/M + v_y y/N)] \tag{5.78}$$

式中：$v_x = 0, 1, 2, \cdots, M-1$；$v_y = 0, 1, 2, \cdots, N-1$。

频域影像变换成空间域影像是用傅立叶逆变换，其公式为：

$$f(x,y) = \pounds^{-1}\{F(v_x, v_y)\} = \int_{-\infty}^{\infty}\int_{-\infty}^{\infty} F(v_x, v_y)\exp[j2\pi(v_x x + v_y y)]\mathrm{d}x\mathrm{d}y \tag{5.79}$$

式中：$\pounds^{-1}$ 表示傅立叶逆变换符号。

数字频域影像的逆变换仍用离散傅立叶变换：

$$f(X,Y) = \frac{1}{MN}\sum_{x=0}^{M-1}\sum_{y=0}^{N-1} f(v_x, v_y)\exp[-j2\pi(v_x X/M + v_y Y/N)] \tag{5.80}$$

5.4.2 遥感数据处理

1. 特征变换与特征选择

通常情况下多光谱遥感影像各波段之间存在着一定的冗余信息,为了降低各数据之间的冗余度,提高遥感分类识别的效率,有必要对多光谱遥感影像进行必要的预处理工作。本节介绍的预处理为特征变换与特征选择。

遥感影像特征变换一般是将具有 m 个波段的源数据集通过某种变换,产生具有 p 个波段的新影像。特征变换的作用有两方面,一方面减少特征之间的相关性,使得用尽可能少的特征来最大限度地包含源数据的所有信息;另一方面使得目标地物类别之间的差异在变换后的新特征中更明显,削弱或消除某些干扰信息,使影像更易于目视判读,更有效地参与计算机自动分类。

若设源影像数据集的矩阵表达式为:$X = [x_{ij}]_{m \times n}$,其中 x_{ij} 为影像上第 i 行第 j 列元素的灰度值,m,n 分别代表影像的波段数和像元数。则线性特征变换可表示为:

$$Y = TX \tag{5.81}$$

其中:Y 为变换后的结果影像矩阵;T 为变换矩阵。主分量变换和穗帽变换均属于线性变换。

主分量变换(principal component transformation)也称 K-L 变换,是均方误差最小的最佳正交变换。由于遥感影像中不同波段的数据之间往往存在着一定的相关性,因此总体数据集存在着一定的冗余。主分量变换在计算源数据统计特征的基础上,经过多维正交变换,使原始多波段信息集中在数目尽可能少的新的特征中,这些成分影像之间互不相关,各自包含了不同的信息内容。

若变换矩阵 T 是正交矩阵,并且是由源影像矩阵 X 的协方差矩阵的特征向量组成,则这种变换称为主分量变换。Y 是由各主成分所组成的影像矩阵。

主分量变换具有如下特点:

(1)变换前后的影像方差之和不变,变换过程中只是把原来的方差不等分地再分配给各主成分。

(2)各主成分的相关系数为零,即各主成分所包含的信息不同。

(3)第一主成分降低了噪声,有利于细部特征分析。

(4)对于一些特殊的差异信息,往往可以通过第二主成分甚至后面的几个主成分影像得到表征。

穗帽变换(tasseled cap transformation)也称 K-T 变换,是一种线性变换(Kauth 和 Thoams,1976)。经过穗帽变换的前 3 个分量与地物有着明确的关系,分别表示了亮度、绿度、湿度信息。亮度分量是原始影像各波段数据的加权和,代表总的电磁波辐射水平;绿度分量表现了可见光波段与近红外波段之间的差异;湿度分量对土壤湿度和植被湿度反映敏感。

对应于 Landsat TM 六波段(除去第 6 波段)的穗帽变换矩阵如下:

$$T = \begin{bmatrix} 0.3037 & 0.2793 & 0.4743 & 0.5585 & 0.5082 & 0.1863 \\ -0.2848 & -0.2435 & -0.5436 & 0.7243 & 0.0840 & -0.1800 \\ 0.1509 & 0.1973 & 0.3279 & 0.3406 & -0.7112 & -0.4572 \\ -0.8242 & 0.0849 & 0.4392 & -0.0580 & 0.2012 & -0.2768 \\ -0.3280 & 0.0549 & 0.1075 & 0.1855 & -0.4357 & 0.8085 \\ 0.1084 & -0.9022 & 0.4120 & 0.0573 & -0.0251 & 0.0238 \end{bmatrix} \quad (5.82)$$

其中前面的3个分量分别是亮度指数(TC1)、绿度指数(TC2)、湿度指数(TC3)。穗帽变换反映了这样一个常识,即植被开始生长于土壤平面,随着其生长,它向绿色植被区方向逼近,达到发展的顶点后,植物开始衰落、变黄,波谱特征又向土壤面回落。植被信息的波谱数据点随时间的变化轨迹呈穗帽形状,此变换因而得名。

生物量指标变换也称归一化差分植被指数(NDVI)变换。其计算公式为:

$$\text{NDVI} = \frac{\text{IR} - R}{\text{IR} + R} \quad (5.83)$$

对应 Landsat TM 数据的 NDVI 公式为:

$$\text{NDVI}_{\text{TM}} = \frac{\text{TM4} - \text{TM3}}{\text{TM4} + \text{TM3}} \quad (5.84)$$

植被指数影像在某种程度上可以消除一些大气散射和地形起伏的影响等,NDVI 是最常用的植被指数之一,它比单波段探测生物量有着更好的灵敏性,是植物生长状况以及植被空间分布密度的最佳指标因子。NDVI 对绿色植被表现敏感,它可以对农作物和半干旱地区降水量进行预测,该指数常被用来进行区域和全球的植被状态研究。对低密度植被覆盖,NDVI 对于观测和光照几何非常敏感。在农作物生长的初始季节,将过高估计植被覆盖的百分比,在农作物生长的结束季节,将产生估计低值。

特征选择应在分析各地物类光谱响应曲线和影像统计信息的基础上,考虑各波段之间的相关度,选择光谱特征差异明显,信息量丰富且相关性小的几个特征作为分类的输入数据参与分类,突出所需地物类的光谱特征,改善分类精度。特征维数是个须考虑的问题,并不是维数越高,分类效果就越好。研究表明,对于多波段遥感影像数据,最佳的波段组合数是4个(Mausel 和 Kramber,1990)。

在进行特征选择时主要考虑以下几点:
(1)参与组合的影像信息量的丰富程度。
(2)参与组合的各影像之间的相关度。
(3)目标地物类在组合特征上的可分性。

理想的组合方式是,各波段的方差大,各波段之间的相关系数小,目标地物类在特征组合上的可分离度高。

2. 影像分类

遥感影像的计算机分类,是对地表环境反映在遥感影像上的"痕迹"进行识别和分类,从而达到识别影像相应的实际地物,提取所需地物信息的目的。目视解译是直接利用人类的自然识别智能,而计算机分类是利用计算机技术来人工模拟人类的识别功能。遥感影像的计算机分类是模式识别中的一个方面,它的主要识别对象是遥感影像及各种变换之后的特征影像。

目前,遥感影像的自动识别分类主要采用决策理论或统计方法,从被识别的模式(即地物或地类)中,提取一组反映模式属性的量测值,称之为特征,并把模式特征定义在一个特征空间中,进而利用决策的原理对特征空间进行划分,以区分具有不同特征的模式,达到分类的目的。

遥感影像模式的特征主要表现为光谱特征和纹理特征两种。基于光谱特征的统计分类方法是遥感应用处理在实践中最常用的方法,基于纹理特征的统计分类方法则是作为光谱特征统计分类方法的一个辅助手段来运用。另外一种方法称为句法(或结构)模式识别,这种方法在遥感中的应用目前还在进行探索。

遥感影像自动分类的理论基础是:在相同条件(气候、地形、光照以及传感器等)下,遥感影像中同一类型的地物应具有相同或相似的光谱特征和空间特征,因此同类地物像元的特征向量将集群在同一特征空间区域,而不同的地物像元的特征向量则将集群在不同的特征空间区域。同类地物的各像元特征向量不完全集中在一个点上,而是在多维空间中相对密集地分布在特定的集群区域。一个集群相当于一种类别(严格地说是数据类别 data classes),每类像元的特征向量可以看作随机向量,因而自动分类方法一般是建立在随机变量统计分析的基础上的。由于地物分布的复杂性以及遥感器空间分辨率的限制,不同地物类在特定波段上可能具有相同的灰度等级,这种现象称为"同谱异物";同一地物类在相同波段上具有不同的灰度等级的现象被称为"同物异谱"。这两种现象在遥感数字影像中普遍存在。

常规的遥感影像分类方法依据是否使用样区类别的先验知识,而分为监督分类和非监督分类两种。

(1) 监督分类

样区类别的信息可以通过对待分类地区的目视解译、实地勘查或结合 GIS 信息获得。又如,我们可以通过目视解译得到水体所占整个影像比例的信息,获得水体的先验知识。在这种情况下,我们可以对非样本数据进行监督分类。

监督分类的思想是:首先根据已知的样本类别和类别的先验知识,确定判别函数和相应的判别准则(其中,利用一定数量的已知类别函数中求解待定参数的过程称之为学习或训练),然后将未知类别的样本的观测值代入判别函数,再依据判别准则对该样本的所属类别作出判定。换句话说,判决函数的有关参数(如均值向量和协方差矩阵)是通过使用"训练样区"的数据来获取的。"训练样区"的类别是已知的。利用"训练样区"的数据去"训练"判决函数就建立了每个类别的分类器,然后按照分类器对未知区域进行分类。

监督分类的主要步骤如下:

① 确定感兴趣的类别数。首先确定要对哪些地物进行分类,这样就可以建立这些地物的先验知识。

② 特征变换和特征选择。根据感兴趣地物的特征进行有针对性的特征变换,变换之后的特征影像和原始影像共同进行特征选择,以选出既能满足分类需要,又尽可能少的特征影像,以提高分类精度和效率。

③ 选择训练样区。训练样区指的是影像上那些已知其类别属性,可以用来统计类别参数的区域。训练样区的选择要注意准确性、代表性和统计性(地物本身的复杂性)3 个问题。

④ 确定判决函数和判决规则。一旦训练样区被选定,相应地物类别的光谱特征便可以

用训练区中的样本数据进行统计。如果使用最大似然法进行分类,那么就可以用样区中的数据计算判别函数所需的均值向量和协方差矩阵;如果使用盒式分类法,则用样区数据算出盒子的边界。判决函数确定之后,再选择一定的判决规则就可以对其他非样区的数据进行分类。

⑤ 根据判决函数和判决规则对非训练样区的影像区域进行分类。

完成以上步骤,我们可以提到一幅分类后的编码影像,每一编码对应的类别属性也是已知的。也就是说,不仅达到了类别之间区分的目的,而且类别也被识别出来了。

极大似然法(maximum likelihood classification, MLC)是常用的分类方法之一,下面对其做一介绍。

设某问题域 D 涉及 c 个类别(如城镇、森林、耕地等),表示为 $\{\omega_k, k = 1, 2, \cdots, c\}$。我们往往可以根据历史资料、当地的人文自然环境等,对该区域各备选类别进行调查研究,获知它们的空间分布规律等,从而估计这些类别的先验概率,如以 $P(\omega_k)$(或 p_k)代表类别 ω_k 的先验概率。假如获取了该地的遥感观测数据,以 $\mathbf{Z}(x) = (Z_1(x), \cdots, Z_S(x))$ 表示,其中,x 代表某一像素,而问题域像素的集合为 $\{x, x \in D\}$。

依据贝叶斯定理,我们可以计算像素 x 的、以观测数据为条件的类别 ω_k 的验后概率 $P(\omega_k | \mathbf{Z}(x))$

$$p(\omega_k | \mathbf{Z}) = \frac{P(\mathbf{Z} \cap \omega_k)}{P(\mathbf{Z})} = \frac{P(\mathbf{Z} | \omega_k) P(\omega_k)}{\sum_{k=1}^{c} P(\mathbf{Z} | \omega_k) P(\omega_k)} \tag{5.85}$$

其中:$P(\mathbf{Z} | \omega_k)$ 是 $\mathbf{Z}(x)$ 的条件(已知类别 ω_k)概率密度,分母的计算遵从了全概公式。假设 $\mathbf{Z}(x)$ 服从正态分布,我们可根据类别 ω_k 计算观测数据 $\mathbf{Z}(x)$ 出现的概率

$$P(\mathbf{Z} | \omega_k) = \frac{\exp(-\mathrm{dis}^2/2)}{(2\pi)^{b/2} |\mathrm{cov}_{Z|k}|^{1/2}} \tag{5.86}$$

其中:$\mathrm{dis}^2 = (z(x) - m_{Z|k})^T \mathrm{cov}_{Z|k}^{-1} (z(x) - m_{Z|k})$ 是观测值 $\mathbf{Z}(x)$ 和类别中心 $m_{Z|k}$ 之间的 Mahalanobis 距离的平方,$\mathrm{cov}_{Z|k}$ 表示向量 $\mathbf{Z}$ 的方差和协方差矩阵,b 表示特征数量(例如光谱的波段数)。

当计算出上述以观测数据为条件的类别 ω_k 的验后概率 $P(\omega_k | \mathbf{Z}(x))$ 后,我们应如何决策分类呢?我们知道,任何决策总或多或少地存在风险。下面推导极大似然法的分类规则,而极大似然法本身则会极大地减小这种风险。

某种分类结果的平均损失可定义为

$$\mathrm{loss}(\omega_i | \mathbf{Z}(x)) = \sum_{j=1}^{c} \mathrm{mis}(i, j) P(\omega_j | \mathbf{Z}(x)) \tag{5.87}$$

$\mathrm{mis}(i, j)$ 表示将实际类别 ω_j 分为类别 ω_i 所产生的损失。一般采用"0—1"损失函数,即 0 代表正确分类时零损失,1 代表误分类的损失为一个单位。容易导出,如果依据 $P(\omega_k | \mathbf{Z}(x))$ 将 x 分类为 ω_i 时,将导致预期损失 $\mathrm{loss}(\omega_i | \mathbf{Z}(x)) = 1 - P(\omega_j | \mathbf{Z}(x))$。于是,一个能将损失减少到最小的分类规则是,将 x 分类为 ω_i,当且仅当 $P(\omega_i | \mathbf{Z}(x))$ 最小。根据贝叶斯定理,这等同于

$$P(\mathbf{Z}(x) | \omega_i) P(\omega_i) = \max_j P(\mathbf{Z}(x) | \omega_j) P(\omega_j)$$

例如,两个类别 ω_1 和 ω_2 的均值向量分别为 $m_1 = [4 \quad 2], m_2 = [3 \quad 3]$,协方差矩阵分

别为 $\text{cov}_1 = \begin{vmatrix} 3 & 4 \\ 4 & 6 \end{vmatrix}$,$\text{cov}_2 = \begin{vmatrix} 4 & 5 \\ 5 & 7 \end{vmatrix}$。可以容易地计算出,$\text{cov}_1^{-1} = \begin{vmatrix} 3 & -2 \\ -2 & 1.5 \end{vmatrix}$,$\text{cov}_2^{-1} = \begin{vmatrix} 7/3 & -5/3 \\ -5/3 & 4/3 \end{vmatrix}$。

设某像元的测量数据为 $Z = (4,3)$,计算 Z 与两个类别的均值之间的 Mahalanobis 距离的平方分别为 $\text{dis}_1^2 = 3/2$,$\text{dis}_2^2 = 4/3$。条件概率密度分别为 $P_1(z) = 1/(2\pi \times 1.414 e^{-3/4}) = 0.0532$,$P_2(z) = 1/(2\pi \times 1.732 e^{-2/3}) = 0.0472$。

假设两类别的先验概率相等,即 $P_1 = 1/2$,$P_2 = 1/2$,其验后概率为
$P(\omega_1 | z) = 0.0532 \times (1/2)/(0.0266 + 0.0236) = 0.53$,
$P(\omega_2 | z) = 0.0472 \times (1/2)/(0.0266 + 0.0236) = 0.47$,应将该像元分类到 ω_1 中。当 $P_1 = 1/3$,$P_2 = 2/3$ 时,验后概率为
$P(\omega_1 | z) = 0.0532 \times (1/3)/(0.0177 + 0.0315) = 0.36$,
$P(\omega_2 | z) = 0.0472 \times (2/3)/(0.0177 + 0.0315) = 0.64$,则将该像元归为 ω_2 比 ω_1 更合适。

(2) 非监督分类

非监督分类是指分类过程不施加任何先验知识,而仅凭数据遥感影像地物的光谱特征的分布规律,即自然聚类的特性进行的分类。其分类的结果只是对不同类别达到了区分,但并不能确定类别的属性。类别的属性是通过分类结束后目视解译或实地调查确定的。

非监督分类也称聚类分析(第 12 章将对其进行详细描述)。一般的聚类算法是先选择若干个模式点作为聚类的中心,每一中心代表一个类别,按照某种相似性度量方法(如最小距离方法)将各模式归于各聚类中心所代表的类别,形成初始分类。然后由聚类准则判断初始分类是否合理,如果不合理就修改分类,如此反复迭代运算,直到合理为止。

与监督法的先学习后分类不同,非监督法是边学习边分类,通过学习找到相同的类别,然后将该类与其他类区分开。但是非监督法与监督法都是以影像为基础,通过统计计算一些特征参数(如均值、协方差等)进行分类的,两者也有一些共性。

从上可知,监督分类与非监督分类各有其优缺点。实际工作中,常常将监督法分类与非监督法分类相结合,取长补短,使分类的效率和精度进一步提高。具体步骤如下:

① 选择一些有代表性的区域进行非监督分类。这里选择的区域包含类别尽可能地多,以便使所有感兴趣的地物类别都能得到聚类。

② 获得多个聚类类别的先验知识。这些先验知识的获取可以通过解译和实地调查来得到。聚类的类别作为监督分类的训练样区。

③ 特征选择。选择最适合的特征影像进行后续分类。

④ 使用监督法对整个影像进行分类。根据前几步获得的先验知识以及聚类后的样本数据设计分类器。并对整个影像区域进行分类。

⑤ 输出标记影像。由于分类结束后影像的类别信息也已确定。所以可以将整幅影像标记为相应类别输出。

(3) 分类后处理和误差分析

用光谱信息对影像逐个像元地分类,在结果的分类地图上会出现"噪声",产生噪声的原因有原始影像本身的噪声,在地类交界处的像元中包括有多种类别,其混合的辐射量造成错分类,以及其他原因等。另外一种现象是,分类结果是正确的,但因类别分布零星,占的面

积很小,而我们只对大面积分布的类型感兴趣,希望用综合的方法将其删除。

分类平滑技术可以解决以上的问题。这种平滑技术采用邻区处理法,平滑窗口可以是 3×3 或 5×5 大小,但它不是代数运算,而是采用逻辑运算。若使用先平滑后分类的消除噪声的方法,可能造成使影像模糊,分辨率下降,使类别空间边界上混类现象严重。

分类后对分类结果的正确程度(也称可信度)的检核,是遥感影像定量分析的一部分。一般无法对整幅分类图去检核每个像元是正确或错误,而是利用一些样本对分类误差进行估计。采集样本的方式有三种类型:

① 来自监督分类的训练样区。
② 专门选定的试验场。
③ 随机取样。

第 9 章将专门讨论采样问题。

一般采用混淆矩阵(confusion matrix)来进行分类精度的评定。对检核分类精度的样区内所有的像元,比较、统计其分类图中的类别与实际类别之间的混淆程度,结果可以用表格的方式列出,表 5-1 为三个类别的混淆矩阵,从中不难看出用户精度、生产者精度、总体精度的计算方法(第 15 章将详细阐述类别精度的有关方法)。

表 5-1 　　　　　　　　　　　混淆矩阵

分类结果	实际或参考类别			行总数	用户精度
	Urban	Agriculture	Forest		
Urban	40	7	3	50	40/50 = 80%
Agriculture	3	35	2	40	35/40 = 87.5%
Forest	5	5	25	35	25/35 ≈ 71.4%
列总数	48	47	30	125	
生产者精度	40/48 ≈ 83.3%	35/47 ≈ 74.5%	25/30 ≈ 83.3%	总体精度 = (40 + 35 + 25) / 125 = 80%	

(4) 非光谱信息在遥感影像分类中的应用

前面介绍的方法基本是指利用地物的光谱特征进行分类。一些非光谱形成的特征,如地形、纹理结构等与地物类型的关系也十分密切,应将这些辅助信息的图层与影像配准,然后作为一个特征参与分类。

① 高程信息在遥感影像分类中的应用

由于地形起伏的影响,会使地物的光谱反射特性产生变化,并且不同地物的生长地域往往受海拔高度或坡度坡向的制约,所以将高程信息作为辅助信息参与分类将有助于提高分类的精度。比如,引入高程信息有助于针叶林和阔叶林的分类,因为针叶林与阔叶林的生长与海拔高度有密切关系,另外像土壤类型、岩石类型、地质类型、水系及水系类型都与地形有密切关系。

地形高程信息可以用地形图数字化后的数字高程模型作为一个高程"影像",直接与多光谱影像一起对分类器进行训练。也可以将地形分成一些较宽的高程带,将多光谱影像按高程带切片(或分层),然后分别进行分类。

高程信息在分类中的应用主要体现在不同地物类别在不同高程中出现的先验概率不同。假设高程信息的引入并不显著地改变随机变量的统计分布特征,则带有高程信息的贝叶斯判决函数只需将新的先验概率代替原来的先验概率即可,余下的运算相同。这种方法在实际处理时,根据高程"影像"确认每个像元的高程,然后选取相应的先验概率。根据一般的监督分类法进行分类。而按照前述的高程带分层有所谓的"按高程分层分类法"。这种方法将高程带的每一个带区作为掩膜影像,将原始影像分割成不同的区域影像,每个区域影像对应于某个高程带,对每个区域影像实施分类处理,最后把各带区分类结果影像拼合起来形成最终的分类影像。

② 纹理信息在遥感影像分类中的应用

纹理特征也可用来提高分类的效果,特别是在地物光谱特性相似,而纹理特征差别较大的场合。例如,草地的纹理比树林的纹理要细密得多,但二者的光谱特性相似,这时候加入纹理信息辅助分类是比较有效的。提取纹理的方法较多,在此不再赘述。

纹理信息参与分类的方法与前面讲述的引入高程参与分类的方法类似,也是通过改变判决函数中的先验概率,达到对不同纹理地物加不同权,使分类结果更加合理。另外一种方法是先利用多光谱信息对遥感影像进行自动分类。再利用纹理特征对光谱分类的结果进行进一步的细分,例如可在光谱数据分类的基础上,对属于每一类的像素,利用纹理特征进行二次分类。

3. 影像解译

上述的自动识别分类是利用计算机,通过一定的数字方法(如统计学、图形学、模糊数学等),即所谓"模式识别"的方法来提取有用信息。虽然自动解译方法的研究和应用成果喜人,但目前目视解译仍在大量使用。下面将介绍目视解译的基本方法。

遥感数据处理的重要目标之一是为了有效地进行影像解译,提取空间信息。"解译"(interpretation)是对遥感影像上的各种特征进行综合分析、比较、推理和判断,最后提取出感兴趣的信息。传统的方法是采用目视解译。这是一种人工提取信息的方法,使用眼睛目视观察,借助一些光学仪器或在计算机显示屏幕上,凭借丰富的解译经验,扎实的专业知识和手头的相关资料,通过人脑的分析、推理和判断,提取有用的信息。

解译的过程主要有以下几个步骤(孙家抦,2003):

(1) 发现目标。根据图上显示的各种特征和地物的解译标志,先大后小,由易入难,由已知到未知,先反差大的目标后反差小的目标,先宏观观察后微观分析等。有些地物或现象应通过使用间接解译标志的方法来识别。例如矿藏的遥感探测,要通过一些地质构造类型、地貌类型、土壤类型甚至植物生长的变异状态等间接标志来推断。

(2) 描述目标。对发现的目标,应从光谱特征、空间特征、时间特征等几个方面去描述,再与标准的目标特征比较。当经验不足或解译有困难时,可借助仪器进行量测。例如光谱响应特性可使用密度仪量取,或从计算机上直接读取光谱亮度值,几何特征可用坐标量测仪量测它的大小、位置等。也可用一些增强的方法提取纹理特征等。

(3) 识别和鉴定目标。利用已有的资料、对描述的目标特征,结合解译员的经验,通过推理分析将目标识别出来。解译出来的目标还应经过鉴定后才能确认。鉴定的方法中野外鉴定最重要和最可靠。鉴定后要列出解译正确与错误的对照表,最后求出解译的可信度水平。

(4) 清绘和评价目标。图上各种目标识别并确认后应清绘成各种专题图。对清绘出的专题图可量算各类地物的面积,估算作物产量和清查资源等,经评价后提出管理、开发、规划等方面的方案。

未来,人们将运用人工智能方法和一些准则,将专家的知识和经验,在计算机中建立知识库,依据遥感数据和其他数据库,模拟人工解译,设计专供遥感影像分析和解译的推理机;计算机针对数据库中的事实(数据),依据知识库中的原有的和运行中生成的知识,在推理机中根据推理准则,运用正向或反向推理、精确或不精确推理方式进行解译并作出决策。这种系统称为遥感影像自动解译专家系统。

5.4.3 定量遥感

遥感的优势在于能以不同的时空尺度不断地提供多种地表环境信息。这对于传统的以稀疏离散点为基础的测量和勘查是一场革命性的变化。但目前面临的问题是大量的遥感数据仍未能得到真正有效的利用。这是信息资源的极大浪费。与之相反的却是,应用所需求的有效信息又十分匮乏。比如,尽管气象卫星云图能直观地显示各种气团的运动趋势,为数值天气预报奠定基础。但中长期天气预报和全球大气环流模型(GCM)(李小文,1995)需要的是宏观、动态、精确的大气下垫面参数——包括影响地气温度的表面温度、反照率和影响气流运动的地表粗糙度、植物覆盖度和结构信息,而目前遥感所能提供的仅是垂直方向或个别方向上的反射率,以及非常有限的地表结构参数。再如:农业丰收的关键在作物生长过程的监控,其中的关键参数有叶面积指数 LAI、叶绿素含量、植物覆盖度 F、植物根系层的土壤水分 W_S、植冠水分 W_V、胁迫因子等参数。而目前遥感所能提供的植被指数 VI 等较粗糙的指标也难以满足农学、生态学建模的需求。

出现这种供需矛盾,除了遥感本身的原因外(如遥感数据的质量和专题信息提取水平等问题),一个相当重要的原因在于对遥感应用研究中的一些基本理论问题尚缺乏深入的研究,导致人们对于遥感数据的认识与理解还很不充分(如遥感参数 VI 与农学参数 LAI、F、DM(干生物量)之间的关系),影响了遥感定量应用的精度。

随着遥感科学的发展、遥感应用的深入,人们越来越体会到定量遥感的必要性。而EOS-MODIS/MISR 等大量遥感数据的问世,又使地物反射、辐射方向性的研究以及目标空间结构参数的定量反演不仅成为可能,而且成为目前研究的热点。

为了更好地理解电磁波与地表特征间的相互作用,国内外学者们将经典的数学物理理论与遥感实践相结合,建立了近百种不同的遥感模型。这些模型大体可分为统计模型、物理模型、半经验模型3种。

所谓经验统计模型一般是描述性的,即对一系列观测数据作经验性的统计描述,或者进行相关分析,建立遥感参数与地面观测数据之间的线性回归方程,而不解答为什么会具有这样的相关或统计结果这类问题。"统计模型"的主要优点是简便、适用性强。但其理论基础不完备,缺乏对物理机理的足够理解和认识,参数之间缺乏逻辑关系。对于不同地区、不同条件,往往可以得到多种统计规律,所建立的经验模型缺乏普适性。此外,许多遥感参数与地面参数之间并非简单的线性关系,还需要考虑方向反射、结构变化的非线性影响等,情况是复杂的。

物理模型的理论基础完善,模型参数具有明确的物理意义,并试图对作用机理进行数学描述,如描述植被二向性反射的辐射传输模型、几何光学模型,描述作物生长过程的动力学模型等。此类模型通常是非线性的,输入参数多、方程复杂、实用性较差,且常对非主要因素有过多的忽略或假定。

半经验模型综合了统计模型和物理模型的优点。模型所用的参数往往虽是经验参数,但又具有一定的物理意义,如 Rahman 的地表二向反射模型等。

遥感的成像过程是十分复杂的。它经历了从辐射源→大气层→地球表面(植被、土壤、水体……结构和组成均十分复杂、多样的不同"介质")→探测器等的过程。这里的每一个环节都涉及无穷多的参数,而且许多参数间又是密切关联的。

下文以植被遥感系统为例说明定量遥感的概貌。

Geol(1988)、李小文和王锦地(1995)把整个植被遥感系统分成为以下部分:

(1) 辐射源$\{a\}$。包括太阳辐射和天空散射,用$\{a\}$表示其特性和参数集合,它们包括谱密度(I_λ)和方向(θ_1,ϕ_1),其中λ为波长,(θ_1,ϕ_1)分别表示入射方向的天顶角和方位角。

(2) 大气$\{b\}$。包括大气中的悬浮微粒、水蒸气、臭氧等的空间密度分布和本身因波长而异的吸收和反射特性,用$\{b\}$表示其特性和参数集合。

(3) 植被$\{c\}$。包括植被组分(叶、茎、干等)的光学参数(反射、透射)、结构参数(几何形状、植株密度)及环境参数(温度、湿度、风速、降雨量等),用$\{c\}$表示其特性和参数集合。一般说来这些参数都可能随波长、时间和空间位置而变。

(4) 地面或土壤$\{d\}$。包括其反射、吸收、表面粗糙度、表面结构及所含水量等,用$\{d\}$表示其特性和参数集合。

(5) 探测器$\{e\}$。包括频率响应、孔径、校准、位置及观察方向的天顶角θ_2、方向角ϕ_2等,用$\{e\}$表示其特性和参数集合。

用$\{R\}$表示探测器所得到的辐射信号,即观察值——它可以是多光谱、多时相、多角度的数据,也可以考虑为由这些观察值所派生出的综合指数(如绿度、亮度等)。它随辐射源、大气、植被、地面、探测器的特性而变化。一般可表示为

$$R = f(a,b,c,d,e) + \varepsilon \tag{5.88}$$

式中:函数f反映了产生$\{R\}$的辐射转换过程;ε为误差,它描述了模型模拟值和测量值之间的不确定性。

如给定系统参数$\{a-e\}$来产生$\{R\}$,则为正演问题,即前向建模问题。"正演"是从机理出发,研究因果关系,并用数学物理模型来描述地学过程。相反,若从测量值$\{R\}$来产生$\{a-e\}$中的任一个或任几个参数,则属于反演问题。"反演"是从测量到的现象推求未知的原因或参数。如,若要从测量值$\{R\}$中反推植被参数$\{c\}$,则可以定义或导出一个函数或算法g,即 $C = g(R,a,b,d,e) + \varepsilon$。

为了求出$\{c\}$,往往需要对系统参数$\{a,b,d,e\}$都假设为或可测或已知。但事实上,在遥感数据的反演过程中,上述的每一个参数都包含了若干因子,其中很多是未知的或目前难以精确测量的。由此看出,"前向模型"的建立是"反演"的先决条件,而"反演"则具有更实际的应用价值,但难度更大,有时甚至不可能。因而,要实现遥感的反演,就不可避免地要作些过程的简化或条件的假设,这就必然存在着"无定解"(underdetermined)的问题(李小文

等,1998)。

对于复杂过程的分解简化,往往可以或单独处理{e}的影响(辐射纠正),或单独处理{b}的影响(大气纠正)等。值得注意的是,对于辐射源的方位和探测器的光谱响应,不难将{a}与{b}和{d}分开;但对于热红外波段,其主要的辐射源是地面目标的热发射,它与地表的发射率和温度的分布以及地表结构近红外波段、热红外波段均要考虑地形的影响,即进行地形纠正。另外,精度的大气校正也需要知道大气下垫面方向反射及地表结构的情况。也就是说,{b}与{c}和{d}也是相关联的(李小文等,1999a)。

在定量遥感领域,我们不仅要进行遥感机理与各种前向模型的研究,还要进行各种反演模型和反演策略的研究。下文将讨论定量遥感的研究与应用值得探讨并寻求解决方案的若干问题。

1. 方向性问题

传统的遥感主要采取垂直对地观测方式,以获取地表二维信息,对获取的数据则基于地面目标漫反射的假定——简单化、理想化的把地表看做各种同性的、均匀的表面——"朗伯体"(Lambertian),地表与电磁波的相互作用是各向同性;遥感的研究也主要是从地物目标的波谱特征入手,进行分析、判读或分类。

但事实上,地球表面并非朗伯体。大量事实证明,地物与电磁波的相互作用也非各向同性,而具有明显的方向性。这种反射的方向性信息中,既包含了地物的波谱特征信息,又包含着其空间结构特征信息;而辐射的方向性信息,也是由物质的热特征及几何结构等决定的。因而,随着太阳高度角及观测角度的变化,地物的反射、辐射特征及地物瞬时所表现出的空间结构特征都会随之变化。这种变化记录在遥感影像上,则可能产生同一地物反射、辐射信息的较大差异。Kimes的研究认为朗伯体表面的假设会在反射率(albedo)计算中引起高达45%的误差,而随着观测天顶角从0°~80°变化,观测到的作物表面亮度温度可以产生13℃的变化(Kimes和Seller,1985)。

正因为传统遥感缺乏足够的信息来同时推断像元的组分光谱和空间结构,使遥感的定量精度受到很大的限制。地表反射与发射辐射的方向性模型研究和应用,是定量遥感必须首先解决的关键问题。

2. 尺度效应与尺度转换

自然与人文环境是十分复杂的,它们在空间上差异性大(空间异质性),这些差异又往往是非线性的。对于这些不同地学对象、地表现象与过程的地学描述和研究,需要按不同的尺度进行。这里便存在着不同尺度间的对比、转换、误差分析等问题,也就是常说的"尺度效应与尺度转换"。多层次遥感对地观测系统为地学分析提供了多空间分辨率、多时间分辨率的遥感数据,可以为不同空间尺度、不同时间尺度地学对象的应用研究提供适合的信息。地面观测与不同层次遥感数据之间、各个层次遥感数据之间的"尺度转换"是提高遥感应用的效率与实用性的关键之一。

所谓"尺度效应与尺度转换"可以理解为4层含义:(赵英时等,2003)

一是指那些立足于点或均一表面(在给定微观尺度上)的基本物理定理、定律、概念,直接用于以遥感像元尺度的面状信息(多为非均一的)时,有个适应性问题。即随着尺度的变化,原有的原理、规律可能失效,也可能需要修正,于是存在着尺度效应与尺度转换问题。李小文等(1999b)提出并研究了这类问题。

二是常规地学手段对地表信息的采集多是以稀疏的地面观测点方式进行的,而遥感数据的采集是以面状"连续"像元方式记录。遥感数据是其空间位置的函数,是像元尺度上积分统计的结果。这种二维扩展的面状变量具有空间异质性。由离散观测的点数据来标定遥感像元面数据,再由遥感像元面数据扩展到"区域"甚至"全球",是完全不同的空间尺度。事实上,每一级尺度转换可以归结为——以"点"代"面"的代表性、扩展性问题。这种不同尺度信息之间往往是非线性或不均匀的不确定的,两者链接中必然存在着空间扩展、数据转换、误差分析和是否具有"代表性"等一系列问题。

三是对于每一种具体的遥感器来说,它多是以单空间分辨率方式采集地表数据,但是遥感可以多平台、多遥感器方式采集地面数据,它本身是多空间分辨率的。也就是说,遥感影像像元所对应的信息本身具有空间分辨率从小于1米到数千米的不同尺度。这些不同尺度的像元各表征不同的"量",其空间异质性程度有明显差异。因而,某个尺度的特征、规律在另一个尺度上不一定有效,需要验证与修正,建立像元尺度上的数学模型,包括地表的结构模型等;需要进行不同尺度信息间的尺度效应与转换研究;也需要有关先验知识的补充和支持。

四是"尺度"问题除了上述的"空间域"的涵义外,还应包含"时间域"的转换。遥感信息是瞬时信息,对于一些需要时间积分的参数,还应进行"时间扩展"。例如,热量平衡各分量的日总量,需要对比地面的气象站、生态站的热量平衡各分量时间过程数据的日积分值和遥感方法所获得的瞬时值,求出它们的转换系数。

地球时空信息的尺度效应研究,应根据应用需求确定不同的研究尺度和空间分辨率的信息源,着重研究不同尺度信息的空间异质性的特点,尺度变化对信息量、信息分析模型和信息处理结果的影响,并进行尺度转换的定量描述。

对尺度效应与尺度转换中空间异质性的研究,一般采用参数化法,即定义不同的参数来描述不同尺度地表特征的空间异质性,测量实际影像的空间结构。如空间自相关性指数(Qi,Wu,1996)、尺度方差(scale variance)与变差图(variogram)(Wu等,2000)、局部变差法(半方差)等地统计学法,纹理分析法、分形几何法、小波分析法、神经网络法等来测度实际影像的空间结构。其中变差图用于描述与测度相邻地物(空间样点)之间的空间相关性,可通过互不相关的地物类别之间的距离来定义。变差图分析被广泛应用于探测和描述遥感数据及地面数据的空间异质性(Atkinson等,1996);确定影像数据和地面数据的最佳采样点;评估纹理分类中适合的窗口大小等(Hay等,1997)。Woodcock等从实际的数字影像计算了变差图,发现:地面覆盖物的密度影响着变差图的高度;物体的大小影响变差图的变程;地面物体大小在空间分布上的差异影响着变差图的形状(也就是说,随异质性增加,变差图越平滑)。直方变差图及直方图分解的图谱法则是通过直方变差图的参数化——驻点、边界点等来描述空间不同尺度地表特征的空间关系、分布格局、破碎程度等。

3. 反演策略与方法

遥感的本质是获取遥感数据,并利用遥感数据重建地面模型,也就是反演的过程。而反演就必须研究模型,研究那些描述遥感数据与地学应用之间关系的遥感模型。地球表面是个非常复杂、开放的巨系统。人们对它的认识需要用多种参数加以描述,这种未知参数几乎是无穷的,而遥感数据总是有限的。用遥感数据反演地表参数始终存在着反演策略与方法问题。传统的遥感地表参数反演都把观测的数据量(N)大于待反演的模型参数量(M)作为反演的必要条件,采用"最小二乘法"进行迭代计算。

各种遥感反演模型都要确定一些参数,通过遥感手段获得起决定作用的关键参数。然而遥感信息的有限性、相关性和地表状况的复杂多变,使得在遥感实践中往往只能得到少量观测数据,却要估计复杂多变地表系统的当前状态。要真正满足 $N>M$ 是十分困难的,有时几乎是不可能的。也就是说遥感反演的信息量通常是不足的,互不相关的信息更少。因而遥感的许多反演问题本质上是"病态"的,是"无定解"的问题。显然在遥感反演中,先验知识的引入以及注意反演的策略与方法,是至关重要的。

针对遥感模型反演的特点,学者们对模型反演成功的要素进行了总结。Goel 等提出 4 要素:

(1) 模型参数 M 要小于或等于测量样本数 N,对于非线性模型,要求 $M \ll N$。
(2) 模型本身必须是数学可反演的。
(3) 模型灵敏度,即指模型反演的抗噪声能力。
(4) 利用其他参数的辅助信息。即用测量值或估计值固定一些非重要的参数。

李小文、王锦地(1995)采用排除法,提供了模型成功反演的基本要素:

(1) 模型本身的特点,即注意模型中部分参数以"同形态"出现以及参数的相关性。所谓参数以"同形态"出现,指不是独立参数,而是以函数组合的形式出现,如 λR^2 只能作为一个参数来反演。
(2) 观测值的信息量和类型。由于测量数据本身含有噪音,而且或多或少不完全独立,成功反演的必要条件已不是数据的数量,而是测量数据中的信息量至少大于等于待反演参数的信息量(不确定性的减少)。也就是使测量数据包含的信息量尽可能地多,数据之间的相关性尽可能地小。增加信息量的方式可以有多种方式,如对某些参数的值域加以限定,或增加观测数量或利用先验知识等。
(3) 地面实况下观测值对地表未知参数(反演参数)的敏感性。当地面实况使一个或几个反演参数变得不敏感时,这种不敏感参数的反演结果极不稳定,可能会使反演失败。则需要通过先验知识的积累,事先对此有所了解,对其可能的取值范围作出估计,强行赋予它一个合理的值,而不让不敏感参数参与反演。

4. 遥感模型与应用模型的链接

在遥感模型与应用研究中,遥感所获得的大量数据,必须转换为有用的信息。关键在于通过各种处理、各种模型运算,从海量遥感数据中提取或反演出"实用"的专题信息、特征指数和地表参数。为此,人们发展了大量的遥感模型。这些模型中有简单算术运算的指数提取模型,如归一化植被指数 NDVI 等;有运用数学、物理学的理论与算法,如线性与非线性回归分析、因子分析、主成分分析、小波分析、Bayes 理论、分形、分数维理论等,发展较为复杂的遥感前向模型和地表参数反演模型,如各种地表二向反射模型、地表真实温度反演模型、大气纠正模型等;也有遥感与 GIS 结合的应用分析模型,如土壤侵蚀模型、作物估产模型等。

面对各种各样的遥感模型,对于实际应用领域来说,还存在着遥感模型与应用模型相互链接的问题。这是定量遥感实用化的关键。以遥感界应用最为广泛的 NDVI 为例,一方面人们根据不同的地域特征,经改造、修正的 NDVI 模型就不下数十种;另一方面,人们致力于研究 NDVI 与植被覆盖度、生物量、叶面积指数、叶绿素含量、农学参数(穗数、粒数、千粒重等)的相互关系,建立起两者间的相关分析模型以适应实际应用的需求。然而,遥感参数

NDVI 与这些植被参数之间的关系并非简单的线性关系。如 LAI，由于随着 LAI 的增加，植物叶子的红光反射率减小，而近红外反射率增加，因而在植物生长的早、中期，NDVI 与 LAI 呈线性增长关系。但是，对于水平均匀植被而言，当 LAI 增加到一定程度（约大于 3）时，两者间的线性关系开始变差，而当 LAI 达到 7 后，则趋于饱和，即 LAI 的增加，不再影响植被反射特征。当然，这是一个非常粗糙的概括，精确的定量描述还需考虑到太阳的角度、叶面积密度（FAVD）与叶倾角分布（LAD）的空间分布，并要有足够的样本数。

遥感是应用牵引的学科，定量遥感更是如此。它的稳健发展需要理论创新和实践考量。

思考题

1. 请简述相对定向和绝对定向的概念、参数个数、大致求解过程。
2. 简述影像纠正与影像配准的异同点。
3. 简要叙述数字摄影测量的主要数字产品及其生产过程。
4. 请讨论高空间分辨率、高光谱分辨率、高时间分辨率遥感科技的优势和对空间信息和地学研究的影响。
5. 简述数字摄影测量与遥感技术用于 GIS 数据库更新的主要过程及其特点。

第6章 数字地形分析

6.1 数字高程模型

数字地面模型 DTM(digital terrain models)是地形表面形态等多种信息的一个数字表示,而 DTMs 的高程分量称为数字高程模型 DEM(digital elevation models)。DEM 是表示区域 D 上地形的三维向量有限序列 $\{V_i=(X_i,Y_i,Z_i), i=1,2,\cdots,n\}$,其中 $(X_i,Y_i \in D)$ 是平面坐标,Z_i 是平面坐标 (X_i,Y_i) 对应的高程。

为了建立 DEM,必须量测一些三维坐标点,即进行 DEM 数据采集。DEM 数据点的采集方法包括利用全站仪和 GPS 的野外实测、地图数字化、雷达和激光测高仪、摄影测量方法等。利用摄影测量的 DEM 数据采集方式主要分为沿等高线采样、规则格网采样、沿断面扫描、渐进采样、选择采样、混合采样(规则采样与选择采样的结合)。

数字摄影测量方法极大地提高了 DEM 数据采集的自动化水平。从第5章不难看出,利用影像上的规则格网的影像匹配技术,可以便利地进行 DEM 数据采集,所生成的 DEM 自然以规则格网形式表示。

规则格网模型(grid,lattice,raster)是将地形曲面划分成一系列的规则格网单元,每个格网单元对应一个地形特征值。格网单元的值通过分布在格网周围的地形采样点用内插方法(将在第10章叙述)得到或直接由规则格网的采样数据得到(龚健雅,2001;李志林和朱庆,2003)。规则格网有多种布置形式如矩形、正三角形、正六边形等,但以正方形格网单元最为简单。规则格网的另一特点是容易与遥感影像数据结合。事实上,规则格网模型已成为一种通用的 DEM 数据组织标准,许多国家的 DEMs 数据,如 USGS 的 DEMs、我国 1:5 万比例尺以下的 DEMs 都是以规则格网高程矩阵形式提供的。

规则格网 DEM 一般可描述为 $(Z_{ij})(i=1,2,\cdots,m;j=1,2,\cdots,n)$,$m$、$n$ 分别代表 DEM 格网的行列数。规则格网 DEM 的头文件内容包括描述格网单元的基本参数,如格网分辨率、格网原点(一般选在格网的左下角)坐标值、格网方向(格网列与北方向的夹角)、高程数据放大系数、区域最低高程、无效区域的赋值等。

在规则格网 DEM 对地形的表达和数字地形分析中,每个格网所标示的数值的定义和理解有所不同,其结果对数字地形分析可能有较大影响。定义之一沿用了 GIS 中栅格数据结构的定义(grid),认为格网内部是同质的,格网单元内高程值处处相等。换句话说,格网单元的高程属性赋在单元的面上。在这一定义下,DEM 表示的是一不连续的面。另一定义是点栅格观点(lattice),在早期 DTM 专用软件如 SurfaceⅡ(Sampson,1978)中普遍应用,并在目前 DEM 模型中成为主流。在这一定义下,格网单元的数值是其中心点的高程或网格单元高程的平均值,即格网单元的高程属性赋在单元的中心点上,地形曲面在各中心点之间连续变化,因而可以用内插方法估算任意点的高程值。

规则格网 DEM 的优点在于结构简单,适合于计算机处理和存储,易与影像数据结合,这主要得益于它的规则结构。然而,这一规则结构的缺点也是十分明显的,如固定的分辨率在应用中往往造成简单地形上的数据冗余,而对起伏程度变化大的区域则描述不够精确,不能准确反映地形地貌特征(如山峰、洼坑、山脊、山谷等),以及在某些计算中造成方向性偏差等。虽然可通过各种压缩方案对 DEM 数据进行压缩以减少数据冗余,或通过附加地形特征数据来提高对地形的表达精度,但其固有的规则结构如格网分辨率、格网方向、地形表达精度等仍然是数字地形分析必须考虑的问题。

不规则三角网模型(triangulated irregular network,TIN)是直接用原始数据采样点建造的一种地形表达方法,其实质是用一系列互不交叉、互不重叠的三角形面片(facet)组成的网络来近似描述地形表面,其数学特征可以表述为三维空间的分段线性模型,在整个区域内连续但不可微。与规则格网的 DEM 相比,TIN 在模型中保持了原始采样点,可以很好地顾及各种地形特征点和特征线如山脊、山谷、地形断裂线等,同时又能随地形的变化而改变采样点的密度和分布,具有可变分辨率的特征,因而能够避免地形平坦地区的数据冗余。

TIN 对地形曲面的逼近程度取决于原始数据点的分布、密度和三角形的形状。由于地形的自相关性,地形采样点相互间越接近,其关联程度就越大。同时,理论与实践均证明:狭长的三角形插值精度比较规则的三角形插值精度和可信度要低。因此,在 TIN 中对三角形的几何形状的要求为:尽量接近于正三角形,保证用最近的点形成三角形,三角形网络唯一。

由于 TIN 是一不规则的网络结构,其数据存储方式比规则格网就要复杂一些。TIN 由两个基本数据元素组成:一是有 x、y 和 z 值的高程点(x、y 的值表示点位,而 z 值表示该点的海拔高度),二是连接这些点以形成三角形的边界,即平面坐标、相邻三角形之间的拓扑关系等。在 TIN 中的这些高程点实际上是选来描绘地表的样点。平坦地区可用少量样点和大三角形来描绘,而海拔高度变化大的地区则需要用大量样点和小三角形来描述。因此,TIN 在概念上与 GIS 中的矢量拓扑结构类。TIN 可以采用多种方式来描述和组织,如链表结构、面结构、点结构、点面结构、边结构、边面结构等(刘学军和符锌砂,2001),但以直接表示三角形及其邻接关系的面结构应用最为普遍。

如图 6-1 所示,TIN 数据结构由网点坐标与高程、三角形及邻近三角形等三个数据表构成,每个三角形都作为数据记录直接存储,并用指向三个网点的编号定义之。三角形中三边相邻接的三角形也作为数据记录直接存储,并用指向相应三角形的编号来表示。其最大的特点是检索网点拓扑关系效率高,便于等高线快速描绘、TIN 快速显示与局部结构分析。其不足之处是需要的存储量较大,且编辑不方便。

平面坐标与高程值

No.	X	Y	Z
1	77.0	23.0	15.5
2	38.7	19.0	26.2
3	32.2	65.9	53.6
...	...	...	...

三角形表

No.	P_1	P_2	P_3
1	1	2	3
2	2	3	4
3	4	5	2
...	...	...	...

三角形邻接关系表

No.	Δ1	Δ2	Δ3
1	2		
2	1	3	
3	2		
...	...	...	...

图 6-1 TIN 数据结构

不规则三角形构网方法有多种，不同方法构网的结果可能不完全相同。但是从理论上说，三角网的建立应基于最佳三角形的条件，即应尽可能保证每个三角形是锐角三角形或三边的长度近似相等，避免出现过大的钝角和过小的锐角（刘学军和符锌砂，2001）。下面介绍两种 TIN 的构网方法。

1. 角度判别法建立 TIN

该方法是当已知三角形的两个顶点（即一条边）后，利用余弦定理计算备选第三顶点为角顶点的三角形内角的大小，选择最大者对应的点为该三角形的第三顶点。其步骤为：

（1）将原始数据分块，以便检索所处理三角形邻近的点，而不必检索全部数据。

（2）确定第一个三角形。从几个离散点中任取一点 A，通常可取数据文件中的第一个点或左下角检索格网中的第一个点。在其附近选取距离最近的一个点 B 作为三角形的第二个点。然后对附近的 C_i 利用余弦定理计算 $\angle C_i$。

$$\cos\angle C_i = \frac{a_i^2 + b_i^2 - c^2}{2a_i b_i} \tag{6.1}$$

其中：$a_i = BC_i$；$b_i = AC_i$；$c = AB$。

如果 $\angle C = \max\{\angle C_i\}$，则 C 为该三角形第三顶点。

（3）三角形的扩展。

由第一个三角形往外扩展，将全部离散点构成三角网，并要保证三角网中没有重复和交叉的三角形。其做法是依次对每一个已生成三角形的新增加的两边，按角度最大的原则向外进行扩展，并进行是否重复的检测。

① 向外扩展的处理。若从顶点为 $P_1(x_1,y_1)$，$P_2(x_2,y_2)$，$P_3(x_3,y_3)$ 的三角形之 P_1P_2 边向外扩展，应取直线 P_1P_2 与 P_3 的异侧点。P_1P_2 直线方程为：

$$F(x,y) = (y_2 - y_1)(x - x_1) - (x_2 - x_1)(y - y_1) = 0 \tag{6.2}$$

若备选点 P 之坐标为 (x,y)，则当

$$F(x,y) \cdot F(x_3,y_3) < 0 \tag{6.3}$$

时，P 与 P_3 在直线 P_1P_2 的异侧，该点可作为备选扩展顶点。

② 重复与交叉的检测。由于任意一边最多只能是两个三角形的公共边，因此只需给每一边记下扩展的次数，当该边的扩展次数超过 2 时，则该扩展无效。

当所有生成的三角形的新产生边均经过扩展处理后，则全部离散的数据点被连成了一个不规则的三角网。

2. 狄洛尼三角网

狄洛尼（Delaunay）三角网是与泰森多边形图的概念联系在一起的。有两种方法可以得到：一种是先构成泰森多边形再连三角网。在形成了泰森多边形以后，将每个泰森多边形的中心点（参考点）与它相邻的泰森多边形中心点相连就形成了狄洛尼三角网。构成狄洛尼三角网的另一种方法是根据离散参考点直接形成三角网。

（1）基于泰森多边形的方法

泰森多边形图又称 Dirichlet 图或 Voronoi 图，它由一组连续多边形组成，多边形的边界是由连接相邻两点直线的垂直平分线组成的，如图 6-2(a) 所示（虚线表示）。

设有一组离散参考点 $P_i(i=1,2,\cdots,n)$，从中取出一个点作为起始点（例如 P_1），从 P_i 附近的参考点中取出第二个点，作它们两点连线的垂直平分线。然后在这附近寻找第三个

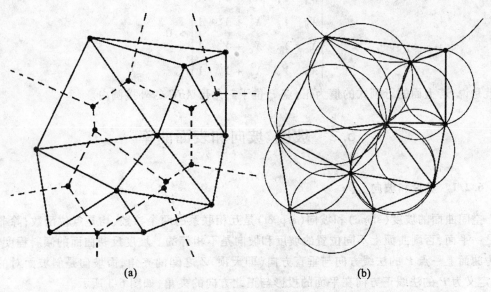

图 6-2 Delaunay 三角网的构建：(a) 基于泰森多边形的方法；(b) 狄洛尼三角构网
(http://en.wikipedia.org/wiki/Delaunay_triangulation)

点 j，作第 j 点与前两点连线的垂直平分线，并相交于前面的一条垂直平分线。递归下去，找第四点，并作它与前三点的垂直平分线，一直循环下去，这些垂直平分线就形成了 Voronoi 图的边，即泰森多边形。根据泰森多边形的性质，每个多边形内仅有一个参考点，将这些参考点连起来即形成了狄洛尼三角网。Bowyer (1981) 和 Watson (1981) 相互独立地研究了 Voronoi 图的算法，但同期将结果发表于计算机学报 (The Computer Journal)。他们的算法适用于高维数据空间。

（2）直接建立狄洛尼三角网

狄洛尼三角网有一个特性，每个三角形形成的外接圆都不包含有其他参考点。利用这一个性质我们可以直接构成狄洛尼三角网。

设有参考点 $P_i(i=1,2,\cdots,n)$，如图 6-2(b) 所示，从参考点集取出一个点作为起始点（例如 P_1），从参考点集找出离 P_1 附近的一个参考点 P_2，两点的连线作为基边，然后在这附近找第三点。在找第三点的过程中要逐点比较，一般取第三点到前两点的距离平方和最小的参考点作为候选点，以这三点作一外接圆（图 6-2(b) 中以灰线表示），然后判断周围是否有落入该外接圆的点。如果有，则该三角形不是 Delaunay 三角形。以该三角形的任意一条边作为基边，用同样的方法形成其他三角形。直到所有的参考点都参与构造了 Delaunay 三角网为止。如果考虑特征线，特征线必须作为三角形的边（李德仁，陈晓勇，1990）。计算几何文献有较详细的算法介绍（de Berg 等，2008）。

所有的狄洛尼三角构网算法依赖于检测某点是否位于一个三角形的外接圆内的计算速度和储存三角形及其边的数据结构的效率。在二维空间，判断某点 $P(X_P,Y_P)$ 位于三角形（顶点为 $A(X_A,Y_A)$，$B(X_B,Y_B)$，$C(X_C,Y_C)$，且按逆时针顺序编号）的外接圆内的准测是：

$$\begin{vmatrix} X_A & Y_A & X_A^2+Y_A^2 & 1 \\ X_B & Y_B & X_B^2+Y_B^2 & 1 \\ X_C & Y_C & X_C^2+Y_C^2 & 1 \\ X_P & Y_P & X_P^2+Y_P^2 & 1 \end{vmatrix} > 0$$

这就是说,若上面的行列式的值为正,点 P 位于三角形 ABC 的外接圆内。

6.2 坡度、坡向和表面曲率

6.2.1 坡度和坡向

空间曲面的坡度(slope)和坡向(aspect)是互相联系的两个参数,均是点位函数;除非曲面是一平面,否则曲面上不同位置的坡度和坡向是不相等的。坡度反映曲面的倾斜程度,定义为曲面上一点 P 的法线方向与垂直方向(即天顶)Z 之间的夹角,而坡向是斜坡面对的方向,定义为 P 的法线正方向在平面的投影与正北方向的夹角,如图 6-3 所示。

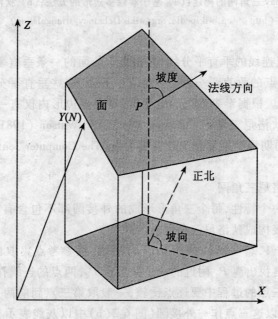

图 6-3 坡度和坡向定义

由数学分析知,任一空间曲面 $z=f(x,y)$ 在平面上表示为一等高线簇 $z=f(x,y)=c$(c 为任意常数),当 z 为高程时则为等高线。对于函数 $f(x,y)$,点 $P(x,y)$ 的梯度表示为:

$$\text{grad}(x,y) = f_x i + f_y j \tag{6.4}$$

式中:i,j 为单位方向,其模(norm)即为坡度(或梯度),表示为单位长度上的高程升降,通常以百分数表示。

$$\tan\beta = \sqrt{f_x^2 + f_y^2} \tag{6.5}$$

当需要计算斜坡角度时(即 P 的法线与天顶 Z 之间的夹角),由式(6.5)可得:

$$\beta = \arctan\sqrt{f_x^2 + f_y^2} \qquad (6.6)$$

当 $f_x \neq 0$ 时,梯度方向即为坡向,定义为:

$$\alpha = \arctan\frac{f_y}{f_x} \qquad (6.7)$$

实际工作中,坡向一般以北方向为起始方向,并按顺时针方向度量,则坡向在 x 轴为东西方向、y 轴为南北方向(北方向)的坐标系中表示为:

$$\alpha = 180° - \arctan\frac{f_y}{f_x} + 90°\frac{f_x}{|f_x|} \qquad (6.8)$$

坡度范围一般取为 $[-90°, 90°]$,坡向范围为 $[0°, 360°]$。P 点的坡向经过该点的等高线是正交的,当任一点沿曲面由高向低运动时,其轨迹即为流线(flow path)。流线上每一点的法线方向为该点的等高线切线方向。也就是说,流线与等高线处处正交。因此,流线方程可由 $f(x, y)$ 导出。设过任意 $P(x, y)$ 的流线方程为 $g(x, y)$,则它们满足下式:

$$f'(x, y)g'(x, y) = -1 \qquad (6.9)$$

由该微分方程可求得流线方程 $g(x, y)$:

$$g(x, y) = \int \frac{-1}{f'(x, y)} dx \qquad (6.10)$$

6.2.2 地形曲率

高程、坡度和坡向反映了局部地形表面的基本特征,但在地表物质运动和曲面形态刻画方面,仅这几个参数还不够,需要引入曲率参数。地形表面曲率是局部地形曲面在各个截面方向上的形状、凹凸变化的反映,反映了局部地形结构和形态,在地表过程模拟、水文、土壤等领域有着重要的应用价值和意义。除特别标注之外(包括 6.4 节),本章的后续部分主要参考了周启鸣与刘学军的著作《数字地形分析》(2006)。

如图 6-4,设地形曲面为 $S: z = f(x, y)$,对于 S 上任意点 $P(x, y)$,过 P 的法矢量为 n,则 P 点的法截面 N 定义为过 n 的任意平面,N 与地形曲面的交线为一曲线,称为法截线。由微分几何知道,这样的法截线有无数个,但存在互相垂直的两个法截线(称为主方向,即图 6-4 中的 cc' 和 dd'),在 P 点分别具有最大曲率 C_{max} 和最小曲率 C_{min},对应的曲率半径分别为 R_{max} 和 R_{min},R_{max} 和 R_{min} 是下列方程关于曲率半径 R 的两个根:

$$(rt - s^2)R^2 + h[2pqs - (1 + p^2)t - (1 + q^2)r]R + h^4 = 0 \qquad (6.11)$$

式中:

$$p = \frac{\partial f}{\partial x},\ q = \frac{\partial f}{\partial y},\ r = \frac{\partial^2 f}{\partial x^2},\ s = \frac{\partial^2 f}{\partial x \partial y},\ t = \frac{\partial^2 f}{\partial y^2}。$$

最大曲率和最小曲率分别为:

$$\begin{cases} C_{max} = \dfrac{1}{R_{max}} \\ C_{min} = \dfrac{1}{R_{min}} \end{cases} \qquad (6.12)$$

根据微分几何原理,全高斯曲率定义为最大曲率 C_{max} 和最小曲率 C_{min} 的乘积,即

$$C_G = C_{max} C_{min} = \frac{rt - s^2}{(1 + p^2 + q^2)^2} \qquad (6.13)$$

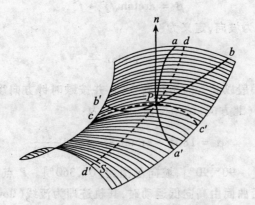

图 6-4 法矢量、法截面和法截线

而平均曲率 C_m 则定义为最大曲率 C_{max} 和最小曲率 C_{min} 的算术平均值，即

$$C_m = \frac{1}{2}(C_{max} + C_{min}) = -\frac{(1+q^2)r - 2pqs + (1+p^2)t}{2(1+p^2+q^2)^{\frac{3}{2}}} \quad (6.14)$$

非球状曲率 C_u 刻画了局部曲面形态与球体的接近程度，定义为最大曲率和最小曲率之差的一半：

$$C_u = \frac{1}{2}(C_{max} - C_{min}) \quad (6.15)$$

在球面上，最大曲率半径和最小曲率半径相等。由于 $C_{max} \geq C_{min}$，则 $C_u \geq 0$。参照式 (6.13) 和式 (6.14)，有

$$C_u = \frac{1}{2}(C_{max} - C_{min}) = \sqrt{C_m^2 - C_G} \quad (6.16)$$

最大曲率、最小曲率、平均曲率、全高斯曲率和非球形曲率都是通过法截线获取的，反映的是曲面上截线的曲率，其值与法截面方向有关。全曲率 C_{tol} (total curvature) 却直接刻画曲面的曲率 (Wilson 和 Gallant, 2000)，其计算式为：

$$C_{tol} = r^2 + 2t + s^2 \quad (6.17)$$

C_{tol} 有正有负，当 $C_{tol} = 0$ 时，该点或者为平坦地区，或者是地形鞍部。

上述几种曲率反映了曲面的固有属性，并不随坐标系的改变而改变，其地学意义也是非常明显的。例如，最大曲率和最小曲率常用来识别山脊和山谷，而高斯曲率由于具有曲线长度的不变性（曲面不褶皱或伸展），而在地质和制图学领域广为应用，非球状曲率则定量地刻画了曲面和球体的接近程度。

最大曲率、最小曲率、平均曲率等从整体上表达了地形的结构形态，但为了研究地表物质的运动方式，还需要引入等高线曲率(contour curvature)以及剖面曲率(profile curvature 或 vertical curvature)。

参看图 6-4 和图 6-5，所谓剖面曲率就是通过地面点 P 的法矢量且与该点坡度平行的法截面与地形曲面相交的曲线在该点的曲率，剖面曲率描述地形坡度的变化，影响着地表物质运动的加速和减速、沉积和流动状态；等高线曲率是通过该点的等值面（水平面）与地表交线的曲率（或者说，就是通过该点的等高线的曲率），等高线曲率表达了地表物质运动的汇

合和发散模式。

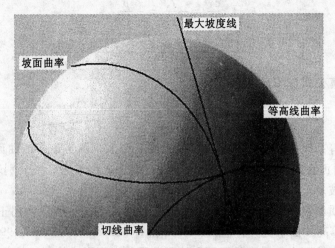

图 6-5 剖面曲率、等高线曲率和切线曲率定义

在地形曲面 S 上,对于任意给定方向 a,其与 x 轴的夹角为 φ,则该方向的一阶方向导数和二阶方向导数分别为:

$$\frac{\partial f}{\partial a} = \frac{\partial f}{\partial x}\cos\varphi + \frac{\partial f}{\partial y}\sin\varphi = p\cos\varphi + q\sin\varphi \tag{6.18}$$

$$\frac{\partial^2 f}{\partial a^2} = \frac{\partial^2 f}{\partial x^2}\cos^2\varphi + 2\frac{\partial^2 f}{\partial x \partial y}\cos\varphi\sin\varphi + \frac{\partial^2 f}{\partial y^2}\sin^2\varphi \tag{6.19}$$

式(6.18)和式(6.19)中的 $\cos\varphi$ 和 $\sin\varphi$ 可分别表示为:

$$\begin{cases} \cos\varphi = \dfrac{\dfrac{\partial f}{\partial x}}{\sqrt{\left(\dfrac{\partial f}{\partial x}\right)^2 + \left(\dfrac{\partial f}{\partial y}\right)^2}} = \dfrac{p}{\sqrt{p^2 + q^2}} \\ \sin\varphi = \dfrac{\dfrac{\partial f}{\partial y}}{\sqrt{\left(\dfrac{\partial f}{\partial x}\right)^2 + \left(\dfrac{\partial f}{\partial y}\right)^2}} = \dfrac{q}{\sqrt{p^2 + q^2}} \end{cases} \tag{6.20}$$

因此对于 P 点,在 θ 方向上的曲率为:

$$C = \frac{\dfrac{\partial^2 f}{\partial a^2}}{\left[1 + \left(\dfrac{\partial f}{\partial a}\right)^2\right]^{\frac{3}{2}}} \tag{6.21}$$

按照剖面曲率定义,即 $\varphi = \alpha$(α 为坡向),考虑式(6.18)、式(6.19)和式(6.20),且下坡方向取负值[即式(6.20)中取负号],有剖面曲率:

$$C_p = -\frac{p^2 r + 2pqs + q^2 t}{(p^2 + q^2)(1 + p^2 + q^2)^{\frac{3}{2}}} \tag{6.22}$$

等高线曲率定义为高程为常数的水平面与地形曲面的截线上的曲率,即此时等高线方程为

$z = f(x,y) = c$ (c 为常数任意高程),在该曲线上,有

$$\frac{dy}{dx} = -\frac{f_x}{f_y} = -\frac{p}{q} \tag{6.23}$$

$$\frac{d^2y}{dx^2} = -\frac{f_{xx}f_y^2 - 2f_{xy}f_xf_y + f_{yy}f_x^2}{f_y^3} = -\frac{q^2r - 2pqs + p^2t}{q^3} \tag{6.24}$$

根据曲率计算公式(6.21),有

$$C_c = \frac{f_{xx}f_y^2 - 2f_{xy}f_xf_y + f_{yy}f_x^2}{(f_x^2+f_y^2)^{\frac{3}{2}}} = -\frac{q^2r - 2pqs + p^2t}{(p^2+q^2)^{\frac{3}{2}}} \tag{6.25}$$

剖面曲率和等高线曲率分别在垂直面上和水平面上刻画了地形的曲面形态,$C_p < 0$ 和 $C_c < 0$ 分别表示曲面在剖面或平面上为凹形坡,而 $C_p > 0$ 和 $C_c > 0$ 则分别表示曲面在剖面或平面上呈凸形坡。

对于地表物质的聚合和发散(汇水区域和分水区域),有学者认为用正切曲率(tangential curvature)比等高线曲率更为合适(Mitasova 和 Hofierka,1993;Krcho,1991)。参看图6-5,正切曲率定义为与坡度方向垂直的平面和地形曲面相交而形成的曲线的曲率。由微分几何知道,过曲面上点的任意截平面的曲率计算公式为:

$$k = \frac{r\cos^2\beta + 2s\cos\beta\cos\delta + t\cos^2\delta}{\sqrt{1+p^2+q^2}} \times \frac{1}{\cos\theta} \tag{6.26}$$

式中:θ 是过地面点的法向量与截平面的夹角;β,δ 是过该点的法截面的切线与 x、y 轴的夹角。对于切曲率,$\cos\theta$、$\cos\beta$ 和 $\cos\delta$ 的值分别为(Mitasova 和 Hofierka,1993):

$$\cos\theta = 1, \cos\beta = \frac{q}{\sqrt{p^2+q^2}}, \cos\delta = -\frac{p}{\sqrt{p^2+q^2}} \tag{6.27}$$

代入式(6.26)中有正切曲率的表达式,得

$$C_t = -\frac{q^2r - 2pqs + p^2t}{(p^2+q^2)\sqrt{1+p^2+q^2}} \tag{6.28}$$

式(6.26)也可用来导出剖面曲率和等高线曲率的表达式。对于剖面曲率,其 θ、β、δ 分别有:

$$\cos\theta = 1, \cos\beta = \frac{p}{\sqrt{p^2+q^2}\sqrt{1+p^2+q^2}}, \cos\delta = \frac{q}{\sqrt{p^2+q^2}\sqrt{1+P^2+q^2}} \tag{6.29}$$

对于等高线曲率,θ、β、δ 分别有

$$\cos\theta = \sqrt{\frac{p^2+q^2}{1+p^2+q^2}}, \cos\beta = \frac{q}{\sqrt{p^2+q^2}}, \cos\delta = -\frac{p}{\sqrt{p^2+q^2}} \tag{6.30}$$

纵向曲率(longtitudinal curvature)与断面曲率(cross section curvature)是 Wood(1996)提出的,主要用来进行地貌特征的识别和提取。纵向曲率定义为沿下坡方向的坡度变化率,而断面曲率是与下坡方向垂直的方向上的坡度变化率。Wood(1996)通过将二次曲面 $z = ax^2 + by^2 + cxy + dx + ey + f$ 表达为关于坡度矢量的函数,给出了两个曲率的计算公式:

$$C_l = -\frac{p^2r + 2pqs + q^2t}{p^2+q^2} \tag{6.31a}$$

$$C_s = -\frac{q^2r - 2pqs + p^2t}{p^2+q^2} \tag{6.31b}$$

事实上,式(6.31a)和式(6.31b)是地形曲面 $z=f(x,y)$ 在坡度方向 $a=\alpha$ 上的二阶方向导数而不是严格意义上的曲率。将式(6.20)代入式(6.19),有

$$\frac{\partial^2 f}{\partial \alpha^2} = \frac{p^2 r + 2pqs + q^2 t}{p^2 + q^2} \quad (6.32)$$

而断面曲率的方向与纵向曲率的方向垂直,即为 $a=\alpha+90°$,代入式(6.19),则有:

$$\frac{\partial^2 f}{\partial (\alpha+90)^2} = \frac{q^2 r - 2pqs + p^2 t}{p^2 + q^2} \quad (6.33)$$

如果以凹形为负,则上两式取负号,即式(6.32)和式(6.33)分别与式(6.31a)和式(6.31b)一致。

还可以定义其他的曲率,在此不作详细陈述。

6.3 地形因子的计算

6.3.1 基于格网 DEM 的坡度、坡向计算方法

由上一节可知,求解地面某点的坡度和坡向,关键是求解 f_x 和 f_y。DEM 是以离散形式表示的地形曲面,而且在多数情况下曲面函数是未知的,因此在 DEM 上对 f_x 和 f_y 的求解,一般要进行曲面拟合或通过数值微分的方式进行。

在格网 DEM 上对 f_x 和 f_y 求解,一般是在局部范围(3×3 移动窗口)内,通过给格网点一定编号(中心格网点一般为 5),利用数值微分方法或局部曲面拟合方法进行,如图 6-6(a)所示。

考虑到地面高程的相关性,需要估算局部窗口中周围点对中心点的影响,即权的问题。常用的定权方法是反距离权法,即:$\omega = \frac{1}{D^m}$。式中:ω 表示周围点的加权系数;m 是任意常数,一般取 1 或 2。若设格网间距为 g,在 3×3 移动窗口中各点的权如图 6-6(b)所示。表 6-1 总结了目前常用的格网 DEM 坡度、坡向算法。

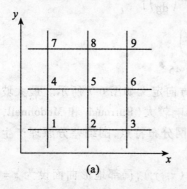
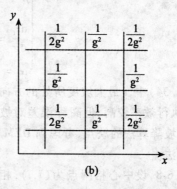

图 6-6 DEM 3×3 局部移动窗口:(a) 格网点编号;(b) 格网点权的赋值($m=2$)

表 6-1　　　　　基于格网 DEM 上 3×3 局部移动窗口的坡度、坡向算法

数值分析法	最大坡降算法(O'Callaghan et al., 1984)		
	简单差分算法(Jones, 1998)		
	二阶差分(Fleming et al., 1979; Unwin, 1981)		
	边框差分(Chu et al., 1995)		
	三阶差分	不带权(Sharpnack and Akin, 1969)	
		带权(Horn, 1981; Unwin, 1981)	
局部曲面拟合法	线性回归平面(Sharpnack and Mark, 1969)		
	二次曲面	限制型	带权(Wood, 1996)
			不带权(Wood, 1996)
		非限制型	带权(Horn, 1981)
			不带权(Evans, 1980)
	不完全四次曲面(Zevenbergen et al., 1987)		
空间矢量法(Ritter, 1987)			
快速傅立叶变换(Papo et al., 1984)			

1. 数值分析方法

最大坡降算法(maximum drop slope)是最简单的一种坡度、坡向的计算方法(O'Callaghan 和 Mark, 1984)。如图 6-7(考虑到该法的特殊性,其格网编号与差分法不一样(图 6-8)),该法是利用中心格网点与周围八个格网点的高程高差计算坡度坡向,其最大者为该点坡度,所在方向为该点坡向。设 g 为格网间距,z_i 为 3×3 移动窗口中第 i 个格网单元的高程($i=1,2,\cdots,8$),当单元 i 相对于中心单元处于对角线,即 i 为偶数时,有 $k=\frac{1}{\sqrt{2}}$;反之有 $k=1$,则最大坡降算法表示为:

$$\begin{cases} \beta = \arctan\left[\max\left(\dfrac{dz_i}{dg}\right)\right] \\ \dfrac{dz_i}{dg} = k\left(\dfrac{z_0 - z_i}{g}\right) \\ \alpha = (i-1) \times 45° \end{cases} \quad (6.34)$$

式(6.34)中,i 最大坡度所处的方向数,基本方向定义如图 6-7 所示。最大坡降算法计算简单,执行效率较高,但高程误差对坡度坡向影响较大(Burrough 和 Mcdonnell, 1998),为克服最大坡降算法的缺点,考虑到 DEM 的规则格网分布特点,围绕差分原理产生了多种坡度坡向算法。

如图 6-8,设中心格网点为 (i,j),相应坐标为 (x_i,y_j),局部地形曲面设为 $z=f(x,y)$,g 为格网间距,则在 (x,y) 处的泰勒级数展开式为(取至一次项):

$$f(x_i + kg, y_j + kg) = f(x_i, y_j) + kgf_x + kgf_y \quad (k=-1,0,1) \quad (6.35)$$

式中:k 为展开范围。

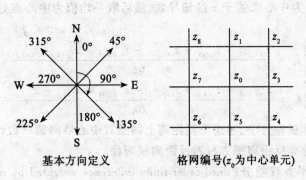

图 6-7 最大坡降算法图

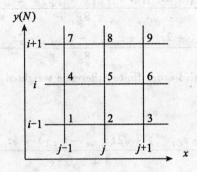

图 6-8 差分法坡度坡向计算原理

按不同的 k 的取值和定权方式,将产生不同的坡度坡向数学模型:

(1) 简单差分方法,$k = -1$,计算偏导数的差分公式为:

$$\begin{cases} f_x = \dfrac{f(x_i, y_j) - f(x_i - g, y_j)}{g} = \dfrac{z_{ij} - z_{i,j-1}}{g} \\ f_y = \dfrac{f(x_i, y_j) - f(x_i, y_j - g)}{g} = \dfrac{z_{ij} - z_{i-1,j}}{g} \end{cases} \qquad (6.36)$$

(2) 二阶差分,$k = -1, k = 1$,在中心格网 (i,j) 的前后两点为展开范围,有

$$\begin{cases} f_x = \dfrac{f(x_i + g, y_j) - f(x_i - g, y_j)}{2g} = \dfrac{z_{i,j+1} - z_{i,j-1}}{2g} \\ f_y = \dfrac{f(x_i, y_j + g) - f(x_i, y_j - g)}{2g} = \dfrac{z_{i+1,j} - z_{i-1,j}}{2g} \end{cases} \qquad (6.37)$$

(3) 边框差分(frame finite difference)。$k = -1, k = 1$,但分别以 $(i, j-1)$、$(i, j+1)$、$(i-1, j)$、$(i+1, j)$ 为展开中心,取其平均值为中心格网的偏导数,即

$$\begin{cases} f_x = \dfrac{z_{i-1,j+1} - z_{i-1,j-1} + z_{i+1,j+1} - z_{i+1,j-1}}{4g} \\ f_y = \dfrac{z_{i+1,j-1} - z_{i-1,j-1} + z_{i+1,j+1} - z_{i-1,j+1}}{4g} \end{cases} \qquad (6.38)$$

(4) 三阶不带权差分(third-order finite difference)。$k = -1, k = 0, k = 1$,即分别以 $(i +$

$1,j)$、(i,j)、$(i-1,j)$为中心求关于 x 的偏导数,最后取平均值为中心点处的 f_x,求 f_x 的方法类似:

$$\begin{cases} f_x = \dfrac{z_{i-1,j+1} + z_{i,j+1} + z_{i+1,j+1} - z_{i-1,j-1} - z_{i,j-1} - z_{i+1,j-1}}{6g} \\ f_y = \dfrac{z_{i+1,j+1} + z_{i+1,j} + z_{i+1,j-1} - z_{i-1,j-1} - z_{i-1,j} - z_{i-1,j+1}}{6g} \end{cases} \quad (6.39)$$

(5) 在三阶不带权差分中,考虑不同距离上的点对中心格网偏导数计算的影响,则得带权差分公式。常用的有反距离平方权和反距离权两种。

① 三阶反距离平方权差分(third-order finite difference weighted by reciprocal of squared distance),即 $\omega = \dfrac{1}{D^2}$:

$$\begin{cases} f_x = \dfrac{z_{i-1,j+1} + 2z_{i,j+1} + z_{i+1,j+1} - z_{i-1,j-1} - 2z_{i,j-1} - z_{i+1,j-1}}{8g} \\ f_y = \dfrac{z_{i+1,j+1} + 2z_{i+1,j} + z_{i+1,j-1} - z_{i-1,j-1} - 2z_{i-1,j} - z_{i-1,j+1}}{8g} \end{cases} \quad (6.40)$$

② 三阶反距离权差分(third-order finite difference weighted by reciprocal of distance),即 $\varepsilon = \dfrac{1}{D}$:

$$\begin{cases} f_x = \dfrac{(z_{i-1,j+1} - z_{i-1,j-1}) + \sqrt{2}(z_{i,j+1} - z_{i,j-1}) + (z_{i+1,j-1} - z_{i+1,j-1})}{(4 + 2\sqrt{2})g} \\ f_y = \dfrac{(z_{i+1,j+1} - z_{i-1,j+1}) + \sqrt{2}(z_{i+1,j} - z_{i-1,j}) + (z_{i+1,j-1} - z_{i-1,j-1})}{(4 + 2\sqrt{2})g} \end{cases} \quad (6.41)$$

下表表示高程格网的一个 3×3 窗口。高程以米为量纲,单元大小为 30m。

1006	1012	1017
1010	1015	1019
1012	1017	1020

本例用三阶反距离平方权差分算法计算中央单元的坡度和坡向:

$$f_x = \frac{(1020 + 2 \times 1019 + 1017) - (1012 + 2 \times 1010 + 1006)}{8 \times 30} = \frac{37}{240}$$

$$f_y = \frac{(1017 + 2 \times 1012 + 1006) - (1012 + 2 \times 1017 + 1020)}{8 \times 30} = \frac{-19}{240}$$

$$\beta = \arctan\sqrt{\left(\frac{37}{240}\right)^2 + \left(\frac{-19}{240}\right)^2} = \arctan 0.1733 = 9.832°$$

$$\alpha = 180° - \arctan\frac{-19}{37} + 90° \times 1 = 297.181°$$

2. 局部曲面拟合法

在 3×3 局部窗口中,用于拟合的曲面主要有以下三种:

线性平面： $$z = ax + by + c \tag{6.42}$$
二次曲面： $$z = ax^2 + by^2 + cxy + dx + ey + f \tag{6.43}$$
不完全二次曲面：
$$z = ax^2y^2 + bx^2y + cxy^2 + dx^2 + ey^2 + fxy + gx + hy + i \tag{6.44}$$

对于线性平面和二次曲面,方程个数(9个)多于未知数个数(线性平面3个,二次曲面6个),因而一般采用最小二乘法求解。Sharpnack 和 Akin(1969)已证明最小二乘线性回归平面和非限制二次曲面、三阶不带权差分有着相同的 f_x 和 f_y 表达式。

Zevenbergen 和 Thornev(1987)认为,非限制二次曲面(式(6.43))不完全通过 3×3 局部窗口的所有格网点,其表达的地形曲面不够精确,因而提出用不完全四次曲面(式(6.44))拟合地形表面,式(6.44)有九个系数,方程有唯一解,曲面严格通过所有格网点。根据 Zevenbergen 和 Thornev 的推证,在 3×3 局部窗口中建立以中心格网为原点的局部坐标系中,不完全四次曲面和二阶差分有着相同的计算式。

不完全四次曲面虽然严格地通过所有的数据点且有唯一解,但由于无多余观测,因而无法平滑 DEM 的误差(Florinsky,1998a),同时用高于二次的多形式拟合地形也缺乏足够的地形理由(Evans,1979;Skidmore,1989)。基于上述原因,Wood(1996)提出用限制二次曲面(constrained quadratic surface)拟合地形表面,方程仍采用式(6.43),但曲面通过 3×3 局部窗口的中心点。限制二次曲面和非限制二次曲面所取得的坡度坡向公式相同(刘学军,2002)。

3. 空间矢量法

Ritter(1987)基于空间矢量运算原理导出了坡度坡向计算公式。在图 6-8 中,东西方向矢量为 $N_{WE} = (0, 2g, z_{i,j+1} - z_{i,j-1})$,南北方向矢量为 $N_{SN} = (0, 2g, z_{i+1,j} - z_{i-1,j})$,两矢量形成的平面与过中心点(5点)的切平面平行,因此中心点的法向量为 $N = N_{EW} \times N_{SN}$。由向量叉积运算有:

$$N = (a,b,c) = \begin{pmatrix} i & j & k \\ 2g & 0 & z_{i+1,j} - z_{i-1,j} \\ 0 & 2g & z_{i,j+1} - z_{i,j-1} \end{pmatrix} = [2g(z_{i+1,j} - z_{i-1,j}), 2g(z_{i,j+1} - z_{i,j-1}), 4g^2] \tag{6.45}$$

根据坡度坡向定义,得到坡度坡向计算式为:

$$\begin{cases} \beta = \arctan \dfrac{\sqrt{a^2+b^2}}{c} = \arctan \sqrt{\left(\dfrac{z_{i+1,j} - z_{i-1,j}}{2g}\right)^2 + \left(\dfrac{z_{i,j+1} - z_{i,j-1}}{2g}\right)^2} \\ \alpha = \arctan\left(\dfrac{b}{a}\right) = \arctan\left(\dfrac{z_{i+1,j} - z_{i-1,j}}{z_{i,j+1} - z_{i,j-1}}\right) \end{cases} \tag{6.46}$$

式(6.46)与二阶差分、不完全四次曲面有着相同的形式。

4. 当 DEM 坐标系为经纬度时的坡度坡向计算

在上述坡度坡向计算模型中,格网 DEM 坐标系均是基于平面直角坐标系统的,然而小比例尺 DEM 则可能以经纬度来划分 DEM 格网。例如,我国 1:100 万 DEM 采用了 28.125′×18.750′(经差×纬差)的格网,而 1:25 万 DEM 则分为 100m×100m 及 3′×3′ 两种。很显然,基于经纬度坐标的格网已经不再是规则格网,若直接采用上述规则格网计算模型,势必会影响坡度坡向的计算精度,特别在高纬度地区。虽然说可以通过投影的方式将经纬度投影至高斯平面上来,但这样会存在以下几个问题:

(1) 原始数据必须经过内插形成规则格网,这样会损失原有数据精度。
(2) 为了其他的应用目的,计算结果还要反算回到经纬度坐标系中。
(3) 边界效应。
(4) 投影转换不但计算费时,而且会丢失原有数据信息。

由于上述原因,在小比例尺 DEM 上进行坡度坡向计算最好直接采用原始数据坐标系。这样有必要对格网距离进行变换处理,主要计算公式如下:

设格网单元东西方向纬度弧长为 X(单位为 m):

$$X = R\Delta\delta\cos\varphi \tag{6.47}$$

式中:φ 为纬度,以度为单位;$\Delta\delta$ 为格网单元东西边界经度差,以弧度为单位;R 是地球平均半径,其值为 6.371×10^6 m。

南北方向格网单元弧长 Y(单位为 m):

$$Y = R\Delta\varphi \tag{6.48}$$

$\Delta\varphi$ 为格网单元南北边界纬度差,以弧度为单位。

格网单元任意两点 A、B 之间弧长:

$$L_{AB} = R \times \Phi \tag{6.49}$$

式中:Φ 是 A、B 两点之间的角度差,由下式计算:

$$\cos\Phi = \sin\varphi_A\sin\varphi_B + \cos\varphi_A\cos\varphi_B\cos\Delta\delta \tag{6.50}$$

式中:φ_A 和 φ_B 分别是点 A 和点 B 的纬度;而 $\Delta\delta$ 为两点之间的经度差,单位均为度。

6.3.2 基于 TIN 的算法

基于 TIN 模型相对于格网 DEM 的坡度坡向计算比较简单,因为给定的三角形本身定义唯一平面,而平面上的坡度和坡向是恒定的。就单一三角形而言,无论用下述何种方法,其坡度坡向计算的结果是唯一而精确的。

这里,我们主要介绍拟合平面法和矢量法。

1. 拟合平面法

对任意三角形,可得到形如式 $H = f(x,y) = ax + by + c$ 的平面方程。在三角形的三个顶点已知的条件下,可得到 f_x 和 f_y 的计算式:

$$f_x = a, \quad f_y = b \tag{6.51}$$

则任意三角形的坡度和坡向为:

$$\begin{cases} \beta = \arctan\sqrt{a^2 + b^2} \\ \alpha = 180° - \arctan\dfrac{b}{a} + 90°\dfrac{a}{|a|} \end{cases} \tag{6.52}$$

2. 矢量法

空间上任意两条直线可确定一个平面,故可通过矢量叉积运算计算给定单元(无论是三角形还是四边形)的坡度和坡向。如图 6-9 所示,对任意平面 M,其倾斜方向(坡向)和倾斜量(坡度)可通过标准矢量 $n = (n_x, n_y, n_z)$ 来确定,标准矢量 n 是垂直于该平面的有向直线。

倾斜量(坡度)计算式为:

$$\beta = \frac{\sqrt{n_x^2 + n_y^2}}{n_z} \tag{6.53}$$

倾斜方向(坡向)计算式为:

$$\alpha = \arctan\frac{n_y}{n_x} \tag{6.54}$$

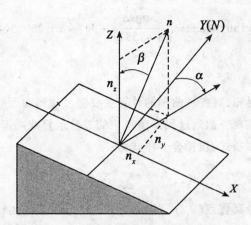

图 6-9　平面矢量与坡度、坡向关系

式(6.54)的结果需要转换成以北方向为标准方向的角度。

对不规则三角网中的每个三角形计算坡度、坡向的算法可采用双向标准矢量,即该矢量垂直于三角面。设三角形由以下三个顶点组成:$A(x_1,y_1,z_1)$、$B(x_2,y_2,z_2)$ 和 $C(x_3,y_3,z_3)$。标准矢量是矢量 $AB = (x_2 - x_1, y_2 - y_1, z_2 - z_1)$ 和矢量 $AC = (x_3 - x_1, y_3 - y_1, z_3 - z_1)$ 的向量积,该标准矢量的三个分量是:

$$\begin{cases} n_x: (y_2 - y_1)(z_3 - z_1) - (y_3 - y_1)(z_2 - z_1) \\ n_y: (z_2 - z_1)(x_3 - x_1) - (z_3 - z_1)(x_2 - x_1) \\ n_z: (x_2 - x_1)(y_3 - y_1) - (x_3 - x_1)(y_2 - y_1) \end{cases} \tag{6.55}$$

三角形的坡度和坡向值可由式(6.53)和式(6.54)来计算(注意坡向最后要化归到北方向)。

3. 利用不规则三角网计算坡度和坡向的实例

TIN(不规则三角网)中的一个三角网由下列节点构成,其中 x,y 和 z 的单位均为 m。

节点 1:$x_1 = 532\,260, y_1 = 5\,216\,909, z_1 = 952$

节点 2:$x_2 = 531\,754, y_2 = 5\,216\,390, z_3 = 869$

节点 3:$x_3 = 532\,260, y_3 = 5\,216\,309, z_3 = 938$

$n_x = (5216390 - 5216909) \times (938 - 952) - (5216309 - 5216909) \times (869 - 952) = -42534$

$n_y = (869 - 952) \times (532260 - 532260) - (938 - 952) \times (531754 - 532260) = -7084$

$n_z = (531754 - 532260) \times (5216309 - 5216909) - (532260 - 532260) \times (5216390 - 5216909) = 303600$

$$\beta = \frac{\sqrt{(-42534)^2 + (-7084)^2}}{303600} = 0.1420$$

$$\alpha = \arctan\frac{-7084}{-42534} = 9.4558°$$

化到北方向:

$$a = -\frac{n_x}{n_z}, b = -\frac{n_y}{n_z}$$

$$\alpha = 180° - \arctan\left(\frac{-7084}{-42534}\right) + 90° \times 1 = 260.544°$$

6.3.3 曲率计算

从 6.2.2 节的讨论得知,对各种曲率的计算主要涉及地形曲面的一阶、二阶和混合导数的计算,这在 DEM 上的实现一般通过局部窗口中的差分运算或局部曲面拟合来实现。目前常用的曲面拟合函数是多项式,设拟合多项式为:

$$f(x,y) = \sum_{i=1}^{m}\sum_{j=1}^{n} a_{ij} x^i y^j \tag{6.56}$$

则通过局部窗口中的各个高程点 $(x_i, y_i, H_i)(i=1,2,\cdots,n)$,以最小二乘法求解多项式中的系数,从而求取各个偏导数,然后按公式计算中心点或其他点处的各种曲率。

在格网 DEM 中,局部窗口常为 3×3,也就是说要用 9 个已知高程点来拟合多项式曲面,因而多项式的阶数也不可能太高,一般不超过 4 阶。另外,为计算上的方便,坐标原点常设在 3×3 局部窗口中的中心点上,中心点周围各点坐标与格网编号如图 6-10。下面讨论常用的多项式表达与偏导数计算方法。

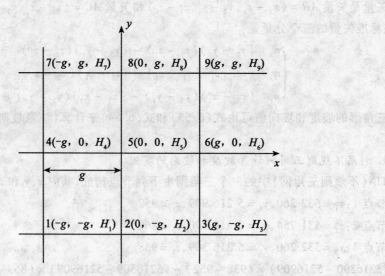

图 6-10　3×3 局部窗口坐标分布与编号,图中 g 为格网分辨率

1. 二次曲面方法

二次曲面方法也可称 Evans 方法(Evans,1980),其一般表达式为:
$$f(x,y) = ax^2 + by^2 + cxy + dx + ey + f \tag{6.57}$$

该曲面有 6 个系数,而已知高程点的个数大于未知系数的个数,因此需要通过最小二乘法解算。各个系数求解如下:

$$\begin{cases} a = \dfrac{H_1 + H_3 + H_4 + H_6 + H_7 + H_9 - 2(H_2 + H_5 + H_8)}{6g^2} \\ b = \dfrac{H_1 + H_2 + H_3 + H_7 + H_8 + H_9 - 2(H_4 + H_5 + H_6)}{6g^2} \\ c = \dfrac{H_9 + H_1 - H_7 - H_3}{4g^2} \\ d = \dfrac{H_3 + H_6 + H_9 - H_1 - H_4 - H_7}{6g} \\ e = \dfrac{H_7 + H_8 + H_9 - H_1 - H_2 - H_3}{6g} \\ f = \dfrac{2(H_2 + H_4 + H_6 + H_8) - (H_1 + H_3 + H_7 + H_9) + 5H_5}{9} \end{cases} \tag{6.58}$$

对式(6.57)求导数,有:

$$\begin{cases} f_x = 2ax + cy + d \\ f_y = 2by + cx + e \\ f_{xx} = 2a \\ f_{yx} = 2b \\ f_{xy} = f_{yx} = c \end{cases} \tag{6.59}$$

将中心点 5 处的坐标带入式(6.59)中,则各个偏导数为:

$$\begin{cases} f_x' = \dfrac{H_3 + H_6 + H_9 - H_1 - H_4 - H_7}{6g} \\ f_y' = \dfrac{H_7 + H_8 + H_9 - H_1 - H_2 - H_3}{6g} \\ f_{xx}'' = \dfrac{H_1 + H_3 + H_4 + H_6 + H_7 + H_9 - 2(H_2 + H_5 + H_8)}{3g^2} \\ f_{yy}'' = \dfrac{H_1 + H_2 + H_3 + H_7 + H_8 + H_9 - 2(H_4 + H_5 + H_6)}{3g^2} \\ f_{xy}'' = f_{yx} = \dfrac{H_9 + H_1 - H_7 - H_3}{4g^2} \end{cases} \tag{6.60}$$

2. 限制二次曲面方法

一般二次曲面为光滑曲面,曲面并不需要经过所有的数据点。限制二次曲面或 Shary 方法(Shary,1995)的表达形式虽然与一般二次曲面相同,但要求曲面必须通过中心点 5

处。也就是说,在限制二次曲面中,常数项 $f = H_5$。通过最小二乘法,限制二次曲面各个系数为:

$$\begin{cases} a = \dfrac{H_1 + H_3 + H_7 + H_9 + 3(H_4 + H_6) - 2(H_2 + 3H_5 + H_8)}{10g^2} \\[2mm] b = \dfrac{H_1 + H_3 + H_7 + H_9 + 3(H_2 + H_8) - 2(H_4 + 3H_5 + H_6)}{10g^2} \\[2mm] c = \dfrac{H_9 + H_1 - H_7 - H_3}{4g^2} \\[2mm] d = \dfrac{H_3 + H_6 + H_9 - H_1 - H_4 - H_7}{6g} \\[2mm] e = \dfrac{H_7 + H_8 + H_9 - H_1 - H_2 - H_3}{6g} \\[2mm] f = H_5 \end{cases} \quad (6.61)$$

相应地,在中心点处的各个偏导数为:

$$\begin{cases} f''_{xx} = \dfrac{H_1 + H_3 + H_7 + H_9 + 3(H_4 + H_6) - 2(H_2 + 3H_5 + H_8)}{5g^2} \\[2mm] f''_{yy} = \dfrac{H_1 + H_3 + H_7 + H_9 + 3(H_2 + H_8) - 2(H_4 + 3H_5 + H_6)}{5g^2} \\[2mm] f''_{xy} = f_{yx} = \dfrac{H_9 + H_1 - H_7 - H_3}{4g^2} \\[2mm] f'_x = \dfrac{H_3 + H_6 + H_9 - H_1 - H_4 - H_7}{6g} \\[2mm] f'_y = \dfrac{H_7 + H_8 + H_9 - H_1 - H_2 - H_3}{6g} \end{cases} \quad (6.62)$$

3. 不完全四次曲面方法

不完全四次曲面或 Zevenbergen 方法(Zevenbergen 和 Thorne,1987)的函数式为:

$$f(x,y) = ax^2y^2 + bx^2y + cxy^2 + dx^2 + ey^2 + fxy + gx + hy + i \quad (6.63)$$

不完全四次曲面共有 9 个系数,而 3×3 局部窗口中共有 9 个已知高程点,此时未知系数可通过已知高程点完全确定,方程有唯一解。各个系数为:

$$\begin{cases} a = \dfrac{\dfrac{1}{4}(H_1+H_3+H_7+H_9)-\dfrac{1}{2}(H_2+H_4+H_6+H_8)+H_5}{g^4} \\[6pt] b = \dfrac{\dfrac{1}{4}(H_7+H_9-H_1-H_3)-\dfrac{1}{2}(H_8-H_2)}{g^3} \\[6pt] c = \dfrac{\dfrac{1}{4}(H_3+H_9-H_1-H_7)+\dfrac{1}{2}(H_4-H_6)}{g^3} \\[6pt] d = \dfrac{\dfrac{1}{2}(H_2+H_8)-H_5}{g^2} \\[6pt] e = \dfrac{\dfrac{1}{2}(H_4+H_6)-H_5}{g^2} \\[6pt] f = \dfrac{-H_7+H_9+H_1-H_3}{4g^2} \\[6pt] g = \dfrac{H_6-H_4}{2g} \\[6pt] h = \dfrac{H_8-H_2}{2g} \\[6pt] i = H_5 \end{cases} \quad (6.64)$$

中心点处的各阶偏导数为：

$$\begin{cases} f_x' = \dfrac{H_6-H_4}{2g} \\[6pt] f_y' = \dfrac{H_8-H_2}{2g} \\[6pt] f_{xx}'' = \dfrac{H_4+H_6-2H_5}{2g^2} \\[6pt] f_{yy}'' = \dfrac{H_2+H_8-2H_5}{2g^2} \\[6pt] f_{xy}'' = f_{yx}'' = \dfrac{H_9+H_1-H_7-H_3}{4g^2} \end{cases} \quad (6.65)$$

4. 差分方法

由于规则格网的等间距分布特性，Moore 等(1993b)直接采用数值微分方法计算各个偏导数。由数值微分知，对等距分布的直线上三个节点 $x-g, x$ 和 $x+g$（g 为间距），函数 $f(x)$ 在中间点 x 处的一阶导数、二阶导数可按下式进行估计：

$$\begin{cases} f'(x) = \dfrac{f(x+g)-f(x-g)}{2g} \\[6pt] f''(x) = \dfrac{f(x+g)-2f(x)+f(x-g)}{g^2} \end{cases} \quad (6.66)$$

式中:$f(x+g)$,$f(x)$和$f(x-g)$分别为$f(x)$在各个节点处的函数值。

参看图6-10,可直接由式(6.66)得出在3×3局部窗口中心点处的各阶导数:

$$\begin{cases} f_x' = \dfrac{H_6 - H_4}{2g} \\ f_y' = \dfrac{H_8 - H_2}{2g} \\ f_{xx}'' = \dfrac{H_4 + H_6 - 2H_5}{g^2} \\ f_{yy}'' = \dfrac{H_2 + H_8 - 2H_5}{g^2} \\ f_{xy}'' = f_{yx}'' = \dfrac{H_9 + H_1 - H_7 - H_3}{4g^2} \end{cases} \quad (6.67)$$

6.4 立体透视图

绘制透视立体图是 DEM 的一个极其重要的应用。透视立体图能更好地反映地形的立体形态,非常直观。与采用等高线表示地形形态相比有其自身独特的优点,更接近人们的直观视觉。随着计算机图形处理的增强以及屏幕显示系统的发展,立体图形的制作具有更大的灵活性。

从一个空间三维的立体的数字高程模型到一个平面的二维透视图,其本质就是一个透视变换。我们可以将"视点"看做"摄影中心",因此我们可以直接应用共线条件方程从物点(X,Y,Z)计算"像点"坐标(x,y)。透视图中的另一个问题是"消隐"问题,即处理前景挡后景的问题。

从三维立体数字地面模型至二维平面透视图的变换方法有很多,利用摄影原理的方法是比较简单的,基本分为以下几步进行:

(1) 选择适当的高程Z的放大倍数m与参考面高程Z_0。这对夸大地形之立体地形是十分必要的,令$Z_{ij} = m \cdot (Z_{ij} - Z_0)$。

(2) 选择适当的视点位置X_S, Y_S, Z_S,视线方位t(视线方向),φ(视线的俯视角度)。如图6-11所示,S为视点,SO(y轴)是中心视轴(相当于摄影机主光轴),为了在视点S与视线方向SO上获得透视图,先要将物方坐标系旋转至"像方"空间坐标系$S-xyz$:

$$\begin{bmatrix} x \\ y \\ z \end{bmatrix} = \begin{bmatrix} 1 & 0 & 0 \\ 0 & \cos\varphi & -\sin\varphi \\ 0 & \sin\varphi & \cos\varphi \end{bmatrix} \begin{bmatrix} \cos t & -\sin t & 0 \\ \sin t & \cos t & 0 \\ 0 & 0 & 1 \end{bmatrix} \begin{bmatrix} X - X_S \\ Y - Y_S \\ Z - Z_S \end{bmatrix} \quad (6.68)$$

即

$$\begin{bmatrix} x \\ y \\ z \end{bmatrix} = \begin{bmatrix} a_1 & b_1 & c_1 \\ a_2 & b_2 & c_2 \\ a_3 & b_3 & c_3 \end{bmatrix} \begin{bmatrix} X - X_S \\ Y - Y_S \\ Z - Z_S \end{bmatrix}$$

式中:

$a_1 = \cos A$ $a_2 = -\cos\varphi \sin A$ $a_3 = \sin\varphi \sin A$ $b_1 = \sin A$ $b_2 = \cos\varphi \cos A$
$b_3 = \sin\varphi \cos A$ $c_1 = 0$ $c_2 = -\sin\varphi$ $c_3 = \cos\varphi$

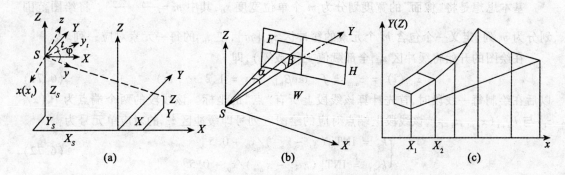

图 6-11 视点位置与视线方位(金为铣等,1996)

在通过平移旋转将物方坐标 X,Y,Z 换算到像方空间坐标 x,y,z 以后,怎样通过"缩放",投影到透视平面(相当于像面)上,即怎样设置透视平面到视点 S 的距离——像面主距 f,比较合理的方法是通过被观察的物方数字高程模型的范围 $X_{max},X_{min},Y_{max},Y_{min}$ 以及像面的大小(设像面宽度为 W,高度为 H),自动确定像面主距 f,其算法如下:

计算 DEM 四个角点的视线投射角 α,β:

$$\begin{cases} \tan\alpha_i = \dfrac{x_i}{y_i} \\ \tan\beta_i = \dfrac{z_i}{y_i} \end{cases} \tag{6.69}$$

式中:$x_i,y_i,z_i(i=1,2,3,4)$ 是由 DEM 四个角点坐标通过公式(5.4)所求得的四个角点的像方空间坐标。

从中选取 $\alpha_{max},\alpha_{min},\beta_{max},\beta_{min}$,从而再由像面的大小求主距:

$$\begin{cases} f_\alpha = W/(\tan\alpha_{max} - \tan\alpha_{min}) \\ f_\beta = H/(\tan\beta_{max} - \tan\beta_{min}) \\ f = \min\{f_\alpha, f_\beta\} \end{cases} \tag{6.70}$$

(3) 根据选定的或计算所获得的参数 $X_S,Y_S,Z_S,a_1,a_2,\cdots,c_2,c_3$ 以及主距 f,利用共线方程计算物方至像方之透视变换,得 DEM 各节点之"像点"坐标 x,y:

$$x = f\dfrac{a_1(X-X_S)+b_1(Y-Y_S)+c_1(Z-Z_S)}{a_3(X-X_S)+b_3(Y-Y_S)+c_3(Z-Z_S)}$$

$$y = f\dfrac{a_2(X-X_S)+b_2(Y-Y_S)+c_2(Z-Z_S)}{a_3(X-X_S)+b_3(Y-Y_S)+c_3(Z-Z_S)}$$

(4) 隐藏线的消除。

在绘制立体图形时,如果前面的透视剖面线上各点的 z 坐标大于(或部分大于)后面某一透视剖面线上各点的 z 坐标,则后面那条透视剖面线就会被隐藏或部分隐藏,被隐藏的线应从透视图删除。

欲从根本上解决这一问题是比较困难的,主要是计算量太大,一般使用的近似方法被称为"峰值法"或"高度缓冲器算法",名称虽然不同,但是基本思想是相同的。

基本思想是将"像面"的宽度划分为 m 个单位宽度 x_0，其中 $m = \dfrac{x_{max} - x_{min}}{x_0}$。将绘图范围划分为 m 列，定义一个包含 m 个元素的缓冲区 $z_{buf}[m]$，使 z_{buf} 的每一元素对应一列。

在绘图的开始将缓冲区 z_{buf} 全部赋值 z_{min}（或零），即

$$z_{buf}(i) = z_{min} = f \cdot \tan\beta_{min} \quad (i = 1,2,\cdots,m) \tag{6.71}$$

以后在绘制每一线段时，首先计算该线段上所有"点"的坐标。该线段的两个端点为 $P_i(x_i, z_i)$ 与 $P_{i+1}(x_{i+1}, z_{i+1})$，该线段上端点对应的绘图区列号即缓冲区 z_{buf} 的对应单元号为

$$\begin{cases} k_i = \text{INT}[(x_i - x_{min})/x_0 + 0.5] \\ k_{i+1} = \text{INT}[(x_{i+1} - x_{min})/x_0 + 0.5] \end{cases} \tag{6.72}$$

P_i 与 p_{i+1} 之间各"点"对应的缓冲区单元号为

$$k_i + 1, k_i + 2, \cdots, k_{i+1} - 1$$

它们的 z 坐标由线性内插计算为

$$z(k) = z_i + \dfrac{z_{i+1} - z_i}{x_{i+1} - x_i}(k - k_i) \quad (k = k_i + 1, k_i + 2, \cdots, k_{i+1} - 1) \tag{6.73}$$

当绘每一"点"时，就将该"点"的 z 坐标 $z(k)$ 与缓冲区重的相应单元存放的 z 坐标进行比较，当 $z(k) \leq z_{buf}(k)$ 时，该"点"被前面已绘过的点所遮挡，是隐藏点，则不予绘出。否则，当 $z(k) > z_{buf}(k)$ 时，该"点"是可视点，这时应将该"点"绘出，并将新的该绘图列的最大高程值赋予相应缓冲区单元 $z_{buf}(k) = z(k)$。在整个绘图过程中，缓冲区单元始终保存相应绘图列的最大高程值。

（5）从离视点最近的 DTM 剖面开始，逐剖面地绘出，对第一条剖面的每一格网点，只需与它前面的一个格网点相连接，还应与前一剖面的相邻格网点相连接（当然，隐藏的部分是不绘出的）。

（6）调整各个参数值，就可以从不同方位、不同距离绘制形态各不相同的透视图制作动画。当计算机速度充分高时，就可以实时地产生动画 DTM 透视图。

图 6-12 中所示的立体透视图是通过上述方法，使用 R 软件中的 pers 函数绘制得到的。

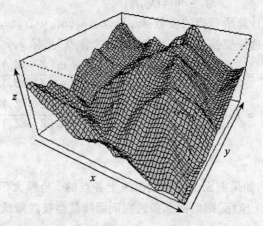

图 6-12　通过上述方法与处理后绘制的立体透视图

6.5 地形形态特征线的提取

在水文分析中,汇水面积(catchment area)描述了地表水流流经给定等高线长度上游所经过的区域,也称上游汇水面积(upslope catchment area),或流量累积值(flow accumulation)。汇水面积具有这样的特性:位于山脊线上的等高线由于山脊线的分水作用而使其汇水面积比较小,山谷线则由于具有汇水作用而具有较大的上游汇水面积,山坡上的汇水面积介于二者之间。基于这样的考虑,如果能够计算出 DEM 格网单元的上游汇水面积,则在给定阈值条件下,就可以提取给定区域的地形结构线。

地形结构线提取的模拟法正是利用了汇水面积的这一特性。在 DEM 上进行汇水面积计算的算法称为路径算法(routing algorithm)(Desmet 和 Govers,1996a),它描述地表各种物质如水、沉积物、营养成分等在地形单元之间(从高到低)的传输和流动路径。通过路径算法可确定给定的地形单元的流出量的分布,从而计算出该单元的上游汇水面积,进而提取地形特征结构线。路径算法的建立需要对地表物理特征和地表物质运动机理有准确的认识。

在格网 DEM 上利用路径算法进行汇水面积计算主要解决两个问题:
(1) 确定当前栅格单元的流向。
(2) 决定当前栅格单元向较低单元的流量分配比例。

围绕上述两个问题有两种观点:一种观点认为单元之间水的流动应全部流入最大坡度下降方向的单元(图 6-13(a)),称之为单流向路径算法(single flow direction algorithm,SFD)(Mark,1984;O'Callaghan 和 Mark,1984;Fairfield 和 Leymarie,1991);另一种观点称之为多流向算法(multiple flow direction algorithm,MFD),它认为上游单元物质应流入比其低的所有或部分下游单元(图 6-13(b)),流入下游单元的流量按某种比例分配(Quinn 等,1991;Tribe,1992;Costal-Calble 和 Burges,1994;Freeman,1991;Holmgren,1994;Tarboton,1997;Pilesjö 等,1998)。

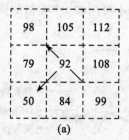 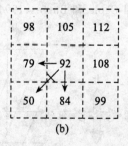

图 6-13 路径算法:(a) 单流向算法;(b) 多流向算法
(箭头为中心格网流向,虚线为 DEM 格网)

6.5.1 单流向算法

单流向算法认为每一格网单元本身产生的流量(本地水量)及其上游流量(上游来水)都会流向其下游唯一的相邻像元。根据单流向的确定和计算方法,单流向算法包括最大坡降算法 D8、随机八(四)方向法 Rho8(Rho4)和流向驱动算法。

最大坡降算法 D8(deterministic eight-node)由 O'Callaghan 和 Mark 在 1984 年提出,可描述为:在 3×3 局部窗口中,设中心格网为 c,其流向(即水流的流出方向)在其相邻八个格网点 $i(i=1,2,\cdots,8)$ 中选择,i 满足条件:

$$\max\{k \times (z_c - z_i)\}, \quad (i = 1, 2, \cdots, 8) \tag{6.74}$$

当 i 位于东西或南北方向时,$k=1$;当 i 为对角线方向时,$k=1/\sqrt{2}$。并且 i 接受全部流量。也就是说,D8 算法的流向是间隔 $45°$ 的八个可能的格网方向之一,中心格网单元的流量全部进入位于最陡(下降)方向上的下游格网单元中(图 6-13(a))。该算法由于计算简单、效率较高及对凹地、平坦地区有较强的处理能力而应用较为广泛(Tarboton,1997),并已集成到诸如 ArcGIS 等著名 GIS 软件中(Moore,1996)。D8 算法的高效率实现方法是递归算法(Freeman,1991)。

D8 算法的致命弱点是其流向的确定性,即格物点的流向只存在于八个格网方向之间,这与实际地形不符。随机四方向法(Rho4)、随机八方向法(Rho8)的引入主要是解决 D8 这一弱点。Rho4、Rho8 是 D8 的统计版本,Rho4 考虑当前格网的东西南北四个方向,而 Rho8 则除此之外,还考虑了对角线方向。二者的共同点在于流量比例的分配:下游格网接收全部上游单元流量;不同点在于流向的确定。D8 无一例外地选择位于最陡坡降方向上格网点作为中心格网的流向,而 Rho4、Rho8 则通过随机参数的引入在所有较低单元中选择一点为中心格网流向。也就是说,如果某一格网点选择的概率为 p,则另一格网点概率则为 $1-p$。为说明这一问题,考虑图 6-14 所示的平面,该平面坡向为 $243°$,按 D8 算法,则所有格网点坡向为 $225°$(图中虚线箭头),与理论坡向相差 $18°$;Rho8 算法则按概率 p 的机会选择西南方向($225°$),$1-p$ 的机会选择正西为流向。如果以西南方向为流向的格网数与以西为流向的格网数比例适当 $p/(1-p)$,则从整体上有可能获取与实际流向一致的坡向(Fairfield 和 Leymarie,1991;Costal-Cable 和 Burges,1994)。Rho8、Rho4 可用和 D8 类似的算法实现。

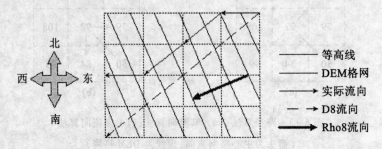

图 6-14 D8 与 Rho8 算法之比较(平面坡向为 $243°$)

6.5.2 多流向算法

多流向算法考虑水流的发散性和流向的连续性。因此,由给定格网单元流出的流量不单单是流向下游的唯一相邻单元,而是根据其坡度、坡向或曲面形态分配到数个下游相邻单元。

多流向算法认为水流分布具有分散性质,在格网 DEM 上的 3×3 窗口中,中心点的流量并不是全部流入某一下游格网,而是流入比其低的所有或部分下游格网单元(图6-13(b))。不同算法主要体现在流量分配比例 F 不同上。Quinn 等(1991)和 Freeman(1991)分别提出了多流向算法的流量分配计算公式,他们的算法不需计算流向。

Quinn 等(1991)按坡度和流向宽度关系分配中心格网流入下游各格网单元的流量,其流量比例计算公式为:

$$F_i = \frac{L_i \tan \beta_i}{\sum_{i=1}^{n} L_i \tan \beta_i}, (\tan \beta > 0, n \leq 8) \tag{6.75}$$

式中:β_i 是中心格网单元到下游格网单元 i 的坡度;L_i 是流向宽度(当 i 位于对角线方向时,$L_i = \frac{\sqrt{2}}{4}g$,$g$ 为格网间距;当 i 位于格网行或列方向时,$L_i = \frac{1}{2}g$);$\sum$ 表示所有中心格网单元的下游相邻格网单元求和。

Freeman(1991)的流量比例分配公式为:

$$F_i = \frac{(\tan \beta_i)^p}{\sum_{i=1}^{n} (\tan \beta_i)^p}, (\tan \beta > 0, n \leq 8) \tag{6.76}$$

通过在圆锥曲面的实验,Freeman 认为坡度指数 $p = 1.1$ 比较合适。在实际计算中,Freeman 应用式(6.76)专门处理分水区域流量分配而用其他算法(如 D8 算法)计算汇水区域流量比例。

就式(6.75)和式(6.76)而言,前者以流向宽度为权进行流量比例分配似乎欠妥,因为在 DEM 的格网内部其径流分布是均匀的,所有方向的流量分配应机会均等(Holmgren,1994),式(6.75)给予对角线方向较小的权,将导致对角线方向流量减少;后者却需要确定合理的坡度权指数。Holmgren(1994)通过不同 p 的重叠比率分析后认为 p 的取值应为 $4 \sim 6$,而 Pilesjö 和 Zhou(1997)在球面上对式(6.76)的研究表明,其更能适应大多数地形,该式中确定适当的指数值需要在样区进行实验研究。

Tarboton(1997)认为,在计算汇水面积时,应尽可能避免流域面积的发散现象,结合 DEMON(Costa-Cabral 和 Burges,1994)和 Lea(1992)的坡向驱动算法特点,他提出了无穷方向算法 Dinf(或表示为 D∞)算法。

如图 6-15 所示,设中心格网单元的编号为 0,与中心格网 0 相邻的格网单元按逆时针方向编号为 $1,2,\cdots,8$。中心单元与周围格网单元所形成的八个三角形的编号分别为 $\triangle 1, \triangle 2, \cdots, \triangle 8$。参看图 6-16,对于任一三角形面,其下坡坡度可以用矢量 (s_1, s_2) 表示,s_1 和 s_2 的计算公式为:

$$\begin{cases} s_1 = \dfrac{H_0 - H_1}{d_1} \\ s_2 = \dfrac{H_0 - H_2}{d_2} \end{cases} \quad (6.77)$$

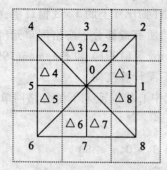 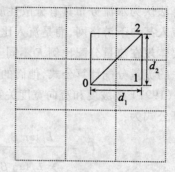

图 6-15　Dinf 三角形编号　　　图 6-16　三角形坡度计算参数

式中：$H_i(i = 0,1,2)$ 表示格网点的高程（以下同），d_1 和 d_2 表示相邻格网之间的距离（图 6-16）。则三角形面的坡度大小 s 和方向 r 为：

$$\begin{cases} s = \sqrt{s_1^2 + s_2^2} \\ r = \arctan\left(\dfrac{s_2}{s_1}\right) \end{cases} \quad (6.78)$$

这里要注意的是，三角形面的方向 r 值应该为 $0 \sim \arctan\left(\dfrac{d_2}{d_1}\right)$，如果 r 不在此范围，则应根据三角形的两个直角边确定三角形面的坡度和方向，即

如果 $r < 0$，则

$$r = 0, \quad s = s_1 \quad (6.79)$$

如果 $r > \arctan\left(\dfrac{d_2}{d_1}\right)$，则

$$\begin{cases} s = \dfrac{H_0 - H_2}{\sqrt{d_1^2 + d_2^2}} \\ r = \arctan\left(\dfrac{d_2}{d_1}\right) \end{cases} \quad (6.80)$$

依次计算出当前格网周围八个三角形的坡度和方向，并选出坡度最大的三角形面，取其方向 r 为当前格网单元的水流方向，即当前格网单元的水流方向 FD 为：

$$\begin{cases} s_0 = s_{\max} = \max\{s_1, s_2, \cdots, s_8\} \\ FD = r_{\max} \end{cases} \quad (6.81)$$

在 Dinf 算法中，当前单元的向下游单元的流量分配是按照下游单元与水流方向的接近程度确定的。也就是说，通过当前格网单元的水流方向只能确定两个下游单元，当前单元的流量分配给这两个下游单元的流量是按照这两个下游单元与当前格网单元水流方向的接近程度来确定。参看图 6-17，流量分配方案解释如下：

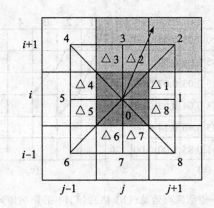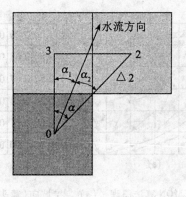

图 6-17 Dinf 流量分配方案

设当前格网单元(i,j)的最大坡度位于$\triangle 2$中,它所涉及的两个下游单元为$(i+1,j)$和$(i+1,j+1)$(图 6-17 中的斜线格网)。如果当前格网单元(i,j)的汇水面积是A,则它分给下游两个格网的流量分别为:

$$\begin{cases} A_{i+1,j} = A_{i,j} \times F_{i+1,j} = A_{i,j} \times \dfrac{\alpha_2}{\alpha} \\ A_{i+1,j+1} = A_{i,j} \times F_{i+1,j+1} = A_{i,j} \times \dfrac{\alpha_1}{\alpha} \end{cases} \quad (6.82)$$

这里要说明的是,Dinf 方法在计算上游汇水面积的同时,也给出了一种在格网 DEM 上的坡度坡向计算方法,计算公式参见式(6.78)~式(6.80)。

在分析了单流向算法和多流向算法的特点和不足后,Costa-Cabral 和 Burges(1994)认为把二维水流路径看成是一维运动是单流向算法和多流向算法的本质问题所在。基于此,他们提出了和基于等高线模型计算汇水面积类似的格网 DEM 路径算法,称为 DEMON(digital elevation model networks)。DEMON 算法是基于格网面元实现的(图 6-18)。该算法根据坡向来决定水流方向,流路(flow path)是二维的,可以产生多个单元格宽的沟谷。流路宽度在平地保持不变,在水流汇集地区减小,在水流扩散地区增大,因此可以模拟汇流与分流。在 DEMON 算法中,每一格网单元作为水流源头,由格网顶点按格网中心坡向形成格网的二维流路,称为流管(flow tube),水沿流管流动,直到 DEM 边界或洼地为止。每个水流源头都会对其流经格网产生一影响值(影响矩阵),当所有格网处理完后,每一格网的影响矩阵累积值与格网面积之积即为该格网的汇水面积。DEMON 实质上是按流向与格网边界所形成的面积分配流量。

图 6-18(a)显示了来自单元格(1,1)(使用(i,j)表示 DEM 的第i行第j列单元)的坡向决定的二维水流运动,阴影区域是该单元格的总扩散面积。图 6-18(b)是单元格(1,1)的影响矩阵,矩阵中的数字代表从单元格(1,1)流入该单元格的面积比例。图 6-18(c)显示了从单元格(1,1)流入单元格(4,3)的物理位置以及比例(阴影区域),说明单元格(4,3)流入了由单元格(1,1)的 58% 面积所产生的流量。

DEMON 算法较为准确地解决了流向问题,但算法设计非常复杂,并且要考虑特殊情况比较多(Tarboton,1997),因此尽管该算法能够给出较为精确的汇水面积计算结果(Zhou 和 Liu,2002),但由于健壮性差而不如 D8 等算法应用广泛。DEMON 算法目前已经集成到地形

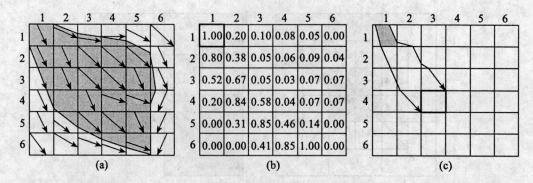

图6-18 DEMON算法原理 （a）二维坡向（箭头）驱动流向运动；（b）格网（1,1）的影响矩阵；（c）格网（4,3）流量分配比例0.58的物理意义（Costa-Cabral 和 Burges,1994）

分析软件TAPES-G（terrain analysis programs for the environmental sciences-grid version）之中（Wilson 和 Gallant,2000），但由于该软件始终保持科研软件的特点，需要较高的专业水平才能使用。

Pilesjö等（1998）总结了单流向和多流向算法的利弊，并分析了多流向算法的特点，认为在多流向算法中合理的流量分配是提高计算结果质量的关键，提出了将分水点和汇水点分别处理的基于曲面形态的形态算法。形态算法的基本思想是：首先取3×3窗口的九个格网单元的高程值建立必须通过中心格网的局部趋势面，并以该趋势面确定该面是分水面还是汇水面。如果是分水面，则按Freeman多流向算法分配下游流量。如果是汇水面，则按与Dinf相似的矢量分量计算方法将流量按坡向矢量在下游两个相邻单元的分量的比例分配。利用这种方法，Pilesjö等的实验得到了较好的计算结果。但由于此方法计算复杂，并需要考虑很多不同的具体情况来决定采用的算法，因此仍处于研究阶段。

6.6 流域分析

6.6.1 流域描述

地形特征线如山脊线和沟谷线等构成了地形曲面的骨架，基于这一地形骨架，可以利用地形曲面的线状特征去推断其面状特征，流域分析就是这一原理的典型应用。

流域的基本概念包括流域的定义、流域结构模式的描述、流域沟谷级别的确定和流域描述参数的计算。

降水汇集在地面低洼处，在重力作用下经常或周期性地沿流水本身所造成的槽形谷地流动，形成所谓的河流（stream）。河流沿途接纳很多支流，水量不断增加。干流和支流共同组成水系（stream networks）。每一条河流或每一个水系都从一部分陆地面积上获得补给，这部分陆地面积就是河流或水系的流域（watershed），也就是河流或水系在地面的集水区。把两个相邻集水区之间的最高点连接成的不规则曲线，就是两条河流或水系的分水线。因此，流域也可以说是河流分水线以内的地表范围。

流域有不同的空间尺度，它可以是覆盖整个河流网络的区域，如常说的长江流域、黄河流域等，也可以是河流分支（支流）的集水区域，这时称之为子流域（sub-watershed）。流域由相互连接在一起的子流域构成。将一个流域划分成子流域的过程称为流域分割(watershed partition)。

任何一个流域都有一个流出点,该点一般称为流域的出口点(outlet),它一般是流域边界的最低点,也可由手工指定。

流域是重要的水文单元,常应用在城市和区域规划、农业、森林管理等应用领域中。流域可以从等高线地形图上获取,也可以从 DEM 上自动生成。在等高线地形图上确定流域,通常分两步完成。第一步:确定流域出口点,一般根据需要进行确定,如水库坝址、桥涵位置等;第二步:从流域出口点沿与等高线垂直的山脊线方向顺次画线,形成汇水区域。

在 DEM 上进行流域分析实际上是对手工方式的模拟。近年来是随着 GIS 技术以及数字水文学的发展,流域地形、分水线、河网、子流域的表达及集水面积的计算完全能用数字化技术实现,从而改变了传统的手工方式。

基于 DEM 流域分析实现,需要对流域地形结构进行定义。常用的方法是采取 Shreve(1967)定义流域结构模式。Shreve 模式以单根的树状图来描述流域结构,如图 6-19 和图 6-20 所示,流域结构主要包括节点集、界线集和面域集,其定义如表 6-2 所示。

沟谷节点又称内部节点,沟谷源点又称外部节点,它们共同组成一个沟谷节点集。所有的沟谷段组成沟谷段集,形成一个沟谷网络;所有的分水线段组成分水线段集,形成一个分水线网络;沟谷段集和分水线段集共同组成界线集。

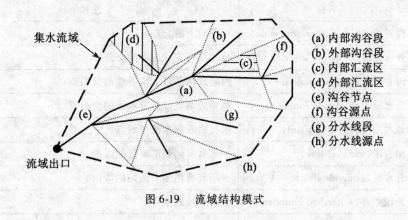

图 6-19 流域结构模式

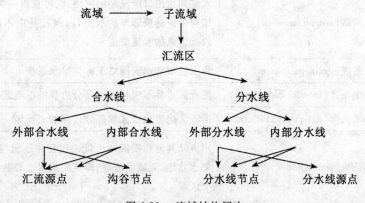

图 6-20 流域结构层次

沟谷段是最小的沟谷单位。沟谷段可以分为内部沟谷段和外部沟谷段。内部沟谷段(interior stream link)连接两个沟谷节点,外部沟谷段(exterior link)连接一个沟谷节点和一个沟谷源点。

同样地,分水线段是最小的分水线单位。分水线段可以分为内部分水线段和外部分水线段。内部分水线段连接两个分水线节点,外部分水线段连接一个分水线节点和一个分水线源点。

沟谷网络中的每一段沟谷都有一个汇水区域(子汇水区),这些区域由分水线集来控制。外部沟谷段有一个外部汇水区,而内部沟谷段有两个内部汇水区,分布在内部沟谷段的两侧。整个流域被分割成一个个子流域,每个子流域好像是树状图上的一片"叶子"。

沟谷网络和分水线网络在沟谷节点相交,每个沟谷节点连接的沟谷段和分水线段数相等。沟谷网络的沟谷节点同时也是分水线网络的分水线节点。

Shreve 的树状图流域结构模型是简单明确的,虽然沟谷网络的节点模型和线模型与在栅格 DEM 中用于表示沟谷节点和沟谷线的栅格点的栅格链之间存在着拓扑不一致性。但它给出了沟谷网络、分水线网络和子汇流区的定义,明确表达了它们之间的相关关系,成为多年来设计流域地形特征提取技术的基础。

表 6-2 流域结构元素

类型	名称	注释
节点集	沟谷源点(channel source node)	沟谷的上游起点
	分水线源点(divide source node)	分水线与流域边界的交点
	沟谷节点(channel junction)	两条或两条以上沟谷线的交汇点
	分水线节点(divide junction)	两条或两条以上分水线的交汇点
	集水出口点(outlet point)	水流离开集水流域的点
线段集	沟谷段(channel link)	一条具有两侧汇流区的线段
	分水线段(divide link)	一条具有两侧分流区的线段
	流域边界(watershed boundary)	分水线段的集合
	水流网络(stream network)	水流到达出口所流经的网络,它可视作一树状结构,在此结构中树的根部即集水出口,树枝是由不同级别的沟谷段所组成的水流渠道
	排水系统(drainage system)	集水流域和水流网络统称为排水系统
面域集	内部汇流区(interior basin area)	汇流区边界不包括流域部分边界的汇流区
	外部汇流区(exterior basin area)	汇流区边界包括流域部分边界的汇流区
	集水流域(watershed)	水流及其他物质流向出口的过程中所流经的地区,又称集水盆地、流域盆地等,即流向集水出口的水所流经的整个区域

流域中的河流有干流和支流之分,一般要对其进行分级,河流自动分级和编码是流域网络、流域地形自动分割的基础。流行的河流分级方案有 Horton 于 1945 年提出的河流分级方案和 Strahler 于 1953 年提出的分级方案。

Horton 认为在一个流域内,最小的不分支的支流属于第一级水道,接纳第一级但不接纳更高级的支流属于第二级水道,接纳第一级和第二级支流的水道属于第三级水道,如此一直将整个流域中的水道划分完毕为止。Horton 分级的缺陷是凡是不分支的最基础的是第一级水道。结果一些属于较高级别的主流的延续部分,可以一直伸展到水道的最上端。Strahler(1953) 对 Horton 的定义做了修正。他规定:河流包括所有间歇性及永久性的位于明显谷地中的水流线在内,最小的指尖状支流,称为第一级水道,两个第一级水道汇合后组成第二级水道,汇合了两个第二级水道的称为第三级水道。这样一直下去,直到把整个流域内的水道划分完为止。通过全流域的水量及泥沙量的河槽,称为最高级水道。

Strahler 分级方案的实现原则如图 6-21 所示。

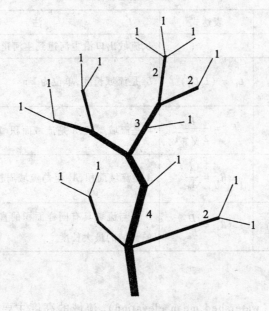

图 6-21 Strahler 河流分级

(1) 所有的外部沟谷段(没有其他沟谷段加入的沟谷段)为第一级。
(2) 两个同级别(设其级别为 k)的沟谷段汇合,形成的新的沟谷的级别为 $k+1$。
(3) 如果级别为 k 的沟谷段假如是级别较高的沟谷段,级别不变。

流域描述参数有整体参数和局部参数两类。整体参数用来表述整个流域的形状、高程、面积等,而局部参数则用来表述组成河网的各个水道(沟谷)的特征。

1. 流域整体参数

(1) 流域面积(catchment area)。流域面积是流域重要的特征之一,河流水量的大小直接和流域面积的大小有关。除干燥地区外,一般是流域面积越大,河流水量就越大。

(2) 流域长度 L_c(watershed length)。流域长度定义为主河道从流域出口到分水线的距离,由于流域长度经常用在水文模型的计算中,故而又称为水文长度(hydrologic length)。流域长度的计算常是沿着流水路径计算的,是水流时间计算的主要参数之一。

(3) 流域坡度 β_c (wateshed slope)。流域坡度反映的是沿着流水路径上的高程变化情况,定义为:

$$\beta_c = \frac{\Delta H}{L_c} \tag{6.83}$$

式中:ΔH 为主河道两端的高程差;L_c 是主河道的长度(流域长度)。

(4) 流域形状(watershed shape)。流域的形状对河流水量的变化也有明显的影响,圆形或卵形流域,降水最容易向干流集中,从而引起巨大的洪峰;狭长形流域,洪水宣泄比较均匀,因而洪峰不集中。流域形状参数并不直接应用各种水文模型计算中,而是从概念角度指导和分析流域水文过程。流域形状可以通过表 6-3 的参数进行表达。

表 6-3 流域形状描述参数

名　　称	表达式	注　　释
中心距离 L_{ca}		从流域出口沿主河道到主河道中点的距离,单位为 km
发育系数(shape factor)	$L_1 = (L_c L_{ca})^{0.3}$	L_c 是流域长度,单位为 km
圆度率(circularity ratio)	$F_e = \dfrac{P}{2\sqrt{\pi A}}$	P 是流域周长,A 是流域面积
圆度比(circularity ration)	$R_c = \dfrac{A}{A_0}$	A 是流域面积,A_0 是与流域周长相等的圆的面积
延长率(elongation ration)	$R_e = \dfrac{D}{L_m}$	D 是与流域具有同样面积的直径,L_m 是平行于主水道的流域的最大长度

(5) 流域平均高程(watershed mean elevation)。流域的高度主要影响降水形式和流域内的气温,而降水形式和气温又影响到流域的水量变化。也就是说,根据某一高度上的降雨量、降雪量和融雪时间,可以估计河流的水情变化。

(6) 流域方向(main channel direction)。流域方向或干流流向,对降水、蒸发和冰雪消融时间有一定的影响,如流域向南,降雪可能很快消融,形成径流或渗入土壤;流域向北,则冬季的降雪往往来年的春季才开始融化。

2. 局部参数

(1) 沟谷长度(channel length)。流域内指定沟谷的长度,一般用最大沟谷长度表示。

(2) 沟谷坡度(channel slope)。沟谷的纵向坡度,可通过沟谷两端高程差与沟谷长度的比值来计算。

(3) 河网密度(drainage density)。流域中干支流总长度和流域面积之比,称为河网密度,单位是 km/km^2,河网密度是地表径流大小的标志之一。

(4) 沟谷级别关系(stream order)。在自然条件一致的流域内,各级流域面积与级别之间,存在着半对数的直线回归关系,也就是它们呈几何级数的关系。级数的第一项为第一级流域的平均面积,其数学为 $\overline{A_\mu} = A_1 R_{\alpha}{}^{\mu-1}$,其中:$\mu$ 是要确定面积的流域的级别;$\overline{A_\mu}$ 是第 μ 级流域的平均面积;A_1 是第一级流域的平均面积;R_α 是相邻流域的面积比,即 $R_\alpha = A_\mu / A_{\mu+1}$。

6.6.2 水流网络计算

水流网络提取包含三个基本步骤:流域边界生成,沟谷点识别和沟谷段编码。

流域边界生成的基础数据是水流方向矩阵。从给定的流域出口点(如果没有给定,流域出口点确定为 DEM 的最低点)出发,扫描整个水流方向矩阵,如果格网点的水流流向出口点,则再标注之,经过第一次循环,可找出流向出口的所有格网;从已标注的格网点出发,再次扫描水流方向矩阵,标注出流向已标注的 DEM 格网,如此循环直到没有流入标注的格网为止。经过上述处理,DEM 数据被分为两部分:一部分是位于流域外的格网,另一部分是位于流域内的格网。图 6-22 表示了上述过程。

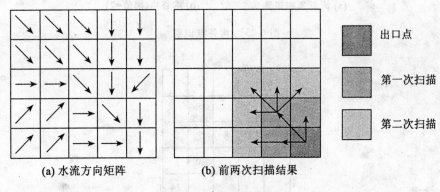

图 6-22　流域边界计算

沟谷点的识别就是在所标识的流域范围内,确定位于沟谷线(汇水线)的格网点。根据流水模拟法的原理,位于沟谷线上的点比其他地方点具有更大的汇水量,因此沟谷点的确定需要一个流量阈值。流量阈值是区分沟谷点和非沟谷点的界限。在流量累积矩阵上,大于流量阈值的格网点被标识为可能的沟谷点,而小于阈值的点则是非地形特征点,流量累积值为零的点是分水线上的点。

在沟谷点的识别过程中,涉及下述三个基本环节。

1. 阈值大小的确定

如前所述,阈值是特征点和非特征点的临界值,它是流域分析中非常重要的一环。其值大小影响着沟谷点的数量和位置、水流网络形状和密度、子流域的大小和范围等。然而阈值大小的确定并不是一件容易的事,它与流域范围内的坡度特征、土壤特征、表面覆盖物、气候等条件相关,合理阈值的确定要结合研究的需要,通过样区的各种参数的反复试验确定。

2. 沟谷点确定

沟谷点的确定比较简单,就是根据所给的阈值,在流量累积矩阵上,扫描落在流域范围内的格网带,如果该点的流量累积值大于阈值,则该点标识为潜在的沟谷点。图 6-23(a) 为一幅 DEM 上所计算的流量累积矩阵,图 6-23(b)是根据给定阈值所标识的沟谷点。

3. 沟谷源点确定

沟谷源点即外部汇流源点,为实现沟谷段编码,首先要确定沟谷点源点。对被表示为沟谷点的格网进行扫描,并结合该格网的水流方向,即可判断出该沟谷点是否为沟谷源点。沟谷源点的特征是:该格网点为沟谷点并且没有其他标识为沟谷点的水流向该格网,图 6-24 是图 6-23 的沟谷源点。

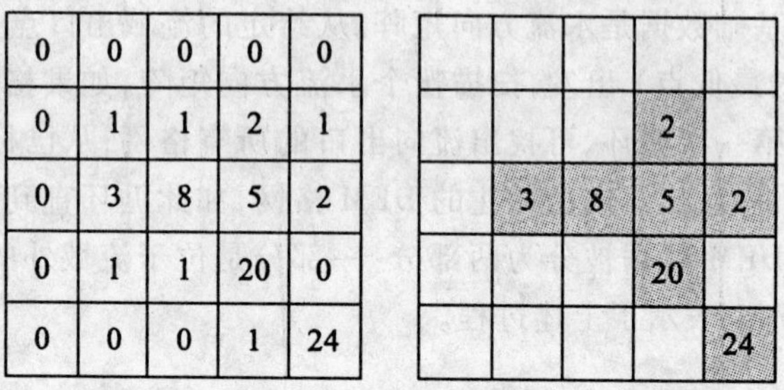

0	0	0	0	0
0	1	1	2	1
0	3	8	5	2
0	1	1	20	0
0	0	0	1	24

(a) 流量累积矩阵

			2	
	3	8	5	2
			20	
				24

(b) 沟谷点(阈值=2)

图 6-23 沟谷点识别

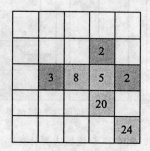

带阴影的格网为沟谷源点

图 6-24 沟谷源点确定

沟谷段编码即给各个沟谷段分配一个级别码,这是流域分割、水流网络、沟谷长度计算等计算的基础。沟谷段的编码方案有 Strahler 方法、Horton 方法等,这里采用 Strahler 方法,其他方法可类推。

沟谷段编码首先从沟谷源点开始,按沟谷源点的水流方向,逐个向下游追索,每前进一步检查当前格网是否还有其他沟谷向该格网流入,如果没有,该格网编码为 1,继续按照水流方向前进,直到某一格网还有其他格网的水流入停止,该段沟谷段即为 1 级沟谷(外部沟谷段),停止的格网(多个沟谷交汇处)赋予 2。图 6-25 表示了上述过程。检查完所有的汇流源点,外部汇流段的编码即告完成。

一旦外部沟谷段(1 级沟谷段)完成,可顺次计算高一级的沟谷段(内部沟谷段)。内部沟谷段的追踪从当前具有与处理级别相同的格网单元开始,这时由于沟谷分支较多,具有当前处理级别的格网单元可能是当前沟谷段的起点,也可能是中间点。因此内部沟谷段的追踪首先要确定具有当前处理级别的格网单元是否为内部沟谷源点,是则继续追踪,否则不予处理。确定的当前格网单元是否为内部沟段的起始点的原则是:检查当前格网单元周围的格网

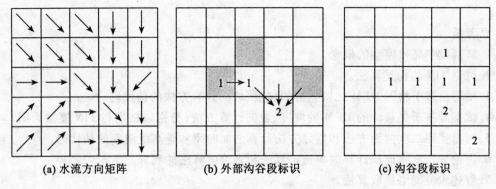

(a) 水流方向矩阵　　　(b) 外部沟谷段标识　　　(c) 沟谷段标识

图 6-25　沟谷段 Strahler 编码

点,如果流入当前格网单元的格网均已编码并且编码比当前格网单元的编码小,则该格网单元为内部沟谷段的起始点,否则不是。

当找到对应级别沟谷的起始点后,就可从该点开始按照与外部沟谷相同的处理方式进行编码。

这里用一个例子解释上述步骤。图 6-26 左图是通过流水累积矩阵和水流方向矩阵所标识出来的一个局部 DEM 外部沟谷段,图中用 1 表示。设当前处理的沟谷级别为 2,可以在沟谷段中找出为 2 的格网单元为 (5,5) 和 (7,5) 两个。如果从 (5,5) 单元处开始跟踪,则要判断 (5,5) 单元是否为该 2 级沟谷段的起始点。考察 (5,5) 单元的邻域点,其中只有两个流入该单元的河流并且级别均比 2 低,故 (5,5) 为该 2 级河谷的起始点。从 (5,5) 开始,依照水流方向,可完整地对该 2 级河段进行编码。而 (7,5) 单元的级别值虽然也为 2,但流入该单元的两个相邻单元中,只有一个级别比当前级别低,而另外一个没有级别,因此可断定该单元是某一 2 级河流的中间点,不处理之。图 6-26 右图是按照上述原理计算的完整沟谷编码。

对沟谷段在编码的同时,一般还可同时记录如下的资料:沟谷级别,起点行列号,终点行列号,长度(对角线长度以 $\sqrt{2}$ 倍的格网间距计),流向高级别河谷的方向等资料,这些资料可通过进一步的处理来得到流域描述参数。

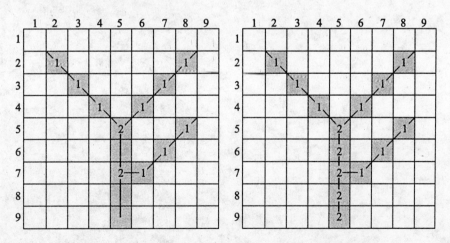

图 6-26　内部沟谷段编码(细线:外部沟谷段;粗线:内部沟谷段)

思考题

1. 解释数字高程模型的概念。
2. 讨论 TIN 的构建算法。
3. 试写出基于格网 DEM 二阶差分的坡度、坡向计算方法的伪代码。
4. 试推导基于矢量法的 DEM 的坡度、坡向计算方法(分别以格网和 TIN 模型为例)。
5. 写出使用二次曲面方法和差分方法计算剖面曲率和等高线曲率的伪代码。
6. 讨论进行汇水面积计算时单流向算法和多流向算法的利弊。
7. 叙述水流网络提取算法。

第 7 章 空间对象的几何计算

依据位置和属性这种方式来表示的对象模型为早期空间数据库的发展作出了巨大贡献。自从纸质地图数字化为由文字和数字所组成的版本时,地理关系数据模型和欧几里得几何学就已经开始发挥重要作用。基于地图的空间量测方法和数据处理方法似乎很适合地图数据由模拟到数字的转换(Maling,1989)。类似地理特征量算以及计算机制图这样的功能是体现 GIS 优点的重要方面,因为这比传统的图解方法有效,而且不受技术和人的制约。本章大部分内容(即 7.2 节之后)参考了 Hearn 和 Baker 的著作《计算机图形学》(蔡士杰等译,2002)。

7.1 线段方程及其应用

空间分布的对象,其位置和属性是相互独立的两个概念。在基于对象的建模过程中,空间实体和非空间实体的主要区别体现在位置描述上。另一方面,属性数据的收集和确认取决于该领域专家的合作与责任。假设存储在空间数据库中的对象被明确定义并且和实体一一对应,那么可以说有关其位置的确定与其属性是不相干的。所以,我们应该把侧重点放在定位方面。这一节我们着重研究一些有关点、线、面的距离和面积计算方面的几何操作,而线段方程是这些几何计算的有效工具。

如图 7-1(a) 所示,一系列的点位于 x 以及 $x_1 \sim x_7$ 的位置。在一个二维空间中,点对象的位置是由坐标对 (X,Y) 来描述的。又如图 7-1(b),一条线段可以很容易地由它的两个端点 x_1 和 x_2 所确定,线段组 L 是由 $x_1 \sim x_7$ 这一系列点决定的。

如果给定坐标系,那么两点之间的欧氏距离很容易通过计算得出。例如 x 点和 x_1 点的距离可以表示为:

$$\| x - x_1 \| = \sqrt{(X - X_1)^2 + (Y - Y_1)^2} \tag{7.1}$$

其中:(X, Y) 和 (X_1, Y_1) 分别代表 x 点和 x_1 点的坐标。

点到线的距离定义为一点到一条直线的最短距离。如图 7-1(b) 所示,向量 $x - x_p$ 垂直于向量 $x_1 - x_2$。因此,x 到 L 的最短距离就等于 $\| x - x_p \|$,可以用向量计算得出:

$$距离(x,线段 x_1 x_2) = \| (x - x_1) \times (x_2 - x_1) / \| x_2 - x_1 \| \| \tag{7.2}$$

一种更为有效的观点是把线段看成由两个端点所界定并且由无限多个点所组成。如图 7-1(a) 所示,两个端点的线性组合表示如下:

$$x_r = (1 - r)x_1 + rx_2 \tag{7.3}$$

其中:标量 r 代表了 x 点到端点 x_1 以及 x_2 距离的分配量。它的取值范围是 $[0, 1]$,r 取 0 和 1 的时候 x 分别代表 x_1 和 x_2。

如果已知线段端点的信息,我们就遍历线段 L 上的所有点,进而扩展到多边形的边界也

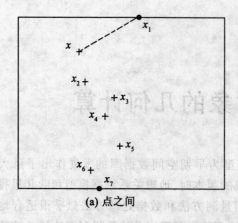 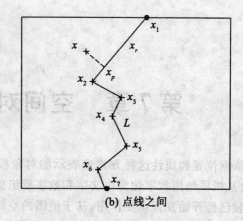

(a) 点之间   (b) 点线之间

图 7-1 距离计算

显得不再困难。这样一来,点、线、面相互之间的距离都可以抽象为 $\|x-x_r\|$,其中 x 到 x_r 的距离最短。

除了距离以外,经常还要估算一个地区的面积。如图 7-2 所示,多边形 A 的边界是由一系列的线段 $x_1-x_2, x_2-x_2, \cdots, x_n-x_1$ 封闭而成。为了简化,x_1 和 x_{n+1} 用同一点表示,x_n 可以代表 x_0。

一个著名的公式是用向量来计算面积。多边形 A 的面积为:

$$\text{面积}(A) = 0.5\sum_{i=1}^{n} x_i \times x_{i+1} = 0.5\sum_{i=1}^{n}(X_i Y_{i+1} - X_{i+1} Y_i)$$
$$= 0.5\sum_{i=1}^{5} X_i(Y_{i+1} - Y_{i-1}) \tag{7.4}$$

其中:(X_i, Y_i) 代表 x_i 的坐标值。

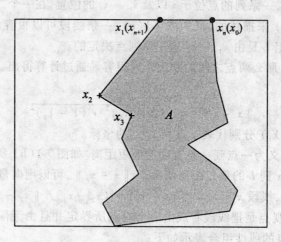

图 7-2 计算多边形 A 的面积

在地图叠置分析中,点、线、面的相互叠加被用于产生新的对象或者探求空间关系。图 7-3 展示了一个线对象 L_1(用实线来表示)和另一个线对象 L_2(用虚线来表示)的叠置情况。

基本上,我们要先判断两条线段是否相交,然后再确定交点。当 y_1 和 y_2 位于线段 x_1x_2 的两侧时,线段 y_1y_2 与线段 x_1x_2 相交。如果两条线段相交,交点 x_i 可以用如下公式求得:

$$x_i = (1 - r_1)x_1 + r_1x_2 = (1 - r_2)y_1 + r_2y_2 \tag{7.5}$$

其中:r_1 和 r_2 所表示的意义与公式(7.3)中的一致。

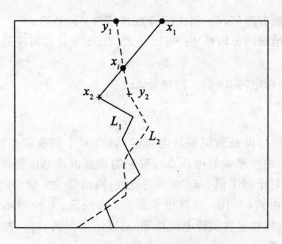

图 7-3 L_1 和 L_2 两条线相交的情况

地图叠置操作是 GIS 的一个重要操作,许多有用的空间查询和分析都是基于此而得以发展的。如图7-4(a)所示为缓冲区操作,为了确定对象 L_1 落在这个缓冲区内的部分。对面状对象而言,地图叠置分析是生成多边形的有效方法,例如图 7-4(b) 中的 A_1 和 A_2。

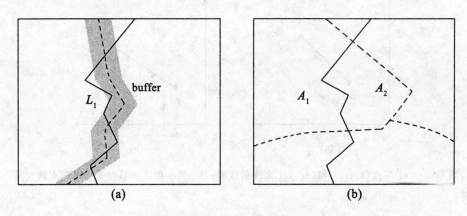

图 7-4 缓冲区(a)和多边形叠置(b)

7.2 直线生成算法

直线的笛卡儿斜率截距方程为:

$$y = m \cdot x + b \tag{7.6}$$

其中：m 代表直线的斜率，b 是 y 轴的截距。给定线段的两个端点 (x_1,y_1) 和 (x_2,y_2)，如图 7-5(a) 所示，可以由以下公式计算斜率 m 和截距 b：

$$m = \frac{y_2 - y_1}{x_2 - x_1} \tag{7.7}$$

$$b = y_1 - m \cdot x_1 \tag{7.8}$$

直线生成算法则以直线方程(7.6)和式(7.7)、式(7.8)为基础。

对于任意沿直线给定的 x 增量 Δx，可以从式(7.7)中计算对应的 y 的增量 Δy：

$$\Delta y = m \Delta x \tag{7.9}$$

同样，可以得出对应于指定的 Δy 的 x 的增量 Δx：

$$\Delta x = \frac{\Delta y}{m} \tag{7.10}$$

这些方程形成了模拟设备确定偏转电压的基础。对于具有斜率绝对值 $|m| < 1$ 的直线，可以设置一个较小的水平偏转电压 Δx，对应的垂直偏转电压则可以使用式(7.9)计算出来的 Δy 来设定；而对于斜率值 $|m| > 1$ 的直线，则设置一个较小的垂直偏转电压 Δy，对应的水平偏转电压则由式(7.10)计算出来的 Δx 来设定；对于斜率 $|m| = 1$ 的直线，有 $\Delta x = \Delta y$，因此水平偏转和垂直偏转电压相等。通过上述方法，可以在指定的端点间生成一条斜率为 m 的平滑直线。

在光栅系统中，通过像素绘制直线，水平与垂直方向的梯形大小要受到像素的间距限制。也就是必须在离散位置上对直线取样，并且在每个取样位置上确定距直线最近的像素。图7-5(b)示例了直线的扫描转换过程，最后得到的是沿 x 轴具有离散取样点的近似水平线。

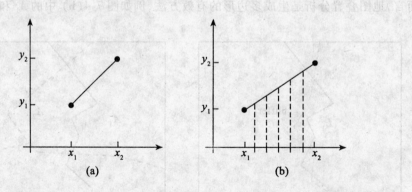

图 7-5　(a)端点 (x_1,y_1) 和 (x_2,y_2) 之间的线段；(b)沿 x 轴之间具有 5 个取样点的线段

7.2.1　DDA 算法

DDA(数字微分分析仪，digital differential analyzer)方法是一种线段扫描转换算法，基于式(7.9)或式(7.10)计算 Δx 或 Δy。在一个坐标轴上以单位间隔对线段取样，从而确定另一个坐标轴上最近线段路径的对应整数值。

首先考虑如图 7-5(a) 所示的具有正斜率的线段。例如，如果斜率小于或等于1，则以单位 x 间隔($\Delta x = 1$)取样，并逐个计算每一个 y 值：

$$y_{k+1} = y_k + m \tag{7.11}$$

下标 k 取整数值,从第一个点 1 开始递增直至最后端点。由于 m 可以是 0 和 1 之间的任意实数,所以计算出的 y 值必须取整。

对于具有大于 1 的正斜率的线段,则交换 x 和 y 的位置。也就是以单位 y 间隔($\Delta y = 1$)取样,并计算每个连续的 x 值:

$$x_{k+1} = x_k + \frac{1}{m} \tag{7.12}$$

方程(7.11)和方程(7.12)基于从左端点到右端点处理线段的假设(图 7-5(a))。假如这个过程中的处理方向相反,即起始端点在右侧,那么 $\Delta x = -1$,并且

$$y_{k+1} = y_k - m \tag{7.13}$$

或者(当斜率大于 1 时)是 $\Delta y = -1$,并且

$$x_{k+1} = x_k - \frac{1}{m} \tag{7.14}$$

方程(7.11)至方程(7.14)也可以用来计算具有负斜率的线段的像素位置。假如斜率的绝对值小于 1,并且起始端点在左侧,可以设置 $\Delta x = 1$ 并用方程(7.11)计算 y 值;当起始端点在右侧(具有相同斜率)时,我们可设置 $\Delta x = -1$ 并且由方程(7.13)得到 y 的位置;同样,负斜率的绝对值大于 1 时,可以使用 $\Delta y = -1$ 和方程(7.14),或者用 $\Delta y = -1$ 和方程(7.12)进行计算。

DDA 方法计算像素位置要比使用方程(7.6)计算的速度更快。它利用光栅特性消除了方程(7.6)中的乘法,而在 x 和 y 方向使用合适的增量,从而沿线路径逐步得到各像素位置。但在浮点增量的连续叠加中,取整误差的积累使得对于较长线段所计算的像素位置偏离实际线段,而且取值操作和浮点运算也十分耗时。我们可以通过将增量 m 和 $1/m$ 分离成整数和小数部分,而使所有的计算都简化为整数操作来改善 DDA 算法的性能。

7.2.2 Bresenham 画线算法

Bresenham 画线算法是由 Bresenham 提出的一种精确而有效的光栅线生成算法,它可用于显示圆和其他曲线的整数增量运算。图 7-6 给出了绘制线段的局部显示屏幕。垂直轴表示扫描线的位置,水平轴表示像素列。在这个例子中,我们以单位 x 间隔取样,并且需要确定每次取样时,两个可能的像素位置的哪一个更接近于线路径。从图 7-6(a) 中左端点开始,需要确定下一个取样像素的位置是 (11,11) 还是 (11,12)。图 7-6(b) 则示例了像素位置 (50,50) 为左端点的具有负斜率的线段,此时,需要确定下一个像素位置是 (51, 50) 还是 (51, 49)。为了解决这些问题,Bresenham 算法将对整型参数的符号进行检测,整型参数的值正比于两像素与实际线段之间的偏移。

为了说明 Bresenham 方法,首先考虑斜率小于 1 的直线的扫描转换过程,沿线路径的像素位置由以单位 x 间隔的取样来确定。从给定线段的左端点 (x_0, y_0) 开始,逐步处理每个后继列(x 位置),并在其扫描线 y 值最接近线段的像素上绘出一点。图 7-7(a) 显示了这个过程的第 k 步。假如已经决定要显示的像素在 (x_k, y_k),那么下一步需要确定在列 x_{k+1} 上绘制哪个像素,是在位置 (x_{k+1}, y_k),还是位置 (x_{k+1}, y_{k+1})。

在取样位置 x_{k+1},我们使用 d_1 和 d_2 来标识两个像素与数学上线路径的垂直偏移(图 7-7(b)),在像素列位置 x_{k+1} 处的直线上的 y 坐标可计算为:

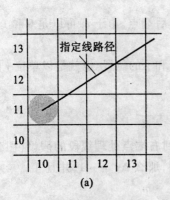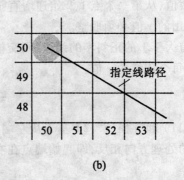

图7-6 (a)从(10,11)像素开始绘制的线段;(b)从(50,50)像素开始的负斜率直线段

$$y = m(x_k + 1) + b \tag{7.15}$$

那么

$$d_1 = y - y_k = m(x_k + 1) + b - y_k$$

和

$$d_2 = (y_k + 1) - y = y_k + 1 - m(x_k + 1) - b$$

这两个间距点的差为:

$$d_1 - d_2 = 2m(x_k + 1) - 2y_k + 2b - 1 \tag{7.16}$$

设 Δy 和 Δx 分别为端点的垂直和水平偏移量,令 $m = \dfrac{\Delta y}{\Delta x}$,代入方程(7.16),可得到:

$$p_k = \Delta x(d_1 - d_2) = 2\Delta y \cdot x_k - 2\Delta x \cdot y_k + c \tag{7.17}$$

其中:p_k 称为画线算法中第 k 步的决策参数。方程(7.17)仅包含整数运算。p_k 的符号与 $d_1 - d_2$ 的符号相同(因为例子中 $\Delta x > 0$),参数 c 是一常量,其值为 $2\Delta y + \Delta x(2b - 1)$,它与像素位置无关,且会在循环计算 p_k 时被消除。假如 y_k 处的像素比 y_{k+1} 的像素更接近于线段(即 $d_1 < d_2$),那么参数 p_k 是负的。此时,绘制较低像素;反之,绘制较高像素。

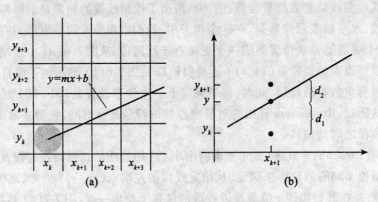

图7-7 (a)从(x_k,y_k)像素开始,绘制斜率$0 < m < 1$直线的屏幕网格;(b)在取样位置x_{k+1}处,像素位置到直线上 y 坐标之间的距离

每一个单位步长都会引起沿直线 x 和 y 方向的坐标变化。因此,可以利用递增整数运算得到后继的决策参数值。在 $k+1$ 步,决策参数可以从方程(7.17)计算得出:

$$p_{k+1} = 2\Delta y \cdot x_{k+1} - 2\Delta x \cdot y_{k+1} + c$$

将上述方程减去方程(7.17),可以得到:

$$p_{k+1} - p_k = 2\Delta y(x_{k+1} - x_k) - 2\Delta x(y_{k+1} - y_k)$$

但是 $x_{k+1} = x_k + 1$,因而得到:

$$p_{k+1} = p_k + 2\Delta y - 2\Delta x(y_{k+1} - y_k) \tag{7.18}$$

其中,$y_{k+1} - y_k$ 取 0 或 1,取决于参数 p_k 的符号。

在每个整数 x 位置,从线段的坐标端点开始,反复进行决策参数的这种递归运算。起始像素位置(x_0, y_0)的第一个参数 p_0,可以通过方程(7.17)及 $m = \Delta y/\Delta x$ 计算得出:

$$p_0 = 2\Delta y - \Delta x \tag{7.19}$$

我们可以将正斜率小于 1 的线段的 Bresenham 画线算法概括为以下步骤。常量 $2\Delta y$ 和 $2\Delta y - 2\Delta x$ 对每条扫描转换的直线只计算一次,因此该系统仅进行这两个常量之间的整数加减法。

$|m| < 1$ 时的 Bresenham 画线算法步骤:

(1) 输入线段的两个端点,并将左端点存储在(x_0, y_0)中。

(2) 将(x_0, y_0)装入帧缓冲器,画出第一个点。

(3) 计算常量 Δx、Δy、$2\Delta y$ 和 $2\Delta y - 2\Delta x$,并得到决策参数的第一个值:

$$p_0 = 2\Delta y - \Delta x$$

(4) 从 $k = 0$ 开始,在沿线路径的每个 x_k 处,进行下列检测:

如果 $p_k < 0$,下一个要绘制的点是(x_{k+1}, y_k),并且

$$p_{k+1} = p_k + 2\Delta y$$

否则,下一个要绘制的点是(x_{k+1}, y_{k+1}),并且

$$p_{k+1} = p_k + 2\Delta y - 2\Delta x$$

(5) 重复步骤(4),共 Δx 次。

例 7.1 Bresenham 画线算法

为了演示上述算法,我们绘制这样一条线:端点为(20,10)和(30,18),斜率为 0.8。x 和 y 方向增量分别为 $\Delta x = 10$ 且 $\Delta y = 8$,那么初始决策参数的计算公式为:

$$p_0 = 2\Delta y - \Delta x = 6$$

计算后继决策参数的增量为:

$$2\Delta y = 16, 2\Delta y - 2\Delta x = -4$$

绘制初始点$(x_0, y_0) = (20, 10)$,并从决策参数中确定沿线路径的后继像素位置如下:

k	p_k	(x_{k+1}, y_{k+1})	k	p_k	(x_{k+1}, y_{k+1})
0	6	(21,11)	5	6	(26,15)
1	2	(22,12)	6	2	(27,16)
2	-2	(23,12)	7	-2	(28,16)
3	14	(24,13)	8	14	(29,17)
4	10	(25,14)	9	10	(30,18)

图 7-8 中示例了沿这条线路径生成的像素点。

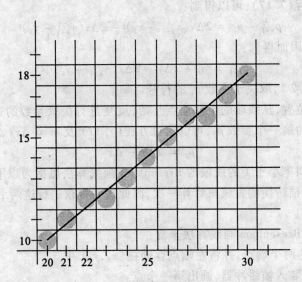

图 7-8　沿端点(20,10) 和(30,18) 间的线路径和用 Bresenham 画线算法绘制的像素位置

通过考虑 xy 平面各种八分区域和四分区域间的对称性,Bresenham 算法对任意斜率的线段具有通用性。对于斜率为正值且大于 1 的线段,只要交换 x 和 y 方向的规则,即沿 y 方向以单位步长移动并计算最接近线段路径的连续 x 值。当然,也可以改变程序,使之能从任何端点开始绘制像素,假如正斜率线段的初始位置是右端点,那么在从右至左的步进中,x 和 y 都将递减。为了确定无论从任何端点开始都能绘制相同的像素,当候选像素相对于线段的两个垂直间距相等时($d_1 = d_2$),我们总是选择其中较高(或较低)的像素。对于绘制负斜率的线段,除非一个坐标递减而另一个递增,否则程序是类似的。最后,可以分别处理下列特殊情况:水平线($\Delta y = 0$)、垂直线($\Delta x = 0$)和对角线 $|x| = |y|$,它们都可直接装入帧缓冲器而无需进行画线算法处理。

7.2.3　并行画线算法

上面讨论过的线段生成算法顺序地确定像素位置。而利用并行计算机,则可通过将计算分割到可用的多个处理器中来得到线段的像素位置。分割问题的一种解决方法是将现有的顺序算法放到多个处理器上。我们也可以寻找其他处理方法,从而使像素位置能以并行方式有效地计算。在设计并行算法中,一个很重要的思想是平衡可用的处理器间的处理负载。

给定 n_p 个处理器,我们可以通过把线段分割成 n_p 个子段,并在每个子段中间同时生成线段而建立起并行的 Bresenham 画线算法。对于斜率为 $0 < m < 1$ 且左端点坐标位置为 (x_0, y_0) 的线段,我们沿正 x 方向对线段进行分割。相邻分段的起始 x 位置间的距离可计算为:

$$\Delta x_p = \frac{\Delta x + n_p - 1}{n_p} \tag{7.20}$$

其中:Δx 是线段的水平宽度;分段水平宽度 Δx_p 的值利用整除来计算。将分段和处理器从 0、1、2 至 $n_p - 1$ 编号,可以计算出第 k 分段的起始 x 的坐标为:

$$x_k = x_0 + k\Delta x_p \tag{7.21}$$

例如,假设 $\Delta x = 15$,并且具有 $n_p = 4$ 个处理器,那么分段的水平宽度是 4,各分段的初始 x 值为 x_0、$x_0 + 4$、$x_0 + 8$、$x_0 + 12$。对于这种分段策略,有些情况下最后的子段会比其他段小。此外,假如线段的端点不是整数,舍入误差将导致沿线的长度产生宽度不同的分段。

为了将 Bresenham 算法用于各分段,需要有每个分段的 y 坐标初始值和决策参数的初始值,每个分段 y 方向的变化 Δy_p,可从线段斜率 m 和分段宽度 Δx_p 计算得出:

$$\Delta y_p = m\Delta x_p \tag{7.22}$$

那么,第 k 分段的起始 y 坐标为:

$$y_k = y_0 + \text{round}(k\Delta y_p) \tag{7.23}$$

第 k 分段起始处 Bresenham 算法的初始参数可从方程(7.17)中得到:

$$p_k = (k\Delta x_p)(2\Delta y) - \text{round}(k\Delta y_p)(2\Delta x) + 2\Delta y - \Delta x \tag{7.24}$$

然后,各处理器利用该分段的初始决策参数值和起始坐标 (x_k, y_k),计算指定的分段上的像素位置。我们也可以通过替换 $m = \Delta y/\Delta x$ 和重新安排有关项,将 y_k 和 p_k 起始值计算中的浮点运算简化为整数运算。在 y 方向对线段进行分段并计算分段的起始 x 值,可以将并行 Bresenham 算法拓展到斜率大于 1 的线段。对于负斜率,则可以在一个方向递增坐标值,而在另一方向上递减。

建立光栅系统并行算法的另一种方法是,为每个处理器分配一组屏幕像素。只要具有足够数量的处理器(例如,具有 65 000 个以上处理器的 CM-2),就可以将每个处理器分配给某个屏幕区域内的一个像素。这种方法可以通过为一个处理器分配线段坐标范围(包围矩形)之内的一个像素,并计算像素距线段的距离而移植成线段显示方法。在线段的边界框中的像素数目为 $\Delta x \cdot \Delta y$(图 7-9)。图 7-9 中,从线段到坐标 (x, y) 处像素的垂直距离 d,可以利用下列算式得到:

$$d = Ax + By + C \tag{7.25}$$

其中:

$$A = \frac{-\Delta y}{\text{linelength}}$$

$$B = \frac{\Delta x}{\text{linelength}}$$

$$C = \frac{x_0\Delta y - y_0\Delta x}{\text{linelength}}$$

并且

$$\text{linelength} = \sqrt{\Delta x^2 + \Delta y^2}$$

一旦已经估算出线段的常量 A、B 和 C,那么每个处理器只需完成两次乘法和两次加法来计算像素距离 d。例如,如果 d 小于指定的线段粗细参数,那么就绘制一个像素。

除了把屏幕分割成单个像素,我们也可以按线段的斜率,为每个处理器分配一条扫描线或一列像素。然后,每个处理器计算线段与分配给该处理器的水平行或垂直列的交点。对于斜率 $|m| < 1$ 的线段,每个处理器将简单地按给定的 x 值从直线方程中求解 y。对于斜率值大于 1 的线段,处理器则根据给定的扫描线 y 值,从直线方程中求解 x。尽管这种直接方法在顺序算法机器中的计算速度很慢,但使用多处理器能十分有效地完成这一算法。

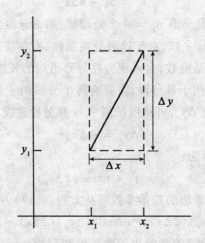

图 7-9 坐标范围为 Δx 和 Δy 的线段边界框

7.3 区域填充

在通用图形软件包中,标准输出图元是一种纯色或图案填充的多边形区域。有时也可能有其他种类的填充区域图元,但由于多边形有线性边界,因而更容易处理。

在光栅系统中有两种基本的区域填充方法。一种是通过确定横跨区域的扫描线的覆盖间距进行填充;另一种是从给定的位置开始涂色直到指定的边界条件为止。在一般的图形软件包中,扫描线方法主要用来填充多边形、圆、椭圆和其他简单曲线。从内部点开始的填充方法则用在具有复杂形状边界以及交互式涂色系统中。

7.3.1 扫描线多边形填充算法

图 7-10 示例了多边形区域的实心填充的扫描线步骤。对于每条横跨多边形的扫描线,区域填充算法确定扫描线与多边形一边的交点位置。然后,将这些点自左至右存储,并给每对交点间对应的帧缓冲器位置设置指定的填充颜色。在图 7-10 的例子中,与边界的四个交点像素位置定义了从 $x = 10$ 到 $x = 14$ 和从 $x = 18$ 到 $x = 24$ 的内部像素的两条路径。

有些在多边形顶点处的扫描线交点需要特殊处理。在这些位置上,扫描线通过一个顶点与多边形的两条边相交,因此在这条扫描线的交点列表上要增加两个点。图 7-11 示例了在位置 y 和 y' 上与边的端点相交的两条扫描线,扫描线 y 与多边形的五条边相交。尽管扫描线 y' 穿过一个顶点,但其却与偶数条边相交。沿扫描线 y' 的相交点可以正确地分辨出内部像素的分布,但对扫描线 y 要进行一些额外的处理以确定正确的内部点。

图 7-11 中的扫描线 y 和 y' 间的拓扑差异,可以通过标识相交边相对于扫描线的位置而确定。对于扫描线 y,共享一个顶点的两条相交边位于扫描线的两侧。因此,需要额外处理的顶点是那些在扫描线两侧有连接边的顶点。可以通过顺时针或逆时针方向搜索多边形边界,并观察从一条边移到另一条边时,顶点 y 坐标的相对变化。假如两条相邻边的端点 y' 值单调递增或递减,那么对于任何穿过该顶点的扫描线,则必须将该中间顶点计为一个交点。否则,共享的顶点表示多边形边界上的一个局部极值(最大或最小)。这两条边与穿过该顶点的扫

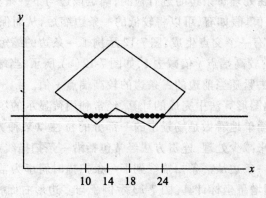

图7-10 沿穿过多边形区域的扫描线的内部像素

描线的交点可以添加到相关列表中。

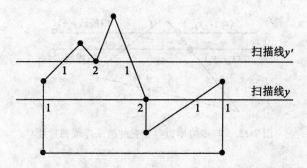

图 7-11 沿扫描线的相交点,该扫描线与多边形顶点相交。扫描线 y 生成奇数个交点,扫描线 y' 生成偶数个交点,可以成对地确定内部像素分布

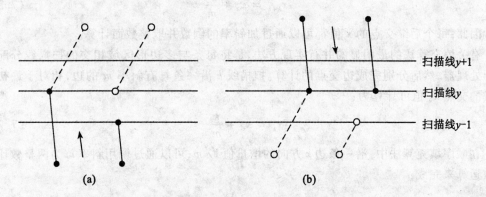

图 7-12 沿多边形边界处理边时调整多边形端点的 y 值。当前正在处理的边标为实线。在(a)中,将当前边的较高的端点的 y 坐标值减 1;在(b)中,下一条边的较高端点的 y 坐标值减 1

解决将顶点记为一个或两个交点的问题的一种方法是,将多边形的某些边缩短,从而分离那些应记为一个交点的顶点。我们可以按照指定的顺时针或逆时针方向处理整个多边

形边界上的非水平边。在处理每条边时进行检测,确定该边与下一条非水平边是否有单调递增或单调递减的端点 y 值。假如有,可以将较低的一条边缩短,从而保证对通过公共顶点(连接两条边)的扫描线仅有一个交点生成。图 7-12 示例了一条边的缩短过程。当两条边的端点 y 值增加时,将当前边的较高端点 y 值减去 1,如图 7-12(a) 所示;当端点 y 值单调递减时,如图 7-12(b) 所示,就减去紧随当前边的一条边的较高端点 y 值。

在扫描转换及其他图形算法中完成的计算,经常利用待显示的场景的各种连贯特性。这里所指的连贯性,可以简单地看做是场景中的一部分的特性以某种方式与场景中的其他部分相关,这种关系可用来减少处理。连贯方法经常包括沿一条扫描线或在连续的扫描线间应用的增量计算。利用沿一条边从一条扫描线到下一条扫描时斜率为常数这一事实,我们在确定两边交点时可以采用增量坐标计算。图 7-13 示例了与多边形右面一条边相交的两条连续扫描线,这个多边形边界线的斜率可以用扫描线交点坐标来表示:

$$m = \frac{y_{k+1} - y_k}{x_{k+1} - x_k} \tag{7.26}$$

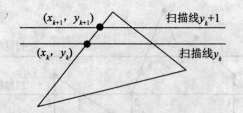

图 7-13 与多边形边界相交的两条连续扫描线

由于两条扫描线间 y 坐标的变化为:

$$y_{k+1} - y_k = 1 \tag{7.27}$$

上面一条扫描线的 x 交点值 x_{k+1},可以通过前一条扫描线的 x 交点值 x_k 来确定:

$$x_{k+1} = x_k + \frac{1}{m} \tag{7.28}$$

因此,每个后继交点的 x 值都可以通过加斜率的倒数并取整数而计算。

有关填充算法的最明显的并行实现方法,是将每条与多边形区域相交的扫描线分配给各个处理器,然后分别完成边交点的计算。扫描线 k 沿一条具有斜率 m 的边,相对于最初扫描线的交点 x_k 值可计算为:

$$x_k = x_0 + \frac{k}{m} \tag{7.29}$$

在顺序填充法中,沿一条边 x 方向的增量值 $1/m$,可以通过调用斜率 m 为两整数比的整数运算来完成:

$$m = \frac{\Delta y}{\Delta x}$$

其中:Δx 和 Δy 是一边端点 x 和 y 坐标值间的差。因此,沿一条边对连续的扫描线的 x 交点的增量计算可表示为:

$$x_{k+1} = x_k + \frac{\Delta x}{\Delta y} \tag{7.30}$$

利用这个方程,可以完成交点 x 坐标的整数求值:先将计数器初始化为零,然后每移向一条新的扫描线,计数器就增加 Δx 值。当计数器的值大于或等于 Δy 时,当前交点 x 值增加 1,并将计数器减去 Δy。这个过程相当于保持交点 x 值的整数和小数部分,并增加小数部分直至达到下一个整数值。

作为整数增量的一个例子,假设一条边的斜率为 $m = 7/3$。在起始扫描线处,我们将计数器设置为零,并增加3。当沿这条边移到其他三条扫描线时,计数器顺序地设置值3、6和9。在初始扫描线以上的第三条扫描线上,计数器的值大于7,因而交点 x 坐标增加1,并重新将计数器设置为值 $9-7=2$。继续以这种方法确定扫描线交点值,直至到达边界的最高端点。对于负斜率的边,可以通过同样的计算而得到交点。

我们可以不用舍入法以获得整数位置,而是取整到最接近的像素的 x 交点值,通过修改边的相交算法使得增量与 $\Delta y/2$ 相比较。在每一步中计数器增加 $2\Delta x$ 值,并将增量与 Δy 比较,当增量大于或等于 Δy 值时,x 值增加1,而计数器值减去 $2\Delta y$。在上面的例子中 $m = 7/3$,对于这条边上初始扫描线以上的开始几条扫描线,其计数器值变为6、12、4、10、2、8、0.6和12。在这条边的初始扫描线以上的第2、4、6、9扫描线上,将增加 x 值。每条边所需的额外计算是 $2\Delta x = \Delta x + \Delta x$ 和 $2\Delta y = \Delta y + \Delta y$。

为了有效地完成多边形填充,可以首先将多边形边界存储在有序表(sorted edge table)中,其中包含有效处理扫描线所需的全部信息。无论是以顺时针或逆时针沿边处理时,我们可以使用桶排序存储各条边,按每条边的最小 y 值排序,存储在相应的扫描线位置。有序边表中仅存储非水平线。在处理边时,可以缩短某些边以解决顶点相交问题。对于某条特定的扫描线,表中的每个入口包含该边的最大 y 值、边的 x 交点值(在较低顶点处)和边斜率的倒数。对于每条扫描线,以从左到右的顺序对边进行排序。图7-14示例了一个多边形及其相应的有序边表。

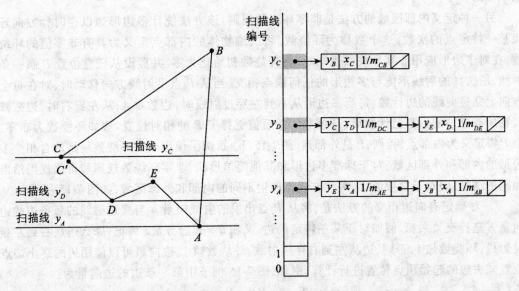

图7-14 多边形及其有序表,$\overline{DC}$ 边在 y 方向缩短了一个单位

接下来,从多边形的底部到顶部处理扫描线。对每条与多边形边界相交的扫描线生成一个活化边表(active edge list)。扫描线的活化边表包含所有与该扫描线相交的边,并使用循环连贯性计算来得到边的交点。

边的相交计算也可通过将 Δx 和 Δy 值存储在有序边表中而得到简化。对于每条扫描线,可以从最坐标的 x 交点值到最右边 x 交点值的前一个位置来填充像素段,而且每条多边形的边可以在顶部端点 y 方向缩短一个单位,这种措施也能保证相邻多边形中的像素不会相互覆盖。

7.3.2 内—外测试

区域填充算法和其他图形处理通常需要鉴别对象的内部区域。到目前为止,我们仅讨论了标准多边形形状的区域填充。在基本的几何形体中,通常定义多边形为不自交的。标准多边形的例子有三角形、四边形、八角形和十角形。这些对象的组成边仅在顶点处连接,而在平面内没有其他公共点。鉴别标准多边形的内部区域通常是一个直观过程,但在大多数图形应用中,我们可以指定填充区域顶点的任何顺序,包括产生相交边的顺序,如图 7-15 所示。对于这样的形状,xy 平面上哪个区域是"内部"以及哪个区域是对象的"外部"并非总是一目了然的。图形软件包通常采用奇偶规则或非零环绕数(nonzero winding number)规则来鉴别物体的内部区域。

奇偶规则,也称奇偶性规则或偶奇规则。从概念上讲,该规则从任何位置 P 到对象坐标范围以外的远点画一条直线(射线),并统计沿该射线与各边的交点数目。假如与这条射线交点的多边形边数为奇数,则 P 是内部点,否则 P 是外部点。为了得到精确的边数,必须确认所画的直线不与任何多边形顶点相交。图 7-15(a) 示例了根据奇偶规则得到的存在自相交的一组边的内部和外部区域。前面所讨论的扫描线多边形填充算法,就是使用奇偶规则的区域填充的一个例子。

另一种定义内部区域的方法是非零环绕数规则。该方法统计多边形边以逆时针方向环绕某一特定点的次数,这个数称为环绕数。将二维物体的内部点定义为具有非零值的环绕数。在对多边形应用非零环绕数规则时,将环绕数初始化为零。并假设从任意位置 P 画一条射线,所选择的射线不能与多边形的任何顶点相交。当从 P 点沿射线方向移动时,对在每个方向上穿过射线的边计数。每当多边形从右到左穿过射线时,边数加 1;从左到右时,边数减 1。在所有穿过的边都已计数后,环绕数的最后值觉得了 P 的相对位置。假如环绕数为非零,则 P 将定义为内部点,否则,P 是外部点。图 7-15(b) 示例了使用非零环绕数规则的自相交多边形的内部和外部区域。对于标准多边形和其他简单形状,非零环绕数规则和奇偶规则给出相同的结果,但对于复杂形状,两种方法会产生不同的内部和外部区域,如图 7-15 所示。

一种确定有向边相交的方法是,将从 P 点出发的射线向量 u 与穿过射线的每条边的边向量 E 进行交叉乘积。假如对某一特定的边,叉积 $u \times E$ 的分量 z 为正,那么边从右到左穿过射线,环绕数加 1。否则,边从左到右穿越射线,环绕数减 1。边向量可以使用边的终止端点位置减去边的起始顶点位置进行计算。例如,图 7-15 例子中第一条边的边向量为:

$$E_{AB} = V_B - V_A$$

其中:V_A 和 V_B 表示顶点 A 和 B 的点向量。计算有向边相交的一个相对简单的方法,则是用向量点积来代替叉积。因此,我们建立一个垂直于 u,并且从 P 沿 u 方向看是从右指向左的向

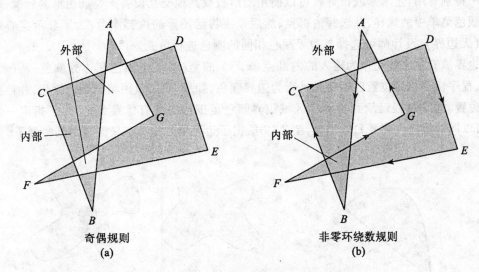

图 7-15 自相交多边形的内部和外部区域鉴别

量,假如 u 的分量是 (u_x, u_y),那么垂直于 u 的向量有分量 $(-u_y, u_x)$。现在,假如垂直向量与边向量的点积为正,那么从右向左穿越射线,环绕数加1;否则边从左至右穿越射线,环绕数则减1。

有些图形软件使用非零环绕数规则来实现区域填充,因为非零环绕数规则比奇偶规则更为通用。通常,可以使用多组互不连接的顶点或封闭曲线的离散点集合来定义物体,每组顶点指定的方向可以用来定义物体的内部区域。类似这样的例子有,包括像阿拉伯数字及标点符号这样的字符、嵌套多边形以及同心圆和椭圆。对于曲线,可以通过确定与曲线路径的交点,而不是寻找边交点来应用奇偶规则。同样,利用非零环绕数规则,需要计算交叉点(与 P 点的射线交叉)上曲线的切线向量。

7.3.3 曲线边界区域的扫描线填充

通常,曲线边界区域的扫描线填充比多边形填充需要更多的处理,因为其交点计算包括非线性边界。对于像圆和椭圆这样的简单曲线,可以直接处理扫描线填充,仅需计算曲线相对两侧的两个扫描线交点。这与沿曲线边界生成像素的位置相同,并且可以使用中点算法进行计算。然后,简单地在曲线相对两侧上的边界点间的水平像素区域内进行填充。四分限区间(对于圆为八分限)的对称性可以减少边界计算量。

可以使用其他类似的方法生成曲线段的填充区域。例如,一个椭圆弧可以像图 7-16 那样进行填充,内部区域由椭圆段和连接椭圆弧起始点而封闭该曲线的线段包围而成。只要可以减少计算量,就应充分利用对称性和增量计算。

7.3.4 边界填充算法

区域填充的另一种方法是从区域的一个内部点开始,由内向外绘制点直到边界。假如边界是以单一颜色指定的,则填充算法可逐个像素地向外处理,直至遇到边界颜色。这种方法称为边界填充算法(boundary-fill algorithm)。该算法在很容易选择内部点的交互式绘画软件包中特别有用。艺术家或设计师可以使用图形板或其他交互设备来勾勒图形的轮廓,选择填充颜色菜单中的式样,并选择内部点,然后系统将给图形的内部涂色。为了显示实心颜色区域(无边界),设计师可选择与边界颜色相同的颜色进行填充。

边界填充程序接受作为输入的内部点(x, y)的坐标、填充颜色和边界颜色。从(x, y)开始,程序检测相邻位置以确定其是否为边界颜色,如果不是,就用填充颜色涂色,并检测其相邻位置。这个过程延续到检测完区域边界颜色范围内的所有像素为止。为了指定一个区域,可以同时设定内边界和外边界,图7-17给出了边界填充算法定义区域的某些例子。

图7-16 椭圆弧的内部填充

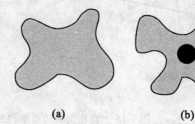

图7-17 边界填充程序的颜色边界例子

图7-18示例了从当前测试位置到相邻像素的两种处理方法。在图7-18(a)中,检测四个相邻的点。这些点是当前像素的上、下、左、右的像素。使用这种方法填充的区域称为4连通区域。图7-18(b)中的第二种方法用于填充更复杂的图形。这里要测试的相邻位置包括四个对角像素。使用这种方法填充的区域称为8连通区域。8连通区域边界填充算法将正确填充图7-19中定义的区域内部,而4连通区域边界填充算法只完成如图7-19(b)所示的部分填充。

假如有些内部像素已经以填充颜色显示,则递归式的边界填充算法也许不能正确地填充区域。这是因为算法按照边界颜色和填充颜色来检测下一个像素。遇到一个具有填充颜色的像素将导致该递归分支终止,从而留下一些尚未填充的内部像素。为了避免这种情况,可在应用边界填充程序前,将那些初始颜色改为填充颜色的内部像素的颜色。

此外,由于这个程序需要大量堆栈空间来存储相邻点,因而通常使用更有效的方法。这些方法沿扫描线填充水平像素区段,从而代替处理4连通或8连通相邻点。然后,仅需将每个水平像素区段的起始位置放进堆栈,而不需将所有当前位置周围的未处理相邻位置都放进堆栈。如果使用这种方法,将从初始内部点开始,首先填充该像素所在扫描行的连续像素区段,然后将相邻扫描线上各段的起始位置放进堆栈,这些水平段分别由像素(显示为区域边界颜色)包围,接着逐步从堆栈顶去除一个开始点,并重复上述过程。

图7-20示例了如何使用逼近法对4连通区域填充像素区段的例子。在这个例子中,从起始扫描线开始向顶部边界顺序地处理。在处理完所有上面的扫描线以后,再向下逐行填充剩余的像素段,直到底部边界。沿每条扫描线,从左向右将每个水平区段的最左边像素位置放进堆栈,如图7-20所示。在图(a)中,填充完初始区段以后,接下来的一条扫描线(向下和向上)上的段起始位置1和2进栈;在图7-20(b)中,从堆栈中取出位置2并生成填充区段,

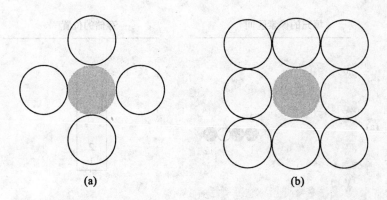

图 7-18　(a) 应用于 4 连通区域的填充方法；(b) 应用于 8 连通区域的填充方法。实心圆表示当前测试位置，空心圆表示将要测试的位置

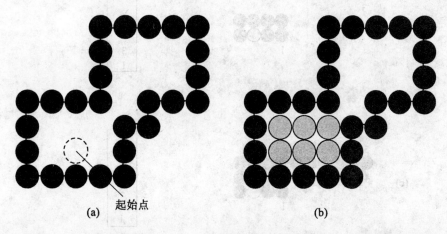

图 7-19　(a) 颜色边界内的区域；(b) 使用 4 连通的边界填充算法只能进行部分填充

然后将下一个扫描线上单个区段的起始像素（位置 3）放进堆栈。在处理完位置 3 后，填充过的区段和进栈的位置如图 7-20(c) 所示。图 7-20(d) 示例了在处理了指定区域右上角的所有区段后的已填充像素。接着处理位置 5，并且对区域的左上角填充，然后取出位置 4 继续对较低的扫描线进行处理。

7.3.5　泛滥填充法

有时，我们要对一个不是用单一颜色边界定义的区域进行填充（或重新涂色），可以通过替换指定的内部颜色，从而对该区域涂色而不是搜索边界颜色值。这个方法称为泛滥填充算法（flood-fill algorithm）。从指定的内部点 (x,y) 开始，将期望的填充颜色赋给所有当前设置为给定的内部颜色的像素。假如所要涂色的区域具有多种内部颜色，可以重新设置像素值，从而使所有的内部点具有相同的颜色。然后使用 4 连通或 8 连通方法，逐步连通各像素位置，直到所有内部点都已被涂色。

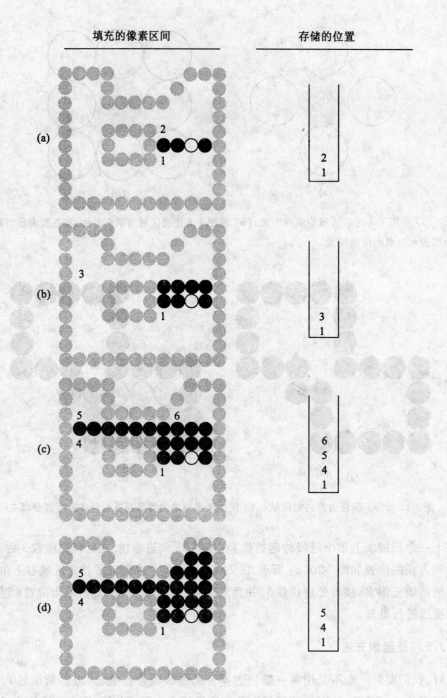

图 7-20 4 连通区域中,穿过像素区段的边界填充。(a) 填充过的起始像素区段,示例了初始点的位置和存储相邻扫描线上的像素区段位置;(b) 初始扫描线之上第一条扫描线填充的像素区段及存储的当前内容;(c) 在初始扫描线之上前两条扫描线的填充像素区段及储存的当前内容;(d) 定义区域右上角部分的完整像素区段及剩余待处理储存的位置

7.4 二维裁剪

识别指定区域内或区域外的图形部分的过程称为裁剪算法,简称裁剪(clipping)。用来裁剪对象的区域称为裁剪窗口。

裁剪的应用包括:从定义的场景中抽取出用于观察的部分;在三维视图中标识出可见面;防止线段或对象的边界混淆;使用实体造型来创建对象;显示多窗口的环境;允许选择图形的一部分以进行复制、移动或删除等绘图操作。对于不同的应用,裁剪窗口可以是多边形或包含有曲线边界。我们首先考虑矩形区域的裁剪算法,然后讨论其他裁剪区域的裁剪算法。

裁剪算法可以用于世界坐标系中,因而只有窗口内的部分映射到设备坐标系中。另一种裁剪算法是,首先将世界坐标系的图形映射到设备坐标系或规范化设备坐标系中,然后根据视口边界裁剪。世界坐标系下的裁剪将在窗口以外的图形部分删除,从而不必将这些图元变换到设备空间中。另一方面,视口裁剪可以通过合并观察和几何变换矩阵来减少计算量。但视口裁剪需要将所有的对象(包括在窗口之外的部分)变换到设备坐标系。在光栅系统中,裁剪算法需要与扫描线转换结合。

下面讨论对下列图元类型的裁剪算法:点的裁剪;线段的裁剪(直线段);区域的裁剪(多边形);曲线的裁剪;文字的裁剪。

直线和多边形的裁剪方法是图形软件包中的标准部分。许多软件包中有曲线、拟合曲线、圆锥、圆、椭圆的裁剪算法。另外,处理曲线物体的方法是把它们近似为直线段,然后使用直线或多边形的裁剪算法。

7.4.1 点的裁剪

假设裁剪窗口是一个在标准位置的矩形,如果点 $P(x, y)$ 满足下列不等式,则保存该点用于显示:

$$xw_{\min} \leqslant x \leqslant xw_{\max}$$
$$yw_{\min} \leqslant y \leqslant yw_{\max}$$
(7.31)

其中:裁剪窗口($xw_{\min}$, $xw_{\max}$, $yw_{\min}$, $yw_{\max}$)是世界坐标系的窗口边界或视口边界。如果这四个不等式中有任何一个不满足,则裁剪掉该点(将不会存储和显示该点)。

虽然点的裁剪不如线或多边形的裁剪应用得多,但是,某些应用还是需要点的裁剪过程的。例如,点的裁剪可以用于爆炸或海水泡沫的显示,它们通过场景中分散的粒子进行建模。

7.4.2 线段的裁剪

图 7-21 给出了线段的位置和标准矩形裁剪区域之间各种可能的关系。线段的裁剪过程包括几个部分:首先测试一个给定的线段,判断它是否完全落在裁剪窗口内。如果没有完全落在裁剪窗口之内,再判断是否完全落在窗口之外。最后,对于既不能确定完全落在窗口内又不能确定完全落在窗口外的线段,要计算它与一个或多个裁剪边界的交点。我们通过对线段的端点进行"内部-外部"测试来处理线段。对于两个端点都在裁剪边界内的线段$\overline{P_1P_2}$,就将其存储起来。两个端点都在任何一条裁剪边界外的线段(如图 7-21 中的$\overline{P_3P_4}$),则判断其

落在窗口之外。而其他横穿一个或多个裁剪边界的线段需要计算多个相交点。为了使计算量最小,要设计一个能有效地识别外部线段并减少交点计算的裁剪算法。

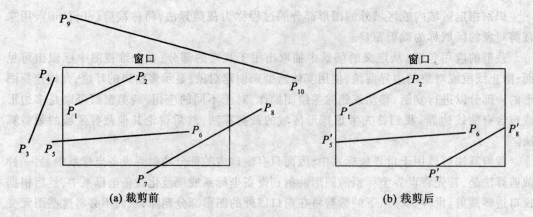

图 7-21　使用矩形窗口的线段裁剪

对于端点是 (x_1, y_1) 和 (x_2, y_2),并且其中之一或两个端点都在裁剪矩形外的线段,其参数表达式为:

$$x = x_1 + u(x_2 - x_1)$$
$$y = y_1 + u(y_2 - y_1), 0 \leq u \leq 1 \quad (7.32)$$

在该线段与裁剪边界相交时,可以得出参数 u 值。如果与矩形边界相交的 u 值不在 0 和 1 之间,则该线段不会进入该边界处的窗口内。如果 u 值在 0 和 1 之间,线段就穿过了裁剪区域。该方法可以用于各个裁剪边界,从而确定是否显示该线段的所有部分。平行于窗口边界的线段可以作为特殊情况进行处理。

所用参数测试的线段裁剪算法要进行大量的计算。目前已研究出许多有效的线段裁剪算法,下面我们将考察几种主要的算法。某些算法是针对二维图形的,某些算法可以很容易地移植到三维应用中。

1. Cohen-Sutherland 线段裁剪算法

这是一个最早最流行的线段裁剪算法。该算法通过初始测试来减少要计算的交点数目,从而加快线段裁剪算法的计算速度。每条线段的端点都赋值为四位二进制码,称为区域码(region code),用来标识端点相对于裁剪矩形边界的位置。区域则通过如图 7-22 所示的边界进行设定。区域码的各位指出端点对于裁剪窗口的四个相对坐标位置:左、右、上、下。将区域码的各位从右到左编号,则坐标区域与位位置(bit position)的关系为:

位 1:左
位 2:右
位 3:下
位 4:上

任何位赋值为 1,表示端点落在相应的位置上,否则该位位置为 0。如果端点在裁剪矩形内,那么区域码为 0000。如果端点在矩形的左下角,则区域码为 0101(见图 7-22)。

通过将端点的坐标值 (x, y) 与裁剪边界相比较,可以确定区域码各位的值。如果

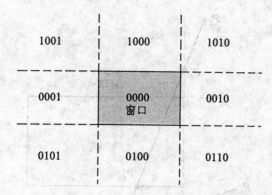

图 7-22　根据直线端点对裁剪矩形相对位置配置的二进制区域代码

$x < xw_{min}$，则位 1 设为 1，其他三位的值以此类推。对于可以进行位操作的语言，区域码各位的值可以按下列两步进行确定：① 计算端点坐标和裁剪边界之间的差值；② 用各差值计算的符号位来设置区域码中相应的值。位 1 设为 $x - xw_{min}$ 的符号位；位 2 设为 $xw_{max} - x$ 的符号位；位 3 设为 $y - yw_{min}$ 的符号位；位 4 设为 $yw_{max} - y$ 的符号位。

一旦给出所有的线段端点并建立了区域码，就可以快速判断哪条线段完全在裁剪窗口之内，哪条线段完全在窗口之外。完全在窗口边界内的线段，其两个端点的区域码均为 0000，因此保留这些线段。两个端点的区域码中，同样位置都为 1 的线段则完全落在裁剪矩形之外，因此丢弃这些线段。例如，线段的一个端点的区域码为 1001，而另一端点的区域码为 0101，则丢弃这条线段，因为这条线段的两个端点都在裁剪矩形的左边，端点区域码的第一位都为 1。测试线段是否完全被裁剪掉的方法，则是对两个端点的区域码进行逻辑与（and）操作。如果结果不为 0000，则线段完全位于裁剪区域之外。

对于不能判断为完全在窗口外或窗口内的线段，则要测试与窗口边界的交点。如图 7-23 所示，这些线段可能穿过或不穿过窗口内部。首先，我们对一条线段的外端点与一条裁剪边界进行比较，从而确定应裁剪掉多少线段。然后，对线段的剩余部分与其他裁剪边界进行比较，直到完全舍弃该线段或者找到位于窗口内的一段线段为止。我们将算法设为按左、右、上、下的顺序，并使用裁剪边界检查线段的端点。

为了说明 Cohen-Sutherland 线段裁剪算法的各个步骤，我们将说明如何处理图 7-23 的线段。对于线段 $\overline{P_1 P_2}$ 由下端点 P_1 开始，依次按左、右、上、下边界对 P_1 进行检查，发现端点位于裁剪窗口下。然后我们找出线段 $\overline{P_1 P_2}$ 与底边界的交点 P_1'，并舍弃 P_1 到 P_1' 之间的线段。线段现在缩短到从 P_1' 到 P_2 之间。因为 P_2 在裁剪窗口之外，所有使用各个边界检查 P_2，发现 P_2 位于窗口的左边。然后计算出交点 P_2'，但该点在窗口的上方。因此，再做以此求交计算得到交点 P_2''，并且存储 P_1' 到 P_2'' 的线段。该线段的裁剪就处理完毕了。下面继续下一条线段的裁剪。下一条线段 $\overline{P_3 P_4}$ 的端点 P_3 在裁剪矩形的左边，所有求出交点 P_3'，并舍弃从 P_3 到 P_3' 的线段。检查从 P_3' 到 P_4 线段的端点区域码，发现剩下的线段在裁剪窗口下方，也应该舍弃。

与裁剪边界的交点计算可以使用斜率 — 截距式的直线方程。对于端点坐标为 (x_1, y_1) 和 (x_2, y_2) 的直线，与垂直边界交点的 y 坐标可以由下列等式计算得到：

$$y = y_1 + m(x - x_1) \tag{7.33}$$

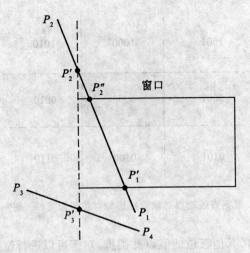

图 7-23 从坐标系的一个区域到另一个区域的线段穿过裁剪窗口或者不穿过窗口但与边界相交

其中:x 值置为 xw_{min} 或 xw_{max},线段的斜率根据 $m = (y_2 - y_1)/(x_2 - x_1)$ 进行计算。同样,我们要寻找与水平边界相交的交点 x 坐标,可以按下列等式进行计算:

$$x = x_1 + \frac{y - y_1}{m} \tag{7.34}$$

其中:y 设置为 yw_{min} 或 yw_{max}。

2. 梁友栋—Barsky 线段裁剪算法

更快速的线段裁剪算法基于分析线段的参数化方程,可以将直线写成下列形式:

$$x = x_1 + u\Delta x$$
$$y = y_1 + u\Delta y, 0 \leq u \leq 1 \tag{7.35}$$

其中:$\Delta x = x_2 - x_1, \Delta y = y_2 - y_1$。Cyrus 和 Beck 利用参数化方法提出了比 Cohen—Sutherland 算法更有效的算法。后来梁友栋和 Barsky 独立地提出了更快的参数化线段裁剪算法。下列是梁友栋—Barsky 算法,我们首先按参数化形式写出(7.31)式的裁剪条件:

$$xw_{min} \leq x_1 + u\Delta x \leq xw_{max}$$
$$yw_{min} \leq y_1 + u\Delta y \leq yw_{max} \tag{7.36}$$

这四个不等式可以表示为:

$$up_k \leq q_k, \qquad k = 1,2,3,4 \tag{7.37}$$

其中:参数 p、q 定义为:

$$p_1 = -\Delta x, \qquad q_1 = x_1 - xw_{min}$$
$$p_2 = \Delta x, \qquad q_2 = xw_{max} - x_1$$
$$p_3 = -\Delta y, \qquad q_3 = y_1 - yw_{min}$$
$$p_4 = \Delta y, \qquad q_4 = yw_{max} - y_1 \tag{7.38}$$

任何平行于裁剪边界之一的直线 $p_k = 0$,其中 k 对应于该裁剪边界($k = 1,2,3,4$ 对应于左、右、下、上边界)。如果还满足 $q_k < 0$,则线段完全在边界以外,因此舍弃该线段。如果 $q_k \geq 0$,则线段平行于裁剪边界并且位于窗口内。

当 $p_k < 0$ 时,线段从裁剪边界延长线的外部延伸到内部;当 $p_k > 0$ 时,线段从裁剪边界延长线的内部延伸到外部;当 $p_k \neq 0$ 时,可以计算出线段与边界 k 的延长线的交点 u 值:

$$u = \frac{q_k}{p_k} \tag{7.39}$$

对于每条直线,可以计算出参数 u_1 和 u_2,它们定义了裁剪矩形内的线段部分。u_1 的值由线段从外到内遇到的矩形边界所决定($p < 0$)。对于这些边界,计算 $r_k = q_k/p_k$。u_1 取 0 和各个 r 值中的最大值。u_2 的值则由线段从内到外遇到的矩形边界所决定($p > 0$)。根据这些边界计算出 r_k,u_2 取 1 和各个 r 中的最小值。如果 $u_1 > u_2$,则线段完全落在裁剪窗口之外,因此将舍弃该线段。否则,由参数 u 的两个值计算出裁剪的线段的端点。

通常,梁友栋—Barsky 算法比 Cohen—Sutherland 算法更有效,因为需要计算的交点数目减少了。更新参数 u_1、u_2 仅仅需要一次除法;线段与窗口的交点只计算一次,就计算出 u_1、u_2 的最后的值。相比之下,即使一条线段完全落在裁剪窗口之外,Cohen—Sutherland 算法也要对其反复求交点,而且每次求交计算都需要除法和乘法运算。梁友栋—Barsky 和 Cohen—Sutherland 算法都可以扩展为三维裁剪算法。

3. Nicholl—Lee—Nicholl 线段裁剪算法

Nicholl—Lee—Nicholl(即 NLN)算法,通过在裁剪窗口周围创立多个区域,从而避免对一个直线段进行多次裁剪。在 Cohen—Sutherland 算法中,在找到与裁剪矩形边界的交点之前或者完全舍弃该线段之前,必须对一条线段进行多次求交计算。NLN 算法则在求交之前进行更多的区域测试,从而减少求交计算。与梁友栋—Barsky 和 Cohen—Sutherland 算法相比,NLN 算法的比较次数和除法次数减少。但是 NLN 算法仅仅用于二维裁剪,而梁友栋—Barsky 和 Cohen—Sutherland 算法可以很方便地扩展为三维裁剪算法。

对于端点为 P_1,P_2 的线段,首先确定 P_1 相对于裁剪矩形九个可能区域的位置。在图 7-24 中只有考虑三个区域。如果 P_1 位于其他六个区域中的任何一个位置,则可以利用对称变换将其变换到图 7-24 中三个区域中的一个。例如,在裁剪窗口正上方的区域,可以相对于直线 $y = -x$ 投影到裁剪窗口的左边区域;或者使用 90°逆时针旋转,也可以使其变换到裁剪窗口的左边区域。

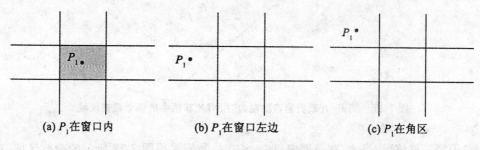

(a) P_1 在窗口内　　　　(b) P_1 在窗口左边　　　　(c) P_1 在角区

图 7-24　在 NLN 线段裁剪算法中,线段端点 P_1 的三种位置

下一步,判断 P_2 相对于 P_1 的位置。首先根据 P_1 的位置在平面上创立新的区域。新区域的边界是以 P_1 为起始点的射线,它穿过窗口的顶角。如果 P_1 在裁剪窗口之内,P_2 在窗口外,我们就设置四个区域,如图 7-25 所示。根据包含 P_2 点的某一个区域(L、T、R 和 B),可以得到

线段与窗口边界的交点。如果 $\overline{P_1P_2}$ 在裁剪矩形内,则要存储整条线段。

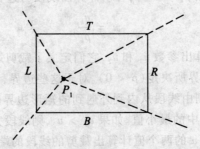

图 7-25 当 P_1 在裁剪窗口内而 P_2 在裁剪窗口外时,采用 NLN 算法的四个裁剪区域

如果 P_1 位于窗口的左边区域,则设定四个区域:L、LT、LR 和 LB,如图 7-26 所示。这四个区域决定了线段的唯一边界。例如,如果 P_2 在 L 区域,我们在左边界裁剪该线段,且保存从交点到 P_2 之间的线段;如果 P_2 在 LT 区域,则存储窗口左边界到上边界之间的线段部分;如果 P_2 不在四个区域(L、LT、LR 和 LB)的任何一个之内,则舍弃整个线段。

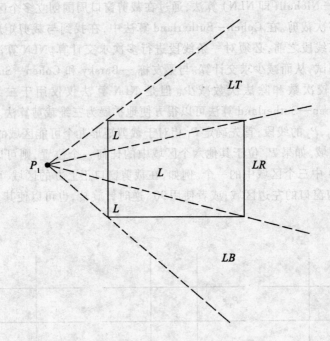

图 7-26 当 P_1 在裁剪窗口的左边时,NLN 算法中的四个裁剪区域

对于第三种情况,当 P_1 在裁剪窗口左上方时,我们采用图 7-27 所示的裁剪区域。在这种情况下,根据 P_1 相对于窗口左上角的位置,有两种可能:如果 P_2 在区域 T、L、TR、TB、LR 或 LB 中,则确定了求交计算的唯一裁剪窗口边界;否则,舍弃整个线段。

为了确定 P_2 位于哪一个区域,要比较该线段的斜率和裁剪区域边界的斜率。例如,如果 P_1 在裁剪边界的左边(如图 7-26),并且满足下列条件,则 P_2 在区域 LT 中:

$$\text{斜率}\overline{P_1P_{TR}} < \text{斜率}\overline{P_1P_2} < \text{斜率}\overline{P_1P_{TL}} \tag{7.40}$$

或
$$\frac{y_T - y_1}{x_R - x_1} < \frac{y_2 - y_1}{x_2 - x_1} < \frac{y_T - y_1}{x_L - x_1} \tag{7.41}$$

如果满足下列条件,则舍弃整条直线:
$$(y_T - y_1)(x_2 - x_1) < (x_L - x_1)(y_2 - y_1) \tag{7.42}$$

在斜率测试中的坐标差值和计算结果将被存储,可用于以后进行求交计算。参数方程式为:
$$x = x_1 + (x_2 - x_1)u$$
$$y = y_1 + (y_2 - y_1)u$$

与窗口左边界的 x 交点位置是 $x = x_L$,而且 $u = (x_L - x_1)/(x_2 - x_1)$,所以 y 交点的位置是:
$$y = y_1 + \frac{y_2 - y_1}{x_1 - x_1}(x_L - x_1) \tag{7.43}$$

并且与窗口顶部边界的交点是 $y = y_T$,而且 $u = (y_T - y_1)/(y_2 - y_1)$,因此
$$x = x_1 + \frac{x_2 - x_1}{y_2 - y_1}(y_T - y_1) \tag{7.44}$$

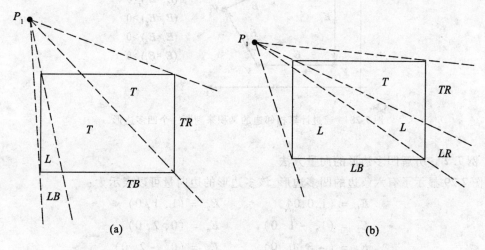

图 7-27　当 P_1 在裁剪窗口的左上方时,NLN 算法中的两种裁剪区域

4. 非矩形裁剪窗口的线段裁剪

在某些应用中,需要使用任意形状的多边形对线段进行裁剪。基于参数化直线方程的算法,如梁友栋—Barsky 算法和早期的 Cyrus—Beck 算法,都可以扩充到凸多边形窗口,只需修改算法使参数化方程适合裁剪区域的边界。根据裁剪的多边形的坐标范围来处理线段,从而完成线段的屏幕显示。对于凹多边形,可以在分解为一组凸多边形后再使用参数化裁剪算法。

也可以使用圆或其他曲线边界进行裁剪,但用得很少。使用这些区域的裁剪算法的速度更慢,因为该算法的求交计算涉及非线性曲线方程。首先要由曲线裁剪区域的包围矩形对线段进行裁剪,完全落在包围矩形之外的线段将被舍弃。我们可以通过计算圆心到线段端点的

距离,从而识别出内部线段。如果线段的两端点到圆心距离的平方小于或等于半径的平方,则存储整条线段。其他线段则通过求解圆 — 直线联立方程来计算交点。

5. 划分凹多边形

通过绕多边形的周长计算相邻向量的叉乘,可以识别出凹多边形。如果一些叉积结果的 z 分量为正,而另一些 z 分量为负,则该多边形为凹多边形;否则为凸多边形。必须假定没有三个相邻的顶点是共线的,因为三点共线的情况下,这两个相邻边相邻的叉积结果为零。如果所有的点是共线的,则得到了退化的多边形(一条直线)。图 7-28 显示了识别凹多边形的边向量的叉积方法。

在 xy 平面上分解凹多边形的向量法,就是按照逆时针的方向计算边向量的叉积结果,并且记录叉积结果 z 分量的符号。如果 z 分量变为负值(如图 7-28 所示),则多边形为凹多边形,可以沿叉乘向量对中第一条边的延长线将多边形分解开。例 7.2 说明了分解凹多边形的方法。

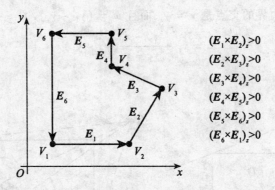

图 7-28 通过计算相邻边的叉积来判断一个凹多边形

例 7.2 分解凹多边形的向量方法

图 7-29 显示了有六条边的凹多边形。该多边形的边向量可以表示为:

$$E_1 = (1,0,0), \quad E_2 = (1,1,0)$$
$$E_3 = (1,-1,0), \quad E_4 = (0,2,0)$$
$$E_5 = (-3,0,0), \quad E_6 = (0,-2,0)$$

其中:z 的分量为 0,因为所有的边都在 xy 平面。$E_i \times E_j$ 这个叉积结果是垂直于 xy 平面的向量,其 z 分量为 $E_{ix} \times E_{jy} - E_{jx} \times E_{iy}$。

$$E_1 \times E_2 = (0,0,1), \quad E_2 \times E_3 = (0,0,-2)$$
$$E_3 \times E_4 = (0,0,2), \quad E_4 \times E_5 = (0,0,6)$$
$$E_5 \times E_6 = (0,0,6), \quad E_6 \times E_1 = (0,0,2)$$

因为 $E_2 \times E_3$ 的叉积向量有负的 z 分量,所以我们沿向量 E_2 的延长线划分多边形。该边的直线方程的斜率为 1 且 y 截距为 -1。然后我们判断该直线与另一多边形的交点,从而将多边形分为两部分。因为这两个多边形没有其他叉积的结果为负,所以它们都为凸多边形。

我们也可以使用旋转法分割凹多边形。绕多边形逆时针前进,将多边形顶点 V_k 平移到坐标原点。然后顺时针旋转,使下一个顶点 V_{k+1} 在 x 轴上。如果下一个顶点 V_{k+2} 在 x 轴下方,

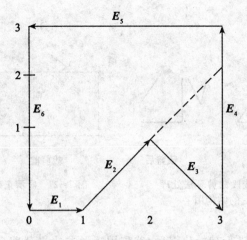

图 7-29　使用向量法分割凹多边形

则多边形为凹多边形,沿 x 轴将多边形分割为两个新的多边形,对这两个新的多边形重复进行凹多边形测试。否则继续旋转 x 轴上的顶点,并测试顶点的 y 值是否为负。图 7-30 说明了分割凹多边形的旋转法。

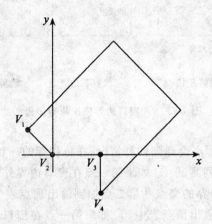

图 7-30　使用旋转法分割凹多边形。在将 V_3 旋转到 x 轴时,发现 V_4 在 x 轴下方,所以沿 $\overline{V_2V_3}$ 划分多边形

7.4.3　多边形的裁剪

为了裁剪多边形,需要修改以上讨论的线段裁剪过程。使用线段裁剪进行处理的多边形边界将显示为一系列不连续的线段(如图 7-31 所示),这取决于多边形对裁剪窗口的方向。而我们真正想要显示的是裁剪后有边界的区域(如图 7-32 所示)。对于多边形裁剪需要一种算法,可以产生一个或多个封闭区域,然后进行扫描转换实现相应的区域填充。多边形裁剪后的输出应该是定义裁剪后的多边形边界的顶点序列。

1. Sutherland-Hodgeman 多边形裁剪

将多边形边界作为一个整体,并根据窗口的每一条边进行裁剪,可以得到正确的裁剪结果。通过依次裁剪矩形的各边界来处理所有多边形的顶点,可以实现这种操作。如图 7-33 所

图 7-31　显示用线段裁剪算法处理多边形后的结构图

图 7-32　显示正确裁剪后的多边形

示,在对多边形的顶点集进行初始化以后,首先用矩形左边界裁剪多边形,从而产生新的顶点序列。这些新的顶点集可以依次传给右边界、下边界和上边界进行处理。在每一步产生的新的输出顶点序列,将传递到下一个窗口边界的裁剪程序。

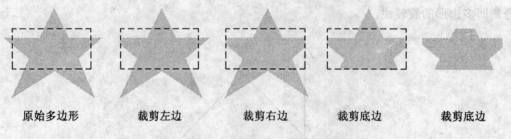

原始多边形　　裁剪左边　　裁剪右边　　裁剪底边　　裁剪底边

图 7-33　用窗口边界依次裁剪多边形

沿着多边形依次处理顶点会遇到四种情况。在将相邻的一对多边形顶点传到窗口的边界裁剪程序时,可以进行下列测试:① 如果第一点在窗口边界外而第二点在窗口边界内,则将多边形的这条边与窗口边界的交点和第二点加到输出顶点表中。② 如果两顶点都在窗口边界内,则只有第二点加到输出顶点表中。③ 如果第一点在窗口边界内而第二点在窗口外,则只有与窗口边界的交点加到输出顶点表中。④ 如果两个点都在窗口边界外,那么输出顶点表中不增加任何点。图 7-34 给出了多边形相邻两顶点的这四种情况。在窗口的一条裁剪边界上处理完所有的顶点后,其输出顶点表将按照窗口的下一条边界继续裁剪。

我们按照窗口左边界说明如何处理图 7-35 所示区域。顶点 1、2 在边界的外面。而点 2 到点 3 的直线上,点 3 在窗口内,因此计算出交点并且保存交点和点 3。点 4、5 则确定在窗口内,所以都要保存。第 6 点和最后一点位于窗口的外部,所以要计算点 5、6 的直线与左边界的交点并将其保存。这五个保存的点按照窗口的下一边界重复进行处理。

要实现上述的算法,就要为窗口各边界裁剪的多边形存储顶点的输出表。如果每一步仅仅裁剪顶点并且将裁剪后的顶点传输到下一边界的裁剪程序,那么就可以减少中间的输出顶点表,否则不再由流水线处理该点。图 7-36 显示了多边形和裁剪窗口的交点。在图 7-37 显示了使用边界裁剪程序的流水线对图 7-36 中的多边形进行操作的步骤。

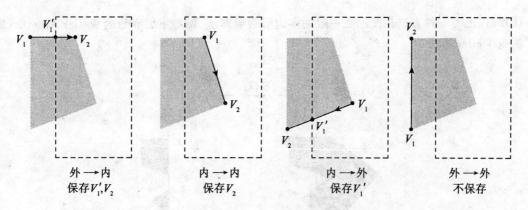

图 7-34 按照窗口左边界连续处理多边形顶点对

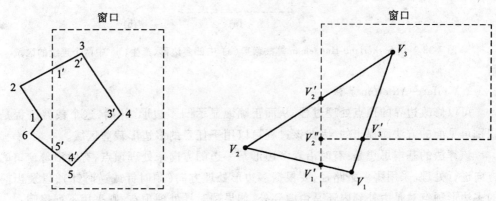

图 7-35 从顶点 1 开始,使用窗口的左边界裁剪多边形,带撇号的数字用于标识输出顶点表中的点

图 7-36 与矩形裁剪窗口重叠的多边形

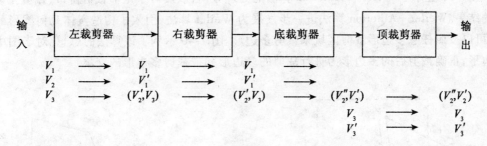

图 7-37 通过边界裁剪流水线处理图 7.36 中的多边形顶点。在流水线处理完所有的顶点后,裁剪的多边形顶点表为 $\{V_2'', V_2', V_3, V_3'\}$

    凸多边形可以使用 Sutherland—Hodgeman 算法获得正确的裁剪结果,但是,对于凹多边形的裁剪将显示出如图 7-38 所示的一条多余的直线。这种情况在裁剪后的多边形有两个或者多个分离部分的时候将会出现。因为只有一个输出顶点表,所以表中最后一个顶点总是连着第一个顶点。为了正确地裁剪凹多边形,然后分别处理各个凸多边形。另一种方法是修改 Sutherland—Hodgeman 算法,沿着任何一个裁剪窗口边界检查顶点表,从而正确地连接

顶点对。还有一种方法是使用更一般的多边形裁剪算法,例如下面介绍的 Weiler-Atherton 算法或 Weiler 算法。

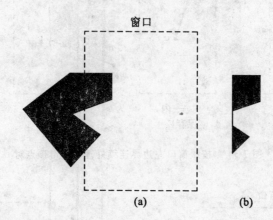

图 7-38　用 Sutherland-Hodgeman 算法裁剪(a)中凹多边形,产生(b)中两个连续的区域

2. Weiler—Atherton 算法

可以修改边界的顶点处理过程,从而正确地显示凹多边形。开始,这个裁剪过程是作为识别可见面的方法而提出的,因此该过程可以用于任意的多边形裁剪区域。

该算法的基本思想是:有时沿着多边形某一边的方向来处理顶点,有时沿着窗口的边界方向进行处理。采用哪一条路径,要根据多边形处理方向(顺时针或逆时针),以及当前处理的多边形顶点对是由外到内还是由内到外。如果顺时针处理顶点,则采用下列规则:

(1) 对由外到内的顶点对,沿着多边形边界的方向。

(2) 对由内到外的顶点对,按顺时针沿着窗口边界的方向。

图 7-39 显示了 Weiler—Atherton 算法的处理方向,以及对于矩形裁剪窗口,裁剪完多边形的结果。Weiler—Atherton 算法进一步发展为 Weiler 算法,引入了构造实体几何图形的思想,可以按照任意多边形裁剪区域来裁剪多边形。图 7-40 示例了该算法的思想。对于图中的多边形,正确裁剪后的多边形为进行裁剪的多边形和被裁剪多边形的交集。

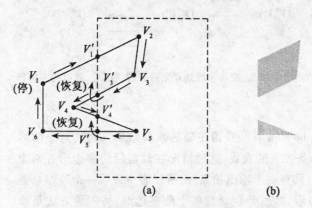

图 7-39　使用 Weiler-Atherton 算法裁剪(a)中的凹多边形,产生(b)中分离的多边形

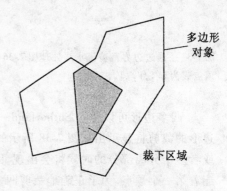

图 7-40　通过确定两个多边形的重叠区域来裁剪多边形

3. 其他多边形的裁剪算法

各种参数化线段裁剪算法也适用于多边形裁剪,尤其适用于凸多边形裁剪窗口的情况。梁友栋—Barskey 直线裁剪算法可以扩展为更一般的多边形裁剪算法,类似于 Sutherland—Hodgeman 算法。参数化的线段表达式则使用类似于线段裁剪中使用的区域测试过程,用于绕多边形处理多边形的边界。

7.4.4 曲线的裁剪

曲线边界的区域可以使用类似以上的方法进行裁剪。曲线的裁剪过程涉及非线性方程,与线性边界的区域处理相比,需要更多的处理。

圆或者其他曲线边界对象的包围矩形,可以用来首先测试是否与矩形裁剪窗口有重叠。如果对象的包围矩形完全落在裁剪窗口内,则保存该对象。如果对象的包围矩形完全落在裁剪窗口外,则舍弃该对象。这两种情况都不必进行计算。如果不满足上述矩形测试的条件,则要寻找其他的计算 — 存储的方法。对于圆,要使用每一个四分之一圆或八分之一圆的坐标范围进行测试,图 7-41 显示了使用矩形窗口对圆进行裁剪的情况。

该方法同样可以用于一般的多边形裁剪区域对曲线边界对象的裁剪。第一步,使用裁剪区域包围矩形对对象的包围矩形进行裁剪。如果两个区域相重叠,则要解析直线-曲线联立方程组,得出裁剪交点。

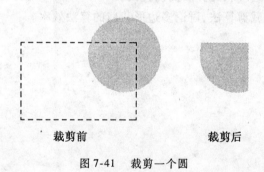

裁剪前　　　　　　裁剪后

图 7-41　裁剪一个圆

7.4.5　外部裁剪

以上仅仅考虑了舍弃裁剪区域外的图像部分、保留裁剪区内的图形部分的裁剪过程。在某些情况下,我们需要进行相反的处理,即裁剪指定区域外的图形,保留位于裁剪区域外的图形部分,即外部裁剪。

外部裁剪应用的典型例子是多窗口系统。要正确地显示屏幕窗口,我们既需要内部裁剪,又需要外部裁剪。窗口内部的对象使用内部裁剪。如果有优先级更高的窗口覆盖在这些对象上,则使用覆盖窗口进行外部裁剪。

外部裁剪也常用于需要覆盖图片的应用中。例如,在广告或出版应用中的页面布局设计,或者为图形加上标签和设计图画的图案。外部裁剪技术还可以合成图形、图像、简图。对于这些应用,可以使用外部裁剪来提供插入到较大图片中的空间。

用于将物体裁剪到凹多边形窗口内部的程序也可以用于外部裁剪。图 7-42 显示了利用

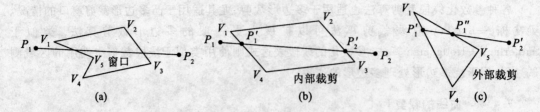

图 7-42 用(a)中凹多边形 $V_1V_2V_3V_4V_5$ 对线段 $\overline{P_1P_2}$ 进行内部裁剪,通过使用凸多边形 $V_1V_2V_3V_4$(b) 和 $V_1V_5V_4$(c)进行裁剪,以产生线段 $\overline{P_1''P_2'}$

凹多边形窗口 $V_1V_2V_3V_4V_5$ 对线段 $\overline{P_1P_2}$ 进行内部裁剪。裁剪线段 $\overline{P_1P_2}$ 可以分为两步:① 首先利用凸多边形 $V_1V_2V_3V_4$ 对 $\overline{P_1P_2}$ 进行内部裁剪,得到裁剪后的线段 $\overline{P_1'P_2'}$(如图 7-42(b) 所示)。② 然后利用凸多边形 $V_1V_5V_4$ 对 $\overline{P_1'P_2'}$ 进行外部裁剪,得到线段 $\overline{P_1''P_2'}$。

思考题

1. 利用线段方程推导公式(7.4),并讨论如何用该式判断多边形的凹凸性。
2. 讨论直线生成算法在矢量 — 栅格转换中的作用。
3. 请写出扫描线多边形填充算法的伪代码。
4. 选择一种线段的裁剪算法,讨论多边形裁剪的算法效率。

第8章 网络分析

随着计算机及测绘技术的不断发展,地理信息产业得以蓬勃发展。网络分析作为GIS应用最主要的功能之一,在交通、电子导航、城市规划以及电力、通信等各种管网、管线的布局设计中发挥了重要的作用。

网络分析中最基本的问题是最短路径问题。最短路径不仅仅指一般地理意义上的距离最短,还可以引申到其他的度量,如时间、成本、费用、线路容量等。相应地,最短路径问题也就与最快路径问题、最低费用问题等本质上是等同的。它们的核心算法都是最短路径算法。

最短路径的求解,必须把现实生活中的道路、管线等各种网络抽象成一种数学结构,这种抽象出来的数学结构被称为网络拓扑结构。于是各种网络分析技术实现的关键在于网络拓扑结构的建立和高效能最短路径算法。在数学和计算机领域,网络被抽象为图。一般而言,无向图可以用邻接矩阵和邻接多重表来表示,而有向图则可以用邻接表和十字链表表示。最短路径算法,关键是将一个物理网络结构抽象为一个数学网络结构,再利用数学方法进行求解。目前,基于图论的最短路径的算法有多种,其中基于 Dijkstra 的算法是经典的最短路径算法。

现实中常有类似在城市间建立通信线路的问题,即在地理网络中从某一点出发能够到达的全部节点(或边)有哪些,如何选择对于用户来说成本最小的线路。这些是连通分析所要解决的问题。连通分析的求解过程实质上是对应图生成树的过程,其中研究最多的是最小生成树的问题。最小生成树问题是带权连通图一个很重要的应用,在解决最优(最小)代价类问题上用途非常广泛。迄今为止,国内外众多学者对赋权无向图中的最小生成树问题进行了许多有价值的研究,提出了若干有效的算法,常见的有避圈法和破圈法。有向图的最小生成树问题在计算机系统工程、电子技术等相关的文献中都有比较详细的叙述。本章将主要阐述赋权无向图的最小生成树问题及其算法。

资源分配也称定位与分配问题,用来模拟地理网络上资源的供应与需求关系,是网络设施布局、规划所需的一个优化的分析工具。定位或选址是指在某一特定区域内选址服务性设施的位置,如确定市郊商店区、消防站、工厂、飞机场、仓库等的最佳位置。分配问题是指设施的服务范围及其资源的分配范围的确定等一类问题,例如通过资源的分配能为城市中的每一条街道上的学生确定最近的学校,为水库提供其供水区等。资源分配是模拟资源如何在中心(学校、消防站、水库等)和周围的网线(街道、水路等)、节点(交叉路口、汽车中转站等)间流动的。本章将在8.3节对这些内容进行介绍。

8.1 路径分析

8.1.1 最小累积耗费路径

首先介绍几个概念。在路径分析中,源栅格可看做是某条路径的起点或终点或目的地。

给定两个或两个以上的源栅格,路径分析就应用于最短路径分析或最近的资源分配。耗费栅格定义了每次在栅格间移动的代价或阻抗。它的特点是,每个栅格的总耗费通常是不同耗费的和,例如创建一个管道系统的耗费包括构建、操作和环境影响因素等耗费。耗费可以是真实的,也可以是相对的。相对耗费是指那些抽象的、难以通过测量获得的耗费,常以一些有序值(如1到5的序列,其中5代表最高的耗费值)表示。为了把所有的耗费栅格合成一个整体,我们可以首先预估并列出一系列的耗费变量,然后为每个耗费变量定义一个栅格,并对这些单个的耗费栅格进行局部求和运算,当这些局部和涵盖了每个单元时,就得到了总的耗费代价。

网络分析中的耗费距离量测基于节点—链单元的表示形式(图8-1)。节点是一个单元的中心,而链(横链、斜链)是连接邻接单元的节点。横链连接是某个单元与它的一个四邻域单元,而斜链连接的是某个单元与它的一个对角邻元。横链的每个单元的距离是1.0,斜链每个单元的距离是1.414。

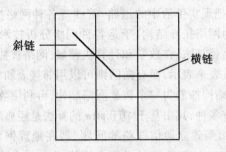

图8-1 耗费距离量测是基于节点—链单元的表示形式:横链连接是某个单元与它直接相邻的单元,而斜链连接的是某个单元与它的一个对角邻元

从一个单元通过横链到另一单元的耗费距离是两个耗费平均值的1.0个单元倍:$1 \times [(C_i + C_j)/2]$。这里C_i是单位i的耗费值,C_j是邻元j的耗费值。另一方面,从一个单元通过斜链到另一单元的耗费距离是两个耗费平均值的1.414个单元倍(见图8-2)。

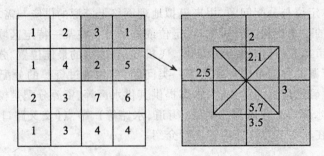

图8-2 横链的耗费距离是连接单元耗费的平均值,例如:(1+3)/2 = 2;斜链的耗费距离是耗费平均值的1.414倍,例如:1.414 × [(1+2)/2] = 2.1

节点—链单元的表示形式使得运动仅限于在八个主方向的相邻单元之间,因此最小耗费路径通常呈现Z字形的图案。一个节点连接更多的邻元也是有可能的(例如,比八邻元

更远的单元),但这样的交叉路径是非直观的,并且需要更复杂的计算机处理程序(Miller 和 Shaw,2001)。

下面介绍生成最小累积耗费路径的算法。

给定一个耗费栅格,我们可以通过将连接两个单元之间每条链的耗费相加来计算两单元之间的累积耗费(图 8-3)。但最小累积耗费路径的求解则更为复杂,因为连接不相邻的两个单元的路径可能有很多条,最小累积路径只有在对所有可能的路径都计算过后才能生成。

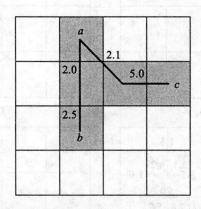

图 8-3 从单元 a 到单元 b 的累积耗费是两条横链的耗费 2.0 与 2.5 的和;从单元 a 到单元 c 的累积耗费是一条斜链和一条横链的耗费 2.1 与 5.0 的和

寻找最小累积耗费路径是一个重复处理的过程,这个过程由激活与源单元邻接的单元并计算这些到单元间的耗费开始。有最小耗费路径的单元是从激活单元列表中选取的,它的值是由输出栅格分配的。然后,与选中单元邻接的那些单元被激活并加入到激活单元列表中,从中选出最小耗费的单元,它的邻接单元又被激活,如此反复。当一单元被重复激活时,意味着这个单元对于源单元而言在一条不同的路径中是可获取的,它的累积耗费必须重复计算,最小累积耗费值将由重复激活的单元来分配。这个过程反复进行,直到输出栅格中的所有单元都由源单元分配了最小累积耗费值时结束。

图 8-4 示例了耗费距离量测的操作。图 8-4(a) 表示一个栅格中有两个源单位在对角位置;图 8-4(b) 是一个耗费栅格,为了简单起见,每两个栅格之间的单元大小都为 1;图 8-4(c) 给出了每条横链和斜链的耗费;图 8-4(d) 表示的是每个单元的最小累积耗费。在注释 8.1 中解释了图 8-4(d) 的生成过程。

注释 8.1 最小累积耗费路径的生成

第一步:激活两个源单元邻接的单元,将这些单元列入激活列表,并计算单元的耗费值。

第二步:具有最小值 1.0 的激活单元分配给输出栅格,并且它的邻接单元被激活。已经存在于激活列表中的第 2 行第 3 列的单元需要重新估计,因为出现了一条新路径。可以得知,这条由所选单元的横链组成的新路径产生了一个比先前的耗费值 4.2 更小的累积耗费值 4.0。

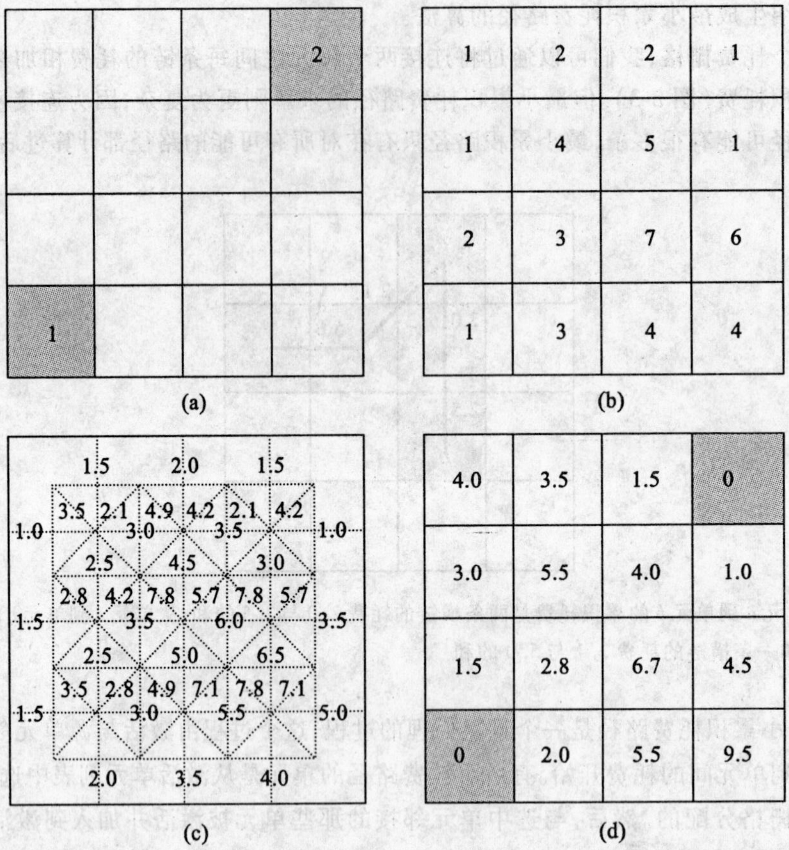

图 8-4 每条链的耗费距离(c)和每个单元的最小累积耗费路径(d)由源单元(a)和耗费栅格(b)生成。见注释 8.1 的生成过程(Kang-tsung Chang,2006)

第三步：两个耗费值为 1.5 的单元被选中，它们的邻接单元被放入激活列表。

第四步：耗费值为 2.0 的单元被选中，它的邻接单元被放入激活列表。这三个被激活的邻接单元中，两个单元已具有累积耗费值 2.8 和 6.7，这两个值保持不变，因为其他路径产生的耗费值更高(分别为 5 和 9.1)。

第五步：耗费值为 2.8 的单元被选中，它的邻接单元都已经分配了累积耗费值。这些值均保持不变，因为新生路径的耗费值都比原值要高。

第六步：耗费值为 3.0 的单元被选中，它的右邻元的耗费值为 5.7，这个值比 3.0 的单元通过横链得到的耗费值 5.5 要高，因此 5.7 的单元更改为 5.5。

第七步：现在除了第 4 行第 4 列的单元外，其余单元都被分配了最小累积耗费值。而最后一个单元无论从哪个源单元出发所得的最小累积耗费值均为 9.5，最终得到图 18.4(d)中的结果。

第一步

		1.5	0
		4.2	1.0
1.5	2.8		
	2.0		

第二步

		1.5	0
		4.0	1.0
1.5	2.8	6.7	4.5
0	2.0		

第三步

	3.5	1.5	0
3.0	5.7	4.0	1.0
1.5	2.8	6.7	4.5
0	2.0		

第四步

	3.5	1.5	0
3.0	5.7	4.0	1.0
1.5	2.8	6.7	4.5
0	2.0	5.5	

第五步

	3.5	1.5	0
3.0	5.7	4.0	1.0
1.5	2.8	6.7	4.5
0	2.0	5.5	

第六步

4.0	3.5	1.5	0
3.0	5.5	4.0	1.0
1.5	2.8	6.7	4.5
0	2.0	5.5	

耗费距离的量测操作可能得到不同类型的输出结果。第一种类型就是如图8-4(d)中的累积耗费栅格;第二种类型是方向栅格,表现了每个单元最小耗费路径的方向;第三种类型是分配栅格,表现了耗费路径量测时源单元对于每个单元的分配量;第四种类型是最短路径栅格,表现了每个单元到源单元的最小耗费路径。用图8-4中同样的数据,图8-5(a)示例了最小耗费路径的两个例子,图8-5(b)表示了源单元对每个单元分配比例,其中颜色最深的单元可以对两个源中的任意一个进行分配。

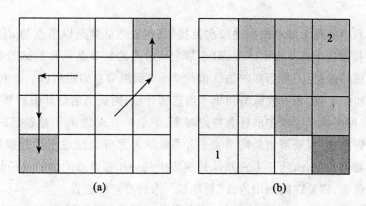

图 8-5 由图8-4同样的输入数据生成最小耗费路径(a)和分配栅格(b)(Kang-tsung Chang,2006)

8.1.2 最短路径分析

最短距离分析就是在网络节点中寻找累积阻抗最小的路径。路径可由两个节点(起点和终点)连成,也可在两点间有一些特定的站点。最短路径分析可以帮助旅行者计划旅行,为快递公司建立递送的捷径,或为紧急响应服务。

最短路径分析开始于阻抗矩阵。在矩阵中,数值表示网络的两个节点之间直接连接的阻抗,而0或无穷大表示无直接连接。而后,在分析中不断重复从节点1到其他所有节点的寻找最短距离的过程(Dijkstra,1959)。

下面叙述最短路径存在的条件。设从 X 到 Y 存在最短路径 u,其路程为 $A(u)$;设其包含了一个回路 ω,路程为 $A(\omega)$。从 u 中去掉 ω,我们可以得到从 X 到 Y 的另一路径 v,则 $A(v) = A(u) - A(\omega)$。若 $A(v) < 0$,则每绕 ω 多走一圈,其路程要缩短 $-A(\omega)$,这样从 X 到 Y 的最短路径是不存在的。概括地说,网络图中无路程为负数的回路,且 X 到 Y 可达,则 X 到 Y 的最短路径总是存在的。

最短路径分析问题有三:

(1) 找出两个给定顶点之间的最短路径。

(2) 从一个顶点到有向图 G 中其他全部点的最短路径(Dijkstra算法)。

(3) 找出所有顶点对之间的最短路径(Floyd算法)。

下面介绍后两个问题的解决方案,即两种最短路径算法。

1. Dijkstra 算法

该算法由荷兰的计算机科学家和数学家 Edsger W. Dijkstra 提出。

设所有节点的集合为 V。指定一起始点 s。对于每个节点 x,我们保持一父节点指针 $p[x]$ 和距离 $d[x]$(距离是从起始点开始量测的)。设置一优先级队列 Q,用以记录尚未检查的节点;它通过 $d[x]$ 排序,并随着程序的运行而变化。另设置一解集 S,其中包含了至今为止检查到的所有节点,以及节点至起始点的最小距离。当该算法在运行、检测到更多节点时,这个集合会扩大。

在开始时,父节点指针设置为空,所有距离值为无穷大(起始点设置为0)。同样地,解集设置为空集。

优先级队列中的每个节点按顺序依次被提取(优先级队列是以节点的 $d[\ ]$ 为基础排序的)。我们将被提取的节点 x 加入解集。对于每个新节点的邻节点 v,我们试图缩小 $d[\ ]$,即作出一个比现在更好的估计:将当前的估计值与节点 x 到根节点的距离($d[\ ]$)和 x、v 间边的权数 $W[x,v]$ 之和作比较。如果该距离和小于当前估计值,则被当前估计值所替代。

结果是,在程序执行过程中的任意特定时刻,解集中节点的 $d[\ ]$ 是锁定的,且代表该点到起始点的最短距离。对于解集外的节点(除了解集为无穷大且位于优先级队列底部的节点外),$d[\ ]$ 是最糟的估计,等于通过跟踪到解集中其一相邻节点的边的路径长度。如果 v 的距离没有发生改变,需要在队列中通过"冒泡法"来调整它的位置。

可以将解集想象成一逐渐增大的岛,它逐渐吸纳那些越来越多环绕它的节点。每一次迭代,我们需要建一座从"岛"到边远节点的"桥"。拾取节点去连接桥时使用的最有效算法是:当优先级队列中一节点到达顶端时,最好的桥是那条从岛上节点通向起始点的最短路径。如果我们不需要遍历整个图而只要量测至特定目的地的距离时,我们只需计算至目的地节点进入解集 S 的那一刻止,并随着父指针回溯到起始点而得到所需解答。如果我们遍历整个图,我们将得到单个起始点到每个点的最短路径。

以下是该算法的伪码(http://www.cs.mcgill.ca/~cs251/):

```
#001        for each x ∈ G:
#002            d[x] <- infinity;
#003            p[x] <- NIL;
#004        d[s] <- 0;
#005        S <- ∅;
#006        Q <- V;
#007        while NotEmpty(Q):
#008            x <- Delete Top(Q);
#009            S <- S union {x};
#010            for each v adjacent to x:
#011                if d[v] > d[v] + W[x,v]:
#012                    d[v] <- d[x] + W[x,v];
#013                    p[v] <- x;
#014            Decrease Key[v,Q];
```

图 8-6 直观地表示了 Dijkstra 算法的步骤(表 8-1 汇总了算法每一步得到的结果):

(1) 开始(图 8-6(a))。

(2) 从 a 开始,与 a 相连的节点有 f,b(图 8-6(b))。a 与 a 的距离为 0(新增 0);f 与 a 的距离为 2(新增 2);b 与 a 的距离为 28(新增 28);与 a 距离最短的节点为 f(图 8-5(c))。

(3) 加入 f 后,与 f 相连的节点有 c,b。经过 f,c 与 a 的距离为 2 + 3 = 5(新增 5);经过 f,b 与 a 的距离为 2 + 8 = 10(取代 28);与 a 距离最短的节点为 c(图 8-6(d))。

(4) 加入 c 后,与 c 相连的节点有 b,e,g。经过 c,b 与 a 的距离为 5 + 20 = 25(保留 10);经过 c,e 与 a 的距离为 5 + 6 = 11(新增 11);经过 c,g 与 a 的距离为 5 + 11 = 16(新增 16);与 a 距离最短的节点为 b(图 8-6(e))。

(5) 加入 b 后,与 b 相连的节点有 e。经过 b,e 与 a 的距离为 10 + 12 = 22(保留 11);与 a 距离最短的节点为 e(图 8-6(f))。

(6) 加入 e 后,与 e 相连的节点有 d。经过 e,d 与 a 的距离为 11 + 13 = 24(新增 24);与 a 距离最短的节点为 g(图 8-6(g))。

(7) 加入 g 后,与 g 相连的节点有 d。经过 g,d 与 a 的距离为 16 + 9 = 25(保留 24);与 a 距离最短的节点为 d(图 8-6(h))。

(8) 加入 d 后,所有节点皆已加入,程序完成。

进行最短路径的计算,必须首先将其按节点和边的关系抽象为图的结构,这在 GIS 中称为构建网络的拓扑关系。只有建立了拓扑关系,我们才能进行网络路径分析。在按标记法实现 Dijkstra 算法的过程中,核心步骤就是从未标记的点中选择一个权值最小的弧段。这是一个循环比较的过程,如果不采用任何技巧,要选择一个权值最小的弧段就必须对属性表进行多次扫描,在大数据量的情况下,这无疑是一个制约计算速度的瓶颈。

可以考虑采用了两个数组来存储网络图,一个用来存储和弧段相关的数据(Net Arc

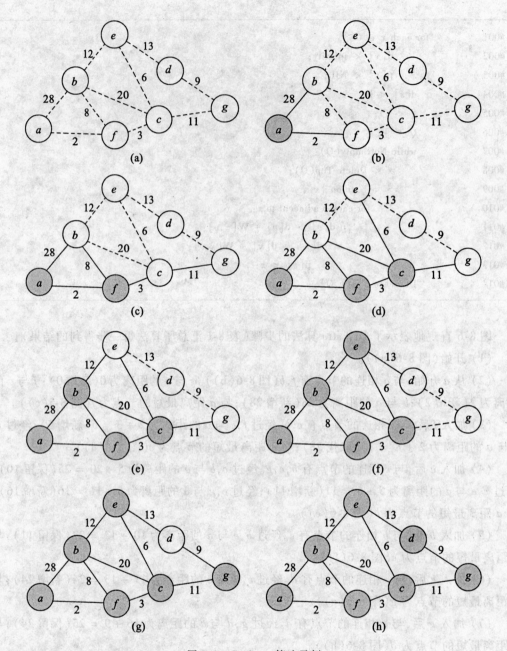

图 8-6 Dijkstra 算法示例

List),另一个则存储和顶点相关的数据(Net Node Index)。Net Arc List 用一个数组维护并且以弧段起点的点号来顺序排列,同一起点的弧段按权值排序;Net Node Index 则相当于一个记录了顶点的索引表,通过它容易得到与此顶点相连的第一条弧段在弧段数组中的位置。这样就可以快速搜索出与任意节点相连的边。

表 8-1　　**Dijkstra 算法的步骤及结果**（灰度表格单元表示每一步选择的节点）

步骤	a	b	c	d	e	f	g
1	∞	∞	∞	∞	∞	∞	∞
2	0	28	∞	∞	∞	2	∞
3	0	10	5	∞	∞	2	∞
4	0	10	5	∞	11	2	16
5	0	10	5	∞	11	2	16
6	0	10	5	24	11	2	16
7	0	10	5	24	11	2	16

2. Floyd 算法

当解决实际交通问题时，常需要计算一个交通网中所有节点间的最短距离。如果一个网有 n 个点，那么就要用 n 次 Dijkstra 算法，每次都要取一个不同的点作为起始点。这个过程很耗时，因此，Dijkstra 算法在决定最短路径上很少用到，而 Floyd 算法则较常用。

该算法原理是：在一个有 n 个点的网络中，命名两个矩阵 D_k 和 Q_k，在第 k 步，计算点 i 到点 j 的含顶点的编号不大于 k 的路径中的最短路径，将这两个矩阵更新 n 次。矩阵 D_k 经 k 次重复运算，求出点 i 和点 j 之间的最短路径；矩阵 Q_k 用 q_{ij}^k 来表示其各元素。q_{ij}^k 记录 i、j 间最短距离的起始节点。对于一个 n 点网络，D_0 和 Q_0 是起始矩阵，D_n 和 Q_n 是结束矩阵。

首先要决定 D_0、Q_0。D_0 的元素 d_{ij} 可如下定义：如果 i,j 点间只有一个连接（分支），二者间的最短距离即 i,j 点间的距离；如果 i,j 点间有许多连接（分支），它们间最短距离 d_{ij}^0，即 i,j 间最短连接的长度，也就是 $d_{ij}^0 = \min[l_1(i,j), l_2(i,j), \cdots, l_m(i,j)]$，其中，$m$ 是 i,j 点间连接线数量。很明显，当 $i = j$ 时，$d_{ij}^0 = 0$；当 i,j 间没有连接时，我们认为它们之间是无限远，即 $d_{ij}^0 = \infty$。

起始矩阵 Q_0 的元素 q_{0j}^0 定义为 $q_{0j}^0 = i, i \neq j$。这即是，对于每对 i,j 点 $(i \neq j)$，i,j 间最小距离的起始点是 i。

在定义好 D_0、Q_0 后，以下步骤可重复使用，来决定 D_n 和 Q_n：

第一步：令 $k = 1$。

第二步：利用以下公式来计算最短路径长度矩阵的第 k 个元素 d_{ij}^k：

$$d_{ij}^k = \min[d_{ij}^{k-1}, d_{ik}^{k-1} + d_{kj}^{k-1}] \tag{8.1}$$

第三步：矩阵 Q_k 的第 k 个元素 q_{ij}^k 可如下计算：

$$\text{当 } d_{ij}^k \neq d_{ij}^{k-1}, q_{ij}^k = q_{kj}^{k-1}；\text{当 } d_{ij}^k = d_{ij}^{k-1}, q_{ij}^k = q_{ij}^{k-1} \tag{8.2}$$

第四步：若 $k = n$，运算结束；若 $k < n$，令 $k = k + 1$，转第二步。

在第二步中，每次我们都要检查在 i,j 之间是否存在比上一次得到的最短路径还要短的路径。假设 $d_{ij}^k \neq d_{ij}^{k-1}$，如在第 k 次运算中得到的最短路径 d_{ij}^k 比在前一次运算中得到的最短路径 d_{ij}^{k-1} 要短，必须更换与 j 相对应的起始点，所以新的最短路径距离为 $d_{ij}^k = d_{ik}^{k-1} + d_{kj}^{k-1}$。很明显,若点 k 是 j 所对应的新的起始点,则 $q_{ij}^k = q_{kj}^{k-1}$。如果在第二步结束,我们没有发现新的更短的路径,就不需要改变 j 的对应起始点,这就是说:若 $q_{ij}^k = q_{kj}^{k-1}$,则 $d_{ij}^k = d_{ij}^{k-1}$。

运算进行 n 次后(n 为网络节点个数),矩阵 D_n 的元素 d_{ij}^n 将记录了 i 到 j 的最短距离。下面,我们通过图 8-7 所示的例子,显示如何求图中所有点间的最短距离(http://nptel.iitm.ac.in/courses/Webcourse-contents/IIT-KANPUR/transport_e/TransportationII/mod13/16slide.htm)。

起始矩阵 D_0 如下:

$$D_0 = \begin{array}{c} \\ 1 \\ 2 \\ 3 \\ 4 \\ 5 \end{array} \begin{array}{c} 1 \quad 2 \quad 3 \quad 4 \quad 5 \\ \begin{bmatrix} 0 & 8 & 3 & 5 & \infty \\ 8 & 0 & 2 & \infty & 5 \\ \infty & 1 & 0 & 3 & 4 \\ 6 & \infty & \infty & 0 & 7 \\ \infty & 5 & \infty & \infty & 0 \end{bmatrix} \end{array}$$

当 $i = j$ 时,$d_{ij}^0 = 0$,故矩阵 D_0 的主对角线上元素全为 0。其中,连接点 1 至点 2 的连接线长为 8,故 $d_{1,2}^0 = 8$;而在图中没有从点 3 至点 1 的连接线,故 $d_{3,1}^0 = \infty$;同样,由于没有直接连接点 5 至点 1 的连接线,$d_{5,1}^0 = \infty$。

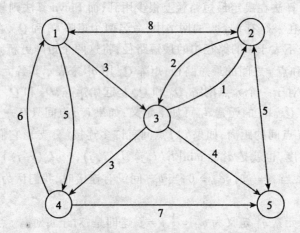

图 8-7 Floyd 算法示例(各线段的长度依次用数字表示)

初始矩阵 Q_0 如下:

$$Q_0 = \begin{array}{c} \\ 1 \\ 2 \\ 3 \\ 4 \\ 5 \end{array} \begin{array}{c} 1 \quad 2 \quad 3 \quad 4 \quad 5 \\ \begin{bmatrix} - & 1 & 1 & 1 & 1 \\ 2 & - & 2 & 2 & 2 \\ 3 & 3 & - & 3 & 3 \\ 4 & 4 & 4 & - & 4 \\ 5 & 5 & 5 & 5 & - \end{bmatrix} \end{array}$$

首先,假设 $i \neq j$,i 就是 i, j 两点间最短距离的起始点。因此,我们有:$q_{2,1}^0 = q_{2,3}^0 = q_{2,4}^0 = q_{2,5}^0 = 2$。

现在，我们来进行运算的第一步，令 $k = 1$。作为对第二步的说明，我们将对矩阵 D_1 的前三行元素进行计算，其他部分的计算留作练习。

$$d_{1,2}^1 = \min[d_{1,2}^0; d_{1,1}^0 + d_{1,2}^0] = \min[8; 0 + 8] = 8$$

$$d_{1,3}^1 = \min[d_{1,3}^0; d_{1,1}^0 + d_{1,3}^0] = \min[3; 0 + 8] = 3$$

$$d_{1,4}^1 = \min[d_{1,4}^0; d_{1,1}^0 + d_{1,4}^0] = \min[5; 0 + 5] = 5$$

$$d_{1,5}^1 = \min[d_{1,5}^0; d_{1,1}^0 + d_{1,5}^0] = \min[\infty; 0 + \infty] = \infty$$

$$d_{2,1}^1 = \min[d_{2,1}^0; d_{2,1}^0 + d_{1,1}^0] = \min[8; 8 + 0] = 8$$

$$d_{2,3}^1 = \min[d_{2,3}^0; d_{2,1}^0 + d_{1,3}^0] = \min[2; 8 + 3] = 2$$

$$d_{2,4}^1 = \min[d_{2,4}^0; d_{2,1}^0 + d_{1,4}^0] = \min[\infty; 8 + 5] = 13$$

$$d_{2,5}^1 = \min[d_{2,5}^0; d_{2,1}^0 + d_{1,5}^0] = \min[5; 8 + \infty] = 5$$

$$d_{3,1}^1 = \min[d_{3,1}^0; d_{3,1}^0 + d_{1,1}^0] = \min[\infty; \infty + \infty] = \infty$$

$$d_{3,2}^1 = \min[d_{3,2}^0; d_{3,1}^0 + d_{1,2}^0] = \min[1; \infty + 8] = 1$$

$$d_{3,4}^1 = \min[d_{3,4}^0; d_{3,1}^0 + d_{1,4}^0] = \min[3; \infty + 5] = 3$$

$$d_{3,5}^1 = \min[d_{3,5}^0; d_{3,1}^0 + d_{1,5}^0] = \min[4; \infty + \infty] = 4$$

矩阵 D_1 如下：

$$D_1 = \begin{matrix} & 1 & 2 & 3 & 4 & 5 \\ 1 \\ 2 \\ 3 \\ 4 \\ 5 \end{matrix} \begin{bmatrix} 0 & 8 & 3 & 5 & \infty \\ 8 & 0 & 2 & ⑬ & 5 \\ \infty & 1 & 0 & 3 & 4 \\ 6 & ⑭ & ⑨ & 0 & 7 \\ \infty & 5 & \infty & \infty & 0 \end{bmatrix}$$

矩阵 D_1 中与矩阵 D_0 不同的元素已经被圈起标出。例如，经过第一步运算，点2至点4间的最短距离为13，而在起始矩阵 D_0 中它们的距离是 ∞，所以

$$d_{2,4}^1 = d_{2,1}^0 + d_{1,4}^0 = 13 < \infty = d_{2,4}^0$$

与4对应的最短距离的起始点由2变为1。在经过第一次运算后，Q_1 如下：

$$Q_1 = \begin{matrix} & 1 & 2 & 3 & 4 & 5 \\ 1 \\ 2 \\ 3 \\ 4 \\ 5 \end{matrix} \begin{bmatrix} - & 1 & 1 & 1 & 1 \\ 2 & - & 2 & 1 & 2 \\ 3 & 3 & - & 3 & 3 \\ 4 & 1 & 1 & - & 4 \\ 5 & 5 & 5 & 5 & - \end{bmatrix}$$

经过第二、三、四、五次计算后，矩阵 $D_2, Q_2, D_3, Q_3, D_4, Q_4$ 和 D_5, Q_5 如下：

$$D_2 = \begin{matrix} & 1 & 2 & 3 & 4 & 5 \\ 1 \\ 2 \\ 3 \\ 4 \\ 5 \end{matrix} \begin{bmatrix} 0 & 8 & 3 & 5 & 13 \\ 8 & 0 & 2 & 13 & 5 \\ 9 & 1 & 0 & 3 & 4 \\ 6 & 14 & 9 & 0 & 7 \\ 13 & 5 & 7 & 18 & 0 \end{bmatrix} \quad Q_2 = \begin{matrix} & 1 & 2 & 3 & 4 & 5 \\ 1 \\ 2 \\ 3 \\ 4 \\ 5 \end{matrix} \begin{bmatrix} - & 1 & 1 & 1 & 2 \\ 2 & - & 2 & 1 & 2 \\ 2 & 3 & - & 3 & 3 \\ 4 & 1 & 1 & - & 4 \\ 2 & 5 & 2 & 1 & - \end{bmatrix}$$

$$D_3 = \begin{array}{c} \\ 1 \\ 2 \\ 3 \\ 4 \\ 5 \end{array} \begin{array}{c} 1\ 2\ 3\ 4\ 5 \\ \left[\begin{array}{ccccc} 0 & 4 & 3 & 5 & 7 \\ 8 & 0 & 2 & 5 & 5 \\ 9 & 1 & 0 & 3 & 4 \\ 6 & 10 & 9 & 0 & 7 \\ 13 & 5 & 7 & 10 & 0 \end{array} \right] \end{array} \quad Q_3 = \begin{array}{c} \\ 1 \\ 2 \\ 3 \\ 4 \\ 5 \end{array} \begin{array}{c} 1\ 2\ 3\ 4\ 5 \\ \left[\begin{array}{ccccc} - & 3 & 1 & 1 & 3 \\ 2 & - & 2 & 3 & 2 \\ 2 & 3 & - & 3 & 3 \\ 4 & 3 & 1 & - & 4 \\ 2 & 5 & 2 & 3 & - \end{array} \right] \end{array}$$

$$D_4 = \begin{array}{c} \\ 1 \\ 2 \\ 3 \\ 4 \\ 5 \end{array} \begin{array}{c} 1\ 2\ 3\ 4\ 5 \\ \left[\begin{array}{ccccc} 0 & 4 & 3 & 5 & 7 \\ 8 & 0 & 2 & 5 & 5 \\ 9 & 1 & 0 & 3 & 4 \\ 6 & 10 & 9 & 0 & 7 \\ 13 & 5 & 7 & 10 & 0 \end{array} \right] \end{array} \quad Q_4 = \begin{array}{c} \\ 1 \\ 2 \\ 3 \\ 4 \\ 5 \end{array} \begin{array}{c} 1\ 2\ 3\ 4\ 5 \\ \left[\begin{array}{ccccc} - & 3 & 1 & 1 & 3 \\ 2 & - & 2 & 3 & 2 \\ 2 & 3 & - & 3 & 3 \\ 4 & 3 & 1 & - & 4 \\ 2 & 5 & 2 & 3 & - \end{array} \right] \end{array}$$

$$D_5 = \begin{array}{c} \\ 1 \\ 2 \\ 3 \\ 4 \\ 5 \end{array} \begin{array}{c} 1\ 2\ 3\ 4\ 5 \\ \left[\begin{array}{ccccc} 0 & 4 & 3 & 5 & 7 \\ 8 & 0 & 2 & 5 & 5 \\ 9 & 1 & 0 & 3 & 4 \\ 6 & 10 & 9 & 0 & 7 \\ 13 & 5 & 7 & 10 & 0 \end{array} \right] \end{array} \quad Q_5 = \begin{array}{c} \\ 1 \\ 2 \\ 3 \\ 4 \\ 5 \end{array} \begin{array}{c} 1\ 2\ 3\ 4\ 5 \\ \left[\begin{array}{ccccc} - & 3 & 1 & 1 & 3 \\ 2 & - & 2 & 3 & 2 \\ 2 & 3 & - & 3 & 3 \\ 4 & 3 & 1 & - & 4 \\ 2 & 5 & 2 & 3 & - \end{array} \right] \end{array}$$

矩阵 D_5 和 Q_5 向我们提供了完整的网络中最短距离信息以及这些最短路径起点终点的信息。比如,点 5 至点 4 的最短距离是 10。同样我们在 Q_5 矩阵中也能得到这样的信息。通过 Q_5,我们可以看出由点 5 至点 4 的最短距离中直接指向点 5 的节点是 $q^5_{5,4} = 3$。因此,由 3 至 4 这一段构成了由 5 至 4 的最短距离的最后一段连接,接着,对于 3 来说的,由 5 至 3 的最短距离的起始点是 $q^5_{5,3} = 2$,所以,2 至 3 至 4 构成了由 5 至 4 的最短距离的一部分。相似地,我们可以看到,$q^5_{5,2} = 5$,所以 5 至 2 至 3 至 4 是最短距离。

8.2 连通分析

现实中常有类似在城市间建立通信线路的问题,即在地理网络中从某一点出发能够到达的全部节点(或边)有哪些,如何选择对于用户来说成本最小的线路。这些是连通分析所要解决的问题。

连通性是图论的一个重要概念。在无向图 $G = (V, E)$ 中,如果从顶点 V_s 到顶点 V_t 有路径,则称 V_s 和 V_t 是连通的。如果对于图 G 中的任意两个顶点 $V_i, V_j \in V, V_i$ 和 V_j 都是连通的,则称 G 为连通图,如图 8-8 中 G_1。而图 8-9(a) 中 G_2 是非连通图,图 8-9(b) 是 G_2 的 3 个连通分量,连通分量定义为无向图中的极大连通子图。在网络分析中,当起始点与终止点分别不在连通的子图内时,让计算机去搜索最优路径是没有意义的;如果事先对图进行连通性分析,将其划分为几个子图,各节点、弧段都设定数值记录它所在的子图编号,可以避免以后的网络分析中出现这类无意义的盲目搜索。

一个连通图的生成树是含有该连通图的全部顶点的一个极小连通子图。它包含 3 个条

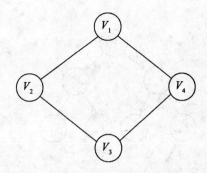

图 8-8　无向图 G_1（连通图）（刘湘南等,2005）

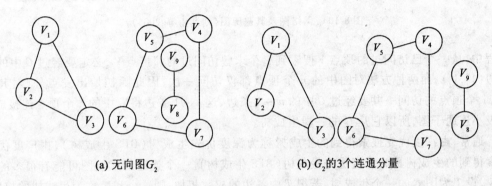

(a) 无向图 G_2　　　　　　(b) G_2 的3个连通分量

图 8-9　无向图及其连通分量（刘湘南等,2005）

件：① 是连通的；② 包含原有连通图的全部节点；③ 不含任何回路。

依据连通图的生成树的定义可知,若连通图 G 的顶点个数为 n,则 G 的生成树的边数为 $n-1$;树无回路,但不相邻顶点连成一边,就会得到一个回路;树是连通的,但去掉任意一条边,就会变为不连通的。对于一个连通图而言,通常采用深度优先遍历或广度优先遍历来求解其生成树。

从图中某一顶点出发访遍图中其余顶点,且使每一顶点仅被访问一次,这一过程叫做图的遍历。遍历图的基本方法有两种:深度优先搜索和广度优先搜索。这两种方法适用于有向图和无向图。

深度优先搜索的基本思想是:从图中的某个顶点出发,然后访问该点的任意一个邻接点,并以该点的邻接点为新的出发点继续访问下一层级的邻接点,从而使整个搜索过程向纵深方向发展,直到图中的所有顶点都被访问过为止。而广度优先搜索是从图中的某个顶点出发,访问该顶点之后依次访问它的所有邻接点,然后分别从这些邻接点出发按深度优先搜索遍历图的其他顶点,直至所有顶点都被访问到为止。这种遍历方法的特点是尽可能优先对横向搜索,故称之为广度优先搜索。两种搜索方法是 GIS 网络分析中比较常用的搜索方法,许多算法的提出都是基于其基本思想进行改进和优化的。图 8-10(a) 是一个具有 8 个节点的网络图,对其分别进行深度优先和广度优先搜索,其搜索过程如图 8-10(b) 和(c)。

设图 $G=(V,E)$ 是一个具有 n 个顶点的连通图,则从 G 的任一顶点出发,作一次深度优先搜索或广度优先搜索,就可将 G 中所有 n 个顶点都被访问到。在使用以上两种搜索方法的

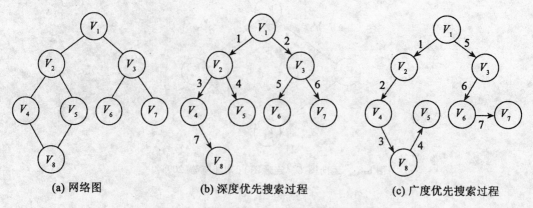

图 8-10　网络图及其遍历图(刘湘南等,2005)

过程中,从一个已访问过的顶点 V 搜索到一个未曾访问过的邻接点 V_j,必定要经过 G 中的一条边 (V_i,V_j);而两种方法对图中的 n 个顶点都仅访问一次,因此除初始出发点外,对其余 $n-1$ 个顶点的访问一共要经过 G 中的 $n-1$ 条边,这 $n-1$ 条边将 G 中的 n 个顶点连接成 G 的极小连通子图,所以它是 G 的一棵生成树。

通常,由深度优先搜索得到的生成树称为深度优先生成树(DFS 生成树),由广度优先搜索得到的生成树称为广度优先生成树(BFS 生成树)。一个连通的赋权图可能有很多的生成树。设 T 为图 G 的一个生成树,若把 T 中各边的权数相加,则这个和数称为生成树的权数。在图中的所有生成树中,权数最小的生成树称为图 G 的最小生成树。

要解决在多个城市间建立通信线路的问题,首先可用图来表示。图的顶点表示城市,边表示两城市间的线路,边上所赋的权值表示代价。对多个顶点的图可以建立许多生成树,每一棵树可以是一个通信网。如果要求出成本最低的通信网,这个问题就转化为求一个带权连通图的最小生成树问题。

已有很多算法求解此问题,其中著名的有 Kruskal 算法和 Prim 算法。Kruskal 算法是 1956 年提出的,俗称"避圈法"。根据前面介绍的最小生成树的概念可知,构造最小生成树有两条依据:① 在网中选择 $n-1$ 条边连接网的 n 个顶点;② 尽可能选取权值为最小的边。

设图 G 是由 m 个节点构成的连通赋权图,则构造最小生成树的步骤如下:

(1) 先把图 G 中的各边按权数从小到大重新排列,并取权数最小的一条边为生成树 T 中的边。

(2) 在剩下的边中,按顺序取下一条边,若该边与生成树中已有的边构成回路,则舍去该边,否则选择进入生成树中。

(3) 重复步骤(2),直到有 $m-1$ 条边被选进 T 中,这 $m-1$ 条边就是图 G 的最小生成树。

构造最小生成树的另一个算法为 Prim 算法,和 Kruskal 算法本质上是相同的。它们都是从以上两条依据出发设计的求解步骤,只不过在表达和具体步骤设计中有所差异而已。其基本思想是:假设 $N=(V,E)$ 是连通网,生成的最小生成树为 $T=(V,TE)$,求 T 的步骤如下:

(1) 初始化: $U=\{u_0\}$, $TE=\{\varphi\}$;

(2) 在所有 $u \in U, v \in V-U$ 的边 $(u,v) \in E$ 中,找到一条权最小的边 (u_0,v_0), $TE+\{(u_0,v_0)\} \rightarrow TE$, $\{v_0\}+U \rightarrow U$;

(3) 如果 $U = V$,则算法结束,否则重复步骤(2)。

最后得到最小生成树 $T = (V, TE)$,其中 TE 为最小生成树的边集。图 8-11(a) 为带权图,(b)、(c)、(d) 表示其生成树。图 8-11 中带权图最小生成树求算过程如图 8-12 所示(刘湘南等,2005)。

具体来说,图 8-11(a) 为一个网,设 $U = \{6\}$, $V - U = \{1,2,3,4,5\}$,在和 6 相关联的所有边中 (6,4) 的权值最小,,因此取 (6, 4) 为最小生成树的第一条边,见图 8-12(a);此时,$U = \{6,4\}$,$V - U = \{1,2,3,5\}$,在所有和 6、4 相关联的边中,(6, 3) 为权值最小的边,取 (6, 3) 为最小生成树的第二边,见图 8-12(b);现在 $U = \{6,4,3\}$,$V - U = \{1,2,5\}$,在所有和 6、4、3 相关联边中,(3, 1) 的权值最小,取 (3, 1) 为最小生成树的第三边,见图 8-12(c);这样,$U = \{6,4,3,1\}$,$V - U = \{2,5\}$,在所有和 6、4、3、1 相关联的边中,(3, 2) 为权值最小的边,取 (3, 2) 为最小生成树的第四条边,见图 8-12(d);$U = \{6,4,3,1,2\}$,$V - U = \{5\}$,U 中顶点和 5 相关联的边权值最小的为 (2, 5),取 (2, 5) 为最小生成树的第五条边,见图 8-12(e)。图 8-12(e) 为最终得到的最小生成树,Prim 算法的时间复杂度为 $O(n^2)$。

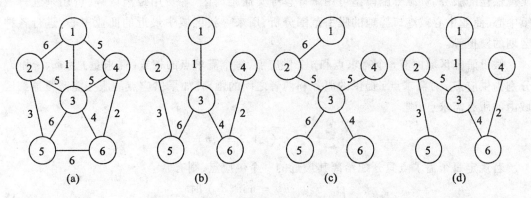

图 8-11 带权图及其生成树

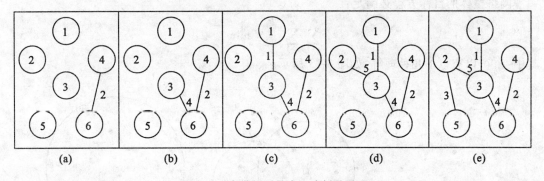

图 8-12 求带权图最小生成树的过程

最小生成树问题的一个典型应用是:某学校选择接送学生的校车行车路线,需要确定哪些学生居住地点距离学校较近而不需享受校车接送服务,以节省时间和资金投入。常见的 GIS 软件已经能够提供菜单式的命令来完成这项任务,在已知网络中以学校这个目的地构造最小生成树,选出从学校到一定距离内的所有街道路段,再通过学生地址与街道地址相匹配的数据库管理系统，识别出因住在选出的街道上而不能享有校车接送服务的学生。

8.3 资源分配

资源分配也称定位与分配问题，用来模拟地理网络上资源的供应与需求关系，是网络设施布局、规划所需的一个优化的分析工具。在多数的应用中，需要解决在网络中选定几个供应中心，并将网络的各边和点分配给某一中心，使各中心所覆盖范围内每一点到中心的总的加权距离最小。这实际上包括定位与分配两个问题：定位是指已知需求源的分布，确定在哪里布设供应点最合适的问题；分配指的是已知供应点，确定其为哪些需求源提供服务的问题。

资源分配网络模型由中心点（分配中心）及其状态属性和网络组成。资源分配有两种方式：①由分配中心向四周输出；②由四周向中心集中。在资源分配模型中，研究区可以是机能区，根据网络流的阻力等来研究中心的吸引区，为网络中的每一链接寻找最近的中心，以实现最佳的服务。资源分配模型可用来计算等交通距离区、等费用距离区等，可用来进行城镇中心、商业中心或港口等地的吸引范围分析，用来寻找区域中最近的商业中心，进行各种区划的模拟等。

假设研究区域内有 n 个需求点和 p 个供应点，每个需求点的权重（需求量）为 w_i，t_{ij} 和 d_{ij} 分别为供应点 j 对需求点 i 提供的服务和两者之间的距离。如果供应点的服务能购覆盖到区域内的所有需求点，则

$$\sum_{j=1}^{p} t_{ij} = w_i (i, 1, 2, \cdots, n) \tag{8.3}$$

若规定每个需求点只分配给离其最近的一个供应点，则有

$$\begin{cases} t_{ij} = w_i, d_{ij} = \min(d_{ij}) & \text{时} \\ t_{ij} = 0, & \text{其他情况} \end{cases} \tag{8.4}$$

网络整体的目标方程必满足：

$$\sum_{i=1}^{n} \sum_{j=1}^{p} c_{ij} = \min \tag{8.5}$$

其中：c_{ij} 可以有以下几种理解，如图 8-13 所示。

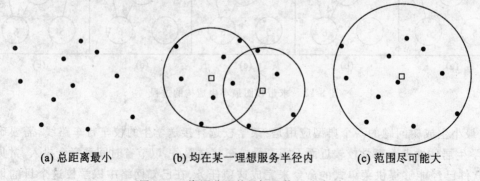

(a) 总距离最小　　(b) 均在某一理想服务半径内　　(c) 范围尽可能大

图 8-13　资源分配的目标函数 c_{ij} 的解读

(1) 当要求所有需求点到供应点的距离最小时：
$$c_{ij} = w_i d_{ij} \tag{8.6}$$

(2) 当要求所有需求点均在某一理想服务半径 s 之内时：
$$c_{ij} = \begin{cases} w_i d_{ij} & d_{ij} \le s \\ +\infty & d_{ij} > s \end{cases} \tag{8.7}$$

(3) 当要求所有供应点的服务范围尽可能最大，即新增需求点的代价最低时：
$$c_{ij} = \begin{cases} 0 & d_{ij} \le s \\ w_i & d_{ij} > s \end{cases} \tag{8.8}$$

以上是资源分配问题的基本数学表达。在运筹学里，可以通过线性规划理论与方法求其最佳解。但是当网络节点众多时（如超过 100 个点），则计算量将非常大。

8.3.1 选址问题

选址也称为定位，是指在某一特定区域内选址服务性设施的位置，如确定市郊商店区、消防站、工厂、飞机场、仓库等的最佳位置。网络分析中的选址问题一般限定设施必须位于某个节点或位于某条网线上，或限定在若干候选地点中选择位置。选址问题的数学模型取决于可供选择的范围、所选位置的质量判断标准这两个条件。

给定一个地理网络 $D = (V, E)$，其中 V 表示地理网络节点的集合，E 表示地理网络边的集合。令 $d(p, q)$ 表示从顶点 p 到顶点 q 之间的距离；令 R 表示矩阵，矩阵的第 p、q 个元素是 $d(p, q)$，矩阵 R 元素称为顶点—顶点距离(vertex-vertex distance, VVD)；$d(f_-(i, j), q)$ 表示从网络边 (v_i, v_j) 上的 f_- 点到节点 q 之间的距离，这个长度称为点—顶点距离(point-vertex distance, PVD)；$d'(p, (i, j))$ 表示从顶点到网络边 (v_i, v_j) 的最大距离，此长度称为顶点—弧距离(vertex-arc distance)。

进一步可确定如下的距离：从顶点 p 到任一顶点的最大距离 $\mathrm{MVV}(p) = \max_q \{d(p, q)\}$，从顶点 p 到所有顶点的总距离 $\mathrm{SVV}(p) = \sum_q d(p, q)$，从顶点 p 到所有弧的最大距离 $\mathrm{MVA}(p) = \max_{(i,j)} \{d'(p, (i, j))\}$，从顶点 p 到所有弧的总距离 $\mathrm{SVA}(p) = \sum_{(i,j)} \{d'(p, (i, j))\}$，从网络边 (v_i, v_j) 上的 f_- 点到任一节点的最大距离 $\mathrm{MPV}(f_-(i, j)) = \max_q \{d(f_-(i, j)), q\}$，从网络边 (v_i, v_j) 上的 f_- 点到所有各节点的总距离 $\mathrm{SPV}(f_-(i, j)) = \sum_q d(f_-(i, j), q)$。同样，我们还可以定义各网络边到所有各条网络边的最大距离 $(\mathrm{MPA}(f_-(i, j)))$ 或总距离 $(\mathrm{SPA}(f_-(i, j)))$。

基于以上变量的定义，给出有关中心点和中位点的概念。使最大距离达到最小的位置称为网络的中心点，使最大距离总和达到最小的位置称为网络的中位点。一个地理网络的中心点主要有中心、一般中心、绝对中心和一般绝对中心等。

各类地理网络的中心点的数学表达可分别列出。地理网络的中心点是网络中距最远节点最近的一个节点 v_x，即 $\mathrm{MVV}(x) = \min_i \{\mathrm{MVV}(i)\}$；地理网络的一般中心是距最远点最近的一个节点 v_x，即 $\mathrm{MVA}(x) = \min_i \{\mathrm{MVA}(i)\}$；地理网络的绝对中心是距最远节点最近的任

意一点 v_x，即 $\mathrm{MPV}(f_-(i,j)) = \min\{\mathrm{MPV}(f_-(r,s))\}$；地理网络的一般绝对中心是距最远点最近的任意一点 v_x，即 $\mathrm{MPA}(f_-(i,j)) = \min\{\mathrm{MPA}(f_-(r,s))\}$。

类似地，可列出各类中位点的数学表达。地理网络的中位点是从该点到其他各节点有最小总距离的一个节点 v_x，即 $\mathrm{SVV}(x) = \min_i\{\mathrm{SVV}(i)\}$；地理网络的一般中位点是从该点到其他各节点有最小总距离的一个节点 v_x，即 $\mathrm{SVA}(x) = \min_i\{\mathrm{SVA}(i)\}$；地理网络的绝对中位点是从该点到所有各节点有最小总距离的任意一点，即 $\mathrm{SPV}(f_-(i,j)) = \min\{\mathrm{SPV}(f_-(r,s))\}$；地理网络的一般绝对中位点是从该点到所有各条网络边有最小总距离的任意一点，即 $\mathrm{SPA}(f_-(i,j)) = \min\{\mathrm{SPA}(f_-(r,s))\}$。

现有一指定邮区，需在该邮区范围内的 5 个城市中选择一个城市作为中心局所在地。将城市用图的顶点表示，各顶点之间的连线表示各城市间邮件的进、出和转口的关系，连线的权值则设为两城市间运送邮件所耗费的成本（包含诸如路程长短、邮运工具、业务量的大小、邮件的流向及经转次数等因素。具体数据如图 8-14 所示。

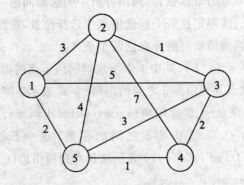

图 8-14　邮区城市示意图（刘湘南等，2005）

选择问题中最关键的是确定选择的标准，也就是在选择过程中是以中心点法还是中位点法为依据。就本例而言，由中心点法得到的顶点指的是该顶点所代表的城市与其他城市间的邮件往来的最大成本为最小；而由中位点法得到的顶点则表示所得的城市与其他城市的邮件往来的总成本为最小。

无论选择哪种方法都必须先求出 R 矩阵。可利用 Floyd 算法求出 R 矩阵：

$$R = \begin{bmatrix} 0 & 3 & 5 & 3 & 2 \\ 3 & 0 & 1 & 3 & 4 \\ 5 & 1 & 0 & 2 & 3 \\ 3 & 3 & 2 & 0 & 1 \\ 2 & 4 & 3 & 1 & 0 \end{bmatrix} \tag{8.9}$$

如果选择以中心点为标准，根据前面给出的中心点的数学表达式可以先求出从城市 1 到其他各个城市的运送邮件的最大成本，然后依次求出城市 2、3、4、5 到其他各个城市运送邮件的最大成本 $\mathrm{MVV}(i)$，计算过程如下：

$$\begin{cases} \text{MVV}(1) = \max\{0,3,5,3,2\} = 5 \\ \text{MVV}(2) = \max\{3,0,1,3,4\} = 4 \\ \text{MVV}(3) = \max\{5,1,0,2,3\} = 5 \\ \text{MVV}(4) = \max\{3,3,2,0,1\} = 3 \\ \text{MVV}(5) = \max\{2,4,3,1,0\} = 4 \end{cases} \quad (8.10)$$

从顶点4到其他顶点的最大距离为3,实际意义是从城市4向其他城市运送邮件的最大成本为最小,由此可知邮区中心局地址设置在该城市,可保证从邮区中心局到该邮区的其他收投点的邮件最大运送成本为最小。

如果选择以中位点法为标准,则求出的中位点的实际意义表示从该点向其他城市运送邮件的总成本为最小。同理,根据中位点的数学表达式要先求出 $\text{SVV}(i)$。

$$\begin{cases} \text{SVV}(1) = 3+5+3+2 = 13 \\ \text{SVV}(2) = 3+1+3+4 = 11 \\ \text{SVV}(3) = 5+1+2+3 = 11 \\ \text{SVV}(4) = 3+3+2+1 = 9 \\ \text{SVV}(5) = 2+4+3+1 = 10 \end{cases} \quad (8.11)$$

由此得 $\{\text{SVV}(x)\} = \min\{13,11,11,9,10\} = 9 = \text{SVV}(4)$,即顶点4是该邮区的中位点,从城市4向其他各城市运送邮件的总成本为最小。

以上选址中仅考虑中心局位于代表城市的顶点上,在实际应用中还会出现小级别的投递点,这些点是以连续上的点出现的。在这种情况下就要选址以一般中心法为标准,得出的一般中心所代表的是从该中心到邮区内的最远邮件投递点的运送成本为最小,具体求解方法类似上例,这里不予详细说明。另外,选址问题数学模型要根据需要作相应的改进,如何把给定的地理网络用图的形式表示出来,各个点之间的路线如何确定、网络线的方向如何确定、连线的权值如何确定等问题都要在实际工作中考虑周全。选址问题的应用中还会出现在多个候选点中选择几个位置,使之满足一定需求条件的情况,有关这类问题的解决方法将在 P 中心定位与分配问题中详细阐述。

8.3.2 分配问题

分配问题是指设施的服务范围及其资源的分配范围的确定等一类问题,例如通过资源的分配能为城市中的每一条街道上的学生确定最近的学校,为水库提供其供水区等。资源分配是模拟资源如何在中心(学校、消防站、水库等)和周围的网线(街道、水路等)、节点(交叉路口、汽车中转站等)间流动的。

在计算设施的服务范围及其资源的分配范围时,网络各元素的属性也会对资源的实际分配有很大影响。主要属性包括中心的供应量和最大阻值,网络边和网络节点的需求量及最大阻值等,有时也用到拐角的属性。根据中心容量以及网线和节点的需求将网线和节点分配给中心,分配沿最佳路径进行。当网络元素被分配给某个中心时,该中心拥有的资源量就依据网络元素的需求而缩减,随中心的资源耗尽,分配停止。

分配问题有两种含义:

1. 确定中心服务范围

地理网络的中心服务范围是指一个服务中心在给定的时间或范围内能够到达的区域。

严格定义可表述如下:设 $D = (V,E,c)$ 为一给定的带中心的地理网络,V 代表地理网络节点的集合,E 表示地理网络边的集合,c 表示地理网络的一个中心。设中心的阻值为 c_ω,ω_{ij} 表示网络边 e_{ij} 的费用,r 表示地理网络上任何节点到中心 (v_i,v_c) 间的一条路径,r_{ic} 表示该路径的费用。在不考虑货源量和需求量的情况下,中心的服务范围定义为满足下列条件的网络边和网络节点的集合 F:

$$F = \{v_i \mid r_{ic} \leq c_\omega, v_i \in r\} \cup \{e_{ij} \mid r_{ic} + \omega_{ij} \leq c_\omega, v_i \in r\} \quad (8.12)$$

中心的阻值 c_ω 可理解为资源从中心沿某一路径分配的总费用的最大值,在中心服务范围内从中心出发的任意路径费用不能超过中心的阻值。例如要求学生到校的时间不超过 15 分钟,则学校的阻值是 15 分钟,中心的阻值针对不同的应用具有不同的含义。

确定中心服务范围的基本思想是:依次求出服务费用不超过中心阻值的路径,这些路径的网络节点和边的集合构成了该中心的服务范围。具体处理时是运用广度优先搜索算法,将地理网络从中心开始,根据中心的阻值和网络边的费用,由近及远,依次访问和中心有路径相通且路径费用不超过中心阻值的节点,确定达到的最短路径。主要步骤为:① 根据拓扑关系,计算地理网络的最大邻接节点数;② 构造邻接节点矩阵和初始判断矩阵描述地理网络结构;③ 应用广度优先搜索算法确定地理网络中心的服务范围。

2. 确定中心资源分配范围

资源分配反映了网络中资源的供需关系,"供"代表一定数量的资源或货物,位于中心,"需"指对资源的利用。通常用地理网络的中心模拟提供服务的设施,如学校、消防站等;用网络边和网络节点模拟被服务的一方,如沿街道居住的学生等。供需关系导致在网络中必然存在资源的运输和流动,资源或者从供方送到需方,或者由需方到供方索取。供方和需方之间是多对多的关系,比如一个学生可以到许多学校去上学,多个电站可以为同一区域的多个客户提供服务。于是存在优化配置的问题。优选的目的在于:一方面,要求供方能够提供足够的资源给需方;另一方面,对于已建立供需关系的双方,要实现供需成本的最低。

资源分配是将地理网络的边或网络节点,按照中心的供应量及网络边和网络节点的需求量,分配给一个中心的过程。确定中心资源的分配范围就是确定地理网络中由哪些网络边和网络节点所组成的区域接受该中心的资源分配,处理时既要考虑到网络边和网络节点的需求量,又要考虑中心的总需求量。即求出到中心费用不超过中心最大阻值,同时网络的总需求量不超过中心的货源量的路径,组成这些路径的网络节点和边的集合就构成了该中心资源分配的范围。

资源的分配范围定义可以表述如下:设 $D = (V,E,c)$ 为一给定的带中心的地理网络,设中心的货源量为 c_s,中心的阻值为 c_ω;d_{ij}、ω_{ij} 分别表示网络边 e_{ij} 的需求量和费用;r 表示地理网络上任何节点到中心 (v_i,v_c) 间的最短路径;r_{ic} 为该路径的费用;m 是网络当前的总需求量。则资源的分配范围为满足下列条件的网络边和网络节点的集合 P

$$P = \{v_i \mid r_{ic} \leq c_\omega, m \leq c_s, v_i \in r\} \cup \{e_{ij} \mid r_{ic} + \omega_{ij} \leq c_\omega, m + \omega_{ij} \leq c_s, v_i \in r\} \quad (8.13)$$

具体求解中心资源的分配范围时与服务范围的搜索方法类似,算法的主要步骤如下:

(1) 将中心所在的节点作为 V_0,放入已标记节点集 S 中,并初始化有关变量。

(2) 如果整个网络都已被分配,则停止;否则,执行步骤(4)。

(3) 如果总货源量都已被分配,则停止;否则,执行步骤(4)。

(4) 在尚未分配的节点集 $\bar{S}$ 中,寻找距离中心 V_0 路径最短的节点 V_n,假设 V_n 的前一点

是 V_m，将 (V_m, V_n) 作为当前处理的边。

(5) 判断网络流在边 (V_m, V_n) 上的运行情况：① 边接受到的来自 V_m 点的流量 LR_{mn} = $\min\{LL_{mn}, PO_m\}$；② 边消耗掉的流量 $LF_{mn} = \min\{LD_{mn}, LR_{mn}\}$；③ 由该边流向 V_n 的流量 $LO_{mn} = LR_{mn} - LF_{mn}$。其中，$LD_{mn}$、$LL_{mn}$ 分别为 (V_m, V_n) 边的需求量和通行能力，PO_m 为 V_m 发出的流量。

(6) 如果 (V_m, V_n) 边流向 V_n 点的流量为0，则该边停止运输；如果 (V_m, V_n) 边流向 V_n 的流量小于该边的需求量，则将该边的一部分分配给中心后，停止运输；如果 (V_m, V_n) 边流向 V_n 点的流量大于该边的需求量，则考察网络流在 V_n 点上的接受量 PR_n、消耗量 PF_n 和发出量 PO_n。

(7) 判断网络流在节点上的运行情况，与网络流在边上的运行情况类似：① 节点 V_n 接受到的来自 (V_m, V_n) 的流量 $PR_n = \min\{PL_n, LO_{mn}\}$；② 节点 V_n 消耗掉的流量 $PF_n = \min\{PD_n, PR_n\}$；③ 由节点 V_n 流向相邻边的流量 $PO_n = PR_n - PF_n$。其中，PD_n、PL_n 分别为节点 V_n 的需求量和通行能力。

(8) 如果 $PO_n \leq 0$，则该点停止运输；如果 $PO_n > 0$，则考察与节点 V_n 相邻的边。

(9) 如果存在与 V_n 点相邻的边 (V_n, V_r)，该边尚未分配而该边的点 V_n 已经分配，则给该边分配它所需要的量 LD_{nr}，此时，从 V_n 点流向其他相邻的、且另一端点尚未分配的边的流量为 $PO_n = PO_n - LD_{nr}$。

(10) 记录已分配的节点 V_m、边 (V_m, V_n) 或边 (V_n, V_r)，并从未分配的点、边集合 $\overline{S}$ 和 $\overline{Q}$ 中减去这些元素，将点 V_n 作为当前节点。

最后，计算全网络点或边的总消耗量 LET、PET，点或边的分配数 LNT、PNT 以及总的消耗量 TF。

思考题

1. 请综合讨论网络距离的概念。
2. 比较 Dijkstra 算法与 Floyd 算法，并用后者解答图 8-6 所示的问题。
3. 以图 8-11(a) 为例，分别利用深度优先搜索和广度优先搜索方法，编程实现最小生成树的计算。
4. 自行改变图 8-14 中连线的权值，分别以中心点法和中位点法为依据，解求邮局的最佳选址。

第9章 空间抽样

抽样调查是一种概率抽样,其最简单形式是等可能抽样,即简单随机抽样。抽样调查的理论基础是概率论与数理统计,它是根据调查的目的、调查费用、调查精度和信度设计的一种最能代表总体并反映其特性的抽样方式。研究抽样调查就是要设计一套估计、预测、数据处理和统计分析的方法,并给出估计和预测的精度和可靠性。它的优点有:

(1) 收集资料快,能及时捕捉信息。

(2) 收集的资料准确可靠。

(3) 抽样调查以概率论和数理统计为理论基础,对所得资料进行数理统计分析,便于深入地开发资料,得出比较全面和深刻的结论。

(4) 抽样调查可以节省人力、物力、财力,用比较少的钱办比较多的事。

(5) 由于抽样调查建立在概率论的基础上,所以它可以对各种抽样方法和抽样结果进行比较科学的评价和分析,通过对各种方法的比较和分析,从中选出最优的调查方案。

在地理信息科学领域,抽样调查的重要性和作用不言而喻。本章将介绍抽样的统计学基础,重点阐述简单随机抽样和分层抽样原理与方法。最后,通过例子,突出地理空间采样的特殊性,尤其是空间相关性的影响与对策。

9.1 抽样的统计学基础

9.1.1 总体与样本

1. 总体

总体是指研究对象的全体。对于研究对象全体的理解通常有两种:① 研究对象中基本单位的集合构成的总体,即实在总体。② 基本单位的标志值的集合构成的总体,即数字总体。

在抽样调查中,总体又分为目的总体和被抽样总体。目的总体是指所研究对象的全体,而被抽样总体是指抽样单位构成的总体。当目的总体具有完备的抽样名单时,二者是一致的。但是有时无法取得目的总体名单,或者编制这样的目录名单比较麻烦,只能从与目的总体相近而又具备名单的总体中抽取样本,这个总体称作抽样总体。例如我们研究的目的是调查某地区的人均收入,目的总体是这一地区所有人构成的总体,而抽样时是以户为单位抽样,由这一地区所有户构成的总体是被抽样总体。抽样调查所研究的总体主要是值被抽样总体。

总体根据其包括总体单位的数目可分为无限总体与有限总体。对于无限总体通常又有离散型与非离散型之分。离散型总体所含的基本单位的个数是可列多个,即可以与正整数一一对应;而非离散型所含的基本单位充满某一个区间。例如,在一段时间内,电话总机所得的呼叫次数,是一个无限离散型总体;而一段时间内,某地区气温构成一个非离散型总体。对离散型的无限总体进行抽样,前一个单位的抽象结果不会影响后一个单位抽取的概率,所以抽样是独立进行的。而对于离散型的有限总体,采取有放回抽样的方式抽样,抽样是独立的,而抽样调查多采用不放回抽样,所以抽样是不独立的。抽样调查所研究的总体大多是离散的有限总体。

设 Ω_N 是有明确编号的 N 个单位 $\omega_1, \omega_2, \cdots, \omega_N$ 组成的被抽样总体, $N \leq +\infty$,即 $\Omega_N = \{\omega_1, \omega_2, \cdots, \omega_N\}$。

对于每一个单位,即个体 ω_i,有一个标志值 Y_i 与之对应,这样产生了一个集合: $\pi_N = \{Y_1, Y_2, \cdots, Y_N\}$,它为一维的数字总体。

对于每一个个体 ω_i,有 m 个标志值: $Y_i = (Z_1^{(i)}, Z_2^{(i)}, \cdots, Z_m^{(i)})$ 与之对应,这样构成的集合 $\pi_N = \{(Z_1^{(i)}, Z_2^{(i)}, \cdots, Z_m^{(i)}), \cdots, (Z_1^{(N)}, Z_2^{(N)}, \cdots, Z_m^{(N)})\}$ 为一个 m 维的数字总体。

例如,有 N 个人构成的被抽样总体 $\Omega_N = \{\omega_1, \omega_2, \cdots, \omega_N\}$, ω_i 代表第 i 个人。

年龄 Y_i 作为第 i 个人的年龄标志,构成 $\pi_N = \{Y_1, Y_2, \cdots, Y_N\}$ 为年龄的一维数字总体。

对于每个人,要了解年龄 Z_1,性别 Z_2,身高 Z_3,体重 Z_4,所以第 i 个人 ω_i 对应四个标志值,即 $Y_i = (Z_1^{(i)}, Z_2^{(i)}, \cdots, Z_4^{(i)})$ 与 ω_i 对应,构成总体 $\pi_N = \{(Z_1^{(i)}, \cdots, Z_4^{(i)}), \cdots, (Z_1^{(N)}, \cdots, Z_4^{(N)})\}$ 为四维数字总体。抽样理论中提到的总体,一般是指数字总体。

2. 样本

样本是指抽样时入样的那部分个体构成的集合,设总体为 $\pi_N = \{Y_1, Y_2, \cdots, Y_N\}$,从中取出 n 个个体构成集合 $y = \{Y_{i_1}, Y_{i_2}, \cdots, Y_{i_n}\}$,其中 i_k 是第 k 个入样个体的号码,即入样号。为方便计,将 Y_{i_k} 记为 $y_k (k=1,2,\cdots,n)$, $y = (y_1, y_2, \cdots, y_n)$ 为一个样本。样本中含个体的个数 n 称为样本容量。

样本的抽取方法分为概率抽样与非概率抽样,抽样的方式又分为有放回抽样(或称为重复抽样)和无放回抽样(或称为不重复抽样)。

3. 抽样单位与抽样框

(1) 抽样单位(sampling unit)

将总体划分成互不重叠且有限多个部分,每个部分称为一个抽样单位。抽样单位不一定就是组成总体的最小单位即个体。例如在家庭调查中,将家庭作为抽样单位;在全国人口变动调查中,将县或乡(街)作为抽样单位。抽样单位可以是自然形成的(例如各行政单位、家庭和个人),也可以是人为划分的。例如为调查田地中的害虫的总数,将整块地划成每边长为1米的正方形小块,而将每一小块作为抽样单位。这种划分甚至不一定要到现场去做,例如调查森林资源时,在一张地图上划分即可。

抽样单位又可以有大小之分。一个大的抽样单位(例如省),又可以分成若干小的单位(例如县)。前者称为初级单位或一级单位,后者称为次级单位或二级单位,次级单位又可分成更小的单位,即三级单位、四级单位等。最小的抽样单位称为基本抽样单位。将抽样单位分级主要是基于具体抽样方法而考虑的。例如在一项全国性调查中,先按省抽取,省是一级抽样单位,在入样的省中再按县抽取若干县入样,县就是二级抽样单位,依次类推。

(2) 抽样框(sampling frame)

划分抽样单位并将它们编号的过程就是构成抽样框的过程。抽样框是有关抽样单位的一本名册、一幅地图或一份档案,其中每个抽样单位都被编上适当的号码,抽样框是调查工作者编制并实施一个抽样调查方案所必需的,一旦某一个抽样单位被抽取,根据抽样框,就可以在实际中找到这个单位,从而进行实地调查。

包括所有抽样单位的抽样框,称为"完全抽样框",完全抽样框包含总体的所有个体,且每个个体只出现一次。事实上完全抽样框很少见,一般的抽样框总有残缺不全或重复模糊不清之处。有些总体要取得比较完全的抽样框是十分困难的,或者是不可能的。

9.1.2 抽样问题的描述

1. 总体数字特征

抽样调查研究的对象是一个有限总体。其对应的数字总体可能是一维的,也可能是多维的。对于一维总体,我们主要研究的是总体标志值的总量和平均数,这也是抽样调查主要研究的问题。至于多维总体我们将结合一些实例进行分析研究,利用数理统计的方法,揭示一些比较深刻的统计规律和结论。

设 $\pi_N = \{Y_1, Y_2, \cdots, Y_N\}$ 是一个一维总体,在没有特别声明时,我们总认为每个 Y_i 被抽取的概率相同,即 $P\{Y = Y_i\} = \frac{1}{N}(i = 1, \cdots, N)$。于是有:

(1) Y 的期望值(均值)

$$\mathrm{E}Y = \sum_{i=1}^{N} Y_i P(Y = Y_i) = \frac{1}{N}\sum_{i=1}^{N} Y_i = \overline{Y} \tag{9.1}$$

(2) Y 的方差

$$\mathrm{D}Y = E(Y - \overline{Y})^2 = \sum_{i=1}^{N}(Y_i - \overline{Y})^2 P(Y = Y_i)$$

$$= \frac{1}{N}\sum_{i=1}^{N}(Y_i - \overline{Y})^2 = \sigma^2 \tag{9.2}$$

修正方差

$$S^2 = \frac{1}{N-1}\sum_{i=1}^{N}(Y_i - \overline{Y})^2 \tag{9.3}$$

(3) 变异系数

$$C^2 = S^2 / (\overline{Y})^2 \tag{9.4}$$

(4) 标志值总量

$$\widetilde{Y} = \sum_{i=1}^{N} Y_i \tag{9.5}$$

标志值均值

$$\mathrm{E}Y = \overline{Y} = \frac{1}{N}\sum_{i=1}^{N} Y_i = \frac{1}{N}\widetilde{Y} \tag{9.6}$$

2. 调查的目标量

一般情况下抽样调查的目标量有以下几种:

(1) 总体标志值的总量 $\widetilde{Y}$

$\tilde{Y} = \sum_{i=1}^{N} Y_i$,例如全国总人口数,一个地区粮食的总产量,某珍稀动物现存总数量等。

(2) 总体标志值的平均值 $\bar{Y}$

$\bar{Y} = \frac{1}{N}\tilde{Y} = \frac{1}{N}\sum_{i=1}^{N} Y_i$,例如,职工的平均工资、平均产量、平均成绩、平均寿命等。

(3) 总体中具有某种属性的个体的总个数 N_1,总体中具有此种属性的个体占总体的比例 $P = \frac{N_1}{N}$。

定义:$Y_i = \begin{cases} 1 & \text{具有某种属性} \\ 0 & \text{不具有某种属性} \end{cases}$

则:$N_1 = \tilde{Y} = \sum_{i=1}^{N} Y_i, P = \bar{Y} = \frac{1}{N}\tilde{Y}$,例如,人口死亡率、育龄妇女的生育率、某种疾病的发病率等。

(4) 两个总量的比

定义比率:$R = \tilde{Y}/\tilde{X}$。例如,人口密度、人均收入、食品费用占生活费用的比例 R(又称恩格尔系数)等。

(5) 总体的中位数及其他分位数

3. 估计量及其评价

根据设计的抽样方案从总体中抽得一样本:$y = (y_1, y_2, \cdots, y_n)$,用样本不含未知参数的一个函数——统计量 $\hat{\mu} = f(y_1, y_2, \cdots, y_n)$ 估计总体参数 μ(某一数字特征)。由于抽样方式方法不同,估计量就有不同的形式,要进行估计,必须明确以下几件事情:

(1) 估计量的公式

$\hat{\mu} = f(y_1, y_2, \cdots, y_n)$,即统计量。

(2) 估计量的估计误差

通常的估计误差用均方误差表示:
$$\mathrm{MSE}(\hat{\mu}) = E(\hat{\mu} - \mu)^2$$

① 均方误差的分解:
$$\begin{aligned}\mathrm{MSE}(\hat{\mu}) &= E(\hat{\mu} - E\hat{\mu} + E\hat{\mu} - \mu)^2 \\ &= E(\hat{\mu} - E\hat{\mu})^2 + (E\hat{\mu} - \mu)^2 \\ &= D(\hat{\mu}) + B^2\end{aligned} \quad (9.7)$$

其中:$B = |E\hat{\mu} - \mu|$ 为估计量的偏差,$D(\hat{\mu})$ 是 $\hat{\mu}$ 的方差。

② 当 $E\hat{\mu} = \mu$ 时,称 $\hat{\mu}$ 是 μ 的无偏估计量。这时 $B = 0$,其均方误差与方差一致,即 $\mathrm{MSE}(\hat{\mu}) = D(\hat{\mu})$。

③ 相对均方误差:$\mathrm{MSE}(\hat{\mu})/\mu^2$。

相对方差:$D(\hat{\mu})/\mu^2$。

④ 均方误差的估计值为 s_ρ^2;方差的估计值为 $\hat{\sigma}(\hat{\mu})$;相对均方误差的估计值为 s_ρ^2/μ^2;相对方差的估计值为 $\hat{\sigma}(\hat{\mu})/\mu^2$。

(3) 置信区间(区间估计)

在抽样调查中,由于抽样方法比较复杂,要确切地求出估计量的概率分布往往是比较困难的。又因为抽样调查的样本容量 n 都比较大($n \geq 30$),所以抽样调查中关于均值 $\mu = \overline{Y}$ 的估计量的分布均可以近似为正态分布,所以 μ 的置信区间为:

$$(\hat{\mu} - Z_\alpha \sqrt{\mathrm{MSE}(\hat{\mu})}, \hat{\mu} + Z_\alpha \sqrt{\mathrm{MSE}(\hat{\mu})}) \tag{9.8}$$

其中:Z_α 是正态分布的双侧 α 的分位临界限。

(4) 估计量的评价

① 无偏估计量

若 μ 的估计量 $\hat{\mu}$ 满足:$E\hat{\mu} = \mu$,则称 $\hat{\mu}$ 是 μ 的一个无偏估计量。

② 若 $\hat{\mu}$ 是 μ 的一个估计量,且 $\lim\limits_{n\to\infty} E\hat{\mu} = \mu$,则称 $\hat{\mu}$ 是 μ 的一个渐近无偏估计量。

③ 若 $\lim\limits_{n\to\infty} P\{|\hat{\mu} - \mu| \geq \varepsilon\} = 0$ 对于任何 $\varepsilon > 0$ 均成立,则称 $\hat{\mu}$ 是 μ 的一个相合估计量或一致估计量。

④ 若 $\hat{\mu}_1, \hat{\mu}_2$ 是 μ 的无偏估计量,且 $D(\hat{\mu}_1) \leq D(\hat{\mu}_2)$,则称 $\hat{\mu}_1$ 比 $\hat{\mu}_2$ 更为有效。

⑤ 评价估计量好坏的两个原则:

a. 如果随样本容量的增大,偏差 B 与均方误差同时变小,而且偏差比标准误差变小更快,即 $\lim\limits_{n\to\infty} (B/\sqrt{\mathrm{MSE}(\hat{\mu})}) = 0$,则估计量是可用的。

b. 比较两种估计量的好坏,以它们的均方误差大小为准,均方误差小者为佳。

4. 样本容量的确定原则

当确定了抽样方式及估计量的公式以后,样本容量 n 的确定一般根据如下两个原则:

(1) 在满足精度和信度的条件下,使费用最少,求出 n 来。

(2) 在费用允许的范围内,考虑适当的信度下,使均方误差最小,求出 n 来。

对于复杂抽样,确定 n 往往是比较困难的,一般是用在相同精度和信度下,求出简单随机抽样的样本容量 n 乘以 deff 来估计复杂抽样的样本容量。由于抽样调查一般都是大样本调查,所以用这种方法估计出的样本容量是可以满足调查精度的。

9.2 简单随机抽样

9.2.1 概述与使用

1. 定义与概念

(1) 简单随机抽样法是从总体 $\pi_N = \{Y_1, Y_2, \cdots, Y_N\}$ 中逐个无放回地抽取抽样单位,每次抽取到尚未入样的任何一个单位的概率都相等,直到抽足 n 个为止。

假定顺序被抽中的号码为 $i_1, i_2, \cdots, i_n$(入样号),样本 $y = (Y_{i_1}, Y_{i_2}, \cdots, Y_{i_n}) = (y_1, y_2, \cdots, y_n)$,这时考虑了入样先后的顺序,产生这个样本的概率为:

$$P(y_1, y_2, \cdots, y_n) = P(y_1) \cdot P(y_2|y_1) \cdot P(y_3|y_2 y_1) \cdots P(y_n|y_{n-1} \cdots y_1)$$
$$= \frac{1}{N} \cdot \frac{1}{N-1} \cdots \frac{1}{N-n+1} = \frac{(N-n)!}{N!} \tag{9.9}$$

(2) 另一种理解是从 π_N 总体中一次性抽取 n 个单位,这样有 $\binom{N}{n}$ 种不同的抽法,每种抽

法被抽得的概率为 $1/\binom{N}{n}$,即

$$P(y_1, y_2, \cdots, y_n) = 1/\binom{N}{n} \tag{9.10}$$

(3) $f = n/N$ 称为抽样比(sampling fraction)。

对于简单随机抽样,通常考虑的是无放回抽样,有时由于某种需要也要考虑有放回抽样。

2. 实施办法

先将总体编号,即编制抽样框。利用随机数表产生 n 个从 $1 \sim N$ 之间的随机数,这 n 个随机数为入样号码。当 N 不很大时,也可以用抽签的办法抽取。

3. 估计量及其误差

设简单随机抽样样本为:$y = (y_1, y_2, \cdots, y_n)$。

(1) 以样本均值:$\bar{y} = \frac{1}{n}\sum_{i=1}^{n} y_i$,估计总体均值 $\bar{Y}$;以 $\tilde{y} = N \cdot \bar{y} = \frac{N}{n}\sum_{i=1}^{n} y_i$ 估计总体标志值总量 $\tilde{Y}$。

(2) 均方误差:

$$\sigma_{\bar{y}}^2 = \text{MSE}(\bar{y}) = E(\bar{y} - \bar{Y})^2 = \frac{1-f}{n}S^2 \tag{9.11a}$$

$$\sigma_{\tilde{y}}^2 = \text{MSE}(\tilde{y}) = E(\tilde{y} - \tilde{Y})^2 = N^2 E(\bar{y} - Y)^2 = N^2 \frac{1-f}{n}S^2 \tag{9.11b}$$

其中:

$$S^2 = \frac{1}{N-1}\sum_{i=1}^{N}(Y_i - \bar{Y})^2 \tag{9.11c}$$

相对均方误差:

$$C_{\bar{y}}^2 = \sigma_{\bar{y}}^2/(\bar{Y})^2 = \sigma_{\tilde{y}}^2/(\tilde{Y})^2 = C_{\tilde{y}}^2 \tag{9.12}$$

若总体修正方差 $S^2 = \frac{1}{N-1}\sum_{i=1}^{N}(Y_i - \bar{Y})^2$ 未知时,可用样本方差 $s^2 = \frac{1}{n-1}\sum_{i=1}^{n}(y_i - \bar{y})^2$ 估计 S^2,于是得出均方误差的估计量:

$$s_{\bar{y}}^2 = \hat{\sigma}_{\bar{y}}^2 = \frac{1-f}{n}s^2 \tag{9.13}$$

$\bar{Y}$ 的 $1-\alpha$ 信度下的置信区间为

$$(\bar{y} - Z_\alpha \sigma_{\bar{y}}, \bar{y} + Z_\alpha \sigma_{\bar{y}}) \text{ 或 } (\bar{y} - Z_\alpha s_{\bar{y}}, \bar{y} + Z_\alpha s_{\bar{y}}) \tag{9.14}$$

简记为: $\bar{y} \pm Z_\alpha \sigma_{\bar{y}}$ 或 $\bar{y} \pm Z_\alpha s_{\bar{y}}$(其中 $P(X \geq Z_\alpha) = \alpha/2$)

4. 样本容量 n 的确定

(1) 给定均方误差上限 Δ^2,要求 $\sigma_{\bar{y}}^2 \leq \Delta^2$,则

$$\begin{cases} n_0 = S^2/\Delta^2 \text{ (有放回抽样或 } f \text{ 可忽略)} \\ n = \dfrac{NS^2}{N\Delta^2 + S^2} = \dfrac{n_0}{1 + n_0/N} \text{ (无放回抽样)} \end{cases}$$

(2) 给定绝对误差上限 d 和信度 $1-\alpha$,要求:$P\{|\bar{y}-\bar{Y}|<d\}=1-\alpha$ 成立,则

$$\begin{cases} n_0 = \dfrac{Z_\alpha^2 S^2}{d^2} \\ n = \dfrac{n_0}{1+n_0/N} \end{cases} \quad (9.15)$$

(3) 给定相对均方误差上限 γ^2,使 $C_{\bar{y}}^2 = C_{\bar{y}}^2 \leqslant \gamma^2$,即 $\left(\dfrac{1}{n}-\dfrac{1}{N}\right)C^2 \leqslant \gamma^2$,即

$$\begin{cases} n_0 = C^2/\gamma^2 \\ n = \dfrac{n_0}{1+n_0/N} \end{cases} \quad (9.16)$$

(4) 给定相对误差限 h 及信度 $1-\alpha$,要使

$$P\left\{\left|\dfrac{\bar{y}-\bar{Y}}{\bar{Y}}\right|<h\right\} = P\left\{\left|\dfrac{\tilde{y}-\tilde{Y}}{\tilde{Y}}\right|<h\right\} = 1-\alpha$$

则

$$\begin{cases} n_0 = Z_\alpha^2 C^2/h^2 \\ n = \dfrac{n_0}{1+n_0/N} \end{cases} \quad (9.17)$$

当总体的 S^2 未知时,可用样本方差 s^2 估计 S^2。

5. 实例说明

例 9.1 某班共有 30 位学生,其某科考试成绩分别如下:
50 53 57 58 60 61 62 65 70 73 76 77 77 78 78 79 80 80 85
87 88 89 89 90 92 93 94 94 95
$\bar{Y} = 77.23, S^2 = 13.69^2 = 187.42$

现在要求在满足 $P\{|\bar{y}-\bar{Y}|<10\} = 95\%$ 的条件下,设计一个简单随机抽样调查方案,具体实施抽样调查,并给出调查的结果。

(1) 使 $P\{|\bar{y}-\bar{Y}|<10\} = 95\%$ 成立,取 $Z_\alpha = 1.96$ 有

$$n_0 = Z_\alpha^2 S^2/d^2 = \dfrac{(1.96)^2 \times 187.42}{10^2} = 7.1999$$

$$n = \dfrac{n_0}{1+n_0/N} = \dfrac{7.1999}{1+7.1999/30} = 5.81 \approx 6$$

即简单随机抽样法需抽取 $n=6$ 的样本就可以满足上述要求,信度95%可以作以下理解:即 100 次这样简单随机抽样的结果,有 95 次满足上述要求。

(2) 具体实施

① 将总体的所有抽样单位编号——编制抽样框。例如将上述数据从小到大依次排序。

② N 比较小时,可以用抽签的方法选取样本,通常情况下可以用随机数表9.1产生随机数进行抽样。具体作法是:看 N 是几位数,则从表9.1中随机的选几列(取连续几列比较方便)。例如本例中 $N = 30$,所以随机地定两列,比如定 5,6 两列,然后从上至下选小于或等于 30 的随机数为入样号码。如果两列选完后仍未达到样本额的个数,再随机选两列继续进行,

直到满足样本额为止。本例从 5,6 两列得出的入样号码是：
$$22,17,9,3,12,21$$

有时当 N 比较大，要选取的 n 也比较多时，为了减少抛弃率，采取第二种方法：例如 $N=128$，从一系列的三位数中将 201 到 400 的所有数减去 200；将 401 到 600 的所有数均减去 400……依次类推。利用表 9.1 从 05～07 列用上述方法确定 $n=10$ 的样本的入样号：26,52,7,94,16,48,41,80,128,92。事实上，我们只查了十五个三位数就完成了 $n=10$ 的抽取方案。其抛弃率为 $5/15 = 33\%$。

表 9-1　　　　　　　　　　　　　　随机数字

	00～04	05～09	10～14	15～19	20～24	25～29	30～34	35～39	40～44	45～49
00	54463	22662	65905	70639	79365	67382	29085	69831	47058	08186
01	15389	85205	18850	39226	42249	90669	96325	23248	60933	26927
02	85941	40756	82414	02015	13858	78030	16269	65978	01385	15345
03	61149	69440	11266	88218	58925	03638	52862	62733	33451	77455
04	05219	81619	10651	67079	92511	59888	84502	72095	83463	75577
05	41417	98326	87719	92294	46614	50948	64886	20002	97365	30976
06	28357	94070	20652	35774	16249	75019	21145	05217	47286	70305
07	17783	00015	10806	33091	91530	36466	39981	62481	49177	75779
08	40950	84820	29881	85966	62800	70326	84740	62660	77379	90270
09	82995	64157	66164	41180	10089	41757	78258	96488	88629	37231
10	96754	17676	55659	44105	47361	34833	86679	23930	53249	27083
11	34357	88040	53364	71723	45690	66334	60332	22554	90600	71113
12	06318	37403	49927	57715	50423	67372	63116	48888	21505	80182
13	62111	52820	07248	79931	89292	84767	85693	73947	22278	11551
14	47534	09243	67879	00544	23410	12740	02540	54440	32949	13491
15	98614	75993	84460	62846	59844	14922	48730	73443	48167	34770
16	24856	03648	44898	09351	98795	18644	39765	71058	90368	44104
17	96887	12479	80621	66223	86085	78285	02432	53342	42846	94771
18	90801	21472	42815	77408	37390	76766	52615	32141	30268	18106
19	55165	77312	83666	36028	28420	70219	81369	41943	47366	41067

这样我们得到上例的样本：$y_1 = Y_{22} = 88, y_2 = Y_{17} = 80, y_3 = Y_9 = 70, y_4 = Y_3 = 57, y_5 = Y_{12} = 77, y_6 = Y_{21} = 87$，样本的平均数 $\bar{y} = \frac{1}{n}\sum_{i=1}^{n} y_i = \frac{1}{6} \cdot (88 + 80 + 70 + 57 + 77 + 87) = 76.5$，可见 $|\bar{y} - \bar{Y}| = |76.5 - 77.23| = 0.73 < 10$，即满足精度要求。

(3) 误差及误差估计

① 假定总体方差 S^2 已知,例如本例中 $S^2 = 13.69^2$,则:

$$\text{MSE}(\bar{y}) = \sigma_{\bar{y}}^2 = \frac{1-f}{n}S^2 = \frac{N-n}{nN}S^2 = \frac{30-6}{6 \times 30} \times 13.69^2 \approx 24.9889$$

标准误差

$$\sigma_{\bar{y}} = 4.99$$

② 假定总体方差 S^2 未知,用上述已抽得的样本方差 $s^2 = \frac{1}{n-1}\sum_{i=1}^{n}(y_i - \bar{y})^2 = 11.64^2$ 估计 S^2,于是得出均方误差估计值:

$$s_{\bar{y}}^2 = \frac{1-f}{n}s^2 = \frac{30-6}{6 \times 30} \times 11.64^2 = 18.0652$$

标准误差的估计值:

$$s_{\bar{y}} = 4.25$$

(4) 95% 的置信区间

① 当总体方差 S^2 已知时,$\bar{Y}$ 的 95% 的信度下的置信区间为

$$\bar{y} \pm Z_\alpha \sigma_{\bar{y}} = (66.84, 86.16)$$

② 当总体方差 S^2 未知时,用样本方差 s^2 代替 S^2,$\bar{Y}$ 的 95% 置信区间为

$$\bar{y} \pm Z_\alpha s_{\bar{y}} = (68.17, 84.83)$$

9.2.2 简单估计法(SE 法)

简单估计法(simple estimate)是指简单随机抽样的估计法。

1. 简单估计量

对于简单随机抽样,最简单的估计量是用样本平均数估计总体平均数:

$$\hat{\bar{Y}} = \bar{y} = \frac{1}{n}\sum_{i=1}^{n} y_i \tag{9.18}$$

用 $\bar{y}$ 的 N 倍估计总体标志值的总量 $\tilde{Y}$:

$$\hat{\tilde{Y}} = \tilde{Y} = N\bar{y} \tag{9.19}$$

2. 简单估计量的无偏性

定理 9.1 对于简单随机抽样,有

$$E(\bar{y}) = \bar{Y} \tag{9.20}$$

证

$$E(\bar{y}) = \frac{1}{n}\sum_{i=1}^{n} E(y_i)$$

$$E(y_i) = \sum_{K=1}^{N} Y_K P\{y_i = Y_K\} = \frac{1}{N}\sum_{i=1}^{n} Y_i = \bar{Y}$$

定理的另一种证法是:将 $E(\bar{y})$ 看做是所有可能样本均值的平均值,即

$$E(\bar{y}) = \frac{1}{\binom{N}{n}}\sum \left(\frac{1}{n}(y_1 + \cdots + y_n)\right)$$

$$= \frac{(n-1)!(N-n)!}{N!}\sum (y_1 + \cdots + y_n) \tag{9.21}$$

其中 $\sum$ 是对所有可能的样本求和。

对于任何 Y_i,它出现在样本中的次数为:

$$\binom{N-1}{n-1} = \frac{(N-1)!}{(n-1)!(N-n)!}$$

于是有:

$$\sum (y_1 + \cdots + y_n) = \frac{(N-1)!}{(n-1)!(N-n)!} \sum_{i=1}^{N} Y_i \tag{9.22}$$

将式(9.22)代入式(9.21),得

$$E(\bar{y}) = \frac{1}{N}\sum_{i=1}^{N} Y_i = \bar{Y}$$

推论
$$E(\tilde{y}) = E(N\bar{y}) = N\bar{Y} = \tilde{Y} \tag{9.23}$$

3. 简单估计量的方差(均方误差)

由于 $\bar{y}$ 是 $\bar{Y}$ 的无偏估计量,所以 $\bar{y}$ 的均方误差:

$$\text{MSE}(\bar{y}) = E(\bar{y} - \bar{Y})^2 = E(\bar{y} - E\bar{y})^2 = D(\bar{y})$$

即为 $\bar{y}$ 的方差。

定理 9.2 对于简单随机抽样,有

$$D(\bar{y}) = \frac{1-f}{n}S^2 \qquad (f = n/N) \tag{9.24}$$

证
$$D(\bar{y}) = E(\bar{y} - \bar{Y})^2 = \frac{1}{n^2} E\left(\sum_{i=1}^{n} (y_i - \bar{Y})\right)^2$$

$$= \frac{1}{n^2}\left[E\left(\sum_{i=1}^{n}(y_i - \bar{Y})^2\right) + 2E\left(\sum_{i>j}(y_i - \bar{Y})(y_j - \bar{Y})\right) \right] \tag{9.25}$$

其中:

$$E\left(\sum_{i=1}^{n}(y_i - \bar{Y})^2\right)$$

$$= \sum_{i=1}^{n}\sum_{K=1}^{N}(Y_K - \bar{Y})^2 P(y_i = Y_K) \tag{9.26}$$

$$= \frac{n}{N}\sum_{i=1}^{N}(Y_K - \bar{Y})^2$$

$$E\sum_{i>j}(y_i - \bar{Y})(y_j - \bar{Y})$$

$$= \sum_{i>j}^{n} 2\sum_{\alpha>\beta}(Y_\alpha - \bar{Y})(Y_\beta - \bar{Y}) \cdot P(y_i = Y_\alpha, y_j = Y_\beta)$$

$$= \sum_{i>j} 2\sum_{\alpha>\beta}(Y_\alpha - \bar{Y})(Y_\beta - \bar{Y})\frac{1}{N(N-1)} \tag{9.27}$$

$$= \frac{n(n-1)}{N(N-1)}\sum_{\alpha>\beta}(Y_\alpha - \bar{Y})(Y_\beta - \bar{Y})$$

将式(9.26)、式(9.27)代入式(9.25),得

$$D(\bar{y}) = \frac{1}{nN}\left[\sum_{\alpha=1}^{N}(Y_\alpha - \bar{Y})^2 + 2\frac{n-1}{N-1}\sum_{\alpha>\beta}(Y_\alpha - \bar{Y})(Y_\beta - \bar{Y})\right]$$

$$= \frac{1}{nN}\left\{ \left(1 - \frac{n-1}{N-1}\right) \sum_{\alpha=1}^{N} (Y_\alpha - \overline{Y})^2 + \frac{n-1}{N-1}\left[\sum_{\alpha=1}^{N} (Y_\alpha - \overline{Y}) \right]^2 \right\}$$

$$= \frac{N-n}{nN} \cdot \frac{1}{N-1} \sum_{\alpha=1}^{N} (Y_\alpha - \overline{Y})^2$$

$$= \frac{1-f}{n} S^2$$

式(9.24)中的 $1-f = \frac{N-n}{N}$ 称为有限总体校正系数(finite population correction,简记为 fpc),这是因为对于无限总体 $D(\overline{y}) = S^2/n$,而有限总体 $D(\overline{y}) = \frac{1-f}{n}S^2$。当 $n = N$ 时,$D(\overline{y}) = 0$,$1-f$ 是一校正系数(因子)。此外定理9.2告诉我们,影响 $\overline{y}$ 的估计精度的主要是 n,而不是 f。事实上当 f 很小时(例如 $f < 0.05$),因子 f 可以忽略不计。

推论 1
$$D(\tilde{y}) = N^2 \frac{1-f}{n} S^2 \tag{9.28}$$

推论 2 相对误差
$$C_{\tilde{y}}^2 = C_{\overline{y}}^2 = \frac{1-f}{n} C^2 \tag{9.29}$$

其中:
$$C^2 = S^2/(\overline{Y})^2$$

为变异系数。

定理 9.3 若每个单位都有两个指标 Y_i 及 X_i,$\overline{y}$ 与 $\overline{x}$ 分别是简单随机样本 $y = (y_1, y_2, \cdots, y_n)$ 与 $x = (x_1, x_2, \cdots, x_n)$ 的平均值,则它们的协方差为:

$$\text{cov}(\overline{y}, \overline{x}) = E(\overline{y} - \overline{Y})(\overline{x} - \overline{X})$$
$$= \frac{1-f}{n} S_{YX} \tag{9.30}$$

其中
$$S_{YX} = \frac{1}{N-1} \sum_{i=1}^{N} (Y_i - \overline{Y})(X_i - \overline{X}) \tag{9.31}$$

是总体的协方差。

证 $E(\overline{y} - \overline{Y})(\overline{x} - \overline{X})$

$$= \frac{1}{n^2} E\left[\left(\sum_{i=1}^{n} (y_i - \overline{Y}) \right) \cdot \left(\sum_{j=1}^{n} (x_j - \overline{X}) \right) \right]$$

$$= \frac{1}{n^2} \left[E \sum_{i=1}^{n} (y_i - \overline{Y})(x_i - \overline{X}) + E \sum_{i \neq j} (y_i - \overline{Y})(x_j - \overline{X}) \right]$$

其中:
$$E \sum_{i=1}^{n} (y_i - \overline{Y})(x_j - \overline{X}) = \frac{n}{N} \sum_{K=1}^{N} (Y_K - \overline{Y})(X_K - \overline{X})$$

$$E \sum_{i \neq j} (y_i - \overline{Y})(x_j - \overline{X})$$

$$= \frac{n(n-1)}{N(N-1)} \sum_{\alpha \neq \beta} (Y_\alpha - \overline{Y})(X_\beta - \overline{X})$$

$$\mathrm{cov}(\bar{y},\bar{x})$$
$$= \frac{1}{nN}\left\{\left(1-\frac{n-1}{N-1}\right)\sum_{K=1}^{N}(Y_K-\bar{Y})(X_K-\bar{X}) + \frac{n-1}{N-1}\left[\sum_{\alpha=1}^{N}(Y_\alpha-\bar{Y})\right]\cdot\left[\sum_{\beta=1}^{N}(Y_\beta-\bar{Y})\right]\right\}$$
$$= \frac{N-n}{nN}\cdot\frac{1}{N-1}\sum_{K=1}^{N}(Y_K-\bar{Y})(X_K-\bar{X})$$
$$= \frac{1-f}{n}S_{YX}$$

4. 方差(均方误差)的估计量

在实际应用中,总体方差 S^2 往往未知,此时可以用样本方差 $s^2 = \frac{1}{n-1}\sum_{i=1}^{n}(y_i-\bar{y})^2$ 来估计 S^2。

定理 9.4
$$E(s^2) = S^2$$

证
$$s^2 = \frac{1}{n-1}\sum_{i=1}^{n}\left[(y_i-\bar{Y})-(\bar{y}-\bar{Y})\right]^2$$
$$= \frac{1}{n-1}\left[\sum_{i=1}^{n}(y_i-\bar{Y})^2 - n(\bar{y}-\bar{Y})^2\right]$$

而
$$E\left(\sum_{i=1}^{n}(y_i-\bar{Y})^2\right) = \frac{n}{N}\sum_{i=1}^{n}(Y_i-\bar{Y})^2 = \frac{n(N-1)}{N}S^2$$
$$E[n(\bar{y}-\bar{Y})^2] = nD(\bar{y}) = \frac{N-n}{N}S^2$$

所以
$$E(s^2) = \frac{S^2}{(n-1)N}[n(N-1)-(N-n)] = S^2$$

推论 1 $D(\bar{y})$ 的无偏估计量是:
$$s_{\bar{y}}^2 = \frac{1-f}{n}s^2 \tag{9.32}$$

推论 2 $D(\tilde{y})$ 的无偏估计量是:
$$s_{\tilde{y}}^2 = N^2\frac{1-f}{n}s^2 \tag{9.33}$$

5. 有放回等概率的随机抽样

在某些调查中比如在交通车辆或行人的调查中,抽样往往是有放回的。有时为了进行比较或别的什么原因,对有放回抽样同样需要研究。

定理 9.5 对有放回等概率随机样本的均值 $\bar{y}$ 有:
$$E(\bar{y}) = \bar{Y} \tag{9.34}$$
$$D(\bar{y}) = \frac{1-\frac{1}{N}}{n}S^2 = \frac{N-1}{nN}S^2 = \frac{\sigma^2}{n} \tag{9.35}$$

其中:
$$\sigma^2 = \frac{1}{N}\sum_{i=1}^{N}(Y_i-\bar{Y})^2$$

证
$$E(\bar{y}) = \frac{1}{n}\sum_{i=1}^{n} E(y_i)$$

$$E(y_i) = \sum_{\alpha=1}^{N} Y_\alpha P(y_i = Y_\alpha) = \frac{1}{N}\sum_{\alpha=1}^{N} Y_\alpha = \bar{Y}$$

故
$$E(\bar{y}) = \frac{1}{n} \cdot n\bar{Y} = \bar{Y}$$

$$D(\bar{y}) = E(\bar{y} - \bar{Y})^2 = \frac{1}{n^2} E\left[\sum_{i=1}^{n}(y_i - \bar{Y})^2\right]^2$$

$$= \frac{1}{n^2}\left[E\left(\sum_{i=1}^{n}(y_i - \bar{Y})^2\right) + \sum_{i\neq j} E(y_i - \bar{Y})(y_j - \bar{Y})\right]$$

$$= \frac{1}{nN}\sum_{i=1}^{n}(Y_i - \bar{Y})^2 = \sigma^2/n = \frac{1 - 1/N}{n}S^2$$

所以有放回抽样的调查精度低于无放回抽样的调查精度。

9.3 分层抽样法

9.3.1 概述与使用

1. 概念

分层抽样,又称类型抽样或分类抽样。其组织形式是先将总体单位按一定的标志加以分层,而后在各层中按随机原则抽取若干样本单位入样,由各层抽取的样本单位构成总的样本。设总体有 N 个单位,即

$$\pi_N = \{Y_1, Y_2, \cdots, Y_N\}$$

按某一分层标志将其分成 K 层(组),第 i 层 π_{N_i} 有 N_i 个单位,$i = 1, 2, \cdots, K$,即

$$\pi_N = \bigcup_{i=1}^{K} \pi_{N_i}, N = \sum_{i=1}^{K} N_i$$

$$\pi_{N_i} = \{Y_{i1}, Y_{i2}, \cdots, Y_{iN_i}\}$$

从第 $i(i = 1, 2, \cdots, K)$ 层抽取 n_i 个单位,构成第 i 层的子样本,即

$$y_{(i)} = (y_{i1}, y_{i2}, \cdots, y_{in_i})$$

所有子样本并成总的样本,即

$$y = \bigcup_{i=1}^{K} y_{(i)} = (y_1, y_2, \cdots, y_n), n = \sum_{i=1}^{K} n_i$$

分层抽样的特点:

(1) 分层抽样充分地利用了对总体已有的认识——总体的已知信息,尽可能地将同一类型的单位归入一层,使层内差异比较小,具有同质性;使层间的差异比较大,具有异质性。这样从每一层中各取部分单位构成的样本就有比较好的代表性,从而提高了调查的准确度。

(2) 分层抽样是将层看做子总体进行抽样,进行层指标的估计,计算误差,并通过加权方式构成总体指标的估计量及其误差。各层的估计量和误差受到权数的控制协调,克服了由于各层抽样的个数不协调造成的偏差,从而大大地提高了调查的精度。有时事先对总体一无所知,当在调查中发现样本属于不同类型时,可将样本进行事后分层估计,由于估计量受到

各层权数的控制,所以事后分层也会提高调查精度。另一方面,分层抽样的误差主要取决于层内方差,而层内差异较小,又是分层抽样可提高精度的另一个原因。

(3) 分层抽样在对总体参数的估计中,对各层的参数也进行了相应的估计,所以对各层的数据分别有调查要求的调查,分层抽样是一个理想的调查方法。

(4) 分层抽样便于组织管理。由于各层之间有较大的差异,所以对不同的层,可能有差异较大的方差,有不同的调查费用和不同的调查精度,分层抽样是将其各层看作彼此独立的子总体进行处理的,因而它可以满足事先规定的不同要求。

不同事物区别对待,具体问题具体分析,这就是分层抽样的突出特点,也是分层抽样能够提高调查精度的根本原因所在。

2. 分层的标准

如果调查的目标参数仅与一种资料或情况有关,则可以按历史资料之间密切程度或相似程度划分层次。如果调查项目与许多方面的资料或情况有关,可按以下三个标准划分层次:

(1) 一般情况下,以与构成调查目的核心项目有密切关系的资料为层次标准。例如,调查生活费用,用与生活费用总额或收入关系密切的资料为分层标准。

(2) 计量调查项目,如果总体分布比较分散时,则以分散程度较大的项目为分层标准,而分散程度较小的项目,即使不分层,也不会影响其精度。

(3) 定性调查项目,尽量以在总体内所占比例小的项目为分层标准。

考虑上述分层标准以后,分层尽量使层内单位同质,即层内方差要小,层间异质,即层间方差要大。

3. 估计量

假定将总体分层 K 层,即 $\pi_N = \bigcup_{i=1}^{K} \pi_{N_i}$,第 $i(i = 1,2,\cdots,K)$ 层有 N_i 个单位,即

$$\pi_{N_i} = \{Y_{i1}, Y_{i2}, \cdots, Y_{iN_i}\}, \quad \sum_{i=1}^{K} N_i = N, \quad W_i = \frac{N_i}{N}$$

从每层中各抽若干单位构成子样本,如从第 i 层中抽取 n_i 个单位入样,亦即

$$y_{(i)} = (y_{i1}, y_{i2}, \cdots, y_{in_i})$$

子总体(层) π_{N_i} 的均值 $\overline{Y}_i = \frac{1}{N_i}\sum_{j=1}^{N_i} Y_{ij}$ 的估计值为

$$\overline{y}_i = \frac{1}{n_i}\sum_{j=1}^{n_i} y_{ij} \tag{9.36}$$

均方误差为(由定理9.2)

$$\sigma_{\overline{y}_i}^2 = \frac{1 - f_i}{n_i} S_i^2 \tag{9.37}$$

其中:
$$S_i^2 = \frac{1}{N_i - 1}\sum_{j=1}^{N_i}(Y_{ij} - \overline{Y}_i)^2, \quad f_i = n_i / N_i$$

$\sigma_{\overline{y}_i}^2$ 的无偏估计量为

$$s_{\overline{y}_i}^2 = \frac{1 - f_i}{n_i} s_i^2 \tag{9.38}$$

其中:
$$s_i^2 = \frac{1}{n_i - 1} \sum_{j=1}^{n_i} (y_{ij} - \bar{y}_i)^2$$

总体均值 $\bar{Y} = \frac{1}{N} \sum_{i=1}^{K} \sum_{j=1}^{N_i} Y_{ij} = \sum_{i=1}^{K} W_i \bar{Y}_i$ 的无偏估计量为

$$\bar{y}_{st} = \sum_{i=1}^{K} W_i \bar{y}_i \tag{9.39}$$

均方误差为

$$\sigma_{\bar{y}_{st}}^2 = \sum_{i=1}^{K} W_i^2 \sigma_{\bar{y}_i}^2$$

$$= \sum_{i=1}^{K} W_i^2 \frac{1-f_i}{n_i} S_i^2 \tag{9.40}$$

其无偏估计量为

$$s_{\bar{y}_{st}}^2 = \sum_{i=1}^{K} W_i^2 s_{\bar{y}_i}^2$$

$$= \sum_{i=1}^{K} W_i^2 \frac{1-f_i}{n_i} s_i^2 \tag{9.41}$$

4. 样本容量 n 的确定与分配

(1) 满足各层不同精度要求的分配法

如果对每层的估计精度有不同的要求,则将每一层看做一个子总体,按简单随机抽样的方法确定各层的样本容量 n_i。如

$$P\{|\bar{y}_i - \bar{Y}| < d_i\} = 1 - \alpha$$

则

$$n_{i0} = Z_\alpha^2 S_i^2 / d_i^2, \quad n_i = \frac{n_{i0}}{1 + n_{i0}/N} \tag{9.42}$$

(2) 按比例分配样本容量

如果各层子总体的方差 S_i^2 相差不大时,通常按各层个数占总个数的比例($W_i = N_i/N$)分配样本容量,即

$$n_i = n \cdot W_i = n \cdot \frac{N_i}{N} \tag{9.43}$$

由式(9.43)可知

$$f_i = \frac{n_i}{N_i} = \frac{n}{N} = f$$

所以在按比例分配样本容量的条件下,估计量 $\bar{y}_{st}$ 的均方误差可以表示为

$$\sigma_{\bar{y}_{st}}^2 = \frac{1-f}{n} \sum_{i=1}^{K} W_i S_i^2 \tag{9.44}$$

令

$$S_W^2 = \sum_{i=1}^{K} W_i S_i^2 \text{(组内方差)} \tag{9.45}$$

当要求满足 $P\{|\bar{y}_{st} - \bar{Y}| < d\} = 1 - \alpha$ 的分层抽样方案时,样本容量 n 应为

$$\begin{cases} n_0 = Z_\alpha^2 S_W^2 / d^2 \\ n = \dfrac{n_0}{1 + n_0/N} \end{cases} \tag{9.46}$$

(3) Neyman 分配

当各层子总体的方差 S_i^2 差异比较大时，分配样本容量必须既要考虑比例 W_i，又要考虑层方差 S_i^2，即方差 S_i^2 大的层样本容量应适当多些。

Neyman 分配法是在 $n = \sum_{i=1}^{K} n_i$ 的约束下，使 $\sigma_{\bar{y}_{st}}^2$ 达到最小的样本容量的分配方法。

设 $L = \sum_{i=1}^{K} \left(\frac{1}{n_i} - \frac{1}{N_i} \right) W_i^2 S_i^2 + \lambda \left(\sum_{i=1}^{K} n_i - n \right)$ 为拉格朗日函数

$$\begin{cases} \frac{\partial L}{\partial n_i} = 0 \\ \frac{\partial L}{\partial \lambda} = 0 \end{cases} \quad 即 \quad \begin{cases} \frac{W_i^2 S_i^2}{\lambda} = n_i^2 \\ \sum_{i=1}^{K} n_i - n = 0 \end{cases}$$

解得

$$n_i = n \cdot \frac{W_i S_i}{\sum_{i=1}^{K} W_i S_i} \tag{9.47}$$

此时，最小的均方误差是

$$\sigma_{\min}^2 = \frac{1}{n} \left(\sum_{i=1}^{K} W_i S_i \right)^2 - \frac{1}{N} \sum_{i=1}^{K} W_i S_i^2 \tag{9.48}$$

显然，当 S_i^2 相等时，式(9.47) 变成 $n_i = n \cdot W_i$。

为了确定 n，我们可以分以下几种情况讨论。

当调查目的是估计总体均值 $\bar{Y}$ 时，有

① 给定 Δ，使 $\sigma_{\min}^2 \leq \Delta^2$ 成立，

$$n \geq \frac{\left(\sum_{i=1}^{K} W_i S_i \right)^2}{\Delta^2 + \frac{1}{N} \sum_{i=1}^{K} W_i S_i^2} \tag{9.49}$$

令

$$S_W^2 = \sum_{i=1}^{K} W_i S_i^2, \quad \bar{S} = \sum_{i=1}^{K} W_i S_i$$

则式(9.49) 改写成

$$\begin{cases} n_0 = S_W^2 / \Delta^2 \\ n_0' = (\bar{S})^2 / \Delta^2 \\ n = \frac{n_0'}{1 + n_0 / N} \end{cases} \tag{9.50}$$

② 给定 d, α，使 $P\{|\bar{y}_{st} - \bar{Y}| < d\} = 1 - \alpha$ 成立，有

$$\begin{cases} n_0 = Z_\alpha^2 S_W^2 / d^2 \\ n_0' = Z_\alpha^2 (\bar{S})^2 / d^2 \\ n = \frac{n_0'}{1 + n_0 / N} \end{cases} \tag{9.51}$$

当调查目的是估计总体总量 $\tilde{Y}$ 时：

① 给定 Δ,使 $\sigma_{\bar{y}_{st}}^2 \leqslant \Delta^2 \Leftrightarrow \sigma_{\bar{y}_{st}}^2 \leqslant \Delta^2/N^2$,有

$$\begin{cases} n_0 = N^2 S_W^2/\Delta^2 \\ n_0' = N^2(\bar{S})^2/\Delta^2 \\ n = \dfrac{n_0'}{1 + n_0/N} \end{cases} \tag{9.52}$$

② 给定 d, α,使 $P\{|\tilde{y}_{st} - \tilde{Y}| < d\} = 1 - \alpha$ 成立,有

$$\begin{cases} n_0 = Z_\alpha^2 N^2 S_W^2/d^2 \\ n_0' = Z_\alpha^2 N^2 (\bar{S})^2/d^2 \\ n = \dfrac{n_0'}{1 + n_0/N} \end{cases} \tag{9.53}$$

(4) 最优决策分配样本容量

当层内的方差 S_i^2 差异比较大,且各层的调查费用又各不相同时,考虑到调查费用的样本容量分配方法有以下两种提法:

① 在总费用固定的条件下,使均方误差最小的样本容量的分配问题。设费用函数是一线性函数

$$F = F_0 + \sum_{i=1}^{K} F_i n_i \tag{9.54}$$

其中:F 为总费用,F_0 为固定费用(准备费用),F_i 是第 i 层单位样本的调查费用。

记 $L = \sum_{i=1}^{K} \left(\dfrac{1}{n_i} - \dfrac{1}{N_i}\right) W_i^2 S_i^2 + \lambda \left(F_0 + \sum_{i=1}^{K} F_i n_i - F\right)$

为拉格朗日函数

$$\begin{cases} \dfrac{\partial L}{\partial n_i} = 0 \\ \dfrac{\partial L}{\partial X} = 0 \end{cases}, \text{有} \begin{cases} F_i W_i^2 S_i^2/\lambda = n_i^2 F_i^2 \\ \sum_{i=1}^{K} F_i \cdot n_i = F - F_0 \end{cases}$$

解得

$$n_i = (F - F_0) \dfrac{W_i S_i/\sqrt{F_i}}{\sum_{i=1}^{K} W_i S_i \sqrt{F_i}} \tag{9.55}$$

$$n = \sum_{i=1}^{K} n_i = (F - F_0) \dfrac{\sum_{i=1}^{K} W_i S_i/\sqrt{F_i}}{\sum_{i=1}^{K} W_i S_i \sqrt{F_i}} \tag{9.56}$$

$$n_i = n \dfrac{W_i S_i/\sqrt{F_i}}{\sum_{i=1}^{K} W_i S_i \sqrt{F_i}} \tag{9.57}$$

若调查目的是估计 $\tilde{Y}$,样本容量的分配公式仍是式(9.56)与式(9.57),有时可将两式改变形式如下:

$$n_i = (F - F_0) \frac{\sum_{i=1}^{K} N_i S_i / \sqrt{F_i}}{\sum_{i=1}^{K} N_i S_i \sqrt{F_i}} \quad (9.58)$$

$$n_i = n \cdot \frac{N_i S_i / \sqrt{F_i}}{\sum_{i=1}^{K} N_i S_i \sqrt{F_i}} \quad (9.59)$$

② 满足 $\sigma_{\bar{y}_{st}}^2 \le \Delta^2$，使费用最小的样本容量分配：

$$L = F_0 + \sum_{i=1}^{K} F_i \cdot n_i + \lambda \left(\sum_{i=1}^{K} \left(\frac{1}{n_i} - \frac{1}{N_i} \right) W_i^2 S_i^2 - \Delta^2 \right)$$

$$\begin{cases} \frac{\partial L}{\partial n_i} = 0 \\ \frac{\partial L}{\partial \lambda} = 0 \end{cases} \quad 即 \begin{cases} F_i = \frac{\lambda}{n_i^2} W_i^2 S_i^2 \\ \sum_{i=1}^{K} \left(\frac{1}{n_i} - \frac{1}{N_i} \right) W_i^2 S_i^2 = \Delta^2 \end{cases}$$

令 $S_F^2 = \left(\sum_{i=1}^{K} \sqrt{F_i} W_i S_i \right) \left(\sum_{i=1}^{K} W_i S_i / \sqrt{F_i} \right)$，

解得：

$$\begin{cases} n_0 = S_W^2 / \Delta^2 \\ n_0' = S_F^2 / \Delta^2 \\ n = \frac{n_0'}{1 + n_0 / N} \end{cases} \quad (9.60)$$

$$n_i = n \cdot \frac{W_i S_i / \sqrt{F_i}}{\sum_{i=1}^{K} W_i S_i / \sqrt{F_i}} \quad (9.61)$$

若调查目的要估计 $\tilde{Y}$，并要求 $\sigma_{\bar{y}_{st}}^2 \le \Delta^2$，则

$$\begin{cases} n_0 = N^2 S_W^2 / \Delta^2 \\ n_0' = N^2 S_F^2 / \Delta^2 \\ n = \frac{n_0'}{1 + n_0 / N} \end{cases} \quad (9.62)$$

$$n_i = n \cdot \frac{W_i S_i / \sqrt{F_i}}{\sum_{i=1}^{K} W_i S_i / \sqrt{F_i}} \quad (9.63)$$

5. 实例

例9.2 现将例9.1中的数据按分层抽样的方法进行估计，并与简单抽样进行比较。

将总体中30位学生的成绩分成三层：

第一层：50,53,57,58,60,61,62,65,70,73

$\bar{Y}_1 = 60.90, S_1^2 = 45.29, S_1 = 6.73$

第二层:76,77,77,78,78,79,80,80,85,87
$$\bar{Y}_2 = 79.70, S_2^2 = 11.61, S_1 = 6.73$$
第三层:87,88,89,89,90,92,93,94,94,95
$$\bar{Y}_3 = 91.10, S_3^2 = 7.29, S_2 = 3.41$$

(1) 按比例分配样本容量

满足 $P\{|\bar{y}_{st} - \bar{Y}| < 3.5\} = 95\%$,求 n_i,并实际抽一个样本估计总体均值 $\bar{Y}$,并计算其均方误差。

解 $$S_W^2 = \sum_{i=1}^{3} W_i S_i^2 = 21.3967$$

$$n_0 = Z_\alpha^2 S_W^2 / d^2 = \frac{(1.96)^2 \times 21.3967}{(3.5)^2} = 6.71$$

$$n = \frac{n_0}{1 + n_0/N} = \frac{6.73}{1 + 6.76/30} = 5.48 \approx 6$$

$$n_i = n W_i = 6\left(\frac{1}{3}\right) = 2$$

与 9.2 节中例 9.1 简单随机抽样进行比较,两种抽样方案的样本容量一样,都是 $n = 6$,但是简单随机抽样时误差限 $d = 10$,而按比例分层抽样的 $d = 3.5$,显然分层抽样比简单抽样提高了调查精度。

对每一层各随机抽 2 个单位入样,如第一层抽中:57.60;第二次抽中:79.85;第三层抽中:89.94。得出 $\bar{y}_{st} = 77.33$,它与总体均值 $\bar{Y} = 77.23$ 的差,即 $|\bar{y}_{st} - \bar{Y}| = 0.10 < 3.5$。

均方误差为

$$\sigma_{\bar{y}_{st}}^2 = \frac{1-f}{n} \sum_{i=1}^{K} W_i S_i^2$$

$$= \frac{1 - 6/30}{6}(21.3967) = 2.8529$$

$$\sigma_{\bar{y}_{st}} = 1.69$$

(2) 最优分配样本容量(Neyman 分配)

要求满足 $P\{|\bar{y}_{st} - \bar{Y}| < 3.5\} = 95\%$。

解 $S_W^2 = 21.3967, \bar{S} = 4.28, (\bar{S})^2 = 18.3184$

$$n_0' = Z_\alpha^2 (\bar{S})^2 / d^2 = (1.96)^2 \times (18.3184)/(3.5)^2 = 5.74$$

$$n_0 = Z_\alpha^2 S_W^2 / d^2 = (1.96)^2 \times 21.3967/(3.5)^2 = 6.71$$

$$n = \frac{n_0'}{1 + n_0/N} = \frac{5.74}{1 + 6.71/30} = 4.69 \approx 5$$

$$n_1 = n \cdot \frac{W_1 S_1}{\sum_{i=1}^{3} W_i S_i} = 5 \times \frac{(1/3) \times 6.73}{4.28} = 2.6 \approx 3$$

$$n_2 = n \cdot \frac{W_2 S_2}{\sum_{i=1}^{3} W_i S_i} = 5 \times \frac{(1/3) \times 3.41}{4.28} = 1.33 \approx 1$$

$$n_3 = n \cdot \frac{W_3 S_3}{\sum_{i=1}^{3} W_i S_i} = 5 \times \frac{(1/3) \times 2.70}{4.28} = 1.05 \approx 1$$

比较 Neyman 分配与按比例分配,虽然要求满足的精度和信度一样,Neyman 分配样本容量的抽样方法比按比例分配样本的抽样方法少用了样本容量,所以 Newman 分配又称为最优分配:

$$\sigma_{\min}^2 = \frac{1}{n}\left(\sum_{i=1}^{K} W_i S_i\right)^2 - \frac{1}{N}\sum_{i=1}^{K} W_i S_i^2$$

$$= \frac{1}{n}(\bar{S})^2 - \frac{1}{N}S_W^2 = 2.9509$$

$$\sigma_{\min} = 1.72$$

(3) 假定固定总费用 $F = 30$ 元,准备费用 $F_0 = 10$ 元,第一层每调查一个人花费 4 元;第二、第三层每调查一个人花费 2 元,即 $F_1 = 4, F_2 = F_3 = 2$。求使其均方误差最小的分层抽样方案及其均方误差。

解 $\sum_{i=1}^{3} \sqrt{F_i} W_i S_i = 7.3669$

$$n_1 = \frac{(F - F_0) W_1 S_1 / \sqrt{F_1}}{\sum_{i=1}^{3} \sqrt{F_i} W_i S_i} = \frac{20(1/3)(3.41)/\sqrt{2}}{7.3669} \approx 2$$

$$n_2 = \frac{(F - F_0) W_2 S_2 / \sqrt{F_2}}{\sum_{i=1}^{3} \sqrt{F_i} W_i S_i} = \frac{20(1/3)(6.73)/2}{7.3669} \approx 3$$

$$n_3 = \frac{(F - F_0) W_3 S_3 / \sqrt{F_3}}{\sum_{i=1}^{3} \sqrt{F_i} W_i S_i} = \frac{20(1/3)(2.70)/\sqrt{2}}{7.3669} \approx 2$$

$$\sigma_{\bar{y}_{st}}^2 = \sum_{i=1}^{K} \frac{1 - f_i}{n_i} W_i^2 S_i^2$$

$$\sigma_{\bar{y}_{st}} = 1.3992$$

(4) 如果要求 $\sigma_{\bar{y}_{st}}^2 \leq 2^2$,求使总费用 $F = 10 + 4n_1 + 2(n_1 + n_2)$ 最小的分层抽样方案及均方误差。

解 由(2)知 $S_W^2 = 21.3967$

$$S_F^2 = \left(\sum_{i=1}^{K} \sqrt{F_i} W_i S_i\right)\left(\sum_{i=1}^{K} W_i S_i / \sqrt{F_i}\right) = 18.8726$$

其中: $\sum_{i=1}^{K} \sqrt{F_i} W_i S_i = 7.3669, \sum_{i=1}^{K} W_i S_i / \sqrt{F_i} = 2.5618$

$$n_0 = S_n^2 / \Delta^2 = 21.3967/4 = 5.3492$$

$$n_0' = S_F^2 / \Delta^2 = 18.8726/4 = 4.7182$$

$$n = \frac{n_0'}{1 + n_0/N} = \frac{4.7184}{1 + 5.3492/30} = 4$$

$$n_1 = n \cdot \frac{W_1 S_1 / \sqrt{F_1}}{\sum_{i=1}^{K} W_i S_i / \sqrt{F_i}} = \frac{4(1/3)(6.73)/2}{2.5618} = 1.75 \approx 2$$

$$n_2 = n \cdot \frac{W_2 S_2 / \sqrt{F_2}}{\sum_{i=1}^{K} W_i S_i / \sqrt{F_i}} = \frac{4(1/3)(3.41)/\sqrt{2}}{2.5618} = 1.25 \approx 1$$

$n_3 = 1$

$\sigma_{\bar{y}_{st}} = 1.9756$

$F = F_0 + 4n_1 + 2(n_1 + n_2) = 22(元)$

9.3.2 分层抽样的简单估计法(SSE 法)

1. 概念与定理

设总体 π_N 分为 K 层,即

$$\pi_N = \bigcup_{i=1}^{K} \pi_{N_i}, \quad i = 1, 2, \cdots, K$$

其中:
$$\pi_{N_i} = \{Y_{i_1}, Y_{i_2}, \cdots, Y_{i_{N_i}}\}, \quad N = \sum_{i=1}^{K} N_i$$

各层的参数如下:

$$\bar{Y}_i = \frac{1}{N_i} \sum_{j=1}^{N_i} Y_{ij}$$

$$\tilde{Y}_i = N_i \bar{Y}_i = \sum_{j=1}^{N_i} Y_{ij}$$

$$S_i^2 = \frac{1}{N_i - 1} \sum_{j=1}^{N_i} (Y_{ij} - \bar{Y}_i)^2$$

$$C_i^2 = S_i^2 / \bar{Y}_i^2$$

令 $W_i = N_i / N$,则

$$\bar{Y} = \frac{1}{N} \sum_{i=1}^{K} \sum_{j=1}^{N_i} Y_{ij} = \sum_{i=1}^{K} W_i \bar{Y}_i$$

$$\tilde{Y} = N\bar{Y} = \sum_{i=1}^{K} \tilde{Y}_i = \sum_{i=1}^{K} \sum_{j=1}^{N_i} Y_{ij}$$

调查目标量是:$\bar{Y}$ 或 $\tilde{Y}$。

从各层分别随机抽 n_i 个单位($i = 1, 2, \cdots, K$)

$$y_{(i)} = (y_{i_1}, y_{i_2}, \cdots, y_{i_{n_i}})$$

样本均值、方差分别为

$$\bar{y}_i = \frac{1}{n_i} \sum_{j=1}^{n_i} y_{ij}$$

$$s_i^2 = \frac{1}{n_i - 1} \sum_{j=1}^{n_i} (y_{ij} - \bar{y}_i)^2$$

记
$$\tilde{y}_i = N_i \bar{y}_i, \quad f_i = n_i/N_i \tag{9.64}$$

$$\bar{y}_{st} = \sum_{i=1}^{K} W_i \bar{y}_i \tag{9.65}$$

$$s_{\bar{y}_i}^2 = \frac{1-f_i}{n_i} S_i^2$$

$$s_{\bar{y}_{st}}^2 = \sum_{i=1}^{K} W_i^2 s_{\bar{y}_i}^2 = \sum_{i=1}^{K} W_i^2 \frac{1-f_i}{n_i} s_i^2 \tag{9.66}$$

$$\sigma_{\bar{y}_{st}}^2 = E(\bar{y}_{st} - \bar{Y})^2 \tag{9.67}$$

定理 9.6 在上述假设下,有

(1) $$E\bar{y}_{st} = \bar{Y} \tag{9.68a}$$

(2) $$\sigma_{\bar{y}_{st}}^2 = \sum_{i=1}^{K} W_i^2 \frac{1-f_i}{n_i} S_i^2 \tag{9.68b}$$

(3) $$E(s_{\bar{y}_{st}}^2) = \sigma_{\bar{y}_{st}}^2 \tag{9.68c}$$

证 由定理 9.1、定理 9.2 知:

$$E\bar{y}_i = \bar{Y}_i$$

$$E(\bar{y}_i - \bar{Y}_i)^2 = \frac{1-f_i}{n_i} S_i^2$$

注意到 $\bar{y}_1, \bar{y}_2, \cdots, \bar{y}_k$ 的独立性,有

$$E\bar{y}_{st} = E\left(\sum_{i=1}^{K} W_i \bar{y}_i\right) = \sum_{i=1}^{K} W_i E(\bar{y}_i)$$

$$= \sum_{i=1}^{K} W_i \bar{Y}_i = \bar{Y}$$

$$\sigma_{\bar{y}_{st}}^2 = E\left(\sum_{i=1}^{K} W_i \bar{y}_i - \sum_{i=1}^{K} W_i \bar{Y}_i\right)^2$$

$$= E\left(\sum_{i=1}^{K} W_i (\bar{y}_i - \bar{Y}_i)\right)^2$$

$$= \sum_{i=1}^{K} W_i^2 E(\bar{y}_i - \bar{Y}_i)^2 = \sum_{i=1}^{K} W_i^2 \frac{1-f_i}{n_i} S_i^2$$

$$E(s_{\bar{y}_{st}}^2) = \sum_{i=1}^{K} W_i^2 \frac{1-f_i}{n_i} E(s_i^2) = \sigma_{\bar{y}_{st}}^2$$

推论
$$\tilde{y}_{st} = N\bar{y}_{st} = \sum_{i=1}^{K} N_i \bar{y}_i \tag{9.69a}$$

是 $\tilde{Y}$ 的无偏估计量,其均方误差为

$$\sigma_{\tilde{y}_{st}}^2 = N^2 \sigma_{\bar{y}_{st}}^2 = \sum_{i=1}^{K} N_i^2 \frac{1-f_i}{n_i} S_i^2 \tag{9.69b}$$

$\sigma_{\tilde{y}_{st}}^2$ 的无偏估计量为

$$s_{\tilde{y}_{st}}^2 = N^2 S_{\bar{y}_{st}}^2 = \sum_{i=1}^{K} N_i^2 \frac{1-f_i}{n_i} s_i^2 \tag{9.69c}$$

2. 按比例分配样本容量

样本容量的分配按各层个数占总数的比例 $W_i = N_i/N$ 进行分配时，$n_i = n \cdot W_i = n \cdot \dfrac{N_i}{N}$，即 $\dfrac{n_i}{N_i} = \dfrac{n}{N}$，亦即 $f_i = f$，有

$$\sigma^2_{\bar{y}_{st}} = \sum_{i=1}^{K} W_i^2 \frac{1-f_i}{n_i} S_i^2$$

$$= \sum_{i=1}^{K} W_i^2 \frac{1-f_i}{n_i W_i} S_i^2 \tag{9.70a}$$

$$= \frac{1-f}{n} \sum_{i=1}^{K} W_i S_i^2$$

令 $S_W^2 = \sum_{i=1}^{K} W_i S_i^2$，$S_W^2$ 可以理解为层内平均方差，即组内方差。于是有

$$\sigma^2_{\bar{y}_{st}} = \frac{1-f}{n} S_W^2 \tag{9.70b}$$

分层时，应尽量使层内同质，即层内方差应尽量地小；使层间方差尽量地大，即不同层不同质。由(9.70b)式知，按比例分配样本容量的分层抽样的误差仅与层内方差有关，而与层间方差无关，所以分层抽样可以大大地提高调查的精度。

3. 最优分配样本容量

最优分配的提法是在给定费用函数 $F = F_0 + \sum_{i=1}^{K} F_i n_i$ 下：

(1) 固定费用使均方误差最小；

(2) 满足误差要求，如 $\sigma^2_{\bar{y}_{st}} \leq \Delta^2$ 或 $P\{|\bar{y}_{st} - \bar{Y}| < d\} = 1 - \alpha$ 的条件下，使费用最小的分配样本容量的方法。

定理 9.7 设分层抽样的费用函数为

$$F = F_0 + \sum_{i=1}^{K} F_i n_i$$

时，最优分配是

$$n_i = n \cdot \frac{W_i S_i / \sqrt{F_i}}{\sum_{i=1}^{K} W_i S_i / \sqrt{F_i}} = n \cdot \frac{N_i S_i / \sqrt{F_i}}{\sum_{i=1}^{K} N_i S_i / \sqrt{F_i}} \tag{9.71a}$$

证 见 9.3.1。

推论 1 当各层调查费用 F_i 相等时，

$$n_i = n \frac{W_i S_i}{\sum_{i=1}^{K} W_i S_i} = n \frac{N_i S_i}{\sum_{i=1}^{K} N_i S_i} \tag{9.71b}$$

为 Neyman 分配。

推论 2 当各 F_i 均相等，且 S_i^2 相等时，

$$n_i = n \cdot W_i = n \cdot \frac{N_i}{N} \tag{9.71c}$$

为按比例分配。

4. 分层抽样在估计精度上的收益

为了与简单随机抽样进行比较,我们分别用 $\sigma_{\text{ran}}^2, \sigma_{\text{prop}}^2, \sigma_{\text{opt}}^2$ 表示简单随机抽样、按比例分配样本容量的分层抽样,最优分配样本容量的分层抽样的抽样误差,即均方误差。

定理 9.8 若 $1/N_i (i = 1, 2, \cdots, K)$ 可以忽略,则有

$$\sigma_{\text{opt}}^2 \leqslant \sigma_{\text{prop}}^2 \leqslant \sigma_{\text{ran}}^2 \tag{9.72}$$

证

$$\sigma_{\text{ran}}^2 = \frac{1-f}{n} S^2$$

$$\sigma_{\text{prop}}^2 = \frac{1}{n} \sum_{i=1}^{K} W_i S_i^2 - \frac{1}{N} \sum_{i=1}^{K} W_i S_i^2$$

$$\sigma_{\text{opt}}^2 = \frac{1}{n} \left(\sum_{i=1}^{K} W_i S_i \right)^2 - \frac{1}{N} \sum_{i=1}^{K} W_i S_i^2$$

因为

$$(N-1)S^2 = \sum_{i=1}^{K} \sum_{j=1}^{N_i} (Y_{ij} - \overline{Y})^2$$

$$= \sum_{i=1}^{K} \sum_{j=1}^{N_i} (Y_{ij} - \overline{Y}_i)^2 + \sum_{i=1}^{K} N_i (\overline{Y}_i - \overline{Y})^2$$

$$= \sum_{i=1}^{K} (N_i - 1) S_i^2 + \sum_{i=1}^{K} N_i (\overline{Y}_i - \overline{Y})^2 \tag{9.73}$$

$$S^2 = \sum_{i=1}^{K} \frac{N_i - 1}{N - 1} S_i^2 + \sum_{i=1}^{K} \frac{N_i}{N - 1} (\overline{Y}_i - \overline{Y})^2 \tag{9.74}$$

当 $1/N_i$ 可以忽略时,则 $1/N$ 亦可以忽略,其精确表达式为

$$\sigma_{\text{ran}}^2 = \frac{1-f}{n} S^2 = \sigma_{\text{prop}}^2 + \frac{1-f}{n} \sum_{i=1}^{K} W_i (\overline{Y}_i - \overline{Y})^2 \tag{9.75}$$

而

$$\sigma_{\text{prop}}^2 - \sigma_{\text{opt}}^2 = \frac{1}{n} \left[\sum_{i=1}^{K} W_i S_i^2 - \left(\sum_{i=1}^{K} W_i S_i \right)^2 \right]$$

$$= \frac{1}{n} \sum_{i=1}^{K} W_i (S_i - \overline{S})^2 \geqslant 0 \tag{9.76}$$

其中:

$$\overline{S} = \sum_{i=1}^{K} W_i S_i$$

由式(9.75)与式(9.76)知

$$\sigma_{\text{opt}}^2 \leqslant \sigma_{\text{prop}}^2 \leqslant \sigma_{\text{ran}}^2$$

若 $1/N_i$ 项不可忽略时,其精确表达式是

$$\sigma_{\text{ran}}^2 = \sigma_{\text{prop}}^2 + \frac{1-f}{n(N-1)} \left[\sum_{i=1}^{K} N_i (\overline{Y}_i - \overline{Y})^2 - \frac{1}{N} \sum_{i=1}^{K} (N - N_i) S_i^2 \right] \tag{9.77}$$

当

$$\sum_{i=1}^{K} N_i (\overline{Y}_i - \overline{Y})^2 < \frac{1}{N} \sum_{i=1}^{K} (N - N_i) S^2 \tag{9.78}$$

成立时,按比例分配样本容量的分层抽样比简单随机抽样有更大的误差。从数学上看这是有可能发生的。如果 $S_i^2 = S_W^2$ 全相同 $(i = 1, 2, \cdots, K)$,此时按比例分配样本容量与最优分配样本的分层抽样是一致的,式(9.72)可变为

$$\sum_{i=1}^{K} N_i (\overline{Y}_i - \overline{Y})^2 < \frac{1}{N} \sum_{i=1}^{K} (N - N_i) S_W^2 = (K-1) S_W^2$$

即
$$\frac{1}{K-1}\sum_{i=1}^{K} N_i(\overline{Y}_i - \overline{Y})^2 < S_W^2 \tag{9.79}$$

通常称 $S_e^2 = \sum_{i=1}^{K} W_i(\overline{Y}_i - \overline{Y})^2$ 为层间(组间)方差,$S_W^2 = \sum_{i=1}^{K} W_i S_i^2$ 为层内(组内)方差。由式(9.74)知

$$S^2 \approx S_W^2 + S_e^2 \tag{9.80}$$

式(9.79)变成

$$\frac{N}{K-1} S_e^2 < S_W^2 \tag{9.81}$$

说明当层内方差大于层间方差 $\frac{N}{K-1}$ 倍时,简单抽样优于分层抽样。

9.4 实 例

9.4.1 基于相对有效性的整群抽样方案

总的来说,整群抽样在每个单元所获取的信息比简单随机抽样要少。但另一方面,整群抽样更容易获取实例且花费的代价较少。这种在大面积区域中单位采样代价与信息量的平衡关系早在1994年就由 Moisen 等人阐述过,他们认为整群抽样法相对于简单随机抽样来说,信息的回报对采集数据的代价是敏感的。

在简单随机抽样中采样单位错分比例的方差与另一种抽样方案中相同比例大小的方差的比值称为相对有效性(relative efficiency)。对于整群抽样,相对有效性由群内的相关性 ρ 决定。简而言之,ρ 是衡量群内部各采样单元相似性的一种度量方式,它决定了整群抽样对于简单随机抽样的相对有效性;ρ 的值越大,表明群内的信息量越冗余,整群采样的效率越低。

假设在某一地层或人口总量中有 N 个群类,每个群类包含 M 个采样单元,y_{ij} 表示第 i 个群中的第 j 个采样单元,如果分类正确则等于1,否则等于0。我们定义群内的相对有效性如下:

$$\rho = \frac{2\sum_{i=1}^{N}\sum_{j=1}^{M}\sum_{k=j+1}^{M}(y_{ij}-P)(y_{ik}-P)}{(M-1)(NM-1)\sigma^2} \tag{9.82}$$

这里

$$\sigma^2 = \frac{\sum_{i=1}^{N}\sum_{j=1}^{M}(y_{ij}-P)^2}{NM-1} \tag{9.83}$$

p 代表样本分类正确的比例,$V_{srs}(p)$ 与 $V_{clus}(p)$ 代表 p 在这两种分类方案中的方差,则整群抽样对于简单随机抽样的相对有效性有以下关系:

$$\frac{V_{srs}(p)}{V_{clus}(p)} = \frac{1}{1+(M-1)\rho} \tag{9.84}$$

如果考虑有相同代价的样本,例如对于简单随机抽样,总代价为

$$\text{cost} = nc_1 + nc_3 \tag{9.85}$$

这里 c_1 是样本单元之间行进的代价,c_3 是在样本单元采集数据的代价,n 是样本元素的个数。对于样本容量为 n' 的线性群体,每个群包含 M 个单元,总代价可以表示为 cost = $n'_h c_1 + n'_h (M_h - 1) c_2 + n'_h (M_h - 1) b c_2 + n'_h M_h c_3$。这里 c_2 是在群内采样单元之间定位和行进的代价,b 是 c_2 是的一部分,为在单元之间返程的代价。

用比率 $n'M/n$ 乘以式(9.84),得到一个代价敏感的相对有效性(cost-sensitive relative efficiency,RE_C),它可以用来衡量在采集数据过程中大量的可获取数据造成的群内信息的冗余程度。定义如下:

$$RE_C = \frac{V_{srs}(p)}{V_{clus}(p)} \cdot \frac{n'M}{n} \tag{9.86a}$$

这里

$$\frac{n'M}{n} = \frac{M(1 + c_3/c_1)}{1 + (1 + b)(M - 1)c_3/c_1 + Mc_3/c_1} \tag{9.86b}$$

当 $n'M >> n$ 时,整群抽样的方差会变得比简单随机抽样的小,在这个给定代价下整群抽样设计就更为有效(Moisen 等,1994)。

为了在具体应用中估计 RE_C 的值,我们定义在线性群落里的行程和精确定位采样点的时间 c_2 大约为 30 分钟;在采样点上识别和记录已存在的土地类型的时间 c_3 小于 10 分钟;采样结束后的返程时间 b,作为 c_2 的一部分,也预计小于 10 分钟;在群类时间的行程时间 c_1 允许范围在 30 分钟到 12 小时之间。Moisen 等人利用这些代价参数和从模拟误差方式获取群类间的相关性,描述了 Wasatch-Uinta 山脊、盆地和山脉科罗拉多高原地区,它们的群内相关性和相对有效性由图 9-1 所示。这幅图说明了整群抽样中什么样的整群大小和 c_2 与 c_1 的比率比简单随机抽样更有效($RE_C > 1$)。尽管这三个模拟误差方法不一定服从同样标准的真实误差群体的群内相关性,但它们可以作为这类问题的一种解决方式。

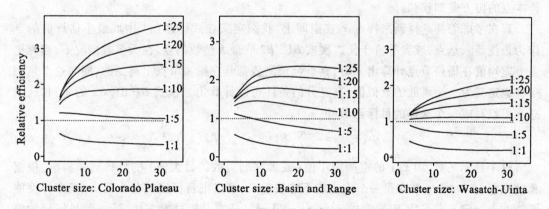

图 9-1 基于模拟误差和相对有效性(群内的行程代价(c_2)和群间的行程代价(c_1)的不同比率的函数)的群内的相关性

9.4.2 以最大地减小克里金方差为目标,寻找最理想的采样方案

地统计学在空间数据的获取和处理过程中具有重要地位,亦给空间采样方案设计提供

了理论基础。传统的采样只考虑样本的大小,而不考虑样本所在的空间位置;在空间问题域进行采样设计时,采样点位的分布与位置却有很大关系。这是因为众所周知的地理学第一法则的缘故:空间现象很少是随机分布的,且距离越近的相邻点的特性越相似。

实际工作中,采集数据的间隔不能太大也不能太小:间距小的时候,采样结果能客观地真实地反映研究区的物理化学特征,但采样工作量较大,花费较高;反之,采样间距越大,则花费越小,但数据不一定能反映研究区的真实特征。野外采样通常是以动态方式进行,在保证花费尽量小的情况下,降低所关心的估计量的方差,这样的方法才会得到推广和应用。对于在一个空间区域内的空间点,从整体上来说,分散在一定距离内的点位的某特性通常会呈现某种空间相关性,即空间依赖性。所以,在一定邻域范围内的采样点是相关的,即采样点所提供的信息有重复浪费。因此,在空间预测和建模中,须考虑到存在于空间采样点间的相关性来减小偏差,使不确定性达到最小。

当对一个未采样点 x 位置的值作出估计时,假设简单克里金方法已经对所有已得 n 个样本作了权重估计。假设有 n 个已得样本,Barnes 和 Watson 设计了一个高效更新克里金方差的方法。在点 $x_{s'}$ 处,新加入样本 s',在点 x 处的新的克里金方差可以这样计算(张景雄和 Goodchild,2008):

$$\sigma_z^2(x\mid(n+1)) = \sigma_z^2(x\mid n) - B1(x,x_{s'})^2/B2(x_{s'}) \tag{9.87a}$$

这里 $B1$ 可以这样确定:

$$B1(x,x_{s'}) = \mathrm{cov}_z(x-x_{s'}) - W^{\mathrm{T}}\mathrm{cov}_z(x-x_s) \tag{9.87b}$$

这里 $\mathrm{cov}_z(x-x_{s'})$ 是点 x 和第 $n+1$ 个加入点 $x_{s'}$ 的协方差。$w^{\mathrm{T}}\mathrm{cov}_z(x-x_{s'})$ 代表点 x 和已经存在的 n 个样本点的协方差加权和;式(9.80a)中的 $B2$ 可以这样确定:

$$B2(x_{s'}) = \mathrm{cov}_z(0) - W^{\mathrm{T}}\mathrm{cov}_z(x_{s'}-x_s) \tag{9.87c}$$

这里 $\mathrm{cov}_z(0)$ 代表变量 z 的方差;$w^{\mathrm{T}}\mathrm{cov}_z(x-x_{s'})$ 代表新加备选采样点 $x_{s'}$ 和已经存在的 n 个样本点的协方差加权和。

现在考虑怎样选择新采样点 x。在空间上,我们定义在式(9.87a)中取最小估计值的点作为最佳新入选点,或者等价于使二次式 $B1^2/B2$ 取最大整数的点。在大多数情况下,当克里金方差均值在栅格节点计算出来时,克里金预测值都是在栅格节点上得到的,同时这个判别条件也定义为一个离散的近似值。有充分的条件可以计算出二次式 $B1^{\mathrm{T}}B1/B2$ 的总和。这个总和可以写成一个这样的目标函数 $\Phi(x_{s'})$:

$$\Phi(x_{s'}) = -\sum_{x\in A}B1(x,x_{s'})^2/B2(x_{s'}) \tag{9.88}$$

这个目标函数 $\Phi(x_{s'})$ 的空间最小值(或者它的负数的最大值)的计算远非易事。根据梯度向量 $g = \partial\Phi/\partial x_{s'}$ 在每一个点上能不能被定义,可以把目标函数分为两类。根据梯度能不能在点上定义是采用下降方法(descent method),还有共轭梯度方法。后一种目标函数值估计主要在一般条件下来讨论。通常情况下,计算一阶导数花费比较高或者实际上不太可能。Powell 设计了一种基于共轭梯度的高效最小化算法,这个程序从一个近似最小点 x_r 开始,沿着一系列线性独立方向 $\xi_1,\xi_2,\cdots,\xi_N$ 进行循环搜索,直到函数 Φ 不再减小。Press 提供了一个基于共轭梯度的稳健算法。但是这个最小化算法在应用中仍然存在一个主要障碍,就是在式(9.87b)、式(9.87c)中需要估计克里金权重,这就需要一个附属算法。但加了这个算法以后,就会使得本来就不完美的 Powell 算法在空间采样设计中的效率更低。更深层的问题在于在 Powell 的方法中,它是通过一个标示 λ_m 来确定客观函数 $\Phi(x_{i'} + \lambda_m \xi_m)$ 的最小值的,这样的预算过程本来就很复杂的。

在一个合适的栅格系统中,通过合适地离散化研究范围,同时研究基于克里金方法的不确定性特征,这样就能够节省用于采样设计的计算量。通常用全局克里金方差作为衡量最优空间采样的标准。因此可以把关注重点放在克里金方差的均值上。在这里我们可以用块段克里金(block kriging),以节省搜索运算。

进行空间预测一般要有一个假设,即隐含了假设空间样本有明确的大小或者样本区间。假设有一个样本集,在点 x 处的变量 z 的克里金估计值在图 9-2(a) 中用圆圈表示,根据公式 (9.82),这个变量 z 的估值可以根据图 9-2(a) 中标为黑点的样本数值的线性组合求得。图 9-2(a) 的离散图指示了灰色遮蔽斑块的模拟点的大小范围,图 9-2(b) 也涉及结合次级数据源。如果分辨率比较低的话,这个问题区域可以设置为原样本双倍大小的区间,如图 9-2(b) 灰块所示。这个大灰块像元的中心就是它中心的叉号点。所以有可能利用 n 个模拟点的数据 $\{z_1(x_i), i = 1, 2, \cdots, n\}$,在 N_v 个离散定位点上,执行 N_v 的克里金预测,然后取平均值,算出在点 x 处的灰块均值的估计值。对于一块区域 $v(x)$,他的中心点为 x(图 9-2(b) 中的叉点),通常把这个区域离散化为一个点阵(图 9-2(b) 中的圆圈点所示)。如果考虑点的位置和数量的话,可以看出这个点阵刚好与图 9-2(a) 相符。如果有 N_v 个点离散化这个区域 $v(x)$(在图 9-2(b) 中离散化为 4 个点),那么就可以写出平均值 $z(v(x))$ 为:

$$z_1(v(x)) = \frac{1}{N_v} \sum_{i=1}^{N_v} z_1(x_i) \tag{9.89}$$

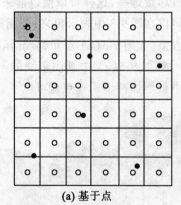
(a) 基于点

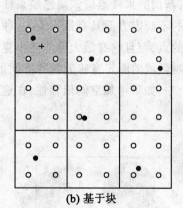
(b) 基于块

图 9-2　基于不同区间的克里金方法

然而对于估计一块段均值的更高效的方法是块段克里金方法。对于简单的克里金方法来说,块段克里金方法如下:

$$\mathrm{cov}_{Z1}(x_i - x_j) W_v = \mathrm{cov}_{Z1}(v(x) - x_i) \tag{9.90}$$

式中:$\mathrm{cov}_{Z1}(v(x), x_i)$ 代表 N_v 个离散点 s_i 和数据点 x_i 之间的协方差均值。如上面所谈到的基于点的简单克里金的情况,块段 $v(x)$ 的克里金方差可以这样来求:

$$\sigma_Z^2(v(x)) = \mathrm{cov}_Z(v(x)) - W_v^T \mathrm{cov}_Z(v(x) - x_i) \tag{9.91a}$$

式中:$\mathrm{cov}_Z(v(x))$ 表示 $v(x)$ 区域内任意两个点之间的协方差均值。$\mathrm{cov}_Z(v(x) - x_i)$ 表示点

与块段的协方差均值,这两个协方差可以分别这样计算:

$$\text{cov}_z(v(x)) = \frac{1}{N_v N_v} \sum_{k=1}^{N_v} \sum_{l=1}^{N_v} \text{cov}_z(x_k - x_l) \tag{9.91b}$$

$$\text{cov}_z(v(x) - x_i) = \frac{1}{N_v} \sum_{k=1}^{N_v} \text{cov}_z(x_i - x_k) \tag{9.91c}$$

很明显,系统式地搜索备选采样点,然后执行块状克里金方法,可以极大地减小计算量,也易于计算方差的减少。这个系统采样方法比那种看起来比较简单的优化算法在执行起来要更容易些。当然,块的大小要根据研究区域的特点来决定,比如它的几何特征,空间变化等。比如,我们可以把整个问题区域作为一个研究块来执行克里金差值,但是由于要考虑采样设计中的效率和基于克里金空间预测分辨力,所以,一般采用中等大小的分块来执行块状克里金方法。

在渐进式采样过程中,采用启发式的搜索方法能够更加提高效率。通过定义的启发式的方法能找到好的解决办法,但是不一定能保证找到这个在全局上是最佳的解决办法。

有一种启发式算法就是以最大距离法在备选采样点中搜索下一个采样点的。假设下一个定位点在点 $x_{s'}$,如图 9-3 中圆圈点所示,已经采样过的点用黑点表示。由地统计学原理可以知道,空间位置的相关性当超过变异函数模型定义的范围时就会消失。如图 9-3 中以黑点为中心的阴影圆所覆盖的范围所示。所以,如果在这些圆内继续采样,这些继续采的点对减小克里金方差基本上是多余的。因为它们传送的很多是和阴影圆中心点相同的信息,这些信息的相似程度主要根据圆圈点距阴影圆中心的距离来决定。因此,为了使接下来的采样点发挥最大作用,新加的采样点应该离已经采样过的点尽量远些,这样可以使以前采样数据在降低空间预测的不确定方面具有最小值。这种思想可以在图 9-3 中表示出来,圆圈点 x_s 是下一个最为经济的点,而且它有最大可能减小克里金方差。如图 9-3(a)所示,变异函数模型范围所覆盖的影响区域的圈定意味着搜寻空间的减少,如图 9-3(a) 中画阴影线的不规则区域。在图 9-3(b) 中,如果增加空间依赖性,在这个图中再增加两个采样点就可以了。

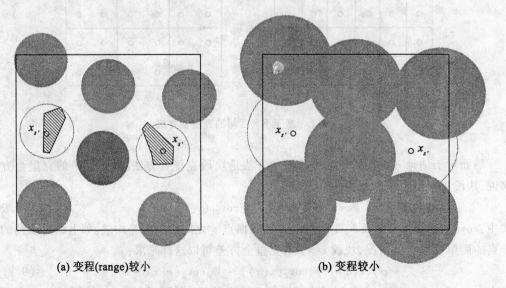

(a) 变程(range)较小　　　　　　　　(b) 变程较小

图 9-3　最大化地减小克里金方差来搜索下一个采样点 $x_{s'}$,采用不同的变异函数模型

从上面可以明显看出,盲目地在整个研究区域搜索一个最优采样点不如结合启发式和计算的策略。当涉及多目标的最优化时,启发式搜索的优点更显著。假设备选采样点与当前采样点的估计方差和距离是用于确定下一个采样点位置的两个标准,则第二个标准主要反映从一个点移到一个新采样点的量测花费。因此有可能设计两个目标的线性组合使采样花费最小化,同时最大化地减小估计方差。顾忌到方差减小和花费,假设已经有了一系列的点和一个开始点,可用电脑搜索最优值所在的区域。

思考题

1. 考虑简单放回随机抽样,证明:

(1) $s^2 = \dfrac{1}{n-1} \sum\limits_{i=1}^{n} (X_i - \overline{X})^2$ 即是 σ^2 的无偏估计。

(2) s 是 σ 的无偏估计吗?

(3) $n^{-1} s^2$ 是 $\sigma_{\overline{X}}^2$ 的无偏估计。

(4) $n^{-1} N^2 s^2$ 是 σ_T^2 的无偏估计。

(5) $\hat{p}(1-\hat{p})/(n-1)$ 是 $\sigma_{\hat{p}}^2$ 的无偏估计。

2. 对样本总数为 N 的一个简单随机抽样 n,思考如下 μ 的估计:$\overline{X}_C = \sum\limits_{i=1}^{n} c_i X_i$,其中 c_i 为常数,$X_1, X_2, \cdots, X_n$ 为采样值。请说明:

(1) c_i 在什么条件下该估计为无偏估计。

(2) 该条件下估计方差最小 c_i 的取值是 $c_i = 1/n$,其中 $i = 1, 2, \cdots, n$。

3. 考虑 $x_1, x_2, \cdots, x_N$ 一个随机排列 $Y_1, Y_2, \cdots, Y_N$。试讨论 Y_i 的任何子集 $y_{i_1}, y_{i_2}, \cdots, y_{i_n}$ 的联合分布同简单随机抽样 $X_1, X_2, \cdots, X_n$ 一样,即 $\mathrm{var}(Y_i) = \mathrm{var}(X_k) = \sigma^2$,$\mathrm{cov}(Y_i, Y_j) = \mathrm{cov}(X_k, X_l) = \gamma$(如果 $i \neq j$ 并且 $k \neq l$)。因为 $Y_1 + Y_2 + \cdots + Y_N = \tau$,$\mathrm{var}\left(\sum\limits_{i=1}^{N} Y_i \right) = 0$(为什么呢?),以 σ^2 和未知协方差 γ 表达 $\mathrm{var}\left(\sum\limits_{i=1}^{N} Y_i \right)$,证明:$\gamma = -\dfrac{\sigma^2}{N-1}$($i \neq j$)。

4. 在一个城市中对 100 个住户作一简单随机抽样,记录居住于其中的总人数 X 以及每周的食品消费 Y。已知该城市有 100 000 住户,样本满足条件:

$$\sum X_i = 320$$

$$\sum X_i = 10\,000$$

$$\sum X_i^2 = 1250$$

$$\sum Y_i^2 = 1\,100\,000$$

$$\sum X_i Y_i = 36\,000$$

在回答如下问题的时候,忽略限制人口的改正数:

(1) 试估计比率 $\gamma = \mu_y / \mu_x$。

(2) 为 μ_y / μ_x 构制一个 95% 的置信区间(大致的)。

（3）仅利用已知数据 Y，估计一周该城市全部住户总的食品消费 τ，并构制一个 90% 的置信区间。

5. 一个包括三个分层（strata）人口的抽样中，其中 $N_1 = N_2 = 1000$，$N_3 = 500$。一个分层的随机抽样每个层有 10 个观测值，如下：

第 1 层	94	99	106	106	101	102	122	104	97	97
第 2 层	183	183	179	211	178	179	192	192	201	177
第 3 层	343	302	286	317	289	284	357	288	314	276

试估计人口的平均数和总数，并给出一个 90% 的置信区间。

第10章 空间插值

10.1 概 述

10.1.1 概念

高程、气象、土壤、人口密度、物流等自然与社会经济现象的时空分布能用基于位置的多维空间函数来近似表达。由于大多数自然与社会经济现象时空分布得不规则,其量测或数字化结果都是点数据,因而在用 GIS 对它们进行可视化、分析与建模的过程中,通常使用栅格格式的数据。此外,由于在自然与社会经济现象的时空测量中,通常使用不同的方法(如遥感、实地采样等),从而得到表达不同、分辨率也不同的数据集。因此,在研究自然与社会经济现象的时空分布过程中,需要将不同性质的量测数据联合起来,以建立完全(complete)的场模型,并进行可视化。

这需要研究未采样场分布值的预测方法。在 GIS 中,要预测未采样空间现象的值,一般要使用支持时空场中离散数据与连续数据进行转换的方法,该方法要么把不规则点或线数据转换成栅格,要么对不同分辨率的栅格数据进行重采样。

空间插值常用于将离散点的测量数据转换为连续的数据曲面,以便与其他空间现象的分布模式进行比较,它包括了空间内插和外推两种算法。空间内插算法是一种通过已知点的数据推求同一区域其他未知点数据的计算方法;空间外推法则是通过已知区域的数据,推求其他区域数据的方法。在以下几种情况下必须作空间插值:

(1)现有的离散曲面的分辨率、像元大小或方向与所要求的不符,需要重新插值。例如将一个扫描影像(航空像片、遥感影像)从一种分辨率或方向转换到另一种分辨率或方向的影像。

(2)现有的连续曲面的数据模型与所需的数据模型不符,需要重新插值。如从 TIN 到栅格、栅格到 TIN 或矢量多边形到栅格。

(3)现有的数据不能完全覆盖所要求的区域范围,需要插值。如将离散的采样点数据内插为连续的数据表面。

空间插值的理论假设是空间位置上越靠近的点,越可能具有相似的特征值;而距离越远的点,其特征值相似的可能性越小。然而,还有另外一种特殊的插值方法——分类,它不考虑不同类别测量值之间的空间连续,只考虑分类意义上的平均值或中值,为同类地物赋属性值。它主要用于地质、土壤、植被或土地利用的等值区域图或专题地图的处理;"景观单元"或图斑内部是均匀和同质的,通常被赋给一个均一的属性值,变化发生在边界上。

10.1.2 空间插值的源数据

空间插值的源数据包括摄影测量得到的航片或卫星影像、野外测量采样数据（随机分布或有规律）的线性分布、数字化的多边形图、等值线图等。

空间插值的数据通常是复杂空间变化有限的采样点的测量数据，这些已知的测量数据称为"硬数据"。如果在采样点数据比较少的情况下，可以根据已知的导致某种空间变化的自然过程或线性的信息机理，辅助进行空间插值，这种已知的信息机理，称为"软信息"。但通常情况下，由于不清楚这种自然过程机理，往往不得不对该问题的属性在空间的变化作一些假设，例如假设采样点之间的数据变化是平滑变化，并假设服从某种分布概率和统计稳定性关系。

采样点的空间位置对空间插值的结果影响很大，理想的情况是在研究区内均匀布点。然而当区域景观大量存在有规律的空间分布模式时，如有规律间隔的行树或沟渠，用完全规则的采样网络则会得到片面的结果。由于这个原因，统计学家希望通过一些随机的采样来计算无偏的均值和方差。但是完全随机的采样同样存在缺陷：完全随机采样，会导致采样点的分布不均，一些点的数据密集，另一些点的数据缺少。图 10-1 列出空间采样点分布的几种选择。

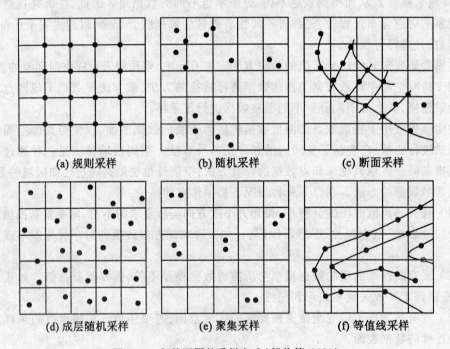

图 10-1 各种不同的采样方式（邬伦等，2001）

规则采样和随机采样好的结合方法是成层随机采样，即单个的点随机地分布于规则的格网内。聚集采样可用于分析不同尺度的空间变化。规则断面采样常用于河流、山坡剖面的测量。等值线采样是数字化等高线图插值数字高程模型最常用的方法。

10.1.3 空间插值方法的分类

空间插值方法可以分为整体插值和局部插值两类。整体插值方法用研究区所有采样点的数据进行全区特征拟合;局部插值方法是仅仅用邻近的数据点来估计未知点的值。整体插值方法通常不直接用于空间插值,而是用来检验不同于总趋势的最大偏离部分,在去除了宏观地物特征后,可用剩余残差来进行局部插值。由于整体插值方法将短尺度的、局部的变化看做随机的和非结构的噪声,从而丢失了这一部分信息。局部插值方法恰好能弥补整体插值方法的缺陷,可用于局部异常值,而且不受插值表面上其他点的内插值影响。

1. 整体插值方法

(1) 趋势面法

某种地理属性在空间的连续变化,可以用一个平滑的数学平面加以描述。思路是先用已知采样点数据拟合出一个平滑的数学平面方程,再根据该方程计算无测量值的点上的数据。这种只根据采样点的属性数据与地理坐标的关系,进行多元回归分析得到平滑数学平面方程的方法,称为趋势面分析。它的理论假设是地理坐标(x,y)是独立变量,属性值Z也是独立变量且是正态分布的,同样,回归误差也是与位置无关的独立变量。具体方法见10.4节。

(2) 最小二乘法

最小二乘法是测量学科中的一种广泛应用的测量平差和数据的内插方法。一个测量结果通常包含三部分:①可以用某个函数表示的部分值,这个函数在空间为一个曲面,称为趋势面;②由于仪器等固定问题引起的部分值,它不能简单地用某个函数表示,称为系统误差;③由于偶然现象引起的部分值,称为偶然误差或随机噪音。

以数字地面模型为例,如图10-2 所示,将某一区域内数据点的高程值 Z 用某一趋势面 $z(x,y)$ 拟合后,各点上的余差 D 包含两部分:系统误差 S 和偶然误差 R。这些数据之间具有以下关系:

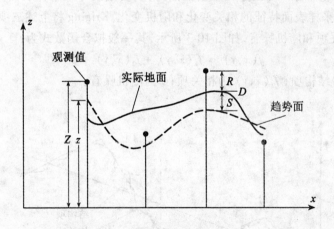

图 10-2 地面高程趋势面与余差

$$\begin{cases} Z = z + D \\ D = S + R \end{cases} \tag{10.1}$$

且应满足：

$$\sum(D) = \sum(R)$$

若一个子区内共有 n 个采样点，可以用一个二次多项式曲面来拟合地形，则观测值方程的矩阵表达为：

$$Z = BX + S + R \tag{10.2}$$

式中：Z 为观测值列向量；B 为二次曲面的系数矩阵；X 为二次曲面的参数列向量；S 为系统误差列向量；R 为偶然误差列向量。

若引入 m 个内插点的系统误差 S'，则上式变为：

$$Z = BX + S + OS' + R \tag{10.3}$$

式中：O 为 $n \times m$ 阶的零向量。

对式(10.2)和式(10.3)的求解对应三种不同方式：

(1) 推估法（也称预测）。认为内插点的信号 S' 与采样点的信号 S 线性相关。可以采用线性内插的方法，根据 n 个采样点，由式(10.2)确定 n 个点的信号 S，进而内插出待定点的信号。

(2) 滤波法。采用间接平差的方法，根据 n 个采样点，通过滤波滤掉采样点上的噪音，进而确定式(10.2)及 n 个点的信号值 S，最后求出待定点的信号。

(3) 配置法：采用广义平差的方法，对式(10.3)同时解算 n 个采样点的信号 S 和 n 个待定点的信号 S'。

2. 局部插值方法

(1) Kriging 法

Kriging 法又称空间自协方差最佳内插法。该法是南非矿业工程师 D.G. Krige，针对矿业特色与地质推估问题创立的矿石品位最佳内插法。

Kriging 法的基本原理与最小二乘法类似。其实质是既考虑采样表面的总趋势变化（统计特征），又考虑采样表面特征的相关变化和随机变化。Kriging 将上述三项分别称为采样表面的结构项、相关项和随机噪音。如图 10-3 所示，其一般拟合函数式为：

$$f(x, y) = f_1(x, y) + f_2(x, y) + C \tag{10.4}$$

式中：$f_1(x, y)$ 为结构项；$f_2(x, y)$ 为相关项；C 为随机噪音。

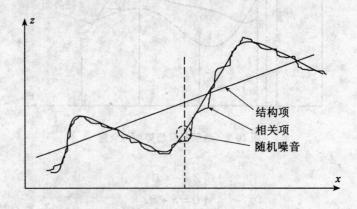

图 10-3　Kriging 法的基本原理（吴立新和史文中，2005）

近年来,国内外许多学者对最初的 Kriging 法进行了演绎和推广,已经成为一种系列 Kriging 内插方法的代名词,并且在地质、矿业、地理、水文、海洋等领域获得广泛应用。其中普通 Kriging 法与最小二乘的推估法类似,而广泛 Kriging 法与最小二乘的配置法类型。所不同的是两者所采用的协方差函数不同;而且在配置法与推估法中,插值的方差 — 协方差是严格数学意义上的方差 — 协方差阵,而 Kriging 法是采用半方差(或称半变异函数),来构造推估用的方差协方差阵。关于 Kriging 的具体内容参看第 11 章。

(2) 移动内插法

移动内插法是一种典型的逐点内插法。其实质是:首先以内插点 P 为中心,按某一半径 R 作圆;然后选定某一多项式内插函数,用落在该圆内的采样点的特征观测值来拟合该范围的特征值曲面,进而求得待插点的特征值,如图 10-4 所示。多项式内插函数的典型代表为二次多项式:

$$f(x,y) = b_0 + b_1 x + b_2 y + b_3 x^2 + b_4 xy + b_5 y^2 \tag{10.5}$$

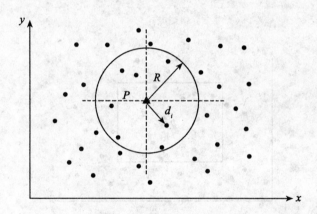

图 10-4　移动内插法取样(吴立新和史文中,2005)

上式有 6 个待定系数,因此只要采样半径内有 6 个采样点(最好是四个象限内均有点),即可确定这 6 个未知数。当采样点不足 6 个时,需要扩大取样半径;当采样点超过 6 个时,要列出 n 个采样点的误差(v_i)方程的矩阵如下:

$$v = MB - Z \tag{10.6}$$

式中:

$$v = \begin{bmatrix} v_1 \\ v_2 \\ \vdots \\ v_n \end{bmatrix}; \quad M = \begin{bmatrix} 1 & \overline{x_1} & \overline{y_1} & \overline{x_1^2} & \overline{x_1 y_1} & \overline{y_1^2} \\ 1 & \overline{x_2} & \overline{y_2} & \overline{x_2^2} & \overline{x_2 y_2} & \overline{y_2^2} \\ \vdots & & & & & \vdots \\ 1 & \overline{x_n} & \overline{y_n} & \overline{x_n^2} & \overline{x_n y_n} & \overline{y_n^2} \end{bmatrix}; \quad B = \begin{bmatrix} b_0 \\ b_1 \\ \vdots \\ b_5 \end{bmatrix}; \quad Z = \begin{bmatrix} Z_1 \\ Z_2 \\ \vdots \\ Z_n \end{bmatrix}$$

根据平差理论,二次曲面系数的解为:

$$B = (M^{\mathrm{T}} P M)^{-1} M^{\mathrm{T}} P Z \tag{10.7}$$

式中:P 为权重矩阵。考虑到采样点离内插点 P 的距离不同而相关程度不同,可以采用不同的权重 p_i,n 个采样点即构成 $1 \times n$ 的矩阵。p_i 的取定有以下 3 种基本方式:

$$p_i = \frac{1}{d_i} \qquad (10.8)$$

$$p_i = \left(\frac{R - d_i}{d_i}\right)^2 \qquad (10.9)$$

$$p_i = e^{\frac{d_i^2}{K^2}} \quad (K \text{ 为待选常数}) \qquad (10.10)$$

由于 $\overline{x_p} = 0, \overline{y_p} = 0$,所以求得的系数 b_0 即为 P 点高程值。

值得注意的是:由于解的稳定性决定法方程的状态,而法方程的状态又与点位分布有关,所以当地形起伏较大时,半径 R 不能太大。尤其是当数据较稀疏或分布不均匀时,二次多项式移动内插法容易产生很大的误差。此时,可以考虑采用移动平均法。

(3) 移动平均法

移动平均法是一种简化的逐点内插法。其实质是:首先以内插点为中心,确定一个取样窗口,然后计算落在窗口内的采样点的特征观测值的平均值,作为内插点的特征值估值,如图 10-5 所示。

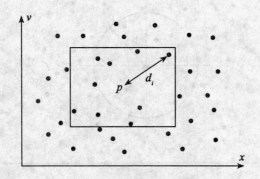

图 10-5　移动平均法取样(吴立新和史文中,2005)

对取样窗口的要求是:

① 窗口大小要覆盖局域的极大或极小值,以使计算效率与计算精度之间达到合理的均衡;

② 窗口内有 4～12 个采样点,即所取采样点数应考虑采样点的分布情况:若规则分布,采样点数可以少些;若非规则分布,采样点应多些。

如 Vienna 工业大学的 SORA 程序就采用了多个邻接点的加权平均水平面进行内插:

$$z_p = \frac{\sum_{i=1}^{n} p_i z_i}{\sum_{i=1}^{n} p_i} \qquad (10.11)$$

式中: z_p 为内插点的高程值; z_i 为采样点的高程值; n 为邻近的采样点数目; p_i 为采样点的距离权,可以采用式(10.8)、式(10.9) 或式(10.10) 求权。10.2 节的距离倒数加权内插法即是移动平均法的一种。

(4) 样条函数法

所谓样条函数,即三次多项式。样条函数法的实质为采用三次多项式对采用曲线进行分段修匀。每次的分段拟合仅利用少数采样点的观测值,并要求保持各分段的连接处连续,即光滑可导。其拟合过程相当于用灵曲板来绘制分段连续的曲线。样条函数的一般形式为:

$$f(x,y) = \sum_{r+s=0}^{3} b_{rs} x^r y^s \tag{10.12}$$

样条函数拟合必须满足观测值与拟合值之差的平方和最小:

$$\sum_{i=1}^{n} W_i^2 [z(x_i, y_i) - f(x_i, y_i)]^2 = \min \tag{10.13}$$

式中:W_i 为拟合权,与 (x_i, y_i) 点处拟合误差的方差成反比;$z(x_i, y_i)$ 为 (x_i, y_i) 点处的采样值;n 为总采样数。

需要 9 个以上的采样点,通过多重回归技术确定样条函数的系数,进而建立基于样条函数的拟合曲线方程。再输入内插点的坐标值 (x_u, y_u),就可以解算出内插点的特征值。

(5) 线性内插法

当采样点的特征观测值在一个平面上变化时,可以进行线性内插。典型应用是不规则三角高程的内插。认为在一个三角形内,所有点的高程均位于此三角形平面上。因此,在该三角形内按直线比例进行线性内插,即可得到内插点的高程值。其内插函数即为三角形的平面方程:

$$f(x,y) = Ax + By + C \tag{10.14}$$

(6) 双线性内插法

分块插区中,当采样点的特征值在 x、y 方向分别按线性规律变化时,需要取按双线性插值法估算内插点的特征值。双线性插值函数为:

$$f(x,y) = Ax + By + Cxy + D \tag{10.15}$$

需要 4 个已知采样点来确定式(10.15)中的 4 个系数。4 个已知采样点的选择,如图 10-6 所示,有以下要求:

① 环绕内插点,即尽量以内插点为中心均匀分布。
② 离内插点距离最近。

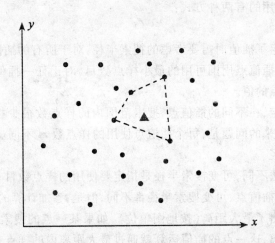

图 10-6 双线性内插的采样点选择(吴立新和史文中,2005)

10.2 距离倒数加权方法

距离倒数插值方法(inverse distance weighting, IDW)是一种应用广泛的空间插值方法,经常被用在各种 GIS 分析中。这种插值方法利用 Tobler 定理,通过计算未测量点附近区域各个点的测量值的加权平均来进行插值,其中最近处的点的权值最大。权重用点之间距离乘方的倒数表示,乘方为 1.0 意味着点之间的数值变化率为恒定,该方法称为线性插值法。乘方为 2.0 或更高则意味着靠近已知点,数值的变化率越大,远离已知点区域平稳。其通用方程是:

$$z_0 = \frac{\sum_{i=1}^{s} z_i \frac{1}{d_i^K}}{\sum_{i=1}^{s} \frac{1}{d_i^K}} \tag{10.16}$$

式中:z_0 是点 0 的估计值;z_i 是控制点 i 的 z 值;d_i 是控制点 i 与点 0 间的距离;s 是在估算中常用到的控制点的数目;K 是指定的幂。

在使用距离倒数插值方法时,要注意下面几个问题:

1. 距离的影响程度

在距离倒数插值方法中,使用幂 k 来控制样点距离对插值结果的影响程度。k 取较大的值,则最近处样点对插值结果的影响加强,最终结果将出现更多的细节(拟合面不够平滑)。取值较小,则远处的样点对插值结果也有一定的影响,最终结果是较为平滑的平面。大量的试验表明,$k = 2$ 的插值结果比较符合实际,而且容易计算。

2. 搜索半径

由于地理空间分布的尺度特征,有些情况下计算所有样点到插值点的距离是没有意义的,或是没有结果的。因为有些点太远,对插值点的结果没有影响,或影响甚微。通过制定搜索半径,可以将使用的样点限制在一定的范围内,从而提高了计算效率。搜索半径是与地图单位一致的距离值,常用的有两种方式:

(1) 固定搜索半径

固定搜索半径规定了插值时需要考虑的搜索半径。对于所有的插值点而言,搜索半径是一个常数。最小数目是插值点周围可用的最小样点数目。对于任一插值点,落入搜索半径的样点都被用来计算该点的值。

由于搜索半径固定,在不同的插值点,搜索范围内的样点数很少相同,特别是当样点的分布不均匀时,由此带来的问题是,每个插值点使用的样点数 m 不同。

(2) 可变搜索半径

由于搜索半径方法不同,可变搜索半径是指定要使用的样点数目,寻找能够满足该数目的距离范围。对于每个插值点,可变搜索半径都不同,但是,参加计算的样点数相同。

搜索半径不能超出了最大距离(按地图单位),如果某一点的搜索半径在达到指定数目之前已达到了最大距离,这一点的插值运算就通过最大距离内的样点来完成。

3. 中断线

中断线(barrier)是用来限制样点搜索范围的线段。线段可以代表悬崖、山脊或者其他的中断地形或空间的边界条件。在处理过程中,将只搜索中断线同侧的样点。

4. 样点分布

样点的分布应该尽可能地均匀,而且应该布满在矩形范围内。对于不规则分布的样点,插值时利用的样点往往也不均匀地分布在周围的不同方向上,这样,每个方向对插值结果的影响就是不相等的,结果的准确性就会受到影响。

IDW 通过创建一个光滑的表面来达到插值的目的,其中,表面上各个点的值,与其相邻点的值更相似。距离为零处的点,权值为无穷大,因此,如果用 IDW 计算某一个观测点的值时,会得到该点的实际测量值。由于能准确地保证观测值并进行插值,IDW 被称为精确插值方法(对于近似插值方法,为了产生更好的光滑效果,会允许在测量点处有一些偏差,如果这种偏差可以看做是由测量误差引起的,或者是表面总体趋势下的局部偏离,那么这一性质将十分有用)。

但是,因为 IDW 计算出的是一个平均数,因此,会产生一些我们并不期望的特殊性质。利用非负数的权值,计算出的加权平均值,必然会落在观测值的范围内,即在插值后的表面上没有任何点其内插值 z 大于最大的测量值 z,同时也没有任何点其内插值 z 小于最小的观测值 z。设想一个表面起伏的高程图,它所有的峰和谷都没有被实际量测到,而仅仅通过以观测点的数据值来算出,这是多么不可思议。图 10-7 反映的正是这一表面的横断面。IDW 内插的结果,并不如我们所预期的那样得到山峰和山谷,而是产生了一些如图所示的结果:在应该是山峰的地方却是一些小山谷,在应该是山谷的地方却是一些小山峰。此外,IDW 还会产生一个与以上有关的问题——外插值问题,这就是:如果数据显示了一种变化趋势,如图 10-7 所示,对观测数据点外围区域,IDW 会不适当地将这些估计值回归为观测数据的平均值。

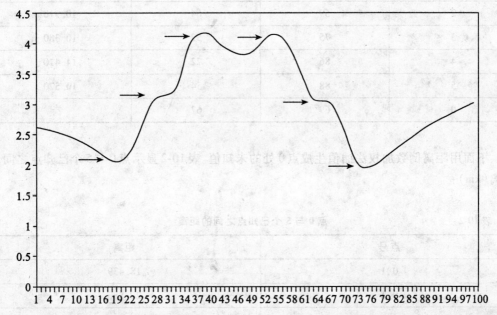

图 10-7　IDW 内插潜在的不希望出现的特征。位于 20、30、40、60、70 和 80 位置上的点的测量值分别为 2、3、4、4、3、2。两个峰值之间的内插剖面图表现为一个凹陷,并且趋于数据覆盖面积之外的整体平均值 3(Longley 等,2007)

总而言之，IDW 的结果并不总是如我们所预想的那样。目前许多其他的空间插值方法可以解决这些问题，但是由于 IDW 在编程实现上比较方便，在概念上比较简单，因此更为流行。在使用 IDW 插值方法时，用户需要时刻注意检查内插后的结果，以确保其有意义。

例 10.1 距离倒数加权法插值的实例

图 10-8 显示 5 个已知值的气象站点，围绕着未知数值的 0 号站点。表 10-1 显示各个点的 x、y 坐标，用格网单元大小为 2000m 的行和列来表示，它们的已知值是：

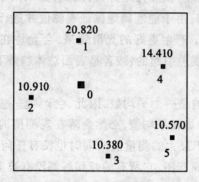

图 10-8　0 号站点的未知值由其周围具有已知值的 5 个站点插值

表 10-1　　　　　　　　　　各个点的 x、y 坐标

站点	x	y	z 值
1	67	76	20.820
2	59	64	10.910
3	75	52	10.380
4	86	72	14.410
5	88	54	10.570
0	69	67	?

下面用距离倒数加权法插值生成点 0 处的未知值。表 10-2 显示点 0 与 5 个已知点之间的距离(km)：

表 10-2　　　　　　　　点 0 与 5 个已知点之间的距离

点号	距离
0,1	18.439
0,2	20.880
0,3	32.310
0,4	35.440
0,5	46.043

将已知值和距离代到方程(10.16)中,并且估算 z_0,得

$$\sum z_i 1/d_i^2 = 20.820 \times (1/18.439)^2 + 10.910 \times (1/20.880)^2$$
$$+ 10.380 \times (1/32.310)^2 + 14.410 \times (1/35.440)^2$$
$$+ 10.570 \times (1/46.043)^2$$
$$= 0.11266$$

$$\sum 1/d_i^2 = (1/18.439)^2 + (1/20.880)^2 + (1/32.310)^2 + (1/35.440)^2$$
$$+ (1/46.043)^2$$
$$= 0.00746$$

$$z_0 = 0.11266/0.00746 = 15.1019$$

10.3 基于 TIN 的空间插值

这种方法通过对已知点数据构建三角格网,得到每个三角形的二元函数,然后以此来估计未采样位置的值。线性插值用小平面拟合每个三角形面(Akima,1978;Krcho,1973)。非线性混合函数(如多项式),用附加一阶导数或者一阶导数与二阶导数(C^1,C^2)都连续的条件,确保三角形的光滑连接以及所得到结果面的可微性(Akima,1978;McCullagh,1988;Nielson,1983;Renka 和 Cline,1984)。基于不规则三角网的插值方法通常较快,但插值结果面中容易包括不连续和结构不好的要素,因而据表面集合性质进行适当的三角化是非常重要的。然而要将该方法扩展到面向 d 维问题空间比基于距离的插值方法的扩展要复杂得多(Nielson,1993)。

不规则三角网 TIN 模型是用不交叉、不重叠的三角面来模拟地形表面的,它所表达的地形曲面是连续而不光滑的,为了形成光滑曲面,常常要进行磨光处理(王家耀,2001)。因此,在 TIN 上进行高程插值,一般也有两种方法,即基于连续表面的三角形插值和基于光滑连续曲面插值。另外,在 TIN 上进行插值的一个重要步骤是如何快速地找到点所在的三角形。下面先讨论基于三角形面积坐标的点在三角形中的查找方法,然后介绍连续表面的三角形插值和基于光滑连续曲面插值方法。

10.3.1 确定包含内插点的三角形

定位一个点在哪个三角形中,一般做法是扫描整个或局部三角形网络,利用点在多边形中的原理判断计算。当三角形数目较大时,这是一个很费时的过程。如果建立了三角形网络的拓扑关系,则可利用三角形面积坐标和拓扑关系来解决这一问题(刘学军等,2000)。

1. 三角形面积坐标

如图 10-9 所示,三角形 $\triangle V_1V_2V_3$ 的三顶点坐标为 $V_1(x_1,y_1)$、$V_2(x_2,y_2)$、$V_3(x_3,y_3)$。任给点为 $P(x,y)$,按有限元理论,P 在三角形 $\triangle V_1V_2V_3$ 内的面积坐标 L_1、L_2、L_3 定义为:

$$L_1 = \frac{A_1}{A};\ L_2 = \frac{A_2}{A};\ L_3 = \frac{A_3}{A} \tag{10.17}$$

式中:A 表示 $\triangle V_1V_2V_3$ 的面积;A_1、A_2、A_3 分别为 $\triangle V_2V_3P$、$\triangle V_3V_1P$、$\triangle V_1V_2P$ 的面积。面积坐标(L_1,L_2,L_3) 与直角坐标的关系为:

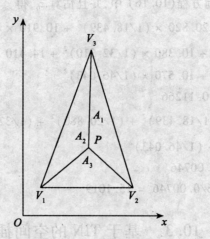

图 10-9　三角形面积坐标(周启鸣和刘学军,2006)

$$\begin{cases} L_1 = \dfrac{(x_3 - x_2)(y_3 - y_2) - (x - x_2)(y - y_2)}{A} \\ L_2 = \dfrac{(x_1 - x_3)(y_1 - y_3) - (x - x_3)(y - y_3)}{A} \\ L_3 = \dfrac{(x_2 - x_1)(y_2 - y_1) - (x - x_1)(y - y_1)}{A} \end{cases} \quad (10.18)$$

2. 点在三角形中的判断

参看图 10-9,并设三角形顶点逆时针排列,则当 P 在三角形中时,必有其所有的面积坐标大于零,即:

$$L_1 > 0, L_2 > 0, \text{且 } L_3 > 0 \quad (10.19)$$

而若 P 不在三角形中,则至少一个面积坐标小于零。如图 10-10 所示,P 在三角形之外,位于 V_2V_3 外侧,则有

$$L_1 < 0, L_2 < 0, \text{且 } L_3 > 0 \quad (10.20)$$

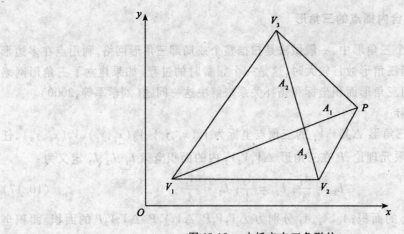

图 10-10　内插点在三角形外

事实上，正是小于零的面积坐标指明了查找方向。在建立了三角形拓扑关系的三角网中，利用面积坐标这一特性，可以很快查找到包含点所在的三角形。参见图10-11，查找过程可以简述如下。

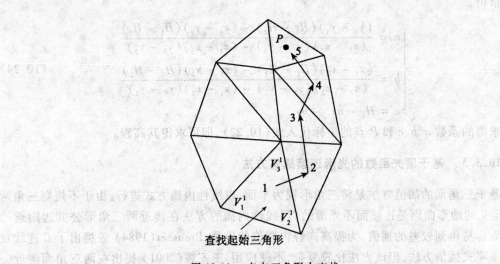

图 10-11　点在三角形中查找

设初始三角形号为 △1，计算 P 在 △1 的面积坐标，其符号情况为：

$$L_1^1 < 0, \ L_2^1 > 0, \ 且\ L_3^1 > 0$$

这里，L 的上标为三角形序号。取小于零的面积坐标对应边（图中为 $V_2^1 V_3^1$ 边）的邻面三角形 △2，则有

$$L_1^2 > 0, \ L_2^2 < 0, \ 且\ L_3^2 > 0$$

依次类推，当计算到 △5 有：

$$L_1^5 > 0, \ L_2^5 > 0, \ 且\ L_3^5 > 0$$

即 P 的三个面积坐标值都大于零，故 P 在 △5 中。

实际应用中，仅需要关心面积坐标的正负情况，故当三角形顶点以逆时针方向排列时，式(10.18)的分母 A 恒大于零，因而式(10.18)简化为：

$$\begin{cases} L_1 = (x_3 - x_2)(y_3 - y_2) - (x - x_2)(y - y_2) \\ L_2 = (x_1 - x_3)(y_1 - y_3) - (x - x_3)(y - y_3) \\ L_3 = (x_2 - x_1)(y_2 - y_1) - (x - x_1)(y - y_1) \end{cases} \quad (10.21)$$

另外，该算法还取决于初始三角形的位置，这可通过建立三角形索引来解决（刘学军等，2000）。

10.3.2　基于三角面的插值方法

设 P 点所在三角形的三个顶点为 $P_1(x_1,y_1,H_1)$、$P_2(x_2,y_2,H_2)$、$P_3(x_3,y_3,H_3)$，则可由这三个数据点组成一个平面：

$$H = f(x,y) = ax + by + c \quad (10.22)$$

式中：a、b、c 三个系数由三角形三个顶点坐标而唯一确定，即由

$$\begin{cases} H_1 = ax_1 + by_1 + c \\ H_2 = ax_2 + by_2 + c \\ H_3 = ax_3 + by_3 + c \end{cases} \qquad (10.23)$$

可得：

$$\begin{cases} a = \dfrac{(y_1 - y_3)(H_1 - H_2) - (y_1 - y_2)(H_1 - H_3)}{(x_1 - x_2)(y_1 - y_3) - (x_1 - x_3)(y_1 - y_2)} \\ b = \dfrac{(x_1 - x_2)(H_1 - H_3) - (x_1 - x_3)(H_1 - H_2)}{(x_1 - x_2)(y_1 - y_3) - (x_1 - x_3)(y_1 - y_2)} \\ c = H_1 - ax_1 - by_1 \end{cases} \qquad (10.24)$$

求得的系数 a、b、c 和 P 点的坐标代入式(10.22)，即可求得其高程。

10.3.3 基于磨光函数的光滑连续插值方法

基于三角面的插值方法是将三角形视为平面，以线性内插方式进行。由于不规则三角网 TIN 定义的地形曲面是连续而不光滑的，用线性内插的方法在接近两三角形公共边附近的内插点容易得到较差的插值。为提高高程内插值的质量，Preusser(1984)曾提出了 C 连续双五次多项式插值方法，但该方法比较复杂，不便应用。王家耀(2001)提出在两三角面附近一定区域内的磨光函数插值方法，以实现在 TIN 上的光滑连续插值。

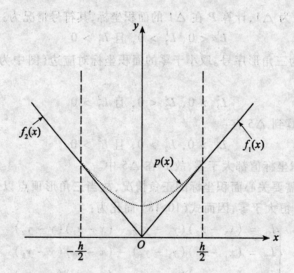

图 10-12　磨光函数定义(周启鸣和刘学军，2006)

1. 磨光函数概念

如图 10-12，对于一分段函数 $f(x)$：

$$f(x) = \begin{cases} f_1(x), & (x > 0) \\ 0, & (x = 0) \\ f_2(x), & (x < 0) \end{cases} \qquad (10.25)$$

为了求得在整个区间上对该函数的光滑逼近，先对 $f(x)$ 做不定积分，设为 $F(x)$，即

$$F(x) = \int_{-\infty}^{x} f(x)\,dx \tag{10.26}$$

由于积分与导数是对立运算的,为求得对 $f(x)$ 的光滑逼近,可对 $F(x)$ 再求导,然而此时并未利用直接求导方法,而是通过差分运算代替求导计算,所用差分为在给定步长为 h 的范围内的中心差分运算,即

$$p(x) = \frac{1}{h}\left[F\left(x+\frac{h}{2}\right) - F\left(x-\frac{h}{2}\right)\right] = \frac{1}{h}\int_{x-\frac{h}{2}}^{x+\frac{h}{2}} f(x)\,dx \tag{10.27}$$

$p(x)$ 是在步长 h 范围内比原函数更为光滑的函数。这种先积分再求中心差分的过程称为对 $f(x)$ 的一次磨光,而 $p(x)$ 为一次磨光函数,h 为磨光宽度。

由上述过程,磨光函数的本质是在求积与导数的对立运算基础上,对原函数在局部范围内的光滑逼近,它能够消除原函数的不光滑顶点而又与原函数相切,不改变原函数的性质。

在式(10.25)中,如果设:

$$f_1(x) = a_1 x, \quad (x > 0)$$
$$f_2(x) = a_2 x, \quad (x < 0)$$

则通过式(10.27),可求得磨光函数为:

$$p(x) = \begin{cases} a_1 x, & \left(x > \dfrac{h}{2}\right) \\ \dfrac{x^2}{2h}(a_1 - a_2) + \dfrac{x}{2}(a_1 + a_2) + \dfrac{h}{8}(a_1 - a_2), & \left(-\dfrac{h}{2} \leq x \leq \dfrac{h}{2}\right) \\ a_2 x, & \left(x < -\dfrac{h}{2}\right) \end{cases} \tag{10.28}$$

式(10.28)为在 TIN 上进行磨光插值的基本函数式,称为直线磨光函数。

2. 三角形片面的磨光插值计算

如图 10-13 所示,△ABC 和 △ABD 是两个以 AB 为公共边的空间三角形,DD' 和 CC' 分别垂直于 AB,D' 和 C' 为垂足。设 A、B、C、D 的坐标分别为 (x_a, y_a, z_a)、(x_b, y_b, z_b)、(x_c, y_c, z_c)、(x_d, y_d, z_d)。在这两个三角形上进行点的内插包括空间变换、直线磨光和逆变换三个步骤。

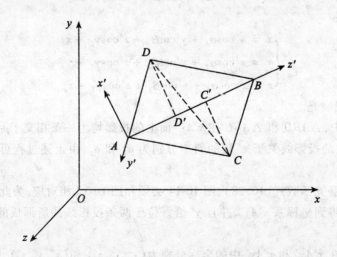

图 10-13 三角形磨光坐标平移与旋转(周启鸣和刘学军,2006)

第一步：空间变换。

为了直接使用直线磨光函数，需要将处在任意位置的原函数变换成与图 10-12 一致的位置，这需要通过坐标变换来实现。在图 10-13 中，就是将原坐标系 $O-xyz$ 进行旋转，使两三角形的公共边 AB 平行于 Z 轴，并且坐标原点与 A 重合。

按下式首先将坐标原点平移到 A 点：

$$\begin{cases} x' = x - x_a \\ y' = y - y_a \\ z' = z - z_a \end{cases} \tag{10.29}$$

然后旋转，以 A 为原点，AB 为 z' 轴，x' 轴位于 $\triangle ABD$ 内，y' 轴垂直于 $\triangle ABD$。

设原始坐标系为 $O-xyz$，平移旋转后的坐标系为 $A-x'y'z'$。则旋转后坐标系中各个坐标轴关于原坐标系的方向角如表 10-3。

设任意点 P 在 $O-xyz$ 和 $A-x'y'z'$ 中的坐标分别为 (x,y,z) 和 (x',y',z')，则它们的变换公式如下。

表 10-3　　　　　　　　　　坐标平移旋转后的方向角

	Ox	Oy	Oz
Ax'	α_1	β_1	γ_1
Ay'	α_2	β_2	γ_2
Az'	α_3	β_3	γ_3

（1）正变换：

$$\begin{cases} x' = x\cos\alpha_1 + y\cos\beta_1 + z\cos\gamma_1 - x_a \\ y' = x\cos\alpha_2 + y\cos\beta_2 + z\cos\gamma_2 - y_a \\ z' = x\cos\alpha_3 + y\cos\beta_3 + z\cos\gamma_3 - z_a \end{cases} \tag{10.30}$$

（2）逆变换：

$$\begin{cases} x = x'\cos\alpha_1 + y'\cos\beta_1 + z'\cos\gamma_1 + x_a \\ y = x'\cos\alpha_2 + y'\cos\beta_2 + z'\cos\gamma_2 + y_a \\ z = x'\cos\alpha_3 + y'\cos\beta_3 + z'\cos\gamma_3 + z_a \end{cases} \tag{10.31}$$

第二步：直线磨光。

在图 10-13 中，$\triangle ABD$ 和 $\triangle ABC$ 在 $x'Ay'$ 面上的投影均为一条相交于原点 A 的直线，设 $\triangle ABD$ 和 $\triangle ABC$ 的投影线关于 x' 轴的斜率分别为 a_1 和 a_2，由上述过程可知 $a_1 = 0$，如图 10-14 所示。

为适应直线磨光函数式(10.28)，图 10-14 必须和图 10-12 相对应。为此令 $x'Ay'$ 绕 z' 轴旋转一个角度 θ 得到坐标系 $x''Ay''$，并且 y'' 恰好位于两条投影线的所形成的角平分线上，如图 10-15 所示。

设任意点 p 在 $x'Ay'$ 和 $x''Ay''$ 中的坐标分别为 (x',y',z') 和 (x'',y'',z'')，则它们的变换公式为：

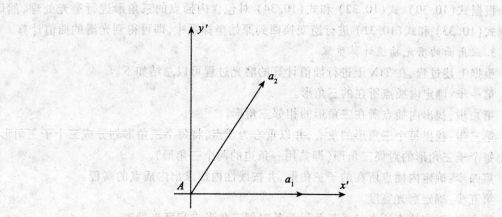

图 10-14　三角形投影及其斜率(周启鸣和刘学军,2006)

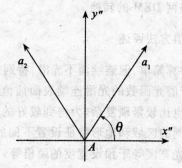

图 10-15　三角形投影线的旋转处理(周启鸣和刘学军,2006)

(1) 正变换:

$$\begin{cases} x'' = y'\sin\theta + x'\cos\theta \\ y'' = y'\cos\theta - x'\sin\theta \\ z'' = z' \end{cases} \quad (10.32)$$

(2) 逆变换:

$$\begin{cases} x' = x''\cos\theta - y''\sin\theta \\ y' = x''\sin\theta + y''\cos\theta \\ z' = z'' \end{cases} \quad (10.33)$$

则两条投影线的斜率为 $a_1 = -a_2$,直线磨光函数可简化为:

$$p(x) = \begin{cases} a_1 x & \left(x > \dfrac{h}{2}\right) \\ \dfrac{x^2}{h}|a_1| + \dfrac{h}{4}|a_1| & \left(-\dfrac{h}{2} \leq x \leq \dfrac{h}{2}\right) \\ a_2 x & \left(x < -\dfrac{h}{2}\right) \end{cases} \quad (10.34)$$

选取合适的磨光宽度 h,即可实现在三角形片面上的磨光插值计算。

第三步:逆变换。

根据式(10.30)、式(10.32)和式(10.34)对包含内插点的三角形进行磨光处理,然后根据式(10.33)和式(10.31)进行逆变换回到原始坐标系中,即可得到光滑的插值计算。

3. 三角面的磨光插值计算步骤

根据上述过程,在TIN上进行插值计算的磨光过程可以总结如下。

第一步:确定内插点所在的三角形。

第二步:找出内插点所在三角形的相邻三角形。

第三步:找出每个三角形的重心,并以重心为顶点,将每个三角形划分成三个子三角形,找出每个子三角形的对偶三角形(即共用一条边的两个三角形)。

第四步:确定内插点所在的子三角形,并按线性内插求出内插点的高程。

第五步:确定磨光宽度。

第六步:对内插点所在的子三角形及其对偶三角形进行磨光处理。

第七步:对磨光结果进行逆变换,完成基于TIN的点的内插计算。

上述步骤也适合TIN向格网DEM的转换。

10.3.4　基于TIN的插值方法评述

基于三角面的插值方法计算简单,但连续而不光滑,特别是在实现由TIN向格网的转换时,容易呈现较大误差。而基于磨光函数的光滑连续表面插值虽然能得到连续光滑表面,但磨光宽度较难控制,同时计算也比较繁琐复杂。为得到较好的磨光效果,并且保留TIN所记录的基本地形特征,可针对不同的区域和地形特征设置不同的磨光宽度。例如,当两三角形夹角小于某一宽度时,可令磨光宽度等于预设宽度的两倍等。

10.4　趋势面方法

趋势面分析的基本功能,是把空间中分布的一个具体的或抽象的曲面分解成两部分:一部分主要由变化比较缓慢、影响遍及整个研究区的区域成分组成,称为趋势;另一部分是变化比较快,其影响在区内并非处处可见的成分,称为局部异常。趋势面分析的实质是进行数据的拟合,它对因变量无特别的要求,自变量一般总是由地理坐标(平面坐标,在特别的情况下,也可以用经度和纬度)组成。在三维趋势面分析中,则增加了高程或深度坐标值。

趋势面分析实际是回归分析的一种特殊应用,或者说是回归分析的一个变种。两者在数学原理、计算步骤等方面几乎完全相同,但是两者在应用上有较大的区别。回归分析的目的是研究变量之间的关系,并在此基础上进行预报或建立回归模型,趋势面分析是要分离出区域趋势和局部异常两个成分。在实际应用中,由于多项式函数对曲面拟合能力比较强,又由于地理上对拟合及分离的精度要求并不高,才使得趋势面分析法得到广泛的应用。

从统计学中知道,回归分析有几个重要的假设条件,只有当这些条件都基本上得到满足之后,分析的结果在数学上才是精确可靠的,否则就可能产生虚假的结果。对于这些前提假设,趋势面分析可以严格地加以考虑,这时趋势面分析实际就成为回归分析,分析的目的,则是探讨因变量和地理位置的关系。当趋势面分析不考虑,或部分地考虑这些前提假设时,分析目的就有别于回归分析了。在趋势面分析中,如果照搬回归分析的上述假设,就可能一无所获,而使局部异常的识别或分离无法实现。

趋势面模型和现行回归模型在性质上是有区别的,后者是一种比较严密的统计分析方法,而前者远不如后者严格,所要求的条件要少得多。同时,趋势面分析和回归分析也具有共同性,使得研究程度比较高且内容十分丰富的回归分析的许多理论和先进技术可以方便地用于趋势面分析,以提高分析的效果。

趋势面分析的一些思想和一些简单的处理办法,在地质和地球物理工作中早就出现了。有关的一些术语,如区域构造和局部构造、背景值与异常值、区域成分和局部成分、区域梯度与局部异常、大范围的起伏和小规模的变化等,都从不同的领域,提出了趋势面分析的一些问题。

一般而言,趋势面分析基本上限于 Grant 和 Krumbein 提出的多项式趋势面分析法,即狭义的趋势面分析。由于趋势面分析的根本目的是要将观测面所包含的信息分解为趋势和局部异常两个成分,而具有类似的或相同功能的方法还有许多,如滑动平均、滑动中值、克里格法、谱分析、自协方差分析及空间滤波等,这些方法不同于多项式趋势面法,因而称之为广义的趋势面分析法。

广义趋势面分析中,各种方法本来的功能并不仅仅局限于分离趋势和局部异常,不同的方法各有其特殊的性质。如滑动平均法主要是用以消除随机干扰;克里格法是要在观测数据的基础上,对所分析的变量进行插值,并给出相应的估计误差;空间滤波则是根据情况,由分析者指出,分离出一定波长范围内的曲面组分。这些方法,或者要清除曲面中一些组分,或者只提取曲面中的某些组分,和趋势面分析的要求是重叠的或者是相容的。因此,在一定的条件下,它们可以起到趋势面分析的作用。由于这些方法并非专用于分离趋势和局部异常,故若作为趋势面分析工具使用时,有的效果较好(如空间滤波),而多数的效果不如多项式趋势面分析方法。

10.4.1 模型

从理论上说,属性数据的空间变化可以分解为三个部分:① 区域趋势;② 局部异常;③ 随机干扰(即随机噪声)。

所谓区域趋势是指遍及全区的、规模较大的地理过程的反映。局部异常是由规模比研究区小的地理过程所产生的,但其规模又至少大于两个观测点之间的距离。局部异常的规模和观测点间距离的这种关系,一般在观测点为规则网格时才是明确的。随机干扰,一般认为是由抽样误差和观测误差组成,不包括系统误差。随机干扰的影响范围很小,它仅限于单个观测点的控制区内,或者说其规模小于相邻两观测点之间的距离。

根据上述理论模型,有

$$观测面 = 区域趋势 + 局部异常 + 随机干扰$$

每一具体的属性值,都可以认为包含了上述三种成分。趋势面分析的目的,是如何对这三种成分进行有效的分离。

随机成分的分析要求有重复抽样的观测数据,这在地理工作中往往难以满足。因此在实际工作中,往往并不要求分离三种成分,而只要求分离其中的两种成分。这样,理论模型在实际应用中就成为如下形式:

$$观测面 = 区域趋势 + 局部异常$$
$$观测面 = 区域趋势 + 随机干扰$$

在上式中,局部异常成分必然包含随机干扰成分,只不过异常成分处于主导地位,而随机成分所占比重很小,以至于可以忽略不计。同理,随机干扰仍可能包含有局部异常成分,只是它相对于随机成分来说规模要小。由于随机成分有可能包含有异常成分,因此它有时仍可能有一定的地理意义。在具体工作中,随机成分里是否包含有局部异常成分,通过将分离开的各个成分分别作图,进行对比,然后作地理解释后才能确定。

趋势面分析结果可以使用下式来说明拟合的程度

$$c = \frac{U}{S} \times 100\%, \quad U = \sum_{i=1}^{n} (\hat{z}_i - \bar{z}_i)^2, \quad S = \sum_{i=1}^{n} (z_i - \bar{z}_i)^2$$

式中:n 为样点数;z 是属性值;U 是回归平方和;S 是离差平方和;c 是拟合程度。

c 值表明了趋势面反映原始数据的程度。当 $c = 100\%$ 时,则趋势值在所有的样点上与原有值相等,但这种情况很少出现,从趋势面分析的角度看失去了分解的意义。c 接近于 0,说明拟合程度低。

如果设 W 为剩余平方和,即

$$W = \sum_{i=1}^{n} (z_i - \hat{z}_i)^2$$

则可以用 F 分布来检验结果的显著性。F 统计量为

$$F = \frac{U/m}{W/(n - m - 1)}$$

式中:m 是趋势面中多项式的项数(不包括常数项)。

在空间数据分析中,由于目的是分析趋势和异常,所以,并不追求高的拟合程度。一般地,拟合程度达到 60% ~ 80%,阶数在 1 ~ 4 之间就可以满足要求了。

10.4.2 方法

趋势面分析用多项式方程可近似拟合已知数值的点(Davis,1986;Bailey 和 Gatrell,1995)。该方差即是趋势面模型,能用于估算其他点的数值。线性或一阶趋势面用如下方程:

$$z_{x,y} = b_0 + b_1 x + b_2 y \tag{10.35}$$

这里的特征值 z 是 x 和 y 的函数。系数 b 由控制点估算。因为趋势面模型至少需要二阶方差,其拟合程度可用相关系数确定(R^2)。而且,每个已知点观测值和估算值之间的偏差或残差可以计算处理。

多数自然现象的分布通常比由一次趋势面生成的倾斜面更复杂。因此,拟合更复杂的面要求更高次的趋势面模型,例如,三次或三阶趋势面基于如下方程:

$$z_{x,y} = b_0 + b_1 x + b_2 y + b_3 x^2 + b_4 xy + b_5 y^2 + b_6 x^3 + b_7 x^2 y + b_8 xy^2 + b_9 y^3 \tag{10.36}$$

例 10.2 趋势面分析的实例

本例与距离倒数加权法的实例使用相同的数据,将说明如何用方程(10.35),或是一个线性趋势面来对未知值的 0 号站点进行插值。最小二乘法通常用于计算方差(10.35)中 b_0、b_1 和 b_2 系数。因此,第一步是建立如下三个法方程,与回归分析的方程相似。

$$\sum z = b_0 n + b_1 \sum x + b_2 \sum y$$
$$\sum xz = b_0 \sum x + b_1 \sum x^2 + b_2 \sum xy$$
$$\sum yz = b_0 \sum y + b_1 \sum xy + b_2 \sum y^2$$

以上方程可以改写成矩阵形式：

$$\begin{bmatrix} n & \sum x & \sum y \\ \sum x & \sum x^2 & \sum xy \\ \sum y & \sum xy & \sum y^2 \end{bmatrix} \cdot \begin{bmatrix} b_0 \\ b_1 \\ b_2 \end{bmatrix} = \begin{bmatrix} \sum z \\ \sum xz \\ \sum yz \end{bmatrix}$$

用 5 个已知点的值，能计算出统计值并将其代入方程：

$$\begin{bmatrix} 5 & 375 & 318 \\ 375 & 28735 & 23712 \\ 318 & 23712 & 20676 \end{bmatrix} \cdot \begin{bmatrix} b_0 \\ b_1 \\ b_2 \end{bmatrix} = \begin{bmatrix} 67.09 \\ 4986.55 \\ 4425.62 \end{bmatrix}$$

将左边的第一个逆矩阵与右边的矩阵相乘，得到系数 b：

$$\begin{bmatrix} 24.8770 & -0.1663 & -0.1918 \\ -0.1663 & 0.0018 & 0.0005 \\ -0.1918 & 0.0005 & 0.0024 \end{bmatrix} \cdot \begin{bmatrix} 67.09 \\ 4986.55 \\ 4425.62 \end{bmatrix} = \begin{bmatrix} -9.0993 \\ 0.0315 \\ 0.2469 \end{bmatrix}$$

0 号站点的未知值可用这些系数由下式估算：

$$p_0 = -9.0993 + 0.0315 \times 69 + 0.2469 \times 67 = 9.6165$$

10.5 薄板样条

除了在空间插值中是应用于面而非线以外，空间插值样条函数（splines for special interpolation）与直线推广样条函数（splines for line generalization）在概念上是相似的。薄板样条函数（thin-plate splines）建立一个通过控制点的面，并使所有点的坡度变化最小（Franke,1982）。换言之，薄板样条函数以最小曲率面拟合控制点。薄板样条函数的估计值由下式计算：

$$Q(x,y) = \sum A_i d_i^2 \log d_i + a + bx + cy \tag{10.37}$$

式中：x 和 y 是要被插值的点的 x、y 坐标；$d_i^2 = (x - x_i)^2 + (y - y_i)^2$；$x_i$ 和 y_i 是控制点 i 的 x、y 坐标。薄板样条函数包括两个部分：$(a + bx + cy)$ 表示局部趋势函数，它与线性或一阶趋势面具有相同的形式，$d_i^2 \log d_i$ 表示基本函数，可获得最小曲率的面（Watson,1992）。相关系数 A_i，a、b 和 c 由以下线性方程组决定（Franke,1982）：

$$\sum_{i=1}^{n} A_i d_i^2 \log d_i + a + bx + cy = f_i \tag{10.38a}$$

$$\sum_{i=1}^{n} A_i = 0 \tag{10.38b}$$

$$\sum_{i=1}^{n} A_i x_i = 0 \tag{10.38c}$$

$$\sum_{i=1}^{n} A_i y_i = 0 \tag{10.38d}$$

式中:n 为控制点的数目;f_i 为控制点 i 的已知值;系数的计算要求 $n+3$ 个联立方程。

其他算法也可用于建立最小曲率的面,例如,在方程(10.38a)中不用基本函数 $d^2\log d$,而用双调和格林函数(biharmonic Green fuction)$d^2(\log d - 1)$(Waston,1992;Middleton,2000)。

薄板样条函数的一个主要问题是在数据贫乏地区的坡度较大,经常涉及如同过伸(overshoots)的情况。各种用于订正过伸的方法已被提出,包括薄板张力样本(thin-plate splines with tension)(Franke,1985;Mitas 和 Mitasova,1988)、规则样条(regu-larized splines)(Mitas 和 Mitasova,1988)和规则张力样条(regularized splines with tension)(Mitasova 和 Mitas,1993)。

规则样条函数的近似值与薄板样条函数有相同的局部趋势函数,但是基本函数取不同形式:

$$\frac{1}{2\pi}\left\{\frac{d^2}{4}\left[\ln\left(\frac{d}{2\tau}\right)+c-1\right]+\tau^2\left[K_0\left(\frac{d}{\tau}\right)+c+\ln\left(\frac{d}{2\tau}\right)\right]\right\} \tag{10.39}$$

式中:τ 是样条(splines)法中要用到的权重;d 是待定值的点和控制点 i 间的距离;c 是常数 0.577215;$K_0(d/\tau)$ 是修正的零次贝塞尔(Bessel)函数①。它可由一个多项式方程估计(Abramowitz 和 Stegun,1964)。τ 值通常被设为 0 ~ 0.5 之间,因为更大的 τ 值会导致在数据贫乏地区趋于过伸(overshoots)。ARC/INFO 和 ArcView 采用的默认 τ 值为 0.1。

薄板张力样条(thin-plate splines with tension)法有如下表达形式:

$$a + \sum_{i=1}^{n} A_i R(d_i) \tag{10.40a}$$

式中:a 代表趋势函数,基本函数 $R(d)$ 为

$$-\frac{1}{2\pi\phi^2}\left[\ln\left(\frac{d\phi}{2}\right)+c+K_0(d\phi)\right] \tag{10.40b}$$

式中:ϕ 是本张力法要用到的权重。如果 ϕ 的权重被设为接近于0,则用张力法与基本薄板样条法得到的估计值相似。较大的 ϕ 值降低了薄板的刚度,结果插值的值域使得插值成的面与通过控制点的膜状形态相似(Franke,1985)。ARC/INFO 和 ArcView 采用的默认 ϕ 值为 0.1。

薄板样条函数及其变种被推荐用于平滑和连续的面,如高程面或水位面。样条法也被用于对气候数据(如平均降水量)的插值(Hutchinson,1995)。

例 10.3 薄板样条函数法的实例

本例与距离倒数加权法的实例使用相同的数据,由薄板样条函数法来插值生成点 0 处的未知值。本方法首先以估算点与控制点之间的距离、控制点之间的距离和 ϕ 值(0.1)来计算方程(10.40b)的 $R(d)$,表10-4 显示与距离值相伴随的 $R(d)$ 值:

---

① 修正 Bessel 函数表达式:$K_v(z) = \left(\frac{\pi}{2}\right)\frac{I_{-v}(z)}{\sin(v\pi)}$,其中:$I_v(z) = \left(\frac{z}{2}\right)^v \sum_{k=0}^{\infty} \frac{(z^2/4)^k}{k!\Gamma(v+k+1)}$。

表 10-4

点号	0,1	0,2	0,3	0,4	0,5
距离	18.439	20.880	32.310	35.440	46.043
$R(d)$	-10.0895	-11.5000	-17.2438	-18.5879	-22.5483
点号	1,2	1,3	1,4	1,5	2,3
距离	28.844	50.596	38.833	60.828	40.000
$R(d)$	-15.6476	-24.0135	-19.9487	-26.9070	-20.5195
点号	2,4	2,5	3,4	3,5	4,5
距离	56.321	61.351	45.651	26.115	36.222
$R(d)$	-25.6942	-27.0438	-22.4172	-14.3035	-18.9110

下一步是计算出方程(10.40a)中的 A_i，我们可将计算出的 $R(d)$ 值代到方程(10.40a)中，并以矩阵形式重写方程和 A_i 的约束条件：

$$\begin{bmatrix} 1 & 0 & -15.6476 & -24.0135 & -19.9487 & -26.9070 \\ 1 & -15.6476 & 0 & -20.5195 & -25.6942 & -27.0438 \\ 1 & -24.0135 & -20.5195 & 0 & -22.4172 & -14.3035 \\ 1 & -19.9487 & -25.6942 & -22.4172 & 0 & -18.9110 \\ 1 & -26.9070 & -27.0438 & -14.3035 & -18.9110 & 0 \\ 0 & 1 & 1 & 1 & 1 & 1 \end{bmatrix} \cdot \begin{bmatrix} a \\ A_1 \\ A_2 \\ A_3 \\ A_4 \\ A_5 \end{bmatrix} = \begin{bmatrix} 20.820 \\ 10.910 \\ 10.380 \\ 14.410 \\ 10.570 \\ 0 \end{bmatrix}$$

该矩阵的解为：

$$a = 13.3549 \quad A_1 = 0.3889 \quad A_2 = -0.2391$$
$$A_3 = -0.0590 \quad A_4 = -0.0196 \quad A_5 = -0.0713$$

现在我们可以计算点 0 处的值：

$$P_0 = 13.3549 + 0.3889 \times (-10.0895) + (-0.2391) \times (-11.5) + (-0.0590)$$
$$\times (-17.2438) + (-0.0196) \times (-18.5879) + (-0.0713) \times (-22.5483)$$
$$= 15.170$$

思考题

1. 空间数据插值算法有什么用途？请举例说明。
2. 空间数据插值方法可大致分为几类？
3. 反距离权重函数的指数对内插表面有何影响？
4. 为什么 cell-declustering 反距离权重法优于简单反距离权重法？
5. 基于 TIN 的空间内插的优点有哪些？它与双线性内插方法有哪些异同点？
6. 请利用本章的例子，比较距离倒数加权法与趋势面分析方法。
7. 讨论薄板样条函数方法应用于降水数据与高程数据内插时应考虑的因素。

第 11 章 空间预测的克里格法

地统计学(geostatistics)拥有较强的理论基础和大量的成熟算法,能够改善 GIS 对随机过程的处理,估计模拟决策分析的不确定性范围,分析空间模型的误差传播规律,有效地综合处理空间数据,分析空间过程,预测前景,并为分析连续域的空间相关性提供理论依据和量化工具等。所以,地统计学是多元统计分析(如判别分析、主成分分析、因子分析、相关分析、多元回归分析等)的重要基础之一。

第 10 章介绍了空间插值方法。作为空间插值的一种独特的方法,本章将描述地统计学领域的空间预测方法——克里格法。首先,我们将介绍克里格法的基本原理,然后依次叙述简单克里格法、普通克里格法、指示克里格法、泛义克里格法和协同克里格等方法。指示克里格法是用于离散型变量的预测,而协同克里格法属于多元地统计学的范畴。块段克里格法将作为基于点的克里格法的泛化而加以介绍。

11.1 克里格法基本原理

克里格法(Kriging)也称局部估计或空间局部插值,是地统计学两大主要内容之一(Journel 和 Huijbregts,1978;Cressie,1993;Journel,1993;Wackernagel,1998;Chiles 和 Delfiner,1999;Venables 和 Ripley,2002)。它是建立在变异函数理论及结构分析的基础上,在有限区域内对区域化变量的取值进行无偏最优估计的一种方法。这种方法最早是由南非矿山工程师克里格和统计学家西舍尔在 20 世纪 50 年代根据样品空间位置不同和样品间的相关程度的不同,为每个样品赋予一定的权重,通过滑动加权平均来估计位置样点上样品平均值的一种方法。换言之,克里格法实质上是利用区域化变量的原始数据和变异函数的结构特点,对未采样点的区域化变量的取值进行线性无偏最优估计的一种方法。更具体来讲,克里格法是在考虑了信息样品的形状、大小及其与待估块段相互之间的分布位置等集合特征,以及变量的空间结构信息后,以无偏和估计方差最小为准则,而对每个样品值赋予一定的权系数,最后用加权平均法来对未知块段进行预测的估计方法。

克里格法和普通的估计不同,它最大限度地利用了空间取样所提供的各种信息。在估计未知点位数值时,它不仅待估样点与邻近已知样点的空间位置,而且还考虑了各邻近样点彼此之间的位置关系。除了上述的几何因素外,克里格法还利用了已知观测值空间分布的结构特征,使这种估计比其他传统的估计方法更精确,更符合实际。克里格法不仅能计算未知点位的最优估计值,而且还能输出该估计值的估计方差,用以判定其精度(Journel 等,1983)。这些是克里格法的主要优点。但是,如果变异函数和相关分析的结果表明区域化变量的空间相关性不存在(比如说变异函数呈现纯块金效应),则空间局部插值的方法不适用(伍业钢和李哈滨,1992)。

如果区域化变量满足二阶平稳假设或内蕴假设,对点或块段的估计可直接采用点克里格法或块段克里格法(王政权,1999)。这两种方法是最基本的估计方法,也称普通克里格法(ordinary kriging)。如果样本是非平稳的,即有漂移存在,则采用泛克里格法(universal kriging)。对有多个变量的协同区域化现象,采用协同克里格法(cokriging)。如果样本服从对数正态分布,则采用对数克里格法。此外,指示克里格法(indicator kriging)等可用于类别型变量的空间预测。这里的类别型变量有些原本就是离散型(如土壤类型),或者是由连续型变量经转换而得(如依据污染物的浓度而划分的等级)。

对于任何一种估计方法,都不能要求依其计算的平均品位估计值 Z_V^* 和它的真值 Z_V 完全一致,换言之,偏差 $\varepsilon = Z_V - Z_V^*$ 将是不可避免的。然而,一种估计方法必须满足下面两个条件:

(1) 所有估计块段的实际值和预测值之间的偏差 ε 平均为零。若以统计学术语表示,即为估计误差的期望值为零:

$$E(Z_V - Z_V^*) = 0 \tag{11.1}$$

则此时的估计是无偏的。

(2) 块段的估计值和真实值之间的单个偏差应尽可能地小。为描述这一性质,通常采用误差平方的期望值,即估计方差:

$$\sigma_E^2 = \mathrm{var}(Z_V - Z_V^*) = E[(Z_V - Z_V^*)^2] \tag{11.2}$$

σ_E^2 可以有效地反映估计的精度。

图 11-1 所示为同一组块段在三种情况下(得到三类不同估计值)估计误差的分布频率 $f(\varepsilon)$ 直方图(侯景儒等,1982)。

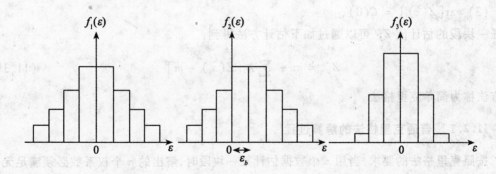

图 11-1　三种不同情况下估计误差的分布频率直方图

中间的直方图为有偏估计,其估计方差偏大。$f_2(\varepsilon)$ 这种情况一般是由于块段估计受到期望值为 ε_b 系统误差的影响。左边的直方图为围绕零均值的较分散的误差分布,它所反映的估值无疑受偶然误差的影响,对应的估计方差较大。右边的直方图属无偏估计,其估计方差小于左边直方图。分析以上三种直方图可知,第三类的估算结果最好。因此,最合理的估计方法应当能够提供一个无偏的且估计方差为最小的估计值。估计方差大时,表明该估计方法不好,此时的估计值与实际值相差较大。反之,较小的估计方差则表示估计值与实际值较接近。此外,如果误差服从正态分布,则其置信区间可以确定块段真值的所在域。

11.2 简单克里格法与普通克里格法

在克里格方法中,按照区域化变量 $Z(x)$ 的数学期望已知或未知而定义了两种估计方法。当 $E[Z(x)] = m$,m 为已知常数时,称为简单克里格法。当 $E[Z(x)] = m$,m 为未知常数时,称为普通克里格法。简单克里格法可看做普通克里格法的特例。

若变量 $Z(x)$ 满足内蕴假设条件,即

(1) $E[Z(x)] = m, \forall x$;

(2) $\mathrm{var}[Z(x) - Z(x+h)] = 2\gamma(h)$,

则任一块段的估计值 Z_V^* 可以通过该块段影响范围内 n 个有效样本值 $Z(x_i)$ $(i=1,2,\cdots,n)$ 的线性组合得到:

$$Z_V^* = \sum_{i=1}^{n} \lambda_i Z(x_i) \tag{11.3a}$$

式中:λ_i 是与变量值 $Z(x_i)$ 有关的加权系数,用来表示各个变量值 $Z(x_i)$ 对估计值 Z_V^* 的贡献。对于任一给定的块段和数据信息 $Z(x_i)$ $(i=1,2,\cdots,n)$,存在一组加权系数 λ_i。如果所得的估计方差最小,则其块段真值就能在最小的可能置信区间内产生。这种给出最佳线性无偏估计权系数的方法称为普通克里格法。

若变量 $Z(x)$ 满足二阶平稳条件且均值已知,即满足:

(1) $E[Z(x)] = m$;

(2) $\mathrm{cov}[Z(x), Z(x+h)] = C(h)$;

(3) $\mathrm{var}[Z(x)] = C(0)$,

则任一块段的估计值 Z_V^* 可以通过如下估计方法得到:

$$Z_V^* = m + \sum_{i=1}^{n} \lambda_i [Z(x_i) - m] \tag{11.3b}$$

该方法称为简单克里格法。

11.2.1 普通克里格法的解算过程

按照克里格法的要求,当用 n 个数据估计某一块段时,解出的 n 个权系数必须满足无偏条件并使其估计方差最小。

我们称待估块段的真值 Z_V 与其估计值 Z_V^* 之间的偏差均值为零,即 $E(Z_V - Z_V^*) = 0$ 时,估计是无偏的。无偏条件的数学式为

$$\sum_{i=1}^{n} \lambda_i = 1 \tag{11.4}$$

即权系数之和等于 1。公式(11.4)的推导过程如下。

根据平稳性假设可知,$E(Z_V^*) = m$。将公式(11.3a) 代入其中,得

$$E\left[\sum_{i=1}^{n} \lambda_i Z(x_i)\right] = m \tag{11.5}$$

由此可得:

$$E\left[\sum_{i=1}^{n}\lambda_i Z(x_i)\right] = \sum_{i=1}^{n}\lambda_i E[Z(x_i)] = m \tag{11.6}$$

又因为 $E[Z(x_i)] = m$，所以 $\sum_{i=1}^{n}\lambda_i = 1$。

由 Journel 和 Huijbregts(1978) 中估计方差的推导不难得出，当用某待估块段周围的已知样本点对其进行估计时，估计方差的计算公式可写为：

$$\sigma_E^2 = E[Z_V - Z_V^*]^2 = E\left[Z_V - \sum_{i=1}^{n}\lambda_i Z(x_i)\right]^2 \tag{11.7}$$
$$= \overline{C}(V,V) + \sum_{i=1}^{n}\sum_{j=1}^{n}\lambda_i\lambda_j\overline{C}(x_i,x_j) - 2\sum_{i=1}^{n}\lambda_i\overline{C}(x_i,V)$$

若用变异函数代替上式中的协方差函数，则上式可写成：

$$\sigma_E^2 = 2\sum_{i=1}^{n}\lambda_i\overline{\gamma}(x_i,V) - \overline{\gamma}(V,V) - \sum_{i=1}^{n}\sum_{j=1}^{n}\lambda_i\lambda_j\overline{\gamma}(x_i,x_j) \tag{11.8}$$

欲使估计方差在无偏条件 $\sum_{i=1}^{n}\lambda_i = 1$ 下变为最小，则是一个求解条件极值的问题，这里采用的是标准拉格朗日乘数法。数学上，设 Q 为 λ_i 的函数，求 Q 关于 $\lambda_i(i=1,2,\cdots,n)$ 的偏导数，并使它等于零，可使 Q 达到极小值。当存在约束条件 $C = 0$ 时，由拉格朗日原理可知，$F = Q + 2\mu C$ 应该最小，其中 μ 是新的未知量，即拉格朗日乘数。对估计方差的公式(11.7)，令

$$F = \sigma_E^2 - 2\mu\left(\sum_{i=1}^{n}\lambda_i - 1\right) \tag{11.9}$$

并对 n 个权系数 $\lambda_i(i=1,2,\cdots,n)$ 和拉格朗日乘数 μ 求偏导数且令其为零，则 F 对 λ_i 和 μ 的偏导数分别为：

$$\begin{cases}\dfrac{\partial F}{\partial \lambda_i} = 2\sum_{j=1}^{n}\lambda_j\overline{C}(x_i,x_j) - 2\overline{C}(x_i,V) - 2\mu = 0 \\ \dfrac{\partial F}{\partial \mu} = -2\left(\sum_{i=1}^{n}\lambda_i - 1\right) = 0\end{cases} \quad (i=1,2,\cdots,n) \tag{11.10}$$

式(11.10) 可化简为：

$$\begin{cases}\sum_{j=1}^{n}\lambda_j\overline{C}(x_i,x_j) - \mu = \overline{C}(x_i,V) \\ \sum\lambda_i = 1\end{cases} \quad (i=1,2,\cdots,n) \tag{11.11}$$

这是一个 $n+1$ 阶线性方程组，有 n 个未知数 $\lambda_i(i=1,2,\cdots,n)$ 和一个未知数 μ。因此，对于 $n+1$ 个未知数便可以得到包含 $n+1$ 个方程的方程组，并将其称为"克里格方程组"。从上述方程组(11.10) 或方程组(11.11) 中可解出权重系数 λ_i 和 μ，然后代入式(11.7)，整理后便可得估计方差。此时的估计方差称为克里格方差，并改用 σ_K^2 表示，即

$$\sigma_K^2 = E[Z_V - Z_V^*]^2 = \overline{C}(V,V) - \sum_{i=1}^{n}\lambda_i\overline{C}(x_i,V) + \mu \tag{11.12}$$

式(11.10) 和式(11.11) 也可用变异函数 $\gamma(h)$ 表示：

$$\begin{cases} \sum_{j=1}^{n} \lambda_j \overline{\gamma}(x_i, x_j) + \mu = \overline{\gamma}(x_i, V) \\ \sum_{i=1}^{n} \lambda_i = 1 \end{cases} \quad (i, j = 1, 2, \cdots, n) \tag{11.13}$$

$$\sigma_K^2 = \sum_{i=1}^{n} \lambda_i \overline{\gamma}(x_i, V) - \overline{\gamma}(V, V) + \mu \tag{11.14}$$

式(11.11)和式(11.13)所表示的两个方程组均可用矩阵形式表示。现以方程组(11.11)为例,其矩阵形式为:

$$[K][\lambda] = [M] \tag{11.15}$$

其中:$[\lambda]$和$[M]$为两个列向量,分别为:

$$[\lambda] = \begin{bmatrix} \lambda_1 \\ \lambda_2 \\ \vdots \\ \lambda_n \\ -\mu \end{bmatrix} \quad [M] = \begin{bmatrix} \overline{C}(x_1, V) \\ \overline{C}(x_2, V) \\ \vdots \\ \overline{C}(x_n, V) \\ 1 \end{bmatrix}$$

$[K]$矩阵亦称"克里格矩阵":

$$[K] = \begin{bmatrix} \overline{C}(x_1,x_1) & \overline{C}(x_1,x_2) & \cdots & \overline{C}(x_1,x_n) & 1 \\ \overline{C}(x_2,x_1) & \overline{C}(x_2,x_2) & \cdots & \overline{C}(x_2,x_n) & 1 \\ \vdots & & \ddots & & \vdots \\ \overline{C}(x_n,x_1) & \overline{C}(x_n,x_2) & \cdots & \overline{C}(x_n,x_n) & 1 \\ 1 & 1 & \cdots & 1 & 0 \end{bmatrix}$$

克里格矩阵是对称阵,即满足$\overline{C}(x_i, x_j) = \overline{C}(x_j, x_i)$。

几点说明:

(1) 只有当协方差矩阵$[\overline{C}(x_i, x_j)]$严格正定,即其行列式严格大于零时,克里格方程组才有唯一解。因此,要求所用的点协方差模型$C(h)$是正定的,并且数据支撑不与另一支撑完全重合。克里格方程组解的存在性和唯一性条件要求克里格方差σ_K^2非负。

(2) 克里格方程组对模型$C(h)$或$\gamma(h)$所表征的基本结构没有特殊要求,即结构可以是各向同性的,也可以是各向异性的;可以是套合的,也可以是不套合的。

(3) 克里格方程组和克里格方差只取决于结构模型$C(h)$或$\gamma(h)$,以及信息域支撑和待估域支撑的相对几何特征。关于这一点我们可以从估计方差的公式加以分析。

假设n个信息样品的支撑不是点而是一个块段(或域),记为$v_\alpha, v_\beta (\alpha, \beta = 1, 2, \cdots, n)$,则块段支撑的克里格估计方差可写为:

$$\sigma_K^2 = 2\sum_{\alpha=1}^{n} \lambda_\alpha \overline{\gamma}(v_\alpha, v_\beta) - \overline{\gamma}(V, V) - \sum_{\alpha=1}^{n}\sum_{\beta=1}^{n} \lambda_\alpha \lambda_\beta \overline{\gamma}(v_\alpha, v_\beta) \tag{11.16}$$

式中:各$\overline{\gamma}$值的计算我们以图11-2来说明。

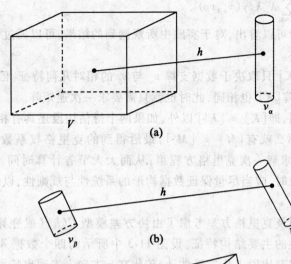

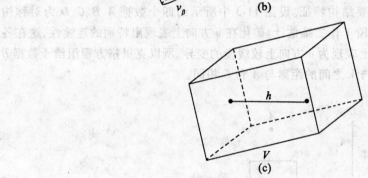

图 11-2　求方程(11.13)中的各项

$\bar{\gamma}(v_\alpha, V)$：假设有两个点，一个在块段 V 内，另一个在样品域 v_α 内(图 11-2(a))，两点间距离和相对方位用向量 h 表示，可以计算这一对点间的变异函数。在样品 v_α 和块段 V 之间有很多对点，它们都有一个相应的 γ 值。对所有的 γ 值求平均，所得结果在某种意义上就是样品域 v_α 与待估块段 V 之间的平均变异函数值，记为 $\bar{\gamma}(v_\alpha, V)$。不难看出，$\bar{\gamma}$ 不仅取决于 v_α 和 V 中心点的距离，而且也依赖于它们的大小和几何形状。这一均值既可以通过多重积分求得，也可以采用离散点近似计算法得到。

$\bar{\gamma}(v_\alpha, v_\beta)$：代表矢量 h 的一个端点在样品域 v_α 内，另一个端点在样品域 v_β 内的所有对点的平均变异函数(图 11-2(b))。需要指出的是，$\bar{\gamma}(v_\alpha, v_\beta)$ 内包括了所有可能的 (v_α, v_β) 组合，其中也包括 $\bar{\gamma}(v_\alpha, v_\alpha)$。由于 $\bar{\gamma}(v_\alpha, v_\alpha)$ 是 v_α 内所有点的平均值，因此 $\bar{\gamma}(v_\alpha, v_\alpha) \neq 0$ (除非样品是简单的点)。实际 $\bar{\gamma}(v_\alpha, v_\alpha)$ 也反映着 v_α 内点平均值的差异。

$\bar{\gamma}(V, V)$：与 $\bar{\gamma}(v_\alpha, v_\alpha)$ 类似，为域 V 内所有对点间的平均变异函数(图 11-2(c))。

方程(11.16)概括了作任何估计时应当注意的各种因素：

① 矿化结构的变异性，所有项均包含 $\bar{\gamma}$。

② 样品和块段之间相对几何关系：$\sum_{\alpha=1}^{n} \lambda_\alpha \bar{\gamma}(v_\alpha, V)$。

③ 待估块段的几何特征：$\bar{\gamma}(V, V)$。

④ 样品信息：$\sum_{\alpha=1}^{n}\sum_{\beta=1}^{n}\lambda_\alpha\lambda_\beta\overline{\gamma}(v_\alpha,v_\beta)$。

从以上四种因素中可以看出，对于实践中所观测到的结果，可以通过调整最后三项中的任一项来改变估计方差。

(4) 克里格矩阵$[K]$只取决于数据支撑v_α与v_β的相对几何特征。因此，当两个数据构形相同时，其克里格矩阵$[K]$也相同，此时也就只需要求一次逆矩阵。

除了数据构形相同，即$[K]=[K']$以外，如果两个待估块段还具有相同的几何特征（相对其样本数据而言），那么就有$[M]=[M']$，最后得到的克里格权系数也相同，即$[\lambda]=[\lambda']$，那么此时只需要求解一次克里格方程组，从而大大节省计算时间。鉴于此，在评价同样平稳或准平稳的现象时，应当尽量保证数据构形的系统性与规则性，以便有可能将同一个克里格方案重复使用。

(5) 克里格方程组及克里格方差考虑了由协方差模型$C(h)$（或变异函数$\gamma(h)$）所表征的研究现象的变异性的主要结构特征。设图11-3中所示的四个数据A、B、C、D为对称构形。现在，用这四个数据对块段V作二维估计。矿化在u方向上表现出特别的连续性，这在各向异性变异函数$\gamma(h_a,h_b)$上表现为u方向上较缓慢的变异。所以克里格方程组给予数据B和D以较大的权，尽管它们与V之间的距离与A和C相同。

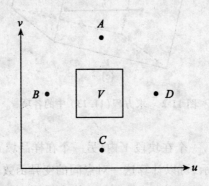

图11-3　优先的变异方向

11.2.2　点克里格法的计算实例

本节有关点普通克里格法的计算实例是基于规则网格采样，不规则网格采样与其类似，在此不再赘述。假设欲估计的是一个点而非一个块段的变量值，则信息样品就是样本点，此时，所有权系数的计算很简单，只需计算距离，克里格矩阵$[K]$只依赖于样品x_i，第二个矩阵$[M]$为样本点x_i与待估点x_0之间的协方差。

现在我们以高程格网为例说明点克里格的计算过程。这里，对格网点进行二维克里格计算，设变异函数为一球状模型，主要参数为$C=20,C_0=2,a=200$，则该球状模型公式为：

$$\gamma(h)=\begin{cases}0 & h=0\\ 2+20\left(\dfrac{3}{2}\dfrac{h}{200}-\dfrac{1}{2}\dfrac{h^3}{200^3}\right) & 0<h\leq 200\\ 2+20 & h>200\end{cases} \quad (11.17)$$

或

$$C(h) = \begin{cases} 20 + 2 & h = 0 \\ 20\left[1 - \left(\frac{3}{2}\frac{h}{200} - \frac{1}{2}\frac{h^3}{200^3}\right)\right] & 0 < h \leq 200 \\ 0 & h > 200 \end{cases} \quad (11.18)$$

设研究区域内有一个未知点 x_0，其邻域内有 x_1, x_2, x_3, x_4 四个已知观测点，其观测值所对应的随机变量分别为 $Z(x_1), Z(x_2), Z(x_3), Z(x_4)$（见图11-4）。现在的目的是用这已知四个点的观测值估计未知点 x_0 的值 $Z(x_0)$，则 $Z(x_0)$ 的普通克里格线性估计量为 $Z_0^* = \sum_{i=1}^{n}\lambda_i Z(x_i)$。为了便于计算，我们以协方差矩阵作为克里格矩阵。

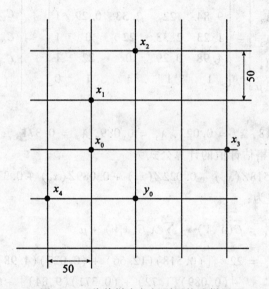

图 11-4　待估样点与规则网格取样图

根据克里格方程组，其解为：

$$\begin{bmatrix} \lambda_1 \\ \lambda_2 \\ \lambda_3 \\ \lambda_4 \\ -\mu \end{bmatrix} = \begin{bmatrix} C_{11} & C_{12} & C_{13} & C_{14} & 1 \\ C_{21} & C_{22} & C_{23} & C_{24} & 1 \\ C_{31} & C_{32} & C_{33} & C_{34} & 1 \\ C_{41} & C_{42} & C_{43} & C_{44} & 1 \\ 1 & 1 & 1 & 1 & 0 \end{bmatrix}^{-1} \cdot \begin{bmatrix} C_{01} \\ C_{02} \\ C_{03} \\ C_{04} \\ 1 \end{bmatrix} \quad (11.19)$$

求出矩阵 $[K]$ 和 $[M]$ 中的所有元素。

$[K]$ 矩阵主对角线上的 $C_{11}, C_{22}, C_{33}, C_{44}$ 等于 Z 方差 $C(0)$，其值为 $C + C_0 = 20 + 2 = 22$，即 $C_{11} = C_{22} = C_{33} = C_{44} = C(0) = C_0 + C = 2 + 20 = 22$。其余的元素可采用通式 $C + C_0 - \gamma(h_{ij})$ 来计算（h_{ij} 为点 x_i 和 x_j 之间的距离）。

例如：　$C_{12} = C_{21} = C_{04} = C + C_0 - \gamma(50\sqrt{2})$

$$= 20 + 2 - \left[2 + 20\left(1.5\frac{50\sqrt{2}}{200} - 0.5\left(\frac{50\sqrt{2}}{200}\right)^3\right)\right] = 9.84$$

同理：
$$C_{13} = C_{31} = C + C_0 - \gamma[\sqrt{150^2 + 50^2}] = 1.23$$
$$C_{14} = C_{41} = C_{02} = C + C_0 - \gamma[\sqrt{100^2 + 50^2}] = 4.98$$
$$C_{23} = C_{32} = C + C_0 - \gamma[\sqrt{100^2 + 100^2}] = 2.33$$
$$C_{24} = C_{42} = C + C_0 - \gamma[\sqrt{150^2 + 100^2}] = 0.29$$
$$C_{34} = C_{43} = C + C_0 - \gamma[\sqrt{200^2 + 50^2}] = 0$$
$$C_{01} = C + C_0 - \gamma(50) = 12.66$$
$$C_{03} = C + C_0 - \gamma(150) = 1.72$$

将以上数值代入克里格方程组，得

$$\begin{bmatrix} \lambda_1 \\ \lambda_2 \\ \lambda_3 \\ \lambda_4 \\ -\mu \end{bmatrix} = \begin{bmatrix} 22 & 9.84 & 1.23 & 4.98 & 1 \\ 9.84 & 22 & 2.33 & 0.29 & 1 \\ 1.23 & 2.33 & 22 & 0 & 1 \\ 4.98 & 0.29 & 0 & 22 & 1 \\ 1 & 1 & 1 & 1 & 0 \end{bmatrix}^{-1} \cdot \begin{bmatrix} C_{01} \\ C_{02} \\ C_{03} \\ C_{04} \\ 1 \end{bmatrix}$$

解此方程组，得：
$$\lambda_1 = 0.518, \lambda_2 = 0.022, \lambda_3 = 0.089, \lambda_4 = 0.371, \mu = 0.969$$

因此，未知点 x_0 的克里格估计值的计算公式为：
$$Z_0^* = 0.518Z(x_1) + 0.022Z(x_2) + 0.089Z(x_3) + 0.371Z(x_4)$$

相应的克里格估计方差为：
$$\begin{aligned}\sigma_K^2 &= \overline{C}(V,V) - \sum_{i=1}^n \lambda_i \overline{C}(x_i V) + \mu \\ &= 22 - [(0.518)(12.66) + (0.022)(4.98) \\ &\quad + (0.089)(1.72) + (0.371)(9.84)] + 0.969 \\ &= 22 - 10.473 + 0.696 \\ &= 12.496\end{aligned} \tag{11.20}$$

从上面结果可以看出，点 x_1 相距 x_0 最近，因而权重系数最大，构成对 x_0 的主要影响。尽管 x_2 和 x_3 加在一起在估计中也只占很小的影响。且这两个点对 x_0 而言，x_3 比 x_2 的距离要远，但产生的影响 x_3(8.9%) 要比 x_2(2.2%) 大许多倍。这主要是点 x_2 受点 x_1 的"屏蔽"作用，而 x_3 虽然远离 x_0，但不受"屏蔽"作用的影响。

在图 11-4 的例子中，若我们想用 x_1, x_2, x_3, x_4 估计 y_0 的高程值，则需要重新计算 $[M]$ 矩阵，此时，$[M]$ 矩阵中的元素变成 y_0 点与各样本点之间的协方差。至于 $[K]$ 矩阵却无须变化，因为估计 y_0 的数据构形与计算 x_0 时的完全相同。认识这一点是很重要的，因为这在实际计算中将节省不少时间。同时，这也是为何特别强调野外实际取样设计应尽可能采用规则网格数据结构的重要原因。

11.2.3 块段普通克里格法的计算实例

在图 11-4 中，如果估计的不是 x_0 点，而是以 x_0 为中心的块段 V 的平均值（如图 11-5 所示），则此时需要采用块段普通克里格法。

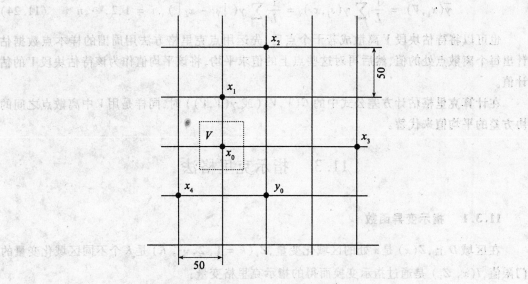

图 11-5 待估块段 V 与已知样本分布

由于数据构形不变,因此克里格矩阵 $[K]$ 保持不变,只需要重新计算矩阵 $[M]$,即

$$[M] = \begin{bmatrix} \overline{C}(x_1,V) \\ \overline{C}(x_2,V) \\ \overline{C}(x_3,V) \\ \overline{C}(x_4,V) \\ 1 \end{bmatrix} \quad (11.21)$$

此时的关键是求解 $\overline{C}(x_i,V),(i = 1,2,3,4)$。根据公式

$$\overline{C}(x_i,V) = C(0) - \overline{\gamma}(x_i,V) = (C_0 + C) - \overline{\gamma}(x_i,V) \quad (11.22)$$

在已知变异函数的前提下,该问题就转换为求变异函数的平均值 $\overline{\gamma}(x_i,V)$。对于 $\overline{\gamma}(x_i,V)$ 的求解,通常有以下两种方法:

1. 积分法

$$\overline{\gamma}(x_i,V) = \frac{1}{V}\int_V \gamma(|x_i - x|)dx \quad (11.23)$$

若 V 为二维面域,则上式为二重积分;若 V 为三维体域,则上式为三重积分。此外,若已知的 x_1,x_2,x_3,x_4 不是样点,而是一个个小块段,则上述的平均变异函数就会是四重或六重积分。多重积分的计算困难且很不方便,因此对于块段普通克里格法的计算,通常不采用这种直接积分的方法,而是采用离散化的近似算法。

2. 离散化法

所谓的离散化法就是首先将待估块段 V 离散化为若干个点,再求每一个离散化的点与样本点 $x_i(i = 1,2,\cdots,n)$ 之间的变异函数值,最后计算其算术平均值,即得 $\overline{\gamma}(x_i,V)$。

假设将待估块段 V 离散为 L 个点 $s_j(j = 1,2,\cdots,L)$,已知样本点为 $x_i(i = 1,2,\cdots,n)$,则有

$$\overline{\gamma}(x_i,V) = \frac{1}{L}\sum_{j=1}^{L}\gamma(s_j,x_i) = \frac{1}{L}\sum_{j=1}^{L}\gamma(|s_j - x_i|), \quad i = 1,2,\cdots,n \qquad (11.24)$$

也可以将待估块段 V 离散成若干个点后，先运用点克里格方法用周围的样本点数据估计出每个离散点处的值，然后再对这些点上的值求平均，将该平均值作为该待估块段 V 的估计值。

在计算克里格估计方差公式中的 $\overline{C}(V,V)$（或 $\overline{\gamma}(V,V)$）时，同样是用 V 中离散点之间的协方差的平均值来代替。

11.3 指示克里格法

11.3.1 指示变异函数

在区域 D 上，$Z(x)$ 是 x 处的区域化变量，$Z_k(k = 1, 2, \cdots, K)$ 是 K 个不同区域化变量的门限值，$I(x, Z_k)$ 是通过指示变换而得的指示克里格变量：

$$I(x,Z_k) = \begin{cases} 1, & (Z(x) \leq Z_k) \\ 0, & (Z(x) > Z_k) \end{cases} \qquad (11.25)$$

在 D 上的任一区域 $A \in D$ 内，变量值低于门限值 Z_k 的占区域 A 的比例为：

$$\phi(A,Z_k) = \frac{1}{A}\int I(x,Z_k)\mathrm{d}x, \quad \phi \in [0,1] \qquad (11.26)$$

变量值高于门限值 Z_k 的占区域 A 的比例为：

$$\varphi(A,Z_k) = 1 - \phi(A,Z_k) = 1 - P\{z(x) > Z_k, x \in A\} \qquad (11.27)$$

对于给定的门限值 Z_k，随机函数 $I(x, Z_k)$ 服从二项分布，其期望值是：

$$E[I(x,Z_k)] = \mathrm{Prob}[z(x) \leq Z_k] \qquad (11.28)$$

协方差是：

$$\mathrm{cov}_I(h,Z_k) = E[I(x+h,Z_k),I(x,Z_k)] = \mathrm{Prob}[z(x+h) \leq I(x,Z_k)] \qquad (11.29)$$

方差为：

$$\mathrm{var}[I(x,Z_k)] = C_I(0,Z_k) \qquad (11.30)$$

变异函数为：

$$\gamma_I(h,Z_k) = \frac{1}{2}E\{[I(x+h,Z_k) - I(x,Z_k)]^2\} = C_I(0,Z_k) - C_I(h,Z_k) \qquad (11.31)$$

11.3.2 指示克里格方程组

指示克里格法就是应用某种克里格方法求得 $\phi(A,Z_k)$ 的现象估计值 $\phi^*(A,Z_k)$。设在区域 D 上有 N 个有效数据，在 D 上的一个域 $A \in D$ 内有 n 个有效数据 $\{z(x_\alpha), x_\alpha \in A, \alpha = 1,2,\cdots,n\}$，在给定变量门限值后，得到变量的指示函数空间：$\{I(x_\alpha,Z_k), \alpha = 1,2,\cdots,n\}$，则 $\phi(A,Z_k)$ 的估计值可以表示为：

$$\phi^*(A,Z_k) = \sum_{\alpha=1}^{n}\lambda_\alpha(Z_k)I(x_\alpha,Z_k) \qquad (11.32)$$

为了求得 $\phi^*(A,Z_k)$，必须在无偏和估计方差极小的条件下求出上式中的权系数

$\lambda_\alpha(Z_k)$, $\alpha = 1, 2, \cdots, n$，为此应解如下指示克里格方程组：

$$\begin{cases} \sum_{\beta=1}^{n} \lambda_\beta(Z_k) \overline{\gamma}_I(I(x_\alpha, Z_k), I(x_\beta, Z_k)) + \mu = \overline{\gamma}_I(I(x_\alpha, Z_k), I(x, Z_k)), \quad \forall \alpha = 1, 2, \cdots, n \\ \sum_{\alpha=1}^{n} \lambda_\alpha(Z_k) = 1 \end{cases}$$

(11.33)

其指示克里格方差 σ_{IK}^2 是：

$$\sigma_{IK}^2 = \sum_{\alpha=1}^{n} \lambda_\alpha(Z_k) \overline{\gamma}_I(I(x_\alpha, Z_k), I(x, Z_k)) - \overline{\gamma}_I(I(x, Z_k), I(x, Z_k)) + \mu \quad (11.34)$$

式中：$\overline{\gamma}_I(I(x_\alpha, Z_k), I(x_\beta, Z_k))$ 表示在给定变量值门限值 Z_k 条件下，矢量 h 的两个端点分别在信息域 x_α，x_β 内的所有对点的平均指示变异函数值；$\overline{\gamma}_I(I(x, Z_k), I(x, Z_k))$ 表示在给定变量值门限值 Z_k 条件下，矢量 h 的两个端点分别在待估域 A 内的所有对点的平均指示变异函数值；$\overline{\gamma}_I(I(x_\alpha, Z_k), I(x, Z_k))$ 表示在给定变量值门限值 Z_k 条件下，矢量 h 的一个端点在信息域 x_α 内，另一个端点在待估域 A 内的所有对点的平均指示变异函数值；μ 为拉格朗日乘数。

用协方差表示指示克里格方程组及其估计方差为：

$$\begin{cases} \sum_{\beta=1}^{n} \lambda_\beta(Z_k) \overline{C}_I(I(x_\alpha, Z_k), I(x_\beta, Z_k)) - \mu = \overline{C}_I(I(x_\alpha, Z_k), I(x, Z_k)), \quad \forall \alpha = 1, 2, \cdots, n \\ \sum_{\alpha=1}^{n} \lambda_\alpha(Z_k) = 1 \end{cases}$$

(11.35)

$$\sigma_{IK}^2 = \overline{C}_I(I(x, Z_k), I(x, Z_k)) - \sum_{\alpha=1}^{n} \lambda_\alpha(Z_k) \overline{C}_I(I(x, Z_k), I(x, Z_k)) + \mu \quad (11.36)$$

11.4 泛克里格法和协同克里格法

11.4.1 泛克里格法

前面我们所讨论的普通克里格法要求在所给定的估计邻域内，随机函数 $Z(x)$ 是平稳的或至少是准平稳的。

但是，在应用实践中经常可以看到这种情况，即从整体来看，变量值在某一方向上有升高或增大的趋势，即存在所谓的漂移(drift)，但在一个小的局部范围看来，又可以认为是平稳，普通克里格法也正是利用了这个性质。也有另外一种情况，即从整体来看，变量值是平稳的，但在一个小的局部范围内，却有漂移存在，即具有非平稳的数学期望 $E[Z(x)] = m(x)$。在后一种情形下，已不能采用普通克里格法进行估计。换言之，当估计邻域内的有效数据不足以应用普通克里格法进行准平稳估计时，就必须考虑到漂移。我们现在讨论的泛克里格法(也称为 K 阶无偏克里格法)就是在存在漂移 $E[Z(x)] = m(x)$ 且非平稳随机函数 $Z(x)$ 的协方差函数或变异函数均为已知的条件下所进行的无偏线性估计。

现在，让我们先简单地讨论一下漂移和剩余(residual)的概念。

假设有一组具有漂移的数据 $Z(x)$，即

$$Z(x) = m(x) + R(x) \tag{11.37}$$

式中：$Z(x)$ 为观测值；$m(x)$ 为漂移；$R(x)$ 为剩余。依据定义，漂移是该非平稳点随机函数的非平稳期望 $m(x) = E[Z(x)]$。变量值 $Z(x)$ 是非平稳的，它随着观测点位置 x 变化，即 $m(x) \neq$ 常数。当 $m(x) = m$，即变量值不随观测点的位置 x 变化时，我们就称该随机函数 $Z(x)$ 是平稳的，前述的普通克里格法正是基于这一前提。

式(11.37)中的 $R(x)$ 称为剩余，它是一个随机函数。$R(x)$ 的期望等于零，即 $E[R(x)] = E[Z(x) - m(x)] = 0$。

由于剩余的期望 $E[R(x)]$ 为一常数，即它是平稳的，不取决于具体的位置，因此用它计算出来的变异函数 $\gamma_R(h)$ 也应该是平稳的：

$$\gamma_R(h) = \frac{1}{2} E[R(x+h) - R(x)]^2 \tag{11.38}$$

应当指出的是：$Z(x)$ 是非平稳的，但其剩余 $R(x)$ 是二阶平稳的，在试验数据观测的尺度上，$m(x)$ 表示随机函数 $Z(x)$ 规则而连续地变化，而随机函数 $R(x)$ 则可以视为 $Z(x)$ 在漂移 $m(x)$ 附近的扰动。

11.4.2 协同克里格法

1. 协同变异函数

前面讲述的普通克里格法和泛克里格法只限于单变量在空间分布的特征研究，不能为我们提供多元信息在空间分布上的有用资料，限制了地统计学在多元信息领域中的应用，因此提出了多元地统计学。多元地统计学是以协同区域化理论为基础，以互变异函数为基本工具，研究那些定义于同一空间域中，既有统计相关、又有空间相关的多元信息空间结构的自然现象的科学。协同区域化变量是多元地统计学研究的主要对象。协同区域化变量可以用一组 k 个在空间位置及统计概念上具有一定相关性的区域化变量 $\{Z_1(x), Z_2(x), \cdots, Z_k(x)\}$ 进行表示。观测前它是 k 维区域化变量的向量，观测后它是一个空间点函数，即可以把 $\{z_1(x), z_2(x), \cdots, z_k(x)\}$ 看成上述 k 维向量的一个实现。

协同克里格法是多元地统计学中最基本的研究方法。设在某一研究区内有一组协同区域化变量，它可以由 K 个在统计学及空间上互相关的随机函数 $\{Z_k(x), k = 1, 2, \cdots, K\}$ 的集合来表征。在二阶平稳假设条件下，协同区域化变量的期望为：

$$E[Z_k(x)] = m_k, \forall x \tag{11.39}$$

互协方差(或交叉协方差)为：

$$C_{k'k}(h) = E[Z_{k'}(x+h) \cdot Z_k(x)] - m_{k'} m_k \tag{11.40a}$$

互变异函数(或交叉变异函数)为：

$$\gamma_{k'k}(h) = \frac{1}{2} E\{[Z_{k'}(x+h) - Z_{k'}(x)][Z_k(x+h) - Z_k(x)]\} \tag{11.40b}$$

2. 协同克里格方程组

设 k_0 为 $k = 1, 2, \cdots, K$ 个区域化变量中某一待估计的主要变量，则待估块段 V 上主要变量 $Z_{k_0}(x)$ 的平均值 $Z_{V_{k_0}}$ 的协同克里格估值 $Z^*_{V_{k_0}}$ 为：

$$Z^*_{V_{k_0}} = \sum_{k=1}^{K} \sum_{\alpha_k=1}^{n_k} \lambda_{\alpha_k} Z_{\alpha_k} \tag{11.41}$$

式中：k_0 是诸区域化变量 $k(k = 1, 2, \cdots, K)$ 中某一特定的所需研究的主变量；$Z_{\alpha_k}(\alpha_k = 1, 2, \cdots, n_k)$ 是估计领域内定义于支撑 v_{α_k} 上的有效数据；λ_{α_k} 是对应于每一支撑 v_{α_k} 的权重系数。为了求解 λ_{α_k}，必须解下列协同克里格方程组：

$$\sum_{k'=1}^{K} \sum_{\beta_{k'}=1}^{n_{k'}} \lambda_{\beta_{k'}} \overline{C}_{k'k}(v_{\beta_k}, v_{\alpha_k}) - \mu_k = \overline{C}_{k_0 k}(V_{k_0}, v_{\alpha_k}), \ \forall \alpha_k = 1, 2, \cdots, n_k; k = 1, 2, \cdots, K$$

$$\sum_{\alpha_{k_0}=1}^{n_{k_0}} \lambda_{\alpha_{k_0}} = 1$$

$$\sum_{\alpha_k=1}^{n_k} \lambda_{\alpha_k} = 0, \ \forall k \neq k_0$$

相应的协同克里格方差为：

$$\sigma^2_{V_{k_0}} = \overline{C}_{k_0 k_0}(V_{k_0}, V_{k_0}) + \mu_{k_0} - \sum_{k=1}^{K} \sum_{\alpha_k=1}^{n_k} \lambda_{\alpha_k} \overline{C}_{k_0 k}(V_{k_0}, v_{\alpha_k}) \tag{11.42}$$

对于协同克里格法而言，互变异函数 $\gamma_{k'k}(h)$ 与互协方差函数 $C_{k'k}(h)$ 在二阶平稳条件下有如下关系式：

$$\gamma_{k'k}(h) = C_{k'k}(0) - \frac{1}{2}[C_{k'k}(h) + C_{kk'}(h)] \tag{11.43}$$

因此，上述两式也可以用平均互变异函数的形式表示之。

思考题

1. 其他条件不变，若将图 11-4 中的规则网格尺寸减少为 40，请计算待预测点的值及克里格方差。
2. 其他条件不变，若将图 11-5 待估块段 V 的尺寸扩大一倍，请计算待预测 V 的值及克里格方差。
3. 请在不同假设前提之下，讨论简单克里格法、普通克里格法和泛克里格法。
4. 讨论指示克里格法用于类别型变量的预测方法。
5. 请推导二元协同克里格方程组。

第 12 章 空间多变量分析

12.1 地图叠置

地图叠置是将两幅要素地图的几何形状和属性组合在一起而生成输出地图。两幅地图之一称为输入地图,另一幅称为叠置地图。输出地图的几何形状或空间数据代表输入和叠置地图要素的几何学**交集**。因此,输出地图上的地图要素数目不是输入地图和叠置地图的总和,而往往是大于两者之和。输出地图的每个地图要素包含输入和叠置地图的属性的组合。

被叠置要素地图必须是空间配准过的,亦即基于相同坐标系统和基准面。如果是 UTM 坐标系统或国家平面坐标系统,则必须基于同一地带。

每次只能对两幅多边形地图作地图叠置。因此,如果第三幅多边形地图需要叠置,需先对其中两幅进行叠置,然后用输出地图与第三幅地图再作叠置。这个过程(尤其是中间输出的跟踪处理)可能是冗长乏味的。采用区域数据模型使得可在一次操作中叠置两个以上的图层。

12.1.1 要素类型与地图叠置

地图首先考虑到的问题是要素类型。输入地图可包含点、线或多边形;叠置地图必须是多边形地图;输出地图具有与输入地图一样的要素类型。因此地图叠置按要素类型分成点与多边形的叠置、线与多边形的叠置和多边形与多边形的叠置。

在"点与多边形叠置"操作中,输出地图包含有输入地图相同的点要素,但每个点被赋予它所落入多边形的属性(见图 12-1)。在野生生物与植被类型之间寻找联系为"点与多边形叠置"的一个例子。

在"线与多边形叠置"操作中,输出地图包含有与输入地图相同的线要素,但它们在叠置地图中被多边形边界分割开(见图 12-2)。因此,输出地图比输入地图有更多的弧段。输出地图上的每个弧段组合了线状地图的属性和所落入多边形的属性。查找所提议道路的土壤数据为"线与多边形叠置"的一个例子。输入地图包括所提议道路,叠置地图为土壤图。输出地图表示分割的提议道路,每个路段对应于与其邻接路段不同的土壤数据集。

最常见的叠置操作是"多边形与多边形叠置",它涉及两幅多边形地图。输出地图是将输入地图和叠置地图的多边形边界组合在一起,生成一套新的多边形(见图 12-3)。每个新多边形携带了两幅地图的属性,这些属性有别于邻接多边形的属性。分析高度带与植被类型的联系为"多边形与多边形叠置"的一个例子。

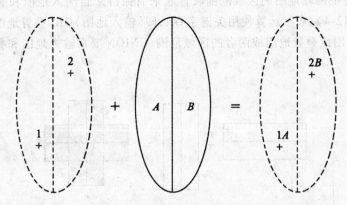

图 12-1 点与多边形叠置。输入图层为点状专题(虚线仅作为说明,不是点状专题图层的一部分),输出图层也是点状专题,它包含有来自叠置多边形专题图的属性数据(Chang,2003)

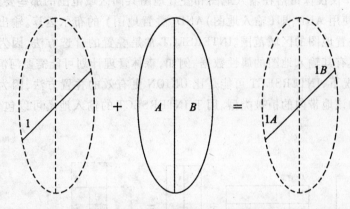

图 12-2 线与多边形叠置。输入图层为线状专题(虚线仅作为说明,不是线状专题图层的一部分)。输出也是线状专题图。但输出图层在两方面不同于输入图层:线被割开成两段,这些线段具有来自叠置多边形专题图的属性数据(Chang,2003)

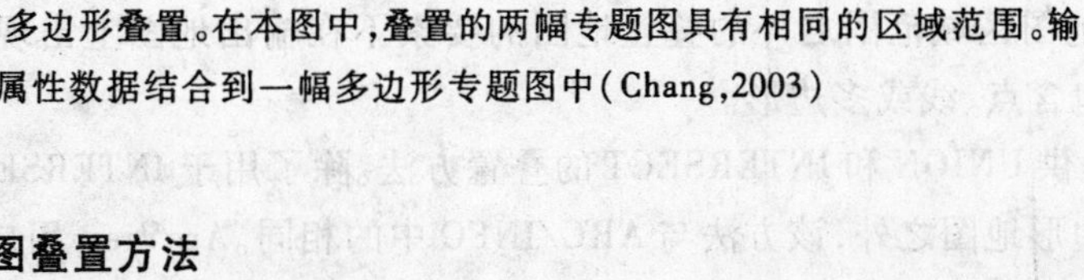

图 12-3 多边形与多边形叠置。在本图中,叠置的两幅专题图具有相同的区域范围。输出图层将两幅专题图的几何形状和属性数据结合到一幅多边形专题图中(Chang,2003)

12.1.2 地图叠置方法

如果输入地图具有与叠置地图相同的区域范围,则该区域范围也用于输出地图。但是,如果输入地图的区域范围与叠置地图不同,那么输出地图的区域范围将依所用的叠置方法而不同。三种常用地图叠置方法称为 UNION(联合)、INTERSECT(相交)和 IDENTITY(层叠置)。

UNION 通过把两幅地图的区域范围联合起来而保持来自输入地图和叠置地图的所有地图要素(见图12-4)。布尔运算使用关键字 OR,即(输入地图)OR(叠置地图)。因此输出地图对应于输入地图或叠置地图或两者的区域范围。UNION 要求输入地图和叠置地图均为多边形地图。

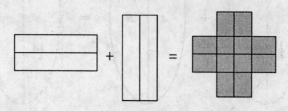

图 12-4 Union(联合)法在输出图层中保留了两个输入专题图的全部范围(Chang,2003)

INTERSECT 仅仅保留落在输入地图和叠置地图共同区域范围的那些要素(见图12-5)。INTERSECT 是使用 AND,即(输入地图)AND(叠置地图)的布尔运算。输出地图必须对应于输入地图和叠置地图的区域范围。INTERSECT 常是叠置的首选方法,因为输出地图上的任何地图要素具有其输入地图的属性数据。例如,森林管理计划可能需要河滨地带植被类型的清单。在此情况下,INTERSECT 可能是比 UNION 更有效的叠置方法,因为输出地图仅仅包括河滨地带和该地带内的植被类型。用于 INTERSECT 的输入地图可以包含点、线或多边形。

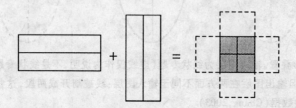

图 12-5 INTERSECT(相交)法在输出图层中仅保留两幅输入专题图的共同区域(虚线仅为了说明,不是输出图层的一部分)(Chang,2003)

IDENTITY 仅仅保留落在由输入地图定义的区域范围内的地图要素(见图12-6)。以布尔表达式表达的话,IDENTITY 所表示的运算是:[(输入地图)AND(叠置地图)]OR(输入地图)。在输入地图区域范围之外的叠置地图的要素不在输出地图上出现。用于 IDENTITY 的输入地图可包含点、线或多边形。

ArcView 提供 UNION 和 INTERSECT 的叠置方法。除了用于 INTERSECT 的输入地图只能是线状或多边形地图之外,该方法与 ARC/INFO 中的相同。ArcView 用户可用 Assign Data By Location 方法将点状地图与多边形地图叠置,又为作 Spatial Join(见图12-7)。点状地图是接受数据赋予的地图,而叠置地图是提供赋予数据的地图。Spatial Join 操作通过点与多边形的空间对应关系,把多边形地图的属性结合到点状地图的属性中。例如,如果一个点对应于一个带有农业属性值的多边形,那么农业将被加到该点的记录。

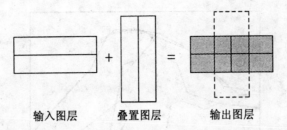

输入图层　　叠置图层　　输出图层

图 12-6　IDENTITY(层叠置)法产生的输出图层与输入图层范围相同,但包含来自叠置图层的几何形状和属性数据(Chang,2003)

起＼至	点	线	多边形
点	最接近	最接近	在内
线	最接近	部分	在内
多边形	不可用	不可用	在内

图 12-7　ArcView 中的 Assign Data Location(以位置赋予数据)方法涉及两个专题图:提供赋予数据的专题图和接受赋予数据的专题图。每个专题图可以是点、线或多边形专题。数据赋予是基于最接近(nearest)、在内(inside)或部分(part of)等空间关系。表中的两个单元格(从点到多边形和从线到多边形)为不可用(Chang,2003)

12.1.3　破碎多边形

来自两幅多边形地图叠置的常见误差是破碎多边形(slivers),即沿着两个输入地图的相关或共同边界线的细小多边形(见图12-8)。破碎多边形的出现往往来自数字化的误差。由于手扶跟踪数字化或扫描的精度很高,输入地图上的共同边界线不会刚好相互重叠。当两幅地图叠置后,数字化边界线的相交形成了破碎多边形。引起破碎多边形的其他原因包括源地图的误差或解译误差。土壤和植被图上的多边形边界通常是由野外调查数据、航空相片和卫星图像解译而来的,解译差错也可能产生不正确的多边形边界。

多数 GIS 软件包在地图叠置操作中包含模糊容差,以去除破碎多边形。模糊容差强制把构成线的点捕捉到一起,如果这些点落在指定距离之内的话(见图12-9)。模糊容差既可由用户定义,也可基于 GIS 软件的默认值。在叠置操作输出地图上残留的破碎多边形是那些未被内置模糊容差所去除的。

消除这些破碎多边形的一种方法是增加模糊容差值。但是由于模糊容差是应用于整幅地图的,大的容差值将把共同边界以及在输入地图中不共用的线都捕捉到一起,这样在叠置输出地图上便会产生扭曲的地图要素。

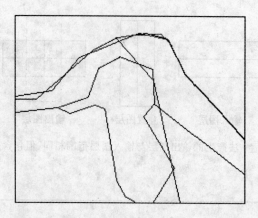

图 12-8 上部边界显示一系列破碎多边形,这些破碎多边形是由叠置操作的两幅地图的海岸线形成的,如果这两个图层的海岸线完全配准,则不会出现破碎多边形(Chang,2003)

去除破碎多边形的更好办法是应用最小制图单元概念。最小制图单元代表由政府机构或组织指定的最小面积单元。例如,国家林地采用 5 英亩(acre)作为其最小制图单元,那么小于 5acre 的任一破碎多边形将通过被并到其邻接多边形而被消除。

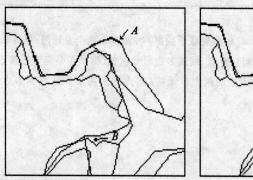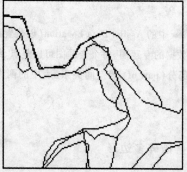

图 12-9 点(和线)如果落在指定模糊容差之内,就被捕捉到一起。沿着上部边界(A)的许多破碎多边形通过模糊容差的应用而被消除。模糊容差也可捕捉不是破碎多边形的弧段(B)(Chang,2003)

12.1.4 地图叠置中的误差传播

破碎多边形是数字化地图误差的例子,它会传递到地图叠置操作的输出结果。由于输入地图的不准确而导致误差的产生称为误差传递。误差传递一般包括两种类型的误差:位置误差和标识误差(MacDougall,1975;Chrisman,1987)。如果误差来自于数字化和解译误差导致的边界不准确,则破碎多边形代表地图叠置中的位置误差。误差传递也可由属性数据不准确或标识错误(如不正确的多边形数值编码)而引起。每个地图叠置产物都会兼有位置误差和标识误差。

在地图叠置误差中误差传递有多严重,答案取决于输入地图的数目和输入地图中误差的空间分布。随着输入地图数目的增加和输入地图空间对应性或重合性的减小,合成地图的准确度趋于减小。Newcomer 和 Szajgin(1984)提出的误差传递模型通过计算条件概率来考虑空间重合误差。假定两个输入地图都有正方形的多边形,该模型计算合成地图上两幅地图都是正确的事件概率,或 $\Pr(E_1 > E_2)$,采用下列等式:

$$\Pr(E_1 \cap E_2) = \Pr(E_1)\Pr(E_2 | E_1) \tag{12.1}$$

式中:$\Pr(E_1)$ 是第一幅输入地图为正确事件的概率;$\Pr(E_2 | E_1)$ 是假定第一幅输入地图正确时,第二幅输入地图为正确的事件的概率。这个模型提出合成地图可期望的最高精度等于最不精确的单独输入地图的精确度,最低精确度等于:

$$1 - \sum_{i=1}^{n} \Pr(E_i') \tag{12.2}$$

式中:n 为地图叠置中输入地图的数目;$\Pr(E_i')$ 是输入地图 i 为不正确的概率。换言之,合成地图的最低概率是 1 减去来自所有输入地图不准确性百分数的总和。

例如,如果一个地图叠置操作由三幅输入地图来运作,已知这些地图的精度水平分别为 0.9、0.8 和 0.7,根据 Newcomer 和 Szajgin 模型,合成地图的精度在 0.4(即 1 ~ 0.6)和 0.7 之间。

Newcomer 和 Szajgin 模型是一个简单模型,与现实世界的情况有很大差异。首先,该模型基于正方形多边形,比用于地图叠置的真实地图的几何形状简单得多;其次,该模型仅能用于地图叠置中的属于 AND 的布尔运算,例如,输入地图 1 为正确 AND 输入地图 2 为正确。布尔运算中的 OR 则不同,因为它仅要求输入地图之一为正确,例如,输入地图 1 为正确 OR 输入地图 2 为正确;第三,Newcomer 和 Szajgin 模型只能应用于二进制数据,即输入地图正确或不正确。该模型不能用于间隔数据或比例数据,且不能测算误差数量。模拟数值型数据误差传递比二进制数据更为复杂(Arbia 等,1998;Heuvelink,1998)。

12.2 多准则评价

GIS 最重要的应用之一就是为环境决策支持过程提供空间数据显示和分析功能。决策可以定义为选择不同的方案,这里的方案是指不同的行为、地点、对象等。理性的决策既需要一个或多个决策准则的支持,也需要对所选择方案的可量测属性进行考察。多数情况下是基于多个规则选择决策方案。例如,要在一系列废物处理地点中选出合理的地点,可能需要考虑包括与通行公路的接近程度、与居住地和保护土地的距离,以及目前土地的用途等多项准则。对于多准则条件下的空间资源分配决策问题,这个过程称为多准则评价(MCE,Voogd,1983)。

12.2.1 传统 MCE 方法

在传统 GIS 中,有两种实施多准则评价方法的途径,其一是把所有评价准则转换成适合分析决策的布尔语句(即逻辑真/假)。用布尔语句可以将不适合考察的区域作为约束条件表达,并通过相交算子(逻辑与)或者联合算子(逻辑或)把这些约束条件组合起来。第二种 MCE 实施途径是将数值准则看做完全连续的变量,而不是把它们分解为布尔约束。通常将这类准则称为因子,表示待考察决策适用性的变化程度。

布尔分析与加权线性组合是栅格 GIS 中使用的主流多准则评价方法。但是,用这两种方法进行多准则评价存在很多问题。

首先,评价结果常常事与愿违。决策结果与算子的组合逻辑有关,布尔相交操作得到非常绝对的"与"操作结果,且任何一条准则都不能超过它的阈值,否则这个区域就会排除在外。与之相反,布尔联合算子是一种非常自由的组合模式,只要有一个准则满足阈值,这个区域就会包含在结果中。而加权线性组合与布尔选择很不相同,这里,一个准则的低权重可以通过另外一个准则的高权重来补偿,这个性质称为因子平衡或因子替代。而在实际决策中,常用人类经验确定权重因子值,因而 GIS 中很少包含这种概念的灵活工具。直到最近,还是缺乏能把布尔叠置组合算子与加权线性组合算子结合起来的理论框架(Eastman 和 Jiang,1996)。

MCE 的第二个问题与加权线性组合中的因子标准化有关。最常用的方法是通过简单的线性变换把因子的范围值重新调整到公共的数值区间(Voogd,1983)。但是,这种做法的原理并不清楚。其实,有很多符合逻辑的方法能用于因子值的有限调整,也有一些方法适合于因子值的非线性调整。修改后的准则充分体现了适用性,因而在很多例子中,标准分靠近阈值的最大或最小值也是正常的。

第三个问题涉及所使用的权重。显然,权重对于最终决策结果有着很大影响,但在 GIS 中没有对如何赋予权重值引起足够的重视。通常,权重值代表一个或多个专家的主观意见(但有效)或代表调查员的意见。如何保证这些权重的一致性和明显性的有效性,这是一方面的问题。另外,因子间的平衡性也在不断变化中,如何处理变化因子的权重值是另一个值得关注的问题。

最后一个问题涉及决策风险。决策风险可以看做决策过程出错的可能性。在布尔分析和加权线性组合两种处理过程中,都存在决策规则传播误差,容易带来决策风险,但后者标准化因子的连续取值似乎更难调节且有更大的不确定性。尽管每个标准化因子的平均值都代表一种适用性,即权重越高越适用,但并没有真正可以确切地把位置分配给两个集合(选择的区域和排除的区域)之一的阈值。这些不确定性如何通过风险决策来调节?如果这些标准化因子真正表达了上述不确定性,为何还要通过平均加权方法对其取值进行组合?

令人很奇怪的是,尽管多准则评价在环境管理中应用很广泛,但人们对它在 GIS 中的应用性质却知之甚少。

12.2.2 模糊评价方法

模糊评价是指随集合成员单调(递增或递减)的任意集合函数。典型的模糊评价例子包括 Dempster-Shafer 理论中的概率、置信度和可信度,模糊集的模糊度。如果把 MCE 中的因子标准化过程看做是一个把因子标准值转化成集合成员语句(即适当的选择集)的过程的话,那么因子标准化后的标准值就是模糊评价。

模糊评价的共同特点是在相交与合并算子构建中,必须服从 Deorgan 法则(Bonissone 和 Decker,1986)。Deorgan 法则在相交、合并以及非算子间建立如下的三角关系:

$$T(a,b) = \sim S(\sim a, \sim b)$$

式中:T = T-Norm,S = T-CoNorm,都是已知的三角形模型。

1. 模糊评价与加权算子

三角形模型 T-Norm 定义(Yager,1988)如下:

将 $T:[0,1]*[0,1] \rightarrow [0,1]$ 展开可得：

$T(a,b) = T(b,a)$　　　　　　　　　　　　　　　（可交换的）

$T(a,b) \geq T(c,d), a \geq c, b \geq d$　　　　　　　（单调的）

$T(a,T(b,c)) = T(T(a,b),c)$　　　　　　　　　（联合的）

$T(1,a) = a$

这里给出一些 T-norms 的例子：

$\min(a,b)$　　　　　　　　　　　　　　　　　　（模糊集交算子）

$a*b$　　　　　　　　　　　　　　　　　　　　（样本集交算子）

$1 - \min(1, ((1-a)^p + (1-b)^p)^{(1/p)})$　　$(p \geq 1)$

$\max(0, a+b-1)$

反之，T-CoNorm 模型定义为：

将 $S:[0,1]*[0,1] \rightarrow [0,1]$ 展开可得：

$S(a,b) = S(b,a)$　　　　　　　　　　　　　　　（可交换的）

$S(a,b) \geq S(c,d), a \geq c, b \geq d$　　　　　　　（单调的）

$S(a,S(b,c)) = S(S(a,b),c)$　　　　　　　　　（联合的）

$T(0,a) = a$

这里给出一些 T-CoNorm 模型例子：

$\max(a,b)$　　　　　　　　　　　　　　　　　　（模糊集交算子）

$a + b - a*b$　　　　　　　　　　　　　　　　（样本集交算子）

$\min(1, (a^p + b^p)^{1/p})$　　$(p \geq 1)$

$\min(1, a+b)$

但请注意，尽管布尔叠置的相交算子 $a \times b$ 与合并算子 $[(a+b) - (a \times b)]$ 代表 T-Norm/T-CoNorm 对，但加权线性组合的平均算子却不代表二者中的任何一个，这是因为它们之间缺乏关联性（Bonissone 和 Decker,1986）。已经证明平均算子处于模糊集的 T-Norm("与"，最小算子）与相应的 T-CoNorm("或"，最大算子）两个极端情形之间，本质上是一个完全的"与或"算子。实际上，Yager(1988) 已经提出加权线性组合是处于这两个极端情形之间的组合算子的一个连续集，并认为该组合算子能产生这个连续集的排序加权平均。

2. 排序加权平均

在排序加权平均中，以因子的排序顺序而不是其内在性质赋权。例如，可能考虑用排序权重 0.5、0.3、0.2 来权衡 A、B、C 三个因子，这是三个因子的排序赋权。如果在用诸多因子确定一个位置的过程中，因子排序标识为 BAC（从最低到最高），那么加权组合表示为 $0.5 \cdot B + 0.3 \cdot A + 0.2 \cdot C$。如果在用诸多因子确定另外一个位置的过程中，因子排序标识为 CBA，那么加权组合表示为 $0.5 \cdot C + 0.3 \cdot B + 0.2 \cdot A$。Eastman 和 Jiang(1996) 在引用 Yager 的概念时，使用了适合特定因子的标准权重概念，并因此使用两个权重集合的概念，即适用于特排序标准的顺序权，顺序权用在标准权之后。

顺序权平均值的一个有用性质是它可以在一定程度上控制因子间的"与或"程度。例如，使用顺序权 [1 0 0] 产生模糊集"全与"和交替换位的最小算子，使用顺序权 [0 0 1] 产生模糊集"全或"和交替换位的最大算子，用顺序权 [0.33 0.33 0.33] 产生具有"中间与"、"中间或"及全交替换位的传统 MCE 平均算子。这样,交替换位由权重值的偏离度控制,而"与或"由权重值的倾斜度决定。例如,顺序权[0 1 0]将产生带"中间与"和"中间或"而没有交替换位的算子,顺序权[0.5 0.3 0.2]将产生"全"交替换位以及一定程度"与"的算子。

这种变化"与或"程度的性质引起了决策科学领域一些人的兴趣(Yager,1988),因为人们认识到把标准与某些不绝对相交的合并的算子结合起来使用是符合人类决策逻辑经验的。然而,在 GIS 环境下,平滑的性质引起了很多人的兴趣。GIS 应用中偶尔也用最小算子来进行限制性因子分析,即通过所选位置的性质来描述位置的适用性,其目的是为了避免位置选择中的风险。而最大因子被认为是区域适用性评价的最乐观组合算子。上述两种操作都不允许在所考虑的准则间进行平衡,而且在集合成员趋近确定的情形下,从模糊集得到的结果与布尔叠置得到的结果相同。但在加权线性组合中则可清楚而完全地表达因子间的平衡。

3. 模糊评价及其标准化

显然,上述对模糊评价的分析意义已经超出了所述因子组合过程本身,也为模糊评价准则的标准化过程提供了坚实的逻辑基础。在这种情形下,对准则的标准化过程可以看做把因子值调整为最终决策集的模糊度。Eastman 和 Jiang(1996)提出,实际上,上述决策集合模糊度构成了相应经典模糊集合的布尔约束。显然,决策规则的标准化过程得到了比线性调整本身更多的集合成员函数簇。例如,模糊集中普遍应用的 S 形函数,为要求函数在 0 到 1 的范围内渐近的情形提供了简单的逻辑。也有人认为对像 S 形这类函数,不应盲目地把最小和最大权重作为函数的临界点,因为与集合函数逻辑一致的临界点显然更加优越。

4. 模糊评价方法中的权重确定

考虑模糊集因子及其组合过程的本质可知,加权线性组合的标准权重显然代表平衡权重,即在多准则评价时标准权重与其他因子按线性组合方式进行表达。Rao M 等(1991)认为这种权重的逻辑过程就是 Saaty(1977)提出的成对比较过程。在这个过程中,每个因子以它相对于其他每个因子的重要性来衡量,使用的是 9 点倒数比例(例如,如果 7 代表更重要,那么 1/7 就表明更加不重要),生成 $n \times n$ 的评价矩阵(其中 n 是所考察因子的数量)。Saaty(1977)已经证明这个矩阵的特征主值代表了最适合的权重集合。

由于平衡程度是由等级权重平均的过程控制的,所以平衡程度的控制效果在极端值间成等级分布是合乎逻辑的,但目前还没有建立相应等级的逻辑。1996 年,Eastman 和 Jiang 在平均等级权重过程中,用相对差值(与信息理论中的平均信息量测量紧密相关)测量作为等级权重分级的基础,但这需要进一步研究。

5. 模糊评价与决策风险

决策规则和所考察准则的不确定性暗示着决策可能会出现错误的某种风险。在有测量误差的情形下,不确定性影响会很容易传播到用 MCE 所生成的位置适宜性评价地图中。1993 年,Eastman 开发了一个简单的算子,利用这个算子可以把位置适宜性评价转化为制作隶属于决策集的位置概率图。这个算子假定误差是正态分布,能够计算区分隶属于决策集和不隶属于决策集阈值所对应的正态曲线下的面积(见图 12-10)。

从误差量化与传播的角度看,表达决策风险并不难。但模糊集 MCE 因子的识别是一种与测量误差不确定性不同的决策风险表达形式。从加权线性组合中得到的位置适宜性图清晰表达了所考察地块的不确定性。但作为一种不确定性表达方式,与由测量误差所构成的决

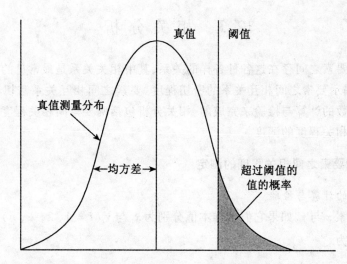

图 12-10　计算决策风险的程序。假设误差正态分布。一个数据值超过一个阈值和没有超过此阈值的可能性通过这个阈值所包含的正态曲线下的面积计算得出（Longley 等,2004）

策风险处理基础即统计概率无关,因而把决策风险当做决策出错概率的传统概念不能应用在 GIS 空间决策中。因此 Eastman（1996）建议将图 12-10 情形下的决策风险表达为相对风险的概念。

用标识相对风险等级和所发生最大风险（即最差）等级分割结果,很容易得到相对风险图。所得相对风险结果图可直接解释为相对风险的比例性等级。

从把 MCE 准则作为模糊评价基础的角度看,测量误差的表达方式与决策风险的表达方式不同。但多数情况下,两种表达方式都存在不确定性,因而面临着如何描述两种表达方式的风险性问题。例如,考虑多标准适宜性制图误差及其最终会传给适宜性评价图的特点,有可能认为适宜性评价结果图仅是随机引入测量不确定性所得到的诸多可能结果之一。通过 Monte Carlo 模拟,能对各位置落在有特定阈值的风险区内的模拟结果比例进行制表,也可以对各位置落在所要求特定范围内的模拟结果比例进行制表,这恢复了传统概率的概念和传统决策风险的表达方式。

本节试图阐明栅格 GIS 与矢量 GIS 中典型 MCE 方法的区别。从模糊集理论看,两种方法都可以看做同一族组合算子的特例。在矢量 GIS 中,非常典型的 MCE 方法是布尔叠置,布尔叠置把决策问题当做一个经典的集合问题,子集的相交与合并算子产生了严格的非平衡的"与"和"或"。阐明硬约束仅仅表示模糊集基础逻辑的极端情形。通过对模糊评价更一般类型（其中模糊集是成员）的深入考察,表明存在类似连续因子的相似算子且连续因子普遍与栅格 GIS 系统相关（最大和最小算子）。此外,连续因子中普遍使用的加权线性组合算子依赖于连续因子的连续集,并代表所考察因子间"中间与"和"中间或"且全平衡的情形。在此基础上,提出能产生符合其他算子闭集且具有描述平衡和"或与"变化度的更一般的算子（等级加权平均）。这不仅为所考察的组合算子提供了健壮的理论框架,而且为因子标准化提供了合理的表达方式,也为土地分配决策过程的控制提供了高度的灵活性。

12.3 相关分析

地球系统各要素之间存在这各种各样的关系,其中相关关系是最常见的一种关系。相关分析的任务,是揭示要素之间相互关系的密切程度。要素之间相互关系密切程度测定,主要是通过对相关系数的计算与检验来完成的。相关分析包括两要素间相关程度的测度、偏相关程度的测度和复相关程度的测度。

12.3.1 两要素之间相关程度的测定

1. 相关系数的计算与检验

对于两个要素 x 与 y,如果它们的样本值分别为 x_i 与 $y_i (i = 1, 2, \cdots, n)$,则它们之间的相关系数被定义为

$$r_{xy} = \frac{\sum_{i=1}^{n}(x_i - \bar{x})(y_i - \bar{y})}{\sqrt{\sum_{i=1}^{n}(x_i - \bar{x})^2} \sqrt{\sum_{i=1}^{n}(y_i - \bar{y})^2}} \tag{12.3}$$

式中:$\bar{x}$ 和 $\bar{y}$ 分别为两个要素样本值的平均值,即 $\bar{x} = \frac{1}{n}\sum_{i=1}^{n} x_i, \bar{y} = \frac{1}{n}\sum_{i=1}^{n} y_i$;$r_{xy}$ 为要素 x 与 y 之间的相关系数,它就是表示该两要素之间的相关程度的统计指标,其值介于 $[-1, 1]$ 区间。$r_{xy} > 0$,表示正相关;$r_{xy} < 0$,表示负相关。r_{xy} 的绝对值越接近于1,表示两要素的关系越密切;越接近于0,表示两要素的关系越不密切。

如果研究问题涉及 $x_1, x_2, \cdots, x_n$ 等 n 个要素,则对于其中任何两个要素 x_i 和 x_j,我们都可以按照公式(12.3)计算它们之间的相关系数 r_{ij},这样可以得到多要素的相关系数矩阵:

$$\mathbf{R} = \begin{bmatrix} r_{11} & r_{12} & \cdots & r_{1n} \\ r_{21} & r_{22} & \cdots & r_{2n} \\ \vdots & \vdots & & \vdots \\ r_{n1} & r_{n2} & \cdots & r_{nn} \end{bmatrix} \tag{12.4}$$

因为相关系数是根据要素之间的样本值计算出来的,它随着样本数的多少或取样方式的不同而不同,所以它只是要素之间的样本相关系数。因此,当要素之间的相关系数求出之后,还需要对所求得的相关系数进行检验,只有通过检验才能知道它的可信度。一般情况下,相关系数的检验,是在给定的置信水平下,通过查相关系数检验的临界值表来完成的。

2. 秩相关系数的计算与检验

秩相关系数又称等级相关系数、顺序相关系数,也是用于描述两要素之间相关程度的一种统计指标,但在计算方法上,与前述相关系数的计算有所不同,它是将两要素的样本值按数值的大小顺序排列位次,以各要素样本值的位次代替实际数据而求得的一种统计量。

设两个要素 x 和 y 有 n 对样本,令 R_1 代表 x 的序号(或位次),R_2 代表 y 要素的序号(或位次),$d_i^2 = (R_{1i} - R_{2i})^2$ 代表要素 x 和 y 的同一组样本位次差的平方,那么要素 x 与 y 之间的秩相关系数(r'_{xy})定义为

$$r'_{xy} = 1 - \frac{6\sum_{i=1}^{n} d_i^2}{n(n^2-1)} \tag{12.5}$$

与相关系数一样,秩相关系数是否显著,也需要检验。表 12-1 给出了秩相关系数检验的临界值。表 12-1 中,n 代表样本个数,α 代表不同的置信水平,也称显著水平,表中的数值为临界值 r_α。在同一显著水平下,随着样本数的增大,临界值 r_α 减小。

表 12-1　　　　　　　　　　　秩相关系数检验的临界值

n	显著性水平		n	显著性水平	
	0.05	0.01		0.05	0.01
4	1.000		16	0.425	0.601
5	0.900	1.00	18	0.399	0.564
6	0.829	0.943	20	0.377	0.534
7	0.714	0.893	22	0.359	0.508
8	0.643	0.833	24	0.343	0.485
9	0.600	0.783	26	0.329	0.465
10	0.564	0.746	28	0.317	0.448
12	0.506	0.712	30	0.306	0.432
14	0.456	0.645			

12.3.2　多要素间相关程度的测定

地球系统要素之间不仅存在两两相关的问题,同时还存在着多要素相关程度的问题。多要素间相关程度的测度包括偏相关系数和复相关系数。

1. 偏相关系数的计算与检验

地球系统是一种多要素的复杂巨系统,其中一个要素的变化必然影响到其他各要素的变化。在多要素所构成的地球系统中,当研究某一个要素对另一个要素的影响或相关程度时,把其他要素的影响视为常数(保持不变),即暂时不考虑其他要素的影响,而单独研究两个要素之间的相互关系的密切程度时,称为偏相关。用以度量偏相关程度的统计量,称为偏相关系数。

偏相关系数可利用单相关系数来计算。假设有三个要素 X_1, X_2, X_3,其两两之间的单相关系数矩阵为

$$\boldsymbol{R} = \begin{bmatrix} r_{11} & r_{12} & r_{13} \\ r_{21} & r_{22} & r_{23} \\ r_{31} & r_{32} & r_{33} \end{bmatrix} = \begin{bmatrix} 1 & r_{12} & r_{13} \\ r_{21} & 1 & r_{23} \\ r_{31} & r_{32} & 1 \end{bmatrix}$$

在偏相关分析中,常称这些单相关系数为零级相关系数。对于上述三个要素 X_1, X_2 和

X_3,它们之间的偏相关系数共有 3 个,即 $r_{12.3}$,$r_{13.2}$,$r_{23.1}$(下标点后面的数字,代表在计算偏相关系数时保持不变的量,如 $r_{12.3}$ 代表在 X_3 保持不变的情况下,测度 X_1 和 X_2 之间的相关程度的偏相关系数),其计算公式分别如下:

$$r_{12.3} = \frac{r_{12} - r_{13}r_{23}}{\sqrt{(1-r_{13}^2)(1-r_{23}^2)}} \tag{12.6a}$$

$$r_{13.2} = \frac{r_{13} - r_{12}r_{23}}{\sqrt{(1-r_{12}^2)(1-r_{23}^2)}} \tag{12.6b}$$

$$r_{23.1} = \frac{r_{23} - r_{12}r_{13}}{\sqrt{(1-r_{12}^2)(1-r_{13}^2)}} \tag{12.6c}$$

式(12.6a) ~ (12.6c) 表示三个偏相关系数,称为一级偏相关系数。

若有四个要素 X_1,X_2,X_3 和 X_4,则有六个偏相关系数,即 $r_{12.34}$,$r_{13.24}$,$r_{14.23}$,$r_{23.14}$,$r_{24.13}$,$r_{34.12}$,它们被称为二级偏相关系数,其计算公式分别如下

$$r_{12.34} = \frac{r_{12.3} - r_{14.3}r_{24.3}}{\sqrt{(1-r_{14.3}^2)(1-r_{24.3}^2)}} \tag{12.7a}$$

$$r_{13.24} = \frac{r_{13.2} - r_{14.2}r_{34.2}}{\sqrt{(1-r_{14.2}^2)(1-r_{34.2}^2)}} \tag{12.7b}$$

$$r_{14.23} = \frac{r_{14.2} - r_{13.2}r_{43.2}}{\sqrt{(1-r_{13.2}^2)(1-r_{43.2}^2)}} \tag{12.7c}$$

$$r_{23.14} = \frac{r_{23.1} - r_{24.1}r_{34.1}}{\sqrt{(1-r_{24.1}^2)(1-r_{34.1}^2)}} \tag{12.7d}$$

$$r_{24.13} = \frac{r_{24.1} - r_{23.1}r_{43.1}}{\sqrt{(1-r_{23.1}^2)(1-r_{43.1}^2)}} \tag{12.7e}$$

$$r_{34.12} = \frac{r_{34.1} - r_{32.1}r_{42.1}}{\sqrt{(1-r_{32.1}^2)(1-r_{42.1}^2)}} \tag{12.7f}$$

式(12.7a) 中:$r_{12.34}$ 表示在 X_3 和 X_4 保持不变的条件下,X_1 和 X_2 的偏相关系数,其余式(12.7b) ~ (12.7f) 以此类推。

偏相关系数介于 -1 ~ 1 之间,偏相关系数大于 0,表示正相关,小于 0 表示负相关;其极大值越大,说明偏相关程度越高。

偏相关系数计算出以后,也要对其进行显著性检验。偏相关系数的显著性检验,一般采用 t 检验法。其统计量计算公式为

$$t = \frac{r_{12.34\cdots m}}{\sqrt{1-r_{12.34\cdots m}^2}}\sqrt{n-m-1} \tag{12.8}$$

式中:$r_{12.34\cdots m}$ 为偏相关系数;n 为样本数;m 为自变量个数。查 t 分布表,可得出不同显著水平上的临界值 t_α。若 $t > t_\alpha$,则表示在 α 置信水平上偏相关显著;反之,若 $t \leq t_\alpha$,则在 α 置信水平上偏相关不显著。

2. 复相关系数的计算与检验

严格来说,前面分析的都是揭示两个要素(变量)之间的相关关系,或是在其他要素(变量)固定的情况下来研究两要素之间的相关关系的。但实际上,一个要素的变化往往受多种

要素的综合作用和影响,而单相关或偏相关分析的方法都不能反映各要素的综合影响。要解决这一问题,可采用复相关分析法。几个要素与某一个要素之间的复相关程度,用复相关系数来测定。

复相关系数可以利用单相关系数和偏相关系数求得。

设 Y 为因变量,X_1,X_2,$\cdots$,X_k 为自变量,Y 与 X_1,X_2,$\cdots$,X_k 之间的复相关系数为 $R_{y\cdot 12\cdots k}$,则其计算公式如下:

当有两个自变量时

$$R_{y\cdot 12} = \sqrt{1 - (r_{y1}^2)(1 - r_{y2\cdot 1}^2)} \tag{12.9}$$

当有三个自变量时

$$R_{y\cdot 123} = \sqrt{1 - (1 - r_{y1}^2)(1 - r_{y2\cdot 1}^2)(1 - r_{y3\cdot 12}^2)} \tag{12.10}$$

一般地,当有 k 个自变量时

$$R_{y\cdot 12\cdots k} = \sqrt{1 - (1 - r_{y1}^2)(1 - r_{y2\cdot 1}^2)\cdots[1 - r_{yk\cdot 12\cdots(k-1)}^2]} \tag{12.11}$$

复相关系数的性质与其他相关系数的性质相似,可以归纳为以下3点:(1)复相关系数介于0到1之间,即 $0 \leq R_{y\cdot 123\cdots k} \leq 1$。(2)复相关系数越大,则表示要素(变量)之间的相关程度越密切。复相关系数为1,表示完全相关;复相关系数为0,表示完全无关。(3)复相关系数必大于或至少等于单相关系数的绝对值。

对于复相关系数的显著性检验,一般采用 F 检验法。其统计量计算公式为

$$F = \frac{R_{y\cdot 12\cdots k}^2}{1 - R_{y\cdot 12\cdots k}^2} \times \frac{n - k - 1}{k} \tag{12.12}$$

式中:n 为样本数;k 为自变量个数。计算出 F 值后,查 F 检验的临界值表,可以得到不同显著性水平上的临界值 F_α。若 $F > F_{0.01}$,则表示复相关在置信度水平 $\alpha = 0.01$ 上显著,称为极显著;若 $F_{0.05} < F \leq F_{0.01}$,则表示复相关在置信度水平 $\alpha = 0.05$ 上显著;若 $F_{0.10} < F \leq F_{0.05}$,则表示复相关在置信水平 $\alpha = 0.10$ 上显著;若 $F < 0.10$,则表示复相关不显著,即因变量 y 与 k 个自变量之间的关系不密切。

12.4 主成分分析

地理系统是多要素的复杂系统。在地球系统科学研究中,多变量问题是经常会遇到的。变量太多无疑会增加分析问题的难度和复杂性,而且在许多实际问题中,多个变量之间是具有一定的相关关系的。因此,人们会很自然地想到,能否在各个变量之间相关关系研究的基础上,用较少的新变量代替原来较多的变量,而且这些较少的新变量,尽可能多地保留原来较多的变量所反映的信息。事实上,这种想法是可以实现的,主成分分析方法就是综合处理这种问题的一种强有力的工具。

12.4.1 主成分分析的基本原理

主成分分析是把原来多个变量划分为少数几个综合指标的一种统计分析方法,从数学角度来看,这是一种降维处理技术。假定有 n 个地理样本,每个样本共用 p 个变量,这样就构

成了一个 $n \times p$ 的数据矩阵：

$$X = \begin{bmatrix} x_{11} & x_{12} & \cdots & x_{1p} \\ x_{21} & x_{22} & \cdots & x_{2p} \\ \vdots & & & \vdots \\ x_{n1} & x_{n2} & \cdots & x_{np} \end{bmatrix} \quad (12.13)$$

当 p 较大时，如果在 p 维空间中考察问题，是比较麻烦的。为了克服这一困难，就需要进行降维处理，即用较少的几个综合指标代替原来较多的变量指标，而且使这些较少的综合指标既能尽量多地反映原来较多变量指标所反映的信息，同时它们又是彼此独立的。选取这些综合指标（即新变量）的最简单形式是取原来变量的线性组合，适当调整其系数组合，使新的变量之间相互独立且代表性最好。

如果记原变量指标为 $x_1, x_2, \cdots, x_p$，它们的综合指标，即新变量指标为 $z_1, z_2, \cdots, z_m (m \leq p)$，则

$$\begin{cases} z_1 = l_{11}x_1 + l_{12}x_2 + \cdots + l_{1p}x_p \\ z_2 = l_{21}x_1 + l_{22}x_2 + \cdots + l_{2p}x_p \\ \cdots\cdots\cdots\cdots\cdots \\ z_m = l_{m1}x_1 + l_{m2}x_2 + \cdots + l_{mp}x_p \end{cases} \quad (12.14)$$

在式（12.14）中，系数 l_{ij} 由下列原则来决定：
(1) z_i 与 $z_j (i \neq j; i,j = 1,2,\cdots,m)$ 相互无关。
(2) z_1 是 $x_1, x_2, \cdots, x_p$ 的一切线性组合中方差最大者，z_2 是与 z_1 不相关的 $x_1, x_2, \cdots, x_p$ 的所有线性组合中方差最大者；$\cdots$；z_m 是与 $z_1, z_2, \cdots, z_{m-1}$ 都不相关的 $x_1, x_2, \cdots, x_p$ 的所有线性组合中方差最大者。

这样决定的新变量指标 $z_1, z_2, \cdots, z_m$ 分别称为原变量指标 $x_1, x_2, \cdots, x_p$ 的第一、第二……第 m 主成分。其中，z_1 在总方差中所占的比例最大，$z_2, \cdots, z_m$ 的方差依次递减。在实际问题的分析中，常挑选前几个最大的主成分，这样既减少了变量的数目，又抓住了主要矛盾，简化了变量之间的关系。

从以上的分析可以看出，找主成分就是确定原来变量 $x_j (j = 1,2,\cdots,p)$ 在诸主成分 $z_i (i = 1,2,\cdots,m)$ 上的载荷 $l_{ij} (i = 1,2,\cdots,m; j = 1,2,\cdots,p)$。从数学上容易知道，它们分别是 $x_1, x_2, \cdots, x_p$ 的相关矩阵的 m 个较大的特征值所对应的特征向量。

12.4.2 主成分分析的计算步骤

根据上述主成分分析的基本原理，可以把主成分分析的计算步骤归纳如下：
1. 计算相关系数矩阵

$$R = \begin{bmatrix} r_{11} & r_{12} & \cdots & r_{1p} \\ r_{21} & r_{22} & \cdots & r_{2p} \\ \vdots & & & \vdots \\ r_{p1} & r_{p2} & \cdots & r_{pp} \end{bmatrix}$$

式中：$r_{ij} (i,j = 1,2,\cdots,p)$ 为原变量的 x_i 与 x_j 之间的相关系数，其计算公式为：

$$r_{ij} = \frac{\sum_{k=1}^{n}(x_{ki} - \bar{x}_i)(x_{kj} - \bar{x}_j)}{\sqrt{\sum_{k=1}^{n}(x_{ki} - \bar{x}_i)^2 \sum_{k=1}^{n}(x_{kj} - \bar{x}_j)^2}} \tag{12.15}$$

2. 计算特征值与特征向量

首先解特征方程 $|\lambda I - R| = 0$,通常用雅可比法(Jacobi)求出特征值 $\lambda_i (i = 1, 2, \cdots, p)$,并使其按大小顺序排列,即 $\lambda_1 \geq \lambda_2 \geq \cdots \geq \lambda_p \geq 0$;然后分别求出对应于特征值 λ_i 的特征向量 $e_i (i = 1, 2, \cdots, p)$。这里要求 $\sum_{j=1}^{p} e_{ij}^2 = 1$,其中 e_{ij} 表示向量 e_i 的第 j 个分量。

3. 计算主成分贡献率及累计贡献率

主成分 z_i 的贡献率为:

$$\frac{\lambda_i}{\sum_{k=1}^{p} \lambda_k} \quad (i = 1, 2, \cdots, p)$$

累计贡献率为:

$$\frac{\sum_{k=1}^{i} \lambda_k}{\sum_{k=1}^{p} \lambda_k} \quad (i = 1, 2, \cdots, p)$$

一般取累计贡献率达 85% ~ 95% 的特征值 $\lambda_1, \lambda_2, \cdots, \lambda_m$ 所对应的第一、第二、…、第 $m(m \leq p)$ 个主成分。

4. 计算主成分载荷

其计算公式为:

$$p(z_i, x_j) = \sqrt{\lambda_i} e_{ij} \quad (i, j = 1, 2, \cdots, p) \tag{12.16}$$

得到各主成分的载荷以后,可以按照式(12.14)进一步计算,得到各主成分的得分:

$$Z = \begin{bmatrix} z_{11} & z_{12} & \cdots & z_{1m} \\ z_{21} & z_{22} & \cdots & z_{2m} \\ \vdots & & & \vdots \\ z_{p1} & z_{p2} & \cdots & z_{pm} \end{bmatrix} \tag{12.17}$$

12.5 空间聚类

对于一个给定的数据集,聚类就是将数据集中的对象划分为群或类,使得一个类中的对象"类似",而不同类中的对象"不类似"。即簇类的相似性越大,簇间差别越大,聚类越好。

聚类分析问题形式化描述为:给定 m 维空间 $\mathbf{R}^m$ 中的数据集 S,设有 n 个向量,$S = \{X_1, X_2, \cdots, X_n\}$,把每个向量归属到 K 个聚类中的某一个,使得每个向量与其聚类中心的"距离"最小。换句话说,寻找一个映射 $f: S \to \{1, 2, \cdots, K\}$($K$ 有限,但不必事先指定)。

聚类分析问题的实质是一个全局最优问题。此处,m 可认为是样本参与聚类的属性个数,n 是样本的个数,K 是将要得到的聚类个数。

对于 m 维空间 $\mathbf{R}^m$ 中的向量 X_i, X_j，有
$$X_i = (X_{i1}, X_{i2}, \cdots, x_{im})$$
$$X_j = (X_{j1}, X_{j2}, \cdots, X_{jm})$$

向量 X_i, X_j 之间的"距离"为：$D_{ij} = \Phi\left(\sum_{k=1}^{m}(X_{ik} \odot X_{jk})\right)$。

其中：$\odot$ 为运算符号，即相同属性之间的比较方式，其中 $i,j \in [1, |\mathbf{R}^m|]$，即 i,j 取遍所有的有效相关集，这里 $|\mathbf{R}^m| = n$。相似性函数 $\Phi(x,y)$ 由记录 x,y 之间的距离来确定。假设 λ 是由领域专家给出的阈值，并根据此值来确定类别，最终的类别由特定的任务和 λ 值的范围来确定。

12.5.1 主要聚类方法的分类

现有文献中存在大量的聚类算法，大致可以分成以下几大类：分裂法、层次法、基于密度的方法、基于网格的方法和基于模型的方法等(Jain 等,1999)，如图 12-11 所示。

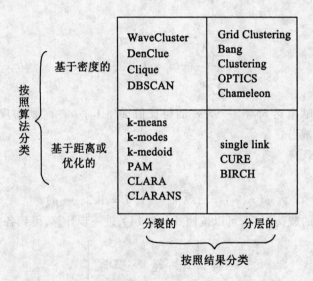

图 12-11 主要聚类算法的分类(Januzaj 等,2004)

1. 分裂法(patitioning method)

给定一个有 N 个元组或者记录的数据集，分裂法将构造 K 个分组，每一个分组就代表一个聚类，$K < N$。而且这 K 个分组满足下列条件：

(1) 每一个分组至少包含一个数据记录。

(2) 每一个数据记录属于且仅属于一个分组(但是在某些模糊聚类算法中可以放宽该要求)。对于给定的 K，算法首先给出一个初始的分组方法，以后通过反复迭代的方法改变分组，使得每一次改进之后的分组方案都较前一次好，而好的标准是：同一分组中的记录越近越好，而不同分组中的记录越远越好。

使用这个基本思想的算法有：k-means 算法、PAM 算法、CLARA 算法、CLARANS 算法等。

2. 层次聚类法(hierarchical method)

这种方法对给定的数据集进行层次似的分解,直到某种条件满足为止。具体又可分为"自底向上"和"自顶向下"两种方案。例如在"自底向上"方案中,初始时每一个数据记录都组成一个单独的组,在接下来的迭代中,它把那些相互邻近的组合并成一个组,直到所有的记录组成一个分组或者某个条件满足为止。"自底向上"聚合层次聚类方法和"自顶向下"分解层次聚类方法中,用户均需要指定所期望的聚类个数作为聚类过程的终止条件。代表算法有:BIRCH 算法、CURE 算法、CHAMELEON 算法等。

3. 基于密度的方法(density-based method)

基于密度的方法与其他方法的一个根本区别是:它不是基于各种各样的距离的,而是基于密度的。这样就能克服基于距离的算法只能发现"类圆形"的聚类的缺点。这个方法的指导思想是,只要某个区域中的对象的密度大于某个阈值,就把它添加到与之相近的簇中去。该方法可以发现任意形状的簇,并能有效过滤噪声点,代表算法有:DBSCAN 算法、OPTICS算法、DENCLUE 算法、CLIQUE 算法、SNN 算法等。

4. 基于网格的方法(grid-based method)

基于网格的方法首先将数据空间划分成为有限个单元(cell)的网格结构,所有的处理都是以单个的单元为对象的。这种处理的一个突出优点是处理速度很快,通常这是与目标数据库中记录的个数无关的,它只与把数据空间分为多少个单元有关。代表算法有:STING 算法、CLIQUE 算法、WaveCluster 算法等(其中 CLIQUE 算法和 WaveCluster 算法既是基于网格的,又是基于密度的)。

5. 基于模型的方法(model-based method)

事先为每个簇假定一个模型(可以是数据点在空间中的密度分布函数或者其他),然后寻找数据对给定模型的最佳拟合。该方法基于如下假定:目标数据集是根据潜在的概率分布生成的。该方法主要有两类:统计学方法和神经网络方法。统计学方法有 COBWEB 算法、CLASSIT 算法、AutoClass 算法。神经网络方法、有竞争学习法和自组织特征映射法(SOM)。

上述部分聚类算法可能同时属于多个类别,在这里将它们分在主要所属的类别中。

12.5.2 层次聚类分析步骤

1. 聚类要素数据的标准化处理

在分类和分区研究中,被聚类的对象常常是由多个要素构成的。不同要素的数据往往具有不同的单位和量纲,其数值的变异可能是很大的,这就会对分类结果产生影响。因此当分类要素的对象确定之后,在进行聚类分析之前,首先要对聚类要素进行数据处理。在聚类分析中,对数据的处理主要是标准化处理。

假设有 m 个聚类的对象,每一个聚类对象都由 $x_1, x_2, \cdots, x_n$ 个要素构成。数据标准化处理的方法有如下几种:

(1) 标准差标准化

$$x'_{ij} = \frac{x_{ij} - \bar{x}_j}{s_j} \quad (i = 1,2,\cdots,m; j = 1,2,\cdots,n) \tag{12.18}$$

式中:

$$\bar{x}_j = \frac{1}{m}\sum_{i=1}^{m} x_{ij}, \quad s_j = \sqrt{\frac{1}{m}\sum_{i=1}^{m}(x_{ij} - \bar{x}_j)^2}$$

由这种标准化方法所得到的新数据 x'_{ij}，各要素的平均值为 0，标准差为 1。

（2）总和标准化

分别求出各聚类要素所对应的数据的总和，以各要素的数据除以该要素的数据的总和，即

$$x'_{ij} = \frac{x_{ij}}{\sum_{i=1}^{m} x_{ij}} \quad (i = 1,2,\cdots,m; j = 1,2,\cdots,n) \tag{12.19}$$

这种标准化方法所得到的新数据 x'_{ij} 满足 $\sum_{i=1}^{m} x'_{ij} = 1 \ (j = 1,2,\cdots,n)$。

（3）极差标准化

$$x_{ij} = \frac{x_{ij} - \min_{i}\{x_{ij}\}}{\max_{i}\{x_{ij}\} - \min_{i}\{x_{ij}\}} \quad (i = 1,2,\cdots,m; j = 1,2,\cdots,n) \tag{12.20}$$

经过这种标准化所得的新数据，各要素的极大值为 1，极小值为 0，其余的数值均介于 0 与 1 之间。

（4）极大值标准化

$$x'_{ij} = \frac{x_{ij}}{\max_{i}\{x_{ij}\}} \quad (i = 1,2,\cdots,m; j = 1,2,\cdots,n) \tag{12.21}$$

经过这种标准化所得的新数据，各要素的极大值为 1，其余各数值小于 1。

2. 距离系数和相似系数的计算

距离系数是事物之间差异性的测度，而相似系数则是相似程度的测度，聚类分析正是根据事物之间的距离远近或者相似程度的大小，按照差异性最小、相似性最大的原则来进行的，所以距离和相似系数是聚类分析的依据和基础。当对数据进行标准化处理后，就要计算分类对象之间的距离或者相似系数。

（1）距离的计算

如果把每一个分类对象的 n 个聚类要素看成 n 维空间的 n 个坐标轴，则每一个分类对象的 n 个聚类要素所构成的 n 维数据向量就是 n 维空间中的一个点。这样，各分类对象之间的差异性，就可以由它们所对应的 n 维空间中点之间的距离来度量。常见的距离有：

① 绝对值距离

$$d_{ij} = \sum_{k=1}^{n} |x_{ik} - x_{jk}| \quad (i,j = 1,2,\cdots,m) \tag{12.22}$$

② 欧氏距离

$$d_{ij} = \sqrt{\sum_{k=1}^{n}(x_{ik} - x_{jk})^2} \quad (i,j = 1,2,\cdots,m) \tag{12.23}$$

③ 名科夫斯基距离

$$d_{ij} = \left[\sum_{k=1}^{n} |x_{ik} - x_{jk}|^p\right]^{\frac{1}{p}} \quad (i,j = 1,2,\cdots,m) \tag{12.24}$$

式中：$p \geq 1$。当 $p = 1$ 时，它就是绝对值距离；当 $p = 2$ 时，它就是欧氏距离。

④ 切比雪夫距离。当名科夫距离取 $p \to \infty$ 时,有

$$d_{ij} = \max_k |x_{ik} - x_{jk}| \quad (i,j = 1,2,\cdots,m) \tag{12.25}$$

选择不同的距离,聚类结果会有所差异。在分区和分类研究中,往往采用几种距离进行计算、对比,选择一种较为合适的距离进行聚类。

(2) 相似系数的计算

常见的相似系数有夹角余弦和相关系数。

夹角余弦:

$$r_{ij} = \cos\theta_{ij} = \frac{\sum_{k=1}^{n}(x_{ik}x_{jk})}{\sqrt{\sum_{k=1}^{n}x_{ik}^2}\sqrt{\sum_{k=1}^{n}x_{jk}^2}} \tag{12.26}$$

在式(12.26)中,有 $-1 \leq \cos\theta_{ij} \leq 1$。

相关系数:

$$r_{ij} = \frac{\sum_{k=1}^{n}(x_{ik}-\bar{x}_i)(x_{jk}-\bar{x}_j)}{\sqrt{\sum_{k=1}^{n}(x_{ik}-\bar{x}_i)^2}\sqrt{\sum_{k=1}^{n}(x_{jk}-\bar{x}_j)^2}} \tag{12.27}$$

式中:$\bar{x}_i$ 和 $\bar{x}_j$ 分别为聚类对象 i 和 j 各要素标准化数据的平均值。

3. 聚类方法

系统聚类分析的常用聚类方法有直接聚类法、最短距离聚类法、最远距离聚类法等。

(1) 直接聚类法

直接聚类法,是根据距离或者相似系数矩阵的结构一次并类得到结果,是一种简便的聚类方法。它先把各个分类对象单独视为一类,然后根据距离最小的原则,依次选出一对分类对象,并成新类。如果其中一个分类对象已归于一类,则把另一个也归入该类;如果一对分类对象正好属于已归的两类,则把这两类并为一类。每一次归并,都划去该对象所在的列与列序相同的行。那么,经过 $m-1$ 次就可以把全部分类对象归为一类,这样就可以根据归并的先后顺序做出聚类谱系图。

直接聚类法虽然简便,但在归并过程中是划去行和列的,因而难免有信息损失。因此,直接聚类法并不是最好的系统聚类方法。

(2) 最短距离聚类法

最短距离聚类法,是在原来的 $m \times m$ 距离矩阵的非对角线元素中找出 $d_{pq} = \min\{d_{ij}\}$,把分类对象 G_p 和 G_q 归并为一新类 G_r,然后按计算公式:

$$d_{rk} = \min\{d_{pk}, d_{qk}\} \quad (k \neq p,q) \tag{12.28}$$

计算原来各类与新类之间的距离,这样就得到一个新的 $m-1$ 阶的距离矩阵;再从新的距离矩阵中选出最小者 d_{ij},把 G_i 和 G_j 归并成新类;再计算各类与新类的距离,这样一直下去,直至各分类对象被归为一类为止。

(3) 最远距离聚类法

最远距离聚类法与最短距离聚类法的区别在于计算原来的类与新类距离时采用的公式不同。最远距离聚类法的计算公式是:

$$d_{rk} = \max\{d_{pk}, d_{qk}\} \quad (k \neq p, q) \tag{12.29}$$

从式(12.28)和式(12.29)不难看出,最短距离聚类法具有空间压缩性,而最远距离聚类法具有空间扩张性。

12.5.3 模糊聚类分析

模糊数学方法,是一种研究和处理模糊现象的新型数学方法。这一方法,是由美国自动控制专家查德(L. A. Zadeh)于1965年首次提出来的,近40年来,模糊数学方法在自然科学和社会科学研究的各个领域得到了广泛应用。模糊聚类分析就是运用模糊数学的有关知识,从模糊集的观点来探讨事物的数量分类的一类方法。这里主要讨论基于模糊等价关系与基于最大模糊支撑树的模糊聚类分析方法在分区和分类研究中的应用。

1. 基本概念

（1）模糊子集

1965年,查德首次给出了模糊子集的如下定义:设U是一个给定的论域(即讨论对象的全体范围),$\mu_A: x \to [0,1]$是U到$[0,1]$闭区间上的一个映射,如果对于任何$x \in U$,都有唯一的$\mu_A \in [0,1]$与之对应,则该映射便给定了论域U上的一个模糊子集$\tilde{A}$,μ_A称作$\tilde{A}$的隶属函数,$\mu_A(x)$称作x对$\tilde{A}$的隶属度。

（2）模糊子集的α截集

设$\tilde{A}$是论域U上的一个模糊子集,其隶属函数为μ_A,x对$\tilde{A}$的隶属度为$\mu_A(x)$。对于任一$\alpha \in [0,1]$,称集合

$$\tilde{A}_\alpha = \{x \mid \mu_A > \alpha, x \in U\} \tag{12.30}$$

为$\tilde{A}$的强α截集;称集合

$$\tilde{A}_{\bar{\alpha}} = \{x \mid \mu_A \geq \alpha, x \in U\} \tag{12.31}$$

为$\tilde{A}$的弱α截集。有时也将强α截集与弱α截集通称为α截集。

（3）模糊关系与模糊变换

① 模糊关系。它是一般关系的推广,其定义如下:设U和V是两个普通集合,U与V的直积

$$U \times V = \{(x,y) \mid x \in U, y \in V\}$$

上的一个模糊子集$\tilde{R}$便称为U到V上的一个模糊关系。若$(x,y) \in U \times V$,则称$\mu_R(x,y)$为x与y具有关系$\tilde{R}$的程度。一般地,也可以记为$\tilde{R}(x,y)$。特别地,当$U = V$时,称$\tilde{R}$为U中的模糊关系。

当U和V为有限集合时,模糊关系R可以用矩阵表示为:

$$\tilde{R} = (r_{ij})_{m \times n} = \begin{bmatrix} r_{11} & r_{12} & \cdots & r_{1n} \\ r_{21} & r_{22} & \cdots & r_{2n} \\ \vdots & \vdots & & \vdots \\ r_{m1} & r_{m2} & \cdots & r_{mn} \end{bmatrix} \tag{12.32}$$

式中：$r_{ij} = \mu_R(x_i, y_j), r_{ij} \in [0,1], i = 1, 2, \cdots, m, j = 1, 2, \cdots, n; m$ 为 U 中所含元素的个数；n 为 V 中所含元素的个数。式(12.32)所示的矩阵称为模糊关系矩阵，简称模糊矩阵。

模糊相似关系与模糊等价关系。设 R 是 U 中的模糊关系，若满足以下性质：

自反性：$\forall x \in U, \mu_R(x,x) = 1$，

对称性：$\forall x, y \in U, \mu_R(x,y) = \mu_R(y,x)$，

则称 R 为 U 中的模糊相似关系。

设 R 是 U 中的模糊相似关系，若它满足传递性，即

$$\forall x, y, z \in U, \vee [\mu_R(x,z) \wedge \mu_R(z,y) \leq \mu_R(x,y)]$$

则称 R 为 U 中的模糊等价关系。

② 模糊变换。设 $\widetilde{R}$ 是一个给定的模糊矩阵

$$\widetilde{R} = (r_{ij})_{m \times n} = \begin{bmatrix} r_{11} & r_{12} & \cdots & r_{1n} \\ r_{21} & r_{22} & \cdots & r_{2n} \\ \vdots & & & \vdots \\ r_{m1} & r_{m2} & \cdots & r_{mn} \end{bmatrix}$$

$\widetilde{A}$ 是一个给定的模糊向量

$$\widetilde{A} = [a_1, a_2, \cdots, a_m]$$

则称 $\widetilde{A}$ 与 $\widetilde{R}$ 的合成运算

$$\widetilde{B} = [b_1, b_2, \cdots, b_n] = \widetilde{A} \circ \widetilde{R}$$
$$= \left[\bigvee_{k=1}^{m} (a_k \wedge r_{k1}), \bigvee_{k=1}^{m} (a_k \wedge r_{k2}), \cdots, \bigvee_{k=1}^{m} (a_k \wedge r_{kn}) \right] \quad (12.33)$$

是一个模糊变换。显然，在式(12.33)中，$0 \leq b_j \leq 1$。

2. 模糊聚类分析方法

(1) 基于模糊等价关系的模糊聚类分析方法

基于模糊等价关系的模糊聚类分析方法的基本思想是：由于模糊等价关系 U^* 是论域集 U 与自己的直积 $U \times U$ 上一个模糊子集，因此可以对 R^* 进行分解，当用 λ 水平对 R^* 作截集时，截得的 $U \times U$ 的普通子集 R_λ^* 就是 U 上的一个普通等价关系，也就得到了关于 U 中被分类对象元素的一种分类。当 λ 由 1 下降到 0 时，所得的分类由细变粗，逐渐归并，从而形成一个动态聚类谱系图。由此可见，分类对象集 U 上的模糊等价关系 R^* 的建立是这种聚类分析方法中的一个关键性的环节。

第一步，计算分类对象之间相似性统计量，建立分类对象的模糊相似关系 R。

关于各分类对象之间相似性统计量 r_{ij} 的计算，除了采用夹角余弦公式和相似系数计算公式以外，还可以采用数量积法、绝对值差数法、最大最小值法、绝对值指数法等方法进行计算。

第二步，将模糊相似关系 R 改造为模糊等价关系 R^*。

模糊相似关系 R 满足自反性和对称性,但一般而言,它并不满足传递性,也就是说它并不是模糊等价关系。因此,必须采用传递闭合的性质将这种模糊相似关系 R 改造为模糊等价关系 R^*。改造的办法是将 R 自乘,即

$$R^2 = R \circ R$$
$$R^4 = R^2 \circ R^2$$
$$\vdots$$

这样下去,就必然会存在一个自然数 k,使得 $R^{2k} = R^k \circ R^k = R^k$,这时,$R^* = R^k$ 便是一个模糊等价关系。

第三步,在不同的截集水平下进行聚类。

综合聚类结果,可作出聚类谱系图。

(2) 基于最大模糊支撑树的模糊聚类分析方法

除了依据模糊等价关系进行聚类分析外,还可以应用最大模糊支撑树进行聚类分析。基于最大模糊支撑树的聚类分析过程,可按如下步骤进行。

第一步:建立各个分类对象集上的模糊相似关系,构造模糊图。这一步骤的工作可按如下做法进行:

① 计算各个分类对象之间的相似性统计量 $r_{ij}(i,j = 1,2,\cdots,m)$,建立分类对象集 U 上的模糊相似关系 $R = (r_{ij})_{m \times m}$。

② 将 R 表示成一个由 m 个节点所构成的模糊图 $G = (V,E)$,使 G 中的任意两个节点 V_i 与 V_j 之间都有一条边相联结,且赋该边的权值为 r_{ij}。

假若,对于某五个区域所构成的分类对象集合 $V = \{v_1, v_2, v_3, v_4, v_5\}$,经过选择聚类要素并对其原始数据标准化处理后,计算各分类对象之间的相似性统计量,得到如下的模糊相似关系:

$$R = \begin{bmatrix} 1 & 0.7 & 0.6 & 0.1 & 0.3 \\ 0.7 & 1 & 0.7 & 0.3 & 0.8 \\ 0.6 & 0.7 & 1 & 0.4 & 0.9 \\ 0.1 & 0.3 & 0.4 & 1 & 0.1 \\ 0.3 & 0.8 & 0.9 & 0.1 & 1 \end{bmatrix}$$

则按照上述做法,可以将其表示成一个模糊图,如图 12-12 所示。

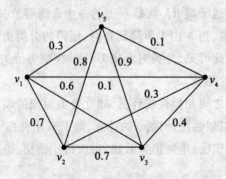

图 12-12　由模糊相似关系 R 所构成的模糊图 G(秦耀辰等,2004)

第二步:构造最大模糊支撑树。构造模糊图上的最大支撑树的算法,可按下述做法进行:

① 找出 G 中最大权值的边 r_{ij}。

② r_{ij} 存放在集合 C 中,将 r_{ij} 边上的新节点放入集合 T 中,若 T 中已含有所有 m 个节点,转(4)。

③ 检查 T 中每一个节点与 T 外的节点组成的边的权值,找出其中最大者 r_{ij},转至(2)。

④ 结束,此时 G 中的边就构成了 G 的最大模糊支撑树 $T_{\max}$。

对于图 12-12 所示的模糊图 G,按照上述算法,可以求出最大模糊支撑树 $T_{\max}$,如图 12-13 所示。

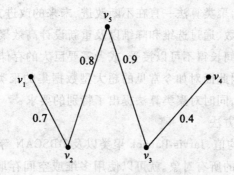

图 12-13　模糊图 G 的最大模糊支撑树(秦耀辰等,2004)

第三步:由最大模糊支撑树进行聚类分析。其具体做法是:选择某一个 λ 值作截集,将 $T_{\max}$ 中小于 λ 的边断开,使相连的各节点构成一类,当 λ 由 1 下降到 0 时,所得的分类由细变粗,各节点所代表的分类对象逐渐归并,从而形成一个动态聚类谱系图。

对于图 12-13 所示的 G 的最大模糊支撑树 $T_{\max}$,当分别选取 $\lambda = 1, 0.9, 0.8, 0.7, 0.4$ 时,就可以得出不同的分类结果,这一过程所形成的聚类谱系如图 12-14 所示。

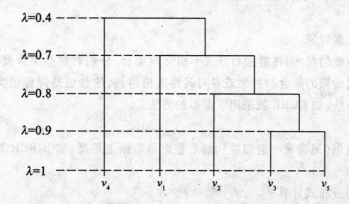

图 12-14　基于最大模糊支撑树的聚类谱系图(秦耀辰等,2004)

12.5.4 其他聚类算法

随着对高维数据而言,可以先通过选维、降维、维规约技术去除与数据簇无关的维,然后再用聚类算法对转换后的数据进行聚类。但往往不同的数据簇与不同的子空间有关,因此对高维数据可以采用子空间聚类算法。对于 n 维数据空间,需要搜索的潜在子空间有 2^n-1 个,所以必须采用有效的技术减少搜索的子空间数目。采用类似 Aprior 算法思想:高维空间的稠密区域暗示着低维空间稠密区域的存在性。基于这种思想的算法有 CLIQUE,MAFIA,PROCLUS 等。另外,对高维数据还可以采用优化网格分割方法如 OPtiGrid,O-Cluster 等用多个超平面将数据空间划分成多个分离的区域,每个区域中的数据组成一个数据簇。同时,利用超图理论(hypergraph)也是解决高维数据聚类的一个有效手段。

针对高维数据的特点,聚类算法一直在不断改进,未来的改进方向会是基于定义合适的距离函数或相似性度量函数、通过选维和降维以及重新设计高效聚类算法。

如果聚类算法运行时间长得不可以接受,或者需要巨大的存储量,即使再好的聚类算法也没有多大的实际价值,因此面对如今常见的超大型数据集的聚类算法研究领域是一个具有很强挑战性的研究领域,同时对聚类算法提出了特别的要求:

(1) 多维或空间存取方法

许多聚类技术(如 K 均值、Jarvis-Patrick 聚类以及 DBSCAN 等)需要找出最近的质心、点的最近邻或指定距离内的所有对象。就可以使用多维或空间存取方法的专门技术来更有效地去执行这些任务,如空间索引。

(2) 邻近度约束

避免邻近度计算的方法可以使用邻近度约束。如可使用三角不等式避免许多不必要的计算。

(3) 抽样

为了降低聚类算法的时间复杂度,通常可以采用抽样技术。提取一个样本,对样本中的对象进行聚类,然后将未被抽样到的对象指派到已有的簇中。假设抽样的对象是 $\sqrt{m}$,则原有算法是:$O(m^2)$ 的时间复杂度就降低到了 $O(m)$,但是在抽样中要考虑到较小簇的丢失问题。

(4) 划分数据对象

通过某种有效的技术,将数据划分成不相交的集合,分别对这些集合聚类。最终簇的集合就是这些分离的簇的集合的并集或者对其再求精得到,这种也是降低聚类算法时间复杂度的一种常见方法。如 CURE 就采用了类似的方法。

(5) 汇总

首先汇总数据(通常是一遍扫描),然后在汇总数据上聚类。如 BIRCH 算法就采用了类似的概念。

(6) 并行与分布式计算

如果不能利用上述的技术,或者上述技术不能产生期望的精度或时间复杂度,一种高效的方法就是将计算分布到多个处理机上。

思考题

1. 讨论对象与场模型下的地图叠置分析,并比较矢量与栅格数据结构在地图叠置分析中的优劣性。
2. 试分析多准测评价的传统与模糊数学方法的特点。
3. 浅析地理相关分析的应用,并探索空间自相关的影响。
4. 试阐述主成分分析在同质和异质数据分析中的作用和潜在风险。
5. 如何评价各主要聚类方法的性能?聚类方法可否作为降维的方法?

第13章 空间模型

所谓空间模型指的是地学模型,它是地学原型的一种表现形式,是人们构建的主观思想框架对客观实际的反映,是对客观的地学世界的一种理解,是研究和解释地学问题的一种手段。在 GIS 中,地学模型也称为专题分析模型,它是根据关于目标的知识将系统数据重新组织,得出与目标有关的更为有序的新的数据集合的有关规则和公式。GIS 作为空间决策支持系统,对应用模型的依赖,特别是对模型分析、模拟能力的依赖表现得更为明显。应用模型的使用和发展,已经成为 GIS 进一步发展的重要前提和现代 GIS 发展水平的重要标志。

在 GIS 的支持下,进行地学分析要求重视地学模型的特点:

(1) 空间性。地学模型所描述的现象或过程往往与空间位置、分布以及差异有密切关系,因此需特别注意模型的空间特征。

(2) 动态性。地学模型所描述的现象或过程也与时间有密切的联系,在模型设计时需要考虑时间对模型目标的影响及数据的可能更新周期等问题。

(3) 多元性。通常地学模型将会涉及自然、社会、经济、技术等多种因素,需要使用多元统计分析方法。

(4) 综合性。应用模型往往涉及多种建模方法,且涉及多种来源和类型的数据。如一个投资环境评价模型,往往是指标量化模型、层次分析模型、综合评价模型等的结合体,而所涉及的数据可能来自地质、气候、能源、交通、工业、农业、商业等诸多方面,加大了建模的复杂性。

地学模型按其建立的方法主要有以下三种模型:

(1) 概念模型。又称为逻辑模型,主要指通过观察、总结、提炼而得到的文字描述或逻辑表达式,常由此构成专家系统的知识库。

(2) 数学模型。又称为理论模型,是应用数学分析的方法建立的数学表达式,反映地理过程本质的物理规律,如区位模型(location models)就是解决地理空间问题的很有价值的理论模型。

(3) 统计模型。包括经验模型,是通过数理统计方法和大量观察实验得到的定量模型,具有简单实用的优点。

简单的空间建模方法或许是二值模型。它可视为数据或地图查询的扩展,基于数据叠置的操作处理而进行的多重标准评估;其输出结果是二值格式,1 表示满足某种逻辑表达式,0 则表示不满足该逻辑表达式。指数模型与二值模型类似,但其输出是连续型的指数值。

回归分析方法可以用来进行模型构建与分析。回归分析能够确定变量间的具体关系及其强度。它以对一种变量同其他变量相互关系的过去的观察值为基础,并在某种精确度下,预测未知变量的值。两个相关的变量之间的相关关系尽管是不确定的,但是我们可以通过对现象的不断观察,探索出它们之间的统计规律性。对这类统计规律性的研究就称为回归分析。回归分析研究的主要内容有:确定变量之间的相关关系和相关程度,建立回归模型,检验变量之间的相关程度,应用回归模型进行估计和预测等。依据描述自变量与因变量之间因果关系的函数表达式是线性的还是非线性的,回归分析分为线性回归分析和非线性回归分析。

  本章将在介绍二值模型和指数模型之后,阐述线性回归建模方法。逻辑回归(logistic regression)是研究离散型响应变量与连续型和离散型自变量间非线性统计关系的数学方法,本章将对此作较详细的描述。系统模型方法是地理空间建模的颇具潜力的工具,它侧重于地理事物构成或地理现象产生的原因及演化过程,由此发展了地理模拟系统的概念。过程模型的可预测性和动态特征使其成为统计建模的有益扩展和延伸。所以,本章最后简要说明系统模型和过程模型的概念。

13.1 二值模型与指数模型

13.1.1 二值模型

  二值模型用逻辑表达式从组合地图和多个格网中选择地图要素。二值模型的输出结果也是二值格式:1(为真)表示满足逻辑表达式的地图要素,0(为假)则表示不满足逻辑表达式的地图要素。二值模型可视为数据或地图查询的扩展。

  在建立基于矢量的二值模型之前,必须完成地图叠置,把用于逻辑表达式中的属性(变量)组合到同一个属性表中(见图13-1)。另一方面,基于栅格的二值模型,可由多格网查询直接导出,每个格网代表一个选定的变量(见图13-2)。

  二值模型常用于定点分析,分析是以对应于点位指标的各自逻辑表达式进行的。假设县政府想以下列指标选择潜在工业用地:

(1) 面积至少5英亩(acre)。
(2) 商业地带。
(3) 闲置或待售。
(4) 不受洪涝威胁。
(5) 距离重型公路不超过1m。
(6) 坡度小于10%。

县政府可按下列步骤完成这一任务:

(1) 收集与指标有关的数字地图,对重型公路作缓冲操作来创建1m缓冲带地图。
(2) 通过一系列地图叠置操作把公路缓冲带地图与其他地图组合在一起。
(3) 查询包含所有选择指标的组合地图,揭示哪个地块为潜在工业用地。

  选点分析的另一个例子是美国农业部农场服务局(FSA)主管的保护区预留项目(CRP)(http://www.usda.gov/services.html)。符合CRP条件的土地包括在近5年中有2年用于种植商品作物的农地。此外,农地必须符合下列要求:

(1) 侵蚀指数 ≥ 8 或被认定为极易侵蚀地。
(2) 种植的湿地。

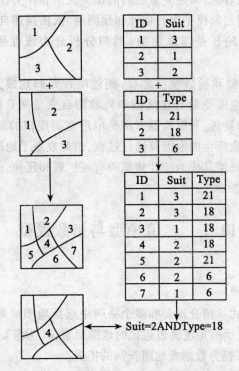

图 13-1 本图说明基于矢量的逻辑模型。上方两幅地图被叠置,使它们的空间要素和 Suit 和 Type 属性组合在一起。逻辑表达式 Suit = 2 AND Typer = 18 的运算输出结果是多边形 4 被选中(Chang,2003)

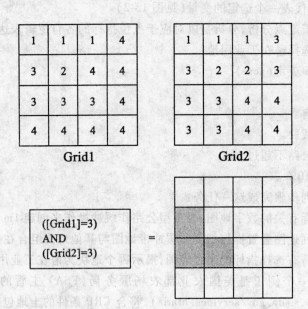

图 13-2 本图说明基于栅格的指数模型。查询表达式([Grid1] = 3) AND([Grid2] = 3)的运算输出结果为选中 3 个单元(Chang,2003)

(3) 致力于任何一种高获益环境措施,比如过滤带、河滨缓冲带、禾草水路(grass waterways)、防护林带、水源保护区和其他类似措施。

(4) 遭受冲蚀。

(5) 位于国家级或州级 CRP 优先保留区,或与非耕作湿地相伴和被其包绕的农地。

与工业选点分析的例子相似,FSA 对每个指标编一幅地图,将这些地图叠置,查询组合地图的属性是否符合 CRP 对农业用地所定的质量标准。工业选点和 CRP 的例子都适合于矢量数据,因为需要准确的面积量算。

二值模型也可用于察觉变化。变化察觉模型可以是基于矢量或栅格的,取决于数据源及其最终用途。导出矢量模型的方法是,把表示两个不同时刻的感兴趣变量空间分布地图叠置,并对组合地图的属性数据进行操作(Schlagel 等,1996)。例如,国家林地对 1980—1990 年一个林区内植被覆被的变化感兴趣,这一任务将涉及下列步骤:

(1) 编绘 1980 年和 1990 年的植被覆被图。

(2) 把这两幅地图叠置,使植被覆盖的边界及属性结合形成输出结果。

(3) 在组合地图上查询属性数据,可制备栅格格式的同样模型。格网可用于查询特定类型植被覆被的变化,比如由松占优势变为道格拉斯杉占优势。另一种方法是在两个格网上先用 Combine(组合)局部运算。Combine(组合)对每种植被覆被变化类型赋予一个唯一输出值。输出格网便可用于查询所感兴趣的植被覆被变化。

有时,二值模型的作用是帮助建立更精确的模型。当所需的分析数据不完整,空间要素之间的关系尚不清晰的时候,二值模型经常用于建模过程的开始阶段。Candystick 是爱达荷州中部和蒙大拿州西部记录的稀有植物种。仅用几个 candystick 观察点未能定义其有利的生活环境,尽管有些人认为该物种主要生存于高海拔的美国黑松(lodgepole pine)林的缓坡(Lichthardt,1995)。基于初步掌握的 candystick 生长环境条件下的二值模型,能缩小野外调查的范围,导致对 candystick 的更多观察和对该物种生长环境的更好定义。

13.1.2 指数模型

指数模型(index models)用由组合地图或多个格网计算的指数值生成分等地图。指数模型中所选择的变量在两个层次评估。指数模型与二值模型类似,都是多重标准评估,并且都是基于数据叠置的操作处理。但是指数模型对每个区域单元产生指数值而不是简单的是或否。

1. 加权线性综合法

无论是基于矢量或是基于栅格,指数模型的建立首先考虑的是指数值的计算。加权线性综合法是计算指数值的最常用的方法(Saaty,1980;Banai-Kashani,1989;Malczewski,2000)。以下层次的分析过程是由 Saaty(1980)提出的,加权线性综合法包含三个层次的评估(见图 13-3)。

第一,评估每个变量对其他变量的相对重要性,通过评估确定变量的权重。例如,假定 A 准则的重要性是 B 准则的 3 倍,那么 A/B 记为 3,B/A 记为 1/3。用比例估计和其倒数值形成的准则矩阵,可由每个准则的权重得到一组对照的法则,准则的权重可用百分数(总数为 100 或 1.0)表达。

第二,每条准则的数据需要归一化,数据归一化的通用方法是线性变换。例如,以下公式

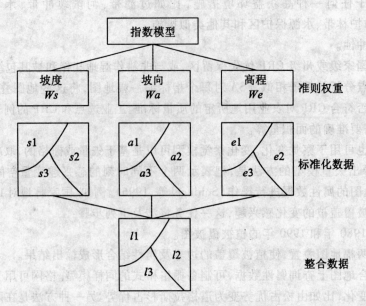

图 13-3 由坡度、坡向、高程的准则建立的指数模型。加权线性综合法的评估包含三个层次。第一个层次是定义准则的权重(例如坡度的权重为 Ws),第二个层次是每个准则归一化的评价(例如坡向的归一化值为 s1,s2,s3),第三个层次是每个单位区域指数值的评价(整合数据)。

可以将间隔数据转化为 0.0～1.0 的归一尺度的数据:

$$S_i = \frac{X_i - X_{\min}}{X_{\max} - X_{\min}} \quad (13.1)$$

式中:S_i 是原始数据 X_i 归一化后的值,$X_{\min}$ 是原始数据的最小值,$X_{\max}$ 是原始数据的最大值。若原始数字是名字或序号则不能使用式(13.1),这时分类的过程则基于专家知识,可将数据转换成归一化的数列,例如 0～1,1～5 或 0～100。

第三,相加权重准则值再除以权重值的总和得到每个单元区域的指数值:

$$I = \frac{\sum_{i=1}^{n} w_i x_i}{\sum_{i=1}^{n} w_i} \quad (13.2)$$

式中:I 为指数值;n 为准则数;w_i 为准则 i 的权重值;x_i 为准则 i 归一化值。

图 13-4 说明了建立一个基于栅格的指数模型的过程,图 13-5 显示的是一个基于栅格的指数模型。建立指数模型不难,但是要求 GIS 用户对数字打分和权重值加以考究。在 GIS 中简化指数模型建模过程的用户界面因而受欢迎。ArcView 的 ModelBuilder 即为此目的而设。其中运算之一是格网叠置,可以是算术叠置(arithmtic overlay)和加权叠置(weighted overlay)。算术叠置是对所选变量等权处理来建立指数模型,而加权叠置采用不同的权重。GIS 用户可通过菜单对话框对指数模型赋予数字得分和权重值。

2. 其他方法

加权线性综合法有很多选择,这些选择主要是处理独立因子、准则权重、整合数据和归一化数据的。

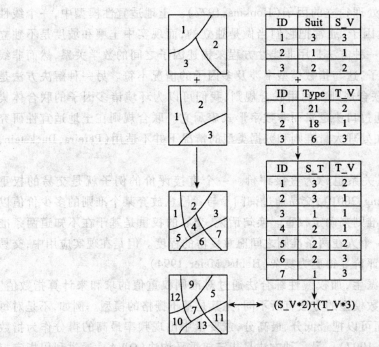

图 13-4 本图说明基于矢量的指数模型。首先,每幅地图的观测值被给定 1 到 3 的数字得分。适宜性 (Suit) 数字 1、2 和 3 被相应给予 1、2 和 3 的得分。6、18 和 21 的类型值 (Type) 被分别给予 3、1 和 2 的得分值。其次,这两幅地图被叠置。再次,权重值 2 被赋予含适宜 (Suit) 的地图,权重值 3 被赋予含类型 (Type) 的地图。最后,计算输出地图的每个多边形的指数值(例如,多边形 4 的指数值为 7(即 $2 \times 2 + 1 \times 3$))

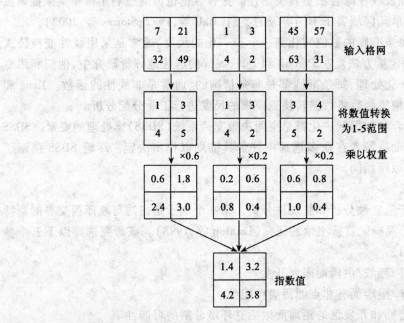

图 13-5 本图说明基于栅格的指数模型。首先,每个输入格网的单元值被赋予 1~5 的数字得分。其次,输出格网的指数值由每个格网与其所赋权重相乘积的加和计算而得。例如,指数值 1.4 的计算: $1 \times 0.6 + 1 \times 0.2 + 3 \times 0.2$ 或 $0.6 + 0.2 + 0.6$

加权线性综合法不能处理独立的因子(Hopkins,1977)。土地适宜性模型中,一个线性方程里包含的土壤和坡度因子,通常把它们当做是独立的,而现实中土壤和坡度是不独立的。解决独立因子问题的一种方法是用非线性方程来描述因子之间的数学关系,然而非线性方程通常仅限于两个因子,这与指数模型中涉及多因子的情况不符。另一种解决方法是由 Hopkins(1977)提出的联合规则。利用联合规则,我们可以为环境诸多因子的联合体集分配一个适宜性的值,并通过口头逻辑而非数字形式表示它。联合规则在土地适宜性研究中广泛采用,但是该方法在处理大量准则和数据类型的情况下并不适用(Pereira,Duckstein,1993)。

准则权重的一组对照关系也称为直接评价。一个直接评价的例子就是交易的权重(Hobbs 和 Meier,1994;Xiang,2001),交易通过询问参与者愿意放弃某个准则的多少价值以获得另一个给定的更好的准则来确定权重。换句话说,交易的权重是基于在不知道两条准则的理想比例的情况下,一个人在两条准则之间愿意妥协的程度。但是在现实应用中,交易权重的理解和应用比直接评价显得更为复杂(Hobbs,Meier,1994)。

整合数据是指数值的派生,加权线性综合法通过对准则权重值的求和来计算指数值。有一些方法与上述创建指数模型的方法有所不同,尤其是基于栅格的模型。例如,不是对每个变量的加权得分求和,而可以把最低分、最高分,或变量中出现频率最高的得分作为指数值(Tomlin,1990;Chrisman,1997)。另一种方法是指定权重平均法(OWA),通过利用指定权重而非指数权重来计算指数值(Yager,1988;Jiang 和 Eastman,2000)。假设一组权重为 $\{0.6,0.4\}$,如果准则的指定位置 1 为 $\{A,B\}$,那么准则 A 的权重为 0.6,准则 B 的权重为 0.4;如果准则的指定位置 2 为 $\{B,A\}$,那么准则 B 的权重为 0.6,准则 A 的权重为 0.4。因此指定权重平均法比加权线性综合法更具灵活性。整合数据也可通过利用模糊集来提高灵活性,这就要允许某一单元区域属于不同等级的类别(Hall 等,1992;Storms 等,2002)。

数据归一化是将每条准则的数值转化到一个归一化的尺度,通常是采用线性变换公式(13.1),另外也有其他定量方法。在 Pereira 和 Duckstein 的居住地评价研究中,他们利用专家值函数进行数字归一化处理,每条准则都是非常精确的、通常是非线性的函数。Jiang 和 Eastman(2000)利用模糊集函数将数据转换到模糊的尺度进行工业分配分析。

准则权重、数据整合和数据归一化都是空间决策支持系统(SDSS)需处理的要素。SDSS 基于空间数据,可以帮助决策者在众多选择中评价其准则以作出决定。尽管 SDSS 强调于决策,它与指数模型的原理相同。

3. 指数模型的应用

指数模型通常用于适宜性分析和脆弱性分析。第一个例子是纽约与新泽西交界的斯特灵森林(Sterling Forest)保护区首选土地的研究(Lathrop 等,1998)。该研究选择以下五个参数作为评价的输入项:

(1) 由于土壤条件/陡坡/洪涝而限制开发。
(2) 由于靠近水体/湿地而有非点源污染可能性。
(3) 由于与现有公路和开发区的距离而致栖息环境分割的可能性。
(4) 敏感的野生生物栖息地。
(5) 美学影响(从阿巴拉契亚和斯特灵山脉(Sterling Ridge)徒步小道的可视性)。

该研究采用下列步骤:

(1) 对每个参数按环境成本/开发约束从 1 到 5 排序,1 为很轻微,5 为很严重。
(2) 对每个参数制作格网,并叠置输入格网。
(3) 取五个输入参数中的最大值赋予输出格网的单元。
(4) 从输出格网的低值单元中选择适宜作为保护区的土地。

第二个例子是由环境保护局(EPA)开发的用于评价地下水污染可能性的 DRASTIC 模型(Aller 等,1987)。DRASTIC 是该模型中用到的七个参数的缩写:水的埋深(depth to water)、净补给(net recharge)、蓄水层介质(aquifer media)、土壤介质(soil media)、地形(topography)、渗流带的影响(impact of the vadose zone)和导水率(hydraulic conductivity)。DRASTIC 的应用涉及对每个参数的评分,把得分乘以权重系数,并由下式加和求得总得分:

$$总得分 = \sum_{i=1}^{7} W_i P_i \tag{13.3}$$

这里 P_i 为第 i 个输入参数,W_i 为 P_i 的权重系数。

第三个例子是栖息地适宜性指数(HSI)模型。HSI 模型通过对野生生物物种至关重要的属性来评价栖息地的质量。HSI 模型的发展过程涉及根据野生生物生存需求来解释栖息地变量,并把这些变量转化成可评分的空间变量,用于 HSI 模型。例如,Kliskey 等人(1999)用下列方程来计算松貂(pine marten)的栖息地适宜性:

$$HSI = \sqrt{[(3SR_{BSZ} + SR_{SC} + SR_{DS})/6][(SR_{CC} + SR_{SS})/2]} \tag{13.4}$$

这里 SR_{BSZ}、SR_{DS}、SR_{CC} 和 SR_{SS} 分别为生物气候带、点位类型、优势种、郁闭度和演替阶段的评分。该模型把 HSI 的值域转换为 0~1 的尺度,0 为不适宜作栖息地,1 为理想的栖息地。

第四个例子是森林火灾指数模型。Chuvieco 和 Congalton(1989)为西班牙地中海海岸的研究区构建了他们的模型,该模型用了下列五个因子:
(1) 植被种类(v),根据燃料类型、立地状况和点位分类。
(2) 海拔高度(e)。
(3) 坡度(s)。
(4) 坡向(a)。
(5) 与道路、小道、野营地或住宅群的接近度(r)。

每个因子分为不同层次,赋予标准得分 0、1 和 2,分别对应于高、中和低火灾。然后,根据因子对增加火灾的影响定出权重。该模型如下:

$$H = 1 + 100v + 30s + 10a + 5r + 2e \tag{13.5}$$

这里 H 是火灾指数。为了更好运作,森林火灾指数模型后来作了修订,包括天气数据等新变量、变量权重的更客观指标和把变量综合成综合火险指数的新方案(Chuvieco 和 Salas 1996)。

最后一个例子是人对化学事故脆弱性的模型。Finco 和 Hepner(1999)建立的模型包括下列人口统计学参数:
(1) 总人口。
(2) 18 岁以下和 65 岁以上的人数。
(3) 由家庭收入表征的经济状况。
(4) 与学校、医院和健康诊所等敏感机构的接近度。

每个参数在 0~10 之间打分,10 为最脆弱。总人口和敏感人口参数与脆弱性呈正相关,而经济状况参数与脆弱性呈逆相关。该研究设想在经济上贫穷使得较难获取关于化学事故的信息,因此比其他人脆弱。该研究还设定 100 m 作为敏感机构的影响带。最后,Finco 和 Hepner(1999)把上述四个参数组合成一个脆弱性测度。

指数模型的用途取决于变量的选择和数值打分的解释和权重(Robel 等,1993;Merchant,1994)。为了把主观偏见减至最小,要以专家组的一致意见来决定数值打分和权重。此外,在敏感性分析中采用不同的权重组合来评价脆弱性测度对权重方案的敏感性,可能会有帮助。

13.2 线性回归模型

简单线性回归分析是用来估计两个变量之间的关系。其中一个变量被称做响应变量或输出变量,另一个变量被称做预测变量或解释变量。有时候,哪个变量被用来作为响应变量并不是很明确,在这种情况下,我们就使用相关分析。简单线性回归的形式是 $y = a + bx$。

13.2.1 回归模型

待测变量(非独立)的浮动经常可以(部分地)归因于其他变量(独立)。方差分析方法适合处理独立变量问题。回归的方法量化了独立变量和非独立变量之间的关系。

考虑一个非独立随机变量 y 和一个独立随机变量 x 的关系问题,其回归模型为:

$$y = g(x, \beta_0, \beta_1, \cdots, \beta_{m-1}) + \varepsilon \tag{13.6}$$

其中:$g(\cdots)$ = 已知函数(例如,多项式);$\beta_0, \beta_1, \cdots, \beta_{m-1} = m$ 个未知的回归参数;ε = 随机误差,$E[\varepsilon] = 0$,$\text{var}[\varepsilon] = \sigma_\varepsilon^2$,$\text{CDF} = F_\varepsilon(\varepsilon)$。

用下面的具体例子阐明一些基本概念,其中 $g(\cdots)$ 是关于 x 的二项式并且与所有的 β_i' 呈线性关系:

$$y = g(x, \beta_0, \beta_1, \beta_2) + \varepsilon = \beta_0 + \beta_1 x + \beta_2 x^2 + \varepsilon \tag{13.7}$$

$y(x)$ 的均值为:

$$E[y(x)] = \beta_0 + \beta_1 x + \beta_2 x^2 \tag{13.8}$$

目标是根据 x 的一组不同的已知值 $[x_1, x_2, \cdots, x_n]$ 及其对应的 y 的观测值 $[y_1, y_2, \cdots, y_n]$ 去估计 β_i'。观测值的完整方程为:

$$y_i = y(x_i) = \beta_0 + \beta_1 x_i + \beta_2 x_i^2 + \varepsilon_i; i = 1, 2, \cdots, n \tag{13.9}$$

假定所有残差 $[\varepsilon_1, \varepsilon_2, \cdots, \varepsilon_n]$ 都是独立的且服从均匀分布。

13.2.2 平方和

1. 三个平方和:总平方和,误差平方和,回归平方和

总平方和(SST): $\sum_{i=1}^{n} (y_i - \bar{y})^2$

误差平方和(SSE): $\sum_{i=1}^{n} e_i^2 = \sum_{i=1}^{n} (y_i - \hat{y}_i)^2$

回归平方和(SSR): $\sum_{i=1}^{n} (\hat{y}_i - \bar{y})^2$

2. 协方差的确定

$$r^2 = \frac{SSR}{SST} = 1 - \frac{SSE}{SST} = y 与 \hat{y} 之间的平方相关性(变量y占的比率可由x的回归来确定)。$$

例如:臭氧的 $r^2 = 0.5672$。

3. 方差分析

分 $H_0:\beta_1 = 0$ 与 $H_1:\beta_1 \neq 0$ 两种情况,计算公式为:

$$F = \frac{SSR/1}{SSE/(n-2)} = \frac{MSR}{MSE} = t^2$$

13.2.3 高斯最小二乘法估计回归参数

1. 最小二乘法

寻找到合适的 β_0 和 β_1 的值使得离差平方和最小: $Q = \sum_{i=1}^{n}[y_i - (\beta_0 + \beta_1)]^2$,那么如何求得呢?解法为:分别对离差平方和求 β_0 和 β_1 的偏导数,联立下面两个方程: $\frac{\partial Q}{\partial \beta_0} = 0$ 和 $\frac{\partial Q}{\partial \beta_1} = 0$,寻找回归协同系数:

$$\begin{aligned}\frac{\partial Q}{\partial \beta_0} &= -2\sum_{i=1}^{n}[y_i - (\beta_0 + \beta_1 x_i)] \\ \frac{\partial Q}{\partial \beta_1} &= -2\sum_{i=1}^{n}x_i[y_i - (\beta_0 + \beta_1 x_i)]\end{aligned} \quad (13.10)$$

法方程为:

$$\begin{aligned}n\beta_0 + \beta_1 \sum_{i=1}^{n} x_i &= \sum_{i=1}^{n} y_i \\ \beta_0 \sum_{i=1}^{n} x_i + \beta_1 \sum_{i=1}^{n} x_i^2 &= \sum_{i=1}^{n} x_i y_i\end{aligned} \quad (13.11)$$

最后的解为:

$$\hat{\beta}_1 = \frac{\sum_{i=1}^{n}(x_i - \bar{x})(y_i - \bar{y})}{\sum_{i=1}^{n}(x_i - \bar{x})^2} = \frac{S_{xy}}{S_{xx}} \quad (13.12)$$

$$\hat{\beta}_0 = \bar{y} - \hat{\beta}_1 \bar{x}$$

2. 简单线性回归的矩阵表示

考虑以下方程:

$$\mathbf{y = X\beta + \varepsilon}$$

$$\begin{bmatrix} y_1 \\ y_2 \\ y_3 \\ y_4 \end{bmatrix} = \begin{bmatrix} 1 & x_1 \\ 1 & x_2 \\ 1 & x_3 \\ 1 & x_4 \end{bmatrix} \begin{bmatrix} \beta_0 \\ \beta_1 \end{bmatrix} + \begin{bmatrix} \varepsilon_1 \\ \varepsilon_2 \\ \varepsilon_3 \\ \varepsilon_4 \end{bmatrix}$$

(1) 最小二乘法计算：
$$Q = (y - X\beta)'(y - X\beta)$$
$$= y'y - \beta'X'y - y'X\beta + \beta'X'X\beta$$
$$= y'y - 2\beta'X'y + \beta'X'X\beta$$
$$\frac{\partial Q}{\partial \beta} = -2X'y + 2X'X\beta$$

$$\frac{\partial Q}{\partial \beta} = 0 \rightarrow X'y = X'Xb, \text{当 } b = \hat{\beta} \text{ 时}$$

对于简单的线性回归：

$$X'X = \begin{bmatrix} n & \sum x_i \\ \sum x_i & \sum x_i^2 \end{bmatrix}$$

$$X'y = \begin{bmatrix} \sum y_i \\ \sum x_i y_i \end{bmatrix}$$

$$X'Xb = X'y$$

$$\begin{bmatrix} n & \sum x_i \\ \sum x_i & \sum x_i^2 \end{bmatrix} b = \begin{bmatrix} \sum y_i \\ \sum x_i y_i \end{bmatrix}$$

(2) 帽矩阵(Hat Matrix)

$$b = (X'X)^{-1}X'y$$
$$\hat{y} = Xb = X(X'X)^{-1}X'y = Hy \tag{13.13}$$

其中：$H(n \times n$ 矩阵)是帽矩阵。

H 是对称且等幂的，即 $HH = H$。帽矩阵的对角线元素对于探测有影响性的观察量很有帮助。

(3) b 的期望值

$$\begin{aligned} E(b) &= E[(X'X)^{-1}X'y] \\ &= E[(X'X)^{-1}X'(X\beta + \varepsilon)] \\ &= E[(X'X)^{-1}X'X\beta + (X'X)^{-1}X'\varepsilon] \\ &= \beta \end{aligned} \tag{13.14}$$

可见 b 是 β 的一个无偏估计。

(4) b 的协方差

y 的协方差矩阵是 $\sigma^2 I$

$$b = (X'X)^{-1}X'y = Ay, \text{其中 } A \text{ 是 } k \times n \text{ 矩阵。}$$

$$\begin{aligned} \text{cov}(b) &= A\text{var}(y)A' = A\sigma^2 IA = \sigma^2 AA' \\ &= \sigma^2 (X'X)^{-1}X'X(X'X)^{-1} \\ &= \sigma^2 (X'X)^{-1} \end{aligned} \tag{13.15}$$

对于简单的线性回归：

$$\sigma^2(X'X)^{-1} = \sigma^2 \begin{bmatrix} n & \sum x_i \\ \sum x_i & \sum x_i^2 \end{bmatrix}^{-1} = \frac{\sigma^2}{n\sum x_i - (\sum x_i)^2} \begin{bmatrix} \sum x_i^2 & -\sum x_i \\ -\sum x_i & n \end{bmatrix} \quad (13.16)$$

$$\mathrm{SD}(b_0) = \sigma \sqrt{\frac{\sum x_i^2}{nS_{xx}}}; \mathrm{SD}(b_1) = \sigma \sqrt{\frac{1}{S_{xx}}} \quad (13.17)$$

(5) σ^2 的估计值

$$S^2 = \frac{\sum_{i=1}^n e_i^2}{n-2} = \frac{\sum_{i=1}^n (y_i - \hat{y}_i)^2}{n-2} \quad (13.18)$$

注意:分母为 $n-2$ 是因为有两个参数被估计(β_0 和 β_1)。

$$E[S^2] = \sigma^2$$

(6) β_0 和 β_1 的统计推断

$$\mathrm{SE}(\hat{\beta}_0) = s\sqrt{\frac{\sum x_i^2}{nS_{xx}}}, \mathrm{SE}(\hat{\beta}_1) = \frac{s}{\sqrt{S_{xx}}} \quad (13.19)$$

$$\frac{\hat{\beta}_0 - \beta_0}{\mathrm{SE}(\hat{\beta}_0)} \sim t_{n-2}, \frac{\hat{\beta}_1 - \beta_1}{\mathrm{SE}(\hat{\beta}_1)} \sim t_{n-2} \quad (13.20)$$

3. 回归参数的估计

选择 β_i' 的估计值,使测量值与预测值拟合得最好。预测值 y 通过 β_i' 的估计值来计算(预测值和估计值用 ^ 符号来表示):

$$\hat{y} = X\hat{\boldsymbol{\beta}}; \hat{\boldsymbol{\beta}} = \begin{bmatrix} \hat{\beta}_0 \\ \hat{\beta}_1 \\ \hat{\beta}_2 \end{bmatrix}$$

预测值与测量值的拟合程度用预测的误差平方和来描述(带 ^ 的估计值):

$$\mathrm{SSE}(\hat{\boldsymbol{\beta}}) = [\boldsymbol{y} - X\hat{\boldsymbol{\beta}}]'[\boldsymbol{y} - X\hat{\boldsymbol{\beta}}] = \sum_{i=1}^n [y_i - (\hat{\beta}_0 + \hat{\beta}_1 x_i + \hat{\beta}_2 x_i^2)]^2 \quad (13.21)$$

当 $[X'X]\hat{\boldsymbol{\beta}} = X'y$ 时,SSE 最小。

矩阵方程是一种简明的方法,同时代表了关于 3 个未知 β_i 的估计值的 3 个方程。正式解为:

$$\hat{\boldsymbol{\beta}} = [X'X]^{-1}X'y \quad (13.22)$$

注意在这个例子中,$X'X$ 是 3×3 矩阵,是 3×1 向量。

用 β_i 的估计值代替 β_i 的真值代入回归方程 $g(x, \beta_0, \beta_1, \beta_2)$ 可以得到 $y(x)$ 的预测值:

$$\hat{y}(x) = h(x)\hat{\boldsymbol{\beta}} = \hat{\beta}_0 + \hat{\beta}_1 x + \hat{\beta}_2 x^2; h(x) = [1 \quad x \quad x^2] \quad (13.23)$$

估计值和预测值都是随机变量。

只需要重新定义 X 和 $h(x)$,就可以将同样的方法推广到任何一个与 β_i 线性相关的模型

$g(x,\beta_0,\beta_1,\cdots,\beta_{m-1})$ 中。

例 13.1 土壤吸附作用的回归模型实例

一个实验室提供了某种有机溶剂在不同的含水浓度 x(mg 溶解的溶剂/L 水)下,吸附到土壤颗粒上的有机溶剂量 y(mg 吸附量/kg 土壤)的观测值,假设上面的回归模型适用。

假设具体的 x 值和对应的 y 值如下:

$$[x_1 \quad x_2 \quad x_3 \quad x_4] = [0.5 \quad 2.0 \quad 3.0 \quad 4.0]$$

$$[y_1 \quad y_2 \quad y_3 \quad y_4] = [0.4134 \quad 2.1453 \quad 1.7466 \quad 3.0742]$$

$$X = \begin{bmatrix} 1 & x_1 & x_1^2 \\ 1 & x_2 & x_2^2 \\ 1 & x_3 & x_3^2 \\ 1 & x_n & x_n^2 \end{bmatrix} = \begin{bmatrix} 1 & 0.5 & 0.25 \\ 1 & 2.0 & 4.0 \\ 1 & 3.0 & 9.0 \\ 1 & 4.0 & 16.0 \end{bmatrix} \quad y = \begin{bmatrix} 0.4134 \\ 2.1453 \\ 1.7466 \\ 3.0742 \end{bmatrix}$$

因此预测方程是:

$$\hat{y}(x) = 0.0924 + 0.8829x - 0.0471x^2$$

在同一坐标轴上画出这个方程和测量值。

13.3 二值 Logit 模型

13.3.1 选择的概率模型

我们从一个简单的选择问题入手,如果一个人在超市欲选购某种商品,该商品有 A、B 两种品牌。这两种品牌的商品的销售价格应是相同的,但商品 A 会经常打折而 B 的价格则保持不变。

经过一段时间,我们观察在 30 个不同购买场合里顾客选购这两种品牌商品的情况。在 A 的价格不同的情况下,A 和 B 的销售数量如表 13-1 所示。

表 13-1　　30 个不同购买场合下当 A 有不同折扣时 A 与 B 的销售量

A 的折扣	A 的销售量	B 的销售量
0.00	1	7
0.10	1	6
0.15	3	3
0.20	4	1
0.30	4	0

表 13-1 表明,购买者选购商品与 A 的价格密切相关,当 A、B 价格持平的时候,8 个人里只有 1 个人选择了 A;而当 A 的折扣超过 20% 时,9 个人中就有 8 个人选择了 A。

我们的目标是根据个人购买 A 的概率来建立一个关于 A 的价格折扣的函数模型,该模型的建立基于以下两条假设:

(1) 每条选择都给定在某个时间的某些效能,选择 i 在时间 t 的效能为 u_{it};

(2) 在所给的若干条选择中,应选效能最高的。若是两种选择的情况,当 $u_{1t} > u_{2t}$ 时,选择1,否则选2。

以上的选择过程是确定性的,从个人的角度来看,整个选择过程中没有随机性。我们假定每个选择的效能是确定的,选择过程的结果完全由两个相关的效能值 u_{1t} 和 u_{2t} 所决定。而选择的概率又从何而来?

在选择过程中模型的选择概率没有任何随机性,至于模型信息的不完整性和效能函数的不确定性有关。事实上,对于该问题,我们只有一个已知条件来构造效能函数,A 相对于 B 的价格。在通常情形下,会有许多其他影响因素,而这些因素中大多数都是未知或不可量测的。在超市的环境中,会有诸如特别推荐的商品等其他因素使得某品牌比别的品牌更为显著。尽管这些因素没有价格那么显著,但它们也是选择过程中的累积影响。

由于我们不可能获取效能函数的所有完整的、确定的相关信息,我们将效能函数 u_{it} 分成两个部分:

$$u_{it} = v_{it} + \varepsilon_{it} \tag{13.24}$$

这里 v_{it} 代表效能的确定部分(可以获取的信息),ε_{it} 代表效能的随机部分(由许多无法观测的因素造成的累积影响)。而确定部分 v_{it} 可以表达成如下独立变量的线性形式:

$$v_{it} = \mathbf{x}_{it}' \beta \tag{13.25}$$

这里 $\mathbf{x}_{it}$ 是直接影响时刻 t 的选择 i 的量测特征矢量,效能的随机部分用随机变量 ε_{it} 表示。

由于我们没有观测 ε_{it},我们不知道 u_{it} 的值,不能确定我们的选择。在假设中知道,只要式(13.26)成立,我们就选择1而不选2。

$$u_{1t} > u_{2t} \tag{13.26}$$

将式(13.24)和式(13.25)代入式(13.26),可得

$$\mathbf{x}_{1t}' \beta + \varepsilon_{1t} > \mathbf{x}_{2t}' \beta + \varepsilon_{2t} \tag{13.27}$$

将式(13.27)移项,如果效能随机部分的差值小于确定部分的差值,则选择1,即

$$(\varepsilon_{2t} - \varepsilon_{1t}) < (\mathbf{x}_{1t} - \mathbf{x}_{2t})' \beta \tag{13.28}$$

$(\varepsilon_{2t} - \varepsilon_{1t})$ 是未知的,但是如果我们知道描述随机变量 $(\varepsilon_{2t} - \varepsilon_{1t})$ 的分布函数,我们至少能知道式(13.28)中不等式解的可能性。

令 $f(\varepsilon_{2t} - \varepsilon_{1t})$ 为描述随机变量 ε_{2t} 和 ε_{1t} 之差的概率密度函数,满足不等式(13.28)并服从随机过程 $(\varepsilon_{2t} - \varepsilon_{1t})$ 的概率可用图13-6描述,表述为以下形式:

$$p_{1t} = \int_{-\infty}^{(\mathbf{x}_{1t}-\mathbf{x}_{2t})'\beta} f(\varepsilon_{2t} - \varepsilon_{1t}) \partial(\varepsilon_{2t} - \varepsilon_{1t}) = F((\mathbf{x}_{1t} - \mathbf{x}_{2t})'\beta) \tag{13.29}$$

这里 p_{1t} 是在情形 t 选择1的概率,$F(.)$ 是 $(\varepsilon_{2t} - \varepsilon_{1t})$ 的累积分布函数。式(13.29)表明选择概率的函数形式完全依赖于随机变量 $(\varepsilon_{2t} - \varepsilon_{1t})$ 的分布函数。

1. probit 模型

假设 $(\varepsilon_{2t} - \varepsilon_{1t})$ 服从正态分布,则所得概率模型为 probit 模型。正态分布的例子很多,随机部分 ε_{it} 为效用函数的累积影响,我们期望由中心极限定理得到 ε_{it} 的钟形分布曲线。尽管正态分布的基础牢固,然而从建模的角度来看并不方便,因为累积正态分布没有近似的形式,概率选择没有接近的函数形式。尽管这不是一个不能解决的问题(例如,我们仍然可以

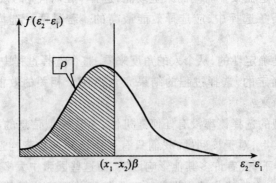

图 13-6　$u_1 > u_2$ 的概率

用指数模型估计效用函数的参数),但它对于表达函数中独立变量的选择概率是十分有用的。

2. Logit 模型

假定 $(\varepsilon_{2t} - \varepsilon_{1t})$ 服从以下分布函数：

$$f(\varepsilon_{2t} - \varepsilon_{1t}) = \frac{\exp[-(\varepsilon_{2t} - \varepsilon_{1t})]}{(1 + \exp[-(\varepsilon_{2t} - \varepsilon_{1t})])^2} \tag{13.30}$$

式(13.30)的分布称作 Logistic 分布,所得到的概率模型称为 Logistic 或 Logit 模型。Logistic 分布与正态分布的形状类似,但前者并非完整的钟型,末端比正态分布扁平。

Logistic 分布的意义在于提供了一种近似于式(13.29)的概率表达形式,将式(13.30)代入式(13.29)可得：

$$\begin{aligned} p_{1t} &= \int_{-\infty}^{(x_{1t}-x_{2t})'\beta} \frac{\exp[-(\varepsilon_{2t} - \varepsilon_{1t})]}{(1 + \exp[-(\varepsilon_{2t} - \varepsilon_{1t})])^2} \partial(\varepsilon_{2t} - \varepsilon_{1t}) \\ &= \frac{1}{1 + \exp(-(\mathbf{x}_{1t} - \mathbf{x}_{2t})'\beta)} \end{aligned} \tag{13.31}$$

分子、分母同时乘以 $\exp(\mathbf{x}_{1t}'\beta)$ 得到更为直观的概率表达式：

$$p_{1t} = \frac{\exp(\mathbf{x}_{1t}')}{\exp(\mathbf{x}_{1t}'\beta) + \exp(\mathbf{x}_{2t}'\beta)} \tag{13.32}$$

注意,式(13.32)限制了概率的范围：$\mathbf{x}'$ 和 β 的取值在 $[0,1]$ 区间。若把表达式 $\exp(\mathbf{x}_{1t}'\beta)$ 视作变量 i 的吸引性,则变量 i 发生的概率由 与 1 和 2 的一起构成的全局吸引性所决定。

13.3.2　最大似然估计

利用最大似然估计容易求得 Logit 模型中效用函数的参数值。对于二值选择问题,我们利用 0/1 变量 Y_t 表示观测的选择结果。如果在情形 t 的选择为 1,则 $Y_t = 1$;否则 $Y_t = 0$。用 Logit 模型给出这些观测结果的概率如下：

$$\Pr(Y_t = 1) = p_{1t} = \frac{\exp(\mathbf{x}_{1t}')}{\exp(\mathbf{x}_{1t}'\beta) + \exp(\mathbf{x}_{2t}'\beta)}$$

$$\Pr(Y_t = 0) = p_{2t} = \frac{\exp(\mathbf{x}_{2t}')}{\exp(\mathbf{x}_{1t}'\beta) + \exp(\mathbf{x}_{2t}'\beta)} = 1 - p_{1t}$$

根据最大似然原理,我们要选择模型参数(例如协方差矩阵 β)使得联合概率或观察结果 Y_t 的可能性最大。假定观测值之间相互独立,这也适用于许多情形,较为简单的表达形式如下:

$$L = \prod_t p_{1t}^{Y_t}(1 - p_{1t})^{(1-Y_t)} \tag{13.33}$$

可见,若 1 被选中(当 $Y_t = 1$ 时),式(13.33)中只有 p_{1t};若 2 被选中,则表达式中只有 $(1 - p_{1t})$。

求最大值时,式(13.33)用对数的形式表达更为方便,因为对数是单调变化的,$\ln(L)$ 的最大值等同于求 L 的最大值。对数形式的表达如下:

$$\ln(L) = \sum_t Y_t(p_{1t}) + (1 - Y_t)\ln(1 - p_{1t}) \tag{13.34}$$

这里 p_t 的表达式由(13.32)给出。我们用数值优化的方法选择 β 使得式(13.34)有最大值。最大似然估计的估计量由表征估计变化的渐近标准误差组成。

对于前面所描述的问题,我们用最大似然估计的方法来阐述。效用函数的确定部分可以由含有两个协方差的线性函数来描述:

$$v_{At} = \alpha_A + \beta D_{At} \tag{13.35}$$

$$v_{Bt} = \alpha_B \tag{13.36}$$

由于 B 的价格固定,v_{Bt} 中不包含价格变量,B 的效用函数的确定性成分(截距变量 α_B)由它的普遍价格所决定。

值得注意的是在式(13.35)与式(13.36)中的模型描述并不是分开定义的,而是由概率非线性表达的特性决定的。将式(13.35)与式(13.36)代入式(13.32)得到在 t 情形下选择 A 的概率:

$$p_{At} = \frac{\exp(\alpha_A + \beta D_{At})}{[\exp(\alpha_A + \beta D_{At}) + \exp(\alpha_B)]} \tag{13.37}$$

若在截距变量 α_A 与 α_B 上加一个常数 K,则式(13.37)不改变,如下:

$$\begin{aligned} p_{At} &= \frac{\exp(\alpha_A + K + \beta D_{At})}{[\exp(\alpha_A + K + \beta D_{At}) + \exp(\alpha_B + K)]} \\ &= \frac{\exp(K)\exp(\alpha_A + \beta D_{At})}{[\exp(K)][\exp(\alpha_A + \beta D_{At}) + \exp(\alpha_B)]} \\ &= \frac{\exp(\alpha_A + \beta D_{At})}{[\exp(\alpha_A + \beta D_{At}) + \exp(\alpha_B)]} \end{aligned} \tag{13.38}$$

这表明效用函数的确定性部分不由附加的常量决定。也就是说,效用函数没有绝对的原点,它只是一个相对值。

为了解决这个问题,我们将其中一个截距变量定义为 0 来建立模型,其他截距变量以此为基准。我们令 $\alpha_B = 0$,得到

$$v_{At} = \alpha_A + \beta D_{At} \tag{13.39}$$

$$v_{Bt} = 0 \tag{13.40}$$

选择概率的表达式变为:

$$p_{At} = \frac{\exp(\alpha_A + \beta D_{At})}{[1 + \exp(\alpha_A + \beta D_{At})]} \tag{13.41}$$

$$p_{Bt} = \frac{1}{[1 + \exp(\alpha_A + \beta D_{At})]} \quad (13.42)$$

由于参数空间维度的限制,我们可以列出一个简单的搜索格网来估计似然函数的形状并确定 α_A 与 β 的最佳近似值,由表 13-2 给出。可见当 $\alpha_A = -3.0, \beta = 0.20$ 时,目标函数有近似最大值。利用最大似然估计,我们可以得到两个参数的标准差(分别为 1.14 和 0.08),表明在 0.01 的显著水平上,二者均明显大于 0。

表 13-2　　　　　　　　参数 α 与 β 不同组合下的目标函数值

	β				
	0.16	0.18	0.20	0.22	0.24
$\alpha = -3.4$	-16.0854	-14.7675	-13.9577	-13.5981	-13.6349
-3.2	-15.2349	-14.1924	-13.6341	-13.5266	-13.7875
-3.0	-14.5592	-13.7926	-13.5011	-13.6625	-14.1005
-2.8	-14.0661	-13.5736	-13.5350	-13.8871	-14.5734
-2.6	-13.7626	-13.5397	-13.7471	-14.3209	-15.2051

A 在不同折扣水平上选择 A 的概率的函数如图 13-7 所示,图中可看出,当 A 相对于 B 在某种价格水平上可接受时(例如当 $D_{At} = 0$ 时),选择的概率小于 0.1。在折扣为 0 时,A 效用函数的确定部分($\alpha_A = -3.0$)比 B 小得多(α_B 设为 0)。而当 A 打折时,选择概率逐渐增加与 B 相当。例如,当 A 的折扣为 15% 时,购买者忽略两种品牌的差异($p_{At} = p_{Bt} = 0.50$);当 A 的折扣为 30% 时,购买者选择 A 的概率比选择 B 的概率多出 10 倍。这表明对于折扣较为敏感的消费者,当价格合适时,品牌效应对他们则较弱。

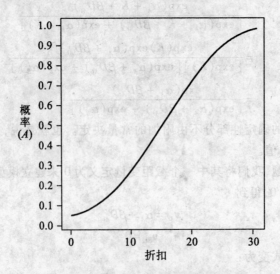

图 13-7　A 在不同折扣水平上选择 A 的概率函数

13.3.3 Logit 模型的性质

1. 模型的显著性

我们用对数似然函数来评价总体模型的显著性,并检验其显著性水平。假设有两个模型:完全模型和严格模型(其中一些参数已设为0),分别设这两个模型的对数似然值为 LL_F 和 LL_R,在两个模型拟合度相同的零假设条件下,$-2(LL_R - LL_F)$ 服从 χ^2 分布,此时约束参数的个数等于自由度参数的个数。

一般的模型显著性检验是比较只有截距的模型和既有截距又有独立变量的模型。在上述这个简单的例子中只有一个变量,因此模型的 χ^2 显著性检验只有一个自由度。只有截距的模型的对数似然函数为 $LL_R = -20.5$;增加折扣变量后,似然函数增加到 $LL_F = -13.5$,则显著性水平为 0.01 时,模型的显著性为(相对于只含截距的模型):

$$\chi^2(1) = -2(-20.5 - (-13.5)) = 14.0$$

这和我们用模型参数做渐近 t 假设所得结论是相同的(同样在显著性水平为 0.01 时,$t = 2.67$)。

2. 拟合度

虽然对数似然函数可以用来量度拟合度,但它有所局限:第一,这种方法并未考虑模型自由度的个数,在处理多元回归模型时,增加模型的变量总是能够提高模型的拟合度(由不独立变量的方差部分 R^2 度量),即使拟合度的改善不能解释自由度的损失。为了说明自由度的损失,我们用 $\overline{R^2}$ 来增加每个拟合模型的自由度以制约拟合度的统计量。

我们可以利用类似的方法来调整似然函数,以此形成信息标准(information criterion)。这里有两个不同的信息标准:一是 AIC 准则,二是 SC 准则,二者均通过调整模型自由度来制约对数似然函数,表达式如下:

$$AIC = -2LL + 2k \tag{13.43}$$

$$SC = -2LL + 2\ln(n)k \tag{13.44}$$

这里 n 是样本大小,k 是模型估计参数的个数,注意到符号的变化,AIC 与 SC 的值越小,则说明模型越好。

这两种方法,SC 更保守一些,因为 SC 所表达的模型更为严格。除此之外,即使 SC 对全模型有着更好的拟合(SC = 33.8,而只含截距的模型 SC = 44.5),两种方法均常用来比较非嵌套模型(尽管交叉验证或许是比较基于多参数的非嵌套模型之间预测能力的一种更好的方法)。

对数似然函数的第二个局限是其尺度的组织方式,使得它们只有相对比较才有意义。有时对于模型所表达的不确定性程度很重要(包括还有多少需要表达)。一种方法表达如下(McFadden,1974):

$$\rho^2 = 1 - \frac{LL_F}{LL_0} \tag{13.45}$$

这里 LL_0 代表只含截距模型的对数似然函数,Hauser(1978)表明,对于这种特殊的选择参考模型(所有选择的观测值概率均相等),相对于先验模型,ρ^2 是由标准化模型所诠释的不确定性的部分。没有加任何东西的只含截距的模型 $\rho^2 = 0$,具有完全解释功能的模型 $\rho^2 = 1$。

为了说明，$\rho^2 = 1 - (-13.5/-20.5) = 0.34$，这表明在只有大约 1/3 的不确定性在只含截距的模型中被全模型解释。ρ^2 的值很难接近 1.0，这与回归中的 R^2 不同；ρ^2 分布在 0.3 到 0.5 之间通常被认为具有最好的拟合性。

3. Logit 模型与 Probit 模型的差异

Logit 与 Probit 的模型表达有多大差异，我们可以用最大似然法在 Logit 模型与 Probit 模型假设下估计参数值，估计值如表 13-3 所示。

表 13-3　　　　　　　　Logit 模型与 Probit 模型的 α 与 β 估计值

系数	Logit	Probit
α	-2.94	-1.60
β	-0.20	-0.11

两种方法的差异乍看很明显，特别是描述 A 的折扣影响的系数在 Logit 模型是 Probit 模型的两倍，但是这些差异与模型间的尺度差别相关。如果观察两种校正模型所代表的概率曲线形状，其差别是非常小的，如表 13-4 所示。

表 13-4　　　在不同折扣水平下 Logit 模型与 Probit 模型的适合选择概率

折扣	Logit	Probit
0.00	0.0502	0.0542
0.05	0.1256	0.1469
0.10	0.2807	0.3104
0.15	0.5146	0.5242
0.20	0.7423	0.7310
0.25	0.8867	0.8792
0.30	0.9551	0.9578

比较两种模型折扣估计影响的一种优化的方法是看模型所隐含的价格弹性。观察表 13-4 中的折扣为 0.10 与 0.20 的条目，可知 Logit 模型的响应曲线稍显陡峭（Probit 模型从 0.31 增加到 0.73，而 Logit 模型从 0.28 增加到 0.74）。弹性的表达（例如，价格的百分比变化除以数量的百分比变化），价格折扣的弹性在 Logit 模型估计中是 1.64，在 Probit 模型中是 1.35。在这种情况下，两个模型的结果相似而不相同；而实际情况中，二元 Logit 与二元 Probit 模型的差异并不明显。

一般而言，避免比较模型中效用估计函数的参数是一个不错的办法，因为参数的数量与模型的拟合度相关：当模型的拟合度提高时，参数变大，拟合概率由 0 变为 1。大多情形下，我们对参数值本身并不感兴趣,而是对概率选择的影响感兴趣。因为模型函数的非线性特性,使得用弹性计算可以获得更好的估计值。

13.4 系统模型与过程模型

13.4.1 系统模型

研究一个系统的目的是为了了解系统各个组成部分之间的关系,或者是为了预示系统在其内部组成要素发生变化或系统的外部条件发生变化时系统变化过程和变化规律。有时要对这种系统进行真实的试验是不可能的,这就需要对按实际系统建立系统模型(物理模型或数学模型)进行研究,然后利用模型实验研究的结果来推断实际系统的工作。模型是系统的一种表示,是为了研究系统的目的而开发的,是系统的内在联系及它与外界的关系的一种描述。这种使用模型来研究系统的方法叫做系统模拟或系统仿真。

一个真实系统的内在联系及其和外界的关系一般是很复杂的,用系统模型完全准确地描述系统是很困难的,只能作近似的描述。建立在物理属性相似基础上的物理模型,虽然描述真实系统的逼真感较强,但是对于复杂的系统,建立物理模型所需费用大,而且要修改参数或改变结构都很困难。因此,将系统内在联系和它与外界的关系抽象为数学模型,是当今使用最广泛的系统描述方法。

随着地理学的发展,对地理空间系统的研究不再仅仅局限于简单和静态的描述,更应该侧重于地理事物构成或地理现象产生的原因及演化过程。由此提出地理模拟系统(GSS)的概念(黎夏等,2006),以解决当前 GIS 对地理空间系统过程分析能力较弱的问题,帮助预测地理现象和事物的发展方向及演化过程。GSS 是指在计算机软、硬件支持下,通过虚拟模拟实验,对复杂系统(例如各种地理现象)进行模拟、预测、优化、分析和显示的系统,是探索和分析地理现象的格局、过程、演变及知识发现的有效工具。GIS 试图从微观入手,探索地理微观空间实体之间相互作用,形成宏观地理格局的动态过程。

地理模拟系统要更好地表达和模拟地理空间系统,还必须与 GIS、遥感、计算科学及计算机技术结合起来。例如,地理模拟系统可以直接利用现有的遥感或栅格空间数据,模拟的结果也可以直接转入到空间数据库进行分析。此外,GIS 强大的图形显示功能也能够帮助地理模拟系统将模拟结果很好地展现出来。

地理模拟系统采取的是离散个体模型,计算机也是建立在离散数学基础上的,这使得地理模拟系统非常容易利用计算机来构建模型。计算科学的发展保障了地理模拟系统得以实现。计算科学的面向对象思想和方法为地理复杂系统的模拟提供了简单有效的途径。面向对象把系统看做是由相互作用的对象组成,对象与现实世界中真实的实体相映射,提高了模拟模型的可理解性、可扩充性和模块性。

综合以上的分析,可以得出这样一个结论:地理模拟系统是综合地理学、复杂系统理论、地理信息科学、元胞自动机(cellular automata)、多智能体系统、地理信息系统、遥感、计算科学及计算机为一体的复杂空间模拟系统,它用于地理复杂系统的研究不仅非常合理,还具备其他传统地理模型所不具有的优势。

地理模拟系统能够很好地与 GIS 进行耦合,并且这种耦合能够相互弥补各自的缺陷。

GIS能够为地理模拟系统提供丰富的空间信息,并作为其空间数据处理的平台。GIS还可以及时显示和反馈地理模拟系统在各种情景下的模拟效果。更为重要的是,GIS还能对模拟结果进行空间分析和评价。而地理模拟系统则大大弥补了GIS较弱的过程模拟能力的不足。所以,在很大程度上,地理模拟系统是GIS的重要拓展。

许多地理现象的时空动态发展过程往往比其最终形成的空间格局更为重要,譬如城市扩展、疾病扩散、火灾蔓延、人口迁移、经济发展、沙漠化、洪水淹没等。只有清楚地了解了地理事物的发展过程,才能够对其演化机制进行深层次的剖析,才能获取地理现象变化的规律。因此,时空动态模型对研究地理系统的复杂性具有非常重要的作用,GSS则能够为地理研究提供一种十分有效的过程分析模型。

目前,地理模拟系统在研究动态复杂地理现象方面取得了一系列可喜的成绩,特别是地理元胞自动机模型(第一代地理模拟系统),在城市扩展、土地利用变化、疾病扩散、火灾蔓延、沙漠化、洪水淹没等具有空间自组织性的地理现象方面取得了十分有意义的研究成果。地理多智能体系统作为第二代地理模拟系统,由于具有适应性、交互性、主动性,也许在人口迁移、交通控制、紧急事件的地理疏散、环境资源管理、生态安全、公共设施动态选址、城市规划及可持续发展等涉及决策、战略、政策方面的研究上更具有优势。当然,如果能够把元胞自动机与多智能体系统结合起来,使其既具有元胞自动机空间自组织性又考虑了多智能体系统各主体的复杂空间决策行为,则可以为地理复杂空间系统的模拟提供一个全新的思路和方法。

13.4.2 过程模型

过程模型把现有关于现实世界环境过程的知识综合成一组用于定量分析该过程的关系式或方程(Beck等,1993)。模型通常需要涵盖一个过程模型的不同部分,某些过程模型采用与指数模型相似的通用方程(Coroza等,1997),另一些则用复杂的方程描述大量环境数据的相互作用。过程模型的输出往往是可用于预测的一组方程。不像前述模型都是描述性或统计性的,过程模型提供判断能力和对所提出过程的内在解释(Hardisty等,1993)。因此,过程模型是可预测的、动态的模型。

环境模型是一个典型的过程模型,因为它需要处理许多相互关联的变量,包括物理变量(气候、地形、植被和土壤)和环境变量(土地管理)。可以认为,环境模型是复杂的且是依赖数据的,并比传统的自然科学或社会科学模型具有更深程度的不确定性(Couclelis,2002)。

例如,土壤侵蚀是一个环境过程,包括气候、土壤属性、地形、土表情况、人类行为。众所周知的通用过程模型的例子——通过土壤流失方程(USLE)用6个因子的乘积来预测农地的土壤流失(Wischmeier和Smith,1978),

$$A = RKLSCP \tag{13.46}$$

式中:A是平均土壤流失(以吨为单位);R是降雨强度;K是土壤可蚀性;L是坡长;S是坡度;C是耕作因子;P是水土保持措施因子。这6个因子中,R、K、C和P诸因子通常可由降水、土壤和土地利用的数据导出;L和S两个因子可以从野外测量估算,当地形复杂且不规则时,造成对USLE用户的主要挑战。有种方法是把L和S结合成单一地形因子,这个单一地形因子可由对每个单元起作用的上坡和该单元的坡度来计算(Moore等,1993;Desmet等,1996)。

农业非点源(AGNPS)模型可分析非点源污染并估算从农业流域产流水质(Young 等,1987)。AGNPS 是基于事件的,并在单元基础上运算。利用不同类型的输入数据,该模型可模拟产流、沉积和营养传输。例如,AGNPS 利用 USLE 的修订形式来估算一次暴雨的高地侵蚀(Young 等,1989),

$$SL = (EI)K(LS)C P (SSF) \tag{13.47}$$

式中:SL 为土壤侵蚀;EI 为暴雨总动能与 30min 最大雨强的乘积;K 为土壤可蚀性;LS 为地形因子;C 为耕作因子;P 为水土保持措施因子;SSF 为单元内的坡形调节因子。根据另一个基于流域特征的方程,可定出上述方程算得的冲积物所途经的单元。

SWAT(土壤和水评价工具)模型在大而复杂的流域预测土地管理措施对水的质和量、沉积物和农业化学利用率的影响(Srinivasan 等,1994)。SWAT 是基于过程的连续模拟模型。SWAT 的输入包括诸如作物轮作、灌溉、施肥和杀虫剂应用率等土地管理措施,以及流域和次级流域的降水、温度、土壤、植被和地形等自然特征。输入数据文件的建立需要次级流域的丰富知识。模型的输出包括地表水、地下水、作物生长、冲积物和化学利用率的模拟值。

过程模型一般是基于栅格的。GIS 在建立过程模型中的作用取决于模型的复杂性。简单的过程模型可以完全在 GIS 内制备和运行。但更多情况下,GIS 只是承担一些与模型相关的任务,诸如数据可视化、数据库管理和探索性数据分析。而后,将 GIS 与其他计算机程序链接,用于复杂的和动态的分析。

思考题

1. 试用矩阵工具推导线性回归的解算公式。
2. 如何计算线性回归预测值的置信区间?
3. 为何要进行线性回归的假设检验?如何进行?
4. 试分析空间相关性对线性回归的影响。
5. 逻辑回归的特殊应用价值何在?
6. 请说明逻辑回归的参数估计方法。
7. 阐述系统模拟和过程模型在 GIS 研究和应用中的特殊作用。

第14章 时间序列分析

时间序列亦即是动态数据,指一组按时间先后顺序排列起来的数据序列。时间序列通常用 $Z(t)$ 来表示,其中 t 表示时间。它由两个因素构成:被研究客体所属的时间和其特性(或者场变量)。时间要素反映时间单位的不同,如年、季、月、日等。属性值是某种空间对象属性的具体数量或质量表现。在不引起混淆的前提下,文中场变量值亦称为属性值或属性指标值。

在地理学中,数据通常与观测点的空间有关,所得到的数据随时间变化的同时,也随空间变化。例如,土壤湿度随时间变化,也随位置和土层深度变化。动态数据建模,强调的是这些单个的位置上数据随时间变化的规律,而没有考虑数据的空间关系。如果同时考虑了数据的时间和空间关系,所建立的模型则为时空耦合的模型。

时间序列数据具有的特点是:①取值随时间变化;②在每一时刻取什么值或点在什么位置有很大的随机性,不可能完全准确地用历史值预报;③前后时刻(不一定是相邻时刻)的数值或数据点有一定的相关性;④从整体来看,可能有某种增长或下降的趋势,或出现周期性变化的现象。

按照观测结果是否具有随机性,可将时间序列分为两类:确定性时间序列和随机性时间序列。确定性时间序列中序列的未来值可用某一数学函数严格确定,如 $Z(t) = \cos(2\pi f t)$,其中 f 为常数。时间 t 作为自变量,通过回归统计方法或连续数学方法,建立属性值与时间 t 的关系,进而进行预测。确定性时间序列分析的主要目的,是通过分析趋势变动和季节变动建立预测模型。对于趋势变动的分析,通常采用趋势外推法、移动平均法以及指数平滑法。对于季节变动常用季节指数法调整季节变动趋势。数据也可以进行变换,然后使用灰色动态模型进行预测。

若一个序列 $Z(t)$ 在 t 时刻的值是一个随机变量(如某地区 t 时刻的降雨量),则该序列是随机性的。设 T 是某个集合,对于固定的 $t \in T, Z(t)$ 是随机变量;令 t 在 T 中变动,得到随机变量全体 $\{Z(t); t \in T\}$,称它为随机函数,简记为 Z_T。T 称为足标集,一般表示时间,通常 T 取为:① $T = (-\infty, \infty), T = [0, \infty)$;② $T = \{\cdots, -2, -1, 0, 1, 2, \cdots\}, T = \{1, 2, \cdots\}$。随机函数 Z_T 中 T 取为①的情形,称 Z_T 为随机过程;T 取②的情形,称 Z_T 为随机序列,后者简记为 $\{Z_t\}$。随机序列的随机性是由随机干扰造成的,因此,随机序列分析的目的是要确定序列的当前值与过去观察值及随机因素间的表达关系,并建立预测模型。通常采用 ARMA(autoregressive moving average)模型来表达随机序列的这种关系。

时间序列分析法是一种广泛应用的数理分析方法,它主要用于描述事物随时间发展变化的数量规律性。时间序列各项发展水平(观测值)的变化是许多复杂因素共同作用的结果。不同性质的因素所起的作用不同,它们运动变化的形式也不同。这些不同的变化形式综合作用的结果形成了现实的时间序列。通常把时间序列分解成以下四种变动:长期趋势变动(T)、季节变动(S)、周期波动(C)、不规则变动(I)。长期趋势变动是时间序列变动的基本形式。它是各个时期普遍的、持续的、决定性的基本因素共同作用的结果,它呈现出各期发展水平沿着一个方向上升或下降的变动趋势。季节变动是指由于气候、社会制度及风俗习惯等原因,使这种现象按一定的时间间隔呈现的周期性变化。周期波动是以数年为周期的一种周期性变动。它可能是一种景气变动、经济变动或其他周期变动,也可以代表经济或是某个特定产业的波动。不规则变动是由于偶然因素引起的随机变动,如故障、罢工、地震、水灾、法令更改等原因造成的变动。

根据时间序列的四个构成要素及其在模型中的相互关系,时间序列的分解模型一般分为两类,即乘法模型和加法模型,但经常使用的是乘法模型。乘法模型的一般形式是:

$$Y = T \times S \times C \times I \tag{14.1}$$

其中:Y、T 是总量指标;S、C、I 为比率,用百分比表示。

加法模型的一般形式为:

$$Y = T + S + C + I \tag{14.2}$$

其中:Y、T、S、C、I 都是总量指标。

根据动态数据的分析目标,模型可分为两类。一是时间序列模型,其目标是建立单个或多个属性指标随时间变化的关系,对指标值的未来变化进行"精确"的预测。有关方法包括周期分析、确定性时间序列分析、随机性时间序列分析和灰色系统方法。时间序列模型是在特定的假设下使用的,模型用属性值与时间的关系或与前期数据的关系方程来表示,模型的结果是未来时刻属性指标值和变化范围,侧重的是指标值的具体取值和变化范围。二是动态系统模型,其目标是分析具有时变特点的多个属性指标之间的相互作用,建立属性指标与系统整体发展之间的反馈关系,对系统未来的状况进行模拟和预测。动态系统模型强调系统中各个要素之间的联系和作用,以及这种联系和作用随时间的变化,主要采用系统动力学方法。

时间序列的建模步骤包括动态数据的特征分析、数据预处理、建模、模型确认。数据预处理是根据工作目标的模型要求,根据模型的假设进行数据检验和预处理。特别地,在周期分析和随机时间序列分析中,要进行随机过程的平稳性检验。对于非平稳的序列,要通过差分、平滑或滤波变换为平稳序列。此外,对于随机时间序列分析,还要进行独立性检验和正态性检验。建模的过程即是对动态数据中分解出的各个子序列建立相应的模型,包括:周期分析、确定性时间序列分析、随机时间序列分析、动态数据分析和灰色模型分析。模型确认是指对比分析不同模型的结果,给出模型的检验参数和误差分析,进行模型确认。然后,利用建立的模型进行预测。

本章将分别介绍确定性时间序列分析(即趋势分析)、周期分析、随机性时间序列分析方法等。最后,利用 MODIS 陆地信息产品,讨论基于时序分析的土地覆盖分类。

14.1 趋势分析

一个时间序列通常由三部分构成,即趋势变动、季节变动和不规则随机变动。其中,趋势变动和季节变动由确定性时间序列产生,不规则随机变动由随机序列产生。

建立趋势模型,首先必须从时间序列中提取趋势信息,再由趋势信息确立数学模型结构,进而估计模型中的参数值。分析时间序列的趋势,确立趋势模型的结构信息可通过以下途径实现:①分析预测目标本身的运动特性。②画时间散点图。即先作散点图,然后按照原序列的趋势走向判断预测目标趋势,选择趋势模型,并估计趋势模型的参数,建立趋势模型。

时间序列的趋势分析常用移动平均法、指数平滑法等方法。下面分别予以介绍。

1. 移动平均法

由于随机干扰和(或)周期波动,时间序列往往呈现表面杂乱无章的散点图,为了从中提取关于目标变化趋势的有用信息,可采用移动平均法。所谓移动平均,就是从时间序列的第一项数值开始,按一定项数(记为 n)求时序平均数,逐项移动,边移动边平均。由此得到一个由移动平均数构成的新的时间序列,并用这个新序列的值作为相应时期的预测值。该方法主要适用于线性趋势的短期预测。

设已给时间序列为$\{Z_t\}$,用 y_t 表示第 t 期的预测值,则

$$y_t = \frac{1}{n}(Z_t + Z_{t-1} + \cdots + Z_{t-n+1}) \tag{14.3}$$

该模型假设下一期的值由前 n 期的算术平均值决定。n 称为移动平均时期数,常取奇数。容易得到 y_{t+1} 的递推式为:

$$y_{t+1} = \frac{1}{n}(Z_{t+1} + Z_t + \cdots + Z_{t-n+2}) = y_t + \frac{1}{n}(Z_{t+1} - Z_{t-n+1}) \tag{14.4}$$

移动平均法有平滑时间序列的作用,n 越大,平滑作用越大。除了采用算术平均外,还可采用几何平均,如 $y_t = \sqrt[n]{Z_t Z_{t-1} \cdots Z_{t-n+1}}$。

移动平均法中,增大 n 值,可使时间序列被平滑的作用增加。因此,当时间序列存在线性趋势时,采用二次移动平均法,以求增加平滑作用,而数据点减小较少,并可同时求出预测模型的参数。

时间序列$\{Z_t\}$经一次移动平均得:

$$y_t^1 = \frac{1}{n}(Z_t + Z_{t-1} + \cdots + Z_{t-n+1}) \tag{14.5}$$

经第二次移动平均得:

$$y_t^2 = \frac{1}{n}(y_t^1 + y_{t-1}^1 + \cdots + y_{t-n+1}^1) \tag{14.6}$$

设观测数据总数为 T(时间序列长度),则在 $T+L$ 时间点($L=1,2,\cdots$)的预测模型为:

$$y_{T+L} = a + bL \tag{14.7}$$

式中:$a = 2y_T^1 - y_T^2$;$b = \frac{2}{n-1}(y_T^1 - y_T^2)$。

移动平均法把原时间序列中某些不规则的变动加以修匀,使得变动更加平滑,趋势更为明显。在移动平均法的应用中,移动平均项数 n 的选择是很重要的。一方面,项数 n 的大小直接影响到平滑的程度,n 越大,平滑作用越大,但所得出的新序列的项数就越少;另一方面,n 增大,模型对现实现象的反应速度减慢,这将不利于模型对现实的表达。因此,只能采取折中的办法来确定 n。一般说来,如果原时间序列中存在着自然周期,则应以周期长度作为 n 值。例如季度资料的周期长度是4,因此取 $n=4$ 是合适的。在没有自然周期(如年度资料)时,可根据预测误差的平方和为最小的准则来选择 n。

移动平均法能平滑随机干扰和周期波动,且计算简单,但只有当 n 大时,平滑作用才显

著。而当 n 大时,又会使数据减少很多,因此,移动平均法要求时间序列数据量大,而且移动平均法仅对线性趋势作短期预测效果好。当时间序列数据量不是很大,出现非线性趋势时,为了建立有效的趋势模型,就需要利用其他的方法如指数平滑法。

2. 指数平滑法

指数平滑法有一次、二次、三次、高次指数平滑法。高次指数平滑法很少用,其余三种分别适用于具有平稳型、直线型和常速率变化趋势的时间序列分析。下面介绍一次指数平滑法。

设有时间序列 $\{Z_t\}$,用 y_t 表示 t 期的预测值,则 $y_t = \alpha Z_t + (1-\alpha) y_{t-1}$ 为一次指数平滑模型,也称为一次指数平滑法。其中 $\alpha \in (0,1)$,称为平滑常数。

这种模型的实质,是用 t 期的观测值 Z_t 来修正 $t-1$ 期的预测值 y_{t-1},并将修正后的结果作为 t 期的预测值。当 α 接近于 1 时,实际上取 Z_t 作为预测值 y_t,因此当 α 接近于 1 时,所建立的模型反应灵敏。当 $\alpha = 0$ 时,则取前一时间点 $t-1$ 的预测值 y_{t-1} 作为 y_t,因此,当 α 接近于 0 时所建立的模型的平滑作用好。α 的取值范围常为 0.01~0.5。对于 α 的取值,可参考如下几点:

(1)当时间序列较为稳定,无明显的增长或下降趋势时,α 取最小值,$\alpha \in 0.05 \sim 0.20$。

(2)缺乏初始资料,y_t 的初始条件不可靠时,α 取最大值,以使模型经较小的时间周期,就可由初始值逼近实际过程。

(3)原序列中不规则波动大,或外部环境变化大时,α 取最大值,以使模型反应灵敏,通常 $\alpha \in 0.3 \sim 0.5$。

在不易作出很好的判断时,可分别用几个不同的 α 值加以试算比较,取其预测误差较小者。

由于

$$\begin{aligned} y_t &= \alpha Z_t + (1-\alpha)[\alpha Z_{t-1} + (1-\alpha) y_{t-2}] \\ &= \alpha Z_t + \alpha(1-\alpha) Z_{t-1} + \cdots + \alpha(1-\alpha)^t y_0 \\ &= \alpha \sum_{k=0}^{t} (1-\alpha)^k y_{t-k} \end{aligned} \quad (14.8)$$

因此,当 $t \to \infty$ 时,$(1-\alpha)^t y_0 \to 0$,说明无论 y_0 取什么值,随着时间的增长,最终 y_0 对预测目标 y_t 的影响趋于 0。但是,当 t 不大时,y_0 对 y_t 的影响较大,因此要求 y_0 的取值可靠。一般地,当时间序列长度大于 50 时,可用 Z_1 为初始值 y_0,如果小于 15 或 20,可将过去的数据取一部分进行算术平均,加权平均或指数平滑求得。如没有数据可用,则需用专家评估法评估出 y_0。

3. 季节指数法

通常时间序列除了受到趋势变化因素的影响外,还受到其他因素如随机干扰、周期波动的影响。因此,时间序列常常呈现出以某一时间段为周期的周期波动,如某些商品的需求量的季节波动等。这种周期性的变动,称为季节波动。具有季节波动特性的时间序列称为季节波动时间序列。分析这种时间序列的一种简单可行的方法就是季节指数法。

季节指数法试图度量序列中的季节变动,并利用这些指数剔除序列中的季节变动。该方法的思路是:首先以移动平均法提取趋势信息,移动平均周期取季节周期,然后由一系列变换提取出季节信息,并计算季节指数,最后由计算出的季节指数对所提取出的趋势信息进行调整。下面介绍该方法的算法。

如果以 y_t 表示时间序列值,以 z_t 表示趋势变化,以 s_t 表示季节变化,以 c_t 表示循环变化,以 ε_t 表示随机变化,则时间序列的结构形式有加法模式、乘法模式和混合模式。下面就乘法模式 $y_t = z_t s_t c_t \varepsilon_t$(假定随机因素 ε_t 是一独立的、方差不变的、均值为零的随机变量序列)进行分析。

首先,分离出长期趋势和循环变动的结合项 $z_t c_t$。以序列的季节长度为移动平均的期数,对序列进行移动平均,对于加性周期波动,取算术平均值;对于乘性周期波动,取几何平均值。如果假设序列的季节长度为 4,则对序列作长度为 4 的移动平均,由此可消除季节和随机波动的影响。记移动平均值为:

$$\mathrm{MA}y_t = \frac{y_t + y_{t-1} + y_{t-2} + y_{t-3}}{4} = z_t c_t \quad (14.9)$$

则移动平均后的序列,可认为是只包含了趋势因素和循环因素。

其次,分离出季节因素和随机因素。由于

$$\frac{y_t}{\mathrm{MA}y_t} = \frac{z_t s_t c_t \varepsilon_t}{z_t c_t} = s_t \varepsilon_t \quad (14.10)$$

该式只含有季节因素和随机因素两种成分,因此它含有确定季节因素所必需的信息。

再次,分离季节因素。由于假设随机变量的均值为零,因此,采用周期内平均的方法可消除随机干扰。即将序列 $s_t \varepsilon_t$ 逐年逐季排列起来,然后将各年相同季节的 $s_t \varepsilon_t$ 相加起来,再平均,由此得到消除了随机性的季节指数。这些季节指数即为 $\bar{s}_i$。其中,i 表示季节数。

最后,消除原序列 y_t 的季节变动。从序列每个数值中除以对应的季节指数,因此,消除季节变动后,还剩下其余三部分。

4. 灰色模型(GM)

灰色系统建模方法与现行的传统建模方法不同,不是采用原始的离散数据序列,建立递推的离散模型,而是将原始的随机变化量视为在一定范围内,一定时区内变化的灰色量,把随机过程视为灰色过程,且在建模时,通过对原始数据序列的处理,即所谓数据生成以消除或弱化随机量或噪声的影响,使生成的数据序列呈现较强的规律性(一般为指数律),然后运用灰色数学工具建立微分方程型的灰色模型(GM)。因此灰色系统理论解决了一向认为难以解决的连续微分方程的建模问题,这是在信息不足情况下建模的有效方法,也是充分利用已知信息的好途径。其基本原理如下。

首先,对于给定的时间序列 Z_t 进行累加处理。即对于序列

$$Z_1, Z_2, Z_3, \cdots, Z_n$$

通过累加会产生一个新的序列

$$Z'_1, Z'_2, Z'_3, \cdots, Z'_n$$

式中:$Z'_1 = Z_1; Z'_2 = Z_1 + Z_2; Z'_3 = Z_1 + Z_2 + Z_3 \cdots$ 为一次累加。如果有必要,可以在序列 z' 的基础上进行第二次或更多次的累加处理。

这样处理后,原来波动很大的序列,会显示出较强的规律性。一般来说,对于非负的数据序列,累加的次数越多,随机性弱化越大,显示出的规律性越强,产生的曲线就越容易用指数曲线来逼近。规律产生的原因在于大多数的系统是广义能量系统,指数规律是能量变化的一种规律。

GM 模型的一般计算步骤如下：
(1) 对原始数据进行预处理，产生累加生成序列。
(2) 构造矩阵。
(3) 求解微分方程的系数。
(4) 进行预测，并将数据累减还原。
(5) 进行误差分析和必要的检验工作。
(6) 如果有必要，可对残差进行周期分析获得建模。

在应用中要注意，模型中使用的模型评价参数方差比 C 和小误差概率 p 的等级是相对的，不具备统计学上的显著性检验的含义。在实际工作中，模型是否可用，还需要通过误差检验等方法来确认。

14.2 周 期 分 析

周期分析将时间序列曲线看成由多种不同频率振动的规则波（正弦波或余弦波）叠加而成，然后在频率域上比较不同频率的波的方差贡献大小，分析主要的振动，并进而求出振动的主要频率或周期。

1. 谐波分析

谐波分析是利用傅立叶级数把时间序列表示成无数个不同周期的简谐波和的形式来分析序列变化规律的一种方法。任意以周期 T 变化的时间函数 $Z(t)$，在满足狄氏条件下，均可用如下形式的傅立叶级数表示：

$$Z(t) = a_0 + \sum_{k=1}^{\infty}\left(a_k\cos\frac{2\pi k}{T}t + b_k\sin\frac{2\pi k}{T}t\right) \tag{14.11}$$

令 $\omega_k = \dfrac{2\pi k}{T}$，则有

$$Z(t) = a_0 + \sum_{k=1}^{\infty}(a_k\cos\omega_k t + b_k\sin\omega_k t) \tag{14.12}$$

对于样本容量为 n 的离散时间序列，上述傅立叶级数中的系数 a_0, a_k, b_k 可使用下面的公式计算：

$$\begin{cases} a_0 = \dfrac{1}{n}\sum_{i=1}^{n} Z_t \\ a_k = \dfrac{2}{n}\sum_{i=1}^{n} Z_t \cos\dfrac{2\pi k}{n}(t-1) \\ b_k = \dfrac{2}{n}\sum_{i=1}^{n} Z_t \sin\dfrac{2\pi k}{n}(t-1) \end{cases} \tag{14.13}$$

k 是谐波数。不同波数 k 的功率谱值 s_k^2 的计算公式为：

$$s_k^2 = \frac{1}{2}(a_k^2 + b_k^2) \tag{14.14}$$

式中：$k = 1, 2, \cdots, [2/n]$（[ ] 表示取整），$a_k^2 + b_k^2$ 为振幅 A_k^2 周期值 $T_k = \dfrac{n}{k}$。

周期的显著性通过下式进行检验：

$$C_\alpha(k) = \left(4\sigma^2 \ln \frac{k}{\alpha}\right) \Big/ n \tag{14.15}$$

式中:σ^2 是序列 Z_t 的方差;α 是显著性水平。如果 $(a_k^2 + b_k^2) > C_\alpha(k)$,则可认为波数 k 对应的周期 T_k 在显著性水平 α 上是显著的。

2. 周期图分析

在谐波分析中,只考虑了整个序列的时间区间内的整数谐波振动,波数是整数,而对应的周期则不一定是整数。周期图方法估计功率谱则以整数为周期,由它所构成的谱图横轴常用整数周期表示。为了讨论序列在所给时间尺度内的所有整数周期,可截取序列的一部分以得到任意整数周期,如一个 $n=20$ 年的时间序列,用 n 除以 1,2,…,10,可得谐波周期,其中整数周期有 20,10,5,4,2,要想得到 3 年的谐波周期,则可取 18 年资料,由 18/6 得 3 年的谐波周期。将这个谐波看成是一个完整的周期,则各谐波也就相对于一个基波。为了消除其他周期的影响,更好地突出所要试验的周期,可以把各部分叠加,对平均序列作基波分析。以各试验周期的功率谱(或振幅平方 $A_k^2 = a_k^2 + b_k^2$)绘在一张图上,比较各试验周期功率谱(或振幅)的大小,该图就称为周期图。

3. 滤波

在周期分析中滤波是常用的方法。如对一地区的气温进行分析时,一年周期肯定是主要周期,但为了提出其他周期,就要通过滤波去掉一年的周期,才能突出其他周期。

假定系统具有线性、时间不变性和稳定性,则滤波过程在数学上可描述为:输入信号 $f(t)$(原序列),经过一个过滤系统(通过脉冲响应函数进行数字运算),得到一个新的输出 $g(t)$(过滤后的时间序列)。下面是几种常用的滤波方法。

(1)滑动平均

原始时间序列样本 $Z_t(t=1,2,\cdots)$ 作为输入,脉冲相应函数就相当于一般的权重函数 ω_i,则当滑动平均项数为 $2k+1$ 时,输出的序列为

$$g_t = \sum_{i=-k}^{k} \omega_i Z_{t+i} \tag{14.16}$$

式中:要求 $\sum_{i=-k}^{k} \omega_i = 1$。

滑动平均的方法很多,如 5 项滑动平均序列可表示为 $g_t = \sum_{i=-2}^{2} \frac{1}{5} Z_{t+i}$。

一般地,平滑后的时间序列 g_t 的方差较原序列 Z_t 的方差有所缩减,滑动间隔 $m = 2k+1$ 越大,缩减量就越大。m 项滑动将原序列中 m 周期及其倍数正好为 m 的短周期滤掉,从而突出 m 以上周期的变化。

(2)高斯坐标平滑

在等权重平滑中,虽然可以滤掉滑动间隔以内的周期振动,但是,对大于滑动间隔的各种周期振动也有很大削弱。为了克服这一缺点,可使用高斯坐标平滑——不等权滑动。

高斯坐标平滑的方法是把权重函数在滑动间隔内看成是正态分布(高斯分布),即在滑动时间点 t 上权重最大,远离 t 的正负间隔时间的权重以正态分布概率密度曲线形式递减。如作 10 年滑动,取正态分布的 $\pm 3\sigma$(σ 为正态分布的均方差)区间为 10 年,于是,滑动间隔为 $m = 6\sigma = 10$,则 $\sigma = 10/6 = 1.67$,因此,以 t 为中心,滑动步长 i 对应的标准化变量的计

算用标准化公式($i/\sigma = i/1.67$)计算得到。由此正态变量通过正态分布表可查出正态概率密度函数值,然后,按照权重函数性质(在滑动间隔内和为1),对上述概率密度函数作百分率处理即得。

高斯平滑是一种低频通过的滤波器,亦称为低通滤波,即频率越大,周期越短的波动削弱越多。

(3) 差分滤波

差分滤波是一种高通滤波器。它允许高频振动通过而压低低频成分。对于一阶差分,过滤后的时间序列 $g(t)$ 与过滤前的时间序列 $Z(t)$ 有如下关系:

$$g(t) = Z(t) - Z(t-1) \tag{14.17}$$

(4) 傅立叶变换

功率谱的计算就是对 a_k, b_k 的计算。将正弦和余弦函数用指数形式表示,并令:

$$A_0 = a_0, A_k = (a_k - ib_k)/2, A_{-k} = (a_k + ib_k)/2 \quad (i = \sqrt{-1}, k = 1,2,\cdots) \tag{14.18}$$

则得复数形式的傅立叶级数:

$$Z(t) = \sum_{k=-\infty}^{\infty} A_k e^{i\omega_k t} \tag{14.19}$$

利用傅立叶变换,可以快速求得这两个系数值。

14.3 随机时间序列分析

确定性时间序列的分析方法可以用一个确定性的数学模型去拟合序列的未来发展趋势。然而,现实中许多现象的变化并不是时间 t 的确定函数,它们没有确定的变化形式。因此,需要用到随机时间序列的分析方法。随机时间序列分析是从时间序列 Z_t 及其自协方差函数出发,分析序列的特性的。

对随机过程 $Z(t)$ 进行一次观测,得到一个普通意义下的确定性函数 $Z(t)$,把它称为随机过程的一个"现实"或"样本函数"。在时间参数为离散的场合,也称为"时间序列"。对同一变化过程独立地重复地进行多次观测,便可得到很多样本函数或很多时间序列,根据多个取自同一变化过程的时间序列来推断过程的规律性,可以得到较好的结论,但是,这种要求往往得不到满足。通常只能根据一个时间序列的分析对变化过程作出分析和判断,这也是时间序列分析的最大困难所在。

当随机过程的统计特性不随时间变化时,该过程就是平稳随机过程。平稳随机过程的基本特点是:过程的统计特性不随时间的平移而变化。即当随机过程所处的环境和主要条件都不随时间变化时,其均值和方差在时间过程上是常数,并且在任何两时期之间的协方差值仅依赖于两时期间的距离和滞后,而不依赖于计算这个协方差的实际时间,那么,这个随机过程就是平稳的随机过程。在图形上,平稳随机过程表现为所有样本曲线皆在某一水平线上下随机波动。

平稳随机过程的定义如下:设随机过程 $\{Z(t), t \in T\}$,T 为实数集或其子集,如果有

(1) $E|Z(t)|^2 < \infty$,对于一切 $t \in T$。

(2) $E[Z(t)] = m$(常数),对一切 $t \in T$。

(3) $\gamma[Z(r,s)] = \gamma[Z(r+t,s+t)]$,对一切 $r,s,t \in T$。

则称该过程为平稳随机过程。当 T 为整数集时,该序列称为平稳时间序列。平稳随机过程是随机时间序列模型的基础。在随机时间序列模型中,常常假定随机干扰是平稳的。

自相关函数描述了随机过程 $Z(t)$ 在两个不同时期的取值之间的相互关联程度。假定具有 n 次观察值的随机时间序列 Z_t,如果滞后为 k,其样本自相关函数为

$$\hat{\rho}_k = \frac{\sum_{t=1}^{n-k}(Z_t - \bar{Z})(Z_{t+k} - \bar{Z})}{\sum_{t=1}^{n}(Z_t - \bar{Z})^2} \tag{14.20}$$

自相关函数值变化在 -1 和 1 之间。

对于纯随机过程而言,随机过程由无关的随机变量序列构成,t 时刻的值与过去的值没有关系。零均值、常数方差、序列无关的过程称为白噪声。实际上,在我们研究的时间序列中,t 时刻的值往往与过去的值是有关系的。白噪声是研究中可供对比的背景信息,如果白噪声过强,以致掩盖了真实的信息,那么就无法建立时间序列模型。在建立模型前,必须进行白噪声检验,以确定其显著水平。对于大样本,白噪声样本的自相关函数近似服从正态分布,此时,样本的标准差近似为 $1/\sqrt{n}$。如果序列是白噪声的,那么,自相关函数值的 95% 将落在 $\pm 2/\sqrt{n}$ 之间。为了更准确地检验序列是否为白噪声,可以使用博克斯—皮尔斯 Q 统计量(Box-Pierce Q-statistic) $Q_{BP} = n\sum_{k=1}^{m}\hat{\rho}_k^2$。对于小样本,则使用杨—博克斯 Q 统计量(Ljung-Box Q-statistic) $Q_{LB} = n(n+2)\sum_{k=1}^{m}\left(\frac{1}{n-k}\right)\hat{\rho}_k^2$。其中:$m$ 为最大的滞后值;m 取值过小没有意义,过大则偏差较大。在实践中,m 值取在 $\sqrt{n}$ 附近比较理想。上述两个统计量近似服从 χ_m^2 分布,可用 χ^2 分布进行检验。

随机时间序列分析的预处理包括三个方面:① 序列正态性检验。② 序列独立性检验。③ 序列平稳性检验。随机时间序列分析要求数据服从正态分布。对于非正态分布的序列,转换为正态分布后进行建模,或选择其他的方法。独立性检验指以白噪声作原假设,对服从正态分布的随机变量的自相关函数进行检验。对于正态分布数据而言,不相关意味着独立。平稳性检验是检验序列是否符合平稳随机过程的要求,主要方法是使用自相关函数。对于纯随机过程,滞后大于 0 的自相关函数为 0。对于平稳的时间序列,自相关函数随着滞后期 k 的增加而迅速下降为 0。

时间序列分析的主要思想是认为同一变量在现在时刻的取值,在时间上与以前的观测值有联系,这种联系可以用一种模型来表示,利用这种模型结合现有及以前的序列值可以预测未来的变化值。如设序列 $Z_t = (t = \cdots, -2, -1, 0, 1, 2, \cdots)$ 在时间上无限伸展,用函数来描述该序列,则为

$$Z_t = f(Z_{t-1}, Z_{t-2}, \cdots) + \varepsilon_t \tag{14.21}$$

其中:函数 f 把现在的情况同以前的情况联系起来,而 ε_t 表示时刻 t 序列的随机误差。通常设 ε_t 是正态的白噪声,即它的方差是一个常数,均值为零,而不同时刻的随机变量彼此独立。

下面介绍几种常用的时间序列随机模型,并且假定如果不特别指出,所讨论的序列都是平稳的、零均值的。事实上,若均值不为零,则可用序列值减去均值,从而转化为零均值。

1. 自回归模型

若时间序列 Z_t 可以表示成它的先前值和一个冲击值的函数,则称此模型为自回归(AR)模型,相应的 Z_t 序列称为自回归序列,称为 p 阶自回归模型,记为 AR(p) 模型。

$$Z_t = \phi_1 Z_{t-1} + \phi_2 Z_{t-2} + \cdots + \phi_p Z_{t-p} + \varepsilon_t \tag{14.22}$$

式中:$\phi_i (i = 1,2,\cdots,p)$ 是自回归系数,也称为权系数,它描绘了 Z_{t-i} 每改变一个单位值对 Z' 所产生的影响,是待估参数;随机冲击 ε_t 是均值为零、方差为 σ_ε^2 的正态分布白噪声。自回归模型不同于回归模型:回归模型是一个静态模型,描述的是一个变量对同一时刻的另一组变量的静态关系,而自回归模型中的变量是对自己历史数据的回归。

用 B^p 表示 p 步滞后算子,即 $B^p Z_t = Z_{t-p}$,则有

$$\phi(B) Z_t = \varepsilon_t, \phi(B) = 1 - \phi_1 B - \phi_2 B^2 - \cdots - \phi_p B^p \tag{14.23}$$

如果系数多项式 $\phi(B) = 1 - \phi_1 B - \phi_2 B^2 - \cdots - \phi_p B^p = 0$ 的根全在单位圆外,那么其根的模都大于1,则 AR(p) 模型是平稳的。

模型中有 $p+1$ 个未知参数 $\phi_1, \phi_2, \cdots, \phi_p$ 和 σ_ε^2,σ_ε^2 是白噪声序列的方差。只有当这个 $p+1$ 个未知参数给出后,模型才完全确定。

不难发现,前面介绍的移动平均法和指数平滑法实际上是 AR 模型的具体应用。如,取 $-\phi_1 = -\phi_2 = \cdots = -\phi_p = \frac{1}{p}$,并设 $\varepsilon_t = 0$,则可得 p 期移动平均法的计算公式:$Z(t) = \frac{1}{p} \sum_{k=1}^{p} Z(t-p)$。

2. 滑动平均模型

若序列值是现在和过去的误差或冲击值的线性组合,则称

$$Z_t = \varepsilon_t - \theta_1 \varepsilon_{t-1} - \theta_2 \varepsilon_{t-2} - \cdots - \theta_q \varepsilon_{t-q} \tag{14.24}$$

为序列 Z_t 的滑动平均(MA)模型。其中,q 为模型的阶次,$\theta_1, \theta_2, \cdots, \theta_q$ 为滑动平均系数或 MA 模型的参数,ε_t 是均值为零、方差为 σ_ε^2 的白噪声序列。模型简记为 MA(q)。使用滞后算子记号,则有 $Z_t = \theta(B) \varepsilon_t, \theta(B) = 1 - \theta_1 B - \theta_2 B^2 - \cdots - \theta_q B^q$。MA($q$) 模型包含有 $q+1$ 个未知参数 $\theta_1, \theta_2, \cdots, \theta_q$ 和 σ_ε^2。

3. 自回归滑动平均模型

若序列值是现在和过去的误差或冲击值以及先前的序列值的线性组合,即

$$Z_t = \phi_1 Z_{t-1} + \phi_2 Z_{t-2} + \cdots + \phi_p Z_{t-p} + \varepsilon_t - \theta_1 \varepsilon_{t-1} - \theta_2 \varepsilon_{t-2} - \cdots - \theta_q \varepsilon_{t-q} \tag{14.25}$$

则式(14.25)称为 Z_t 的自回归滑动平均(ARMA)模型。其中,p 和 q 分别是自回归部分和滑动平均部分的阶数;$\phi_1, \phi_2, \cdots, \phi_p$ 和 $\theta_1, \theta_2, \cdots, \theta_q$ 分别是两个部分的系数。模型简记为 ARMA(p,q)。使用滞后算子记号,则 $\phi(B) Z_t = \theta(B) \varepsilon_t$。

如果多项式 $\phi(B)$ 和 $\theta(B)$ 无公共因子,而且分别满足上面的平稳型和可逆性条件,则称模型 ARMA(p,q) 是平稳可逆的。

ARMA(p,q) 模型含有 $p+q+1$ 个模型参数 $\phi_1, \phi_2, \cdots, \phi_p, \theta_1, \theta_2, \cdots, \theta_q$ 和 σ_ε^2。

对于平稳时间序列,要建立其数学模型,首先要进行模型识别,以确定所选用的模型;其次,需对模型的参数进行估计,以确定模型的具体表达。下面分别介绍模型识别、模型的参数估计、时间序列的预测。

14.3.1 时序模型的识别

模型识别的基本任务是找出 AR(p),MA(q)与 ARMA(p,q)模型各自的具体特征,从而利用这些特征去识别具体的时间序列模型,并确定模型的阶,即确定 p、q 的具体取值。识别的方法是通过计算时间序列的样本自相关函数和偏相关函数,然后对照各类模型的自相关函数和偏自相关函数的具体特征进行识别。

1. AR(p)模型的识别

模型 $Z_t = \phi_1 Z_{t-1} + \phi_2 Z_{t-2} + \cdots + \phi_p Z_{t-p} + \varepsilon_t$ 的自协方差函数为:

$$r_k = E(Z_{t+k} Z_t) = E(\phi_1 Z_{t+k-1} + \phi_2 Z_{t+k-2} + \cdots + \phi_p Z_{t+k-p} + \varepsilon_{t+k}) Z_t$$
$$= \phi_1 r_{k-1} + \phi_2 r_{k-2} + \cdots + \phi_p r_{k-p} \tag{14.26}$$

从而有自相关函数

$$\rho_k = \frac{r_k}{r_0} = \phi_1 \rho_{k-1} + \phi_2 \rho_{k-2} + \cdots + \phi_p \rho_{k-p} \tag{14.27}$$

可见,AR(p)序列的自相关函数是非截尾序列,称为拖尾序列。因此,自相关函数的拖尾,是 AR(p)序列的一个特征。

若 Z_t 的偏自相关函数 ϕ_{kk} 在 p 步以后"截尾",即 $k > p$ 时,$\phi_{kk} = 0$,而且它的自相关函数"拖尾",则此序列是自回归 AR(p)序列。在大样本情况下,偏自相关函数是否等于 0 可用如下方法检验:时间序列长度为 n,取显著性水平 $\alpha = 0.05$,若 ϕ_{kk} 满足 $|\phi_{kk}| > \dfrac{2}{\sqrt{n}}$,则可认为 k 阶偏自相关系数异于 0,否则,应认为 k 阶偏自相关系数等于 0。

2. MA(q)模式的识别

模型 $Z_t = \varepsilon_t - \theta_1 \varepsilon_{t-1} - \theta_2 \varepsilon_{t-2} - \cdots - \theta_q \varepsilon_{t-q}$ 的自协方差函数为:

$$r_k = E(Z_{t+k} Z_t) = \begin{cases} \sigma_\varepsilon^2 (1 + \theta_1^2 + \theta_2^2 + \cdots + \theta_q^2), & k = 0 \\ \sigma_\varepsilon^2 (-\theta_k + \theta_1 \theta_{k+1} + \cdots + \theta_{q-k} \theta_q), & 1 \leq k \leq q \\ 0, & k < q \end{cases} \tag{14.28}$$

其中利用了白噪声序列的特性:

$$E(\varepsilon_t) = 0$$
$$E(\varepsilon_{t+k} \varepsilon_k) = \begin{cases} 0, & k \neq 0 \\ \sigma_\varepsilon^2, & k = 0 \end{cases} \tag{14.29}$$

根据自相关函数的定义,有自相关函数:

$$\rho_k = \frac{r_k}{r_0} = \begin{cases} 1, & k = 0 \\ (-\theta_k + \theta_1 \theta_{k+1} + \cdots + \theta_{q-k} \theta_q)/(1 + \theta_1^2 + \cdots + \theta_q^2), & 1 \leq k \leq q \\ 0, & k < q \end{cases} \tag{14.30}$$

由式(14.30)可以看出:当 $k > p$ 时,Z_t 与 Z_{t+k} 不相关,这种现象称为"截尾"。因此,当 $k > p$ 时,$\rho_k = 0$ 是 MA(q)的一个特征,即可根据自相关系数是否从某一点开始一直为 0 来判断 MA(q)模型的阶。

若随机序列的自相关函数"截尾",即 $k > p$ 时,它的偏自相关函数"拖尾",则此序列是滑动平均 MA(q)序列。一般地,若某一长度为 n 的时间序列,当 $k > q$ 时样本自相关系数绝

对值都很小 $\left(|\rho_k| \leq \frac{2}{\sqrt{n}}\right)$，而 ρ_q 却显著异于 0 $\left(|\rho_q| > \frac{2}{\sqrt{n}}\right)$，则可认为这一时间序列服从 $MA(q)$。

3. $ARMA(p,q)$ 模型的识别

$ARMA(p,q)$ 的自相关函数可以看做 $AR(p)$ 的自相关函数的混合物和 $MA(q)$ 的自相关函数。当 $p=0$ 时，它具有截尾性质；当 $q=0$ 时，它具有拖尾性质；当 p、q 都不为 0 时，它具有拖尾性质。可以推导出 $ARMA(p,q)$ 的自协方差函数为：

$$r_k = E(Z_{t+k}Z_t) = \phi_1 r_{k-1} + \phi_2 r_{k-2} + \cdots + \phi_p r_{k-p} + r_{Z\varepsilon}(k) \\ - \theta_1 r_{Z\varepsilon}(k-1) - \cdots - \theta_q r_{Z\varepsilon}(k-q) \tag{14.31}$$

其中：

$$r_{Z\varepsilon}(k) = E(Z_t \varepsilon_{t+k}) = \begin{cases} 0, & k > 0 \\ \sigma_\varepsilon^2 \psi_{-k}, & k < 0 \end{cases} \tag{14.32}$$

ψ_{-k} 是将序列 Z_t 用传递函数表达时的系数。

$$Z_t = \phi_1 Z_{t-1} + \phi_2 Z_{t-2} + \cdots + \phi_p Z_{t-p} + \varepsilon_t - \theta_1 \varepsilon_{t-1} - \theta_2 \varepsilon_{t-2} \cdots - \theta_q \varepsilon_{t-q}$$
$$= \sum_{i=0}^{\infty} \psi_i \varepsilon_{t-i} \tag{14.33}$$

容易看出：当 $k > q$ 时，

$$r_k = \phi_1 r_{k-1} + \phi_2 r_{k-2} + \cdots + \phi_p r_{k-p} \tag{14.34}$$

自相关函数为：

$$\rho_k = \frac{r_k}{r_0} = \phi_1 \rho_{k-1} + \phi_2 \rho_{k-2} + \cdots + \phi_p \rho_{k-p} \tag{14.35}$$

可见，当 $k > q$ 时，$ARMA(p,q)$ 模型的自相关函数仅依赖于模型参数 $\phi_1, \phi_2, \cdots, \phi_p$ 和 $\rho_{k-1}, \rho_{k-2}, \cdots, \rho_{k-p}$。

由前面的介绍可知，$AR(p)$ 与 $ARMA(p,q)$ 模型均有拖尾性质。因此，仅研究序列的自相关特征，不足以识别序列的模型，还必须借助于序列另外的统计特征。自然地，对于一个 $AR(p)$ 模型，我们会设想用一个自回归过程去拟合序列的观察数据，假定用 $AR(k-1)$ 拟合了一个数据序列，现又用 $AR(p)$ 拟合该序列，则增加了一个滞后变量 Z_{t-k}。若记拟合的回归系数为 ϕ_{kj}，则相应于 Z_{t-k} 的系数就是 ϕ_{kk}。由直观估计，若 $|\phi_{kk}|$ 很小，则滞后变量 Z_{t-k} 加在模型中是无意义的，即 $AR(k-1)$ 模型的拟合比较合适；否则，Z_{t-k} 就应包含在模型中，其相应的系数 ϕ_{kk} 就是模型的另一个统计特征，称为偏自相关函数，它度量了在已知序列 $Z_{t-1}, Z_{t-2}, \cdots, Z_{t-k+1}$ 的条件下，Z_t 与 Z_{t-k} 之间的相关关系。

根据 $AR(p)$ 的拖尾性质以及偏自相关函数的含义，可以采用方差最小的原则来求得偏自相关函数：

$$\phi_{kj} = \begin{cases} \phi_j, & 1 \leq j \leq p; k = p, p+1, \cdots \\ 0, & j > p \end{cases} \tag{14.36}$$

由此，得到 $AR(p)$ 的主要特征是 $k > p$ 时，$\phi_{kk} = 0$，即在 p 以后截尾。

对于 $ARMA(p,q)$ 与 $MA(q)$ 模型，可以证明它们的偏自相关函数是拖尾的。

下面讨论 $ARMA(p,q)$ 模型的识别问题。

若随机序列的自相关函数与偏自相关函数均是"拖尾"的，则此序列是自回归滑动平均

ARMA(p,q)序列。

模型中 p 与 q 的识别,首先是利用较低阶的阶数(1,1),(1,2),(2,1)进行试探,然后逐个增加阶数进行尝试,直到选出合适的模型,定出阶数 p、q 为止。所谓合适的模型,是指在选定 p、q 后,进行参数估计,然后根据所估计的参数,对模型进行检验。如果检验合格,则认为此模型合适;否则,需进行新的尝试。

见表 14-1。ARMA(p,q)模型的 ACF 与 PACF 理论模式。

表 14-1　　　　　ARMA(p,q)模型的 ACF 与 PACF 理论模式

模型	ACF	PACF
白噪声	$\rho_k = 0$	$\rho_k^* = 0$
AR(p)	衰减趋于零(几何型或振荡型)	p 阶后截尾:$\rho_k^* = 0, k > p$
MA(q)	q 阶后截尾:$\rho_k = 0, k > p$	衰减趋于零(几何型或振荡型)
ARMA(p,q)	q 阶后衰减趋于零(几何型或振荡型)	p 阶后衰减趋于零(几何型或振荡型)

14.3.2 模型的参数估计

通过模型识别,确定了时间序列分析模型的模型结构和阶数,在此基础上可对模型的参数进行估计,以确定模型的具体表达方式。

基本流程可简述为:通过模式识别确定结构阶数,然后进行模型的参数估计。

模型参数估计的方法较多,大体上分为三类:最小二乘估计、矩估计和利用自相关函数直接估计。

1. AR(p)模型的 Yule Walker 方程估计

在 AR(p)模型的识别中,曾得到 $\rho_k = \phi_1 \rho_{k-1} + \phi_2 \rho_{k-2} + \cdots + \phi_p \rho_{k-p}$。

利用 $\rho_k = \rho_{-k}$,得到如下方程组:

$$\begin{cases} \rho_1 = \phi_1 + \phi_2 \rho_1 + \cdots + \phi_p \rho_{p-1} \\ \rho_2 = \phi_1 \rho_1 + \phi_2 + \cdots + \phi_p \rho_{p-2} \\ \cdots \cdots \\ \rho_p = \phi_1 \rho_{p-1} + \phi_2 \rho_{p-2} + \cdots + \phi_p \rho_{p-k} \end{cases} \quad (14.37)$$

此方程组称为 Yule Walker 方程组。该方程组建立了 AR(p)模型的模型参数 ϕ_1,ϕ_2,$\cdots$,ϕ_p 与自相关函数 ρ_1,ρ_2,$\cdots$,ρ_p 的关系。

利用实际时间序列提供的信息,首先求得自相关函数的估计值 $\hat{\rho}_1$,$\hat{\rho}_2$,$\cdots$,$\hat{\rho}_p$,然后利用 Yule Walker 方程组,求解模型参数的估计值 $\hat{\phi}_1$,$\hat{\phi}_2$,$\cdots$,$\hat{\phi}_p$:

$$\begin{bmatrix} \hat{\phi}_1 \\ \hat{\phi}_2 \\ \vdots \\ \hat{\phi}_p \end{bmatrix} = \begin{bmatrix} \hat{\rho}_0 & \hat{\rho}_1 & \cdots & \hat{\rho}_{p-1} \\ \hat{\rho}_1 & \hat{\rho}_0 & \cdots & \hat{\rho}_{p-2} \\ \vdots & \vdots & & \vdots \\ \hat{\rho}_{p-1} & \hat{\rho}_{p-2} & \cdots & \hat{\rho}_0 \end{bmatrix}^{-1} \begin{bmatrix} \hat{\rho}_1 \\ \hat{\rho}_2 \\ \vdots \\ \hat{\rho}_p \end{bmatrix} \quad (14.38)$$

由于 $\varepsilon_t = Z_t - \phi_1 Z_{t-1} - \cdots - \phi_p Z_{t-p}$，于是 $\sigma_\varepsilon^2 = E\varepsilon_t^2 = \hat{\gamma}_0 - \sum_{i,j=1}^{p} \hat{\phi}_i \hat{\phi}_j \hat{\gamma}_{j-i}$，从而可得 σ_ε^2 的估计值。在具体计算时，$\hat{\rho}_k$ 可用样本自相关函数 γ_k 替代。

2. MA(q)模型的矩估计

将 MA(q)模型的自协方差函数中的各个量用估计量代替，得

$$\hat{\gamma}_k = \begin{cases} \hat{\sigma}_\varepsilon^2 (1 + \hat{\theta}_1^2 + \hat{\theta}_2^2 + \cdots + \hat{\theta}_q^2) & k = 0 \\ \hat{\sigma}_\varepsilon^2 (-\hat{\theta}_k + \hat{\theta}_1 \hat{\theta}_{k+1} + \cdots + \hat{\theta}_{q-k} \hat{\theta}_q) & 1 \leq k \leq q \\ 0 & k > q \end{cases} \quad (14.39)$$

首先求得自协方差函数的估计值，式(14.39)是一个包含 $q+1$ 个待估参数 $\hat{\theta}_1, \hat{\theta}_2, \cdots, \hat{\theta}_q$，$\hat{\sigma}_\varepsilon^2$ 的非线性方程组，可以用直接法或迭代法求解。

常用的迭代方法有线性迭代法和 Newton—Raphsan 迭代法。

3. ARMA(p,q)模型的矩估计

在 ARMA(p,q)中共有 $p+q+1$ 个待估参数 $\phi_1, \phi_2, \cdots, \phi_p$ 与 $\theta_1, \theta_2, \cdots, \theta_q$ 以及 σ_ε^2，其估计量计算步骤及公式如下：

第一步，估计 $\phi_1, \phi_2, \cdots, \phi_p$：

$$\begin{bmatrix} \hat{\phi}_1 \\ \hat{\phi}_2 \\ \vdots \\ \hat{\phi}_p \end{bmatrix} = \begin{bmatrix} \hat{\rho}_q & \hat{\rho}_{q-1} & \cdots & \hat{\rho}_{q-p+1} \\ \hat{\rho}_{q+1} & \hat{\rho}_q & \cdots & \hat{\rho}_{q-p} \\ \vdots & & & \vdots \\ \hat{\rho}_{q+p-1} & \hat{\rho}_{q+p-2} & \cdots & \hat{\rho}_q \end{bmatrix}^{-1} \begin{bmatrix} \hat{\rho}_{q+1} \\ \hat{\rho}_{q+2} \\ \vdots \\ \hat{\rho}_{q+p} \end{bmatrix} \quad (14.40)$$

$\hat{\rho}_k$ 是总体自相关函数的估计值，可用样本自相关函数 γ_k 代替。

第二步，改写模型，求 $\theta_1, \theta_2, \cdots, \theta_q$ 以及 σ_ε^2 的估计值。

将模型

$$Z_t = \phi_1 Z_{t-1} + \phi_2 Z_{t-2} + \cdots + \phi_p Z_{t-p} + \varepsilon_t - \theta_1 \varepsilon_{t-1} - \theta_2 \varepsilon_{t-2} \cdots - \theta_q \varepsilon_{t-q} \quad (14.41)$$

改写为：

$$Z_t - \phi_1 Z_{t-1} - \phi_2 Z_{t-2} - \cdots - \phi_p Z_{t-p} = \varepsilon_t - \theta_1 \varepsilon_{t-1} - \theta_2 \varepsilon_{t-2} \cdots - \theta_q \varepsilon_{t-q} \quad (14.42)$$

令 $\tilde{Z}_t = Z_t - \hat{\phi}_1 Z_{t-1} - \hat{\phi}_2 Z_{t-2} - \cdots - \hat{\phi}_p Z_{t-p}$，于是式(14.41)可以写成：

$$\tilde{Z}_t = \varepsilon_t - \theta_1 \varepsilon_{t-1} - \theta_2 \varepsilon_{t-2} - \cdots - \theta_q \varepsilon_{t-q} \quad (14.43)$$

它构成一个 MA 模型。按照估计 MA 模型参数的方法，可以得到 $\theta_1, \theta_2, \cdots, \theta_q$ 以及 σ_ε^2 的估计值。

4. AR(p)的最小二乘估计

假设模型 AR(p)的参数估计值已经得到，即有

$$Z_t = \hat{\phi}_1 Z_{t-1} + \hat{\phi}_2 Z_{t-2} + \cdots + \hat{\phi}_p Z_{t-p} + \hat{\varepsilon}_t \quad (14.44)$$

残差的平方和为：

$$S(\hat{\phi}) = \sum_{t=p+1}^{n} \hat{\varepsilon}_t = \sum_{t=p+1}^{n} (Z_t - \hat{\phi}_1 Z_{t-1} - \hat{\phi}_2 Z_{t-2} - \cdots - \hat{\phi}_p Z_{t-p})^2 \quad (14.45)$$

根据最小二乘原理,所要求的参数估计值是下列方程组的解:$\dfrac{\partial S}{\partial \hat{\phi}_j} = 0$

即

$$\sum_{t=p+1}^{n}(Z_t - \hat{\phi}_1 Z_{t-1} - \hat{\phi}_2 Z_{t-2} - \cdots - \hat{\phi}_p Z_{t-p})Z_{t-j} = 0 \quad (j=1,2,\cdots,p) \quad (14.46)$$

解该方程组,就得到待估参数的估计值。

为了与 AR(p) 模型的 Yule Walker 方程估计进行比较,将式(14.46)改写成如下形式:

$$\dfrac{\hat{\phi}_1}{n}\sum_{t=p+1}^{n}Z_{t-1}Z_{t-j} + \dfrac{\hat{\phi}_2}{n}\sum_{t=p+1}^{n}Z_{t-2}Z_{t-j} + \cdots + \dfrac{\hat{\phi}_p}{n}\sum_{t=p+1}^{n}Z_{t-p}Z_{t-j}$$

$$= \dfrac{1}{n}\sum_{t=p+1}^{n}Z_t Z_{t-j} \quad j=1,2,\cdots,p \quad (14.47)$$

由自协方差函数的定义,并用自协方差函数的估计值 $\hat{\gamma}_k = \dfrac{1}{n}\sum_{t=p+1}^{n-k}Z_{t+k}Z_t$ 代入,式(14.47)表示的方程组即为:

$$\hat{\phi}_1 \hat{\gamma}_{j-1} + \hat{\phi}_2 \hat{\gamma}_{j-2} + \cdots + \hat{\phi}_p \hat{\gamma}_{j-p} = \hat{\gamma}_j \quad (j=1,2,\cdots,p) \quad (14.48)$$

或

$$\hat{\phi}_1 \gamma_{j-1} + \hat{\phi}_2 \gamma_{j-2} + \cdots + \hat{\phi}_p \gamma_{j-p} = \gamma_j \quad (j=1,2,\cdots,p) \quad (14.49)$$

解该方程组,得

$$\begin{bmatrix} \hat{\phi}_1 \\ \hat{\phi}_2 \\ \vdots \\ \hat{\phi}_p \end{bmatrix} = \begin{bmatrix} r_0 & r_1 & \cdots & r_{p-1} \\ r_1 & r_0 & \cdots & r_{p-2} \\ \vdots & & & \vdots \\ r_{p-1} & r_{p-2} & \cdots & r_0 \end{bmatrix}^{-1} \begin{bmatrix} r_1 \\ r_2 \\ \vdots \\ r_p \end{bmatrix} \quad (14.50)$$

即为参数的最小二乘估计。

Yule Walker 方程组的解为

$$\begin{bmatrix} \hat{\phi}_1 \\ \hat{\phi}_2 \\ \vdots \\ \hat{\phi}_p \end{bmatrix} = \begin{bmatrix} \hat{\rho}_0 & \hat{\rho}_1 & \cdots & \hat{\rho}_{p-1} \\ \hat{\rho}_1 & \hat{\rho}_0 & \cdots & \hat{\rho}_{p-2} \\ \vdots & & & \vdots \\ \hat{\rho}_{p-1} & \hat{\rho}_{p-2} & \cdots & \hat{\rho}_0 \end{bmatrix}^{-1} \begin{bmatrix} \hat{\rho}_1 \\ \hat{\rho}_2 \\ \vdots \\ \hat{\rho}_p \end{bmatrix} \quad (14.51)$$

比较发现,当 n 足够大时,二者是相似的。σ_ε^2 的估计值为:

$$\hat{\sigma}_\varepsilon^2 = \dfrac{1}{n-p}\sum_{t=p+1}^{n}\hat{\varepsilon}_t^2 = \dfrac{S}{n-p} \quad (14.52)$$

需要说明的是,在上述模型的平稳性、识别与估计的讨论中,ARMA(p,q) 模型中均未包含常数项。如果包含常数项,该常数项并不影响模型的原有性质,因为通过适当的变形,可将包含常数项的模型转换为不含常数项的模型。下面以一般的 ARMA(p,q) 模型为例说明。

对含有常数项的模型

$$Z_t = \alpha + \phi_1 Z_{t-1} + \phi_2 Z_{t-2} + \cdots + \phi_p Z_{t-p} + \varepsilon_t - \theta_1 \varepsilon_{t-1} - \theta_2 \varepsilon_{t-2} \cdots - \theta_q \varepsilon_{t-q}$$

$$(14.53)$$

方程两边同减 $\alpha/(1-\phi_1-\cdots-\phi_p)$，则可得到

$$z_t = \phi_1 z_{t-1} + \cdots + \phi_p z_{t-p} + \varepsilon_t - \theta_1 \varepsilon_{t-1} - \cdots - \theta_q \varepsilon_{t-q} \tag{14.54}$$

其中：$z_i = Z_i - \alpha/(1-\phi_1-\cdots-\phi_p)$　　$(i=t, t-1, \cdots, t-p)$。

14.3.3　时间序列的预测

1. 最优预测值的计算

预测的目标是希望在尽可能小的预测误差下，对时间序列的未来值进行预测。因此，认为最优预测是具有最小均方预测误差的预测，即设 $\hat{Z}_{t+l}$ 为预测值，Z_{t+l} 为实际观察值，则希望预测误差的方差 $E(Z_{t+l} - \hat{Z}_{t+l})^2$ 为最小。可以证明，这个最优预测就是 Z_{t+l} 的条件期望。即

$$\hat{Z}_{t+l} = E(Z_{t+l} \mid Z_t, Z_{t-1}, \cdots, Z_1) \tag{14.55}$$

由条件期望的性质，可导出 ARMA(p,q) 模型的一步预测公式为：

$$\begin{aligned}\hat{Z}_{t+1} &= E(Z_{t+1} \mid Z_t, Z_{t-1}, \cdots, Z_1) \\ &= \hat{\phi}_1 Z_t + \hat{\phi}_2 Z_{t-1} + \cdots + \hat{\phi}_p Z_{t-p+1} - \hat{\theta}_1 \varepsilon_t - \hat{\theta}_2 \varepsilon_{t-1} - \cdots - \hat{\theta}_q \varepsilon_{t-q+1}\end{aligned} \tag{14.56}$$

其中：$\varepsilon_t, \varepsilon_{t-1}, \cdots$ 是可以计算的观测残差。

模型的二步预测公式为：

$$\begin{aligned}\hat{Z}_{t+2} &= E(Z_{t+2} \mid Z_t, Z_{t-1}, \cdots, Z_1) \\ &= \hat{\phi}_1 Z_{t+1} + \hat{\phi}_2 Z_t + \cdots + \hat{\phi}_p Z_{t-p+2} - \hat{\theta}_1 \varepsilon_{t+1} - \hat{\theta}_2 \varepsilon_t - \cdots - \hat{\theta}_q \varepsilon_{t-q+2}\end{aligned} \tag{14.57}$$

类似地，可求出 k 步预测为：

$$\begin{aligned}\hat{Z}_{t+k} &= E(Z_{t+k} \mid Z_t, Z_{t-1}, \cdots, Z_1) \\ &= \hat{\phi}_1 Z_{t+k-1} + \cdots + \hat{\phi}_p Z_{t+k-p} - \hat{\theta}_1 \varepsilon_t - \cdots - \hat{\theta}_q \varepsilon_{t-q+k}\end{aligned} \tag{14.58}$$

因此，只要给出初始预测值，即可递推出任一时间的预测值。

2. 预测误差及置信区间计算

预测误差是一随机序列，因此在某一置信水平下，预测值将在置信区间范围内取值。

将时间序列 Z_t 用传递函数的形式表示，即

$$Z_t = \phi_1 Z_{t-1} + \phi_2 Z_{t-2} + \cdots + \phi_p Z_{t-p} + \varepsilon_t - \theta_1 \varepsilon_{t-1} - \theta_2 \varepsilon_{t-2} - \cdots - \theta_q \varepsilon_{t-q} = \sum_{k=0}^{\infty} \psi_k \varepsilon_{t-k} \tag{14.59}$$

则最优预测的预测误差方差为：

$$E(\varepsilon_{t+l})^2 = (\psi_0^2 + \psi_1^2 + \cdots + \psi_{l-1}^2)\sigma_\varepsilon^2 \tag{14.60}$$

由此可见，预测的步数越多，预测误差的方差越大。对于一步预测，置信水平为 68.3% 的置信区间为：

$$Z_{t+l} \pm \left(1 + \sum_{j=1}^{l-1} \hat{\psi}_j^2\right)^{\frac{1}{2}} \hat{\sigma}_\varepsilon \tag{14.61}$$

置信水平为95%的置信区间为：

$$Z_{t+l} \pm 1.96\left(1 + \sum_{j=1}^{l-1}\hat{\psi}_j^2\right)^{\frac{1}{2}}\hat{\sigma}_\varepsilon \tag{14.62}$$

置信水平为99.9%的置信区间为：

$$Z_{t+l} \pm 3\left(1 + \sum_{j=1}^{l-1}\hat{\psi}_j^2\right)^{\frac{1}{2}}\hat{\sigma}_\varepsilon \tag{14.63}$$

3. 模型的检验

完成模型的建模和预测后,应对模型进行检验,以考察模型是否适用。对模型的各种检验方法,都是基于考察观察期的追溯预测误差 $\varepsilon_t = Z_t - \hat{Z}_t$。如果模型选取合适,则 ε_t 应为白噪声,因此,模型检验是否合适,就是检验 ε_t 是否为白噪声,特别是 ε_t 之间不存在自相关。若 ε_t 是白噪声,则当样本容量 n 足够大后, ε_t 的样本自相关系数 ρ_k 近似地服从 $N\left(0, \frac{1}{n}\right)$,这是各种检验方法的理论基础。

(1) 直接考察 ε_t

利用所建模型对观察期作追溯预测,求出各期预测误差 ε_t,并计算其各阶自相关系数 $\rho_k(k=1,2,\cdots)$。如果 ρ_k 都落在区间 $(-2/\sqrt{n}, 2/\sqrt{n})$ 内,则可认为模型正确,否则,认为模型不正确。

(2) 博克斯—皮尔斯法

对 ARMA(p,q) 模型,计算各期预测误差及各阶自相关系数 ρ_k,验证统计量 $Q = n\sum_{k=1}^{m}\rho_k^2$ 是否服从 $\chi^2(m-p-q)$ 分布。即:对于已建立的模型,选取 m,计算统计量 Q 的值,然后再从 χ^2 分布临界值表中查出给定的显著水平 α 下, ε_t 是白噪声,模型是正确的,否则,认为模型不正确。

14.4 基于时间序列分析的土地覆盖遥感

自从20世纪70年代末,LST(Land Surface Temperature,陆地表面温度)热红外遥感开始广泛应用,热红外遥感与可见光遥感几乎同时引起我国各应用部门的关注。然而陆地表面温度是一个动态的热平衡参量,受到地表能量平衡过程的影响,是一个动态变化的时间序列过程参量。遥感获取的地表温度分布一般是一个瞬时量,如何在地表能量平衡过程研究、遥感信息提取、土地利用/覆盖变化研究等领域更好地应用遥感反演得到的地表温度分布,我们必须考虑这种时间尺度的差异。长期以来地表温度的时间变化规律及其时间尺度效应的研究未能引起足够的重视。

梁顺林(2001)采用时间序列分析的方法对土地覆盖进行分类,在实验中,他使用的是长时间序列的高级高分辨率辐射计数据(advanced very high resolution radiometer, AVHRR),对三种类型的特征进行抽取,并将它们分为两类。第一种特征类型是基于平均每年的归一化植被指数(NDVI)的形状特征和4个频道的亮度与温度特征,这种类型用加权最小二乘方法来估计,估计的协方差用于分类。第二种特征类型是基于多年数据信号的周期图,每个像素的周期图子集用于分类。第三种特征类型是基于时相信号的相关性结构,AR 模型和季节性的 ARIMA 模型适用于这种信号,它们的协方差用于分类。

本节探讨土地覆盖变化与地表温度的时间变化规律之间的关系,并通过简单的时序分析实验,说明基于 MODIS 陆地信息产品的土地覆盖动态遥感的可行性。

实验所用区域为武汉地区。根据 2002 年武汉市土地利用现状详查,全市土地总面积 854908.8 公顷,土地利用类型较齐全,利用结构以耕地、水域为主。全市土地面积中,各类土地面积构成比重分别为:耕地占 45.31%,园地占 1.20%,林地占 8.22%,牧草地占 0.81%,居民点及工矿用地 11.72%,交通用地占 1.97%,水域占 25.79%,未利用土地占 4.98%。

MODIS 土地覆盖分类产品包含多个分类类型描述土地覆盖特性。根据 IGBP(international geosphere-biosphere programme)定义的 11 类自然植被和三种发展的土地类型(其中之一为自然植被、永久雪覆、荒地和水域形成的混合地),MODLAND Science Team 将主要的土地覆盖类型分为 17 类,故 Land Processes Distributed Active Archive Center(LPDAAC)提供的 Land Cover 将土地覆盖类型分为 17 类,即

0:水域(water);

1:常绿针叶林(evergreen needleleaf trees);

2:常绿阔叶林(evergreen broadleaf trees);

3:落叶针叶林(deciduous needleleaf trees);

4:落叶阔叶林(deciduous broadleaf trees);

5:混合林(mixed forests);

6:封闭式灌木(closed shrublands);

7:开放式灌木(open shrublands);

8:多树大草原(woody savannas);

9:稀树大草原(savannas);

10:牧草地(grassland);

11:永久湿地(permanent wetlands);

12:农田(croplands);

13:城市与建筑物(urban and built up);

14:农田/自然植被混合地(cropland/natural vegetation mosaic);

15:永久冰雪(permanent snow and ice);(武汉地区无此类别)

16:荒地(barren or sparsely vegetation)。

MOD12 分类法是根据一年的观测数据描述土地覆盖的特性。该产品以一个季度为间隔,通过一年的连续的产品生产出精度更高的土地覆盖图。

本实验流程如下:

(1)从 LPDAAC 获取原始数据,包括 Land Cover 和 2002 年一整年的 LST 数据:①MODIS/Terra Land Cover Dynamics Yearly L3 Global 1km SIN Grid(2001~2003);②MODIS/Terra Land Surface Temperature/Emissivity 8-Day L3 Global 1km SIN Grid(2001—2002)。

(2)对数据进行预处理。包括格式转换、重投影变换、影像裁剪、导出 ASCII 码。

(3)利用 SPLUS 软件进行 LST 的时间序列分析,得出每一类的 LST 平均值和方差。

(4)建立每一覆盖类型的统计图表。实现时间序列的可视化,以便直观显示,同时给出

误差范围。

(5) 用预留的点进行有效性检验。讨论分析统计分析后的结果。

数据预处理包括：

(1) 影像格式转换

一个 HDF 文件中可以包含多种类型的数据，信息量大。通过数据输入输出模块，将 HDF 格式的影像数据转换为 IMG 格式。

(2) 影像重投影

影像重投影(reproject images)的目的在于将影像文件从一种地图投影类型转换到另一种投影类型。这种变换可以对单幅影像进行，也可以通过批处理向导(batch wizard)对多幅影像进行。本实验所涉及影像为一年的时间序列影像，数据量大，故采用批处理向导完成重投影。

(3) 影像剪裁

根据研究区工作范围对影像进行分幅剪裁(subset image)，得到武汉市范围。本实验采取规则分幅裁剪，即裁剪影像的边界范围是一个矩形，通过左上角和右下角两点的坐标就可以确定影像的裁剪位置。由于影像数量较大，因此裁剪过程采用批处理向导，以提高工作效率。

(4) 组合多波段数据

MODIS/Terra Land Surface Temperature/Emissivity 8-Day L3 Global 1km SIN Grid 经前三步处理后仅剩一层信息，此时影像可视为单波段影像。为减少统计分析时产生的数据冗余，可将一年中全部 40 幅有效影像文件组合(layer stack)成一个多波段影像文件。

(5) 生成 ASCII 码文件

将格式转换、重投影、剪裁后的 2001—2003 年的 Land Cover 栅格影像转换生成 ASCII 码文件。

本实验中，利用 2001 年、2002 年、2003 年的土地覆盖图，用 R 软件将数据准备阶段生成的 ASCII 文件导入，针对每一类别提取出稳定不变的像元。在数据准备阶段，我们将 2002 年一年的连续的有效 LST 数据(40个)进行文件组合(layer stack)，导出 ASCII 码，利用 R 软件提取出稳定像元的 LST 值，从而计算出每一类土地覆盖类型时间序列单元内的 LST 的平均值及其标准偏差(每一覆盖类型预留一至两个点作为检测点)。

LPDAAC 提供的产品有缺失，缺失的日期为：第 113、121、153、161、169、201、253 天(即第 15，16，20，21，22，26，45 个时间段)。最后进行分析的有效数据为 39 个(为便于分析，舍弃 2001 年第 361 天的数据，故由原来的 40 个有效数据变为 39 个)。

在完成每一类覆盖类型的统计之后，我们可以直观地显示它们的动态特征，如图 14-1 所示(横轴为天数，纵轴为摄氏度；图中实线部分表示平均值，虚线表示标准偏差)。统计时间范围为从 2002 年第一天至 2002 年第 361 天，每个点之间的间隔为 8 天。影像的原始温度单位为开尔文(Kelvin)，有效的温度范围为 7500~65535，转换为摄氏温标时进行此运算即可。原始开尔文温度 $\times 0.02 - 273 =$ 摄氏温度。

实验所给出的误差范围是一倍正/负标准偏差。从上可以看出，某些类别(如：Grasslands、Deciduous broadleaf trees 等)在有些时间段没有标准偏差。这是因为在这个时间段上此类型的像素只有一至两个，无法得到标准偏差。某些类别在有些时间段上没有此类土地覆盖类型(如：Woody Savannas、Permanent Wetlands 等)，此时在图上表现为无均值和标准偏差的显示。

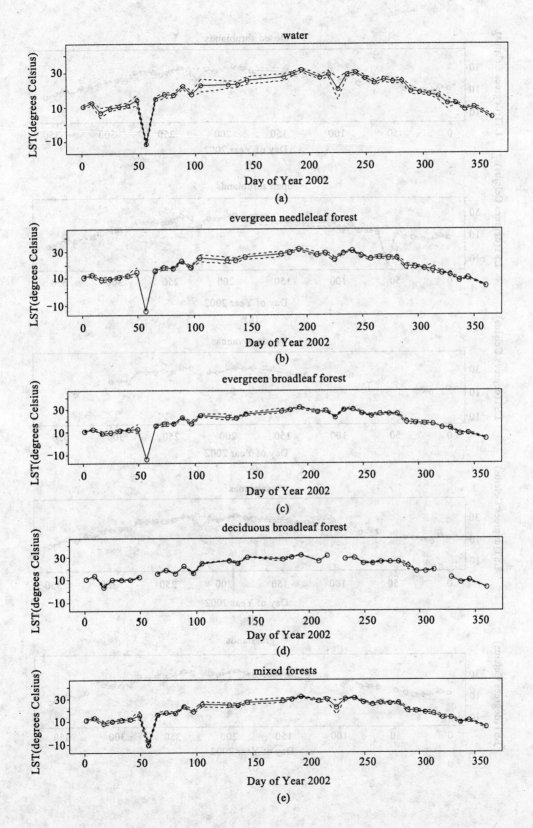

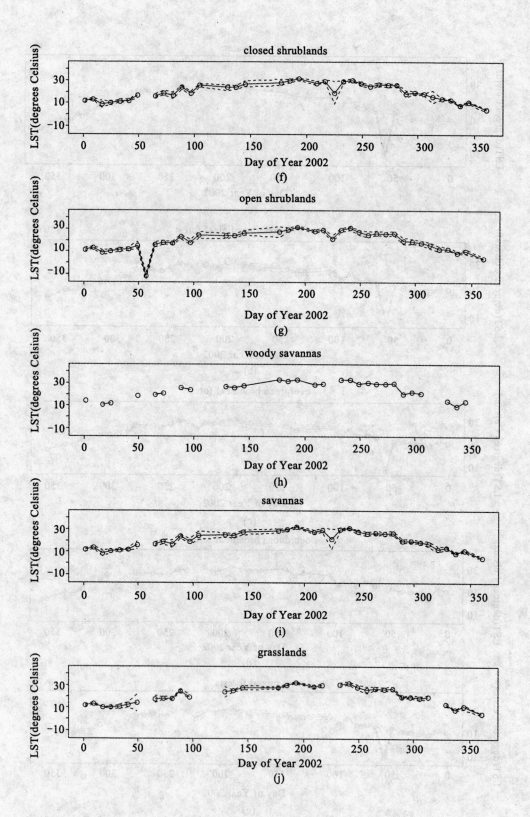

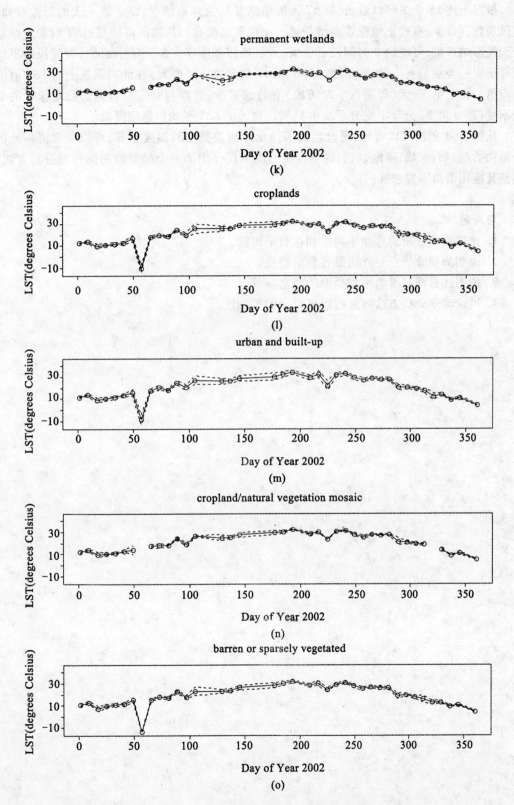

图 14-1 各土地覆盖类型的 LST 动态特征

根据上述 15 个图可以看出,第 57 天的信息显示为异常情况,结合这一天的影像可知,其像素数目很少,有些土地覆盖类型甚至一个像素也没有。其原因可能是:LST 数据的精度受天气影响严重,可能这个时间段云量大、云层遮挡严重等。每一类别在某一时间段的平均值等于同一类别的各个像素(依据 Land Cover 提取的稳定像素)在此时间段上的 LST 值的平均值。由于第 57 天(即第八个时间段)有效像素少,而参与每一类计算的稳定像素的个数不变(即 0 值多,分母不变分子变小),所以这天的 LST 平均值急剧降低。

从图 14-1 仍然可以看出:通过地面不同土地覆盖类型的温度差异,可以非常清晰地区分地物类型,如:水域、草地、居民区等。虽然本节仅介绍了一个简单的时间序列分析方法,但是其应用潜力不容忽视。

思考题
1. 比较趋势分析的移动平均法和指数平滑法。
2. 说明周期分析主要方法及各自的特点。
3. 请阐述自回归滑动平均模型的建立步骤。
4. 讨论时序分析方法与过程建模结合的可能性。

第 15 章 误差与空间不确定性

GIS 系统中存储的数据是经过野外采集、解译、计算机分类、综合等技术得到的。这些过程都可能产生误差,而数据误差在 GIS 操作中会以复杂的方式传播,即输入数据的误差将"传播"到该操作的输出结果上。此外,某一步操作的输出作为下一个操作输入时,误差将继续传播。因此,空间数据的误差是 GISci 的重要理论与实践问题。

GIS 空间数据误差通常认为是数据与真值的偏离(概念或数量)。由于数据来源众多,因而产生误差的原因也很多,如表 15-1 所示(Longley 等,2004)。

表 15-1　　　　　　　　　　空间数据误差的来源

误差类型	引起误差的原因
测量误差	位置或属性测量时仪器读数错误,观测仪器存在系统偏差,测量本身存在的随机误差。
输入误差	在数据输入至 GIS 系统时,数据编码的错误。
处理误差	数据结构转换,如矢量至栅格的转换而产生的误差。
分类误差	因野外或实验室或调查者的观测误差,对象被归到错误的类中;同物异谱、异物同谱现象造成的分类误差。
综合误差	制图综合的结果,包括位置移动与简化等。
时间误差	数据收集与数据库使用过程中,空间对象的属性发生了变化;地表物候特征的影响,使得变化检测的结果出现弃真和纳伪的现象。

概括起来有以下三个方面:

(1)地理世界的固有属性。变化和模糊这两个自然界的固有属性影响着 GIS 信息的准确表达。例如,草原的范围并不总是一成不变的,而是向森林或沙漠区域逐渐移动;土壤单元的边界、植被类型的划分也常常是模糊的。

(2)测量的局限性。任何测量过程都不可避免地引入误差。这种误差主要受观测条件,即仪器、观测者和外界环境等三方面因素的影响。此外,测量员或调查员的主观判断也影响外业调查数据的精度。

(3)数据表达、处理、传输的影响。在矢量数据结构情况下,线或边界的表达具有较高的精度,而栅格数据结构的精度受像元尺寸的影响。为了使所感兴趣的特征在图上易读,需要进行概括和综合,这显然会引入误差和不确定性。在空间数据库中进行的各种操作、转换和处理也将引入误差。通常,转换的次数越多,则产品中引入的误差的可能性也越大,严重程度也越高。

一般将 GIS 数据误差分为两类：位置误差和属性误差(Chrisman,1987)。位置误差主要表达位置的精度，但不同数据类型的精度常常差别较大。属性误差用于表达地理数据库中点、线和面属性数据的正确与否，它又可进一步分为质量和数量两种，其中质量误差是指名义和标签(例如地籍图上的某宗地的产权编码)是否正确；数量误差是指定量型属性估计值的偏差，例如某湖泊的污染度值。

更明晰的误差归类须依据 GIS 数据模型而定。上述的位置误差和属性误差是描述离散对象的。由于对象的属性一般地被认为是 GIS 应用领域专业人士的职责，对 GIS 空间对象误差的讨论通常只狭义地考虑位置误差。另一种数据模型是场，包括离散类别和连续数量型。前者的误差例子包括土地覆盖制图时的误分类(misclassification)，后者则指诸如地形高程的量测或内插的误差。

本章将描述空间数据的精度指标及其评估方法，叙述误差传播的基本方法，最后阐述空间不确定性的特性。

15.1 精度评估

15.1.1 精度与准确性

精度(precision)与准确性(accuracy)是相互关联的，在某种意义上是相互补充的概念。精度可以定义为一组随机变量的观测值的整合程度(Mikhail 和 Ackeman,1976)，也可以表示概率分布离散度的一种测度(测量的重复性)。准确性可以定义为估计值和真实值的接近程度。

设误差以 δx 来表示，观测值 x' 等于真实的 x 值加上 δx；δx 既可以是正的也可以是负的，因为误差在两个方向都是可能的。定义精度的方法有多种，测量员趋向于通过重复测量相同现象的仪器的性能来定义精确性。据此，如果测量仪器重复地给出相似的测量值，而不论这些值在实际中是否是准确的，那么这个仪器就是精确的。图 15-1 说明了精度的这种含义以及与准确性的关系。

在理想情况下，估计值应该是既满足精度要求，又满足准确度要求的。换句话说，点估计(参数)应该尽可能地与其真实值接近。同时，由重复测量(采样)获得的点值的变异程度应该尽可能地小。然而，某些具有高精度的数据并不准确，而准确度高的数据也并不精确。在系统影响中精度和准确度存在着差异，具有精度但缺少准确度的数据是由于系统误差引起的。

如果一个估计是精确的，那么它具有较小的置信区间。较大的置信区间受样本大小的影响，因为高精度的估计比低精度的估计需要更大的样本容量。尽管估计精度在某种程度上可以由样本数量决定，然而估计的准确度由假设检验中估计值和期望值的比值决定。对于一个高精度的估计，即使很小的期望值偏差也会非常关键；而对于一个低精度估计，相对大的期望值偏差可能被简单地解释为由随机误差而引起。

对于精度估计，样本的估计精度和准确度都可以决定是否达到了精度要求。由于样本数量的限制，NPS/NBS(the national park service/national biological survey)植被地图数据中对每一类的估计精度要求很低。如果精度达到了要求，并且真值包含在了(较大的)置信区间内，可采用低精度的估计。然而如果精度估计要求等于或大于所需的值，高精度(小置信区

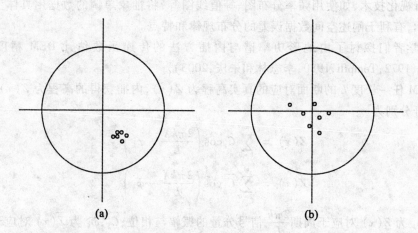

图 15-1 精度这个术语常常是指测量的反复性。在两个图表中都在相同的位置进行了反复测量,用圆心来表示:(a) 连续的测量有近似的值(它们是精确的),但显示了一个远离正确值的偏差(它们是不准确的);(b) 精确性比较低但准确性更高(Longley 等,2007)

间)估计则更好,因为在这种要求下,真值必须在置信区间下边缘或区间以外。

15.1.2 连续场精度

DEM 是一种常见的连续场,下面以 DEM 精度描述为例来说明有关连续场精度的问题。

设高程数据的真值为 Z,观测值或计算值为 z,则误差定义为 $\xi = Z - z$,如果误差个数为 n,则 DEM 中常用的数值精度度量指标(descriptors)如表 15-2 所示(周启鸣和刘学军,2006)。

表 15-2　　　　　　　　　　　DEM 数值精度度量指标

名称	定义
中误差 RMSE	$RMSE = \sqrt{\sum_{i=1}^{n} \xi_i^2 / n}$
相对中误差 R-RMSE	$R\text{-}RMSE = \sqrt{\sum_{i=1}^{n} \left(\frac{\xi_i}{z_i}\right)^2 / n}$
对数中误差 L-RMSE	$L\text{-}RMSE = \sqrt{\sum_{i=1}^{n} \left(\ln\left(\frac{z_i}{Z_i}\right)\right)^2 / n}$
平均误差 ME	$ME = \sum_{i=1}^{n} \xi_i / n$
标准差 SD	$SD = \sqrt{\sum_{i=1}^{n} (\xi_i - ME)^2 / n}$
精度比率 AR	$AR = \sqrt{\sum_{i=1}^{n} \xi_i^2 / \sum_{i=1}^{n} (\xi_i - ME)^2}$

通过可视化技术,如使用频率分布图、等值线图等,将抽象单调的数据用具体生动的图形直观表示,有利于阐述空间数据误差的分布规律和特点。

另外,学者们探讨了由地形功率谱与内插方法的传递函数估计 DEM 精度的方法(Makarovic,1972;Tempfli,1980;李志林和朱庆,2003)。

设 DEM 任一长度 L 的断面对应的真实高程为 $Z(x)$,内插获得的高程为 $\overline{Z}(x)$,它们的傅立叶展开分别为

$$Z(x) = \sum_{k=0}^{\infty} C_k \cos\left(\frac{2\pi kX}{L} - \varphi_k\right) \tag{15.1a}$$

$$\overline{Z}(x) = \sum_{k=0}^{\infty} \overline{C}_k \cos\left(\frac{2\pi kX}{L} - \overline{\varphi}_k\right) \tag{15.1b}$$

其中:C_k, φ_k 为 $Z(x)$ 对应于周期 $\frac{2\pi k}{L}$ 信号分量的振幅与相位;$\overline{C}_k, \overline{\varphi}_k$ 为 $\overline{Z}(x)$ 对应于周期为 $\frac{2\pi k}{L}$ 信号分量的振幅和相位。

$\overline{Z}(x)$ 相对于 $Z(x)$ 的均方误差为(其中假设常数分量为零):

$$\sigma_z^2 = \frac{1}{L}\int_0^L [Z(X) - \overline{Z}(X)]^2 dX$$

$$= \frac{1}{L}\int_0^L \left[\sum_{k=0}^{\infty} C_k \cos\left(\frac{2\pi kX}{L} - \varphi_k\right) - \sum_{k=0}^{\infty} \overline{C}_k \cos\left(\frac{2\pi kX}{L} - \overline{\varphi}_k\right)\right]^2 dX \tag{15.2a}$$

当满足采样定理且 L 充分大时,相位可忽略不计,即

$$\sigma_Z^2 \approx \frac{1}{L}\int_0^L \left[\sum_{K=0}^{\infty} (C_K - \overline{C}_K)\cos\frac{2\pi Kx}{L}\right]^2 dx$$

$$\approx \frac{1}{L}\int_0^L \left[\sum_{K=0}^{m} (C_K - \overline{C}_k)\cos\frac{2\pi Kx}{L}\right]^2 dx \tag{15.2b}$$

其中 $\frac{L}{m}$ 为截止频率(即当 $K > m$ 时,$C_K = 0$)。由于 $\int_0^L \cos\frac{2\pi K_1}{L}x\cos\frac{2\pi K_2}{L}x dx = 0 (K_1 \neq K_2)$,$\int_0^L \left(\cos\frac{2\pi K}{L}x\right)^2 dx = \frac{L}{2}$,式(15.2b) 可进一步写成

$$\sigma_z^2 \approx \frac{1}{2}\sum_{k=0}^{m}(C_k - \overline{C}_k)^2 dX = \frac{1}{2}\sum_{k=0}^{m}\left(1 - \frac{\overline{C}_k}{C_k}\right)^2 C_k^2 = \frac{1}{2}\sum_{k=0}^{m}[1 - H(u_k)]^2 C_k^2 \tag{15.2c}$$

其中 $H(u_K) = \frac{\overline{C}_K}{C_K}(u_k) = f_K \cdot \Delta x < \frac{1}{2}, K = 0,1,2,\cdots,m;\Delta x$ 为采样间隔;$f_K = \frac{L}{K}$ 为频率)是所应用内插方法的传递函数;C_K^2 则是剖面 L 的地形功率谱。

对于二维情况,可由 X 剖面中误差 σ_{ZX} 与 Y 剖面中误差 σ_{ZY} 得

$$\sigma_z^2 = \sigma_{ZX}^2 + \sigma_{ZY}^2 \tag{15.3}$$

在实际应用中,由于剖面高程 Z 中包含量测误差 σ_m^2,它一方面对功率谱 C_K^2 的计算产生影响;另一方面,作为 DEM 内差的原始数据本身带有中误差 σ_m。根据 Tempfli 的研究,在 XZ 坐标系中,用线性内插法内插 DEM 的精度为 $\sigma_{DEM}^2 = \sigma_z^2 + \frac{2}{3}\sigma_m^2$,利用抛物双曲面进行双线性

曲面内插 DEM 的精度为 $\sigma_{DEM}^2 = \sigma_z^2 + \left(\frac{2}{3}\right)^2 \sigma_m^2$。实验证明，DEM 的精度主要取决于采样间隔和地形的复杂程度，对不同的内插方法，只要应用合理，所得 DEM 的精度相差不大。

15.1.3 类别场精度

类别是名义数据的一种实例，类别数据用于区分类与类之间的个例，或者表示客体。如果类别之间具有固有的顺序，那么它们就被描述为顺序数据。

考虑对名义数据进行观测，例如对农用土地进行观测（这块土地可能被赋值为类别"农业"，以 A 表示，这块土地的土地利用类别的属性值是农业）。由于某种原因，例如用于建立数据库的航空摄影的质量问题，该地块被错误地记录为类别"草地"，以 G 表示。我们可以从概率的角度考虑这种农业地块被错误地划分成为草地的概率。

表 15-3(Longley 等,2007)显示了如何用混淆矩阵(confusion matrix)和概率来表示数据库中存储的地块的错误分类情况。其中，行对应于数据库中记录的每个地块的土地利用分类，列对应于通过实地观测记录下来的类，主对角线上的值反映了正确的分类(总共有 340 个地块)。假定可以为每块土地确定一个真实的类别，这个类别通过在实地的观测确定。实地观测被认为比利用遥感影像进行的分类更加精确，但也更费时、费力。

表 15-3 一例混淆矩阵

	A	B	C	D	E	总数
A	80	4	0	15	7	106
B	2	17	0	9	2	30
C	12	5	9	4	8	38
D	7	8	0	65	0	80
E	3	2	1	6	38	50
总数	104	36	10	99	55	304

设 k 是类别的数量，n 是样本大小，map 和 reference 分别为分类结果和类别的真值的矢量，则可用如下的伪代码构建混淆矩阵 $\{e(i,j)\}$：

for $i, j = 1, k$
    $e(i,j) <- 0$
for $s = 1, n$
    $i <- map(s)$
    $j <- reference(s)$
    $e(i,j) <- e(i,j) + 1$

一种理想的状态是：混淆矩阵中的所有观测值都应该在主对角线上，它对应于同一地块的真实类别和数据库类别。但事实上，有些类别比其他类别更容易混淆，因此在非对角线上的单元将会有非零的条目。

考虑一例混淆矩阵(如表 15-3)，将其视为一种行的集合，每行定义一个矢量值。行 i 对应的矢量给出看起来是类别 i 而实际上是类别1、2、3等的实例的比例。用符号可以表示为一个矢量 $\{p_1, p_2, \cdots, p_j, \cdots, p_k\}$，$k$ 是类别的数量，p_j 表示根据数据库看起来是类别 i 而实际上是类别 j 的实例的比例。

考虑混淆矩阵的某一行。例如，行 A 展示了在数据库中有 106 个地块被记录为类别 A，80 个地块被在野外验证中确认为类别 A，但是 15 个地块实际上应为类别 D。对角线上的项出现的比率表示被正确分类的地块的比率，并且在行上的全部非对角线项是数据库中看起来是该行的类别，但实际上却是被错误分类的条目的比率。例如，对于 C 类别，只有 9 个数据库值与实际值相一致。如果我们观察表的列，各项记录了真实的状况，即为该类别的地块记录在数据库中的方式。例如，在田地中找到的类别为 C 的 10 个实例中，在数据库中有 9 个记录与之对应，而只有 1 个被错误地记录为类别 E。

生产者的观点是基于列的，因为其任务是，最小化给定列上的非对角线上的值；而行被称为用户的观点，因为他们关心的是数据库内容的真实性即精度。数据的使用者和生产者，以截然不同的方式看待错误分类。

将表格作为一个整体，对角线上的单元格的项的比率被称为正确分类百分比（percent correctly classified，PCC）。在这个实例中，有 209/304 个实例在对角线上，PCC 为 68.8%。但是这个指标可能使人产生误解。首先，只要有几率的存在，就会产生一些正确的分类，即使是在最坏的情况下。因此，有必要将这个指标基数调整为 0。研究者提出了更有用的指标，即卡帕指数（Kappa index），它被定义为：

$$\kappa = \frac{\sum_{i=1}^{k} e_{ii} - \sum_{i=1}^{k} e_{i\cdot} e_{\cdot i} / e_{\cdot\cdot}}{e_{\cdot\cdot} - \sum_{i=1}^{k} e_{i\cdot} e_{\cdot i} / e_{\cdot\cdot}} \tag{15.4}$$

其中：e_{ij} 表示第 i 行第 j 列的项，点表示总和（例如 $e_{i\cdot}$ 是第 i 行上所有列的总和，也就是说，第 i 行的总和，并且 $e_{\cdot\cdot}$ 是所有条目的总和），并且 k 是类别数目。分子上的第一项是对角线上各项的总和（即行数和列数相等的项）。为了计算 PCC，我们要简单地把这项除以所有项的总和（分母中的第一项）。对于卡帕指数，分子和分母都减去一个相同的数，一个会随机落在对角线上（实际值与数据库值一致）的估计数目。这即是用列总数乘以行总数，再除以对角线上的单元格总数。在这种情况下，卡帕指数预计为 58.3%，远不如 PCC 估计值的乐观。

混淆矩阵是一种有用的概括名义数据特征的方法，其建立须有精确的数据源。通常这些数据由实地测量获得，即派遣观测者到实地进行现场检验。这样，不可能对每个地块都进行调查，因此要用样本来代替所有数据。由于某些类别比其他类别更为普遍，大多数据将会集中于普遍的类别中，而无足够的数据聚集于罕见的类别，所以无法进行等概率样本的选择。因此我们经常用以下方法选取地块中的样本点：从每种类别中选取大致相同数量的地块。当然这种选取是基于数据库中记录的类别，而不是真实类别。分别按照不同类别进行分类的方法，被称为按类别分级（stratification）。

15.1.4 位置精度

位置精度是一个很重要的测量学概念。一般用 x 和 y 表示位置。x 和 y 可以是 UTM 坐标系统的一对坐标(北,东),也可以是经度和纬度。误差广泛存在于测量过程中,每个观测值都会有误差。例如,如果100个人测量一幅地图交叉路口的坐标,不同的人所测得的坐标值会存在差异。

统计学家提出了一系列的误差分布模型,其中最常见且最重要的是高斯分布,其钟形曲线的形状如图15-2所示。如果观测是无偏差的,那么平均误差为0(正负误差相互抵消),而且均方根误差也是到两边偏移的点的分布中心(零)的距离。例如,美国地质调查局的数字高程模型的高程均方根误差为7m。如果误差服从高斯分布,这就意味着某些误差远大于7m,而某些误差小于7m,并且任意给定大小的误差的相对丰度(relative abundance)都可以在曲线中表现出来。68%的均方根误差会在 -1.0 ~1.0 之间,或者 -7 ~7m 之间。事实上,很多误差的分布确实服从高斯分布,而且可以从理论上证明其缘由。

以下是高斯分布的概率密度函数:

$$f(x) = \frac{1}{\sigma\sqrt{2\pi}}\exp\left[-\frac{(x-\mu)^2}{2\sigma^2}\right] \tag{15.5}$$

其中:符号 σ 表示标准差,μ 表示均值(在图15-2中这些值分别是1和0),exp是指数,即"2.71828的多少次方"。科学家们认为这一方程具有严格的理论基础并具有广泛的应用性,很多测量误差都符合这个分布。

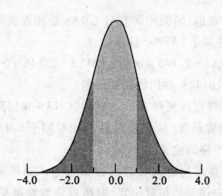

图15-2 高斯或正态分布。任意 x 值对应的曲线的高度给出了这个 x 值的观测值的相对丰度。任意两个 x 值之间曲线下面的面积给出观测值落到该范围的可能性。-1 标准差和1标准差之间的范围用浅颜色表示,它包含了曲线下面积的68%,即68%的观测值会位于该范围内。(Longley等,2007)

一个测量位置 (x', y') 定义为 $x' = x + \delta x, y' = y + \delta y$。二元高斯分布可描述二维平面中的误差,而且可以将其推广到三维。通常,我们认为 x 和 y 的均方根误差是相同的,但 z 常常会具有不同的误差,例如在GPS定位过程中的误差。

二元高斯分布和一元高斯分布有某些区别:68%的实例落在单变量的标准差范围内(见图15-2),而对于 x 和 y 具有相同标准差的双变量(暂且不考虑两者的相关性),只有39%的实例落在以其为半径的圆中。相似地,95%的实例落在单变量的标准差范围内,但是必须要用以 x 或 y 方向标准差的2.15倍为半径的圆来包含90%的双变量分布,以 x 或 y 方向标准差的2.45倍为半径的圆来包含95%的双变量分布。

基于圆环正态分布(circular normal distribution)的统计方法广泛地用于描述位置精度,其中最常用的是圆环制图精度标准 CMAS (circular map accuracy standard),即定义在正态分布的第 90 个百分点处,或为 2.15 倍的标准差。在这个标准中,各坐标轴向的位置误差用标准误差衡量,以此来度量偏差和随机误差。更形象化地解释为,它形成了关于实际位置的一个圆,这个圆包含了预计观测值的 90%。比如在上述 100 个人测量交叉路口的例子中,结果可能是 100 个人中 90% 的人所测得的这个交叉路口的坐标在其真值的 0.5mm 的半径范围内,而另外 10 人的精度在 0.5mm 的半径范围之外。

CMAS 是一个明确定义的统计量,它形成的基础是位置精度的当前国家制图精度标准(national map accuracy standard for positional accuracy)(Bureau of the Budget,1947)。但是,制图精度标准正在被修改,这个标准可能会成为空间精度的国家制图标准(national cartographic standards for spatial accuracy),它是由美国摄影测量与遥感协会(ASPRS)提出的。根据这个标准,位置精度在坐标系中被描述为标准差,它是对包含了偏差和随机误差的可变性的度量。x 轴向的标准误差公式如下(Merchant,1985):

$$\text{RMSE}_x = \left[\frac{1}{n} \sum_{i=1}^{n} (\delta X_i - \delta X_c)^2 \right]^{1/2} \tag{15.6}$$

式中:RMSE_x 是 x 轴方向的标准差;n 是样本大小;X_i 是实际(测量)的坐标位置;X_c 是高精度得到的真实坐标位置。

假定误差是遵循正态分布的,则圆环误差与 CMAS 是相互关联的。通常取位置误差为 90% 的置信度,CMAS 的描述如下(ASPRS,1989):

$$\text{CMAS} = 2.146 \times \sigma_x, \text{ 或 } \text{CMAS} = 2.146 \times \sigma_y \tag{15.7}$$

其中:σ_x 和 σ_y 分别表示 x 轴向和 y 轴向的标准误差。

在用一定数量的采样点评定位置误差的过程中,CMAS 和圆环误差是两个很有用的度量手段。除非特别说明,"位置精度"应该理解为一种等同于 CMAS 的线性量测,并基于同样的假设,但不意味着同样严格的定义。

CMAS 还可以用来描述各点位之间相对的位置误差。如果可以假设两点误差是独立的,一个简单的公式可以决定误差的相对位置,即两点位置精度平方和的平方根。例如,假设一个点的位置误差为 1mm,另一个点的位置误差为 2mm,则它们之间的相对位置误差可以粗略地计算为:$\sqrt{1^2 + 2^2} = 2.24\text{mm}$。若是在 1:24000 比例尺的地图上量测,则对应于地面的相对位置误差为 54m($= 2.24\text{mm} \times 24000$)。

15.1.5 置信区间和样本大小

精度估计是基于样本数据的,因此点估计(例如均值或方差)需要相关的置信区间是有效的。置信区间是在某特定置信水平下包含了的真实估计值的一个区间。置信区间的宽度受样本大小和置信水平本身的影响。较大的样本容量将会得到一个较窄的置信区间和较低的置信水平,而较小的样本容量和较高的置信水平将会使置信区间扩大。置信水平在给定的应用中通常是一固定值,一般有 90%、95% 和 99% 三种。因此,置信区间的宽度将会随着样本容量的变化而变化。如果样本大小随着类别的丰富而变化,那么较少类别的置信区间会比较丰富类别的置信区间的宽度要宽。

置信区间可以是双边检验的,也可以是单边检验的。双边检验表示了一个估计点落在区间里的概率,单边检验表示了估计的真值落在某一特定边界以外的概率。根据精度评估的目的,调查者可以选择双边检验或单边检验来表示真值是否等于或超过估计值。

二项分布的置信区间由下式得到(Snedecor 和 Cochran,1976):

$$\hat{p} \pm \left\{ z_a \sqrt{\frac{\hat{p}(1-\hat{p})}{n} + \frac{1}{2n}} \right\} \tag{15.8}$$

这里 z 代表估计精度,是由在显著水平 a 下 z 分布表中所得(在90%的置信水平下,这个值在双边检验上为1.645,在单边检验上为1.282;在95%的置信水平下,这个值在双边检验上为1.960,在单边检验上为1.645),n 是样本大小,$1/2n$ 是连续性的改正数。这个改正数说明二项分布可以描述离散的总体,对于大的样本,改正数会十分小,即对于大的总体,二项分布是对二项式的一个很好的近似。表15-4(http://biology.usgs.gov/npsveg/aa/sect5.html)显示了在样本大小为5,20和30的情况下合适的 z 值和双边检验与单边检验。

表15-4 在给定样本容量和置信水平上的置信区间

	单边检验				双边检验			
	z 值		置信区间		z 值		置信区间	
样本容量	90%	95%	90%	95%	90%	95%	90%	95%
5	1.282	1.645	0.33	0.39	1.645	1.960	0.39	0.45
20	1.282	1.645	0.14	0.17	1.645	1.960	0.17	0.20
30	1.282	1.645	0.11	0.14	1.645	1.960	0.14	0.16

以上的置信区间也可以写成比例或百分数形式。对于90%的置信水平,在最小样本的情况下的置信区间(百分比表示)为33%~39%,在样本大小为30的情况下为11%~14%。如果给定一个类有80%的精度估计,样本为20,其置信区间为双边检验的情况下,90%的置信水平意味着有90%的可信度,真实的精度值在80%±17%;其置信区间为半开半闭的情况下,可得有90%的可信度,且估计值大于或等于66%(80%-14%)。

确认其估计是否达到先前预计的精度要求要通过假设检验的方法。这是下一节讨论的内容。

15.1.6 假设检验

假设检验的目的是确定估计函数是否支持其推断(假设),亦即从给定参数(例如给定标准差的正态分布)的总体推断出的样本是否满足先前的假设(Mikhail 和 Ackerman,1976)。一般而言,任何统计检验都有一个零假设(H_0)(随机变量的理论期望)和一个备择假设(H_A)。通常是指定一系列随机变量的理论分布参数(H_0),它们将与由样本估计出的参数做对比,对比的结果决定了样本参数是否符合(在统计误差内)零假设。如果是这种情况,那么有充分的证据接受零假设为真;否则,拒绝零假设而接受备择假设。

以下以位置精度为例,确定估计是否等于或超过了美国国家地图精度标准;以分类精度为例,包括每个类和总体的精度,确定估计精度是否超过了80%。

1. 确定位置精度与 NMAS 的一致性

空间精度的国家制图标准(national cartographic standards for spatial accuracy)要求,1:24 000的地图产品(2类)的标准差不超过6m(2类的标准差不超过12m)。为了确定在 x 坐标和 y 坐标方向上的标准差的估计是否达到了精度要求,零假设和备择假设的表述如下:

H_0:理论的标准差与估计的标准差在给定的坐标方向上相同。在此条件下,随机变量的定义如下:

$$\chi^2 = \left[\frac{(n-1)}{\sigma_x^2} \mathrm{RMSE}_x^2\right] \tag{15.9}$$

遵从 χ^2 分布,具有 $n-1$ 的自由度。σ_x 代表所需的精度标准,RMSE_x 是估计的标准差。

H_A:估计的标准差与所要求的标准差不一样。

若下式成立则达到精度要求,接受该数据(H_0 被接受):

$$|X^2| \leq X_{n-1,\alpha}^2$$

或者说,在自由度为 $n-1$ 的置信水平上,计算的假设统计的平方小于或等于理论统计的平方。对于95%的置信区间和样本大小为30个点的数据,计算的统计量的平方最大值可达42.557。

2. 专题精度要求在80%的一致性检测

假设检验应用于专题数据的途径取决于精度的定义。以下方法均可行(Goodchild 等,1994):

(1)从样本估算的精度足够低以至于拒绝事先确定的可信度,否则认为假定的80%的精度达到要求从而接受零假设。

(2)从样本估算的精度足够高以至于可以证实80%的精度是可信的,否则认为假定的80%的精度未达到要求从而拒绝零假设。

(3)依据样本估算的精度指标,地图的精度超过了80%,这与(1)和(2)的说法是一致的。

下面通过例子来说明前两种假设检验的方法。假设某一类别的分类精度是由20个样本点估计出来的,其中15个点(75%)已被正确识别。利用第一种方法,假设检验的目的是确定这75%是否足够低,以至于与所要求的80%的精度相差太大,而这一判断(75%是否足够低)取决于估计的置信度水平。这个问题适用于双边检验的置信区间。上面的表15-4说明了20个样本点的90%的双边检验区间为15.88%,从59.12%到90.88%。可见所要求的地图精度存在于这个区间,即可以得出所要求的精度和估计精度是一致的,因此估计的分类精度达到了要求。

按照正规的形式,零假设和备择假设做以下描述:

所要求的置信水平:90%

样本大小:20

估计精度:75%

所要求的精度:80%

置信区间:75%±15.88%

H_0:估计的精度和所要求的精度相同,在这个条件下,估计精度和所要求精度的关系如下:

$$t = \frac{\hat{p} - p}{\sqrt{\frac{p(1-p)}{n}}} \qquad (15.10)$$

遵从 t 分布,具有 $n-1$ 的自由度。这里,n 是样本大小,p 是所要求的精度,$\hat{p}$ 是估计精度。

H_A:估计的精度与所要求的精度不一样。

如果 t 的计算值在90%的置信水平上超过了双边检验假设的极限1.72,则拒绝零假设;否则,接受零假设。在给定的例子中,t 的计算值为1.123,因此接受所要求的值与估计值是相同的。

对于小容量的样本(对应宽的置信区间),依据样本估算的精度必须很低才能断言拒绝80%的精度。这种方法十分适用于小样本数据(Goodchild 等,1994)。为了限制置信区间的宽度,需要选择低水平的置信度(0.10或更大),这样才能限制样本中可接受的误差。

对精度更严格的一个解释是要求所需类别精度达到或超过一个给定的置信水平,这种方法也可通过实例说明。假定给定样本大小为20的类别的分类精度为90%,我们希望检验90%的精度估计是否达到或超过80%的假设。给出如下形式:

所要求的置信水平:90%

样本大小:20

估计精度:90%

所要求的精度:80%或更高

置信区间:90%±12.2%

H_0:估计的精度比所要求的精度小。

H_A:估计的精度大于或等于所要求的精度。

如果计算的 t 值超过了单边检验的假设的端点(1.32),则拒绝零假设,接受备择假设。然而,在这些条件下的 t 统计为1.118,因此不能接受备择假设。即使估计精度值非常高,置信区间的宽度也没有充分的确定性确保估计值达到或超过所要求的值而接受备择假设。显然这种方法适用于大样本容量的情形,这是为了使置信区间更窄(因此增加给定的估计点在置信区间上限之外的几率)。例如,一个容量为30的样本,统计量增加到1.34,这已超出了90%置信水平下的端点值1.32,因此允许接受备择假设。同样,这也适用于置信水平低(90%或更低)的情况,因为这种方法可以更容易地达到所要求的精度标准。

人们对于达到第二种精度要求(即要求点估计比所要求的精度更高)的需求更多,特别是样本容量不大的时候。每一类的样本大小都超过30也不太可能,即使是对于很丰富的类别。对于稀少类别,样本数取20或更少为较常见的做法。这样的样本大小,达到或超过所要求的精度近乎不可能。

虽然每个类别的样本容量很小,但是专题精度评估的总体样本大小是非常大的,并对总体分类精度能得出较严格的结论。因此,最好是通过利用达到或超过原有精度标准的要求以使总体精度的条件被拒绝,仍然取90%的置信水平。

15.2 误差传播

由于GIS的输入数据存在误差,使得经变换、处理后生成的信息产品中也存在误差,这一现象称为误差传播。描述变换、处理的数学过程称为传播函数,它可以是确定性的函数式,也可以是不确定性的关系。有时这些关系难以确定,需要依赖于具体的专业知识。GIS所涉及的变换、操作、分析和处理等种类繁多,大致可以分为代数关系、逻辑关系和推理关系等三类关系,它们的误差传播方法也应区别对待。

代数关系即形如$G=f(Z)$的函数。对于线性函数关系,如和、差、倍数关系,可以用基于概率统计理论的方差—协方差传播定律。例如,按照这一定律,可导出坡度(百分比)中误差σ_{slope}、DEM中误差σ_e及DEM误差相关系数ρ之间的关系:$\sigma_{slope}^2 = 2\sigma_e^2(1-\rho)/dx^2$,$dx$是格网分辨率(Goodchild,1991)。若$G=f(Z)$为正态随机向量$Z$的非线性函数,可以先利用泰勒级数展开的方法对$f$进行线性化,再施行方差—协方差传播。泰勒级数方法的思想是以中值$\overline{G}$的泰勒级数逼近$G(\cdot)$,取一阶泰勒级数,$G(\cdot)$可通过获得中值$\overline{G}$处的斜率进行线性化。线性化简化了误差分析,但它也引入了近似误差。另外,解析方法常常假设变量间的独立性,简化了方差—协方差的计算,但导致了误差传播的偏差。

地理分析和应用还涉及不可微的或者无解析形式的函数关系。这类问题的特点是,误差传播系数不可求。另外,描述代数关系的数学模型虽然可确定,但相当复杂。最重要的是,由于空间系统或过程所涉及的空间自相关和变量间的协相关性,精确的误差传播呼唤灵活有效的方法。在这些情况下,误差的传播无法解析表达,只能采用属于计算机仿真类的随机模拟法解决,如常用的Monte Carlo实验。

GIS空间数据处理经常用到布尔逻辑运算,如可按照两个逻辑子集给定的条件进行逻辑交运算、逻辑并运算和逻辑差运算。假设给定一土地覆盖图和一土壤类型图,若需查询土层厚度大于60 cm的可耕地,我们首先从土地覆盖图中得到可耕地的子集A_1,再从土壤类型图中获取土层厚度大于60 cm的子集A_2,最后求两个子集的交集$A=A_1\cap A_2$即为查询结果。由于子集A_1和A_2实际上常常是含有误差的,如子集A_1虽然确定了可耕地为该面积的主要类型,但其中可能包含了其他覆盖类型。设可用某种方法估计A_1的置信度为85%,A_2的置信度为80%,A的置信度为多少?

作为辅助决策工具,GIS经常被用来进行综合评判和推理分析。例如,在生态环境植被的预测分析中,针叶林与阔叶林的分布格局及其与地形因子的依赖关系可获知。人们知道,上述推理中的前提(包括地形因子及其对植被分布的制约关系)含有误差,推理的结论也将会受误差的影响。依据特定推理前提的误差而量化推理的结论的误差水平是误差传播的重要问题。

如同对于在复杂代数关系条件下随机模拟法的必要性的阐述那样,布尔逻辑运算和推理分析也必须运用随机模拟法进行误差传播的量化,除非我们忽略空间相关性。下面将分别叙述易于方差—协方差传播定律的解析方法和随机模拟法,凸显后者的非参特点和对空间相关性的包容。

15.2.1 解析方法

误差传播问题在经典的测量误差理论中已研究得很充分。

设有观测值向量 $\mathbf{Z} = (Z_1, Z_2, \cdots, Z_n)^T$,它的数学期望(向量)与方差(矩阵)分别设为 μ_Z 和 C_{ZZ}。若有 $\mathbf{Z}$ 的 t 个线性函数

$$\begin{cases} G_1 = a_{11}Z_1 + a_{12}Z_2 + \cdots + a_{1n}Z_n + a_{10} \\ G_2 = a_{21}Z_1 + a_{22}Z_2 + \cdots + a_{2n}Z_n + a_{20} \\ \cdots \cdots \\ G_t = a_{t1}Z_1 + a_{t2}Z_2 + \cdots + a_{tn}Z_n + a_{t0} \end{cases} \quad (15.11)$$

若令 $\mathbf{G}_{t1} = \begin{bmatrix} G_1 \\ G_2 \\ \vdots \\ G_t \end{bmatrix}, \mathbf{A}_{tn} = \begin{bmatrix} a_{11} & a_{12} & \cdots & a_{1n} \\ a_{21} & a_{22} & \cdots & a_{2n} \\ \vdots & \vdots & & \vdots \\ a_{t1} & a_{t2} & \cdots & a_{tn} \end{bmatrix}, \mathbf{A}_0 = \begin{bmatrix} a_{10} \\ a_{20} \\ \vdots \\ a_{t0} \end{bmatrix}$

则式(15.11)可写为

$$\mathbf{G}_{t1} = \mathbf{A}_{tn} \mathbf{Z}_{n1} + \mathbf{A}_{0}_{t1} \quad (15.12)$$

$\mathbf{G}$ 的数学期望为

$$E(\mathbf{G}) = E(\mathbf{AZ} + \mathbf{A}_0) = \mathbf{A}\mu_Z + \mathbf{A}_0 \quad (15.13)$$

$\mathbf{G}$ 的协方差矩阵为

$$\begin{aligned} \mathbf{C}_{GG} &= E[(\mathbf{G} - E(\mathbf{G}))(\mathbf{G} - E(\mathbf{G}))^T] \\ &= E[(\mathbf{AZ} - \mathbf{A}\mu_Z)(\mathbf{AZ} - \mathbf{A}\mu_Z)^T] \\ &= \mathbf{A}E[(\mathbf{Z} - \mu\mathbf{Z})(\mathbf{Z} - \mu\mathbf{Z})^T]\mathbf{A}^T \end{aligned}$$

即

$$\mathbf{C}_{GG}_{tt} = \mathbf{A}_{tn} \mathbf{C}_{ZZ}_{nn} \mathbf{A}^T_{nt} \quad (15.14)$$

设有观测值 $\mathbf{Z}_{n1}$ 的非线性函数

$$G = f(Z_1, Z_2, \cdots, Z_n) \quad (15.15)$$

已知 $\mathbf{Z}$ 的协方差矩阵 $\mathbf{C}_{ZZ}$,欲求的方差 $\mathbf{C}_{GG}$。

假定观测值 $\mathbf{Z}$ 有近似值 $\mathbf{Z}^0 = [Z_1^0 Z_2^0 \cdots Z_n^0]^T$,

则可将函数式(15.15)按一阶泰勒级数在点 $Z_1^0, Z_2^0, \cdots, Z_n^0$ 处展开为

$$G = f(Z_1^0 Z_2^0 \cdots Z_n^0) + \left(\frac{\partial f}{\partial Z_1}\right)_0 (Z_1 - Z_1^0) + \left(\frac{\partial f}{\partial Z_2}\right)_0 (Z_2 - Z_2^0) + \cdots + \left(\frac{\partial f}{\partial Z_n}\right)_0 (Z_n - Z_n^0)$$

$$(15.16)$$

式中:$\left(\dfrac{\partial f}{\partial Z_i}\right)_0$ 是函数对各个变量所取的偏导数,并以近似值 $\mathbf{Z}^0$ 代入所算得的数值,它们都是常数。

式(15.16)可写为

$$G = \left(\frac{\partial f}{\partial Z_1}\right)_0 Z_1 + \left(\frac{\partial f}{\partial Z_2}\right)_0 Z_2 + \cdots + \left(\frac{\partial f}{\partial Z_n}\right)_0 Z_n + f(Z_1^0 Z_2^0 \cdots Z_n^0) - \sum_{i=0}^{n}\left(\frac{\partial f}{\partial Z_i}\right)_0 Z_i^0 \tag{15.17}$$

令

$$A = [a_1 a_2 \cdots a_n] = \left[\left(\frac{\partial f}{\partial Z_1}\right)_0 \left(\frac{\partial f}{\partial Z_2}\right)_0 \cdots \left(\frac{\partial f}{\partial Z_n}\right)_0\right]$$

$$a_0 = f(Z_1^0 Z_2^0 \cdots Z_n^0) - \sum_{i=0}^{n}\left(\frac{\partial f}{\partial Z_i}\right)_0 Z_i^0$$

则式(15.17)可写为

$$G = a_1 Z_1 + a_2 Z_2 + \cdots + a_n Z_n + a_0 = AZ + a_0 \tag{15.18}$$

这样,就将非线性函数式(15.15)化成了线性函数式(15.12),故可以按式(15.14)求得 G 的方差 C_{GG} 为

$$C_{GG} = AC_{ZZ}A^T \tag{15.19}$$

若令

$$\begin{cases} dZ_i = Z_i - Z_i^0 (i = 1,2,\cdots,n) \\ dZ = (dZ_1 dZ_2 \cdots dZ_n)^T \\ dG = G - G^0 = G - f(Z_1^0, Z_2^0, \cdots, Z_n^0) \end{cases} \tag{15.20}$$

则式(15.17)可写为

$$dG = \left(\frac{\partial f}{\partial Z_1}\right)_0 dZ_1 + \left(\frac{\partial f}{\partial Z_2}\right)_0 dZ_2 + \cdots + \left(\frac{\partial f}{\partial Z_n}\right)_0 dZ_n = AdZ \tag{15.21}$$

易知,上式是非线性函数式(15.15)的全微分,可应用协方差传播律式(15.14)求 C_{GG}。

如果有 t 个非线性函数

$$\begin{cases} G_1 = f_1(Z_1, Z_2, \cdots, Z_n) \\ G_2 = f_2(Z_1, Z_2, \cdots, Z_n) \\ \cdots\cdots \\ G_t = f_t(Z_1, Z_2, \cdots, Z_n) \end{cases} \tag{15.22}$$

将 t 个函数求全微分得

$$\begin{cases} dG_1 = \left(\frac{\partial f_1}{\partial Z_1}\right)_0 dZ_1 + \left(\frac{\partial f_1}{\partial Z_2}\right)_0 dZ_2 + \cdots + \left(\frac{\partial f_1}{\partial Z_n}\right)_0 dZ_n \\ dG_2 = \left(\frac{\partial f_2}{\partial Z_1}\right)_0 dZ_1 + \left(\frac{\partial f_2}{\partial Z_2}\right)_0 dZ_2 + \cdots + \left(\frac{\partial f_2}{\partial Z_n}\right)_0 dZ_n \\ \cdots\cdots \\ dG_t = \left(\frac{\partial f_t}{\partial Z_1}\right)_0 dZ_1 + \left(\frac{\partial f_t}{\partial Z_2}\right)_0 dZ_2 + \cdots + \left(\frac{\partial f_t}{\partial Z_n}\right)_0 dZ_n \end{cases} \tag{15.23}$$

若记 $\boldsymbol{G}_{t1} = \begin{bmatrix} G_1 \\ G_2 \\ \vdots \\ G_t \end{bmatrix}, \mathrm{d}\boldsymbol{G}_{t1} = \begin{bmatrix} \mathrm{d}G_1 \\ \mathrm{d}G_2 \\ \vdots \\ \mathrm{d}G_t \end{bmatrix}, \boldsymbol{A}_{tn} = \begin{bmatrix} \left(\dfrac{\partial f_1}{\partial Z_1}\right)_0 & \left(\dfrac{\partial f_1}{\partial Z_2}\right)_0 & \cdots & \left(\dfrac{\partial f_1}{\partial Z_n}\right)_0 \\ \left(\dfrac{\partial f_2}{\partial Z_1}\right)_0 & \left(\dfrac{\partial f_2}{\partial Z_2}\right)_0 & \cdots & \left(\dfrac{\partial f_2}{\partial Z_n}\right)_0 \\ \vdots & & & \vdots \\ \left(\dfrac{\partial f_t}{\partial Z_1}\right)_0 & \left(\dfrac{\partial f_t}{\partial Z_2}\right)_0 & \cdots & \left(\dfrac{\partial f_t}{\partial Z_n}\right)_0 \end{bmatrix}$

则有
$$\mathrm{d}\boldsymbol{G} = \boldsymbol{A}\mathrm{d}\boldsymbol{Z} \tag{15.24}$$

亦可按式(15.14)求得 $\boldsymbol{G}_{t1}$ 的协方差阵

$$\boldsymbol{C}_{GG} = \boldsymbol{A}\boldsymbol{C}_{ZZ}\boldsymbol{A}^{\mathrm{T}} \tag{15.25}$$

下面将以 GIS 最常用的功能——根据多边形的边界坐标计算其周长和面积为例,讨论点位误差在周长和面积计算中传播的解析方法。

组成地类边界的多边形可被视为由一系列的折线组成,因此多边形的周长误差传播可以根据折线的误差传播原理来计算。对于由3个点组成的折线,长度(由式(7.1)计算并求和)的方差公式是(Zhang 和 Goodchild,2002):

$$\begin{aligned}
&\mathrm{var}(\mathrm{length}) \\
&= \|P_2 - P_1\|^{-2}\left[\Delta X_1^2(\sigma_{X_1}^2 - 2\sigma_{X_1X_2} + \sigma_{X_2}^2) + 2\Delta X_1\Delta Y_1(\sigma_{X_1Y_1} + \sigma_{X_2Y_2})\right. \\
&\quad \left. + \Delta Y_1^2(\sigma_{Y_1}^2 - 2\sigma_{Y_1Y_2} + \sigma_{Y_2}^2)\right] + \|P_3 - P_2\|^{-2}\left[\Delta X_2^2(\sigma_{X_2}^2 - 2\sigma_{X_2X_3} + \sigma_{X_3}^2)\right. \\
&\quad \left. + 2\Delta X_2\Delta Y_2(\sigma_{X_2Y_2} + \sigma_{X_3Y_3}) + \Delta Y_2^2(\sigma_{Y_2}^2 - 2\sigma_{Y_2Y_3} + \sigma_{Y_3}^2)\right] \\
&\quad - 2\|P_2 - P_1\|^{-1}\|P_3 - P_2\|^{-1}\left[\Delta X_1\Delta X_2(\sigma_{X_1}^2 - \sigma_{X_1X_2} - \sigma_{X_2X_3})\right. \\
&\quad \left. + \Delta Y_1\Delta Y_2(\sigma_{Y_2}^2 - \sigma_{Y_1Y_2} - \sigma_{Y_2Y_3}) + (\Delta X_1\Delta Y_2 + \Delta X_2\Delta Y_1)\sigma_{X_2Y_2}\right]
\end{aligned} \tag{15.26}$$

其中:$\sigma_{X_1}^2, \sigma_{Y_1}^2, \sigma_{X_2}^2, \sigma_{Y_2}^2, \sigma_{X_3}^2$ 和 $\sigma_{Y_3}^2$ 表示 X 与 Y 方向的点位的方差;$\sigma_{X_1X_2}, \sigma_{Y_1Y_2}, \sigma_{X_2X_3}, \sigma_{Y_2Y_3}$, $\sigma_{X_1Y_1}, \sigma_{X_2Y_2}$ 和 $\sigma_{X_3Y_3}$ 分别表示协方差;ΔX_i 和 ΔY_i 分别表示点 P_i 和 P_{i+1} 的 X 与 Y 方向的坐标之差,即:$\begin{bmatrix} \Delta X_i \\ \Delta Y_i \end{bmatrix} = \begin{bmatrix} X_{i+1} - X_i \\ Y_{i+1} - Y_i \end{bmatrix}$。

假定相邻的点位以及同一点在 X 与 Y 方向上都不相关,并且每个点 X 与 Y 的方差相同。因此式(15.26)简化为:

$$\begin{aligned}
&\hat{s}(\mathrm{length}) \\
&= 2(n-1)\sigma^2 - 2\sum_{i=1}^{n-2}\|x_{i+1} - x_i\|^{-1}\|x_{i+2} - x_{i+1}\|^{-1}(\Delta X_i\Delta X_{i+1} + \Delta Y_i\Delta Y_{i+1})\sigma^2
\end{aligned} \tag{15.27}$$

构成多边形的点位的误差传递多边形的面积误差。假设一个多边形由一系列节点 $P_i = (X_i, Y_i)$ 组成,其中 $i = 1, 2, \cdots, n$,并规定逆时针方向为正方向。其面积的计算公式为式(15.28),面积的微分为:

$$d(\text{area}) = \frac{1}{2}\sum_{i=1}^{n}\left[(Y_{i+1}-Y_{i-1})dX_i - (X_{i+1}-X_{i-1})dY_i\right] \tag{15.28}$$

其中:(X_i, Y_i) 表示第 i 个节点的坐标。

在公式(15.28)的基础上,根据误差传播定理,可以得到面积的方差。

$$\text{var}(\text{area}) = \frac{1}{4}\sum_{i=1}^{n}\begin{bmatrix}\Delta Y_{i+2,i}^2\sigma_{X_i}^2 + \Delta X_{i+2,i}^2\sigma_{Y_i}^2 - 2\Delta X_{i+2,i}\Delta Y_{i+2,i}\sigma_{X_i,Y_i}\\ + 2\Delta Y_{i+1,i-1}\Delta Y_{i+2,i}\sigma_{X_iX_{i+1}} + 2\Delta X_{i+1,i-1}\Delta X_{i+2,i}\sigma_{Y_iY_{i+1}}\end{bmatrix} \tag{15.29}$$

与长度的方差类似,面积的方差也含有所有节点的方差和协方差,$\sigma_{X_1}^2, \sigma_{Y_1}^2, \sigma_{X_2}^2, \sigma_{Y_2}^2, \sigma_{X_3}^2$ 和 $\sigma_{Y_3}^2$ 表示 X 与 Y 方向的点位的方差;$\sigma_{X_1X_2}, \sigma_{Y_1Y_2}, \sigma_{X_2X_3}, \sigma_{Y_2Y_3}, \sigma_{X_1Y_1}, \sigma_{X_2Y_2}$ 和 $\sigma_{X_3Y_3}$ 表示协方差;$\Delta X_{i+2,i}$ 和 $\Delta Y_{i+2,i}$ 分别代表每个折点相邻的两个折点坐标在 X 和 Y 方向上的差值,即

$$\begin{bmatrix}\Delta Y_{i+2,i}\\ \Delta X_{i+2,i}\end{bmatrix} = \begin{bmatrix}Y_{i+2}-Y_i\\ X_{i+2}-X_2\end{bmatrix}, \begin{bmatrix}\Delta Y_{i+1,i-1}\\ \Delta X_{i+1,i-1}\end{bmatrix} = \begin{bmatrix}Y_{i+1}-Y_{i-1}\\ X_{i+1}-X_{i-1}\end{bmatrix}$$

假设多边形相邻的点空间不相关,且 X 和 Y 方向上的方差相同,式(15.29)简化为:

$$\hat{s}(\text{area}) = \frac{1}{4}\sum_{i=1}^{n}(\Delta Y_{i+2,i}^2 + \Delta X_{i+2,i}^2)\sigma^2 = \frac{1}{4}\sum_{i=1}^{n}l_{i+2,i}^2\sigma^2 \tag{15.30}$$

其中:$l_{i+2,i}$ 是折点 P_{i+2} 与 P_i 之间的距离。由此得到面积的标准差为:

$$\hat{s}(\text{area}) = \frac{1}{2}\sigma\sqrt{\sum_{i=1}^{n}l_{i+2,i}^2} \tag{15.31}$$

由此不难看出,多边形面积的标准差是点位标准差的一半与 $P_{i+2}P_i$ 的线段长度平方之和的乘积。在点位方差一定的情况下,面积的误差主要由这些线段的长度决定。同时,多边形面积的误差也会随着点位误差的增大而增大。

15.2.2 随机模拟方法

式(15.26)和式(15.29)中的协方差代表了空间相关性对于多边形周长和面积的影响。为了简化问题,解析方法通常忽略了空间相关性,得出了诸如式(15.27)和式(15.31)的公式。其结果不是高估就是低估了真实的函数值的误差。更为严重的是,解析方法处理空间相关性的匮乏,导致了它不是客观量化误差传播的首选策略。这是因为,GIS 应用中常涉及空间多点统计(multi-point statistics)特征,如基于 DEM 的复杂地形特征的提取、从遥感影像分类数据提取各种土地利用和土地覆盖类型所占的面积等。多点空间多点统计特征涉及高阶矩,其正确的度量和有效的处理给解析方法提出了严重质疑。人们将目光投向了数学地质领域的随机模拟方法。

随机场的模拟包括非条件模拟和条件模拟。非条件模拟就是利用计算机产生一个随机分布,这个随机分布应是某一随机函数的"实现"(realization),且其一阶和二阶矩同构于所设定的空间变异函数模型。条件模拟要求数据点位的模拟值等于实测值。

为了确保随机场的"实现"能够复制正确的空间结构,需在所有格网位置上定义联合概率模型:

$$F(z_1, z_2, \cdots, z_N) = \text{prob}(Z(x_1) \leq z_1, \cdots, Z(x_N) \leq z_N) \tag{15.32}$$

式中:N 为格网节点的个数。联合分布式(15.32)可以分解为 N 个条件分布的乘积:

$$\text{prob}(Z(x_1) \le z_1, \cdots, Z(x_N) \le z_N)$$
$$= \text{prob}(Z(x_N) \le z_N \mid Z(x_1) \le z_1, \cdots, Z(x_{N-1}) \le z_{N-1}) \times \cdots \quad (15.33)$$
$$\cdots \times \text{prob}(Z(x_2) \le z_2 \mid Z(x_1) \le z_1) \times \text{prob}(Z(x_1) \le z_1)$$

式(15.33)表明一个联合分布等价于 N 个单变量的条件分布,这便为基于先前已模拟节点而进行逐点模拟的序贯模拟奠定了基础。

条件序贯模拟的结果是,在被标记为 (n) 的数据点位的数值被"复制",空间结构被再现。式(15.33)中分解所得的每一个条件分布正是基于先前被模拟的节点和格网内的条件数据而确定的:

$$\text{prob}(Z(x_1) \le z_1, \cdots, Z(x_N) \le z_N \mid (n))$$
$$= \text{prob}(Z(x_N) \le z_N \mid (n+N-1)) \times \cdots \quad (15.34)$$
$$\times \text{prob}(Z(x_2) \le z_2 \mid (n+1) \times \text{prob}(Z(x_1) \le z_1 \mid (n)))$$

具有 N 个节点 x_j' 的格网上的连续场 Z 的序贯高斯模拟过程如下:

(1)第一步是检验多元高斯随机函数模型的适用度,这需要首先使用正态分转换(normal score transform)将 z 数据(z-data)转换为 y 数据。随后,检验所生成正态分变量 $Y(x) = \varphi(Z(x))$ 两点分布的正态性(normality)。如果双高斯(biGaussian)的假定不成立,那么需要考虑其他一些局部正态累积分布函数的测定过程,例如指示序贯模拟算法(indicator-based sequential simulation algorithm)。

(2)如果对 y 变量采用多元高斯(multiGaussian)随机函数模型,则序贯 y 数据的序贯模拟如下:

① 定义一个随机路径,使格网的每个节点仅访问一次。

② 在每一个节点 x',通过简单克里格和正态分变异函数模型 $\gamma_Y(h)$ 来确定高斯条件累积分布函数 $G(x'; y \mid (n))$ 的参数(均值和方差)。条件信息(conditioning information)(n) 包括正态分数据 $y(x_\alpha)$ 和之前访问格网节点的模拟值 $y^{(l)}(x_j')$ 的额定值(specified value) $n(x')$。

③ 从条件累积分布函数中提取模拟值 $y^{(l)}(x')$ 并将其添加到数据集合中。

④ 沿随机路径对下一个节点重复前两步。

⑤ 循环直到全部 N 个节点模拟结束。

(3)最后一步是将主变量的模拟正态分布 $y^{(l)}(x_i')(j=1,2,\cdots,N)$ 后向转换为模拟值,它等于将正态分转换的反函数作用于模拟的 y 值上:

$$z^{(l)}(x_j') = \varphi^{-1}(y^{(l)}(x_j')) \quad j=1,2,\cdots,N \quad (15.35)$$

此时 $\varphi^{-1}(\cdot) = F^{-1}(G(\cdot))$,$F^{-1}(\cdot)$ 是累积分布函数的反函数或变量 Z 的分位数函数,$G(\cdot)$ 是标准高斯累积分布函数。后向转换使我们可以确定原始的 Z 直方图。实际上,由式(15.35)后向转换的定义得

$$\text{prob}\{z^{(l)}(x) \le z\} = \text{prob}\{\varphi^{-1}(Y^{(l)}(x)) \le z\} \quad (15.36a)$$

由于转换函数 $\varphi(\cdot)$ 是单调递增的,因此可得:

$$\text{prob}\{\varphi^{-1}(Y^{(l)}(x)) \le z\} = \text{prob}\{Y^{(l)}(x) \le \varphi(x)\} \quad (15.36b)$$

由正态分转换的定义($Y(x) = \phi(Z(x)) = G^{-1}[F(Z(x))]$)得:

$$\text{prob}\{Y^{(l)}(x) \leq \varphi(z)\} = G[\varphi(z)] = F(z) \tag{15.36c}$$

依据正态分转换,其他的实现 $z^{(l)}(x_j')(j=1,2,\cdots,N;l'=l)$ 通过重复执行第(2)、(3)步而得。

利用随机模拟算法获得的随机分布的实现(其集合为 $\{z^{(l)}(x),x\in A\}$ $(l=1,2,\cdots,L)$)为空间不确定性提供了一种可视且定量的基础。

多元高斯分布(multi Gaussian)和指示算法(indicator algorithms)仅仅为局部不确定性(local uncertainty)提供了一种方法,这是因为每个条件累积分布函数与单一的位置 x 有关。一系列的单点条件累积分布函数 $F(x_j;z_c|(n))(j=1,2,\cdots,J)$ 不提供任何关于多点或空间不确定性的度量。例如,J 个位置 x_j 上的 z 值都不大于临界值 z_c 的概率不等于各位置上的 z 值不大于临界值 z_c 的概率乘积:

$$\text{prob}\{Z(x_j) \leq z_c, j=1,2,\cdots,J|(n)\} \neq \prod_{j=1}^{J} F(x_j;z_c|(n)) \tag{15.37}$$

式中:符号 $\prod$ 表示连乘。

只有当 J 个随机变量(random variable,RV)是相互独立的时候,式(15.37)中等号才成立。联合概率可以进行数值上的估计,通过 J 个位置 x_j 上 Z 值的空间分布的实现集合

$$\text{prob}\{Z(x_j) \leq z_c, j=1,2,\cdots,J|(n)\} \approx \frac{1}{L}\sum_{l=1}^{L}\prod_{j=1}^{J} i^{(l)}(x_j;z_c) \tag{15.38}$$

当拟合的位于 x_j 上的 Z 值不大于阈值 z_c 时,指示值 $i^{(l)}(x_j;z_c)$ 等于1,否则为0。

接下来考虑的是,给定条件数据,研究区域是否"安全"的议题。这即是评价由于不采取治理措施而导致的成本。成本可以通过任何一个实现 $\{z^{(l)}(x_j'),j=1,2,\cdots,N\}$ 来计算,它是将研究区域 A 离散化后定义在 N 个位置 x_j' 上的局部成本的和:

$$C(l) = \sum_{j=1}^{N} L_1(z^{(l)}(x_j')) \tag{15.39}$$

式中:L_1 可定义为

$$L_1(z^{(l)}(x_j')) = \begin{cases} 0, & z^{(l)}(x_j') \leq z_c \\ \omega_1(x_j')[z^{(l)}(x_j') - z_c], & \text{其他} \end{cases} \tag{15.40}$$

z_c 代表临界值,$\omega_1(x_j')$ 是位置 x_j' 上中毒浓度低估时的相对成本(relative cost)。成本 $\omega_1(x_j')$ 可以用位置 x_j' 上土地利用的函数来模拟,例如,$\omega_1=1$ 代表森林,$\omega_1=5$ 代表草地和牧场,$\omega_1=10$ 代表耕地。如果模拟值 $z^{(l)}(x_j')$ 不大于 z_c,那么分类正确且无成本。反之,如果被模拟的位置遭受污染,即 $z^{(l)}(x_j') > z_c$,则错分成本与污染量 $[z^{(l)}(x_j') - z_c]$ 成比例。上述过程可以重复执行(例如 $L=100$)。

分位数运算法则(quantile algorithm)用来生成任一特定位置 x 上 L 个实现的集合 $z^{(l)}(x)(l=1,2,\cdots,L)$。这是通过对单点的条件累积分布函数进行采样来实现的,前面已经提及,该函数在位置 x 上进行不确定性建模

$$F(x;z|(n)) = \text{prob}\{Z(x) \leq z|(n)\} \tag{15.41}$$

同样地,模拟图的集合 $z^{(l)}(x_l')(j=1,2,\cdots,N;l=1,2,\cdots,L)$,可以通过对 N 个变量或 N 个点的条件累积概率分布函数采样生成,该函数反映了在 N 个位置 x_j' 上的联合不确定性

(joint uncertainty):

$$F(x'_1,\cdots,x'_N;z_1,\cdots,z_N\mid(n)) = \text{prob}\{Z(x'_1)\leqslant z_1,\cdots,Z(x'_N)\leqslant z_N\mid(n)\} \tag{15.42}$$

从上述的随机模拟方法可看出,主要思想是从随机场的联合分布中随机抽样作为输入值,重复计算输出函数的结果。这些结果形成一个信息服务或分析结果的随机抽样,据此抽样计算该分布的参数,如平均值、方差等。

最后,我们比较两种误差的传播方法:

(1)泰勒级数方法的主要问题是只能得到一个近似结果,而确定本方法的近似结果是否满足要求并非易事。而随机模拟(蒙特卡罗)方法可以达到任意水平精度。

(2)随机模拟方法也存在另外的问题。取得高精度的代价是需要足够多的运行次数,这将造成耗时过长的问题。另一个缺点是,它所得到的并非分析(analytical)形式的结果。

通常的做法是,使用泰勒级数法获取关于 GIS 命令操作输出结果的质量的初步信息。而当需要某一确切数值和(或者)所占百分比时,经常采用随机模拟。在研究复杂的误差传播时也通常采用随机模拟。

15.3 空间不确定性

前已述及的误差概念均隐含要求真实值的存在。而许多实际情况是,人们对于空间数据的真值莫衷一是,尤其是对空间类别对地面真实数据的甄别。虽然经典统计学原理告诉我们,取重复观测结果的平均值作为真值的估计值比较可靠,许多原本是模糊(vague 或 fuzzy)的概念和实体的语义和空间边界并不存在,只是连续的过渡带,如生态学中的群落交错区(ecotone)。

鉴于此,我们有必要将误差的概念延拓,使用不确定性来涵盖误差及其相关现象:不单纯以真值论误差,而以概率分布描述误差,如采用类似随机模拟产生的地图实现来更全面地刻画误差的特性;跨出经典概率论的世袭领地,借助于模糊集合来度量模糊的概念、数量、对象等。使用空间作为不确定性的修饰定语的原因,至少包括研究现象的空间范畴和不确定性的空间多点统计特征。

定义一个场:$Z(\cdot) = \{Z(x)\mid x\in D\}$,即 $Z(\cdot)$ 为 $x\in D$ 的值。引入误差模型:$\{Z(x) = m(x) + \varepsilon(x)\mid x\in D\}$,其中,$m(x)$ 和 $\varepsilon(x)$ 分别为均值和误差。误差的空间多点统计特征可以从空间查询和分析所涉及的位置的集合 $\{x\}$ 中窥见一斑。

15.3.1 概率论与模糊集合

不确定性问题大体可分为两类:模糊性不确定和误差。前者是指感兴趣区域的边界模糊不清或兴趣区域(目标)归属无从确定,而后者主要表示随机不确定性。

在模糊集合理论引入到不确定性问题的研究之前,人们广为熟知的用于研究不确定性问题的工具是概率论。概率论是描述确定性(具有布尔事件特征)空间对象和场分布的数学语言。如果一个对象经概念化后可定义其属性和空间"足迹"(foot print),则其是布尔事件,即空间中的任一位置只能是或不是一个对象组成。而在 GIS 系统中,确定一个对象或者一个空间位置属于某一类型时,通常以概率的形式来表达,即:由于测量误差引起概率,由于事件发生频数而存在概率,基于专家意见的概率。最容易处理的是与测量方法有关的误差,这是因为测量误差分析的方法已经发展到很高的水平。如果可以精确地获取对象位置或属性的真实值,则通过重复测量的方法,可以确定"现实世界"的测量误差分布(使用不同测量方法,误差分布不同)。对于类别场的空间误差描述的方法是建立一个混淆矩阵,以显示某一区域的图像分类所识别的类型与实际覆盖类型的吻合程度。一般情况下,此矩阵用于表达每种地类中像元点的分布误差(Congalton 和 Green,2008)。

经典误差理论和适用范围是确定性时间的误差。如果可以在某一时刻利用某个类或者某些属性的空间分布,将制图内容明确地分为可制图且空间分离的对象,则不存在定义问题,而且这些被分类的个体在空间上被划分到连续的、同质的区域。如果不能确定制图或者分析对象的空间范围,则存在称为"模糊"下的不确定性问题(Williamson,1994)。在这种情况下,尽管可以对某些具体的属性进行量测,甚至量测结果的精度很高,但没有一种属性的组合可以将个体对象明确地、唯一地分类,也不能定义对象精度的空间范围。自然环境中的大多数空间现象都存在类似的问题;尽管对象的属性同其误差肯定有一定的联系,但此时的误差分析对描述这些类别显得苍白无力。

模糊集合理论提供了一个研究模糊性不确定问题的框架,它以模糊集代替 Cantor(布尔)集合(Zadeh,1965)。对于后者,对象是否为一个 Cantor 集合中的元素是绝对的,即或属于或不属于该集合,集合中每个元素的值或是 0 或是 1。与此不同的是,模糊集是以区间 [0,1] 中的实数定义的。集合两端的值定义了元素属于集合需要满足的条件,介于其间的数值定义为对象属于集合的程度——隶属度。因此,例如 0.25 比 0.5 的隶属度要小一些。

利用模糊集的概念,我们可以处理没有精确定义的集合(但并不能为这些集合建立明确的隶属关系)。在 GIS 应用中,我们可以找到很多这种类型的集合,例如土地利用类型、土壤类型、土地覆盖类型和植被类型。用于制图的类别经常是模糊的,以至于两个人对同一地区进行分类有可能不一致,这种不一致不是由测量误差引起的,而是由于各自观点不同,分类本身没有一个统一的定义。因此,在制图过程中,科学可重复性的规则经常被放宽,使得不同的观测者能达成一致。

由于对现象的不同理解,在如何分类上产生了分歧,继而导致模糊性。目前,人们已经认识到两种类型的多义性,即不一致性和非特定性。

很多自然环境中现象的定义都存在不一致性问题。例如,对土壤的相关定义有其内在的复杂性,很多国家对于土壤实际组成的定义都存在细微的差别,没有任何两个国家的土壤分类方法中具有相同的名称,即使碰巧有同一术语,但其定义也不相同(Avery,1980;Lagacherie 等,1996)。这造成许多土壤剖面类型因为分类方法的不同,而被归于不同的类。这种情况在某一国家内部不存在问题,但是在制作多国或者全球的土壤地图时,必然产生歧义。在制图过程中,各个国家的分类将引起很大的混淆,其本身也成为国际土壤分类一致性混乱的一部分。同时,几乎不存在一一对应的分类系统,而很可能存在多对多的分类系统。这样的多义性在语义以及空间维度上都造成了土壤边界的不一致,造成了国际或洲际的土壤制图中的显著问题(FAO/UNESCO,1990)。

多义性中的非特定性可以用地理关系来说明。关系"A 在 B 之北"本身是不明确的,因为"在……之北"至少有三种具体的含义:①A 恰好与 B 在同一经线上并处于 B 的北边;②A 经过 B 的东西走向线北边的某一位置;③或者 A 处在一个 B 东北方向与西北方向之间的扇形区域内。前两种定义是精确而且具体的,且具有等同有效性,第三种定义是自然语言的概念,本身就是含糊不清的,因而在解释时将产生不确定性。

从某种意义上说,如果我们不确定应该将事物归为哪一类,那么用模糊隶属的形式比将其强制性地赋予某一类别更准确。但这并没有解决模糊隶属度值是否准确的问题。如果类 A 没有明确的定义,那么很难说,某个人认为某事物属于类 A 的隶属度是 0.83,这个值对其他人也是有意义的,没有理由相信这两个人对于类别 A 的认识是相同的,可能 0.83 的含义,与 0.91 或 0.74 没什么区别。

模糊集的建立可以用以下两种方法进行(Robinson,1988):相关性模型(similarity relation model),它以数据为基础,采用与传统的聚类或分类方法类似的方法,如模糊集 c 方法算法(Bezdek,1981)模糊神经网络(Foody,1996);语义输入模型(semantic import model),它起源于一个或一组由用户或其他专家确定的公式(Altman,1994)。

由于概率论中的类别发生概率与模糊集合中的类别隶属度均是介于 0 和 1 之间的实数,人们可能会将两者混为一谈。下面通过视域分析来透视两者的本质区别。

视域是 GIS 的一种简单运算,命令执行后,GIS 将报告地形图中的哪些区域在当前的视图中,哪些区域不在当前的视图中,并分别以代码 1、0 表示。由于多种原因,可见区域很容易受到高程测量误差的影响(Fisher,1991a)。Fisher(1992,1993,1994)提出可以用均方根误差(RMSE)定义 DEM 模型中的误差。误差的空间结构可以通过空间自相关进行测定或通过变异函数来确定。可以考虑利用随机模拟方法产生 DEM 的实现,重复运行视域命令获取布尔类型的视域。如果每个二元视域图像以代码 0、1 表示某区域是否可视,则利用图像代数学可以确定布尔视域的总和,再根据可见区域的实际数目,在各个位置确定一个介于零到实际数目之间的值。以该位置对应数值除以实际数目,便可以估计该位置在观察点的可见概率:

$$p(\text{vis}_{ij}) = \frac{\sum_{k=1}^{n} i_{ijk}}{n} \tag{15.43}$$

其中:$p(\text{vis}_{ij})$ 是 i 行 j 列单元在栅格图中的可见概率;i_{ij} 为视域命令下该单元的编码值,与 k 有关,k 取 1 到 n。该方程定义的可见视域称为概率型视域。

利用语义输入模型,以一系列表达从观测者到被观测模糊对象之间距离关系的方程,可以定义许多不同的模糊视域。例如,以下描述的是一般大气情况的可见性:

$$\mu(x_{ij}) = \left\{ \begin{array}{l} 1, d_{vp} \rightarrow ij \leq b_1 \\ \dfrac{1}{1 + \left(\dfrac{d_{vp} \rightarrow ij - b_1}{b_2}\right)^2}, d_{vp} \rightarrow ij > b_1 \end{array} \right\} \tag{15.44}$$

其中:

$\mu(x_{ij})$ 是 (i,j) 单元失真程度；

d_{vp} 是观测点到 (i,j) 的距离；

b_1 是以观测点为圆心的、可以看清目标特定程度细节的区域半径；

b_2 是 b_1 与失真程度之间距离的一半，有时候称为过顶点。

模糊视域与概率型视域之间的区别表现在，前者是某一位置可见概率的描述，后者是对象可见分辨程度的描述。因而，前者有一个客观的定义，而后者是主观的描述。

15.3.2 方法与应用

空间不确定性属于 GISci 领域的基础研究范畴，其重要的科学和应用价值毋庸置疑（Heuvelink，1998；Lek，2007）。如前所述，地理数据模型理论将自然、人文现象概括为离散实体/目标或者场。在实体/目标模型中，地理实体/目标 ID(x, attr) 通常用空间位置信息和属性信息来描述。对于目标而言，空间信息领域的研究重点是位置信息，即 $\{x\}$ 的集合。在场模型中，依据量测尺度，地理分布可以利用连续场或离散场模型，如高程信息即为连续场模型 $Z(x)$，土地覆盖类别则为离散场模型 $C(x)$。

不确定性建模的目的是客观地量化客体的误差，从而反映问题域误差传递的特性。这一般可以通过基于方差—协方差传播的解析方法或基于随机模拟的非参方法来达目的。由于空间依赖的普遍存在，随机模拟方法多为研究者所推崇，因为其可以提供产生等概率的关于某空间实体或分布的实现的机制，从而输入到相关的空间运算、分析或应用的"流水线"中，以统计出客体的误差指标。

对于空间分析与空间建模领域的专业人士，下述的生态领域的空间不确定性研究综述或许更能发人深思。

应用生态模型理解和管理自然系统往往需要空间数据作为输入，这些数据的空间不确定性会传播到模型预测中。早期的模型是简单的理论模型，用于进行一般的没有特定时间、地点等限制的预测。随着人们对于环境问题关注的增长，生态模型的应用发展得到了推动（Bailey，1983；Hunsaker 等，2001）。同时，随着计算机技术的发展以及环境遥感数据的获取，具有空间解决过程的符合特定现实的模型得以发展，尤其是空间明确性模型（spatially explicit model）。空间明确性模型依赖于空间数据，通常是地理信息系统中的数字地图形式，这些输入地图通常提供了生境（habitat）的信息（例如，土地覆盖、植被、土壤、生境适宜性指数）。因此，空间数据不确定性对于模型预测的影响是一个值得关注的问题。

空间不确定性被称为现实世界与其描述之间的差异。Jager 和 King（2004）指出，生态学领域的空间不确定性问题包括不确定性分析（空间数据的不确定性如何影响模型预测的不确定性）、灵敏度分析（模型对何种输入变量最为敏感）、误差分析（量测和制图误差如何通过模型传播）、误差预算分析（error budget analysis，何种输入数据误差源导致了模型预测的最大差异）、决策分析和风险评估（已知输入数据的不确定性情形下的最优决策）、基于中性模型（neutral models）的假设检验（空间结构的差异对模型预测有何影响）。

设模型为 $G = f(Z)$，$\text{var}(G)$ 是由参数的不确定性 $\text{cov}(Z)$ 引起的，不确定性分析试图将模型预测的不确定性定量化。随机模拟可以用来"描绘"备选景观，其间的平稳性假设使得所有的位置可以采取同样的分布，而数据间的空间自相关性也可以得到描述。灵敏度分析是指输入变量将按其对模型预测的影响而被划分成等级。在非空间模型中,参数的灵敏度是模型响应量 G 对输入参数 Z 的偏导数。因为灵敏度依据当前参数值估计,所以灵敏度级别从一个参数空间到另一个参数空间是变化的。灵敏度分析与其他方法的主要区别在于灵敏度是生态模型的特性,而非模型空间输入的特性。误差分析的目的是定量化模型预测中的误差,它是由输入估计误差传播而来的。用于进行空间误差分析的备选景观间的不确定性应"再生"地图生成过程中的固有误差,通过适当的制图流程生成终极地图,从而可以对不同的地图实现进行分析。误差预算分析的最终目的是减少那些对采样有最大影响的空间输入的不确定性,这些空间输入量是通过更准确的量测或更高空间分辨率采样获得的。

下面讨论误差灵敏度分析与误差平衡问题。当误差分析表明 GIS 输出结果误差过大时,则需提高测量方法的精度。相应于某一指定的误差降低指标,应当将输入误差降低多少呢?如果 $G(\cdot)$ 对应的是单重输入,容易确定需改进的地方;如果是多重输入,改进工作的定位将变得较困难。考虑方程(15.18),一阶泰勒方法可给出输出变量 G 的方差,当输入不相关时,该方差可简化为:

$$\sigma_G^2 \approx \sum_{i=1}^{n} a_i^2 \sigma_{Z_i}^2 \qquad (15.45)$$

方程(15.45)表明,G 的方差是各个部分之和,每个部分为输入变量 Z_i 的贡献。于是,我们可以分析每个输入变量对输出方差的影响。从方程(15.45)可看出,每个 $\sigma_{Z_i}^2$ 的减少可以造成方差的降低。

显然,输出精度的提高,主要依赖于降低输入方差中对方差贡献最大的输入变量的误差。注意,这并不是说一定需要降低输入的最大误差方差,因为 $G(\cdot)$ 对输入的敏感度同样重要。同时注意,方程(15.45)是强假设条件下的结果,当这些假设不符合实际时,最好采用修正过的随机模拟方法近似替代每个误差源对误差的贡献。每个 GIS 操作命令通常会影响到计算模型的误差传播。因此,不仅输入误差会传播到 GIS 命令操作的输出误差,模型误差也会有同样的作用。实际上,模型误差可能是主要误差来源,应在误差分析中将其考虑进去,如果忽略这一点,将会严重低估模型输出中真实的不确定性。模型误差的表示,可以以在模型方程中赋予一定误差系数或者添加残余误差的形式给出。另外,降低输入误差的代价随着变量的不同而改变,然而在很多情况下最有效的做法是尽量达到误差的平衡。当一个变量对输出误差"贡献"较大时,采取特殊采样方法比较利于控制输出误差。事实上,误差平衡必须也包括模型误差。显然,对那些直接从质量较差模型的处理结果中获得的数据投入过多的做法是不明智的。另一方面,如果一个复杂模型需要利用一些不可能精确获得的数据,则它的作用可能和一个简单模型的作用差不多。

综观国内外的研究,空间不确定性的理论框架和数学基础包括空间统计学、概率论、证据推理、模糊集合论、粗糙集合等理论与方法。例如在遥感影像分类的过程中,可以使用模糊集合论讨论模糊分类、模糊边界、精度/模糊度的评估等问题。随机模拟乃至地统计学的数学语言是概率论和数理统计。在描述和量化离散目标的位置不确定性时,笔者应用了随机仿真方法,有效地模拟了点位误差在线状和面状目标的长度/周长和面积计算时误差传递的特性。我们应当广角式地看待概率论、证据推理、模糊集合、粗糙集等数学模型在不确定性研究中的区别与联系。未来研究取向为目标和场、"软"和"硬"数据/信息一体化的不确定性建模,构建跨尺度空间分析与建模的不确定性传递的信息过程框架。

根据 Goodchild 等(2009)的研究,基于离散型指示变量的指示随机仿真方法输出的等概实现实际上是不可重复的(non-replicable),而基于判别空间的随机仿真则可以解决这一问题。基于判别空间的专题类别信息模型保证了类别信息不确定性建模的可重复性。于是,目标(点、线、面)和场(连续的、离散的)的空间不确定性建模可以纳入一体化的随机过程理论框架内。这样,位置信息$\{x\}$的集合不再仅仅是数学意义上、无大小或宽度的点或线(边界),而是$\{x+\delta x\}$;连续场的分布应该是$Z(x)+\delta_z(x)$,即$Z(x)$附近可以量化置信区间;类别场$C(x)$的分布应该是概率型的,即$(p_1(x),\cdots,p_k(x))$(k为备选类别个数)。

类别场的研究议题值得关注。Jager 和 King(2004)指出,该议题今后的研究方向之一是随机模拟生成的备选景观应保持参考景观的斑块结构。另一个具有前景的方向是设计一种顾及层次结构的土地覆盖分类方法(Johnson 等,1999)。这种方法首先产生较高一级的类别,其次是这些类别内部的子类别。它反映了这样一种事实,即两个属于不同上一级类别的子类别相互之间错分的可能性减少。例如,利用层次方法进行土地覆盖分类时,首先可以将区域标记为森林或草地。然后,属于森林类别中的地块可以进一步地划分为落叶林或针叶林,而属于草地的地块可能被分为高秆草或短禾草牧场。

另外,针对空间不确定性的进一步研究,应该考虑信息集成环境的特殊性和多尺度数据/处理分析的复杂性,着力解决空间分析、建模和应用的不确定性量化和风险决策机制。综合运用线性/非线性地统计学,发展基于空间信息机理的空间不确定性建模、基于块段(即不仅针对纯点x,而且还适用于块段$v(x)$)的随机仿真策略等理论与方法。

空间不确定性研究的不竭源泉是生产实践和应用需求。在信息测绘时代应运而生的各种数字信息产品可以借助上述的各种数值方法进行误差量化和影响评价,进而给产品贴上"质量标签"。对于敏感部门或重大应用项目而言,通过严格的误差分析,可以提供空间决策所需的信息,排查若干质量安全隐患。随着遥感信息产品应用于地学研究的逐渐深入,其不确定性问题亦愈来愈引人关注,促成了遥感真实性检验的研究热潮。所谓真实性检验,是一种使用独立的方法进行评估的过程,其数据产品的质量由系统输出决定。也可以说,真实性检验是通过独立的方法来评价由遥感系统获得的遥感数据产品质量的过程。成立于2000 年的 LPV(the land product validation)小组致力于全球高水平陆地产品的定量真实性检验,这些高水平陆地产品源自遥感数据,且通过传递结果而与用户相关联。

卫星产品的真实性检验可分三个阶段:第一阶段,用一些独立的观测值估计产品精度,这些独立的观测值得自所选的特定地区、时间周期和地面真实/区域方案的作用。第二阶段,对若干地区和时间周期的广泛分布集进行地面真实性检验,以此实现对产品精度的评估。第三阶段,评估产品精度和产品中一直存在的不确定性,这种不确定性源于一些独立的观测值,而这些独立的观测值是由表示全球条件的系统显著鲁棒方式得来的。

国际上在 1984 年成立了对地观测卫星委员会 CEOS(the committee on earth observation satellites),它的主要目的是保证与对地观测等有关的科学问题的鉴定。CEOS 组织了许多专题讨论组,其中就包括 LPV 小组,它在土地覆盖、叶面指数、冰雪覆盖及火灾检测方面的真实性检验取得了长足的发展。其中,对于全球土地覆盖的真实性检验是我们最为关注的。

作为一个过程,真实性检验有许多组成部分,主要包括统计观察、反映置信度的地图制作、土地覆盖地图数据之间的比较、系统精度的定量评价以及土地覆盖变化范围的检验等。这些步骤使得用户针对评估用作信息源的特定土地覆盖产品对工作的影响强弱程度去进行误差分析。真实性检验的一种根本方法就是以统计推论得到的相互关系来确定评估的科学可信度。

诚然,对真实性检验方法的研究,目前还存在许多挑战。例如在制作全球土地利用地图和评估它的精度时,由卫星传感器数据自身带来的光谱数据质量以及地理位置等的局限性;在给定的时空点进行地表属性提取以制图时遇到的图例设定以及混合像素问题;进行精度评估时遇到的精度参数精确性、样本设计和全球采样问题等(Stehman 等,2003;Foody 和 Mathur,2004)。这需要我们不断探索和拓展真实性检验方法的发展领域。

思考题

1. 试讨论植被分布制图不确定性时概率论与模糊集合的适用性。
2. 简述利用混淆矩阵比较分类精度的方法。
3. 试通过自己假定的关于 DEM 的高程误差大小和相关系数,讨论误差在坡度和坡向计算时的传播。
4. 试以一个三角形为例,讨论其点位误差在其周长和面积计算中的传播的解析方法。
5. 请说明基于场的不确定性建模的优劣势。

参 考 文 献

边少锋. 大地坐标系与大地基准[M]. 北京：国防工业出版社，2005.

陈述彭，周成虎，陈秋晓. 格网地图的新一代[J]. 测绘科学，2004，29(4)：1-4.

陈俊勇，党亚民. 全球大地测量地心坐标参考框架最新进展[J]. 测绘科学，2004，29(1)：61-63.

陈俊勇，党亚民. 国际大地测量和地球物理联合会2003年日本大会札记[J]. 测绘科学，2003，28(3).

陈俊勇，文汉江，程鹏飞. 中国大地测量学发展的若干问题[J]. 武汉大学学报(信息科学版)，2001，26(6)：475-482.

陈俊勇. 面向数字中国，建设中国的现代测绘基准[J]. 测绘通报，2001，(3)：1-3.

陈俊勇，魏子卿，胡建国等. 迈入新千年的大地测量学[J]. 测绘学报，2000，29(1)：2-8，29(2)：95-101.

陈俊勇. 关于改善和更新国家大地测量基准的思考[J]. 测绘工程，1999，8(3)：7-9.

陈健，晁定波. 椭球大地测量学[M]. 北京：测绘出版社，1989.

Donald Hearn, M. Pauline Baker 著. 蔡士杰，吴春镕，孙正兴等译. 计算机图形学(第2版)[M]. 北京：电子工业出版社，2002.

方炳炎，王桥等. 地图投影坐标变换. http://www.cqvip.com/qk/96869X/199501/5128110.html?SUID=EGBNBFDHDNCBCOPIBOLGEMCBCDOIPNFP.

樊鸿康. 抽样调查[M]. 北京：高等教育出版社，2000.

龚健雅. 地理信息系统基础[M]. 北京：科学出版社，2001.

巩晓东，铁冶欣，隋会拳. 常用坐标系统换算的数学模型及程序设计[J]. 大连水产学院学报，1995，10(3).

侯景儒，黄竞先. 地质统计学及其在矿产储量计算中的应用[M]. 北京：地质出版社，1982.

胡明城. 现代大地测量学的理论及其应用[M]. 北京：测绘出版社，2003.

金江军，潘懋. 格网技术对GIS发展的影响[J]. 地理与地理信息科学，2004，20(2)：49-52.

金为铣，杨先宏，邵鸿潮，崔仁愉. 摄影测量学[M]. 武汉：武汉大学出版社，1996.

颉耀文. GIS中地图投影的应用[J]. 黑龙江工程学院学报，2001，15(3).

James M. Lattin, J. Douglas Carroll, Paul E. Green. 多元数据分析[M]. 北京：机械工业出版社，2003.

孔祥元，郭际明，刘宗泉. 大地测量学基础[M]. 武汉：武汉大学出版社，2001.

孔祥元，梅是义. 控制测量学[M]. 武汉：武汉大学出版社，2003.

Kang-tsung Chang 著，陈建飞等译. 地理信息系统导论[M]. 北京：科学出版社，2003.

Kang-tsung Chang 著，陈建飞中文导读. 地理信息系统导论（第 3 版）[M]. 北京：科学出版社，2006.

李德仁. 不停歇的思索[M]. 武汉：武汉大学出版社，2008.

李德仁，易华蓉，江志军. 论网格技术及其与空间信息技术的集成[J]. 武汉大学学报（信息科学版），2005，30(9)：757-761.

李德仁，崔巍. 空间信息语义网格[J]. 武汉大学学报（信息科学版），2004，29(10)：847-851.

李德仁，朱欣焰，龚健雅. 从数字地图到空间信息网格——空间信息多级网格理论思考[J]. 武汉大学学报（信息科学版），2003，28(6)：642-649.

李德仁，周月琴，金为铣. 摄影测量与遥感概论[M]. 北京：测绘出版社，2001.

李德仁，陈晓勇. 用数学形态学变换自动生成 DTM 三角形格网的方法[J]. 测绘学报，1990，19(3).

李建成，陈俊勇，宁津生，晁定波. 地球重力场逼近理论与中国 2000 似大地水准面的确定[M]. 武汉：武汉大学出版社，2003.

李小文，王锦地，Strahler A. 尺度效应及几何光学模型用于尺度纠正[J]. 中国科学（E辑），2000，30(增刊)：12-17.

李小文，王锦地，Strahler A. 非同温黑体表面上普朗克定律的尺度效应[J]. 中国科学（E辑），1999 a，29(5)：422-426.

李小文，王锦地，Strahler A. 再论互易原理在二向反射研究中的适用性[J]. 自然科学进展，1999 b，9(12)：112-118.

李小文，王锦地，胡宝新，Strahler A. 先验知识在遥感反演中的作用[J]. 中国科学，1998，28(1)：67-72.

李小文，王锦地. 植被光学遥感模型与植被结构参数化[M]. 北京：科学出版社，1995.

李征航，黄劲松. GPS 测量与数据处理[M]. 武汉：武汉大学出版社，2005.

李志林，朱庆. 数字高程模型（第 2 版）[M]. 武汉：武汉大学出版社，2003.

黎夏，叶嘉安，刘小平. 地理模拟系统在城市规划中的应用[J]. 城市规划，2006，30(6).

林宗坚. 关于构建数字地球基础框架的思考[J]. 测绘软科学研究，1999，(4)：1-4.

刘湘南，黄方，王平，佟志均. GIS 空间分析原理与方法[M]. 北京：科学出版社，2005.

刘学军. 基于规则格网数字高程模型解译算法误差分析与评价[D]. 武汉大学博士论文，2002.

刘学军，符锌砂. 三角网数字地面模型的理论、方法现状及发展[J]. 长沙交通学院学报，2001，17(2)：24-31.

刘学军，符锌砂，赵建三. 三角网数字地面模型快速构建算法研究[J]. 中国公路学报,2000,13(2):31-36.

吕晓华,刘红林.地图投影数值变换方法综合评述[J].测绘学院学报,2002:19(2).

罗聚胜,杨晓明.地形测量学[M].北京:测绘出版社,2001.

Longley Paul A., Goodchild M. F., David J Maguire, David W. Rhind 著,张晶,刘瑜,张洁,田原等译.地理信息系统与科学[M].北京:机械工业出版社,2007.

Longley, Paul A., Goodchild, M. F., David J Maguire, David W. Rhind 等编,唐中实,黄俊峰,尹平等译.地理信息系统(上卷)——原理与技术(第2版)[M].北京:电子工业出版社,2004.

M. de Berg M. van Kreveld, M. Overmars O. Schwarzkopf 著,邓俊辉译.计算几何——算法与应用(第2版)[M].北京:清华大学出版社,2005.

宁津生,刘经南,陈俊勇,陶本藻.现代大地测量理论与技术[M].武汉:武汉大学出版社,2006.

宁津生,陈俊勇,李德仁,刘经南,张祖勋等.测绘学概论[M].武汉:武汉大学出版社,2004.

潘正风,杨正尧,程效军,成枢,王腾军.数字测图原理与方法[M].武汉:武汉大学出版社,2004.

秦耀辰,钱乐祥,千怀遂,马建华.地球信息科学引论[M].北京:科学出版社,2004.

任留成,吕泗洲,吕晓华.地图投影学科性质的演变[DB/OL].http://www.wanfangdata.com.cn/qikan/Periodical.Articles/dt/dt2001/0101/010101.htm.

任留成,吕泗洲,施全杰等.空间地图投影分类研究[J].测绘学院学报,2002:19(3).

孙达,蒲英霞.地图投影[M].南京:南京大学出版社,2005.

孙家抦.遥感原理与应用[M].武汉:武汉大学出版社,2003.

孙家抦,关泽群,舒宁.遥感原理、方法和应用[M].北京:测绘出版社,1997.

陶亮.空间聚类算法的研究[M].安徽:合肥工业大学出版社,2007.

田厚安.GIS的发展与地图投影.http://www.ilib.cn/A-zgkjxx200621053.html.

韦玉春,陈锁忠等.地理建模原理与方法[M].北京:科学出版社,2005.

王家耀.空间信息系统原理[M].北京:科学出版社,2001.

王政权.地统计学及在生态学中的应用[M].北京:科学出版社,1999.

邬伦,刘瑜,张晶等.地理信息系统——原理、方法和应用[M].北京:科学出版社,2001.

吴立新,史文中.地理信息系统原理与算法[M].北京:科学出版社,2003.

伍业钢,李哈滨.景观生态学的理论发展[M].北京:中国科技出版社,1992.

吴忠性,杨启和.数学制图学原理[M].北京:测绘出版社,1989.

吴忠性.地图投影[M].北京:测绘出版社,1980.

杨启和,John Snyder, Waldo Tobler. Map Profection Transformation - Principles and Applications. 1999. http://www.tandf.com.

姚宜斌.平面坐标系统相互转换的一种简便算法[J].测绘信息与工程,2001(5).

张成才,秦昆,卢艳,孙喜梅. GIS 空间分析理论与方法[M]. 武汉:武汉大学出版社,2004.

张宏敏. 地图投影变换中的几种方法[DB/OL]. http://www.wanfangdata.com.cn/qikan/periodical.Articles/kjxx-xsb/kjxx2006/0602/060237.htm

张剑清,潘励,王树根. 摄影测量学[M]. 武汉:武汉大学出版社,2003.

张景雄,Goodchild,M.F. 野外空间采样的渐进式策略[J]. 武汉大学学报(信息科学版),2008,33(5).

张全得,张德平. 测绘基准体系建设的讨论[J]. 测绘通报,2005,(4):1-4.

张晓盼,齐欢. 地图投影的最小二乘二元多项式拟合的误差估计[J]. 测绘科学. 2003,28(3).

赵学胜,侯妙乐,白建军. 全球离散格网的空间数字建模[M]. 北京:测绘出版社,2007.

赵英时等. 遥感应用分析原理与方法[M]. 北京:科学出版社,2003.

赵政,管志杰. 地图投影变换及其在 GIS 中的应用[J]. 计算机工程与应用,2000,6.

周成虎. 遥感影像地学理解与分析[M]. 北京:科学出版社,1999.

周启鸣,刘学军. 数字地形分析[M]. 北京:科学出版社,2006.

周启鸣. 数字地球的参考模型[J] // 李德仁. 从数字影像到数字地球[M]. 武汉:武汉测绘科技大学出版社,2001.

祝国瑞等. 地图学[M]. 武汉:武汉大学出版社,2004.

Abramowitz, M., Stegun, I. A. Handbook of Mathematical Functions [M]. New York: Dover, 1964.

Akima H. A method of bivariate interpolation and smooth surface fitting for irregularly spaced data points. Aglorithm 526 [J]. ACM Transactions on Mathematical Software, 1978, 4: 148-164.

Akinson P. M., Dunn, R., and Harrison A. R. Measurement error in reflectance data and its implications for regularizing the variogram [J]. International Journal of Remote Sensing, 1996, 17: 3735-3750.

Aller, L., Bennett, T., Lehr, J. H., Petty, R. J., and Hackett G. DRASTIC: A Standardized System for Evaluating Groundwater Pollution Potential Using Hydrogeologic Settings [S]. U. S. Environmental Protection Agency, EPA/600/2-87/035, 1987,622.

Altman D. Fuzzy set theoretic approaches for handling imprecision in spatial analysis [J]. International of Geo-graphical Information Systems, 1994, 8 (3):271-289.

Anselin, L. Local Indicators of Spatial Association [J]. Geographical Analysis, 1995:27-93,115.

Arbia, G., Griffith, D. A., and Haining, R. P. Error Propagation Modeling in Raster GIS: Overlay Operations [J]. International Journal of Geographical Information Science, 1998, 12: 145-167.

Avery B W. Soil classification for England and Wales: higher categories [J]. // Soil Survey Technical Monograph No. 14 [G]. Soil Survey of England and Wales, Harpenden, 1980b.

Bai Jianjun, Zhao Xuesheng, Chen Jun. Indexing of the discrete global grid using linear quadtree [J]. Proceedings of the XXXVIth ISPRS [C]. Netherland: ISPRS Working Groups-WG IV/1, 2005.

Baily, T. C., Gatrell, A. C. Interactive Spatial Data Analysis [M]. Harlow, England: Longman Scientific & Technical, 1995.

Bailey, R. G. Delineation of ecosystem regions. Environmental Management, 1983, 7: 365-373.

Banai-Kashani, R. A New Method for Site Suitability Analysis: The Analytic Hierarchy Process [J]. Environmental Management, 1989, 13: 685-693.

Barnes R. J., Watson A. G., Efficient updating of kriging estimates and variances [J]. Mathematical Geology, 1992, 24(1): 129-133.

Beard, K.. Accommodating uncertainty in query response [J]. Proceedings of the Sixth International Symposium on Spatial Data Handling, Edinburgh, Scotland: International Geographical Union, 1994.

Beck, M. B., Jakeman, A. J., and McAleer, M. J. Construction and Evaluation of Models of Environmental Systems [J]. // Jakeman, A. J., Beck, M. B., and McAleer, M. J. (eds.). Modelling Change in Environmental Systems [M]. Chichester, England: Wiley, 1993:3-35.

de Berg M, Cheong O, van Kreveld M, Overmars M. Computational Geometry: Algorithms and Applications [M]. Springer-Verlag, 2008.

Besag J. E. Spatial interaction and the statistical analysis of lattice systems (with Discussion) [J]. Journal of the Royal Statistical Society, 1974 B, 36: 192-236.

Bezdek J C. Pattern recognition with fuzzy objective function algorithms [M]. New York: Plenum Press, 1981.

Bjørke J T, Grytten J K, Morten H, et al. Examination of a constant-area quadrilateral grid in representation of global digital elevation models [J]. International Journal of Geographic Information Science, 2004, 18(7): 653-664.

Bjørke J T, John K G, Morten H, et al. A global grid model based on "Constant Area" quadrilaterals [J]. ScanGIS, 2003, (3): 239-250.

Bonissone P P, Decker K. Selecting uncertainty calculi and granularity: an experiment in trading-off precision and granularity: an experiment in trading-off precision and complexity [J]. // Kanal L N, Lemmer J F (eds.). Uncertainty in artificial intelligence [M]. Amsterdam, Elsevier Science, 1986.

Bossler, J., John R. Jensen, Robert B. McMaster, Chris Rizos. Manual of geospatial science and technology [M]. London, New York: Taylor & Francis, 2002.

Bowyer A. Computing Dirichlet Tessellations [J]. The Computer Journal, 1981, 24 (2):

162-166.

Brodie M. L. On the Development of Data Models [R]. // Brodie M L. et al. (eds.). On Conceptual Modelling [G]. New York: Springer Verlag, 1984.

Burrough P A, Mcdonnell R A. Principles of Geographical Information System [M]. Oxford, UK: Oxford University Press, 1998.

Campbell J. Introduction to Remote Sensing [M]. 4th ed. New York: The Guiford Press, 2008.

Chang K. Introduction to Geographic Information Systems [M]. 2nd ed. New York: McGraw-Hill, 2003.

Chiles J P, Delfiner P. Modeling Spatial Uncertainty[J] // Geostatistics [M]. New York: Wiley, 1999.

Chrisman, N. Exploring Geographic Information Systems [M]. New York: John Wiley & Sons, 1997.

Chrisman N. The accuracy of map overlays: a reassessment [J]. Landscape and urban planning, 1987,(14):427-439.

Chu T H, Tsai T H. Comparison of accuracy and algorithms of slope and aspect measures from DEM [J]. // Proceedings of GIS AM/FM ASIA' 95 [C]. Bangkok: I-1 to 11, 1995.

Chuvieco, E., Congalton, R. G.. Application of Remote Sensing and Geographic Information Systems to Forest Fire Hazard Mapping [J]. Remote Sensing of the Environment, 1989, 29: 147-159.

Chuvieco, E., J. Salas. Mapping the Spatial Distribution of Forest Fire Danger Using GIS [J]. International Journal of Geographical Information Systems, 1996, 10: 333-345.

Congalton, R. G., Green, K. Assessing the Accuracy of Remotely Sensed Data: Principles and Practices[M]. CRC Press, 2008.

Coppock J R, Rhind D. The history of GIS [G] // Maguire D J, Goodchild M. F., Rhind D W (eds.). Geographical Information Systems, 1991, 1 (1): 21-43.

Coroza, O., Evans, D., and Bishop, I. Enhancing Runoff Modeling with GIS [J]. Landscape and Urban Planning, 1997, 38: 13-23.

Costa-Cabral M C, Burges S J. Digital elevation model networks (DEMON): A model of flow over hillslopes for computation of contributing and dispersal areas [J]. Water Resources Research, 1994, 30(6): 1681-1692.

Couclelis, H. Modeling Frameworks, Paradigms and Approaches [J]. // Clarke, K. C., Parks, B. O., and Crane, M. P. (eds.). Geographic Information Systems and Environmental Modeling [M]. Upper Saddle River, NJ: Prentice Hall, 2002:36-50.

Couclelis, H.. People manipulate objects (but cultivate fields): Beyond the raster-vector debate [J]. // U. Frank, I. Campari and U. Formentini (eds.). Theories and Methods of Spatio-Temporal Reasoning in Geographic Space [G]. Lecture Notes in Compute Science, Berlin-

Heidelberg:Springer-Verlag, 1992, Vol. 639:65-77.

Cressie, N. Change of Support and the Modifiable Areal Unit Problem [J]. Geographical Systems, 1996, 3:159-180.

Cressie N. Statistics for Spatial Data[M]. New York: Wiley, 1993.

Davis, J. C. Statistics and Data Analysis in Geology. 2nd ed. [M]. New York: John Wiley & Sons, 1986.

De Floriani L, Magillo P. Horizon computation on a hierarchical terrain model [J]. The Visual Computer, 1995, 11: 134-149.

Desmet P J J, Govers G. Comparison of routing algorithms for digital elevation models and their implication for predicting ephemeral gullies [J]. International Journal of Geographical Information Science, 1996a, 10(10): 311-331.

Desmet P J J, Govers G. A GIS Procedure for Automatically Calculating the USLE LS Factor on Topographically Complex Landscape Units [J]. Journal of Soil and Water Conservation, 1996, 51: 427-433.

Dijkstra, E. W. A Note on Two Problems in Connexion with Graphs [J]. Numerische Mathematik, 1959, 1: 269-271.

Dungan J L. Spatial prediction of vegetation quantities using ground and image data [J]. International Journal of Remote Sensing, 1998, 19: 267-285.

Duggin M J, Robinove C J. Assumptions Implicit in Remote Sensing Data Acquisition and Analysis [J]. International Journal of Remote Sensing, 1990, 11(10): 1669-1694.

Dutton G. Universal geospatial data exchange via global hierarchical coordinates: the First International Conference on Discrete Grids [C/OL]. (2000-3) [2002-8-18]. http://www.ncgia.ucsb.edu/globalgrids/papers/.

Dutton G. A hierarchical coordinate system for geoprocessing and cartography: lecture notes in earth sciences [M]. Berlin: Springer-Verlag, 1999.

Dutton G. Polyhedral hierarchical tessellations: the shape of GIS to come [J]. Geographical Information Systems, 1991, 1(3): 49-55.

Dutton, J.. Geodesic modelling of planetary relief [J]. Proceedings of AutoCarto VI, Ottawa, 1983.

Eastman J R, Jiang H. Fuzzy measures in multi-criteria evaluation [J]. Proceedings of the Second International Symposium on Spatial Accuracy Assessment in Natural Resources and Environmental Studies. Fort Collins, GIS World Inc, 1996:527-534.

Eastman J R. Idrisi Version 4.1. Clark University, Worcester,U. S. A, 1993.

Edwards, T. C. , Jr. , G. G. Moisen, and Cutler, D. R. Assessing map uncertainty in remotely-sensed, ecoregion-scale cover-maps [J]. Remote Sensing and Environment, 1998, 63: 73-83.

Egenhofer, M. F. , A. Frank. Object-Oriented Modeling for GIS [J]. Journal of the Urban and Regional Information System Association, 1992, 4: 3-19.

Evans I S. An integrated system of terrain analysis and slope mapping [R]. Final report on grant DA-ERO-591-73-G0040. University of Durham, England, 1979.

Evans I S. An integrated system of terrain analysis and slope mapping [J]. Zeitschrift für Geomorphologie (Supplement Band), 1980, 36: 274-295.

FAO-UNESCO. Soil map of the world: revised legend [S]. // World Soil Resources Report 60 [R]. FAO, Rome, 1990.

Fairfield J, Leymarie P. Drainage networks from grid elevation models [J]. Water Resources Research, 1991, 27(5): 709-717.

Falby J S, Zyda M J, Pratt D R, et al. NPSNET: hierarchical data structures for real-time three-dimensional visual simulation [J]. Computer and Graphics, 1993, 17(1): 65-69.

Faust N, Ribarsky W, Jiang T, et al.. Real-time global data model for the digital earth: the First International Conference on Discrete Grids [C/OL]. (2000) [2002-8-18]. http://www.ncgia.ucsb.edu/globalgrids/papers/.

Finco, M. V., Hepner, G. F. Investigating U. S. -Mexico Border Community Vulnerability to Industrial Hazards: A Simulation Study in Ambos Nogales [J]. Cartography and Geographic Information Science, 1999, 26: 243-252.

Fisher P F. Probable and fuzzy models of the viewshed operation [J]. // Worboys M (ed.) Innovations in GIS 1 [M]. London, Taylor and Francis, 1994: 161-175.

Fisher P F. Algorithm and implementation uncertainty in the viewshed function [J]. International Journal of Geographical Information Systems, 1993, 7: 331-347.

Fisher P F. First experiments in viewshed uncertainty: simulating the fuzzy viewshed [J]. Photogrammetric Engineering and Remote Sensing, 1992, 58: 345-352.

Fisher P F. First experiments in viewshed uncertainty: the accuracy of the viewable area [J]. Photogrammetric Engineering and Remote Sensing, 1991a, 57: 1321-1327.

Florinsky I V. Combined analysis of digital terrain models and remotely sensed data in landscape investigations [J]. Progress in Physical Geography, 1998a, 22(1): 33-60.

Fleming M D, Hoffer R M. Machine processing of Landsat MSS data and DMA topographic data for forest cover type mapping: West Lafayette [C]. Purdue, University, Laboratory for Applications of Remote Sensing, LARS Technical Report 062879, 1979.

Foody, G M., Mathur, A. A relative evaluation of multiclass image classification by support vector machine [J]. IEEE Transactions Geoscience Remote Sensing, 2004, (42):1335-1343.

Foody G M. Approaches to the production and evaluation of fuzzy land cover classification from remotely-sensed data [J]. International Journal of Remote Sensing, 1996, 17: 1317-1340.

Frank C, Hugo D. The world in perspective: a directory of world map projections [R]. (2001) [2004-2-11]. http://www.amazon.com/exec/obidos.

Franke, R. Thin Plate Spline with Tension [J]. Computer Aided Geometrical Design,

1985,2: 87-95.

Franke, R. Smooth Interpolation of Scattered Data by Local Thin Plate Splines [J]. Computers and Mathematics with Applications, 1982, 8: 273-281.

Franke R. Scattered data interpolation: test of some methods [J]. Mathematics of Computation, 1982a, 38: 711-740.

Freeman T G. Calculating catchment area with divergent flow based on a regular grid [J]. Computer and Geosciences, 1991, 17(3): 413-422.

Getis, A., Ord J K. Local spatial statistics: an overview in spatial analysis: modeling in a GISenvironment [J]. // P. Longley and M. Batty (eds.). Cambridge, UK: Geoinformation International, 1996.

Getis, A., Ord, J. K.. The Analysis of Spatial Association by Use of Distance Statistics [J]. Geographical Analysis, 1992, 24: 189-206.

Gerstner T. Multiresolution visualization and compression of global topographic data [R]. (1999) [2004-5-01]. http://www.issrech.iam.uni-bonn.de/research/Gerster/global.pdf.

Gold C M, Mostafavi M. Towards the global GIS [J]. ISPRS Journal of Photogrammetry and Remote Sensing, 2000, 55(3): 150-163.

Goodchild M F, Zhang, J., and Kyriakidis, P. Discriminant Models of Uncertainty in Nominal Fields [J]. Transactions in GIS, 2009, 13(1):7-23.

Goodchild M F, Zhou J F. Finding geographic information: collection-level metadata [J]. GeoInformatica, 2003, 7(2): 95-112.

Goodchild M F, Buttenfield. B, and J. Wood. Introduction to visualizing data quality [J] // Hilary M. Hearshaw and David J. Unwin (eds.). Visualization in Geographical Information Systems [M]. New York: John Wiley and Sons, 1994:141-149.

Goodchild M F, Biging G S, Congalton R G, Langley P G, Chrisman N R and Davis F W. Final Report of the Accuracy Assessment Task Force [R]. // California Assembly Bill AB1580 [G]. Santa Barbara: University of California, National Center for Geographic Information and Analysis, 1994.

Goodchild M F. Geographical information science[J]. International Journal of Geogra-phical Information Systems, 1992, 6 (1): 31-45.

Goodchild M F. The spatial data infrastructure of environmental modeling [J]. // Maguire D J, Goodchild M F, Rhind D. W. (eds.). Geographical Information System: Principles and Applications [M]. London: Longman, 1991: 11-15.

Goodchild M F, Gopal S. Accuracy of Spatial Databases [M]. London: Taylor and Francis, 1989.

Goodchild M F. Spatial Autocorrelation [G]. Norwich,UK: GeoBook, 1986: Catmog 47.

Hall G B, Wang F and Subaryono. Comparison of Boolean and Fuzzy Classification Methods in Land Suitability Analysis by Using Geographical Information Systems [J]. Environment and

Planning, 1992A, 24: 497-516.

Hammersley J. M., Handscomb D. C. Monte Carlo Methods [M]. London: Methuen, 1964.

Hardisty, J., Taylor, D. M., and Metcalfe, S. E. Computerized Environmental Modeling [M]. Chichester, NY: John Wiley & Sons, 1993.

Hauser, John R. Testing the Accuracy, Usefulness and Significance of Probabilistic Models: An Information Theoretic Approach [J]. Operations Research, 1978, 26(3): 406-421.

Hay G. J., Niemann K. O., and Goodenough, D. G. Spatial Thresholds, Image-Objects and Upscaling: A Multi-Scale Evaluation [J]. Remote Sensing of Environ,1997,62:1-19.

Henriette I. Jager, Anthony W. King. Spatial Uncertainty and Ecological Models [J]. Ecosystems, 2004, 7: 841-847.

Heuvelink, G. B. M. Error Propagation in Environmental Modeling with GIS [M]. London: Talor and Francis, 1998.

Hitchner L. A virtual planetary exploration: very large virtual environment: proceeding of SIGGRAPH' 92 [C]. Danvers: Assison-Wssley Publishing Company, 1992.

Hobbs, B. F., Meier, P. M. Multicriteria Methods for Resource Planning: An Experimental Comparison [J]. IEEE Transactions on Power Systems, 1994, 9(4): 1811-1817.

Hofmann-Wellenhof, B., Lichtenegger, H. and Collins, J. Global Positioning System: Theory and Practice. 4th ed. [M]. Springer-Verlag, Berlin, 1998.

Holmgren P. Multiple flow direction algorithm for runoff modelling in grid based elevation models: an empirical evaluation [J]. Hydrology Processes, 1994, 8: 327-334.

Holt D, Steel D, Tranmer M, Wrigley N.. Aggregation and ecological effects in geographically based data [M]. Geographical Analysis, 1996, 28:244-261.

Hopkins, L. D. Methods for Generating Land Suitability Maps: A Comparative Evaluation [J]. Journal of the American Institute of Planners, 1977, 43: 386-400.

Horn B K P. Hill shading and the reflectance map [J]. Proceedings of IEEE, 1981,69 (1):14-47.

Horton R E. Erosional development of streams and their drainage basins: Hydrophysical approach to quantitative morphology [J]. Geological Society of America Bulletin, 1945, 56: 275-370.

Hunsaker, C. T., Goodchild, M. F., M. A. Fried, and T. J. Case. Spatial Uncertainty in Ecology: Implications for Remote Sensing and GIS Applications [M]. Springer-Verlag, New York, 2001.

Hutchinson, M. F. Interpolating Mean Rainfall Using Thin Plate Smoothing Splines [J]. International Journal of Geographical Information Systems, 1995, 9: 385-403. http://biology. usgs. gov/npsveg/aa/sect5. html. http://en. wikipedia. org/wiki/Delaunay_triangulation.

Jain A. K., Murty M. N., Flynn P. J., Data Clustering: A Review [J]. ACM Computing

Surveys, 1999,31(3): 265-323.

Januzaj E., Kriegel Hans-Peter, Pfeifle M., Density-Based Distributed Clustering [J]. // Proceedings of the 9th International Conference on Extending Database Technology [C]. Heraklion, Greece, 2004:88-105.

Jiang, H., Eastman, J. R. Application of Fuzzy Measures in Multi-Criteria Evaluation in GIS [J]. International Journal of Geographical Information Science, 2000, 14: 173-184.

John A. Rice. Mathematical Statistics and Data Analysis (Second Edition) [M]. 北京：机械工业出版社, 2003.

Johnson GD, Myers WL, Patil GP. Stochastic generating models for simulating hierarchically structured multi-cover landscapes [J]. Landscape Ecology, 1999, 14: 413-421.

Jones K H. A comparison of algorithms used to compute hill slope as a property of the DEM [J]. Computer and Geosciences, 1998, 24(4): 315-323.

Journel A G. Modeling uncertainty: some conceptual thoughts [J]. // Dimitrakopoulos (ed.). Geostatistics for the next century [M]. Kluwer, 1993: 30-43.

Journel A G. Nonparametric Estimation of Spatial Distributions [J]. Journal of the International Association for Mathematical Geology, 1983, 15: 445-468.

Journel A.G., Huijbregts C.H.J., Mining Geostatistics [M]. London: Academic Press, 1978.

Kauth R. J., and Thoams, G. S. The Tasseled Cap—A Graphic Description of the Spectral-Temporal Development of Agricultural Crops as Seen by Landsat [J]. // Proceedings of Sympo-sium on Machine Processing of Remotely Sensed Data [C]. West Lafayette, Laboratory for Applications of Remote Sensing, 1976:41-51.

Kemp K K. Fields as a framework for integrating GIS and environmental process models. Part one: Representing spatial continuity [J]. Transactions in GIS, 1997a, 1(3):219-234.

Kemp K K. Fields as a framework for integrating GIS and environmental process models. Part two: Specifying field variables [J]. Transactions in GIS, 1997b, 1(3): 235-246.

Kimes D. S., Seller, P. J. Inferring Hemispherical Reflectance of Earth's Surface for Global Energy Budgets from Remotely Sensed Nadir or Directional Radiance Values [J]. Remote Sensing of Environ, 1985, 18: 205-223.

Kliskey, A. D., Lofroth, E. C., Thompson, W. A., Brown, S., and Schreier, H. Simulating and Evaluating Alternative Resource-Use Strategies Using GIS-Based Habitat Suitability Indices. Landscape and Urban Planning 1999,45: 163-175.

Kolar J. Representation of the geographic terrain surface using global indexing: proceeding of 12th International Conference on Geoinformatics [C]. Sweden: Gavle, 2004.

Koller D, Lindstrom P, Ribarsky W, et al. Virtual GIS: a real-time 3D geographic information system: proceedings of the IEEE Visualization'95, Atlanta Georgia, Octorber [C/OL]. Atlanta, Georgia, USA: IEEE Computer Society, 1995 [1999-11-23]. http://computer.org/proceedings/visualization/7187/7187toc.htm.

Krcho J. Georelief as a subsystem of landscape and the influence of morphometric parameters of georelief on spatial differentiation of landscape-ecological processes [J]. Ecology(CSFR), 1991, 10: 115-157.

Krcho J. Morphometric analysis of relief on the basis of geometric aspect of field theory [J]. Acta Geographica Universitae Comenianae, Geographica Physica, Vol. 1. Bratislava, SPN, 1973.

Kucera H A, Sondheim M. SAIF—conquering space and time [G]. GIS 92 Symposium. Vancouver, Canada, 1992.

Laaribi A, Chevallier J J, Martel J M. A spatial decision aid: A multicriterion evaluation approach [J]. Computers, Environment and Urban Systems, 1996, 20(6): 351-366.

Lagacherie P, Andrieux P, Bouzigues R. The soil boundaries: from reality to coding in GIS [J]. // Burrough P A, Frank A U (eds.). Geographic objects with indeterminate boundaries [M]. London: Taylor and Francis, 1996: 275-286.

Langley, R. B. The GPS observables [J]. GPS World, 1993, 4(4): 52-59.

Langran G. Time in geographic information systems [D]. PhD dissertation, University of Washington, 1989.

Larsen, J. The Modifiable Areal Unit Problem: A problem or a source of spatial information? [D]. PhD thesis, Ohio State University, 2000.

Lathrop, R. G., Jr., Bognar, J. A. Applying GIS and Landscape Ecologic Principles to Evaluate Land Conservation Alternatives [J]. Landscape and Urban Planning, 1998, 41: 27-41.

Lea N J. An aspect-driven kinematic routing algorithm [J]. // Parsons A J, Abrahams A D (eds.). Overland Flow: Hydraulics and Erosion Mechanics. London: UCL Press, 1992.

Leick, A. GPS Satellite Surveying. 2nd ed. [M]. New York: John Wiley & Sons, 1995.

Lindstrom P, Koller D, Ribarsky W, et al. An integrated global GIS and visual simulation system [R]. Georgia: Georgia Institute of Technology, 1997.

Longitude and Latitude Conversion [G/OL]. (2000-10-31) [2009-8-25]. http://bse.unl.edu/adamchuk/web_ssm/web_GPS_eq.html.

Longley, Paul A., Goodchild, M. F.. Maguire, David W., Rhind. Geographic Information Systems and Science [M]. 2nd ed. Chichester: Wiley, 2005.

Lukatela H. Ellipsoidal area computations of large terrestrial objects: the first International Conference on Discrete Grids' 2000, Santa Barbara, California, USA, March [C/OL], 2000 [2002-8-18]. http://www.ncgia.ucsb.edu/globalgrids/papers.

Lukatela H. Hipparchus Geopositioning Model: An overview: proceedings of the Eighth International Symposium on Computer-Assisted Cartography [C]. Baltimore: ASPRS & ACSM, 1987.

MacDougall, E. B. The Accuracy of Map Overlays [J]. Landscape Planning, 1975, 2: 23-30.

Makarovic, B. Information transfer on construction of data from sampled points [J]. Photogrammetria, 1972, 28(4): 111-130

Malczewski, J. On the Use of Weighted Linear Combination Method in GIS: Common and Best Practice Approaches [J]. Transactions in GIS, 2000, 4: 5-22.

Maling D H. Measurement from maps: principles and methods of cartometry [M]. New York: Pergamon Press, 1989.

Martin D, Bracken I. Techniques for modeling population-related raster databases [J]. Environment and Planning, 1991a, 23(7): 1069-1075.

Mark D M. Automatic detection of drainage networks from digital elevation models [J]. Cartographica, 1984, 21(2/3): 168-178.

Mausel P. W., Kramber W. J., Lee J. K. Optimum band selection for supervised classification of multispectra data [J]. Photogrammetric Engineeting and Remote Sending, 1990, 56: 55-60.

McBratney A B, Webster R and Burgess T M. The design of optimal sampling schemes for local estimation and mapping of regionalized variables: I theory and method [J]. Computers and Geosciences, 1981, 7: 331-334.

McCullagh M J. Terrain and surface modelling systems: theory and practice [J]. Photogrammetric Record, 1988, 12: 747-779.

Merchant, D. C. Accuracy Specification for Large Scale Maps [J]. Photogrammetric Engineering and Remote Sensing, 1985, 51 (2):195-199.

Merchant, J. W. GIS-Based Groundwater Pollution Hazard Assessment: A Critical Review of the DRASTIC Model [J]. Photogrammetric Engineering & Remote Sensing, 1994, 60: 1117-1127.

Middleton, G. V. Data Analysis in the Earth Sciences Using Matlab [J]. Upper Saddle River, NJ: Prentice Hall, 2000.

Mikhail, E. M., F. Ackerman. Observations and Least Squares [M]. New York: University Press of America, 1976.

MIT. 线性回归 [EB/OL]. 2003. http://isprs.sbsm.gov.cn/article//zjft/200806/20080600036734.shtml

Miller, H. J., S. Shaw. Geographic Information Systems for Transportation: Principles and Applications [M]. New York: Oxford University Press, 2001.

Mitasova H, Hofierka J. Interpolation by regularized spline with tension, II: application to terrain modeling and surface geometry analysis [J]. Mathematical Geology, 1993, 25: 657-669.

Mitas, L., Mitasova, H. General Variational Approach to the Interpolation Problem [J]. Computers and Mathematics with Applications, 1988, 16: 983-992.

Mitasova, H., Mitas, L. Interpolation by Regularized Spline with Tension: I. Theory and

Implementation [J]. Mathematical Geology, 1993, 25: 641-655.

Moffitt, F., Bossler, J. Surveying. 10th ed. [M]. Addison Wesley Longman, Menlo Park, CA, 1998.

Moisen, G. G., T. C. Edwards, Jr., and D. R. Cutler. Spatial sampling to assess classification accuracy of remotely sensed data [J]. // Brunt J, Stafford S S, and Michener W K, (eds.). Environmental Information Management and Analysis: Ecosystem to Global Scales [M]. Taylor and Francis, Philadelphia, Penn., 1994:161-178.

Moore I D. Hydrologic Modelling and GIS [J]. // Goodchild M F, Steyaert L T, Parks B O, et al. (eds.). GIS and Environmental modelling: Progress and Research Issues, Fort Collins, CO: GIS World Books, 1996:143-148.

Moore I D, Gessler P E, Nielsen G A, et al. Soil attribute prediction using terrain analysis [J]. Soil Science Society of America Journal, 1993b, 57: 443-452.

Moore, I. D., Turner, A. K., Wilson, J. P., Jenson, S. K., and Band, L. E. GIS and Land-Surface-Subsurface Process Modeling [J]. // Goodchild, M. F., Park, B. O., and Styaert, L. T. (eds.). Environmental Modeling with GIS [M]. Oxford, England: Oxford University Press, 1993:213-230.

Moran, P. A. P. Notes on continuous stochastic phenomena [J]. Biometrika, 1950, 37: 17-23.

NCDCDS. The Proposed Standard for Digital Cartographic Data [S]. The American Cartographer, 1988, 15(1): 23-31.

Neter, Elizabeth Newton. Logistic 回归 [EB/OL]. http://ocw.mit.edu/NR/rdonlyres/Sloan-School-of-Management/15-075Applied-StatisticsSpring2003/8C07CE0F-70BB-4C8F-9A7B-9AD0AF643D71/0/lec15_logistic_regression.pdf.

Newcomer, J. A., J. Szajgin. Accumulation of Thematic Map Errors in Digital Overlay Analysis [J]. The American Cartographer, 1984, 11:58-62.

Nielson, G M. Scattered data modeling [J]. IEEE Computer Graphics and Applications, 1993, 13: 60-70.

Nielson, G M. A method for interpolating scattered data based upon a minimum norm network [J]. Mathematics of Computation, 1983, 40: 253-271.

NIMA. Digital terrain elevation data [DB/OL], 2003 [2005-12-13]. http://www.niama.mil/.

Noronha V T. Towards ITS map database interoperability-database error and rectification [J]. GeoInformatica, Special Issue on GIS-T and ITS, 1999, 4(2): 201.

O'Callaghan J F, Mark D M. The extraction of drainage networks from digital elevation data [J]. Computer Vision, Graphics, and Image Processing, 1984, 28: 323-344.

Openshaw, S. The Modifiable Areal Unit Problem [M]. Norwich: Geo Books, 1984.

Ord, J. K, Getis, A. Local spatial autocorrelation statistics: Distributional issues and an application[J]. Geographical Analysis, 1995, 27: 286-306.

Ord J. K, Getis A. Distributional issues concerning distance statistics - Working Paper[M]. The Pennsylvania State University and San Diego State University, 1994.

Pang M, Shi W. Modeling hierarchical structure of spatial processes using voronoi spatial model: proceeding of 8th International Symposium on Spatial Data Handling, July, Vancouver, Canada [C]. [s. l.]: Taylor & Francis, 1998.

Papo H B, Gelbman E. Digital terrain models for slopes and curvatures [J]. Photogrammetric Engineering and Remote Sensing, 1984, 50(5): 695-701.

Pereira, J. M. C., Duckstein. L. A Multiple Criteria Decision-Making Approach to GIS-Based Land Suitability Evaluation [J]. International Journal of Geographical Information Systems, 1993, 7: 407-424.

Peuquet, D. J.. A conceptual framework and comparison of spatial data models [J]. Cartographica, 1984, 21(4):66-113.

Peucker, T. K., Douglas, D. H. Detection of surface-specific points by local parallel processing of discrete terrain elevation data [M]. Computer Graphics and Image Processing, 1975, 4:375-387.

Pigot S, Hazelton B. The fundamentals of a topological model for a 4-dimensional GIS [J]. Proceedings of the Fifth International Symposium on Spatial Data Handling, 1992.

Pilesjö P, Zhou Q, Harrie L. Estimating flow distribution over digital elevation models using a form-based algorithm [J]. Geographical Information Science, 1998, 4(1-2): 44-51.

Pilesjö P, Zhou Q. Theoretical estimation of flow accumulation from a grid-based digital elevation model [J]. // Proceedings of GIS AM/FM ASIA' 97 and Geoinformatics' 97 Conference [C], 1997:447-456.

Powell M. J. D. An efficient method for finding the minimal of a function of several variables without calculating derivatives [J]. Computer Journal, 1964,7:155-162.

Press W. H., Teukolsky S. A., and Vetterling W. T. Numerical Recipes in C: the Art of Scientific Computing[M]. Landon Cambridge University Press, 1993.

Preusser A. Bivariate Interpolation ueber Dreieckselementen durch Polynome 5, Ordung mit C1-Kontinuitaet. Zeitschrift fuer Vermessungswesen, 109, Heft 6, 1984, 292-301.

Qi Y., Wu J. Effects of Changing Spatial Resolution on the Results of Landscape Pattern Analysis Using Spatial Autocorrelation Indices [J]. Landscape Ecol., 1996, 11: 39-79.

Quattrochi, D. A., Goodchild, M. F. (eds.). Scale in Remote Sensing and GIS [M]. New York: CRC Press, 1997.

Quinn P F, Beven K, Chevallier P, et al. The prediction of hillslope flow paths for distributed hydrological modelling using digital terrain models [J]. // Beven K J, Moore I D (eds.). Terrain analysis and Distributed Modelling in Hydeology [M]. Chichester, UK: John Willy and Sons, 1991:63-83.

Ramachandran B, MacLeod F, Dowers S. Modelling temporal changes in a GIS using an object-oriented approach[J]. Sixth International Symposium on Spatial Data Handling,1994:518-537.

Rao M, Sastry S V C, Yadar P D, Kharod K, Pathan S K, Dhinwa P S, Majumdar K L, Sampat Kumar D, Patkar V N, Phatak V K. A weighted index model for urban suitability assessment-a GIS approach [J]. // Bombay, Bombay Metropolitan Regional Development Authority [R], 1991.

Reddy M, Leclerc Y, Iverson L, et al. Terravision II: visualizing massive terrain databases in VRML [J]. IEEE Computer Graphics & Applications, 1999, 19(2): 30-38.

Renka R J, Cline A K. A triangle-based C^1 interpolation method [J]. Rocky Mountain Journal of Mathematics, 1984, 14:223-237.

Reynolds, H. The Modifiable Area Unit Problem: Empirical Analysis By Statistical Simulation [D]. PhD thesis, Department of Geography University of Toronto, 1998. http://www.badpets.net/Thesis

Richard L. Scheaffer, Agresti, Elizabeth Newton. Categorical Data Analysis [EB/OL]. http://courses.ncssm.edu/math/Stat_Inst/PDFS/Categorical%20Data%20Analysis.pdf

Ritter D. A vector-based slope and aspect generation algorithm [J]. Photogrammetric Engineering and Remote Sensing, 1987, 53(8): 1109-1111.

Robel, R. J., Fox, L. B., and Kemp, K. E. Relationship between Habitat Suitability Index Values and Ground Counts of Beaver Colonies in Kansas [J]. Wildlife Society Bulletin, 1993, 21: 415-421.

Robinson V B. Some implications of fuzzy set theory applied to geographic databases [J]. Computers, Environment, and Urban Systems, 1988, 12: 89-98.

Roshannejad A A, Kainz W. Handling identities in spatio-temporal databases [J]. AutoCarto 12, Charlotte, North Carolina, 1995: 119-126.

S. Liang. Land-cover classification methods for multi-year AVHRR data [J]. International Journal of Remote Sensing, 2001, 22(8):1479-1493.

Saaty, T. L. A scaling method for priorities in hierarchical structures [J]. Scandinavian Journal of Forest Research, 1977, 15: 234-281.

Saaty, T. L. The Analytic Hierarchy Process [M]. New York: McGraw-Hill, 1980.

Sahr K, White D, Kimerling A. Geodesic discrete global grid systems [J]. Cartography and Geographic Information Science, 2003, 30(2): 121-134.

Sahr K, White D. Discrete global grid systems [C] // Weisberg S, eds. Computing Science and Statistics (Volume 30): proceedings of the 30th Symposium on the Interface, Computing Science and Statistics. Minneapolis, Minnesota. Fairfax Station: Interface Foundation of North America, 1998: 269-278.

Sampson R J. Surface II Graphics System, Series on Spatial Analysis [J]. Kansas Geological Survey, 1978.

Sharpnack D A, Akin G. An Algorithm for computing slope and aspect from elevations [J]. Photogrammetric Survey, 1969, 35: 247-248.

Shary P A. Land surface in gravity points classification by a complete system of curvatures [J]. Mathematical Geology, 1995, 27(3): 373-390.

Shortest path finding algorithms (Floyd's algorithm) [CP/OL]. http://nptel.iitm.ac.in/courses/Webcourse-contents/IIT-KANPUR/transport_e/TransportationII/mod13/16slide.htm

Shreve R L. Infinite topologically random channel networks [J]. Journal of Geology, 1967, 75: 178-186.

Skidmore A K. A comparison of techniques for the calculation of gradient and aspect from a grid digital elevation model [J]. International Journal of Geographical Information Systems, 1989, 3: 323-334.

Snedecor G W, Cochran W G. Statistical Methods [M]. Ames, Iowa: The Iowa State University Press, 1976.

Snyder, J. P. Map Projections—A Working Manual [M]. Washington DC: United States Government Printing Office. 1987.

Sovan Lek. Uncertainty in ecological models, Ecological Modeling, 2007, 207(1):1-2.

Srinivasan, R., Arnold, J. G. Integration of a Basin-scale Water Quality Model with GIS [J]. Water Resources Bulletin, 1994, 30: 453-462.

Stehman S V, Sohl T L and Loveland T R. Statistical sampling to characterize land-cover change in the U. S. Geological Survey land-cover trends project [J]. Remote Sensing of Environment, 2003, 86: 517-529.

Stoms D M, McDonald J M and Davis F W. Environmental Assessment: Fuzzy Assessment of Land Suitability for Scientific Research Reserves [J]. Environmental Management, 2002, 29: 545-558.

Strahler A N. Hypsometric (area-altitude) analysis of erosional topography [J]. Geological Society of America Bulletin, 1953, 63:1117-1142.

Swift A. MAUP Exercises for GIS and Medical Geography [OL]. [2009-8-25]. http://www.current.net/andresswift/

Swift A, Liu L and Uber J. Reducing MAUP bias of correlation statistics between water quality and GI illness [J]. Computers, Environment and Urban Systems 32, 2008:134-148.

Tarboton D G. A new method for the determination of flow directions and upslope areas in grid digital elevation models [J]. Water Resources Research, 1997, 32(2): 309-319.

Tempfli, K. Spectral analysis of terrain relief for the accuracy estimation of digital terrain models [J]. ITC Journal, 1980, 3: 487-510.

Thomas C., Edwards, Jr. Assessing map uncertainty in remotely-sensed, ecoregion-scale cover-maps [J]. Remote Sensing and Environment, 1998, 63:73-83.

Tomlin C D. Geographic Information Systems and Cartographic Modeling [M]. Englewood Cliffs, NJ: Prentice Hall, 1990.

Torge W. Geodesy [M]. New York: Walter de Gruyter, 1980.

Townshend J R G, Justice C O. Image processing of remotely sensed data—a use view [J]. International Journal of Remote Sensing, 1981: 2313-2330.

Tribe A. Automated recognition of valley lines and drainage networks from grid digital elevation models: a review and a new method [J]. Journal of Hydrology, 1992, 139: 263-293.

Tucker C J, Townshend J R G and Goff T E. African Land-Cover Classification Using Satellite Data [J]. Science, 1985, 227:369-375.

Turner M G, O'Neill R V, Gardner R H and Milne B T. Effects of changing spatial scale on the analysis of landscape pattern [J]. Landscape Ecology, 1989, 3:153-162.

Unwin D J. GIS, spatial analysis and spatial statistics [J]. Progress in Human Geography, 1996, 20: 540-551.

Unwin. Introductory Spatial Analysis [M]. London and New York: Methuen, 1981.

U. S. Bureau of the Budget. United States National Map Accuracy Standards [S]. 1947.

Venables W N, Ripley B D. Modern Applied Statistics with S. 4th ed. [M]. New York: Springer, 2002.

Voogd H. Multi-criteria evaluation for urban and regional planning [M]. London, Pion, 1983.

Wackernagel H. Multivariate Geostatistics, 2nd ed. [M]. Berlin: Springer, 1998.

Watson D F. Contouring: A Guide to the Analysis and Display of Spatial Data [M]. Oxford: Pergamon Press, 1992.

Watson D F. Computing the n-dimensional tessellation with application to Voronoi polytopes [J]. The Computer Journal, 1981, 24(2): 167-172.

White D, Kimmerling A J, Overton W S. Cartographic and geometric components of a global sampling design for environment monitoring [J]. Cartography & Geographical Information Systems, 1992, 19(1): 5-22.

Williamson T. Vagueness [M]. London: Routledge, 1994.

Willmott C, Rowe C, Philpot W. Small-scale climate maps-a sensitivity analysis of some common assumptions associated with grid-point interpolation and contouring[J]. Amer. Carto, 1985, 12: 5-16.

Wilson J P, Fotheringham A S. The Handbook of Geographic Information Science [G]. Malden, MA: Blackwell Publishing, 2007:3-12.

Wilson J P, Gallant J C. Terrain Analysis: Principles and Applications [M]. New York: John Wiley and Sons, 2000.

Wischmeier W H, Smith D D. Predicting Rainfall Erosion Losses: A Guide to Conservation Planning [J]. // Agricultural Handbook 537 [M]. Washington, DC: Department of Agriculture, U. S. , 1978.

Wood J D. The Geomorphological Characterisation of Digital Elevation Model [D]. PhD Thesis. University of Leicester, 1996.

Worboys M F. GIS: A Computing Perspective [M]. London: Taylor & Francis, 1995.

Worboys M F. A unified model for spatial and temporal information [J]. The Computer Journal, 1994, 37: 26-33.

Worboys M F, Hearnshaw H M, Maguire D J. Object-Oriented Data Modelling for Spatial Databases [J]. International Journal of Geographical Information Systems, 1990, 4: 369-383.

Wu J, Dennis E, Jelinski Matt Luck and Paul T. Tueller. Multiscale Analysis of Landscape Heterogeneity: Scale Variance and Pattern Metrics Jianguo [J]. Geographic Information Sciences, 2000, 6(1): 6-19.

Xiang W. Weighting-by-Choosing: A Weight Elicitation Method for Map Overlays [J]. Landscape and Urban Planning, 2001, 56: 61-73.

Yager R. On ordered weighted averaging aggregation operators in multicriteria decision-making [J]. IEEE Transactions on Systems, Man, and Cybernetics, 1988, 8: 183-190.

Young R A, Onstad C A, Bosch D D and Anderson W P. AGNPS: A Non-point-Source Pollution Model for Evaluating Agricultural Watersheds [J]. Journal of Soil and Water Conservation, 1989, 44: 168-173.

Young R A, Onstad C A, Bosch D D and Anderson W P. AGNPS: Agricultural Non-Point-Source Pollution Model: A Large Watershed Analysis Tool [J]. // Conservation Research Report 35 [R]. Washington, DC: Agricultural Research Service, Department of Agriculture, 1987.

Zadeh L A. Fuzzy Sets[J]. Information and Control, 1965, 8: 338-353.

Zeiler M. Modeling Our World: The ESRI Guide to Geodatabase Design [G]. Redlands, CA: ESRI Press, 1999.

Zevenbergen L W, Thorne C R. Quantitative analysis of land surface topography [J]. Earth Surface Processes and Land forms, 1987, 12: 47-56.

Zhang J and Goodchild M F. Uncertainty in Geographical Information [J]. London and New York: Taylor & Francis, 2002.

Zhou Q, Liu X. Error assessment of grid-based flow routing algorithms used in hydrological models [J]. International Journal of Geographicl Information Science, 2002, 16(8): 819-842.